Antonio Luiz Santos

Problemas Selecionados de Matemática

Problemas Selecionados de Matemárica

Copyright © 2006 Editora Ciência Moderna Ltda.

Todos os direitos para a língua portuguesa reservados pela EDITORA CIÊNCIA MODERNA LTDA.
Nenhuma parte deste livro poderá ser reproduzida, transmitida e gravada, por qualquer meio eletrônico, mecânico, por fotocópia e outros, sem a prévia autorização, por escrito, da Editora.

Editor: Paulo André P. Marques
Supervisão Editorial: João Luís Fortes
Diagramação: Patricia Seabra
Capa: Fernando Souza
Assistente Editorial: Daniele M. Oliveira

Várias **Marcas Registradas** aparecem no decorrer deste livro. Mais do que simplesmente listar esses nomes e informar quem possui seus direitos de exploração, ou ainda imprimir os logotipos das mesmas, o editor declara estar utilizando tais nomes apenas para fins editoriais, em benefício exclusivo do dono da Marca Registrada, sem intenção de infringir as regras de sua utilização.

FICHA CATALOGRÁFICA

Santos, Antonio Luiz
Problemas Selecionados de Matemárica
Rio de Janeiro: Editora Ciência Moderna Ltda., 2006.

Matemática
I — Título

ISBN: 85-7393-500-6   CDD 511

Editora Ciência Moderna Ltda.
Rua Alice Figueiredo, 46 – Riachuelo
CEP: 20950-150– Rio de Janeiro, RJ – Brasil
Tel: (21) 2201-6662 – Fax: (21) 2201-6896
E-mail: lcm@lcm.com.br
www.lcm.com.br

Prefácio

Duas versões preliminares deste livro (publicadas no início da década de 90) estão em circulação e devido ao sucesso feito tanto junto ao estudante quanto ao docente resolvi reeditá-lo agora sob os auspícios da *Editora Ciência Moderna*. A principal diferença entre as versões precedentes e esta é que a última contém uma adição substancial no número de exercícios. Não se espera que o leitor os resolva a todos, mas se espera que a maioria seja lida e, pelo menos, a metade resolvida.

Com algumas omissões óbvias, o livro pode ser de grande valia para aqueles alunos da 8ª série do Ensino Fundamental que aspiram às escolas de Ensino Médio cujo ingresso se faça por concurso.

Os numerosos exercícios todos sob a forma de múltipla escolha, para que a resposta apareça à primeira vista e não se fuja demais desta, na medida do possível, estão dispostos em ordem crescente de dificuldade. Ao mesmo tempo, frequentemente estão enunciados dentro do contexto a que se refere o capítulo, embora indistintamente de sua forma gramatical, não são sempre dispostos de modo que sua posição seja uma insinuação relativamente a sua solução. Muito pelo contrário, podem existir alguns que estejam muito antes do desenvolvimento de uma maquinaria adequada a sua rápida solução. Um leitor que tenta (mesmo sem sucesso) resolver tal exercício "deslocado" provavelmente apreciará e compreenderá muito melhor os desenvolvimentos subseqüentes em virtude deste seu esforço.

O nível dos exercícios é bem variado, havendo alguns triviais e outros difíceis. Não só o nível como também a finalidade dos exercícios varia bastante. Alguns são aplicações imediatas de fórmulas. Muitos servem para verificar se os conceitos foram bem assimilados. Vários escondem proposições interessantes que bem poderiam ser enunciadas como teoremas num livro texto. Outros são exercícios retirados de seções de problemas de revistas internacionais, tais como a canadense *Crux Mathematicorum*, a americana *Mathematics Teacher*, a australiana *Parabola*, a romena *Gazeta Matemática*, a húngara *Kömal*... Outros ainda são de competições matemáticas de outros países principalmente as ótimas *AHSME* (atualmente *AMC-12*) e *AIME* americanas e as não menos ótimas competições russas de *São Petersburgo* e o *Torneio das Cidades*.

    Tendo em mente possíveis edições futuras do livro, peço ao leitor que me faça conhecedor de erros futuros nos exercícios e respectivos gabaritos e que sugira melhoramentos e adições através do e-mail antonioluizgandhi@yahoo.com.br

    Embora eu não tenha fornecido uma lista detalhada de minhas fontes, sou não obstante profundamente cônscio de minha dívida para com livros e artigos nos quais me ilustrei e amigos e estranhos que, antes e depois da publicação das primeiras versões, deram-me encorajamento e críticas muito valiosas. Sou particularmente grato a Carlos Gustavo Tamm de Araújo Moreira (Gugu) cujos ensinamentos foram a inspiração para este livro, a Carlos Alberto da Silva Victor, grande companheiro de lutas, que com paciência e por amizade ajudou na confecção do gabarito de inúmeras questões, a Raul F.W. Agostino que dividiu comigo as atenções nas duas primeiras versões e, finalmente, a João C. A. Castilho e Paulo André P. Marques pelo suporte editorial.

Rio de Janeiro, março de 2006

Antonio Luiz Santos (Gandhi)

Sumário

PARTE I   ÁLGEBRA 1

Capítulo 1   Conjuntos Numéricos 3
    Seção 1.1 – Definições e Propriedades 4
    Seção 1.2 – Operações 24

Capítulo 2   Potenciação 61
    Seção 2.1 – Potência de Expoente Inteiro 62
    Seção 2.2 – Leis dos Expoentes 65

Capítulo 3   Radiciação 93
    Seção 3.1 – Leis das Raízes 94
    Seção 3.2 – Potência de Expoente Racional 101

Capítulo 4   Produtos Notáveis e Fatoração 111
    Seção 4.1 – Produtos Notáveis 112
    Seção 4.2 – Fatoração 147
    Seção 4.3 – Racionalização 211

Capítulo 5   Teoria dos Números 229
    Seção 5.1 – Múltiplos e Divisores 230
    Seção 5.2 – Teoria Fundamental da Aritmética 256
    Seção 5.3 – MDC MMC 302
    Seção 5.4 – Numeração e Divisibilidade 317
    Seção 5.5 – Congruências 357

Capítulo 6 O Primeiro Grau 383
    Seção 6.1 – Equação do Primeiro Grau 384
    Seção 6.2 – Problemas do Primeiro Grau 393
    Seção 6.3 – Duas ou mais Incógnitas 406
    Seção 6.4 – Proporcionalidade e Médias 418
    Seção 6.5 – Porcentagem 440
    Seção 6.6 – Inequações do Primeiro Grau 463
    Seção 6.7 – Módulo de um Real 479

Capítulo 7 O Segundo Grau 491
    Seção 7.1 – Equação do Segundo Grau 492
    Seção 7.2 – Discussão da Equação do Segundo Grau 513
    Seção 7.3 – Problemas do Segundo Grau 520
    Seção 7.4 – Relações entre Coeficientes e Raízes 537
    Seção 7.5 – Equações Biquadradas e Irracionais 556
    Seção 7.6 – Fatoração da Função Quadrática 575
    Seção 7.7 – O Gráfico da Função Quadrática 580
    Seção 7.8 – Inequações do Segundo Grau 606

PARTE II   ANÁLISE 623

Capítulo 8 A Linguagem da Lógica 625
    Seção 8.1 – Lógica 626

Capítulo 9 Teoria dos Conjuntos 649
    Seção 9.1 – Pertinência e Inclusão 650
    Seção 9.2 – A Álgebra dos Conjuntos 663
    Seção 9.3 – Cardinalidade 679
    Seção 9.4 – Produto Cartesiano 692

Capítulo 10 Funções 697
    Seção 10.1 – Conceitos Fundamentais 698
    Seção 10.2 – Injeções, Sobrejeções e Bijeções 734
    Seção 10.3 – Composição de Funções 742
    Seção 10.4 – Funções Inversas 761
    Seção 10.5 – Funções Reais 773

GABARITO 799

Álgebra

Capítulo **1**

Conjuntos Numéricos

Seção 1.1 – Definições e Propriedades

1. Considere as afirmativas onde $\overline{\mathbb{Q}} = \mathbb{R} - \mathbb{Q}$:

   1. (   ) $6 \in \mathbb{N}$
   2. (   ) $\sqrt{3} \notin \overline{\mathbb{Q}}$
   3. (   ) $5 \in \mathbb{Z}$
   4. (   ) $2\pi \in \mathbb{Q}$
   5. (   ) $-2 \in \mathbb{Q}$
   6. (   ) $\sqrt{-7} \in \mathbb{Q}$
   7. (   ) $\sqrt[5]{32} \in \mathbb{N}$
   8. (   ) $\sqrt{4/9} \in \overline{\mathbb{Q}}$
   9. (   ) $-5 \notin \mathbb{Z}$
   10. (   ) $e^2 \in \mathbb{R}$

   Atribuindo a cada uma delas o valor lógico de VERDADEIRO ou FALSO pode-se concluir que o número daquelas que são FALSAS é igual a:
   (A) 1   (B) 2   (C) 3
   (D) 4   (E) 5

2. Considere as afirmativas onde $\overline{\mathbb{Q}} = \mathbb{R} - \mathbb{Q}$:

   1. (   ) $4,999... \notin \mathbb{Z}$
   2. (   ) $\sqrt{2,25} \in \mathbb{Q}$
   3. (   ) $\sqrt[3]{5} \in \overline{\mathbb{Q}}$
   4. (   ) $\sqrt{-2} \in \mathbb{R}$
   5. (   ) $-5 \notin \mathbb{Z}$
   6. (   ) $1,31999... \in \mathbb{Q}$
   7. (   ) $\sqrt[3]{-27} \notin \mathbb{R}$
   8. (   ) $0,1010010001 \notin \mathbb{Q}$
   9. (   ) $3,1414926535 \in \mathbb{Q}$
   10. (   ) $\sqrt[7]{-5} \in \mathbb{R}$

   O número de afirmativas VERDADEIRAS é igual a:
   (A) 1   (B) 2   (C) 3
   (D) 4   (E) 5

3. Assinale o maior dos números:
   (A) $9,12344$
   (B) $9,123\overline{4}$
   (C) $9,12\overline{34}$
   (D) $9,1\overline{234}$
   (E) $9,\overline{1234}$

4. Dados os números:

$A = 0{,}273849\overline{51}$, $B = 0{,}\overline{27384951}$, $C = 0{,}2738\overline{4951}$, $D = 0{,}27\overline{384951}$

$E = 0{,}27384\overline{951}$, $F = 0{,}2738495127\ 989712888\ \ldots$

Podemos afirmar que:

(A) $A > F > E > C > D > B$ (D) $B > C > A > F > E > D$
(B) $A > F > B > D > C > E$ (E) $E > A > C > D > F > B$
(C) $F > C > D > B > A > E$

5. Se $p = 0{,}2939\overline{49}$, $q = \overline{293949}$ e $r = 0{,}2939495969\ 798999\ \ldots$ então

(A) $p > q > r$ (B) $q > p > r$ (C) $r > q > p$
(D) $r > p > q$ (E) $q > r > p$

6. Atribuindo a cada enunciado abaixo o valor lógico de VERDADEIRO ou FALSO
1. ( ) Todo número irracional é um número decimal ilimitado.
2. ( ) Todo número racional é um número decimal limitado.
3. ( ) Todo número decimal ilimitado é um número real.
4. ( ) Todo número decimal limitado é um número racional.
5. ( ) Todo número decimal ilimitado aperiódico é um número irracional.

Conclua que:

(A) O segundo é verdadeiro e o quinto é falso.
(B) Os três últimos são verdadeiros.
(C) Somente o quinto é verdadeiro.
(D) O segundo e o terceiro são verdadeiros.
(E) Somente o terceiro e o quinto são verdadeiros.

7. Qual dos CINCO números abaixo NÃO é igual a nenhum dos outros?

   (A) $\dfrac{997997}{998998}$
   (B) $\dfrac{19981997}{19991998}$
   (C) $\dfrac{1998997}{1999998}$
   (D) $\dfrac{997}{998}$
   (E) $\dfrac{1997}{1998}$

8. Colocando-se os números $x = \dfrac{111110}{111111}$, $y = \dfrac{222221}{222223}$ e $z = \dfrac{333331}{333334}$ em ordem DECRESCENTE obtemos a seguinte seqüência:

   (A) z, y, x
   (B) x, z, y
   (C) y, x, z
   (D) y, z, x
   (E) z, x, y

9. "O número racional $\dfrac{a}{b}$ onde a e b são primos entre si possui uma representação decimal finita"

   1. ( ) Se, e somente se, b não for divisível por outro primo além de 2.
   2. ( ) Se b não for divisível por outro primo além de 2.
   3. ( ) Se, e somente se, b não for divisível por 3.
   4. ( ) Se b não tiver outros fatores primos além de 2 e 5.

   Conclua que o número de afirmativas FALSAS é igual a:
   (A) 0
   (B) 1
   (C) 2
   (D) 3
   (E) 4

10. O número *máximo* de algarismos no período de uma dízima periódica obtida a partir do número racional $\dfrac{p}{q}$ onde q é um número primo é igual a:

    (A) q
    (B) $q+1$
    (C) $2q$
    (D) $q-1$
    (E) $p+q$

11. Sobre o número $\dfrac{1937}{8192}$ podemos afirmar que é:

   (A) uma dízima periódica simples
   (B) uma dízima periódica composta
   (C) um decimal exato com 12 casas decimais
   (D) um decimal exato com 13 casas decimais
   (E) um decimal exato com 14 casas decimais

12. A raiz quadrada de 0,444444... é igual a:
   (A) 0,02020202...   (B) 0,222222...   (C) 4040404...
   (D) 0,6060606...   (E) 0,666666...

13. O quociente $\dfrac{6,8888\ldots}{2,4444\ldots}$ é igual a:

   (A) 3,2   (B) 3,2222   (C) 3
   (D) $\dfrac{17}{6}$ (E) $\dfrac{31}{11}$

14. Se $\dfrac{p}{q}$ é a fração irredutível equivalente ao número decimal ilimitado periódico 2,486486486... então o valor de p é igual a:
   (A) 90   (B) 91   (C) 92
   (D) 93   (E) 94

15. Seja F = 0,4818181... um número decimal ilimitado periódico no qual os dígitos 8 e 1 repetem-se indefinidamente nesta ordem. Quando F é escrito como uma fração irredutível, o denominador excede o numerador de:
   (A) 13   (B) 14   (C) 29
   (D) 57   (E) 126

8 | Problemas Selecionados de Matemática

16. Se a fração irredutível $\frac{a}{b}$ é equivalente ao inverso do número 0,58333... então $a-b$ é igual a:
(A) 1
(B) 2
(C) 3
(D) 4
(E) 5

17. Se $\frac{x}{y}$ é a fração irredutível equivalente ao número decimal ilimitado $0,5\overline{370}$ então y excede x de:
(A) 25
(B) 27
(C) 29
(D) 37
(E) 54

18. Se o número decimal ilimitado periódico $N = 0,24568568568...$ for escrito sob a forma da fração irredutível $\frac{p}{q}$ então a soma dos algarismos de $p+q$ é igual a:
(A) 7
(B) 8
(C) 9
(D) 10
(E) 11

19. Se $\frac{a}{b}$ é a fração irredutível equivalente a $0,8451\overline{51}$ onde a e b são inteiros positivos, o valor de $a+b$ é igual a:
(A) 6081
(B) 6083
(C) 6085
(D) 6087
(E) 6089

20. Se o número decimal ilimitado periódico $N = 0,011363636...$ for escrito sob a forma da fração irredutível $\frac{m}{n}$ então $m+n$ é igual a:
(A) 88
(B) 89
(C) 90
(D) 91
(E) 92

21. Sabendo que $\dfrac{m}{n}$ é a fração irredutível equivalente ao número decimal $0,097222...$, o valor de $m-n$ é igual a:

   (A) 61 (B) 62 (C) 63
   (D) 64 (E) 65

22. Se o número decimal ilimitado periódico $N = 0,59\overline{285714}$ for escrito sob a forma da fração irredutível $\dfrac{m}{n}$ então $n-m$ é igual a:

   (A) 51 (B) 53 (C) 55
   (D) 57 (E) 59

23. Se $\dfrac{a}{b}$ é o número racional irredutível equivalente a $1-0,7\overline{72}\times 0,3\overline{6}$ então $a+b$ é igual a:

   (A) 101 (B) 103 (C) 105
   (D) 107 (E) 109

24. O número de algarismos no período de $0,\overline{19}\times 0,\overline{199}$ é igual a:

   (A) 5 (B) 6 (C) 9
   (D) 15 (E) 54

25. Considere as afirmativas:

   (1) O 2005º algarismo após a vírgula na representação decimal de $\dfrac{10}{41}$ é igual a 0.

   (2) O 2005º algarismo após a vírgula na representação decimal de $\dfrac{1}{2002}$ é 5.

   (3) O 2005º algarismo após a vírgula na representação decimal de $\dfrac{1}{7000}$ é 8.

   (4) O 2005º algarismo após a vírgula na representação decimal de $\dfrac{1}{13}$ é igual a 0.

O número de afirmativas VERDADEIRAS é:

(A) 0   (B) 1   (C) 2
(D) 3   (E) 4

26. Considere as afirmativas:

(1) Sabendo que $\frac{1}{17} = 0,\overline{0588235294117647}$, o 2005º algarismo após a vírgula na representação decimal de $\frac{10}{17}$ é igual a 3.

(2) Sabendo que $\frac{1}{19} = 0,\overline{052631578947368421}$, o 2005º algarismo após a vírgula na representação decimal de $\frac{99}{19}$ é igual a 3.

(3) Sabendo que $\frac{1}{29} = 0,\overline{034\,482\,758\,620\,689\,655\,172\,413\,793\,1}$, o 2006º algarismo após a vírgula na representação decimal de $\frac{10}{29}$ é igual a 1.

(4) Sabendo que $\frac{1}{23} = 0,\overline{043\,478\,260\,869\,565\,217\,3913}$, o 2006º algarismo após a vírgula na representação decimal de $\frac{10}{23}$ é igual a 7.

O número de afirmativas VERDADEIRAS:

(A) 0   (B) 1   (C) 2
(D) 3   (E) 4

27. Considere as afirmativas:

(1) O 206788º algarismo da representação decimal de $\frac{5}{39}$ é igual a 2.

(2) Sabendo que $\frac{1}{31} = 0,\overline{032\,258\,064\,516\,129}$, o milionésimo algarismo da representação decimal de $\frac{10}{31}$ é igual a 1.

(3) Sabendo que $\frac{1}{43} = 0,\overline{023\,255\,813\,953\,488\,372\,093}$, o bilionésimo algarismo da representação decimal de $\frac{1}{43}$ é igual a 4.

Assinale:

(A) Se somente as afirmativas (1) e (2) forem verdadeiras.
(B) Se somente as afirmativas (1) e (3) forem verdadeiras.
(C) Se somente as afirmativas (2) e (3) forem verdadeiras.
(D) Se todas as afirmativas forem verdadeiras.
(E) Se todas as afirmativas forem falsas.

28. O 46° algarismo após a vírgula na representação decimal de $\frac{1}{1996}$ é:

(A) 0   (B) 1   (C) 4
(D) 6   (E) 8

29. O número $10^{2002} - 1$ é divisível por 2003. A soma do 1111111° com o 1111112° algarismo após a vírgula da expansão decimal de $\frac{1}{2003}$ é igual a:

(A) 1   (B) 3   (C) 5
(D) 6   (E) 9

30. Em uma base R_1, uma fração F_1 se escreve como 0,373737... enquanto que uma fração F_2 é escrita como 0,737373... Em outra base R_2, a fração F_1 é escrita 0,252525... e a fração F_2 como 0,525252.... A soma $R_1 + R_2$ no sistema de numeração decimal é igual a:

(A) 24   (B) 22   (C) 21
(D) 20   (E) 19

31. Na seqüência de frações $(\frac{1}{1},\frac{2}{1},\frac{1}{2},\frac{3}{1},\frac{2}{2},\frac{1}{3},\frac{4}{1},\frac{3}{2},\frac{2}{3},\frac{1}{4},\frac{5}{1},...)$ a 2005ª fração é:

    (A) $\frac{22}{41}$ (B) $\frac{13}{52}$ (C) $\frac{57}{9}$

    (D) $\frac{45}{14}$ (E) $\frac{12}{52}$

32. A soma dos quatro algarismos logo após os 100 primeiros algarismos depois da vírgula da expansão decimal de $\frac{1}{1999}$ é igual a:

    (A) 5541 (B) 5543 (C) 5545
    (D) 5547 (E) 5549

33. Seja $S = \sum_{n=1}^{1997} \frac{1}{2^{n!}}$ e suponha que a expansão decimal de S seja dada por $S = 0,d_1d_2d_3...$, onde cada d_j representa um algarismo. O valor da soma $d_{20} + d_{21} + d_{22} + d_{23} + d_{24}$ é igual a:

    (A) 20 (B) 22 (C) 24
    (D) 26 (E) 28

34. A representação decimal de m/n, onde m e n são inteiros positivos primos entre si e $m < n$, contém os algarismos 2, 5 e 1 consecutivamente e nesta ordem. O menor valor de n para o qual isto é possível é:

    (A) 121 (B) 123 (C) 125
    (D) 127 (E) 129

35. Quando expandida sob a forma decimal, a fração $\dfrac{1}{97}$ possui um período com 96 algarismos. Se os três últimos algarismos desse período são A67, o valor de A é igual a:
    (A) 2   (B) 5   (C) 8
    (D) 9   (E) 0

36. Seja $x = \dfrac{1}{1998} + \dfrac{1}{19998} + \dfrac{1}{199998} + \cdots$. Se $2x$ é escrito como um número decimal, o 59º algarismo após a vírgula é:
    (A) 1   (B) 2   (C) 3
    (D) 4   (E) 5

37. João começou a calcular manualmente a expansão decimal de $\dfrac{1}{47}$. Após ter chegado a 0,021276595 744 880 851 063 829 787 percebendo que ainda não tinha chegado a uma expansão periódica, ele se cansou e chamou Antonio para terminar a expansão. Este, utilizando o resultado encontrado por João não teve dificuldade para encontrar o restante do período. A soma dos algarismos que estavam faltando no período é igual a:
    (A) 71   (B) 73   (C) 75
    (D) 77   (E) 79

38. Considere as afirmativas sobre os números naturais:
    1. Um número ímpar pode sempre ser escrito sob a forma $4n+1$ ou $4n+3$ $(n \in \mathbb{N})$.
    2. Todo número pode sempre ser escrito como $3n$, $3n+1$ ou $3n+2$ $(n \in \mathbb{N})$.
    3. O quadrado de um número ímpar pode sempre ser escrito sob a forma $8n+1$ $(n \in \mathbb{N})$.
    4. Todo quadrado perfeito pode sempre ser escrito como $3n$ ou $3n+1$ $(n \in \mathbb{N})$.

    O número de afirmativas verdadeiras é igual a:
    (A) 0   (B) 1   (C) 2
    (D) 3   (E) 4

39. Suprima CEM dígitos do número 123456789101112131415...585960 de modo a obter o maior número possível. A seguir, faça o mesmo para obter o menor número possível. A soma dos algarismos da diferença entre estes dois números é igual a:

(A) 61   (B) 62   (C) 63
(D) 64   (E) 65

40. Um número N de 154 algarismos é obtido justapondo-se lado a lado os inteiros de 19 a 95 isto é, N = 19202122...939495. Se removermos 95 de seus algarismos de modo que o número resultante seja o *maior possível*, a soma dos 19 primeiros algarismos deste número de 59 algarismos é igual a

(A) 113   (B) 115   (C) 117
(D) 119   (E) 121

41. A soma dos algarismos do menor número n para o qual o produto 999n começa por 2002 (da esquerda para a direita) no sistema de numeração decimal é:

(A) 3   (B) 4   (C) 5
(D) 6   (E) 7

42. Seja S o conjunto de *todos* os números racionais r, 0 < r < 1, que possuem uma representação decimal da forma $0,abcabcabc... = 0,\overline{abc}$ onde a, b e c não são necessariamente distintos. Para escrevermos os elementos de S como frações irredutíveis o número de numeradores necessários é igual a:

(A) 612   (B) 624   (C) 636
(D) 648   (E) 660

43. Eliminando-se o 2000º algarismo da expansão decimal da fração $\frac{1}{p}$ (onde p é um número primo maior que 5) obtemos a fração irredutível $\frac{a}{b}$. Dentre os números abaixo, assinale aquele que é divisível por p:

(A) a   (B) b   (C) a+b
(D) 2a+b   (E) 2a+3b

Capítulo 1 – Conjuntos Numéricos | 15

44. A *soma* de todos os números racionais irredutíveis menores do que 10 e que possuem denominador igual a 30 é igual a:
    (A) 100 (B) 200 (C) 300
    (D) 400 (E) 500

45. A soma das frações irredutíveis cujo denominador é igual a 3 e contidas no intervalo [5,20] é igual a:
    (A) $\dfrac{1300}{3}$ (B) 250 (C) 375
    (D) 425 (E) 555

45. Suponhamos que m e n sejam inteiros positivos tais que a expansão decimal de m/n possua período 3456. Dentre os números abaixo, aquele que *certamente* divide m e n é:
    (A) 101 (B) 97 (C) 83
    (D) 79 (E) 67

46. A fração $\dfrac{168}{2^p \cdot 7^q}$ é a geratriz de uma dízima na qual a parte não periódica possui 7 algarismos e o seu período possui no máximo 294 algarismos. O valor de $p \cdot q$ é igual a:
    (A) 10 (B) 20 (C) 30
    (D) 40 (E) 50

48. Sabe-se que a soma
    $S = 0,1 + 0,01 + 0,002 + 0,0003 + 0,00005 + 0,000008 + 0,00000013 + \cdots$
    converge para uma dízima periódica cujo número de algarismos do período é igual a:
    (A) 22 (B) 42 (C) 44
    (D) 48 (E) 88

49. O número r pode ser expresso com quatro casas decimais, a saber, 0,abcd onde a, b, c e d representam algarismos e qualquer um deles pode ser igual a zero. Deseja-se aproximar r de uma fração cujo numerador seja igual a 1 ou a 2 e cujo denominador seja um número inteiro. Sabendo que a fração mais próxima de r é $\frac{2}{7}$, o número de valores possíveis de r é igual a:

(A) 411 (B) 413 (C) 415
(D) 417 (E) 419

50. A calculadora de Antonio possui duas teclas especiais que, quando pressionadas, modificam o número que aparece no visor. A tecla A, substitui o número x pelo número x+1 e a tecla B substitui o número x por $\frac{1}{x+1}$. Começando com o número 1 no visor, Antonio pressionou algumas vezes as duas teclas até aparecer o número $\frac{19}{94}$. O número de vezes que ambas as teclas foram pressionadas é igual a:

(A) 20 (B) 21 (C) 22
(D) 23 (E) 24

51. Se $\frac{4}{2001} < \frac{a}{a+b} < \frac{5}{2001}$, o número de valores inteiros tais que $\frac{b}{a}$ pode assumir é igual a:

(A) 90 (B) 100 (C) 110
(D) 120 (E) 130

52. A seqüência de todas as frações irredutíveis $\frac{p}{q}$ para os quais $1 \leq p \leq q \leq n$ (onde n é um inteiro dado) e dispostas em ordem crescente é chamada "Seqüência de Farey" de ordem n e é denotada usualmente por F_n. Observe as seqüências de F_1 a F_7 abaixo:

F_1 $\dfrac{0}{1}$ $\dfrac{1}{1}$

F_2 $\dfrac{0}{1}$ $\dfrac{1}{2}$ $\dfrac{1}{1}$

F_3 $\dfrac{0}{1}$ $\dfrac{1}{3}$ $\dfrac{1}{2}$ $\dfrac{2}{3}$ $\dfrac{1}{1}$

F_4 $\dfrac{0}{1}$ $\dfrac{1}{4}$ $\dfrac{1}{3}$ $\dfrac{1}{2}$ $\dfrac{2}{3}$ $\dfrac{3}{4}$ $\dfrac{1}{1}$

F_5 $\dfrac{0}{1}$ $\dfrac{1}{5}$ $\dfrac{1}{4}$ $\dfrac{1}{3}$ $\dfrac{2}{5}$ $\dfrac{1}{2}$ $\dfrac{3}{5}$ $\dfrac{2}{3}$ $\dfrac{3}{4}$ $\dfrac{4}{5}$ $\dfrac{1}{1}$

F_6 $\dfrac{0}{1}$ $\dfrac{1}{6}$ $\dfrac{1}{5}$ $\dfrac{1}{4}$ $\dfrac{1}{3}$ $\dfrac{2}{5}$ $\dfrac{1}{2}$ $\dfrac{3}{5}$ $\dfrac{2}{3}$ $\dfrac{3}{4}$ $\dfrac{4}{5}$ $\dfrac{5}{6}$ $\dfrac{1}{1}$

F_7 $\dfrac{0}{1}$ $\dfrac{1}{7}$ $\dfrac{1}{6}$ $\dfrac{1}{5}$ $\dfrac{1}{4}$ $\dfrac{2}{7}$ $\dfrac{1}{3}$ $\dfrac{2}{5}$ $\dfrac{3}{7}$ $\dfrac{1}{2}$ $\dfrac{4}{7}$ $\dfrac{3}{5}$ $\dfrac{2}{3}$ $\dfrac{5}{7}$ $\dfrac{3}{4}$ $\dfrac{4}{5}$ $\dfrac{5}{6}$ $\dfrac{6}{7}$ $\dfrac{1}{1}$

e considere as afirmativas:

1. Para quaisquer duas frações adjacentes $\dfrac{a}{b}$ e $\dfrac{c}{d}$ (onde $\dfrac{a}{b} < \dfrac{c}{d}$) tem-se $bc - ad = 1$.

2. Cada nova linha é obtida da $(n-1)$-ésima inserindo-se entre duas frações adjacentes $\dfrac{a}{b}$ e $\dfrac{c}{d}$ cuja soma dos denominadores é igual a n, a fração $\dfrac{a+c}{b+d}$.

3. Para quaisquer duas frações $\dfrac{a}{b}$ e $\dfrac{c}{d}$, o valor absoluto de sua diferença é maior ou igual a $\dfrac{1}{bd}$.

4. Se $\dfrac{a}{b} < \dfrac{c}{d}$ então $\dfrac{a}{b} < \dfrac{a+c}{b+d} < \dfrac{c}{d}$.

5. De todas as frações $\dfrac{a}{b}$ e $\dfrac{c}{d}$ para as quais $bc - ad = 1$, a fração $\dfrac{a+c}{b+d}$ é a de menor denominador.

O número de afirmativas VERDADEIRAS é:
(A) 1 (B) 2 (C) 3
(D) 4 (E) 5

53. As frações entre 0 e 1 com denominadores no máximo 99 são escritas em ordem crescente. Se $\dfrac{a}{b}$ e $\dfrac{c}{d}$ são as duas frações entre as quais $\dfrac{8}{13}$ está compreendida então $ad-bc$ é igual a:

   (A) 5 (B) 10 (C) 15
   (D) 20 (E) 25

54. A soma do numerador com o denominador da fração com o *menor denominador possível* compreendida entre $\dfrac{33}{172}$ e $\dfrac{24}{175}$ é igual a:

   (A) 112 (B) 114 (C) 116
   (D) 118 (E) 120

55. Dentre todas as frações da forma $\dfrac{a}{b}$ com a, b inteiros; $0 < a < b$ e $a+b < 40$, aquela mais próxima de $\dfrac{5}{48}$ é tal que $a+b$ vale:

   (A) 10 (B) 11 (C) 21
   (D) 31 (E) 32

56. Suponhamos que todas as frações irredutíveis compreendidas entre 0 e 1 com denominador no máximo igual a 99 sejam escritas em ordem crescente. A soma dos denominadores das duas frações adjacentes a $\dfrac{17}{76}$ nesta lista com os numeradores das duas frações adjacentes a $\dfrac{5}{8}$ nesta mesma lista é igual a:

   (A) 270 (B) 272 (C) 274
   (D) 276 (E) 278

57. Quantas frações maiores que $\dfrac{97}{99}$ e menores que $\dfrac{98}{99}$ possuem denominador maior ou igual a 2 e menor ou igual a 98?

(A) 0   (B) 1   (C) 2
(D) 6   (E) mais de 6

58. Dentre todas as frações da forma $\dfrac{a}{b}$, com a e b naturais que satisfazem à desigualdade $\dfrac{1996}{1997} < \dfrac{a}{b} < \dfrac{1997}{1998}$, a fração $\dfrac{a}{b}$ que possui o menor denominador é tal que b−a é igual a:

(A) 1   (B) 2   (C) 3
(D) 4   (E) 5

59. Colocando-se a fração $\dfrac{19}{94}$ sob a forma $\dfrac{1}{m} + \dfrac{1}{n}$ onde m e n são inteiros positivos, o valor de m+n é igual a:

(A) 471   (B) 473   (C) 475
(D) 477   (E) 479

60. A soma dos dois únicos números de dois dígitos m e n tais que $\dfrac{m}{n} = 0{,}6746988$ (correto com 7 casas decimais) é igual a:

(A) 131   (B) 133   (C) 135
(D) 137   (E) 139

61. A soma dos dois únicos números de dois dígitos m e n tais que $\dfrac{m}{n} = 0{,}2328767$, isto é $0{,}2328767 \leq \dfrac{m}{n} < 0{,}2328768$ é igual a:

(A) 90   (B) 92   (C) 94
(D) 96   (E) 98

Problemas Selecionados de Matemática

62. Em cada uma das frações abaixo, a *soma* do numerador com o denominador é igual a 3980.

$$\frac{1}{3979}, \frac{2}{3978}, \frac{3}{3977}, \ldots, \frac{3979}{1}$$

O número de frações próprias (numerador menor que o denominador) irredutíveis nesta seqüência é igual a:

(A) 587 (B) 597 (C) 792
(D) 796 (E) 1989

63. Seja N o número de algarismos do período da dízima $\frac{1}{3^{2005}}$. O número de algarismos de N é igual a:

(A) 952 (B) 953 (C) 954
(D) 955 (E) 956

64. A soma de todas as frações irredutíveis da forma $\frac{a}{1991}$ com a inteiro e $0 < \frac{a}{1991} < 1991$ é igual a:

(A) 3567672100 (B) 3567672300 (C) 3567672500
(D) 3567672700 (E) 3567672900

65. Suponha que n seja um inteiro positivo e que d seja um algarismo do sistema de numeração decimal. Se $\frac{n}{810} = 0,d25\,d25\,d25\ldots$ a soma dos algarismos de n é igual a:

(A) 10 (B) 12 (C) 14
(D) 16 (E) 18

66. O número de maneiras distintas segundo as quais podemos escrever o número 1 sob a forma

$$1 = \frac{1}{5} + \frac{1}{a_1} + \cdots + \frac{1}{a_n}$$

onde $n, a_1, a_2, \ldots, a_n$ são inteiros positivos tais que $5 < a_1 < a_2 < \ldots < a_n$, é:

(A) 0   (B) 1   (C) 2

(D) 5   (E) infinito

67. Quantos são os números inteiros que podem ser escritos sob a forma

$$\frac{1}{a_1}+\frac{2}{a_2}+\cdots+\frac{9}{a_9}$$

onde $a_1, a_2, \ldots, a_9$ são algarismos não nulos que podem ser distintos ou não?

(A) 4   (B) 8   (C) 9

(D) 40   (E) 41

68. Seja $N = 10^{96} - 10^{80} + 10^{64} - 10^{48} + 10^{32} - 10^{16} + 1$. Então $\frac{1}{N} = 0,\overline{d_1 d_2 d_3 \ldots d_r}$ (onde o bloco de dígitos $d_1, d_2, \ldots, d_r$ repete-se indefinidamente). Sabe-se que existe mais de um valor de r para os quais tais dígitos existem. Se o menor valor de tal é igual a , então é sabido que cada um dos valores de é divisível por . O valor de é igual a:

(A) 220   (B) 222   (C) 224

(D) 226   (E) 228

69. Para toda dízima periódica simples da forma $0,\overline{d_1 d_2 d_3 \ldots d_n}$, seja r a função rotação definida por

$$r\left(0,\overline{d_1 d_2 d_3 \ldots d_{n-1} d_n}\right) = 0,\overline{d_n d_1 d_2 d_3 \ldots d_{n-1}}$$

Assim por exemplo, $r(0,\overline{1234}) = 0,\overline{4123}$ e $r\left(\frac{1}{11}\right) = r(0,\overline{09}) = 0,\overline{90} = \frac{10}{11}$.

Considere então as seguintes afirmativas:

(1) Para todo $x = 0,\overline{d_1 d_2 d_3 \ldots d_n}$, $r(x) = \frac{x + d_n}{10}$.

(2) Se $\frac{1}{m}$ dá origem a uma dízima periódica simples então $r\left(\frac{1}{m}\right)$ é um múltiplo de $\frac{1}{m}$.

(3) Se $\dfrac{s}{m}$ é a geratriz de uma dízima periódica simples então $r\left(\dfrac{s}{m}\right)=\dfrac{t}{m}$ onde t é um número inteiro dado por $t=\dfrac{s+d_n\cdot m}{10}$.

(4) Para cada dígito $d=1,2,3,\ldots,9$ existe um inteiro n tal que a equação

$$\left(0,\overline{d_1d_2d_3\ldots d_{n-1}d}\right)\times d=\left(0,\overline{dd_1d_2d_3\ldots d_{n-1}}\right)$$

admite uma solução.

O número de afirmativas FALSAS :

(A) 0 (B) 1 (C) 2
(D) 3 (E) 4

70. Seja r a função rotação definida por

$$r\left(0,\overline{d_1d_2d_3\ldots d_{n-1}d_n}\right)=0,\overline{d_nd_1d_2d_3\ldots d_{n-1}}$$

Considere então o conjunto das sucessivas rotações de $\dfrac{1}{3^7}=\dfrac{1}{2187}$ isto é,

$$\left\{r\left(\dfrac{1}{2187}\right),r\left(r\left(\dfrac{1}{2187}\right)\right),r\left(r\left(r\left(\dfrac{1}{2187}\right)\right)\right),\ldots\right\}$$

Sabendo que o período da dízima gerada pela fração $\dfrac{1}{2187}$ possui 243 algarismos, utilize este fato para analisar as seguintes afirmações:

(1) Se $\dfrac{u}{2187}$ pertence ao conjunto das rotações de $\dfrac{1}{2187}$ então $u=9k+1$ para algum inteiro k.

(2) O conjunto das rotações de $\dfrac{1}{2187}$ é $\left\{\dfrac{1}{2187},\dfrac{10}{2187},\dfrac{19}{2187},\ldots,\dfrac{2179}{2187}\right\}$.

(3) Existem alguns dentre os 100 pares de dígitos da forma $00,01,02,\ldots,98,99$ que não aparecem na expansão decimal de $\dfrac{1}{2187}$.

Conclua que:
(A) Se somente as afirmativas (1) e (2) forem verdadeiras.
(B) Se somente as afirmativas (1) e (3) forem verdadeiras.
(C) Se somente as afirmativas (2) e (3) forem verdadeiras.
(D) Se todas as afirmativas forem verdadeiras.
(E) Se todas as afirmativas forem falsas.

71. Considere as seguintes afirmativas:

(1) Se $mdc(n,10)=1$ então o número de algarismos do período de $\frac{1}{n}$ é r onde r é o menor número inteiro positivo tal que $10^r = kn+1$ para algum inteiro k.

(2) O número de algarismos do período de $\frac{1}{3^t}$ é igual a 3^{t-2} para todo $t \geq 2$.

(3) A expansão decimal de $\frac{1}{3^{10}}$ contém todas as possíveis seqüências de três algarismos enquanto que a expansão decimal de $\frac{1}{3^{500}}$ contém todas as possíveis seqüências de cem algarismos.

Conclua que:
(A) Se somente as afirmativas (1) e (2) forem verdadeiras.
(B) Se somente as afirmativas (1) e (3) forem verdadeiras.
(C) Se somente as afirmativas (2) e (3) forem verdadeiras.
(D) Se todas as afirmativas forem verdadeiras.
(E) Se todas as afirmativas forem falsas.

Seção 1.2 – Operações

72. O valor de $100 \times 19{,}99 \times 1{,}999 \times 1000$ é igual a:
(A) $(1{,}999)^2$
(B) $(19{,}99)^2$
(C) $(199{,}9)^2$
(D) $(1999)^2$
(E) $(19990)^2$

73. Qual o *maior* dos números?
(A) $\dfrac{9}{0{,}9}$
(B) $\dfrac{9}{0{,}99}$
(C) $\dfrac{9}{(0{,}9)^2}$
(D) $\dfrac{9}{\sqrt{0{,}99}}$
(E) $\dfrac{9}{(0{,}99)^2}$

74. O valor de $\dfrac{1}{10} + \dfrac{9}{100} + \dfrac{9}{1000} + \dfrac{9}{10000}$ é igual a:
(A) 0,0027
(B) 0,0199
(C) 0,199
(D) 0,27
(E) 1,999

75. Seja x o número
$$0,\underbrace{000\cdots 000}_{2006\ \text{zeros}}1$$
onde existem 2006 zeros após a vírgula. Qual das expressões abaixo representa o maior número?
(A) $3+x$
(B) $3-x$
(C) $3\cdot x$
(D) $3/x$
(E) $x/3$

76. O valor de $2006-\bigl(2005-\bigl(2004-\bigl(\cdots-(3-(2-1))\cdots\bigr)\bigr)\bigr)$ é igual a:
(A) 1001
(B) 1002
(C) 1003
(D) 2001
(E) 2002

77. Considere as afirmativas:

1. Se $x \otimes y = xy$ e $x*y = x-y$, o valor de $[2\otimes(8*12)]*[(3\otimes 2)*5]$ é igual a -9.

2. Se $x \oplus y = (x+y)+(xy)+y$ então $(5\oplus 7)\oplus 3$ é igual a 222.

3. Uma operação "Δ" é definida por $a\Delta b = 1 - \dfrac{a}{b}$, $b \neq 0$. O valor de $(1\Delta 2)\Delta(3\Delta 4)$ é igual a -1.

4. Se $\otimes$ é uma nova operação definida como $p \otimes q = p^2 - 2q$, o valor de $7 \otimes 3$ é igual a 43.

Conclua que
(A) Todas são verdadeiras
(B) Três são verdadeiras e uma é falsa
(C) Duas são verdadeiras e duas são falsas
(D) Somente três são falsas
(E) Todas são falsas

78. Definimos a operação $*$ em R_0^+ por $a*b = \dfrac{1}{a+b}$. Assinale o menor dos números:

(A) $2*(3*1)$ (B) $2*(3*4)$ (C) $3*(1*2)$
(D) $3*(4*2)$ (E) $4*(2*3)$

79. Seja $\#$ uma operação binária definida no conjunto dos números reais positivos que satisfaz a $(xy^2)\#y = x(y\#1)$ e $(x\#1)\#x = 1$. Se $1\#1 = 1$ então $x\#y$ é igual a:

(A) xy (B) $\dfrac{y}{x}$ (C) $\dfrac{x}{y}$
(D) $x^2 y$ (E) xy^2

80. Sabendo que o produto de dois números positivos é maior do que a sua soma, o valor mínimo desta soma é igual a:

(A) 4 (B) 5 (C) 6
(D) 7 (E) 8

81. O número natural n pode ser substituído por $a \cdot b$ se $a+b=n$ onde a e b são números naturais. Se começarmos por 22 o número de tais substituições segundo as quais podemos alcançar o número 2005 é igual a:

(A) 0 (B) 1 (C) 2
(D) 3 (E) mais de 3

82. O valor da expressão $\dfrac{5932 \times 6001 - 69}{5932 + 6001 \times 5931}$ é igual a:

(A) 1 (B) 2 (C) 3
(D) 4 (E) 5

83. O valor da expressão $\dfrac{1\,000\,000\,005\,184}{1\,012\,072 \times 123\,509}$ é igual a:

(A) 1 (B) 2 (C) 4
(D) 8 (E) 16

84. Considere as afirmativas:

1. Se $\lceil x \rceil$ representa o menor número inteiro que não é inferior a x então $\left\lceil 2\frac{1}{2} + 3\frac{1}{3} + 4\frac{1}{4} + 5\frac{1}{5} \right\rceil$ é igual a 16.

2. O valor da soma $\dfrac{1}{20} + \dfrac{1}{30} + \dfrac{1}{42} + \dfrac{1}{56} + \dfrac{1}{72} + \dfrac{1}{90} + \dfrac{1}{110} + \dfrac{1}{132}$ é igual a $\dfrac{1}{6}$.

3. O valor da soma: $\dfrac{25}{72} + \dfrac{25}{90} + \dfrac{25}{110} + \dfrac{25}{132} + \cdots + \dfrac{25}{9900}$ é igual a 2,875.

Após remover os números $\dfrac{1}{8}$ e $\dfrac{1}{10}$ da soma $\dfrac{1}{2} + \dfrac{1}{4} + \dfrac{1}{6} + \dfrac{1}{8} + \dfrac{1}{10} + \dfrac{1}{12}$ então, a soma dos termos remanescentes se torna igual a 1.

Capítulo I – Conjuntos Numéricos | 27

Assinale:

(A) Se somente as afirmativas (1) e (2) forem verdadeiras.
(B) Se somente as afirmativas (1) e (2) forem verdadeiras.
(C) Se somente as afirmativas (1) e (2) forem verdadeiras.
(D) Se todas as afirmativas forem verdadeiras.
(E) Se todas as afirmativas forem falsas

85. Escolhendo-se dois elementos distintos do conjunto $\{1, 4, n\}$ e adicionando 2112 ao produto destes dois números escolhidos, obtemos um quadrado perfeito. Se n é um inteiro positivo, o número de valores possíveis de n é igual a:

(A) 8
(B) 7
(C) 6
(D) 5
(E) 4

86. A soma do numerador com o denominador da fração irredutível equivalente a

$$\frac{101011\ldots10101}{110011\ldots10011}$$

onde tanto o numerador quanto o denominador contêm quatro zeros e 2005 un's é igual a:

(A) 18990
(B) 18992
(C) 18994
(D) 18996
(E) 18998

87. Dado que

$$[a_1, a_2, a_3 \ldots a_{n-1}, a_n] = a_1 + \cfrac{1}{a_2 + \cfrac{1}{a_3 + \ldots \cfrac{1}{a_{n-1} + \cfrac{1}{a_n}}}}$$

Podemos afirmar que $[5, 4, 3, 2, 1]$ quando colocado sob a forma da fração irredutível $\frac{x}{y}$, o valor de $x+y$ é igual a:

(A) 260
(B) 262
(C) 264
(D) 266
(E) 268

88. Com relação ao enunciado do problema anterior, se $[a,b,c,d] = \dfrac{13}{5}$, então (a,b,c,d) é igual a:

(A) (2,1,1,2) (B) (2,2,1,1) (C) (2,1,1,1)
(D) (2,1,2,1) (E) (2,2,2,1)

89. A fração $\dfrac{37}{13}$ pode ser escrita sob a forma $2 + \dfrac{1}{x + \dfrac{1}{y + \dfrac{1}{z}}}$ onde (x,y,z) é igual a:

(A) (11,2,5) (B) (1,2,5) (C) (1,5,2)
(D) (13,11,2) (E) (5,2,11)

90. Sejam W, X, Y e Z quatro algarismos distintos selecionados do conjunto

$$\{1, 2, 3, 4, 5, 6, 7, 8, 9\}$$

Se a soma $\dfrac{W}{X} + \dfrac{Y}{Z}$ é a menor possível então $\dfrac{W}{X} + \dfrac{Y}{Z}$ deve ser igual a:

(A) $\dfrac{2}{17}$ (B) $\dfrac{3}{17}$ (C) $\dfrac{17}{72}$

(D) $\dfrac{25}{72}$ (E) $\dfrac{13}{36}$

91. A soma $S = \dfrac{1}{2} + \left(\dfrac{1}{3} + \dfrac{2}{3}\right) + \left(\dfrac{1}{4} + \dfrac{2}{4} + \dfrac{3}{4}\right) + \ldots + \left(\dfrac{1}{100} + \ldots + \dfrac{99}{100}\right)$ vale

(A) 105 (B) 245 (C) 2475
(D) 3215 (E) 2635

92. Se a razão de w para x é 4:3; de y para z é 3:2 e de z para x é 1:6, a razão de w para y é igual a:

(A) 1:3 (B) 16:3 (C) 20:3
(D) 27:4 (E) 12:1

93. Se $\dfrac{y}{x-z} = \dfrac{x+y}{z} = \dfrac{x}{y}$ para $x \neq y \neq z \in Z_+^*$ então, $\dfrac{x}{y}$ é igual a:

   (A) $\dfrac{1}{2}$ (B) $\dfrac{3}{5}$ (C) $\dfrac{2}{3}$

   (D) $\dfrac{5}{3}$ (E) 2

94. Colocando-se em ordem crescente os números positivos a, b e c tais que $\dfrac{c}{a+b} = 2$ e $\dfrac{c}{b-a} = 3$ obtemos:

   (A) $a < b < c$ (B) $a < c < b$ (C) $c < b < a$
   (D) $c < a < b$ (E) $b < c < a$

95. Na adição abaixo, cada letra representa um dígito. A *diferença* entre o *maior valor possível* desta soma e o *maior valor ímpar possível* desta soma nesta ordem é

   (A) 3
   (B) 5
   (C) 7
   (D) 9
   (E) 11

   ```
     AB
     CD
     EF
     GH
   + IJ
   ```

96. Se X, Y e Z são algarismos distintos, então o *maior* valor possível para a soma, indicada abaixo, cujo resultado é um número de *três* algarismos possui a forma:

   (A) XXY
   (B) XYZ
   (C) YYX
   (D) YYZ
   (E) ZZY

   ```
     XXX
      YX
      +X
   ```

97. Sejam M, A, T, H números reais positivos tais que M.A = 3, A.T = 6, M.T = 72 e A.H = 2. O valor da soma M + A + T + H é igual a:

   (A) 20 (B) 20,5 (C) 21,5
   (D) 22,5 (E) 24

30 | Problemas Selecionados de Matemática

98. Após substituirmos os números 1, 9, 8 e 3 pelas quatro letras da adição
$$BAD + MAD + DAM$$
a *maior* soma obtida é igual a:
- (A) 1916
- (B) 2045
- (C) 2056
- (D) 2065
- (E) 204

99. Sabendo que S, H e E são algarismos distintos tais que $(HE)^2 = SHE$, o valor de $S \cdot H \cdot E$ é:
- (A) 60
- (B) 48
- (C) 36
- (D) 24
- (E) 18

100. Na equação $(YE) \cdot (ME) = TTT$ cada uma das letras representa um algarismo diferente do sistema de numeração de base dez. A soma $E + M + T + Y$ é igual a:
- (A) 19
- (B) 20
- (C) 21
- (D) 22
- (E) 24

101. Se cada letra distinta em $\sqrt{ARML} = AL$ representa um algarismo distinto na base 10, o valor da soma $A + R + M + L$ é igual a:
- (A) 12
- (B) 14
- (C) 15
- (D) 16
- (E) 18

102. Se quatro inteiros positivos distintos m, n, p e q satisfazem a equação:
$$(7-m)(7-n)(7-p)(7-q) = 4$$
então a soma $m + n + p + q$ é igual a:
- (A) 10
- (B) 21
- (C) 24
- (D) 26
- (E) 28

103. Um estudante em viagem de férias combinou com seu pai que se comunicariam em um código numérico no qual cada algarismo representaria uma letra distinta e como comprovação, o número representante da última palavra seria a soma dos anteriores. Sabendo que o estudante desejava enviar a mensagem
$$SEND \quad MORE \quad MONEY$$

podemos afirmar que a soma dos algarismos utilizados na mensagem codificada é:
(A) 51   (B) 52   (C) 53
(D) 54   (E) 55

104. Nos círculos abaixo, devemos distribuir os números 1, 2, 3, 4, 5, 6 e 7 de modo que a soma dos números em cada uma das linhas retas marcadas por três círculos deva ser a mesma. Qual dos números abaixo não pode estar no canto inferior esquerdo?
(A) 1
(B) 4
(C) 5
(D) 6
(E) 7

105. Um grupo de pessoas dispõem-se em círculo, equiespaçadas e numeradas consecutivamente de 1 até n. Sabendo que a pessoa de número 19 está diametralmente oposta à pessoa de número 96, o valor de n é igual a:
(A) 152   (B) 154   (C) 156
(D) 158   (E) 160

106. Fernanda comprou um caderno de anotações com 96 folhas e numerou as suas páginas seqüencialmente de 1 a 192. Luiza arrancou aleatoriamente 25 folhas. A soma desses 50 números não pode ser igual a:
(A) 1995   (B) 1996   (C) 1997
(D) 1999   (E) 2001

107. Dois homens acampados num local muito frio resolvem fazer uma fogueira para se aquecer durante a noite. Um deles contribuiu com cinco pedaços de lenha e o outro contribuiu com três pedaços. No instante em que se preparavam para acender a fogueira chega ao acampamento um terceiro homem que não possuía nenhum pedaço de lenha mas mesmo assim os outros dois permitiram que ele ali pernoitasse. Ao amanhecer, em sinal de agradecimento, este deixou 8 moedas de ouro para que os outros dois as dividissem entre si. Se a divisão for feita de forma justa a razão entre as partes de cada um é:
(A) 1:1   (B) 2:1   (C) 3:2
(D) 5:3   (E) 7:1

32 | Problemas Selecionados de Matemática

108. Duas cidades estão ligadas por uma linha férrea. De hora em hora parte um trem de uma cidade para outra. Se os trens andam todos à mesma velocidade e cada viagem, de uma cidade à outra, dura 3 horas e 45 minutos, com quantos trens se cruza cada trem?

(A) 3 (B) 4 (C) 5
(D) 6 (E) 7

109. Os números de 1 a 37 são escritos em uma reta de modo que cada número divida a soma dos seus predecessores. Se o primeiro número é 37 e o segundo é 1, a soma do terceiro com o último números é igual a:

(A) 19 (B) 20 (C) 21
(D) 22 (E) 23

110. João chega todo dia a *Petrópolis* às 17:00 e sua mulher, que dirige com velocidade constante, chega todo dia às 17:00 à rodoviária para levá-lo para casa. Num determinado dia, João chega às 16:00 e resolve ir andando para casa; encontra sua mulher no caminho e volta de carro com ela, chegando em casa 10 minutos *mais cedo* do que de costume. João andou a pé durante:

(A) 40 minutos (B) 45 minutos (C) 50 minutos
(D) 55 minutos (E) 60 minutos

111. Dispomos de *cinco* cadeados e 5 chaves para os mesmos. Qual o número máximo de tentativas que devem ser feitas para estabelecermos a correspondência correta entre os cadeados e as chaves?

(A) 5 (B) 10 (C) 13
(D) 25 (E) 120

112. A distância entre a 5^a e a 26ª saídas de uma rodovia interestadual é 118km. Se a distância entre duas saídas é de *pelo menos* 5km, qual o *maior* número de quilômetros que pode haver entre duas saídas consecutivas que estejam entre a 5^a e 26ª saídas?

(A) 8 (B) 13 (C) 18
(D) 47 (E) 98

Capítulo I – Conjuntos Numéricos | **33**

113. Augusto caminha todos as manhãs até a sua escola. Certo dia quando já tinha percorrido $1/5$ da distância entre sua casa e a escola, percebeu que tinha esquecido seu exemplar do livro *Problemas Selecionados de Matmática* em casa. Se continuasse caminhando, chegaria à escola 5 minutos antes da campainha tocar para o início das aulas. Se voltasse em casa para pegar o livro chegaria na escola um minuto atrasado. Quanto tempo ele costuma caminhar de casa até a escola?

   (A) 10 minutos (B) 12 minutos (C) 15 minutos
   (D) 18 minutos (E) 20 minutos

114. Renata e Fernanda seguiam o leito de uma ferrovia e começaram a atravessar uma ponte estreita na qual havia espaço apenas para o trem. No momento em que completavam $2/5$ do percurso da ponte, ouviram o trem que se aproximava por trás delas, Renata começou correr de encontro ao trem. Saindo da ponte praticamente no instante em que o trem entrava. Fernanda correu no sentido oposto a Renata, conseguindo sair da ponte praticamente no instante em que o trem saía. Quando as irmãs se encontraram Renata observou que como ambas tinham corrido à velocidade de 15km por hora ela podia afirmar que a velocidade do trem era:

   (A) 15 km/h (B) 30 km/h (C) 45 km/h
   (D) 60 km/h (E) 75 km/h

115. Faltando 25 dias para a prova da n-ésima OBM, Arthur resolveu estudar segundo a seguinte estratégia: Todos os dias ele resolvia no máximo 10 problemas, mas se em algum dia ele resolvesse mais de 7 problemas, então nos dois dias seguintes ele resolvia no máximo 5 problemas por dia. O número máximo de problemas que Arthur pode resolver até o dia da prova é igual a:

   (A) 172 (B) 174 (C) 176
   (D) 178 (E) 180

116. Um torneio de judô é disputado por 10 atletas e deve ter apenas um campeão. Em cada luta não pode haver empate e aquele que perder três vezes deve ser eliminado da competição. O número máximo de lutas necessário para se conhecer o campeão é igual a?

   (A) 27 (B) 28 (C) 29
   (D) 30 (E) 31

117. Os armários dos alunos de uma Universidade são numerados consecutivamente começando pelo armário de número 1. As etiquetas plásticas usadas para identificar os armários são tais que o seu custo é de 20 centavos por cada algarismo nelas contidos, isto é a etiqueta para identificar o armário de número 9 custa 20 centavos enquanto que a etiqueta que identifica o armário de número 10 custa 40. Qual o número de armários da Universidade se foram gastos R$ 1379,40 para identificar todos eles?

(A) 2001 (B) 2010 (C) 2100
(D) 2726 (E) 6897

118. A quantidade de números de 2006 algarismos é igual a:

(A) 10^{2006} (B) 10^{2005} (C) $9 \cdot (10^{2005})$
(D) $9 \cdot (10^{2006})$ (E) $10^{2006} - 10^{2005} - 1$

119. Seja $x = 0{,}123456789101112\cdots997998999$ onde os algarismos de x são obtidos escrevendo-se sucessivamente os inteiros de 1 a 999. O 2006º algarismo à direita da vírgula é igual a:

(A) 0 (B) 1 (C) 3
(D) 4 (E) 7

120. Suponha que todos os números inteiros positivos sejam escritos lado a lado da esquerda para a direita. O 206788º algarismo escrito é:

(A) 3 (B) 4 (C) 5
(D) 7 (E) 9

121. O número de maneiras segundo as quais podemos escolher três números distintos do conjunto $\{1,2,3,\ldots,100\}$ de modo que a soma destes três números seja igual a 100 e o menor deles seja igual a 25 é igual a:

(A) 11 (B) 12 (C) 13
(D) 14 (E) 15

122. João possui uma grande quantidade de 0's, 1's, 3's, 4's, 5's, 6's, 7's, 8's e 9's mas ele só dispõe de somente *vinte e dois* 2's. Até que página ele poderá numerar as páginas do seu novo livro?

(A) 22   (B) 99   (C) 112
(D) 119   (E) 199

123. Seja $S = \{8,5,1,13,34,3,21,2\}$. João faz uma lista da de números da seguinte forma: Para cada subconjunto de S com dois elementos, ele escreve em sua lista o maior dos elementos deste subconjunto. A soma dos elementos da lista de João é igual a:

(A) 480   (B) 482   (C) 484
(D) 486   (E) 488

124. Um livro possui n páginas numeradas consecutivamente de 1 a n. Sabendo que o algarismo 1 aparece 213 vezes nestes números sobre o número n podemos afirmar:

(A) é igual a 517   (B) é igual a 518   (C) $519 \leq n \leq 520$
(D) $521 \leq n \leq 530$ (E) $531 \leq n \leq 540$

125. Escrevendo-se os números 1, 2, 3, 4, ... em ordem crescente, que número estaremos escrevendo quando o algarismo 9 aparecer pela 1999ª vez?

(A) 6911   (B) 6913   (C) 6915
(D) 6917   (E) 6919

126. Considere a seqüência infinita de dígitos

1234567891 0111213141 5...9697989910 0101102 ...

obtidos ao escrevermos os números inteiros consecutivamente. O 1 000 000º dígito escrito é igual a:

(A) 0   (B) 1   (C) 2
(D) 7   (E) 9

127. Ao escrevermos os números naturais não nulos consecutivamente obtemos a seguinte seqüência de dígitos 12345678910111213l415... . O algarismo que ocupa o 20055002º lugar pertence a um número cuja soma de seus algarismos é igual a:

(A) 19 (B) 20 (C) 21
(D) 22 (E) 23

128. Os números naturais não nulos são escritos consecutivamente até que entre todos os algarismos dos números escritos tenhamos utilizado um milhão de uns. A soma dos algarismos do último número escrito é igual a:

(A) 41 (B) 43 (C) 45
(D) 47 (E) 49

129. Antonio e Eduardo participam de jogo que consiste em escolher alternadamente um número do conjunto {1, 2, 3, ... , 11 } e adicionar o número escolhido ao total acumulado. O ganhador é aquele que escolhe um número cujo total acumulado seja igual a 56. Sabendo que Antonio começou o jogo e foi o vencedor, o primeiro número por ele escolhido foi:

(A) 4 (B) 5 (C) 6
(D) 8 (E) 9

130. O número de triângulos não congruentes de perímetro igual a 2005 e cujas medidas dos lados são expressas por números inteiros é igual a:

(A) 84001 (B) 84003 (C) 84003
(D) 84005 (E) 84007

131. Que número está imediatamente acima de 1996 na disposição de números dada abaixo?

(A) 1916
(B) 1917
(C) 1918
(D) 1919
(E) 1920

```
        1
      2 3 4
    5 6 7 8 9
  10 11 12...
```

132. Na seqüência de frações mostrada abaixo, o denominador da 2001ª fração é igual a:

(A) 24
(B) 25
(C) 26
(D) 27
(E) 28

$$\frac{1}{1}, \frac{1}{2}, \frac{2}{2}, \frac{1}{2}, \frac{1}{3}, \frac{2}{3}, \frac{3}{3}, \frac{2}{3}, \frac{1}{3}, \frac{1}{4}, \frac{2}{4}, \frac{3}{4}, \frac{4}{4}, \frac{3}{4}, \frac{2}{4}, \frac{1}{4}, \ldots$$

133. Se três meses consecutivos de um determinado ano possui cada um deles exatamente quatro *Domingos*, um destes meses é com certeza:

(A) Fevereiro   (B) Março   (C) Setembro
(D) Novembro   (E) Dezembro

134. Quantos *segundos* há em um milionésimo de século?

(A) 3151   (B) 3153   (C) 3155
(D) 3157   (E) 3159

135. Quantos *dias* há em 1.000,00 (um milhão) de segundos?

(A) 11 dias 13h 46 min 40seg.
(B) 12 dias 14h 46 min 40seg.
(C) 11 dias 14h 46 min 40seg.
(D) 13 dias 13h 46 min 40seg.
(E) 12 dias 13h 46 min 40seg.

136. Antonio e Eduardo acertam seus relógios simultaneamente ao *meio dia*. Entretanto, ambos os relógios estão com defeito de modo que o de Antonio atrasa um minuto em cada hora enquanto que o de Eduardo adianta um minuto a cada hora. Sabendo que decorrido um certo tempo, eles verificam que ambos os relógios estão marcando *seis* horas, a quantidade mínima de horas decorridas entre as duas situações, levando-se em consideração que os relógios funcionaram ininterruptamente é igual a:

(A) 6   (B) 60   (C) 120
(D) 360   (E) 480

137. Uma fita de vídeo pode gravar 2 horas na velocidade SP, 4 horas na velocidade LP ou 6 horas na velocidade EP. Após ter sido gravada durante 32 minutos na velocidade SP e durante 44 minutos na velocidade LP, durante quantos minutos a fita poderá ser gravada na velocidade EP até terminar

    (A) 144 (B) 176 (C) 132
    (D) 198 (E) 200

138. Augusto desejava desfazer-se de sua coleção de bolas de gude. Para tanto, resolveu distribuir 50 bolas de gude a cada um dos seus amigos "*mais chegados*". Entretanto ele verificou que ele continha 5 bolas de gude a menos do que o necessário para desfazer-se de toda a coleção. Resolve então dar a cada um destes amigos 45 bolas de gude e ficou com as 95 que restaram. A quantidade de bolas que havia inicialmente na coleção de Augusto é igual a:

    (A) 945 (B) 950 (C) 955
    (D) 990 (E) 995

139. Considere as afirmativas abaixo:

    (I) O relógio de *Bruno* está 10 minutos adiantado mas ele pensa que está 5 minutos atrasado.

    (II) O relógio de *Renata* está 5 minutos atrasado mas ela pensa que está 10 minutos adiantado.

    (III) O relógio de *Fernanda* está 5 minutos adiantado mas ela pensa que está 10 minutos atrasado.

    (IV) O relógio de *Pedro* está 10 minutos atrasado mas ele pensa que está 10 minutos adiantado.

    Usando seus relógios, cada um deles sai de casa no que acha ser o tempo certo para pegar o trem das 18h. Quem perde o trem?

    (A) Bruno e Pedro (B) Bruno e Fernanda (C) Renata e Fernanda
    (D) Pedro e Renata (E) Todos

140. A metade da água contida em um recipiente é retirada. A seguir, um terço da água remanescente é retirado. Continuando com este processo, isto é, retirando-se um quarto do restante, um quinto do restante etc... Após quantas retiradas restará exatamente um décimo da quantidade original de água?

    (A) 6 (B) 7 (C) 8
    (D) 9 (E) 10

141. Duas jarras idênticas estão cheias com soluções de álcool e água, sendo $p:1$ a razão entre os volumes de álcool e água, nesta ordem, numa das jarras e $q:1$ na outra. Se o conteúdo das duas jarras é misturado numa única jarra, a razão do volume de álcool para o de água na mistura é igual a:

(A) $\dfrac{p+q}{2}$ (B) $\dfrac{p^2+q^2}{p+q}$ (C) $\dfrac{2pq}{p+q}$

(D) $\dfrac{2(p^2+pq+q^2)}{3(p+q)}$ (E) $\dfrac{p+q+2pq}{p+q+2}$

142. Para fazer um molho de saladas, Maria pegou duas jarras idênticas e encheu-as com misturas de vinagre e álcool nas razões de $2\,para\,1$ e de $3\,para\,1$ respectivamente. Despejou o conteúdo dessas jarras em um recipiente maior, obtendo uma mistura de vinagre e água na razão de:

(A) 5 para 1 (B) 12 para 5 (C) 6 para 5
(D) 17 para 7 (E) 5 para 2

143. Em uma adega, um tonel está cheio de uma mistura de vinhos Barbera, Merlot e Cabernet na proporção de $1:2:3$; enquanto que em outro tonel a proporção da mistura é de $3:4:5$. Qual das proporções abaixo é possível obter misturando partes dos conteúdos dos dois tonéis?

(A) $2:5:8$ (B) $3:6:7$ (C) $3:5:7$
(D) $7:9:11$ (E) $4:5:6$

144. O conjunto $\{1, 2, 4, 5, 7, 9, 10, 12, 14, 16, ...\}$ é formado pelo primeiro número ímpar 1 depois os dois números pares que o seguem isto é, 2 e 4 a seguir, os três números ímpares depois do último número par colocado ou seja 5, 7 e 9, logo após os quatro números pares que se seguem ao último número ímpar colocado e assim sucessivamente. A soma dos algarismos do número par mais próximo de 2004 é igual a:

(A) 10 (B) 12 (C) 14
(D) 18 (E) 19

40 | Problemas Selecionados de Matemática

145. Um grupo de 10 atletas é dividido em duas equipes, de 5 atletas cada, para disputarem uma corrida rústica. O atleta que terminar a corrida na n-ésima posição contribui com n pontos para a sua equipe. A equipe que tiver o *menor* número de pontos é a vencedora. Se não existem empates entre os atletas, quantos são os possíveis escores vencedores?

(A) 10 (B) 13 (C) 27
(D) 120 (E) 126

146. Antonio, Eduardo e Gustavo jogam xadrez. Após cada jogo, o próximo é disputado pelo vencedor e o outro jogador. Ao final da série de jogos, Antonio jogou 15 vezes, Eduardo jogou 14 vezes e Gustavo jogou 9 vezes. Sabendo que nenhum jogo terminou empatado, o número de jogos que foram ganhos por Gustavo é?

(A) 0 (B) 1 (C) 2
(D) 3 (E) 4

147. Supondo que $x_i = x_{21-i}$, $x_9 = 20$, e $\sum_{i=1}^{10} x_i = 80$ então $\sum_{i=1}^{20} x_i$ é igual a:

(A) 160 (B) 165 (C) 170
(D) 175 (E) 180

148. O número de inteiros positivos n para os quais o conjunto

$$\{n, n+1, n+2, n+3, n+4, n+5\}$$

pode ser particionado em dois subconjuntos tais que os produtos dos elementos de cada subconjunto sejam iguais é:

(A) 0 (B) 1 (C) 2
(D) 3 (E) infinito

149. Suponha que $E(n)$ represente a soma dos algarismos pares do número n. Por exemplo, $E(5681) = 6 + 8 = 14$. O valor de

$$E(1) + E(2) + E(3) + \cdots + E(100)$$

é igual a:

(A) 200 (B) 360 (C) 400
(D) 900 (E) 2250

Capítulo I – Conjuntos Numéricos | 41

150. Escreve-se consecutivamente os anos de 1900 a 1999 e então coloca-se sinais de +(mais) e −(menos) entre os algarismos alternadamente como mostrado abaixo

$$1+9-0+0-1+9-0+1-1+9-0+2-\cdots-1+9-9+9 = k$$

O valor de k é igual a:

(A) −98   (B) 98   (C) 1702
(D) 802   (E) 998

151. É possível substituir cada um dos sinais de (±) escritos abaixo por um sinal de (+) ou um sinal de (−) de modo que a igualdade:

$$\pm 1 \pm 2 \pm 3 \pm 4 \pm 5 \pm \cdots \pm 94 \pm 95 \pm 96 = 1996$$

seja VERDADEIRO. O número máximo de sinais de (±) que devem ser substituídos por um sinal de (+) é igual a:

(A) 83   (B) 85   (C) 86
(D) 87   (E) 88

152. Se 2005 círculos concêntricos são intersectados por 2005 retas paralelas de modo que cada uma destas retas intersecte cada círculo em dois pontos, o número de regiões *limitadas* pelas retas e os círculos é igual a N. A soma dos algarismos de N é igual a:

(A) 21   (B) 23   (C) 25
(D) 27   (E) 29

153. As cidades A e B distam cinco quilômetros uma da outra. Deseja-se construir uma escola onde estudarão 1000 crianças da cidade A e 500 crianças da cidade B. A que distância, em quilômetros, da cidade A deve ser construída a escola de modo que a distância total percorrida por todas as 1500 crianças seja a *menor* possível?

(A) 0   (B) 1   (C) 1,5
(D) 2   (E) 2,5

154. Os algarismos de 1998 são escritos do seguinte modo:

1998119999881119999999888...

Se m é número de algarismos que devem ser escritos para que a soma dos algarismos escritos seja igual a 33075 e n é o algarismo que ocupa o 1998º lugar então m+n igual a:

(A) 4900　　　　　　(B) 4901　　　　　　(C) 4908
(D) 4909　　　　　　(E) 4910

155　Considere uma fila de n 7's, 7777...777, na qual serão inseridos sinais de + para produzir uma expressão aritmética. Por exemplo, $7+77+777+7+7 = 875$ pode ser obtida apartir de oito 7's deta maneira. Para quantos valores de n é possível inserir sinais de + de modo que a expressão resultante tenha valor 7000?

(A) 102　　　　　　(B) 104　　　　　　(C) 106
(D) 108　　　　　　(E) 110

156.　Surpreendentemente, todos os 7 adultos de minha família fazem aniversário em datas muito próximas. Estas datas são 1º de Janeiro, 31 de Janeiro, 2 de Janeiro, 20 de Janeiro, 21 de Janeiro, 23 de Janeiro e 27 de Fevereiro. Por comodidade, a família decidiu comemorar todos os aniversários numa única data para a qual a soma dos dias existentes entre cada aniversário e a referida data seja mínima. Esta data é:

(A) 31 de Janeiro　　(B) 1º de Fevereiro　　(C) 9 de Fevereiro
(D) 11 de Fevereiro　(E) 20 de Fevereiro

157.　Quantos são os números do conjunto $\{100, 101, 102, ..., 999\}$ tais que x^2 e $(x+100)^2$ possuem o mesmo número de algarismos?

(A) 500　　　　　　(B) 550　　　　　　(C) 600
(D) 650　　　　　　(E) 700

158.　Um prisioneiro ficará em liberdade se alcançar o topo de uma escada de 100 degraus. Porém não pode fazê-lo ao seu modo, uma vez que ele é obrigado a subir somente 1 degrau a cada dia dos meses ímpares e descer 1 degrau a cada dia dos meses pares. Começando no dia 1º de Janeiro de 2005, em que dia alcançará a liberdade?

(A) 30 de Janeiro de 2028

(B) 31 de Março de 2029

(C) 1º de Janeiro de 2034

(D) 1º de Agosto de 2028

(E) 1º de Janeiro de 2104

159. Com relação ao enunciado do problema anterior, se a escada tivesse 99 degraus em que dia o prisioneiro alcançaria a liberdade?

(A) 31 de Dezembro de 2027

(B) 30 de Março de 2029

(C) 31 de Julho de 2028

(D) 31 de Dezembro de 2033

(E) 31 de Dezembro de 2103

160. O encarregado de cuidar do farol de uma ilha recebeu um comunicado de que iria faltar energia elétrica e que deve fazer o farol funcionar por meio de um gerador alimentado com óleo diesel. Este gerador consome 6 litros de óleo a cada hora mais meio litro a cada vez que é ligado (inicialmente está desligado). Durante as 10horas exatas que durará a noite, o farol não pode ficar desligado mais de 10 minutos seguidos e, quando for ligado deverá permanecer por pelo menos 15 minutos seguidos. Qual a *quantidade mínima* de óleo, em litros, necessária para fazer o farol funcionar normalmente?

(A) 49   (B) 48,5   (C) 48
(D) 47,5   (E) 47

161. Três macacos engenhosos dividiram um monte de bananas. O primeiro macaco pegou algumas bananas do monte, ficou com três quartos delas e dividiu o resto igualmente entre os outros dois. O segundo macaco pegou algumas bananas do monte, ficou com um quarto delas e dividiu o resto igualmente entre os outros dois. O terceiro macaco pegou o resto das bananas do monte, ficou com uma duodécima parte delas e dividiu o resto igualmente entre os outros dois. Sabendo que cada macaco recebeu um número inteiro de bananas a cada vez que havia uma divisão e que os números de bananas do primeiro, segundo e terceiro macacos ao final do processo estavam na razão 3:2:1, a soma dos algarismos do menor número possível de bananas é igual a:

(A) 11   (B) 12   (C) 13
(D) 14   (E) 15

162. Quantos números compreendidos entre 100 e 999 *inclusive* possuem um algarismo que é a média aritmética dos outros dois?
    (A) 105 (B) 112 (C) 115
    (D) 117 (E) 121

163. Quantos são os números do conjunto $\{1, 2, 3, 4, 5, \cdots, 10000\}$ que contêm exatamente dois 9's lado a lado, como por exemplo 993, 1992 e 9929 e NÃO como 9295 ou 1999?
    (A) 280 (B) 271 (C) 270
    (D) 261 (E) 123

164. São escritos todos os números de 1 a 999 nos quais o algarismo 1 aparece exatamente 2 vezes (tais como 11, 121, 411, etc). A soma de todos estes números é igual a:
    (A) 6882 (B) 5994 (C) 4668
    (D) 7224 (E) 3448

165. Seja N um número de seis algarismos distintos tal que quando multiplicado por 5, 4, 6, 2 e 3 respectivamente obtemos números com os mesmos seis algarismos permutados ciclicamente. A soma dos algarismos de N é igual a:
    (A) 24 (B) 27 (C) 30
    (D) 33 (E) 36

166. São dados 98 cartões. Em cada um deles está escrito um dos números 1,2,3...,98 (não existem números repetidos). O número de maneiras de se ordenar estes cartões de modo que, ao considerar dois cartões consecutivos, a diferença entre o número maior e o número menor neles escritos seja sempre maior que 48 é:
    (A) 0 (B) 1 (C) 2
    (D) 3 (E) maior que 3

167. O número de maneiras segundo as quais podemos escolher três números distintos do conjunto $\{1, 2, 3, \ldots, 100\}$ de modo que a soma destes três números seja igual a 100 é igual a:
    (A) 781 (B) 782 (C) 783
    (D) 784 (E) 785

168. Escrevem-se os números 2, 3, 4, ..., 2005 juntamente com seus produtos tomados dois a dois, três a três, quatro a quatro e assim sucessivamente até incluirmos o produto de todos os 2004 números. A soma dos inversos de todos os números escritos é:

(A) 1002   (B) 1002,5   (C) 1003
(D) 1003,5   (E) 1004

169. Um professor e seus 30 alunos da turma A escreveram, cada um, os números de 1 a 30 em uma ordem qualquer. A seguir, o professor comparou as sequências. Um aluno ganha um ponto cada vez que que um mesmo número aparece na mesma posição na sua sequência a na do professor. Ao final, observou-se que todos os alunos obtiveram quantidades diferentes de pontos. O número mínimo de alunos cuja sequência coincidia com a sequência do professor é:

(A) 0   (B) 1   (C) 2
(D) 3   (E) mais de 3

170. Um inteiro positivo é dito ascendente se, sua representação decimal, possui pelo menos dois algarismos e, cada um deles é menor do que todos os algarismos situados à sua direita. O número de inteiros positivos ascendente é igual a:

(A) 500   (B) 502   (C) 510
(D) 512   (E) 520

171. O número de pares de inteiros consecutivos do conjunto {1000, 1001, 1002, ..., 2000} que quando adicionados não levam unidades de uma ordem a outra de ordem imediatamente superior (o popular "vai um") é:

(A) 152   (B) 154   (C) 156
(D) 158   (E) 160

172. Numa auto estrada, o tráfego se move a uma velocidade constante de $60 \, km/h$ em ambas as direções. Um motorista que viaja numa das direções cruza com 20 veículos viajando na direção oposta em cada intervalo de tempo de 5 minutos. Supondo que os veículos que trafegam na direção oposta ao do motorista estejam equiespaçados, qual dos números abaixo é o mais próximo do número de veículos existentes num trecho de 100 quilômetro da estrada?

(A) 100   (B) 120   (C) 200
(D) 240   (E) 400

173. Três grandes amigos cada um deles com algum dinheiro redistribuem o que possuem da seguinte maneira: Antonio dá a Bernardo e a Carlos dinheiro suficiente para duplicar a quantia que cada um possui. A seguir Bernardo dá a Antonio e a Carlos o suficiente para que cada um duplique a quantia que possui. Finalmente, Carlos faz o mesmo isto é, dá a Antonio e a Bernardo o suficiente para que cada um duplique a quantia que possui. Se Carlos possuía R$ 36,00 tanto no início quanto no final da distribuição, a quantia total que os três amigos juntos possuem é:

(A) R$ 108,00 (B) R$ 180,00 (C) R$ 216,00
(D) R$ 252,00 (E) R$ 288,00

174. Quatro corredores, João, Pedro, André, e Fábio combinaram que, ao final de cada corrida, o que ficasse em último lugar dobraria o dinheiro que cada um dos outros possuía. Competiram 4 vezes e ficaram em último lugar na 1ª, 2ª, 3ª e 4ª corridas respectivamente, João, Pedro, André, e Fábio. Se no final da 4ª competição, cada um ficou com R$ 16,00, então, inicialmente João possuía:

(A) R$ 5,00 (B) R$ 9,00 (C) R$ 16,00
(D) R$ 17,00 (E) R$ 33,00

175. Existem 2005 cadeiras desocupadas em fila. A cada instante, alguém senta em uma delas. No mesmo momento, um dos seus vizinhos (se existe algum) levanta-se e vai embora. O número máximo possível de pessoas que podem sentar nestas cadeiras simultaneamente é igual a:

(A) 668 (B) 1002 (C) 1003
(D) 2004 (E) 2005

176. Um professor organizou, para certa turma, uma caixa com 1000 fichas, cada uma delas com uma questão de matemática. A cada aula em que toods os alunos da turma estavam presentes, o professor dava uma ficha para cada aluno resolver como exercício de casa, nunca aceitando a devolução da mesma. Sabendo que num determinado dia, o professor observou que ainda restavam 503 fichas na caixa e que nas aulas seguintes, o professor continuou com o mesmo critério de distribuição das fichas, até que num dia D ele encerrou a distribuição porque notou que o total restante na caixa não era suficiente para que cada aluno recebesse uma ficha. Se o número de alunos nesta turma era superior a 8, o número total de fichas na caixa no dia D era:

(A) 0 (B) 1 (C) 2
(D) 4 (E) 6

Capítulo 1 – Conjuntos Numéricos | 47

177. Com o intuito de aumentar o número de gols nos jogos do Campeonato Carioca, foi sugerido à Confederação Carioca de Futebol que cada time ganhe por partida um número de pontos igual ao número de gols que marcou naquele jogo, por cada gol assinalado. Assim, se tivermos Flamengo 4x2 Fluminense, o Flamengo ganharia 16 pontos enquanto que o Fluminense ganharia 4 pontos. Supondo que a decisão do campeonato disputado segundo estas regras se dê entre Flamengo e Vasco que até o jogo final apresentavam a seguinte situação:

(1º) Vasco com 71 pontos.

(2º) Flamengo com 54 pontos.

e sabendo que o Flamengo sagrou-se CAMPEÃO totalizando 79 pontos, quantos resultados são possíveis na decisão?

(A) 1   (B) 2   (C) 3
(D) 4   (E) 5

178. Considere os números $2, 4, 6, ..., 1994, 1996$. Se desenharmos uma flecha de um número $\underline{a}$ a um número $\underline{b}$ se, e somente se, $a < b$, então o número de flechas desenhadas é igual a:

(A) 997   (B) 998   (C) 1996
(D) 497503   (E) 49850

179. Para escrever todos os números naturais consecutivos desde $1ab$ até $ab2$ inclusive, foram utilizados $1ab1$ algarismos. Para se escrever os números naturais até o aab inclusive, quantos algarismos serão precisos a mais?

(A) 40   (B) 42   (C) 44
(D) 46   (E) 48

180. Os algarismos 1234567891011...19941995 são escritos no quadro de giz formando o número N_1. Apaga-se então os algarismos de N_1 que ocupam os lugares pares, originando o número N_2. Agora, são apagados os algarismos de N_2 que ocupam os lugares ímpares, originando o número N_3. Os algarismos de N_3 que ocupam os lugares pares são apagados originando o número N_4 e assim sucessivamente continuamos com este processo até que reste apenas um algarismo no quadro. Este algarismo remanescente é igual a:

(A) 4   (B) 5   (C) 7
(D) 8   (E) 9

181. Os números naturais são escritos lado a lado formando a seqüência de algarismos 12345678910111213141516171819202122232425262728293031... O número de algarismos do número cujo algarismo ocupa a 10^{2000} posição nesta seqüência é igual a:

(A) 1996   (B) 1997   (C) 1998
(D) 1999   (E) 2000

182. A seqüência de algarismos

12345678910111213141516171819202122232425...

é obtida escrevendo-se os inteiros positivos ordenadamente. Se o 10^n-ésimo algarismo desta seqüência ocorre na parte da mesma onde os números de m algarismos estão situados, definimos $f(n)$ como sendo igual a m. Por exemplo, $f(2) = 2$ porque o $100^{\underline{o}}$ algarismo aparece no lugar do inteiro de dois algarismos 55. O valor de $f(2005)$ é igual a:

(A) 2000   (B) 2001   (C) 2002
(D) 2003   (E) 2004

183. O número de *quádruplas ordenadas* de números inteiros (a,b,c,d) tais que $0 < a < b < c < d < 500$ satisfazendo a $a+d = b+c$ e $bc - ad = 93$ é igual a:

(A) 810   (B) 830   (C) 850
(D) 870   (E) 890

184. Considere os subconjuntos do conjunto $\{1,2,3,..., N\}$. Para cada subconjunto do conjunto dado, formemos o produto dos recíprocos de cada um de seus elementos. A soma de todos tais produtos é igual a:

(A) N (B) N^2 (C) 2^N

(D) $2N$ (E) $\dfrac{N}{2}$

185. Os números da seqüência $(1,3,6,10,\cdots,t_{n+1}=t_n+n)$ são chamados "*números triangulares*". Escrevendo 1998 como a soma de três números triangulares, a soma dos índices de tais números é igual a:
(A) 80 (B) 81 (C) 82
(D) 83 (E) 84

186. Uma notação simplificada para grandes números pode ser desenvolvida denotando-se por d_n a ocorrência consecutiva de n algarismos iguais a d onde n é um inteiro positivo e d um algarismo fixado onde $0 \le d \le 9$. Assim, por exemplo, $1_2 4_3 9_4 2_5$ representa o número 11444999922222. Se

$$2_x 3_y 5_z + 3_z 5_x 2_y = 5_3 7_2 8_3 5_1 7_3$$

o terno (x,y,z) é igual a:
(A) $(4,5,3)$ (B) $(3,6,3)$ (C) $(3,5,4)$
(D) $(5,3,4)$ (E) $(5,4,3)$

187. Os inteiros positivos a, b e c possuem respectivamente 2, 3 e 5 algarismos, todos menores do que 9. Sabe-se que todos os algarismos de c são distintos e que $a \cdot b = c$. Além disso, a adição de uma unidade a cada algarismo de a, b e c não altera a veracidade da equação. O valor da soma $a+b+c$ é:
(A) 19091 (B) 19092 (C) 19093
(D) 19094 (E) 19095

188. Dez números inteiros, não necessariamente distintos, são tais que excetuando-se um deles, as somas de todos os outros nove, dependendo daquele que é omitido, são iguais a 90, 91, 92, 93, 94, 95, 96, 97 e 98. A soma do *menor* com o *maior* desses números é igual a:
(A) 20 (B) 21 (C) 22
(D) 23 (E) 24

189. Um conjunto de 500 números reais é tal que qualquer um de seus elementos é maior do que um quinto da soma de todos os outros elementos do conjunto. O menor número de números negativos no conjunto é:

(A) 6 (B) 7 (C) 8
(D) 100 (E) 250

190. Antes de Eduardo começar uma viagem de três horas, o odômetro do seu automóvel estava marcando o número palindrômico 29792, isto é, um número que não se altera quando lido da esquerda para a direita ou da direita para a esquerda. Quando chegou ao seu destino, o odômetro mostrava outro número palindrômico. Sabendo que Augusto em nenhum momento ultrapassou a velocidade máxima permitida de 75 km/h, sua velocidade média *máxima possível* é

(A) $33\frac{1}{3}$ (B) $53\frac{1}{3}$ (C) $66\frac{2}{3}$

(D) $70\frac{1}{3}$ (E) $74\frac{1}{3}$

191. Um estudante estava praticando a sua aritmética adicionando os números das páginas do seu exemplar de "Problemas Selecionados de Matemática" quando alguém o interrompeu. Ao retomar o seu exercício, ele inadvertidamente incluiu o número de uma das páginas duas vezes na sua soma tendo encontrado 1986 como resultado final. O número desta página é:

(A) 36 (B) 35 (C) 34
(D) 33 (E) 32

192. Quarenta e nove un's e cinquenta zeros são escritos aleatoriamente em um círculo. A seguir, efetuamos a seguinte operação: escrevemos o número "zero" entre quaisquer dois números *iguais* e escrevemos o número "um" entre quaisquer dois números *distintos*. Após isto ser feito, removemos os números que existiam anteriormente. Podemos afirmar que obteremos 99 zeros *após um número de tais operações igual a*:

(A) 49 (B) 50 (C) 98
(D) 99 (E) nunca

193. Seja A um subconjunto qualquer de $N = \{1,2,3,...,n\}$ e arrumemos os elementos de A em ordem decrescente. A seguir, formemos a soma s obtida ao adicionarmos e subtrairmos alternadamente os elementos de A. Por exemplo, para $n = 20$, o subconjunto $A = \{11,6,17,1,9,18,13\}$ produz a soma

$$s = 18 - 17 + 13 - 11 + 9 - 6 + 1 = 7$$

Qual é a soma de todas as somas alternadas geradas pelo conjunto $N = \{1,2,3,...,n\}$?

(A) 2^n (B) 2^{n-1} (C) $n \cdot 2^n$

(D) $n \cdot 2^{n-1}$ (E) n

194. Para todo conjunto finito A de números inteiros positivos, seja $s(A)$ a soma dos elementos de A. A soma $s(A)$ de todos os subconjuntos de $\{1,2,3,\cdots,n\}$ é igual a:

(A) $n(n-1)2^n$ (B) $n(n-1)2^{n-1}$ (C) $\frac{1}{2}n(n-1)2^n$

(D) $\frac{1}{2}n(n+1)2^{n-1}$ (E) $\frac{1}{2}n(n-1)2^{n+1}$

195. Os números, $1, \frac{1}{2}, \frac{1}{3}, \cdots, \frac{1}{2006}$ são escritos em um quadro negro. A seguir, apagam-se dois números arbitrários x e y entre eles e os substituímos pelo número $x + y + xy$. Após 2005 de tais operações, o número que resta é igual a:

(A) 2006 (B) 2005 (C) 2007

(D) $\frac{1}{2006}$ (E) $\frac{1}{2005}$

196. Num quadro negro estão escritos os 97 números $48, 24, 16, ..., \frac{48}{97}$, isto é os números racionais da forma $\frac{48}{k}$ para $k = 1, 2, ..., 97$. Em cada movimento, escolhemos então 2 números a e b e os substituímos pelo número $2ab - a - b + 1$.

52 | Problemas Selecionados de Matemática

Após 96 movimentos, resta somente um número no quadro. O último destes números é igual a:

(A) $\dfrac{1}{2}$ (B) 1 (C) $\dfrac{1}{4}$

(D) 2 (E) 4

197. Nos últimos jogos intercolegiais, três colégios competiram em 10 modalidades de esportes. Em cada esporte, se outorgou uma medalha de ouro, uma de prata e uma de bronze. A cada medalha de ouro se atribui 3 pontos, a cada uma de prata se atribui 2 pontos e a cada medalha de bronze, 1 ponto. Sabe-se que o colégio A ganhou mais medalhas de ouro que cada um dos seus adversários e ganhou também, no total, uma medalha a mais que o colégio B e duas medalhas a mais que o colégio C. Apesar disto, o colégio C venceu a competição com 1 ponto de vantagem sobre B e 2 pontos de vantagem sobre A. O número de medalhas de prata que o colégio C conquistou foi igual a:

(A) 3 (B) 4 (C) 5
(D) 6 (E) 7

198. Se cada um dos números $x_1, x_2, \ldots, x_n$ é igual +1 ou −1 e tais que:

$$x_1 x_2 + x_2 x_3 + \cdots + x_{n-1} x_n + x_n x_1 = 0$$

um valor possível para n é:

(A) 2002 (B) 2003 (C) 2004
(D) 2005 (E) 2006

199. Um número é chamado "sortudo" se após efetuarmos repetidas vezes a soma dos quadrados dos algarismos de cada número que for sendo obtido, obtivermos ao final o número 1. Por exemplo, 1900 é "sortudo", uma vez que

$$1900 \to 82 \to 68 \to 100 \to 1$$

O número de pares de inteiros consecutivos tais que ambos sejam "sortudos"

(A) 0 (B) 1 (C) 2
(D) 3 (E) infinitos

Capítulo I – Conjuntos Numéricos | 53

200. Se $\dfrac{m}{n}$ é a fração irredutível que representa o desenvolvimento mostrado abaixo onde o algarismo 2 ocorre 2005 vezes, o valor de $m+n$ é igual a:

(A) 2005

(B) 2006

(C) 4006

(D) 4008

(E) 4011

$$\cfrac{1}{2-\cfrac{1}{2-\cfrac{1}{2-\cdots\cfrac{1}{2-\cfrac{1}{2}}}}}$$

201. Qual o valor da soma abaixo?

(A) 1

(B) 2

(C) 2003

(D) 2005

(E) 2006

$$\cfrac{1}{2+\cfrac{1}{3+\cfrac{1}{4+\cfrac{1}{\cdots+\cfrac{1}{2005}}}}} + \cfrac{1}{1+\cfrac{1}{1+\cfrac{1}{3+\cfrac{1}{4+\cfrac{1}{\cdots+\cfrac{1}{2005}}}}}}$$

202. Supondo que o processo infinito mostrado abaixo produza um número real positivo bem definido. Este número é igual a:

(A) $\sqrt[5]{2}$

(B) $\sqrt[4]{2}$

(C) $\sqrt[3]{2}$

(D) $\sqrt{2}$

(E) 3

$$1+\cfrac{1+\cfrac{1+\cfrac{1+\cdots}{3+\cdots}}{3+\cfrac{5+\cdots}{1+\cdots}}}{3+\cfrac{5+\cfrac{1+\cfrac{1+\cdots}{3+\cdots}}{5+\cdots}}{1+\cfrac{1+\cdots}{1+\cdots}}}$$

(continuação da expressão conforme o padrão com $1,3,5$)

203. Todos os pares ordenados de números naturais podem ser contados dispondo-os na ordem sugerida abaixo:

$$\begin{array}{llllll}
(0,0) & (0,1) & (0,2) & (0,3) & (0,4) & (0,5) \cdots \\
(1,0) & (1,1) & (1,2) & (1,3) & (1,4) & (1,5) \cdots \\
(2,0) & (2,1) & (2,2) & (2,3) & (2,4) & (2,5) \cdots \\
(3,0) & (3,1) & (3,2) & (3,3) & \cdots \\
(4,0) & (4,1) & (4,2) & \cdots
\end{array}$$

onde o primeiro par é (0,0), o segundo é (1,0), o terceiro é (0,1), o quarto é (2,0), o quinto é (1,1), o sexto é (0,2), o sétimo é (3,0), o oitavo é (2,1) o nono é (1,2) e assim sucessivamente. O 2002º par é igual a:

(A) (12,44) (B) (12,46) (C) (12,48)
(D) (14,46) (E) (14,48)

204. Com relação ao problema anterior, se o n-ésimo par é (36,22), o valor de n é igual a:

(A) 1191 (B) 1193 (C) 11,95
(D) 1197 (E) 1199

205. Seja $m^* = m+3$ para todo inteiro m ímpar e $m^* = \dfrac{m}{2}$ para todo inteiro m par. A soma de todos os inteiros k tais que $k^{***} = 1$ é igual a:

(A) 1 (B) 3 (C) 5
(D) 7 (E) 9

206. Com relação ao enunciado do problema anterior o número de inteiros distintos k tais que $k^{***} = K$ onde K é um inteiro par é igual a:

(A) 0 (B) 1 (C) 3
(D) 4 (E) 5

207. Carlos tentou escrever alguns números utilizando apenas o algarismo 1 e o sinal de mais (+). Ele verificou que, por exemplo, existem somente dois inteiros positivos n (13 e 4) para os quais o número 13 pode ser escrito utilizando n un's e o

Capítulo I – Conjuntos Numéricos | 55

sinal de mais(+). Com efeito, o número 13 pode ser escrito como a soma de 13 un's ou como 11+1+1 onde foram utilizados 4 un's. O número de inteiros positivos n existentes tais que o número 125 é escrito utilizando-se n un's e o sinal de mais(+) é igual a:

(A) 1 (B) 2 (C) 8
(D) 12 (E) 14

208. Em um quadrado de lado n os números de contagem são dispostos em forma de uma "espiral voltada para dentro". A figura abaixo mostra o resultado obtido quando n = 5. Se n = 27, a soma dos elementos da diagonal que vai do canto superior esquerdo ao canto inferior direito é igual a:

(A) 12761

(B) 12763

(C) 12765

(D) 12767

(E) 12769

1	2	3	4	5
16	17	18	19	6
15	24	25	20	7
14	23	22	21	8
13	12	11	10	9

209. A soma de todos os números da forma $a \times b \times c$ onde a é um elemento do conjunto $\{1,2,4,8\}$, b é um elemento do conjunto $\{1,3,17,19\}$ e c é um elemento do conjunto $\{1,7,31,61\}$ é igual a:

(A) 20000 (B) 30000 (C) 40000
(D) 50000 (E) 60000

210. Os números racionais positivos ocupam um número infinito de posições na seguinte distribuição:

$$\frac{1}{1}, \frac{2}{1}, \frac{1}{2}, \frac{3}{1}, \frac{2}{2}, \frac{1}{3}, \frac{4}{1}, \frac{3}{2}, \frac{2}{3}, \frac{1}{4}, \frac{5}{1}, \frac{4}{2}, \frac{3}{3}, \frac{2}{4}, \frac{1}{5}, \ldots$$

por exemplo, o número $\frac{2}{3}$ ocupa as posições 9,42,... .

Considere então as afirmativas:

(1) A soma dos números das cinco primeiras posições ocupadas pelo número $\frac{1}{2}$ é igual a 216.

(2) A expressão que nos fornece a n – ésima ocorrência do número $\frac{1}{2}$ é dada por $\frac{1}{2}(9n^2 - 5n + 2)$.

(3) A expressão que nos fornece a primeira ocorrência do número $\frac{p}{q}$ onde p e q são primos entre si e $p < q$ é dada por $\frac{1}{2}(p-q-2)(p+q-1)+q$.

Assinale:

(A) Se somente as afirmativas (1) e (2) forem verdadeiras.
(B) Se somente as afirmativas (2) e (3) forem verdadeiras.
(C) Se somente as afirmativas (1) e (3) forem verdadeiras.
(D) Se todas as afirmativas forem verdadeiras.
(E) Se nenhuma das afirmativas forem verdadeiras.

211 Observando a disposição de números abaixo:

```
            1 1
          2 1 3 2
        3 1 4 2 5 3
      4 1 5 2 6 3 7 4
    5 1 6 2 7 3 8 4 9 5
```

Considere as afirmativas:

1. A soma dos números da n^a linha é $2n^2$.

2. A soma dos dois termos médios da n^a linha é $2n$.

3. O n^o termo da n^a linha é dado por $\frac{4n-1}{4} + (-1)^{n-1}\frac{2n-1}{4}$.

Assinale:

(A) Se somente as afirmativas (1) e (2) forem verdadeiras.
(B) Se somente as afirmativas (1) e (3) forem verdadeiras.
(C) Se somente as afirmativas (2) e (3) forem verdadeiras.
(D) Se todas as afirmativas forem verdadeiras.
(E) Se todas as afirmativas forem falsas.

212. Observando a disposição de números abaixo:

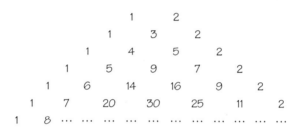

Considere as afirmativas:

1. O 19º número da 20ª linha é 361.
2. O número 289 aparece primeiramente na 18ª.
3. O 3º número da 2002ª linha é 2005002.

Assinale:

(A) Se somente as afirmativas (1) e (2) forem verdadeiras.
(B) Se somente as afirmativas (1) e (3) forem verdadeiras.
(C) Se somente as afirmativas (2) e (3) forem verdadeiras.
(D) Se todas as afirmativas forem verdadeiras.
(E) Se todas as afirmativas forem falsas.

213. Observando a disposição de números abaixo:

O terceiro número da 2002ª linha é igual a:
(A) 8012000   (B) 8012002   (C) 8012004
(D) 8012006   (E) 8012008

214. Observando a disposição de números abaixo:

$$\begin{array}{ccccccc} 0 & 1 & 8 & 27 & 64 & 125 & \cdots & n^3 \\ & 1 & 7 & 19 & 37 & 61 \\ & & 6 & 12 & 18 & 24 \\ & & & 6 & 6 & 6 \end{array}$$

O 2002º elemento da terceira linha é:
(A) 12010   (B) 12012   (C) 12014
(D) 12016   (E) 12018

215. Observando a disposição de números abaixo:

$$\begin{array}{cccccccccc} 0 & 1 & 2 & 3 & 4 & \cdots & \cdots & 1991 & 1992 & 1993 \\ & 1 & 3 & 5 & 7 & \cdots & \cdots & \cdots & 3983 & 3985 \\ & & 4 & 8 & 12 & \cdots & \cdots & \cdots & \cdots & \cdots & 7968 \end{array}$$

O último número de tal disposição é um múltiplo de:
(A) 1979   (B) 1993   (C) 2001
(D) 2003   (E) 2007

216. Definimos *Fatorial de n* como sendo "*o produto dos números naturais desde 1 até n*" isto é, $n! = n(n-1)(n-2)\cdots 3\cdot 2\cdot 1$. Números podem ser escritos em uma base fatorial de numeração da seguinte forma:

$$a_n \cdot n! + a_{n-1}\cdot (n-1)! + \cdots + a_2\cdot 2! + a_1 = (a_n a_{n-1}\cdots a_2 a_1)_F$$

onde $a_1, a_2, ..., a_n$ são inteiros tais que $0 \leq a_k < k$. Por exemplo, o número 251 da base decimal pode ser escrito como $2.5! + 0.4! + 1.3! + 2.2! + 1.1!$ ou $(20121)_F$.

Considere as afirmativas:

1. O número 999 na base fatorial é escrito como $(121211)_F$.

2. O número $(42001)_F$ na base decimal se escreve 529.

3. O sucessor de $(54321)_F$ é o número da $(100000)_F$.

Assinale:

(A) Se somente as afirmativas (1) e (2) forem verdadeiras.
(B) Se somente as afirmativas (1) e (3) forem verdadeiras.
(C) Se somente as afirmativas (2) e (3) forem verdadeiras.
(D) Se todas as afirmativas forem verdadeiras.
(E) Se todas as afirmativas forem falsas.

217. Considere sobre cada lado de um triângulo equilátero $n-1$ pontos que, juntamente com os vértices, dividem cada lado em n segmentos de mesmo comprimento. Ligando-se todos estes pontos, dois a dois, por meio de segmentos paralelos aos lados, muitos triângulos equiláteros, de vários tamanhos, são obtidos. Qual é, em função de n, o número total de tais triângulos?

(A) $\dfrac{n(n+2)(2n+1)}{8} - \dfrac{1-(-1)^n}{16}$

(B) $\dfrac{n(n+4)(2n-1)}{8} - \dfrac{1-(-1)^n}{16}$

(C) $\dfrac{n(n+2)(2n+1)}{8} + \dfrac{1-(-1)^n}{16}$

(D) $\dfrac{n(n+4)(2n-1)}{8} - \dfrac{1-(-1)^n}{16}$

(E) $\dfrac{n(n+2)(2n-1)}{8} + \dfrac{1-(-1)^n}{16}$

218. A soma dos algarismos do maior inteiro positivo n para o qual $n!$ pode ser expresso como o produto de $n-3$ inteiros positivos consecutivos é igual a:

(A) 5 (B) 6 (C) 7
(D) 8 (E) 9

219. Uma operação denotada por $*$ define para cada par de números (x,y) um número $x*y$ de modo que para todos x, y e z tem-se que:

$$x*x = 0 \quad \text{e} \quad x*(y*z) = (x*y) + z$$

O valor de $2001*1948$ é igual a:

(A) 51 (B) 53 (C) 55
(D) 57 (E) 59

220. Para quaisquer reais x e y, definamos $x \otimes y = ax + by + cxy$ onde a, b e c são constantes. Sabendo que $1 \otimes 2 = 3$, $2 \otimes 3 = 4$ e que existe um número real não nulo d tal que $x \otimes d = x$ para todo real x, o valor de d é igual a:

(A) 4 (B) 5 (C) 6
(D) 7 (E) 8

221. Sabendo que $x \otimes y = \dfrac{x+y}{1+xy}$ para todos x e y inteiros positivos, o valor da expressão $(\cdots(((2 \otimes 3) \otimes 4) \otimes 5) \otimes \cdots) \otimes 2000$ é igual a:

(A) $\dfrac{2003000}{2003001}$ (B) $\dfrac{2003000}{2003002}$ (C) $\dfrac{2003000}{2003003}$

(D) $\dfrac{2003000}{2003004}$ (E) $\dfrac{2003000}{2003005}$

Capítulo 2

Potenciação

Seção 2.1 – Potência de Expoente Inteiro

222. A soma dos algarismos de N=2¹⁰+3⁸+4⁸+5⁵+7³ é igual a:
(A) 20 (B) 21 (C) 22
(D) 23 (E) 24

223. O valor de (−3)⁵+(−6)⁴+(−2)⁹+(−5)⁶+(−3)⁴ é igual a:
(A) 16328 (B) 16247 (C) 16166
(D) 16085 (E) 16084

224. Aproximadamente $(-5)^{-1} + 2000^0 + 2^{-2} + 4^{-1} + 6^{-2}$ é igual a:
(A) 1,1 (B) 1,3 (C) 1,5
(D) 1,7 (E) 1,9

225. Se $\dfrac{m}{n}$ é a fração irredutível equivalente à soma

$$S = (-4)^{-2} + (-5)^{-3} + (-2)^{-1} + (-1)^{-4} + \left(-5^{-2}\right)$$

o valor de $m+n$ é igual a:
(A) 3021 (B) 3023 (C) 3025
(D) 3027 (E) 3029

226. Se 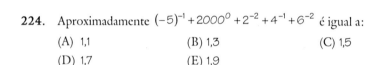 for escrito sob a forma $\dfrac{m}{n}$, a *soma dos algarismos* de m é igual a:
(A) 20 (B) 21 (C) 22
(D) 23 (E) 24

227. Dentre as afirmativas abaixo, assinale aquela que **não** é verdadeira para todo natural n:
(A) $(-1)^{2n} = 1$ (B) $(-1)^{n-1} = (-1)^{n+1}$ (C) $(-1)^{n^2} = (-1)^n$
(D) $(-1)^{2n-1} = -(-1)^{2n}$ (E) $(-1)^{3n} = -(-1)^{2n}$

228. Para todos os inteiros n, o valor de $(-1)^{n^4+n+1}$ é igual a:

(A) -1
(B) $(-1)^{n+1}$
(C) $(-1)^n$
(D) $(-1)^{n^2}$
(E) $+1$

229. O valor de $\dfrac{2^1+2^0+2^{-1}}{2^{-2}+2^{-3}+2^{-4}}$ é igual a:

(A) 6
(B) 8
(C) 24
(D) 51
(E) $\dfrac{31}{2}$

230. O valor da expressão

$$\dfrac{1}{a^{-n}+1}+\dfrac{1}{a^{-n+1}+1}+\cdots+\dfrac{1}{a^{-1}+1}+\dfrac{1}{a^0+1}+\dfrac{1}{a^1+1}+\cdots+\dfrac{1}{a^{n-1}+1}+\dfrac{1}{a^n+1}$$

Para $a=2005$ e $n=2006$ é igual a:

(A) 2005^{2006}
(B) 2006
(C) 2005
(D) $2006\tfrac{1}{2}$
(E) $2007\tfrac{1}{2}$

231. Definamos $a\otimes b$ como a^b. O valor de $\dfrac{2\otimes(2\otimes(2\otimes 2))}{((2\otimes 2)\otimes 2)\otimes 2}$ é igual a:

(A) $\dfrac{1}{256}$
(B) $\dfrac{1}{4}$
(C) 1
(D) 4
(E) 256

232. Sendo a, b e c números reais positivos, a igualdade $a^{b^c}=a^{(b^c)}$ se verifica:

(A) Sempre
(B) Nunca
(C) Somente quando $b=c$
(D) Somente quando $b^{c-1}=c$
(E) Somente quando $b=c=1$

233. Seja $\otimes$ uma operação *associativa* definida por $m \otimes n = (-1)^n \cdot m + (-1)^m \cdot n$. O valor de $26 \otimes 1 \otimes 17 \otimes 88$ é igual a:

(A) 93 (B) 94 (C) 95
(D) 96 (E) 97

234. Um inteiro é chamado formidável se ele pode ser escrito como uma soma de potências distintas de 4 e é dito bem sucedido se ele pode ser escrito como uma soma de duas potências distintas de 6. O número de maneiras de escrevermos 2005 como uma soma de um número formidável com um número bem sucedido é:

(A) 0 (B) 1 (C) 2
(D) 3 (E) mais de 3

235. Para os inteiros a e b definimos $a*b = a^b + b^a$. Se $2*x = 100$, a soma dos algarismos de $(4x)^4$ é igual a:

(A) 20 (B) 25 (C) 30
(D) 35 (E) 40

Seção 2.2 - Leis dos Expoentes

236. Considere as afirmativas:

(1) O valor de $2005 \cdot (2005^{2005})$ é 4020025^{2005}.

(2) O valor de $6^6 + 6^6 + 6^6 + 6^6 + 6^6 + 6^6$ é 6^7.

(3) A quarta parte de 8^{16} é 4^{23}.

(4) A terça parte de 6^{30} é 2×6^{29}.

(5) O valor de $401^5 \cdot 5^{401} \cdot 401^{401} \cdot 5^5$ é 2005^{2005}.

Conclua que:

(A) Somente a terceira e a quinta são verdadeiras.
(B) As três últimas são verdadeiras.
(C) Somente a quinta é verdadeira.
(D) A primeira e a segunda são verdadeiras.
(E) A segunda é verdadeira e a quinta é falsa.

237. Se $3^a = 4$, $4^b = 5$, $5^c = 6$, $6^d = 7$, $7^e = 8$ e $8^f = 9$, o valor do produto $abcdef$ é igual a:

(A) 1 (B) 2 (C) $\sqrt{6}$

(D) 3 (E) $10/3$

238. Sabe-se que o penúltimo algarismo da representação decimal de n^2, onde n é um inteiro positivo, é 7. O seu último algarismo é:

(A) 1 (B) 4 (C) 5
(D) 6 (E) 9

239. A expressão $a^b + a^{b^c}$ sempre é igual a:

(A) $a^b(1+c)$ (B) $(a^b)^{1+c}$ (C) $a^{b^{1+c}}$

(D) $2a^{b^2 c}$ (E) $a^b\left(1 + a^{b^{c-1}}\right)$

240. A expressão $a^b \cdot a^{b^c}$ sempre é igual a:

(A) $a^{b(1+c)}$ (B) $(a^b)(1+c)$ (C) $2a^{b^2 c}$

(D) a^{b+c} (E) $a^{b(1+b^{c-1})}$

241. Se $2^{2008} - 2^{2007} - 2^{2006} + 2^{2005} = k \cdot 2^{2005}$, o valor de k é igual a:

(A) 1   (B) 2   (C) 3

(D) 4   (E) 5

242. Assinale a afirmativa VERDADEIRA:

(A) 8^8 é o *quadrado* de 4^4.

(B) 8^8 é o *cubo* de 4^4.

(C) 8^8 é a *quarta* potência de 4^4.

(D) 8^8 é a *oitava* potência de 4^4.

(E) 8^8 é a *décima sexta* potência de 4^4.

243. Considere as afirmativas:

(I) $2^{10} + 2^{10} = 2^{11}$ (II) $2^{10} - 2^{10} = 0^{10}$

(III) $2^{10} \cdot 2^{10} = 2^{20}$ (IV) $2^{10} : 2^{10} = 10^0$

O número de afirmativas VERDADEIRO é igual a:

(A) 0   (B) 1   (C) 2

(D) 3   (E) 4

244. Considere as afirmativas:

1. A metade de -2^{-2} é igual a -1.

2. O valor de $(-1)^{5^2} + 1^{1^2}$ é igual a 0.

3. A décima sexta parte de 4^{96} é igual a 2^{27}.

Conclua que são VERDADEIRO:

(A) Somente 1 e 2   (B) Somente 1 e 3.   (C) Somente 2 e 3

(D) Todas.   (E) Nenhuma

245. Os números da forma $4^{k^2+50} + 4^{k^2+51} + 4^{k^2+52} + 4^{k^2+53}$ são sempre múltiplos de:
   (A) 17
   (B) 19
   (C) 23
   (D) 29
   (E) 31

246. Sejam a,b,c,d,...,z números tais que $a=2$; $b=a-1$; $c=a+b-1$; $d=a+b+c-1$;...; e $z=a+b+c+\cdots+y-1$; então o valor de z é igual a:
   (A) 1
   (B) 2^2
   (C) 4^4
   (D) 8^8
   (E) 16^{16}

247. Considere as afirmativas:
   (I) O quociente de 50^{50} por 25^{25} é igual a 2^{25}.

   (II) O valor de $\dfrac{15^{30}}{45^{15}}$ é igual a 5^{15}.

   (III) A razão $\dfrac{\left(2^4\right)^8}{\left(4^8\right)^2}$ é igual a 1.

   Assinale:
   (A) Se somente as afirmativas (I) e (II) forem verdadeiras.
   (B) Se somente as afirmativas (I) e (III) forem verdadeiras.
   (C) Se somente as afirmativas (II) e (III) forem verdadeiras.
   (D) Se todas as afirmativas forem verdadeiras.
   (E) Se todas as afirmativas forem falsas.

248. Qual dos números abaixo é diferente dos demais?
   (A) $\left(2^4\right)^8$
   (B) $\left(4^2\right)^8$
   (C) $2^{16} \cdot 16^2$
   (D) $2^{16} \cdot 2^{16}$
   (E) $4^8 \cdot 4^8$

249 Sejam $a=16^2 \cdot 16^2$, $b=\left(8^4\right)^2$, $c=2^{16} \cdot 32^2$, $d=\left(2^4\right)^8$ e $e=4^8 \cdot 4^8$. O valor de $\sqrt[5]{abcde}$ é igual a:
   (A) $16^2 \cdot 16^2$
   (B) $\left(8^4\right)^2$
   (C) $2^{16} \cdot 32^2$
   (D) $\left(2^4\right)^8$
   (E) $4^8 \cdot 4^8$

250. O 73º algarismo da representação decimal do número $(\underbrace{111...111}_{112\text{ uns}})^2$ é igual a:

(A) 0   (B) 1   (C) 2
(D) 7   (E) 8

251. A seqüência $(1, 4, 9, 16, 25, 36, ...)$ é a seqüência dos quadrados perfeitos, isto é, a seqüência dos números inteiros que são quadrados de números inteiros, a saber, $(1^2, 2^2, 3^2, 4^2, 5^2, 6^2, ...)$. Com base nisto, qual dos números abaixo é um quadrado perfeito?

(A) $4^4 \cdot 5^5 \cdot 6^6$ (B) $4^4 \cdot 5^6 \cdot 6^5$ (C) $4^5 \cdot 5^4 \cdot 6^6$
(D) $4^6 \cdot 5^4 \cdot 6^5$ (E) $4^6 \cdot 5^5 \cdot 6^4$

252. Considere as afirmativas:

(1) Podemos dizer que $2^n + 2^n + 2^n + 2^n$ é igual a 2^{n+2} para todo natural n.

(2) Se $x > 0$ então $x^x + x^x$ é igual a $(2x)^2$.

(3) Se $x > y > 0$ então $\dfrac{x^y y^x}{y^y x^x}$ é igual a $\left(\dfrac{x}{y}\right)^{y-x}$.

(4) O algarismo das unidades de $2^{1993} - 1992$ é igual a 0.

(5) Se $x = 2$ e $y = -2$ então $x - y^{x-y}$ é igual a 256.

O número de afirmações FALSAS é igual a:

(A) 1   (B) 2   (C) 3
(D) 4   (E) 5

253. Sabendo que um Gugol é o número 1 seguido de 100 zeros, podemos afirmar que um Gugol elevado a um Gugol consiste do número 1 seguido de um número de zeros igual a:

(A) 100 Gugois   (B) 102 Gugois   (C) Um Gugol
(D) 110 Gugois   (E) Um Gugol ao quadrado

254. Seja $x = m+n$ onde m e n são inteiros positivos que satisfazem a equação $2^6 + m^n = 2^7$ a soma dos valores possíveis de x é igual a:

(A) 15   (B) 25   (C) 75
(D) 80   (E) 90

255. O número de naturais de 1 a 1000 que podem ser escritos como uma potência da forma a^b com $a, b \in N$ e $a, b > 1$ é igual a:

(A) 25   (B) 39   (C) 40
(D) 49   (E) 50

256. Coloque (F) Falsa ou (V) Verdadeira nas afirmativas e assinale a opção correta.

( )   Se $x^2 = 4$ então $x^6 = 64$
( )   Se $x^6 = 64$ então $x = 2$
( ) $(2^2)^3 < 2^{2^3}$
( )   Se $10^x = 0{,}2$ então $10^{2x} = 0{,}04$
( ) $2^{n+2} + 2^n = 5 \cdot 2^n$

(A) (F),(V),(V),(V),(F)   (D) (V),(V),(F),(V),(V)
(B) (V),(F),(V),(V),(V)   (E) (V),(F),(V),(F),(V)
(C) (V),(F),(V),(V),(F)

257. Existem inteiros positivos que possuem as seguintes propriedades:

I. A soma dos quadrados de seus algarismos é igual a 50.
II. Cada um de seus algarismos é maior do que o algarismo situado à sua esquerda.

O produto dos algarismos do *maior* inteiro com estas propriedades é igual a:

(A) 7   (B) 25   (C) 36
(D) 48   (E) 60

258. O número de maneiras de dispormos os número inteiros de 1 a 16 em linha de modo que a soma de dois números adjacentes quaisquer seja um quadrado perfeito é igual a:

(A) 0   (B) 1   (C) 2
(D) 3   (E) 4

259. Considere as afirmativas:

1. O número de *cubos perfeitos* que dividem 9^9 é igual a 7.

2. O número de *quadrados perfeitos* compreendidos entre 7^4 e 4^7 é igual a 78.

3. O número de *cubos perfeitos* compreendidos entre 9^6 e 6^9 é igual a 134.

Assinale:
(A) Se somente a afirmativa (1) for verdadeira
(B) Se somente a afirmativa (2) for verdadeira
(C) Se somente a afirmativa (3) for verdadeira
(D) Se somente as afirmativas (2) e (3) forem verdadeiras
(E) Se todas as afirmativas forem verdadeiras

260. Analogamente, de acordo com o texto do exercício que define um quadrado perfeito, se $N = (7^{p+4})(5^q)(2^3)$ é um *cubo perfeito*, onde p e q são inteiros positivos, o valor *mínimo* de $p+q$ é igual a:

(A) 5   (B) 2   (C) 8
(D) 6   (E) 12

261. O número de *cubos perfeito* compreendidos entre 9^6 e 6^9 é igual a:

(A) 134   (B) 135   (C) 136
(D) 137   (E) 138

262. Quantos ternos ordenados de inteiros positivos (x, y, z) satisfazem à equação $(x^y)^z = 64$?

(A) 5   (B) 6   (C) 7
(D) 8   (E) 9

263. A *metade* do número $2^{13} + 4^{11}$ é igual a:

    (A) $2^{21} + 4^6$ (B) $2^{12} + 4^5$ (C) $2^{21} + 4^3$

    (D) $1^{10} + 2^{20}$ (E) $2^{12} + 4^7$

264. O *triplo* do número $3^9 + 9^{11}$ é igual a:

    (A) $9^4 + 3^{36}$ (B) $9^3 + 3^{35}$ (C) $3^{10} + 9^{13}$

    (D) $3^{10} + 9^{10}$ (E) $9^5 + 3^{23}$

265. A *metade* do número $2^{11} + 4^8$ é igual a:

    (A) $2^5 + 4^4$ (B) $2^5 + 2^8$ (C) $1^{10} + 2^8$

    (D) $2^{15} + 4^5$ (E) $2^9 + 4^7$

266. Considere as afirmativas:

    (1) Se $5^x = 2$ então 5^{x+2} é igual a 50.

    (2) Se $a = 2^{x+2}$ então 8^x é igual a $64a^3$.

    (3) Se $a^{2b} = 5$ então $2a^{6b} - 4$ é igual a 246.

    (4) A soma dos algarismos do número $100^{25} - 25$ é igual a 444.

    (5) Existem 9 ternos ordenados de inteiros (x,y,z) que satisfazem a $\left(x^y\right)^z = 64$.

    O número daquelas que são VERDADEIRAS é igual a:

    (A) 0   (B) 1   (C) 2

    (D) 3   (E) 4

267. O número de inteiros positivos que possuem mais de dois algarismos e tais que qualquer par de algarismos consecutivos forma um quadrado perfeito é:

    (A) 5   (B) 6   (C) 7

    (D) 8   (E) 9

268. Se substituirmos a, b e c na expressão $\left(a^b\right)^c$ por três elementos distintos do conjunto $\{0,1,2,3\}$ obtemos um número de valores diferentes igual a:

(A) 2 (B) 3 (C) 4
(D) 5 (E) 6

269. Seja $<(a,x)$ definida por $x = a^{<(a,x)}$. Se $<(3,17) = 2{,}58$, o valor de $<(9,17)$ é igual a:

(A) 7,74 (B) 3,87 (C) 2,58
(D) 1,6641 (E) 1,29

270. A soma dos algarismos do número $10^{98} - 98$ é igual a:

(A) 860 (B) 862 (C) 864
(D) 866 (E) 868

271. O resto da divisão da soma dos algarismos de $100^{19} - 10019$ por 83 é igual a:

(A) 0 (B) 1 (C) 2
(D) 3 (E) 4

272. Ao multiplicarmos os números $123\,456\,789$ e $999\,999\,999$, o número de algarismos iguais a 9 no resultado final é igual a:

(A) 0 (B) 1 (C) 2
(D) 3 (E) 17

273. A soma dos algarismos do número $\underbrace{999...99}_{98\,noves} \times \underbrace{888...88}_{98\,oitos}$ é igual a:

(A) 828 (B) 882 (C) 822
(D) 888 (E) 282

274. Seja $m = 777\cdots777$ o número que consiste de 99 algarismos igual a 7 e $n = 999\cdots999$ o número que consiste de 77 algarismos iguais a 9. O número de dígitos distintos que aparecem no produto $m \cdot n$ é igual a:

(A) 1   (B) 2   (C) 3
(D) 4   (E) 5

275. Seja o produto do número 3.659.893.456.789.325.678 pelo número 342.973.489.379.256. O número de algarismos de p é igual a:

(A) 36   (B) 35   (C) 34
(D) 33   (E) 32

276. Se $a = 3.643.712.546.890.623.517$ e $b = 179.563.128$, o número de algarismos do produto ab será:

(A) 24   (B) 25   (C) 26
(D) 27   (E) 28

277. A representação decimal do inteiro positivo X possui 11 algarismos e o inteiro positivo Y possui k algarismos. Sabendo que o produto XY é um número com 24 algarismos, o valor *máximo* possível de k é igual a:

(A) 10   (B) 12   (C) 14
(D) 16   (E) 18

278. A fração $F = \dfrac{1 + 5^{k+1} \cdot 2^k}{1 + 5^k \cdot 2^{k+1}}$ pode ser simplificada por:

(A) 2   (B) 3   (C) 5
(D) 7   (E) 11

279. Qual o valor do inteiro positivo n para o qual se tem?

$$\frac{4^5 + 4^5 + 4^5 + 4^5}{3^5 + 3^5 + 3^5} \cdot \frac{6^5 + 6^5 + 6^5 + 6^5 + 6^5 + 6^5}{2^5 + 2^5} = 2^n$$

(A) 10   (B) 12   (C) 14
(D) 16   (E) 18

280. Resolvendo-se a expressão

$$\frac{\left\{\left[\left(\sqrt[3]{1,331}\right)^{12/5}\right]^0\right\}^{-7,2}-1}{8^{33}+8^{33}+8^{33}+8^{33}+8^{33}} \times \frac{1}{2^{302}}$$

encontra-se:
(A) 4 (B) 3 (C) 2
(D) 1 (E) 0

281. Na expressão $\dfrac{(0,125)^{b-a}}{8^{a-b}}+21\left(\dfrac{b}{a}\right)^0+a^b=191$, a e b são números inteiros e positivos, $a+b$ vale:
(A) 15 (B) 14 (C) 13
(D) 12 (E) 11

282. O número real positivo N tal que

$$N^2=\frac{(0,000.000.000.4)^3 \cdot (8.100.000.000)}{(0,000.000.12)^4}$$

é igual a:
(A) 50.000 (B) 25.000 (C) 5.000
(D) 1000 (E) 1

283. O valor numérico da expressão

$$E=\frac{ab^{-2} \cdot (a^{-1}b^2)^4 \cdot (ab^{-1})^2}{a^{-2}b \cdot (a^2b^{-1})^3 \cdot a^{-1}b}$$

para $a=10^{-3}$ e $b=-10^{-2}$ é igual a:
(A) −100 (B) −10 (C) 1
(D) 10 (E) 100

Capítulo 2 – Potenciação | 75

284. O valor de $\dfrac{(3 \cdot 2^{20} + 7 \cdot 2^{19}) \cdot 52}{(13 \cdot 8^4)^2}$ é igual a:

(A) 1 (B) $\dfrac{1}{2}$ (C) $\dfrac{1}{4}$

(D) $\dfrac{1}{8}$ (E) $\dfrac{1}{16}$

285. O valor do número $N = \dfrac{[(-12)^{-8}]^{-2} \cdot 75^{-4} \cdot (-4)^{-9}}{(25^{-2})^4 \cdot 18^6 \cdot 10^4}$ é igual a:

(A) –1 (B) –10 (C) –100
(D) –1000 (E) –10.000

286. Simplificando-se a expressão $E = \dfrac{(-a^2)^{3^{2^2}} \cdot [(-a^{-3})^{2^{2^3}}]^{-1}}{a^{2^{3^2}} \cdot [(a^3)^{2^3}]^{3^2}}$ obtemos:

(A) 1 (B) a^{202} (C) $-a^{202}$

(D) a^{101} (E) $-a^{101}$

287. Simplificando-se a expressão

$$\dfrac{(6 \times 12 \times 18 \times \cdots \times 300)}{(2 \times 6 \times 10 \times 14 \times \cdots \times 98) \times (4 \times 8 \times 12 \times 16 \times \cdots \times 100)}$$

obtém-se:

(A) 3^{50} (B) $\dfrac{3}{2}$ (C) $\left(\dfrac{3}{2}\right)^{25}$

(D) $\dfrac{3}{4}$ (E) 2^{25}

76 | Problemas Selecionados de Matemática

288. Sejam a e b respectivamente a soma dos algarismos da representação decimal dos números $M = 2^{2005} \cdot 5^{2007}$ e $N = 2^{2001} \cdot 5^{2005}$. O valor de $a+b$ é igual a:

(A) 20 (B) 22 (C) 24
(D) 26 (E) 28

289. Considere as afirmativas:

(1) O número de algarismos do número $2^{101} \cdot 5^{97}$ é igual a 101.
(2) O algarismo das unidades do número $3^{1001} \cdot 7^{1002} \cdot 13^{1003}$ é igual a 9.
(3) O resto da divisão de 7^{2006} por 100 é igual a 49.
(4) O algarismo das unidades de $N = 2^{2005} + 3^{2006} - 3^{2005} - 2^{2006}$ é 4.

São VERDADEIRAS:

(A) Somente (1), (2) e (3)
(B) Somente (1), (3) e (4)
(C) Somente (2), (3) e (4)
(D) Somente (1) e (4)
(E) Todas

290. Sejam a e b números reais com $a > 1$ e $b \neq 0$. Se $ab = a^b$ e $\dfrac{a}{b} = a^{3b}$, o valor de b^{-a} é igual a:

(A) 8 (B) 16 (C) 32
(D) $\dfrac{1}{16}$ (E) $\dfrac{1}{8}$

291. Qual dos números abaixo é o *maior*?

(A) 2^{514} (B) 4^{258} (C) 8^{171}
(D) 16^{128} (E) 32^{103}

292. Assinale o *maior* dentre os números:

(A) 3^{45} (B) 9^{20} (C) 27^{14}
(D) 243^9 (E) 81^{12}

293. Assinale o maior dos números abaixo:

(A) 333
(B) 33^3
(C) $(3^3)^3$
(D) $3^{(3^3)}$
(E) 3^{33}

294. Assinale o maior dos números abaixo, lembrando que $a^{b^c} = a^{(b^c)}$:

(A) 333^3
(B) 33^{33}
(C) 3^{333}
(D) $3^{3^{33}}$
(E) 3^{33^3}

295. Se $p = 3^{60}$, $q = 5^{48}$, $r = 6^{36}$ e $s = 7^{24}$ então:

(A) $s > r > p > q$
(B) $q > r > p > s$
(D) $s > p > r > q$
(C) $q > p > r > s$
(E) $r > s > p > q$

296. Colocando os números $a = 3^{60}$, $b = 4^{48}$, $c = 7^{36}$, $d = 18^{24}$ e $e = 300^{12}$ em ordem crescente obtemos:

(A) $a < b < c < d < e$
(B) $a < b < e < d < c$
(C) $b < a < e < c < d$
(D) $a < b < d < e < c$
(E) $b < a < e < d < c$

297. Colocando-se os números 2^{800}, 3^{600}, 5^{400} e 6^{200} em ordem crescente obtemos a seguinte ordem:

(A) $2^{800}, 3^{600}, 5^{400}, 6^{200}$
(B) $6^{200}, 2^{800}, 3^{600}, 5^{400}$
(C) $6^{200}, 2^{800}, 5^{400}, 3^{600}$
(D) $2^{800}, 5^{400}, 3^{600}, 6^{200}$
(E) $3^{600}, 6^{200}, 2^{800}, 5^{400}$

298. Com relação aos números $a = 2^{-3} \cdot 3^{15}$, $b = 3^9 \cdot 5^3$, $c = 5^9$ e $d = 11^6$ podemos afirmar que:

(A) $a < b < c < d$ (B) $d < a < c < b$ (C) $a < d < b < c$
(D) $d < b < c < a$ (E) $a < c < b < d$

299. Assinale a desigualdade verdadeira:

(A) $2^{3^2} < 2^{3^3} < 3^{2^2} < 3^{2^3} < 3^{3^2}$

(B) $3^{2^2} < 3^{2^3} < 2^{3^2} < 2^{3^3} < 3^{3^2}$

(C) $3^{2^2} < 3^{2^3} < 2^{3^2} < 3^{3^2} < 2^{3^3}$

(D) $3^{2^2} < 2^{3^2} < 3^{2^3} < 2^{3^3} < 3^{3^2}$

(E) $3^{2^2} < 2^{3^2} < 3^{2^3} < 3^{3^2} < 2^{3^3}$

300. Se $m = 8^{168}$, $n = 63^{84}$, $p = 126^{72}$ e $q = 129^{72}$ então:

(A) $m < n < p < q$ (B) $q < m < p < n$ (C) $q < p < m < n$
(D) $n < p < m < q$ (E) $m < n < q < p$

301. O número de zeros com que termina o número $2^{300} \cdot 5^{600} \cdot 4^{400}$ é:

(A) 300 (B) 400 (C) 500
(D) 600 (E) 700

302. Com quantos zeros termina o número $15^6 \times 28^5 \times 55^7$?

(A) 10 (B) 18 (C) 26
(D) 13 (E) 5

303. Se k é o maior inteiro positivo para o qual o número $N = (2^k) \cdot (5^{2001})$ quando desenvolvido possui 2005 algarismos, a soma dos algarismos de N é:

(A) 14 (B) 16 (C) 18
(D) 20 (E) 22

Capítulo 2 – Potenciação | 79

304. Seja (a,b,c,d) a quádrupla de números inteiros tais que $52^a \cdot 77^b \cdot 88^c \cdot 91^d = 2002$.
O valor de $a+b-c-d$ é igual a:
(A) 2 (B) 4 (C) 6
(D) 8 (E) 10

305. Em um quadro de giz, escreve-se o número 1. As únicas alterações permitidas são substituí-lo pelo seu dobro ou pelo seu quadrado. Qual o maior número que pode ser obtido após efetuarmos 2005 alterações?
(A) 2^{2005} (B) 4^{2004} (C) $2^{(2^{4010})}$
(D) $2^{(2^{2005})}$ (E) $2^{(2^{2004})}$

306. O número 31^{31} é um inteiro que quando escrito na notação decimal possui 47 algarismos. Se a soma destes 47 algarismos é S e a soma dos algarismos de S é T então a soma dos algarismos de T é igual a:
(A) 4 (B) 5 (C) 6
(D) 7 (E) 8

307. Seja $Q(n)$ a soma dos algarismos da representação decimal do número n. O valor de $Q\big(Q\big(Q(2005^{2005})\big)\big)$ é igual a:
(A) 4 (B) 5 (C) 6
(D) 7 (E) 8

308. As potências 2^n e 5^n começam com o mesmo algarismo d. Este é igual a:
(A) 1 (B) 2 (C) 3
(D) 4 (E) 6

309. Sejam m, n e p inteiros não negativos não superiores a 10 tais que $(m^n)^p = m^{n^p}$.
O número de ternos (m,n,p) que satisfazem a estas condições é:
(A) 300 (B) 310 (C) 320
(D) 330 (E) 340

310. Seja $(a_1, a_2, \ldots, a_{100})$ uma seqüência tal que $a_{100} = 100$ e $a_n = n^{a_{n+1}}$ para $2 \leq n \leq 99$. O algarismo das unidades de a_2 é igual a:

(A) 1   (B) 2   (C) 4
(D) 6   (E) 8

311. Os dois últimos algarismos de 2^{222} são:

(A) 84   (B) 24   (C) 64
(D) 04   (E) 44

312. Seja
$$2^x \cdot 3^y = \left(24^{\frac{1}{2}+\frac{1}{3}+\cdots+\frac{1}{60}}\right) \cdot \left(24^{\frac{1}{3}+\frac{1}{4}+\cdots+\frac{1}{60}}\right)^2 \cdot \left(24^{\frac{1}{4}+\frac{1}{5}+\cdots+\frac{1}{60}}\right)^3 \cdot \ldots \cdot \left(24^{\frac{1}{60}}\right)^{59}$$

O valor de $x + y$ é igual a:

(A) 3500   (B) 3510   (C) 3520
(D) 3530   (E) 3540

313. Sejam n e k inteiros positivos tais que o número de algarismos da representação decimal de 5^n não é maior do que k. Então podemos afirmar que o número de algarismos da representação decimal de 2^n não é menor que:

(A) $n - k - 3$ (B) $n - k - 2$ (C) $n - k - 1$
(D) $n - k$ (E) $n - k + 1$

314. A seqüência de inteiros positivos $(1, 5, 6, 25, 26, 30, 31, \ldots)$ é formada por potências de 5 ou somas de potências de 5 (com expoentes naturais distintos) escritas em ordem crescente. Se N é o elemento desta seqüência escrito na $2005^{\underline{a}}$-ésima posição então $\left\lfloor \dfrac{N}{1000} \right\rfloor$, onde como usual $\lfloor x \rfloor$ é o maior inteiro que não supera x, é igual a:

(A) 770   (B) 772   (C) 774
(D) 776   (E) 778

315. Gustavo escreveu em ordem crescente todos os inteiros positivos b tais que b e 2^b terminam com o mesmo algarismo na base 10. O $2005^{\underline{o}}$ número escrito foi igual a:

(A) 20052 (B) 20054 (C) 20074
(D) 20075 (E) 20076

316. Supondo que $x = 3^{2005}$, o número de inteiros compreendidos entre $\sqrt{x^2+2x+4}$ e $\sqrt{4x^2+2x+1}$ é igual a:

(A) $3^{2005} - 2$ (B) $3^{2005} - 1$ (C) 3^{2005}
(D) $3^{2005} + 1$ (E) $3^{2005} + 2$

317. Considere as afirmativas:

(1) Para $1 \leq k \leq n$, o número de inteiros de 1 até 2^n divisíveis por 2^k é 2^{n-k}.

(2) O expoente de 2 na decomposição em fatores primos de $(2^n)!$ é $2^n - 1$.

(3) O produto de todos os números inteiros de $2^{1931} + 1$ a $2^{2005} - 1$ é um quadrado perfeito.

Podemos afirmar que:

(A) Somente (1) e (2) são verdadeiras.
(B) Somente (1) e (3) são verdadeiras.
(C) Somente (2) e (3) são verdadeiras.
(D) Todas são verdadeiras.
(E) Todas são falsas.

318. Seja $*$ a operação definida no conjunto dos números naturais por $a*b = a^b$ se $b \neq 0$ e $a*0 = a^0 = 1$, $\forall a$. Sabendo que a operação $*$ NÃO é associativa, quantos valores distintos pode assumir a expressão $3^{3^{3^{3}}}$?

(A) 1 (B) 2 (C) 3
(D) 4 (E) 5

319. Para determinar o valor de x^8 dado o valor de x, necessitamos de três operações aritméticas, a saber, $x^2 = x \cdot x$, $x^4 = x^2 \cdot x^2$, $x^8 = x^4 \cdot x^4$; para encontrar x^{15}, cinco operações são necessárias: as três primeiras são as mesmas e mais $x^8 \cdot x^8 = x^{16}$ e $\dfrac{x^{16}}{x} = x^{15}$. O número mínimo de operações necessárias para determinar x^{1000} é:

(A) 10 (B) 11 (C) 12
(D) 13 (E) 14

320. Utilizando o símbolo $\uparrow$, podemos representar potências da seguinte forma:

(I) $A \uparrow B = A^B$ como por exemplo, $2 \uparrow 3 = 8$

(II) $A \uparrow\uparrow B = A^{(A^{(...A)})}$, onde A aparece B vezes por exemplo, $2 \uparrow\uparrow 3 = 2^{(2^2)} = 16$.

O menor número de $\uparrow$ que devemos colocar na expressão $2 \uparrow (2 \uparrow (2 \uparrow (... \uparrow (2))))$ a fim de obtermos um número maior do que $10 \uparrow 9$ é igual a:

(A) 3 (B) 4 (C) 5
(D) 6 (E) 9

321. Sejam a um número real positivo e n um inteiro positivo. Definamos a potência torre $a \uparrow n$ recursivamente com $a \uparrow 1 = a$ e $a \uparrow (i+1) = a^{(a \uparrow i)}$ para $i = 1, 2, 3, ...$ Por exemplo, $4 \uparrow 3 = 4^{(4^4)} = 4^{256}$. Se para cada inteiro positivo k, x_k representar o único número real positivo solução da equação $x \uparrow k = 10 \uparrow (k+1)$, subtraindo $x_{43} - x_{42}$ a diferença d satisfaz a:

(A) $d < -1$ (B) $d = -1$ (C) $-1 < d < 1$
(D) $d = 1$ (E) $d > 1$

322. Se $a, b \in \mathbb{N}$ são maiores que 1 e tais que $2^n - 1 = ab$ para um dado natural n, então o número $ab - (a-b) - 1$ é igual a um número ímpar multiplicado por uma potência de:

(A) 3 (B) 4 (C) 5
(D) 6 (E) 7

323. O menor inteiro positivo n tal que independentemente de como 10^n seja expresso como o produto de dois inteiros positivos, pelo menos um destes dois números contem o algarismo 0 é:

(A) 5 (B) 6 (C) 7
(D) 8 (E) 9

324. Se $n! = 1 \times 2 \times \cdots \times (n-1) \times n$ o número de zeros no final de $\dfrac{2002!}{(1001!)^2}$ é:

(A) 0 (B) 1 (C) 2
(D) 200 (E) 400

325. A expansão decimal de um número natural a possui n algarismos enquanto que a expansão decimal de a^3 consiste de m algarismos. Assinale, dentre as opções abaixo, aquela que apresenta um valor que $m+n$ NÃO pode assumir:

(A) 2002 (B) 2003 (C) 2004
(D) 2005 (E) 2005

326. As representações decimais dos números 2^{2005} e 5^{2005} são escritas lado a lado. O número de algarismos escritos é igual a:

(A) 2005 (B) 2006 (C) 2007
(D) 4010 (E) 4011

327. No início do mês de Agosto uma loja apresenta 10 produtos distintos à venda com o mesmo preço P. A cada dia subseqüente, o preço de cada produto é duplicado ou triplicado. Se no início de Setembro, do mesmo ano, todos os preços estiverem diferentes, o valor mínimo da razão entre os valores máximo e mínimo de P é igual a:

(A) 24 (B) 25 (C) 26
(D) 27 (E) 28

328. Na seqüência (a_n) de inteiros ímpares $(1,3,3,3,5,5,5,5,5,...)$ cada inteiro positivo ímpar k aparece k vezes. Sabendo que existem inteiros b, c e d tais que para todos os inteiros positivos n, $a_n = b\lfloor\sqrt{n+c}\rfloor + d$ onde $\lfloor x \rfloor$ é o maior inteiro que não supera x, a soma $b+c+d$ é igual a:

(A) 0   (B) 1   (C) 2
(D) 3   (E) 4

329. Sabe-se que $144^5 = 27^5 + 84^5 + 110^5 + 133^5$. Com base nisto, podemos afirmar que $27^7 + 84^7 + 110^7 + 133^7$ é:

(A) menor que $144^7 - 1$ (B) igual a $144^7 - 1$ (C) igual a 144^7
(D) igual a $144^7 + 1$ (E) maior que $144^7 + 1$

330. Algumas *quintas potências perfeitas* possuem todos os algarismos distintos por exemplo, $2^5 = 32$ e $3^5 = 243$ enquanto outras, possuem algarismos iguais como $10^5 = 100000$. Se n é o número de *quintas potências perfeitas* que possuem todos os algarismos distintos então:

(A) $n \leq 90$ (B) $90 < n \leq 98$ (E) $n = 99$
(D) $n = 100$ (E) $n > 100$

331. A soma de três números inteiros positivos e consecutivos é igual a uma potência de 3 e a soma dos três números inteiros consecutivos seguintes é um múltiplo de 7. O menor valor da soma destes *seis* números consecutivos é:

(A) 491   (B) 493   (C) 495
(D) 497   (E) 499

332. O *maior* valor possível de K para o qual 3^{11} pode ser expresso como a soma de K inteiros positivos consecutivos é igual a:

(A) 480   (B) 482   (C) 484
(D) 486   (E) 488

333. Considere todos os pares (a,b) de números naturais tais que o produto $a^a \cdot b^b$ quando escrito no sistema de numeração decimal termina com exatamente 98 zeros. A soma dos elementos do par (a,b) para o qual o produto ab é o menor possível é igual a:

(A) 171   (B) 173   (C) 175
(D) 177   (E) 179

334. Quando escrito na notação decimal, o número 3^{10000} possui quase 5000 algarismos. Sejam a a soma destes quase 5000 algarismos, b a soma dos algarismos de a e c a soma dos algarismos de b. O valor de c é igual a:

(A) 12   (B) 10   (C) 9
(D) 7   (E) 3

335. A cada um dos vértices de um *cubo*, é atribuído um dos números +1 ou −1. A seguir, a cada face deste *cubo*, atribuiu-se o inteiro resultante do produto dos quatro inteiros que estão nos vértices desta face. Um valor possível para a soma destes 14 números é igual a:

(A) 12   (B) 10   (C) 7
(D) 4   (E) 0

336. O número máximo de elementos de um subconjunto S se $\{0,1,2,3,\ldots,2005\}$ de modo que nenhum elemento de S seja uma potência de 2 ou uma soma de potências de 2 é igual a:

(A) 991   (B) 993   (C) 995
(D) 997   (E) 999

337. Sabendo que 2^{2004} é um número com 604 algarismos cujo primeiro algarismo, da esquerda para a direita, é igual a 1, quantos números do conjunto $S = \{2^0, 2^1, 2^2, \ldots, 2^{2003}\}$, possuem 4 como seu primeiro algarismo?

(A) 194   (B) 195   (C) 196
(D) 197   (E) 198

338. O número de potências de 2, menores ou iguais a 2005^{2005} que possuem primeiro algarismo igual a 1 é igual a:

(A) 6610 (B) 6620 (C) 6630
(D) 6640 (E) 6650

339. O valor de a para o qual é verdadeira a afirmativa: "Para pelo menos $a\%$ dos naturais n de 1 a 1 000 000 o primeiro algarismo de 2^n é igual a 1" é:

(A) 10 (B) 15 (C) 20
(D) 25 (E) 30

340. O número de pares de potências de 2 tais que uma pode ser obtida a partir da outra através de uma permutação de seus algarismos é igual a:

(A) 0 (B) 1 (C) 2
(D) 3 (E) infinitas

341. O número de potências de 2 que terminam com 2002 é igual a:

(A) 0 (B) 1 (C) 2
(D) 3 (E) infinitas

342. Para um dado número inteiro positivo, são permitidas as seguintes operações: "duplicá-lo" ou "aumentá-lo de uma unidade". Partindo do número zero, o menor número de operações necessárias para atingir o número 2005 é igual a:

(A) 15 (B) 16 (C) 17
(D) 18 (E) 19

343. Seja $T = \{9^k ; k \in \mathbb{Z} \wedge 0 \leq k \leq 4000\}$. Dado que 9^{4000} possui 3817 algarismos e que seu primeiro algarismo (da esquerda para a direita) é igual a 9, o número de algarismos de T que possuem 9 como seu primeiro algarismo é igual a:

(A) 180 (B) 182 (C) 184
(D) 186 (E) 188

344. Um subconjunto de inteiros é chamado livre de duplos se não existe um inteiro x para os quais tanto x como 2x pertencem a tal subconjunto. O maior tamanho (isto é, o número de elementos) de um subconjunto livre de duplos do conjunto dos primeiros 2005 inteiros positivos é igual a:

(A) 1330 (B) 1332 (C) 1334
(D) 1336 (E) 1338

345. A soma de todos os inteiros positivos $a = 2^n \cdot 3^m$, onde n e m são inteiros não negativos para os quais a^6 não é um divisor de 6^a é igual a:

(A) 41 (B) 42 (C) 43
(D) 44 (E) 45

346. Subtraindo 2000^{200} de 2^{2002}, a diferença d satisfaz a:

(A) $d < -1$ (B) $d = -1$ (C) $-1 < d < 1$
(D) $d = 1$ (E) $d > 1$

347. Uma máquina do tempo é controlada por um conjunto de chaves do tipo "liga-desliga" numeradas de 1 a 10 (da esquerda para a direita) e dispostas lado a lado. A n-ésima chave posicionada em "liga" viaja 2^{n-1} anos para o futuro se n é ímpar e 2^{n-1} anos para o passado se n é par e se uma chave está na posição "desliga" ela não produz nenhum efeito. Sabendo que o efeito provocado por várias chaves posicionadas em "liga" é igual à soma dos seus efeitos individuais, se convencionarmos liga = 1 e desliga = 0 então a disposição que as 10 chaves devem apresentar para viajarmos 200 anos para o passado é:

(A) 0001001011 (B) 0001001000 (C) 0010001100
(D) 0001100010 (E) 0010001011

88 | Problemas Selecionados de Matemática

348. Considere as afirmativas:

1. $8^{8^{{.}^{{.}^{8}}}}$ (nove 8's) é maior que $9^{9^{{.}^{{.}^{9}}}}$ (oito 9's).

2. 17^{1665} é menor que 31^{1332}.

3. 500^{999} é maior que $1 \cdot 2 \cdot 3 \cdots 998 \cdot 999$.

Conclua que:

(A) Somente (1) e (2) são verdadeiras

(B) Somente (1) e (3) são verdadeiras

(D) Somente (2) e (3) são verdadeiras

(D) Todas são verdadeiras

(E) Todas são falsas

349. No dia 1º de um determinado mês, uma loja apresentava 10 produtos distintos, para venda, porém todos com o mesmo preço. Sabendo que a cada dia que se passava o preço de cada produto era duplicado ou triplicado e que no dia 1º do mês seguinte os preços de todos os dez produtos estavam diferentes entre si, o valor mínimo da razão entre os preços dos produtos mais caro e mais barato era:

(A) 27   (B) 28   (C) 29
(D) 30   (E) 31

350. Seja $S = \{1,2,3,...,24,25\}$. O número de elementos do maior subconjunto de S no qual não existe um par de elementos que difiram de um quadrado perfeito é:

(A) 10   (B) 11   (C) 12
(D) 13   (E) 14

351. M é um subconjunto de $\{1,2,3,...,15\}$ tal que o produto de quaisquer três elementos de M não seja um quadrado perfeito. O número máximo de elementos de M é igual a:

(A) 9   (B) 10   (C) 11
(D) 12   (E) 13

Capítulo 2 – Potenciação

352. O número de pares de números inteiros não negativos (a,b) que satisfazem à equação $2^a 3^b = 2^{ab} + b^3$ é igual a:
(A) 1   (B) 2   (C) 3
(D) 4   (E) 6

353. O algarismo das centenas de $2^{1999} + 2^{2000} + 2^{2001}$ é:
(A) um quadrado perfeito   (D) inteiro ímpar
(B) um múltiplo de 3   (E) divisor de 9
(C) um inteiro par

354. O número de valores distintos da seqüência $\left\lfloor \dfrac{k^2}{2004} \right\rfloor$, $k = 1, 2, \ldots, 2003$ onde, como usual, $\lfloor x \rfloor$ é o maior inteiro que não supera x é igual a:
(A) 1500   (B) 1501   (C) 1502
(D) 1503   (E) 1504

355. Sabendo que a soma $\left\lfloor \dfrac{1}{3} \right\rfloor + \left\lfloor \dfrac{2}{3} \right\rfloor + \left\lfloor \dfrac{2^2}{3} \right\rfloor + \cdots + \left\lfloor \dfrac{2^{1000}}{3} \right\rfloor$ onde, como usual, $\lfloor x \rfloor$ é o maior inteiro que não supera x, pode ser colocada sob a forma $\dfrac{2^a - b}{3}$, o valor de $a + b$ é igual a:
(A) 2501   (B) 2503   (C) 2505
(D) 2507   (E) 2509

356. Quantos pares (n, q) satisfazem a igualdade $\{q^2\} = \left\{ \dfrac{n!}{2000} \right\}$ com n inteiro positivo e q um número racional não inteiro tal que $0 < q < 2000$, onde $\{x\} = x - \lfloor x \rfloor$?
(A) 2000   (B) 2200   (C) 2400
(D) 2600   (E) 2800

357. O número de inteiros positivos a para os quais existem inteiros não negativos $x_0, x_1, x_2, ..., x_{2001}$ satisfazendo a $a^{x_0} = \sum_{k=1}^{2001} a^{x_k}$ é igual a:

(A) 0 (B) 1 (C) 12
(D) 16 (E) 20

358. O número de pares de inteiros positivos (a,b) tais que $(36a+b)(a+36b)$ é uma potência de 2 é igual a:

(A) 0 (B) 1 (C) 2
(D) 3 (E) infinito

359. O conjunto $\{1,2,4,5,7,9,10,12,14,16,...\}$ foi formado da seguinte maneira: colocamos o primeiro número ímpar, a saber, 1 a seguir colocamos os dois números pares seguintes, isto é 2 e 4 depois foram colocados os três números seguintes ao último número par colocado 5, 7 e 9 a seguir, os quatro números pares seguintes ao último número ímpar colocado e assim sucessivamente. O 2005º número par pertencente a este conjunto é igual a:

(A) 7966 (B) 7968 (C) 7970
(D) 7972 (E) 7974

360. Um estudante caminha ao longo de um corredor que contem 1024 armários fechados e numerados consecutivamente de 1 a 1024. O estudante resolve então abrir o armário número 1 e então, vai abrindo alternadamente cada um dos armários que ele encontra fechado até chegar ao final do corredor. O estudante então retorna e começa de trás para frente a fazer o mesmo isto é, ele abre o primeiro armário que encontra fechado e alternadamente vai abrindo cada um dos armários que ele encontra aberto. Ele continua caminhando desta forma retornando e abrindo os armários até que todos os armários estejam abertos. O número do *último* armário que ele abriu é igual a:

(A) 340 (B) 341 (C) 342
(D) 343 (E) 344

361. Numa sala, 2005 cadeiras numeradas consecutivamente de 1 a 2005 estão dispostas em círculo. Em cada cadeira está sentado um estudante. Estes resolvem então começar o seguinte jogo: o estudante sentado na cadeira de número 1 diz *"sim"* e permanece no jogo. O estudante de número 2 diz *"não"* e deixa o jogo, e assim sucessivamente, isto é, cada estudante contradizendo o anterior. Aquele que diz *"sim"* permanece no jogo e aquele que diz *"não"* sai do jogo. O jogo termina quando resta apenas um estudante. O número da cadeira na qual este estudante está sentado é:

(A) 1961 (B) 1963 (C) 1965
(D) 1967 (E) 1969

362. Nos extremos de um diâmetro de um círculo, escreve-se o número 1. A seguir, divide-se cada semicírculo ao meio e no seu ponto médio escreve-se a soma dos números que estão nos extremos do semicírculo. A seguir, cada quarto de círculo é dividido ao meio e em cada um dos seus pontos médios coloca-se a soma dos números que estão nos extremos de cada arco. Procede-se assim, sucessivamente sempre dividindo cada arco ao meio e em cada um dos seus pontos médios escreve-se a soma dos números que estão em seus extremos. A soma de todos os números escritos após 2005 passos é igual a:

(A) $2 \cdot 3^{2004}$ (B) $2 \cdot 3^{2003}$ (C) $3 \cdot 2^{2004}$
(D) $3 \cdot 2^{2003}$ (E) $3 \cdot 2^{2005}$

363. O número máximo de elementos de um subconjunto S de $\{0,1,2,3,\ldots,2005\}$ de modo que não exista um par de elementos de S que difiram de um quadrado perfeito é igual a:

(A) 400 (B) 401 (C) 802
(D) 1200 (E) 1203

364. O número mínimo de potências 27-ésimas distintas (isto é, números da forma n^{27}, com n inteiro positivo), todas com exatamente 2005 algarismos, tais que qualquer uma pode ser obtida de qualquer outra a partir de uma permutação de seus algarismos é igual a:

(A) 2001 (B) 2003 (C) 2005
(D) 2007 (E) 2009

Capítulo 3

Radiciação

Seção 3.1 – Leis das Raízes

365. Considere as afirmativas:

(I) $3\sqrt[4]{3} - 5\sqrt[4]{48} + \sqrt[4]{243} = -4\sqrt[4]{3}$

(II) $2\sqrt{175} - 3\sqrt{63} + 5\sqrt{28} = 11\sqrt{7}$

(III) $5\sqrt{2} - 3\sqrt{50} + 7\sqrt{288} = 74\sqrt{2}$

(IV) $\sqrt[3]{128} + \sqrt[3]{512} - \sqrt[3]{16} = 10\sqrt[3]{2}$

(V) $7\sqrt[3]{54} - 3\sqrt[3]{16} + \sqrt[3]{432} = 21\sqrt[3]{2}$

O número daquelas que são VERDADEIRAS é igual a :

(A) 1 (B) 2 (C) 3
(D) 4 (E) 5

366. O número $\sqrt{12^{12}}$ é igual a:

(A) 6^6 (B) $(2\sqrt{3})^{12}$ (C) 6^{12}

(D) $12^{2\sqrt{3}}$ (E) $(2\sqrt{3})^6$

367. O valor de $\sqrt{2000^{2000}}$ é igual a:

(A) 1000^{1000} (B) 1000^{2000} (C) $(20\sqrt{5})^{2000}$

(D) $(2000)^{20\sqrt{5}}$ (E) 2000^{500}

368. A raiz sétima de $7^{(7^7)}$ é igual a:

(A) 7^7 (B) $7^{(7^7-1)}$ (C) $7^{(6^7)}$

(D) $7^{(7^6)}$ (E) $(\sqrt{7})^7$

369. A *raiz nona* de $9^{(9^9)}$ é igual a:

(A) 9^9 (B) $9^{(9^9-1)}$ (C) 9^{8^9}

(D) $9^{(9^8)}$ (E) 3^9

370. Assinale o *menor* dos números:

(A) $0,4^2$ (B) $0,5^2$ (C) $0,5^{-1}$

(D) 5^{-1} (E) $\sqrt{0,25}$

371. Assinale o menor dos números:

(A) $\sqrt[30]{30}$ (B) $\sqrt[6]{2}$ (C) $\sqrt[10]{3}$

(D) $\sqrt[12]{4}$ (E) $\sqrt[15]{5}$

372. Assinale o maior dos números:

(A) $\sqrt[24]{20}$ (B) $\sqrt[16]{15}$ (C) $\sqrt[12]{10}$

(D) $\sqrt[3]{5}$ (E) $\sqrt[6]{2}$

373. Sendo $a = \sqrt[3]{4}$, $b = \sqrt[4]{6}$ e $c = \sqrt[12]{280}$ então:

(A) $a < b < c$ (B) $b < a < c$ (C) $c < a < b$

(D) $c < b < a$ (E) $b < c < a$

374. Colocando-se os números $p = \sqrt{8}$, $q = 3$ e $r = \sqrt[3]{25}$ em ordem crescente obtemos a seqüência:

(A) p, q, r (B) p, r, q (C) q, p, r

(D) q, r, p (E) r, q, p

375. Colocando-se os números $x = \sqrt[10]{10}$, $y = \sqrt[3]{2}$ e $z = \sqrt[15]{35}$ em ordem decrescente obtem-se:

   (A) $x > y > z$ (B) $x > z > y$ (C) $z > y > x$
   (D) $z > x > y$ (E) $y > x > z$

376. O valor de $\sqrt{25^{4a^2}}$ é igual a:

   (A) 25^{2a} (B) $25^{2|a|}$ (C) 25^{2a^2}
   (D) $5^{2|a|}$ (E) 5^{2a^2}

377. O valor de $\sqrt{49^{36a^4}}$ é igual a:

   (A) 7^{18a^2} (B) 7^{18a^4} (C) 49^{18a^2}
   (D) 49^{18a^4} (E) 49^{36a^2}

378. Dentre os números $2^{\sqrt{2}}$, $(\sqrt{2})^2$, $\sqrt{4^{\sqrt{2}}}$, $(\sqrt{2})^{\sqrt{8}}$ e $\sqrt{8}$ a quantidade de números distintos é igual a:

   (A) 1   (B) 2   (C) 3
   (D) 4   (E) 5

379. O número $\sqrt{2000^{2000}}$ termina com uma grande quantidade de zeros. O primeiro algarismo não nulo da direita para a esquerda é:

   (A) 2   (B) 4   (C) 6
   (D) 8   (E) ímpar

380. O valor de $\sqrt[6]{a} \cdot \sqrt[3]{a}$ onde $a > 0$, é igual a:

   (A) $\sqrt{a}$ (B) $\sqrt[9]{a}$ (C) $\sqrt[12]{a}$
   (D) $\sqrt[9]{a^2}$ (E) $\sqrt[18]{a^2}$

381. O produto de $\sqrt[3]{4}$ por $\sqrt[4]{8}$ é igual a:

(A) $\sqrt[7]{12}$ (B) $2\sqrt[7]{12}$ (C) $\sqrt[7]{32}$

(D) $\sqrt[12]{32}$ (E) $2\sqrt[12]{32}$

382. O valor de $\dfrac{\sqrt[4]{5^3} \cdot \sqrt[5]{5^4}}{\sqrt[20]{5^{11}}}$ é:

(A) 5   (B) $\sqrt[4]{5}$ (C) $\sqrt[5]{5}$

(D) $\sqrt[20]{5}$ (E) 1

383. Considere as afirmativas:

(I) $\sqrt{a} \cdot \sqrt[3]{a^2} \cdot \sqrt[4]{a^3} = a\sqrt[12]{a^{11}}$

(II) $\sqrt{a^2 b} \cdot \sqrt[5]{a^8 b^9} = \sqrt[5]{a^{13} \cdot b^{23/2}}$

(III) $\sqrt{2} \cdot \sqrt[5]{8} \cdot \sqrt[7]{16} = 2\sqrt[70]{2^{47}}$

(IV) $\sqrt{10} \cdot \sqrt[5]{25} \cdot \sqrt{32} = 8\sqrt[10]{5^9}$

O número de afirmativas FALSAS é igual a:

(A) 0   (B) 1   (C) 2

(D) 3   (E) 4

384. O valor de $\left(\sqrt{3} + \sqrt[3]{9} - \sqrt[8]{81}\right) \cdot \sqrt[4]{27}$ é igual a:

(A) $\sqrt[4]{3}$ (B) $2\sqrt[4]{3}$ (C) $3\sqrt[4]{3}$

(D) $4\sqrt[4]{3}$ (E) $5\sqrt[4]{3}$

385. Assinale a única igualdade errada:

(A) $a\sqrt{a^{-1}\sqrt{a^{-1}}} = \sqrt[4]{a}$

(B) $b\sqrt[3]{b^{-2}\sqrt[3]{b^{-2}}} = \sqrt[9]{b}$

(C) $c\sqrt[4]{c^{-3}\sqrt[4]{c^{-3}}} = \sqrt[16]{c}$

(D) $\sqrt[4]{x\sqrt[3]{x\sqrt{x}}} = \sqrt[8]{x^3}$

(E) $\sqrt[5]{a\sqrt[3]{a^2}} = \sqrt[5]{a}$

386. Se $N > 1$ então $\sqrt[3]{N\sqrt[3]{N\sqrt[3]{N}}}$ é igual a:

(A) $N^{\frac{1}{27}}$ (B) $N^{\frac{1}{9}}$ (C) $N^{\frac{1}{3}}$

(D) $N^{\frac{13}{27}}$ (E) N

387. Assinale o maior dentre os números abaixo:

(A) $\sqrt{\sqrt[3]{5 \cdot 6}}$ (B) $\sqrt{6\sqrt[3]{5}}$ (C) $\sqrt{5\sqrt[3]{6}}$

(D) $\sqrt[3]{5\sqrt{6}}$ (E) $\sqrt[3]{6\sqrt{5}}$

388. O valor de $6 \cdot (\sqrt[3]{3{,}375} + \sqrt{1{,}777...} + \sqrt[5]{32^{-1}})$ é igual a:

(A) $\sqrt[3]{3} + \sqrt{2}$ (B) 20   (C) $\sqrt{2} + \sqrt{3}$

(D) $17 + \sqrt{5}$ (E) $\dfrac{48}{7}$

389. O valor de $\sqrt[3]{16\sqrt{8}} \cdot \sqrt[6]{0{,}125}$ é:

(A) $2\sqrt{8}$ (B) $4\sqrt[3]{4}$ (C) $4\sqrt{2}$

(D) $2\sqrt[3]{2}$ (E) $4\sqrt[6]{2}$

390. O valor da expressão $E = 9a^3 - 3a$, para $a = \left(0{,}2666... + \dfrac{5^{-1} \cdot (3^3 + 3^2 \cdot (-2)^3)}{(0{,}333...)^{-3} \cdot (-5)}\right)^{\frac{1}{2}}$

é igual a:

(A) $\sqrt{3}$ (B) $\sqrt{2}$ (C) $\dfrac{\sqrt{5}}{5}$

(D) 0   (E) 1

391. A expressão $\dfrac{(0{,}5)^{-2} \cdot 2^{0{,}333...} \cdot \sqrt[3]{16}}{(0{,}125)^{-3}}$ quando escrita como potência de base 2, tem como expoente igual a:

(A) $-\dfrac{14}{3}$ (B) $-\dfrac{16}{3}$ (C) -6

(D) $-\dfrac{22}{3}$ (E) -8

392. Simplificando a expressão $E = \dfrac{\sqrt[3]{3\sqrt{3}} \cdot \sqrt[3]{5\sqrt{75}}}{\sqrt[5]{225^3} \cdot \sqrt[5]{\sqrt[3]{15}}}$

obtemos:

(A) 1   (B) 3   (C) 5

(D) 15   (E) 75

393. Simplificando-se a expressão abaixo, obtemos:

$$E = \dfrac{\left(\sqrt[4]{\sqrt[4]{2^3}}\right)^3 \cdot \left(\sqrt[4]{\sqrt{8}}\right) \cdot \sqrt{\left(\sqrt[8]{32}\right)^3} \cdot \sqrt[8]{128}}{\left(\sqrt[4]{8}\right)^3 \cdot \sqrt{2}}$$

(A) $\sqrt[4]{8}$ (B) $\sqrt[4]{2}$ (C) 1

(D) $\sqrt[4]{32}$ (E) 2

394. Simplificando-se a expressão

$$E = \frac{\sqrt{\dfrac{x}{y}\sqrt{\dfrac{x^{-3}}{y^{-6}}}}}{\sqrt{\sqrt[4]{\dfrac{x^{-1}}{y^{-1}}}}} \cdot \sqrt[3]{\dfrac{x^{-2}}{y^{-1}}\sqrt{\dfrac{y^{-2}}{x^{-1}}}}$$

obtemos :

(A) $\sqrt[8]{x^{-5}y^7}$ (B) $\sqrt{x^{-1}y}$ (C) $\sqrt[6]{x^{-5}y^4}$

(D) xy (E) $\sqrt[4]{x^{-3}y^2}$

395. Simplificando a expressão

$$E = \frac{\sqrt[3]{\dfrac{a^{-2}}{b}\sqrt{\dfrac{b^2}{a^{-1}}}}}{\sqrt[4]{\dfrac{a}{b}\sqrt{\dfrac{a^{-3}}{b^5}}}} \cdot \sqrt{\sqrt{\sqrt{\dfrac{a^{-1}}{b}}}}$$

obtemos :

(A) $\sqrt[4]{a^{-2}b^3}$ (B) $\sqrt[4]{a^2b^{-3}}$ (C) $\sqrt[4]{a^3b^2}$

(D) $\sqrt[4]{a^{-3}b^2}$ (E) $\sqrt[4]{a^3b^{-2}}$

Seção 3.2 – Potência de Expoente Racional

396. Considere as afirmativas:

I. Se $x^{0,3} = 10$ então $x^{0,4}$ é igual a 12.

II. Se $\sqrt[3]{p} = 32$ e $\sqrt{q} = 243$ então $\sqrt[5]{pq} = 72$

III. Se $\sqrt[3]{abc} = 4$ e $\sqrt[4]{abcd} = 2\sqrt{10}$ então $d = 25$.

IV. O valor de $3 \times 8^{\frac{2}{3}} \times \left(\frac{27}{8}\right)^{-\frac{1}{3}}$ é 8

O número de afirmativas VERDADEIRAS é igual a:
(A) 0 (B) 1 (C) 2
(D) 3 (E) 4

397. Se $x^3 = 2005^7$, $y^5 = 2005^8$ e $z^9 = 2005^{10}$, o valor de $(xyz)^{45}$ é igual a:

(A) 2005^{45} (B) 2005^{2005} (C) 2005^{125}
(D) 2005^{227} (E) 2005^{250}

398. Sabendo que $\sqrt[3]{x^2} = 2005^6$, $\sqrt{y} = 2005^4$ e $\sqrt[5]{z^4} = 2005^8$ com $x > 0$, $y > 0$ e $z > 0$, o valor de $(x \cdot y \cdot z)^{-\frac{1}{3}}$ é igual a:

(A) 2005^9 (B) 2005^6 (C) 2005^{-7}
(D) 2005^{-6} (E) 2005^{-9}

399. Sejam x,y,z,w números reais positivos tais que $x^{24} = y^{40} = z^k = (xyz)^{12}$ onde k é um número natural. O valor de k é igual a:

(A) 48 (B) 60 (C) 72
(D) 84 (E) 96

400. Sejam n e k números reais positivos tais que $(2n)^k = 1944$ e $n^k = 486\sqrt{2}$. A soma dos algarismos de n^6 é igual a:

(A) 36   (B) 48   (C) 60

(D) 72   (E) 84

401. Assinale dentre os números abaixo aquele que NÃO é racional:

(A) -2005 (B) $8^{2/3}$ (C) $\sqrt{0,49}$

(D) $100^{0,5}$ (E) $1000^{0,1}$

402. Considere as afirmativas:

(I) O valor de $(\frac{1}{4})^{-1/4}$ é igual a $-\frac{1}{16}$.

(II) O valor de $(-\frac{1}{125})^{-2/3}$ é igual a -25.

(III) O valor de $81^{-(2^{-2})}$ é igual a $-\frac{1}{3}$.

(IV) O valor de $2^{2^{2^{-2}}}$ é igual a $2^{\sqrt[4]{2}}$.

(V) O valor de $0,5^{0,5}$ é igual ao valor de $0,25^{0,25}$.

O número de afirmativas FALSAS é igual a:

(A) 1   (B) 2   (C) 3

(D) 4   (E) 5

403. Se $\sum_{k=1}^{8}(\sqrt{a_k} - \sqrt{a_k - 1}) = 2$ então a_k é igual a:

(A) k^2 (B) $k^2 \cdot (k+1)^2$ (C) $4(k^2 + k)$

(D) $4k^2$ (E) $(2k+1)^2$

Capítulo 3 – Radiciação | 103

404. Considere as afirmativas:

I. Para todos racionais a,b,c , $(a^b)^c = (a^c)^b$

II. Para todos racionais x, $\sqrt{x^2} = x$

III. $\sqrt{20} + \sqrt{80} = \sqrt{180}$

IV. $0,1^{(0,1^{0,1})} > 0,1$

V. $(0,333...) \cdot (0,666...) = 0,222...$

VI. Para todo x positivo, $x^2 > x$

O número de afirmativas FALSAS é igual a:

(A) 1   (B) 2   (C) 3
(D) 4   (E) 5

405. O valor do número real $M = 1000^{-\frac{2}{3}} + \left(\dfrac{1}{27}\right)^{-\frac{4}{3}} - (625)^{-0,75}$ é:

(A) $\dfrac{40500}{500}$ (B) $\dfrac{40501}{500}$ (C) $\dfrac{50}{40501}$

(D) $\dfrac{500}{40500}$ (E) $\dfrac{1}{81}$

406. O valor de $216^{-\frac{2}{3}} + 343^{-0,333...} + (1024)^{0,3} + \left(\dfrac{1}{1000000}\right)^{\frac{1}{3}}$ é:

(A) $\dfrac{7438}{6300}$ (B) $\dfrac{5162}{6300}$ (C) 1

(D) $\dfrac{51538}{6300}$ (E) $\dfrac{5138}{6300}$

407. A soma

$$S = 16^{0,75} + (-64)^{\frac{2}{3}} + 0,04^{-1,5} + \left(\frac{27}{125}\right)^{-\frac{1}{3}} + 1024^{\frac{2}{10}} - 243^{0,6} + 9^{\frac{3}{2}}$$

quando colocada sob a forma da fração irredutível $\frac{x}{y}$ verificamos que $x+y$ é:

(A) 461   (B) 463   (C) 465
(D) 467   (E) 469

408. A potência $\left(\dfrac{1}{\sqrt[4]{2}}\right)^{\sqrt{2}}$ é igual a:

(A) $2^{\frac{1}{2}}$ (B) $\dfrac{1}{2}$ (C) $2^{2^{\frac{1}{2}}-\left(\frac{1}{2}\right)}$

(D) $2^{-2^{-\frac{1}{2}}}$ (E) $2^{-2^{-\frac{3}{2}}}$

409. Assinale a igualdade que NÃO é verdadeira:

(A) $160 + 9 \cdot 4^{\frac{1}{2}} = 178$ (D) $(160 + 9 \cdot 4)^{\frac{1}{2}} = 14$

(B) $160 + (9 \cdot 4)^{\frac{1}{2}} = 166$ (E) $[(160+9) \cdot 4]^{\frac{1}{2}} = 24$

(C) $(160 + 9) \cdot 4^{\frac{1}{2}} = 338$

410. O valor da expressão:

$$\left(-2^3\right) \cdot \left[\left(9^{-\frac{1}{2}} + 27^{-\frac{1}{3}} + 81^{-\frac{1}{4}} - 3\right)^5 \cdot \left(2 \cdot 3^2 - 3 \cdot 2^3 + 64^{\frac{1}{3}}\right)^{-1}\right]^{-\frac{1}{2}}$$

é igual a:
(A) −4   (B) −2   (C) −1
(D) 0   (B) 1

411. O valor mais aproximado de $\dfrac{16^{-0,75} + \sqrt[5]{0,00243}}{\dfrac{2}{3} + 4,333...}$ é:

(A) 0,045   (B) 0,125   (C) 0,315
(D) 0,085   (E) 0,25

412. Resolvendo-se a expressão

$$\dfrac{8^{0,666...} + 4^{3/2} - 2^{\sqrt{9}} + 9^{0,5}}{\left(\dfrac{1}{49}\right)^{-1/2}}$$

encontra-se:

(A) 1   (B) 2   (C) 3
(D) 4   (E) 5

413. O valor de

$$\left[\left(\dfrac{1}{5^{-2/3}}\right)^3 - \left(\dfrac{2^{12}}{2^{10}}\right)^{1/2}\right] - \left[\dfrac{(0,333...)^{-5/2}}{\sqrt{3}} - \dfrac{\left(5^{5/3}\right)^2}{\sqrt[3]{5}}\right]$$

é igual a:

(A) 139   (B) 120   (C) 92
(D) 121   (E) 100

414. Considere as sentenças abaixo.

I. $4^{8^3} = 2^{1024}$

II. $\sqrt[4]{64} = \sqrt[6]{512} < \sqrt[3]{128}$

III. $\sqrt{25} + \sqrt{56} = 9$

IV. $\sqrt{A^4 + B^4} = A^2 + B^2$, para todo A e B reais

Pode-se concluir que:

(A) Todas são Verdadeiras
(B) (III) é a única falsa
(C) Somente (I) e (II) são verdadeiras.
(D) (IV) é a única falsa.
(E) Existe somente uma sentença verdadeira.

415. Considere as sentenças dadas abaixo:

I. $3^{5^0} = 1$

II. $2^{3^{\sqrt{3}}} = 2^{3^{\frac{3}{2}}}$

III. $-3^{-2} = \dfrac{1}{9}$

IV. $81^{\frac{1}{2}} = \pm 9$

Pode-se afirmar que o número de sentenças verdadeiras é

(A) 4   (B) 3   (C) 2
(D) 1   (E) 0

416. O valor da expressão

$$\left(\sqrt[3]{-\dfrac{16}{27} + \dfrac{16}{9} \cdot (0{,}333\ldots + 1) - \left(-\dfrac{3}{4}\right)^{-2}} \right)^{\frac{\sqrt{25}}{2} + 3}$$

é igual a:

(A) $\sqrt[3]{-\dfrac{1}{3}}$ (B) $\sqrt[3]{\dfrac{2}{3}}$ (C) 0
(D) 1   (E) −1

417. O valor da expressão

$$\left[\sqrt{\left(\frac{1}{6}\right)^3 \cdot 0{,}666\ldots} + \sqrt{\left(\frac{2}{3}\right)^0 - \frac{1}{1{,}333\ldots}}\right]^{-\frac{1}{2}}$$

é igual a:

(A) $\dfrac{\sqrt{2}}{5}$ (B) $\sqrt{\dfrac{2}{5}}$ (C) $\sqrt{\dfrac{5}{2}}$

(D) $\dfrac{5\sqrt{2}}{2}$ (E) $\dfrac{2\sqrt{5}}{5}$

418. O valor da expressão

$$\left(\frac{1}{16}\right)^{\frac{1}{2}} + 2^{9^{0{,}5}} + \left[\frac{\left(12^2-6\right)+17+\dfrac{1}{3}}{15}\right]^{\left[(3^2-1)0{,}1\right]^{-1}}$$

é igual a:
(A) 10   (B) 11   (C) 12
(D) 13   (E) 14

419. Qual o valor da expressão abaixo:

$$\left(\frac{1+2+3+\ldots+50}{5+10+15+\ldots+250}\right)^{-\frac{1}{2}} \left(\sqrt[3]{2\sqrt{1{,}25}}\right)^{-1}$$

(A) 1   (B) $\sqrt{5}$ (C) $\dfrac{\sqrt{5}}{5}$

(D) $\dfrac{\sqrt[3]{5}}{5}$ (E) $\sqrt[3]{5}$

420. A expressão $\dfrac{\sqrt[3]{0,25} - \sqrt[3]{2}}{\sqrt[3]{2}}$ é equivalente a:

(A) $\sqrt[3]{-2}$ (B) $\dfrac{\sqrt[3]{2}}{4}$ (C) -1

(D) $-\dfrac{1}{2}$ (E) $\sqrt[3]{0,5}$

421. A notação $\lfloor x \rfloor$ significa o maior inteiro não superior a X. Por exemplo, $\lfloor 3,5 \rfloor = 3$ e $\lfloor 5 \rfloor = 5$. O número de inteiros positivos X para os quais $\lfloor x^{\frac{1}{2}} \rfloor + \lfloor x^{\frac{1}{3}} \rfloor = 10$ é igual a:

(A) 11 (B) 12 (C) 13
(D) 14 (E) 15

422. A notação $\lfloor x \rfloor$ significa o maior inteiro não superior a x. Por exemplo, $\lfloor 3,5 \rfloor = 3$ e $\lfloor 5 \rfloor = 5$. O número de inteiros positivos x compreendidos entre 0 e 500 para os quais $x - \left\lfloor x^{\frac{1}{2}} \right\rfloor^2 = 10$ é igual a:

(A) 17 (B) 18 (C) 19
(D) 20 (E) 21

423. Se a e b são *números positivos* tais que $a^b = b^a$ e $b = 9a$ então o valor de a é igual a:

(A) 9 (B) $\dfrac{1}{9}$ (C) $\sqrt[9]{9}$

(D) $\sqrt[3]{9}$ (E) $\sqrt[4]{3}$

424. A solução (a, b) para as equações $a^b = b^a$ e $b = ka$ para o inteiro positivo $k \neq 1$ é dada por:

(A) $\left(k^{\frac{1}{k-1}}, k^{\frac{k}{k-1}} \right)$ (B) $\left(k^{\frac{k}{k-1}}, k^{\frac{1}{k-1}} \right)$ (C) $\left(k^{\frac{1}{k+1}}, k^{\frac{k}{k+1}} \right)$

(D) $\left(k^{\frac{k}{k+1}}, k^{\frac{1}{k+1}} \right)$ (E) $\left(k^{\frac{k}{k}}, k^{\frac{1}{k-1}} \right)$

425. Sabendo que $2004^a = 3$ e $2004^b = 167$ então $12^{\frac{1-a-b}{2(1-b)}}$ é igual a:

(A) $\sqrt{3}$ (B) 2   (C) $\sqrt{167}$

(D) 3   (E) $\sqrt{12}$

426. Subtraindo $5\sqrt{7}$ de $7\sqrt{5}$, a diferença d satisfaz a:

(A) $d < -1$ (B) $d = -1$ (C) $-1 < d < 1$

(D) $d = 1$ (E) $d > 1$

427. Quantos zeros consecutivos aparecem após a vírgula e antes do primeiro algarismo não nulo da expansão decimal de $\sqrt{2^{2004}+1}$:

(A) 301   (B) 302   (C) 303

(D) 304   (E) 305

428. O maior natural n para o qual existe uma reordenação (a, b, c, d) de $(3, 6, 9, 12)$ tal que o número $\sqrt[n]{3^a 6^b 9^c 12^d}$ é inteiro é igual a:

(A) 24   (B) 27   (C) 30

(D) 33   (E) 36

429. O maior inteiro que não excede a $\sqrt{n^2 - 10n + 29}$ para $n = 20062006$ é igual a:

(A) 20062001   (B) 20062002   (C) 20062003

(D) 20062004   (E) 20062005

430. Se $a = \sqrt[2006]{2006}$, o valor de $a^{a^{a^{\cdot^{\cdot^{\cdot^a}}}}}$ onde temos uma torre com 2006 a's é igual a:

(A) 2006   (B) $\sqrt[2006]{2006}$ (C) $\dfrac{1}{\sqrt{2006}}$

(D) $2006^{\frac{\sqrt[2006]{2006^{2005}}}{2006}}$ (E) $2006^{\frac{\sqrt[2006]{2006}}{2006}}$

431. O primeiro algarismo não nulo, após a vírgula, da representação decimal do número $\dfrac{1}{5^{2000}}$ é igual a:

(A) 2 (B) 4 (C) 5
(D) 6 (E) 8

432. Sendo A e B os números:

$$A = \left[\left(243^{0,2} - 17 \cdot 9^{-\frac{3}{2}}\right)^{-\frac{1}{3}} - \left(125^{\frac{1}{3}} + 1024^{-0,4}\right)^{-0,25} - \left(0,5^{-3} - 169^{0,5} \cdot 128^{-\frac{5}{7}}\right)^{-0,2}\right]^{-1}$$

e

$$B = \left[9^{\frac{1}{3}} \cdot \left(1 + 512^{-\frac{1}{3}}\right)^{\frac{2}{3}} - \left(1 - 65 \cdot 27^{-\frac{4}{3}}\right)^{-0,25} + \left(729^{-\frac{5}{6}} \cdot 211 - 1\right)^{-0,2} - 1\right]$$

O valor do produto AB é igual a:

(A) 1 (B) 2 (C) 3
(D) 4 (E) 5

Capítulo 4

Produtos Notáveis e Fatoração

Seção 4.1 – Produtos Notáveis

433. Considere as afirmativas:
1. $(11x+9y)^2 - (11x+9y)(11x-9y) = 198xy + 162y^2$.
2. $(8a^2-b^2)(8a^2+b^2) - (8a^2-b^2)^2 = 16a^2b^2 - 2b^4$.
3. $(a+b+c)(a^2+b^2+c^2-ab-ac-bc) = a^3+b^3+c^3-3abc$.
4. $a(b+c-a)^2 + b(c+a-b)^2 + c(a+b-c)^2 + (b+c-a)(c+a-b)(a+b-c) = 4abc$
5. $a^2(b+c-a) + b^2(c+a-b) + c^2(a+b-c) - (b+c-a)(c+a-b)(a+b-c) = 2abc$

Conclua que:
(A) Todas são verdadeiras
(B) Apenas uma é falsa
(C) Apenas duas são falsas
(D) Apenas três são falsas
(E) Todas são falsas

434. Considere as afirmativas:
1. $(a^2+b^2)^2 = (a^2-b^2)^2 + 4a^2b^2$
2. $a^2(b-c) + b^2(c-a) + c^2(a-b) = (c-b)(b-a)(a-c)$
3. $a^3(b-c) + b^3(c-a) + c^3(a-b) = (a+b+c)(c-b)(b-a)(a-c)$
4. $(a+b+c)^2 + (b+c-a)^2 + (c+a-b)^2 + (a+b-c)^2 = 4(a^2+b^2+c^2)$

Conclua que:
(A) Todas são verdadeiras
(B) Três são verdadeiras e uma é falsa
(C) Duas são verdadeiras e duas são falsas
(D) Somente (3) é falsa
(E) Todas são falsas

435. Considere as afirmativas:

1. $(x^2 - xy + y^2)(x^2 + xy + y^2) = x^4 + y^4 + x^2y^2$

2. $(x^m + y^p)^2 (x^m - y^p)^2 = x^{2m} - 2x^m y^p + y^{2m}$

3. $(a^4 + b^4)^2 (a^2 + b^2)^2 (a+b)^2 (a-b)^2 = a^8 - 2a^4 b^4 + b^8$

4. $x(x+a)(x+2a)(x+3a) + a^4 = (x^2 + 3ax + a^2)^2$

O número de afirmativas VERDADEIRAS é:

(A) 0   (B) 1   (C) 2
(D) 3   (E) 4

436. Considere as afirmativas:

1. Efetuando $(2\sqrt{3} - 3\sqrt{2})^2$ obtemos $30 - 12\sqrt{6}$.

2. O valor de $\left(\sqrt{1\frac{7}{9}} + \sqrt{1\frac{24}{25}}\right)^2$ é igual a $\dfrac{1681}{225}$.

3. Simplificando $\left(\sqrt[6]{27} - \sqrt{6\frac{3}{4}}\right)^2$ obtemos $\dfrac{3}{4}$.

4. O valor de $\left(\sqrt{12} + \sqrt{3} - \sqrt{48}\right)^2$ é 6.

Conclua que:

(A) Todas são verdadeiras
(B) Três são verdadeiras e uma é falsa
(C) Duas são verdadeiras e duas são falsas
(D) Somente (3) é falsa
(E) Todas são falsas

437. Considere as afirmativas:

1. A quarta potência de $\sqrt{1+\sqrt{1+\sqrt{1}}}$ é 3.

2. Se $K = \sqrt{4+\sqrt{4+\sqrt{4}}}$, então K^4 é igual a $22+8\sqrt{6}$.

3. Se $\left(\sqrt{9+\sqrt{9+\sqrt{9}}}\right)^4 = a+b\sqrt{3}$ então, $a-b=57$.

Assinale:
(A) Se somente as afirmativas (1) e (2) forem verdadeiras.
(B) Se somente as afirmativas (1) e (3) forem verdadeiras.
(C) Se somente as afirmativas (2) e (3) forem verdadeiras.
(D) Se todas as afirmativas forem verdadeiras.
(E) Se todas as afirmativas forem falsas.

438. Considere as afirmativas:

1. $(a-b)^2 + (b-c)^2 + (c-a)^2 = 2(a^2+b^2+c^2) - 2(ab+bc+ac)$

2. $(a+b+c)^3 - (a^3+b^3+c^3) = 3(a+b)(b+c)(c+a)$

3. $\frac{1}{2}(a+b+c)\left[(a-b)^2 + (b-c)^2 + (c-a)^2\right] = a^3+b^3+c^3 - 3abc$

Assinale:
(A) Se somente as afirmativas (1) e (2) forem verdadeiras.
(B) Se somente as afirmativas (1) e (3) forem verdadeiras.
(C) Se somente as afirmativas (2) e (3) forem verdadeiras.
(D) Se todas as afirmativas forem verdadeiras.
(E) Se todas as afirmativas forem falsas.

439. A expressão $(a+b+c)^5 - (a+b-c)^5 - (b+c-a)^5 - (c+a-b)^5$ é igual a:

(A) $320abc(a^2+b^2+c^2)$ (B) $160abc(a^2+b^2+c^2)$ (C) $80abc(a^2+b^2+c^2)$

(D) $40abc(a^2+b^2+c^2)$ (E) $20abc(a^2+b^2+c^2)$

Capítulo 4 – Produtos Notáveis e Fatoração | 115

440. A raiz quadrada de $(10^{20}+1)^2 - 10^{40}$ é igual a:

(A) 1   (B) 2   (C) $1+10^{10}\sqrt{2}$

(D) $(10^{10}+1)\sqrt{2}$ (E) $\sqrt{2\cdot 10^{20}+1}$

441. Se xy=7 o valor de $\dfrac{2^{(x+y)^2}}{2^{(x-y)^2}}$ é:

(A) 4   (B) 2^7 (C) 2^{14}

(D) 2^{28} (E) 2^{196}

442. Se x é um *quadrado perfeito*, o quadrado perfeito imediatamente superior a x é dado por:

(A) $\sqrt{x}+1$ (B) x^2+x (C) x^2+1

(D) $x+2\sqrt{x}+1$ (E) x^2+2x+1

443. O produto $(m+n)\left[\dfrac{3(m^2+n^2)-(m+n)^2}{2}\right]$ é igual a:

(A) m+n   (B) m+2mn+n   (C) m^2+n^2

(D) m^3+n^3 (E) m^2+mn+n^2

444. Desenvolvendo a expressão: $(x^2+y^2)(x'^2+y'^2)-(xx'+yy')^2$ obtemos:

(A) $(xy'-yx')^2$ (B) $(xy'+yx')^2$ (C) $(xy'-yx')^4$

(D) $(x+x')^2(y+y')^2$ (E) $(x-x')^2(y+y')^2$

116 | Problemas Selecionados de Matemática

445. Desenvolvendo a expressão: $\left(x^2+y^2+z^2\right)\left(x'^2+y'^2+z'^2\right)-\left(xx'+yy'+zz'\right)^2$
obtemos:

(A) $(xy'-yx')^2 + (yz'-zy')^2 + (zx'-xz')^2$

(B) $(xy'-yx')^2 + (yz'+zy')^2 + (zx'+xz')^2$

(C) $(xy'+yx')^2 + (yz'-zy')^2 + (zx'+xz')^2$

(D) $(xy'-yx')^2 + (yz'+zy')^2 + (zx'-xz')^2$

(E) $(xy'+yx')^2 + (yz'+zy')^2 + (zx'-xz')^2$

446. A soma dos 10 inteiros positivos consecutivos tais que a soma dos seus quadrados seja igual à soma dos quadrados dos 9 inteiros seguintes é igual a:
(A) 1735 (B) 1745 (C) 1755
(D) 1765 (E) 1775

447. Se $a^2 = a+2$ então, a^3 é igual a:
(A) a+4 (B) 2a+8 (C) 3a+2
(D) 4a+8 (E) 27a+8

448. Seja a um número real tal que $a^3 = a+1$ e considere as seguintes afirmativas:

(1) $a^4 = a^2 + a$ (3) $a^4 = a^3 + a^2 - 1$

(2) $a^4 = a^5 - 1$ (4) $a^4 = \dfrac{1}{a-1}$

O número daquelas que são corretas é:
(A) 0 (B) 1 (C) 2
(D) 3 (E) 4

449. Se $x^2 - x - 1 = 0$ então $x^3 - 2x + 1$ é igual a:

(A) $\dfrac{1-\sqrt{5}}{2}$ (B) 0   (C) $\dfrac{1+\sqrt{5}}{2}$

(D) 2   (E) 3

Capítulo 4 – Produtos Notáveis e Fatoração | 117

450. Colocando-se a expressão $(2n^2+1)^2$ sob a forma $x^2+y^2+z^2$, o produto xyz é igual a:

(A) $4n$ (B) $4n^2$ (C) $4n^3$
(D) $4n^4$ (E) n^4

451. Se m é um inteiro positivo qualquer e n um inteiro positivo tal que m+n+1 é um quadrado perfeito e mn+1 é um *cubo perfeito* então n pode ter a forma:

(A) m^2+m+3 (B) m^2+2m+3 (C) m^2+3m+3
(D) m^2+m+8 (E) m^2+m+9

452. Se $(2004+n)^2 = R$, então $(1904+n)\cdot(2104+n)$ é igual a:

(A) $R+1000$ (B) $R-1000$ (C) $R+10000$
(D) $R-10000$ (E) R

453. Sabendo que r e s são algarismos *primos* e distintos entre si tais que $(40+r)\cdot(40+s)-rs-14=1986$, então o produto rs é igual a:

(A) 10 (B) 14 (C) 21
(D) 35 (E) 45

454. A soma dos algarismos na base 10 de $(10^{n^3}+3)^2$, onde n é um número inteiro positivo é:

(A) 16 (B) 13 (C) 13n
(D) n^3+3n (E) n^6+2n^3+1

455. Se $p+q=n$ e $\dfrac{1}{p}+\dfrac{1}{q}=m$, onde p e q são ambos positivos então $(p-q)^2$ é igual a:

(A) n^2 (B) n^2-m (C) $\dfrac{n^2-m}{n}$
(D) $\dfrac{mn^2-4n}{m}$ (E) n^2-4mn

456. O natural n para o qual $(10^{12}+2500)^2 - (10^{12}-2500)^2 = 10^n$ é igual a:

(A) 10 (B) 12 (C) 14
(D) 16 (E) 18

457. A expressão $\dfrac{(x^3+y^3+z^3)^2 - (x^3-y^3-z^3)^2}{y^3+z^3}$, é equivalente a:

(A) $4x^3$ (B) $4yx^3$ (C) $4zx^3$
(D) $4yzx^3$ (E) $4xyz$

458. O valor de $(1999998) \cdot (1999998) - (1999996) \cdot (2000000)$ é igual a:

(A) 104 (B) 24 (C) 14
(D) 10 (E) 4

459. O valor de

$N = 1999199819997^2 - 2 \cdot 199919981994^2 + 199919981991^2$

é igual a:

(A) 12 (B) 14 (C) 16
(D) 18 (E) 20

460. Se $a = \underbrace{100\ldots001}_{111\,zeros}$ o número de zero na representação decimal de a^2 é:

(A) 111 (B) 112 (C) 22
(D) 222 (E) 12321

461. Se $2^n + 2^{-n} = 5$ então $4^n + 4^{-n}$ é igual a:

(A) 23 (B) 25 (C) 32
(D) 33 (E) 34

462. Se x é um número real positivo e $\left(x+\dfrac{1}{x}\right)^2 = 7$ então $x^3 + \dfrac{1}{x^3}$ é igual a:

(A) $4\sqrt{7}$ (B) $7\sqrt{7}$ (C) $5\sqrt{7}$
(D) $6\sqrt{7}$ (E) $10\sqrt{7}$

463. Se $\left(x+\dfrac{1}{x}\right)^2 = 3$, então $x^3 + \dfrac{1}{x^3}$ é igual a:

(A) 1 (B) 2 (C) 0
(D) 3 (E) 6

464. Sabendo que $\left(r+\dfrac{1}{r}\right)^2 = 10$, o valor de $r^4 + \dfrac{1}{r^4}$ é igual a:

(A) 40 (B) 42 (C) 60
(D) 62 (E) 100

465. Sabendo que $\sqrt{a}+\dfrac{1}{\sqrt{a}} = 3$ onde $a \neq 0$, o valor de $a-\dfrac{1}{a}$ é igual a:

(A) 5 (B) 6 (C) $3\sqrt{5}$
(D) 7 (E) $5\sqrt{2}$

466. Se $a = 3-\sqrt[3]{7}$ e $b = \sqrt[3]{7}-1$ então o valor de $a^3+b^3+3a^2b+3ab^2$ é:

(A) 2 (B) 1 (C) 4
(D) 6 (E) 8

467. Se $a = 2+\sqrt{3}$ e $b = 2-\sqrt{3}$ então $a^3+b^3+a^3b^3$ é igual a:

(A) $23\sqrt{3}$ (B) 29 (C) 45
(D) 53 (E) 55

120 | Problemas Selecionados de Matemática

468. Se $x = 1+\sqrt[4]{2}$ e $y = 1-\sqrt[4]{2}$, o valor da fração $\dfrac{3xy(x+y)+x^3+y^3}{x^2+y^2+2xy}$ é:

(A) 0 (B) 1 (C) 2
(D) 3 (E) 4

469. Se o valor de $(3+\sqrt{93})^3 + (3-\sqrt{93})^3$ possui a forma k^3, o valor de k é:

(A) 9 (B) 11 (C) 12
(D) 13 (E) 14

470. Os valores reais de a e b para os quais $(2+\sqrt{3})^3 + (2-\sqrt{3})^3 = a+b\sqrt{3}$ são tais que a+b é igual a:

(A) 50 (B) 52 (C) 54
(D) 56 (E) 58

471. O valor de 1+2(1+2(1+2(1+2(1+2(1+2(1+2(1+2(1+2)))...)).

(A) $2^{10}+1$ (B) $2^{11}-1$ (C) $2^{11}+1$
(D) $2^{12}-1$ (E) $2^{12}+1$

472. Desenvolvendo o produto $(x^{n-1}+y^{n-1})(x+y)-xy(x^{n-2}+y^{n-2})$ obtemos:

(A) x^n+y^n (B) $x^{n+1}+y^{n+1}$ (C) $x^{2n}+y^{2n}$
(D) x^n+y^n+1 (E) x^n+y^n+2

473. Desenvolvendo o produto $\left(x^n+\dfrac{1}{x^n}\right)\left(x+\dfrac{1}{x}\right)-\left(x^{n-1}+\dfrac{1}{x^{n-1}}\right)$ obtemos:

(A) $x^{n+1}+\dfrac{1}{x^{n+1}}$ (B) $x^{n+1}+\dfrac{1}{x^{n+1}}+2$ (C) x^{n+1}

(D) $x^{n+1}+\dfrac{1}{x^n}$ (E) $x^{n+1}+\dfrac{1}{x^{n-1}}$

Capítulo 4 – Produtos Notáveis e Fatoração | 121

474. Se $R_n = \dfrac{a^n + b^n}{2}$, a expressão que fornece $(a+b)R_n$ é dada por:

(A) $(a+b)R_{n+1}$ (B) $R_{n+1} + abR_{n-1}$ (C) $aR_{n+1} + bR_{n-1}$

(D) $R_{n+1} + R_{n-1}$ (E) R_{n+1}

475. Utilize o desenvolvimento de $(ax^{n+1} + by^{n+1})(x+y) - (ax^n + by^n)xy$ para determinar o valor de $ax^5 + by^5$ onde $a,b,x,y \in \mathbb{R}$ sabendo que

$$ax + by = 3, \quad ax^2 + by^2 = 7, \quad ax^3 + by^3 = 16 \text{ e } ax^4 + by^4 = 42$$

(A) 10   (B) 20   (C) 30

(D) 40   (E) 50

476. Se $x = 10^4$, $y = 10^2$ e $p = 2$, o número de zeros com que termina o produto $P = (x^{2^p} + y^{2^p}) \cdot (x^{2^p} - y^{2^p})$ é igual a:

(A) 10   (B) 12   (C) 14

(D) 16   (E) 18

477. Se $a_k = (2k+1)^2$, para $k=1,2,\ldots,8$ o valor de $\displaystyle\sum_{k=1}^{8}\left(\sqrt{a_k} - \sqrt{a_k - 1}\right)$ é:

(A) $2 - \sqrt{2}$ (B) $2\sqrt{2}$ (C) 2

(D) $2\sqrt{2} - 1$ (E) 1

478. O produto $P = (x^2 - 1) \cdot (x^2 + x\sqrt{2} + 1) \cdot (x^2 + 1) \cdot (x^2 - x\sqrt{2} + 1)$ quando simplificado se torna igual a:

(A) $x^8 - 1$ (B) $x^8 + 1$ (C) $x^8 + 2x^4 - 1$

(D) $x^8 - 2x^4 - 1$ (E) x^8

122 | Problemas Selecionados de Matemática

479. Desenvolvendo-se o máximo possível o produto
$$P = [x^2 + (2+\sqrt{2})x + 1 + \sqrt{2}] \cdot [x^2 + (2-\sqrt{2})x + 1 - \sqrt{2}]$$
a soma dos seus coeficientes é igual a:
(A) 0 (B) 2 (C) 4
(D) 6 (E) 8

480. Simplificando-se o produto $P = (x^2 + x\sqrt{3} + 1) \cdot (x^2 + 1) \cdot (x^2 - x\sqrt{3} + 1)$ ao máximo possível obtemos:
(A) $x^6 - 1$ (B) $x^6 + 1$ (C) $x^6 - 2x^3 - 1$
(D) $x^6 + 2x^3 - 1$ (E) x^6

481. A expressão
$$A = (\sqrt{x} + \sqrt{y} + \sqrt{z})(\sqrt{x} - \sqrt{y} + \sqrt{z})(\sqrt{x} + \sqrt{y} - \sqrt{z})(-\sqrt{x} + \sqrt{y} + \sqrt{z})$$
onde x, y e z são variáveis positivas quando simplificada se reduz a:
(A) $(x^2 + y^2 + z^2) + 2(xy + yz + xz)$
(B) $-(x^2 + y^2 + z^2) + 2(xy + yz + xz)$
(C) $(x^2 + y^2 + z^2) - 2(xy + yz + xz)$
(D) $(x^2 + y^2 + z^2) + (xy + yz + xz)$
(E) $-(x^2 + y^2 + z^2) + (xy + yz + xz)$

482. O produto
$$P = (\sqrt{5} + \sqrt{6} + \sqrt{7})(\sqrt{5} + \sqrt{6} - \sqrt{7})(\sqrt{5} - \sqrt{6} + \sqrt{7})(-\sqrt{5} + \sqrt{6} + \sqrt{7})$$
é igual a:
(A) 100 (B) 101 (C) 102
(D) 103 (E) 104

483. O produto
$$P = \left(\sqrt{19}+\sqrt{79}+\sqrt{98}\right)\left(\sqrt{19}+\sqrt{79}-\sqrt{98}\right)\left(\sqrt{19}-\sqrt{79}+\sqrt{98}\right)\left(-\sqrt{19}+\sqrt{79}+\sqrt{98}\right)$$
é igual a:
(A) 6000 (B) 6002 (C) 6004
(D) 6006 (E) 6008

484. O número $\sqrt{3+2\sqrt{2}}-\sqrt{3-2\sqrt{2}}$ é igual a:

(A) 2 (B) $2\sqrt{3}$ (C) $4\sqrt{2}$
(D) $\sqrt{6}$ (E) $2\sqrt{2}$

485. O número $\sqrt{7+4\sqrt{3}}+\sqrt{7-4\sqrt{3}}$ é igual a:

(A) 14 (B) $2\sqrt{14}$ (C) $8\sqrt{3}$
(D) 4 (E) $2\sqrt{3}$

486. O número $N=\sqrt{7+2\sqrt{6}}-\sqrt{7-2\sqrt{6}}$ é igual a:

(A) 14 (B) $4\sqrt{6}$ (C) 2
(D) 4 (E) 6

487. O número $\sqrt{11+6\sqrt{2}}+\sqrt{11-6\sqrt{2}}$ é igual a:

(A) 7 (B) 6 (C) $\sqrt{22}$
(D) 3 (E) 2

488. Sendo $A=\sqrt{17-2\sqrt{30}}-\sqrt{17+2\sqrt{30}}$, o valor de $\left(A+2\sqrt{2}\right)^{2003}$ é:

(A) 0 (B) 1 (C) 2
(D) 3 (E) 4

124 | Problemas Selecionados de Matemática

489. O valor de $5 \times \left(\sqrt{7-\sqrt{48}} + \sqrt{5-\sqrt{24}} + \sqrt{3-\sqrt{8}} \right)$ é:

(A) 5   (B) 10   (C) 15

(D) 20   (E) 25

490. O número $N = \sqrt{54+14\sqrt{5}} + \sqrt{12-2\sqrt{35}} + \sqrt{32-10\sqrt{7}}$ é igual a:

(A) 10   (B) 12   (C) 14

(D) 16   (E) 18

491. O número $N = (\sqrt{6}+\sqrt{2})(\sqrt{3}-2)\sqrt{\sqrt{3}+2}$ é igual a:

(A) 4   (B) 2   (C) 1

(D) −1   (E) −2

492. O número

$$N = \sqrt{11-6\sqrt{2}} + \sqrt{28+10\sqrt{3}} + \sqrt{5-2\sqrt{6}} + 2\sqrt{2}$$

esta situado entre:

(A) 10 e 11   (B) 11 e 12   (C) 12 e 13

(D) 13 e 14   (E) 14 e 15

493. O número $\sqrt{3+2\sqrt[3]{2\sqrt{2}}} - \sqrt{3-2\sqrt[3]{2\sqrt{2}}}$, é igual a:

(A) 1   (B) 2   (C) 3

(D) 4   (E) 5

494. O número $N = \sqrt{4+4\sqrt[3]{2}+\sqrt[3]{4}} - \sqrt{4-4\sqrt[3]{2}+\sqrt[3]{4}}$ é igual a:

(A) 1   (B) 2   (C) 4

(D) 6   (E) 8

495. Colocando em ordem crescente os números: $A = \sqrt{4+\sqrt{7}} - \sqrt{4-\sqrt{7}} - 2$; $B = \sqrt{6+2\sqrt{5}} - \sqrt{6-2\sqrt{5}} - 2$ e $C = \sqrt{10+5\sqrt{3}} - \sqrt{10-5\sqrt{3}} - 2$ obtemos:

(A) A<B<C (B) A<C<B (C) B<A<C
(D) B<C<A (E) C<A<B

496. O valor de $\sqrt[3]{1 - 27\sqrt[3]{26} + 9\sqrt[3]{26^2}} + \sqrt[3]{26}$ é:

(A) 1 (B) 2 (C) 3
(D) 9 (E) 27

497. O número $N = \sqrt[6]{8(7+4\sqrt{3})} \cdot \sqrt[3]{2\sqrt{6} - 4\sqrt{2}}$ é igual a:

(A) 1 (B) 2 (C) 4
(D) 6 (E) 8

498. Se $\sqrt[3]{n + \sqrt{n^2+8}} + \sqrt[3]{n - \sqrt{n^2+8}} = 8$, onde n é um número inteiro, então o valor de n é igual a:

(A) 1 (B) –1 (C) 8
(D) 232 (E) 280

499. Se $x = \sqrt[3]{\sqrt{5}-2} - \sqrt[3]{\sqrt{5}+2}$ e $y = \sqrt[3]{\sqrt{189}-8} - \sqrt[3]{\sqrt{189}+8}$, então $x^n + y^{n+1}$ onde $n \in \mathbb{N}$, é igual a:

(A) 2 (B) 1 (C) 0
(D) –1 (E) –2

500. Dados dois números reais tais que sua *soma* seja *menor* que o seu *produto*, o valor inteiro *mínimo* da soma destes números é igual a:

(A) 3 (B) 4 (C) 5
(D) 6 (E) 8

501. O resultado mais simples da expressão $\sqrt[4]{(\sqrt{48}+7)^2} + \sqrt[4]{(\sqrt{48}-7)^2}$ é:

(A) $2\sqrt{3}$ (B) $4\sqrt[4]{3}$ (C) 4

(D) $2\sqrt{7}$ (E) $\sqrt{4\sqrt{3}+7} + \sqrt{4\sqrt{3}-7}$

502. Subtraindo $(\sqrt[3]{2}-1)^{1/3}$ de $\sqrt[3]{1/9} - \sqrt[3]{2/9} + \sqrt[3]{4/9}$, a diferença d satisfaz a:

(A) $d<-1$ (B) $d=-1$ (C) $-1<d<1$

(D) $d=1$ (E) $d>1$

503. O valor de $(\sqrt[3]{2}+1)\sqrt{\frac{1}{3}(\sqrt[3]{2}-1)}$ é igual a:

(A) 1   (B) 2   (C) $\sqrt[3]{2}$

(D) $\sqrt[6]{2}$ (E) $\sqrt[9]{2}$

504. O resultado mais simples de $\left(2^{2^{2005}}+1\right)\left(2^{2^{2005}}-1\right)$ é:

(A) $2^{2^{4010}}-1$ (B) $2^{4^{2005}}-1$ (C) $2^{2^{2006}}-1$

(D) $4^{2^{2005}}-1$ (E) $4^{2^{2006}}-1$

505. Seja n um inteiro positivo qualquer. Sabendo que o inteiro positivo a é tal que n^6+3a é o *cubo* de um inteiro positivo então o número de valores possíveis de tais números a é:

(A) 0   (B) 1   (C) 2

(D) finito maior que 1   (E) infinito

506. Se $x = \dfrac{1+\sqrt{2004}}{2}$, então $4x^3 - 2007x - 2005$ é igual a:

(A) 0   (B) 1   (C) -1

(D) 2   (E) -2

Capítulo 4 – Produtos Notáveis e Fatoração | **127**

507. Sejam a e b números reais positivos e distintos. Se $P = \left(a + \dfrac{1}{a}\right)\left(b + \dfrac{1}{b}\right)$, $Q = \left(\sqrt{ab} + \dfrac{1}{\sqrt{ab}}\right)^2$ e $R = \left(\dfrac{a+b}{2} + \dfrac{2}{a+b}\right)^2$ então:

(A) P>Q>R (B) R>Q>P (C) Q>P>R
(D) Q>R>P (E) depende de a e b

508. Se $\left(x + \sqrt{x^2+1}\right)\left(y + \sqrt{y^2+1}\right) = 1$ então x+y é igual a:

(A) 0 (B) 1 (C) 2
(D) $2\sqrt{2}$ (E) 4

509. Se $\left(x + \sqrt{x^2+1}\right)\left(y + \sqrt{y^2+1}\right) = p$ então x+y é igual a:

(A) $\dfrac{p-1}{p}$ (B) $\dfrac{p-1}{2p}$ (C) $\dfrac{p-1}{\sqrt{p}}$

(D) $\dfrac{p}{2}$ (E) $\dfrac{\sqrt{p}}{2}$

510. Se $x = \sqrt{8 + 2\sqrt{10 + 2\sqrt{5}}} + \sqrt{8 - 2\sqrt{10 + 2\sqrt{5}}}$ então x é igual a:

(A) $\sqrt{10} + \sqrt{2}$ (B) $2\sqrt{5} + 2$ (C) 4
(D) $2\sqrt{5} - 2$ (E) $\sqrt{10} - \sqrt{2}$

511. Sabe-se que o penúltimo algarismo da representação decimal de n^2, onde n é um inteiro positivo, é 7. O último algarismo de n é igual a:

(A) 1 (B) 4 (C) 5
(D) 6 (E) 9

512. Se a e b são inteiros não negativos, então $(2^a + 2^b)^2$ pode ser escrito como uma soma de duas potências de 2 com expoentes distintos sempre que:

(A) a=b

(B) a=0 ou b=0

(C) |a−b|=1

(D) a e b forem potências de 2

(E) nunca

513. Desenvolvendo $(a^2 + b^2 + (a+b)^2)^2$ obtemos:

(A) $(a^4 + b^4 + (a+b)^4)$

(B) $2(a^4 + b^4 + (a+b)^4)$

(C) $4(a^4 + b^4 + (a+b)^4)$

(D) $\frac{1}{2}(a^4 + b^4 + (a+b)^4)$

(E) $\frac{1}{4}(a^4 + b^4 + (a+b)^4)$

514. Simplificando

$$\sqrt{1 + \left(x\sqrt{1+y^2} + y\sqrt{1+x^2}\right)^2} - \sqrt{1 + \left(x\sqrt{1+y^2} - y\sqrt{1+x^2}\right)^2}$$

obtemos:

(A) xy (B) 2xy (C) x^2y^2

(D) $x^2 + y^2$ (E) $1 + x^2 + y^2$

515. O número $\dfrac{\sqrt{5+2\sqrt{6}}+\sqrt{5-2\sqrt{6}}}{\sqrt{7+4\sqrt{3}}-\sqrt{7-4\sqrt{3}}}$ é:

(A) racional não inteiro
(B) irracional maior que 3
(C) irracional menor que 1
(D) inteiro primo
(E) inteiro ímpar

516. O valor de $\left(\dfrac{2+\sqrt{3}}{\sqrt{2}+\sqrt{2+\sqrt{3}}}+\dfrac{2-\sqrt{3}}{\sqrt{2}-\sqrt{2-\sqrt{3}}}\right)^2$ é igual a:

(A) 1   (B) 2   (C) 3
(D) 4   (E) 6

517. O valor de $\left(\dfrac{6+4\sqrt{2}}{\sqrt{2}+\sqrt{6+4\sqrt{2}}}+\dfrac{6-4\sqrt{2}}{\sqrt{2}-\sqrt{6-4\sqrt{2}}}\right)^2$ é igual a:

(A) 1   (B) 2   (C) 4
(D) 6   (E) 8

518. A parte inteira de um número é o maior inteiro que não excede este número enquanto que a parte fracionária de um número é a diferença entre este e a sua parte fracionária. Por exemplo, a parte inteira de $\dfrac{5}{3}$ é 1 e a sua parte fracionária é $\dfrac{2}{3}$. Supondo que o produto das partes inteiras de dois números racionais positivos seja 5 e o produto de suas partes fracionárias seja $\dfrac{1}{4}$ seu produto pode ser:

(A) $\dfrac{5}{4}$ (B) $\dfrac{21}{4}$ (C) $\dfrac{13}{2}$

(D) $\dfrac{33}{4}$ (E) $\dfrac{23}{3}$

130 | Problemas Selecionados de Matemática

519. A população de uma cidade num determinado ano era um *quadrado perfeito*. Mais tarde, com um aumento de 100 habitantes, a população passou a ter uma unidade a mais que um quadrado perfeito. Agora, com um acréscimo adicional de 100 habitantes, a população se tornou novamente um *quadrado perfeito*. A população original era um múltiplo de:

(A) 3   (B) 7   (C) 9
(D) 11 (E) 17

520. Se x e y são números reais tais que $x^2+xy+x=14$ e $y^2+xy+y=28$ e x+y>0, o valor de x+y é igual a:

(A) 6   (B) 7   (C) 8
(D) 9   (E) 11

521. Todas as expressões da forma $\pm\sqrt{1}\pm\sqrt{2}\pm\cdots\pm\sqrt{99}\pm\sqrt{100}$ (com todas as possíveis combinações dos sinais + e −) são multiplicadas. Sobre este produto podemos afirmar que:

(A) é um número racional não inteiro
(B) é um número irracional
(C) é um número inteiro ímpar
(D) é sempre um quadrado perfeito
(E) possui 2^{99} fatores

522. Sabendo que $x+y=1$ e $x^2+y^2=221$, o valor de x^3+y^3 é igual a:

(A) 330 (B) 331 (C) 332
(D) 333 (E) 334

523. Sejam x e y números reais tais que x+y=26 e $x^3+y^3=5408$. O valor de x^2+y^2 é igual a:

(A) 360 (B) 362 (C) 364
(D) 366 (E) 368

524. Dois números são tais que a soma de seus cubos é igual a 5 e a soma de seus quadrados é igual a 3. A soma destes números pode ser igual a:

(A) $-1+\sqrt{6}$ (B) $-1+\sqrt{5}$ (C) $-1+\sqrt{3}$
(D) $-1+\sqrt{2}$ (E) 1

525. Quando $(a+b+c+d+e+f+g+h+i)^2$ é expandido e simplificada o número de termos distintos na expressão final é igual a:

(A) 36 (B) 9 (C) 45
(D) 81 (E) 72

526. Se a, b e c são números reais tais que $a^2+b^2+c^2=28$, o valor *mínimo* de ab+ac+bc é:

(A) 14 (B) 8 (C) 0
(D) –14 (E) –28

527. Determine o menor inteiro n tal que $(x^2+y^2+z^2)^2 \le n(x^4+y^4+z^4)$ para os números reais x, y e z

(A) 1 (B) 2 (C) 3
(D) 4 (E) 6

528. Se $\frac{2}{x}+\frac{2}{y}+\frac{2}{z}+\frac{x}{yz}+\frac{y}{xz}+\frac{z}{xy}=\frac{8}{3}$ e x+y+z=16, o produto $x \cdot y \cdot z$ é:

(A) 192 (B) 48 (C) 32
(D) 108 (E) 96

529. O número de pares (x,y), com x<y, de inteiros positivos tais que:
1. A soma de seus quadrados é L
2. A soma de seus cubos é K vezes a sua soma.
3. L–K=28

(A) 1 (B) 2 (C) 3
(D) 4 (E) 5

530. O número de ternos ordenados de números reais (x,y,z) para os quais, x+y+z>2, $x^2+y^2=4-2xy$, $x^2+z^2=9-2xz$ e $y^2+z^2=16-2yz$ é igual a:
(A) 0 (B) 1 (C) 2
(D) 3 (E) 4

531. A *soma dos algarismos* do menor inteiro positivo cujo cubo termina em 888 é igual a:
(A) 10 (B) 12 (C) 14
(D) 16 (E) 18

532. Se a, b, c e d são números reais, o valor *mínimo* da expressão
$$(1+ab)^2 + (1+cd)^2 + (ac)^2 + (bd)^2$$
é igual a:
(A) 1 (B) 2 (C) 4
(D) 6 (E) 8

533. Seja N=999...999 onde o dígito 9 ocorre 2000 vezes. A soma dos algarismos de N^2 é igual a:
(A) 18000 (B) 36000 (C) 54000
(D) 18000^2 (E) 36000^2

534. Sejam $a = \underbrace{333...333}_{2005 \text{ algarismos}}$ e $b = \underbrace{666...666}_{2005 \text{ algarismos}}$. O 2006–ésimo algarismo, contado da direita para a esquerda, do produto ab é:
(A) 0 (B) 1 (C) 2
(D) 7 (E) 8

535. Quantos 9's existem na representação decimal de 99999899999^2?
(A) 7 (B) 9 (C) 11
(D) 13 (E) 15

Capítulo 4 – Produtos Notáveis e Fatoração | 133

536. Sendo $N = \underbrace{999...999}_{k\ 9's}$ o número de algarismos de N^3 que são distintos de 9 é igual a:

(A) 0   (B) 2   (C) 3
(D) k   (E) k+1

537. O valor do inteiro a tal que $\sqrt[3]{\sqrt[3]{2}-1} = \dfrac{1}{\sqrt[3]{a}}\left(1 - \sqrt[3]{2} + \sqrt[3]{4}\right)$ é igual a:

(A) 2   (B) 4   (C) 6
(D) 8   (E) 9

538. Considere as seguintes afirmativas:

1. Se $(a^2+b^2)^3 = (a^3+b^3)^2$ e $ab \neq 0$, o valor numérico de $\dfrac{a}{b}+\dfrac{b}{a}$ é igual a $\dfrac{3}{2}$.

2. Se a e b são reais não nulos, tais que $ab = a-b$ então $\dfrac{a}{b}+\dfrac{b}{a}-ab$ é igual a 2.

3. Se $x^2+\dfrac{1}{x^2}=A$ e $x-\dfrac{1}{x}=B$, onde A e B são números positivos, o valor numérico *mínimo* de $\dfrac{A}{B}$ é $\sqrt{2}$.

(A) Somente (1) e (2)   (B) Somente (1) e (3)   (C) Somente (2) e (3)
(D) Todas   (E) Somente (1)

539. A identidade de *Fibonacci* nos mostra que "*o produto de uma soma de dois quadrados por outra soma de dois quadrados é ainda uma soma de dois quadrados*", a saber

$$(a^2+b^2)(p^2+q^2) \equiv (ap-bq)^2 + (aq+bp)^2$$

e daí trocando o sinal de p, tem-se

$$(a^2+b^2)(p^2+q^2) \equiv (ap+bq)^2 + (aq-bp)^2$$

Assim, "*o produto de duas somas de dois quadrados pode ser decomposto, de dois modos distintos em uma soma de dois quadrados*".

Além disso, fazendo-se $a = p$ e $b = q$, teremos $\left(a^2 + b^2\right)^2 \equiv \left(a^2 - b^2\right)^2 + (2ab)^2$, fórmula atribuída a *Platão* e que permite achar triângulos retângulos cujos lados são números inteiros: sendo a e b números inteiros, $\left(a^2 + b^2\right)$ será a *hipotenusa* e os *catetos* serão $\left(a^2 - b^2\right)$ e $2ab$. Mostre a *Identidade de Fibonacci* e considere as seguintes afirmativas:

1. Se o produto $\left(5^2 + 9^2\right) \cdot \left(12^2 + 17^2\right)$ for escrito como uma soma de dois quadrados $a^2 + b^2$ então $a + b$ é igual a 236 ou 286.

2. Se o produto $\left(3^2 + 8^2\right) \cdot \left(4^2 + 11^2\right)$ for escrito como uma soma de dois quadrados $a^2 + b^2$ então $a + b$ é igual a 101 ou 141.

3. Se $x^2 + y^2 = 9797$ onde $x, y \in \mathbb{Z}_+^*$, a soma das coordenadas dos dois pares (x, y) que satisfazem a tal equação é 260.

Assinale se forem VERDADEIRAS:
(A) Somente (1) e (2)   (B) Somente (1) e (3)   (C) Somente (2) e (3)
(D) Todas   (E) Somente (1)

540. A *Identidade de Lagrange*:

$$\left(a^2 + \lambda b^2 + \mu c^2 + \lambda\mu d^2\right)\left(p^2 + \lambda r^2 + \mu s^2 + \lambda\mu q^2\right) \equiv$$
$$\equiv \left(-ap + \mu cs + \lambda\mu dq + \lambda br\right)^2 + \mu\left(\lambda dr - \lambda bq + as + cp\right)^2 +$$
$$+ \lambda\mu\left(bs + dp - cr + aq\right)^2 + \lambda\left(\mu cq + ar + bp - \mu ds\right)^2.$$

A qual para $\lambda = \mu = 1$, transforma-se na fórmula de *Euler* que é a generalização da fórmula de *Fibonacci* que afirma:

$$\left(a^2 + b^2 + c^2 + d^2\right)\left(p^2 + r^2 + s^2 + q^2\right) \equiv$$
$$\equiv \left(-ap + cs + dq + br\right)^2 + \left(dr - bq + as + cp\right)^2 +$$
$$+ \left(bs + dp - cr + aq\right)^2 + \left(cq + ar + bp - ds\right)^2.$$

Demonstre a *Identidade de Lagrange* e a seguir, deduza que o número máximo de identidades distintas que podem ser obtidas a partir da fórmula de *Euler* é igual a:

(A) 12   (B) 16   (C) 24
(D) 36   (E) 48

541. Considere as afirmativas:

1. $(a^2 + b^2 + c^2 + d^2)(p^2 + q^2 + r^2 + s^2) \equiv$
$\equiv (ap + bq + cr + ds)^2 + (aq - bp)^2 + (ar - cp)^2 +$
$+ (as - dp)^2 + (br - cq)^2 + (bs - dq)^2 + (cs - dr)^2$

2. $(x^2 + y^2 + z^2)^2 = (x^2 + y^2 - z^2)^2 + (2xz)^2 + (2yz)^2$

3. $(x^2 + y^2 + z^2)^3 = (x^3 - 3xz^2 - 2zy^2 + xy^2)^2 +$
$+ (y^3 - yx^2 - yz^2 + 4xyz)^2 + (z^3 - 3zx^2 - 2xy^2 + zy^2)^2$

Assinale se forem VERDADEIRAS :
(A) Somente (1) e (2)   (B) Somente (1) e (3)   (C) Somente (2) e (3)
(D) Todas   (E) Somente (1)

542. Dados os números:

$$a = r,$$
$$b = s(rs + 2),$$
$$c = (s + 1)(rs + r + 2),$$

Podemos afirmar que:
(A) Seus produtos dois a dois, são quadrados perfeitos.
(B) Seus produtos dois a dois, aumentados de uma unidade, são quadrados perfeitos.
(C) Seus produtos dois a dois, aumentados de duas unidades, são quadrados perfeitos.
(D) Seus produtos dois a dois, aumentados de três unidades, são quadrados perfeitos.
(E) Seus produtos dois a dois, aumentados de quatro unidades, são quadrados perfeitos.

543. Seja N um inteiro positivo tal que o seu primeiro algarismo, da esquerda para a direita, seja igual a 2 e os 2005 algarismos seguintes sejam iguais a 3. A soma dos algarismos de N² é igual a:

(A) 24060 (B) 24062 (C) 24064
(D) 24066 (E) 24068

544. Seja N um inteiro positivo com 2n algarismos tais que os seus n−1 primeiros algarismos da esquerda sejam 1's, os n algarismos seguintes sejam 2's e o último algarismo da direita seja um 4. Nestas condições, N é igual a:

(A) 22...22x66...62 (B) 11.11x22...24 (C) 33...33x44...42
(D) 33...34x33...36 (E) 33...33x33...38

545. Se $\underbrace{1666...67}_{n\ 6\text{'s}}\underbrace{333...34}_{(n+1)\ 3\text{'s}} = k \times \underbrace{1666...67}_{n\ 6\text{'s}} \times \underbrace{333...34}_{(n+1)\ 3\text{'s}}$ o valor de k é igual a:

(A) 3 (B) 13 (D) 23
(D) 33 (E) 43

546. Seja N um inteiro positivo cujo quadrado consiste de 100 algarismos iguais a 1 seguidos de 100 algarismos iguais a 2 e dois outros algarismos desconhecidos, isto é, $N^2 = \underbrace{111\cdots111}_{100\ 1\text{'s}}\underbrace{222\cdots222}_{100\ 2\text{'s}}AB$. A soma dos algarismos de N é igual a:

(A) 300 (B) 302 (C) 304
(D) 306 (E) 308

547. Seja S(n) a soma dos n primeiros inteiros positivos. Dizemos que um inteiro n é *fantástico* se tanto n quanto S(n) são quadrados perfeitos. Por exemplo, 49 é *fantástico*, porque $49 = 7^2$ e

$$S(49) = 1+2+3+\cdots+49 = 1225 = 35^2$$

Um inteiro n > 49 que é *fantástico* é:

(A) 1600 (B) 1681 (C) 1764
(D) 1849 (E) 1936

548. No sistema de numeração decimal, o inteiro a consiste de 2005 oitos e o número b consiste de 2005 cincos. A soma dos *dígitos* de $9ab$ é igual a:

   (A) 18005   (B) 18015   (C) 18025
   (D) 18035   (E) 18045

549. A soma de todos os valores positivos de n para os quais $n^2 - 19n + 99$ é um *quadrado perfeito* é igual a:

   (A) 30   (B) 32   (C) 34
   (D) 36   (E) 38

550. No sistema de numeração decimal, o inteiro A se escreve com 666 três enquanto que o inteiro B se escreve com 666 seis. A soma dos algarismos do número AB+1 é igual a:

   (A) 5987   (B) 5989   (C) 5991
   (D) 5993   (E) 5995

551. Seja n o menor inteiro positivo para o qual existem 1998 quadrados perfeitos compreendidos entre n e $2n$. A soma dos algarismos de n é igual a:

   (A) 13   (B) 26   (C) 27
   (D) 28   (E) 32

552. Entre os dígitos 4 e 9 são inseridos vários quatros e após eles o mesmo número de oitos são também inseridos. Sobre o número resultante podemos afirmar que:

   (A) pode ser um número primo
   (B) algumas vezes é um quadrado perfeito outras vezes não.
   (C) é sempre um quadrado perfeito
   (D) não pode ser um cubo perfeito
   (E) depende da quantidade de 4's e 8's

553. O menor inteiro positivo n para o qual o número

$$N = 100\,000 \cdot 100\,002 \cdot 100\,006 \cdot 100\,008 + n$$

é um *quadrado perfeito* é igual a:

(A) 30 (B) 32 (C) 34
(D) 36 (E) 38

554. Se x, y e z são números reais positivos tais que xyz (x+y+z)=1, o *menor* valor da expressão (x+y)(y+z) é igual a:

(A) $\dfrac{1}{2}$ (B) $\dfrac{2}{3}$ (C) $\dfrac{4}{3}$

(D) $\dfrac{3}{2}$ (E) 2

555. Os números da forma $x^n + x^{-n}$ onde n é um natural e x é real são todos inteiros:

(A) nunca (B) sempre (C) se x_1 é inteiro

(D) se $-2 \leq x_1 \leq 2$ (E) se $-1 \leq x_1 \leq 1$

556. Se $\sqrt{x^2 + \sqrt[3]{x^4 y^2}} + \sqrt{y^2 + \sqrt[3]{x^2 y^4}} = a$ então $x^{2/3} + y^{2/3}$ é igual a:

(A) $a^{2/3}$ (B) $a^{3/2}$ (C) $a^{3/4}$

(D) $a^{4/3}$ (E) a^2

557. Se x, y e z são inteiros positivos satisfazendo a:

$$x + \dfrac{1}{y} = 4,\ y + \dfrac{1}{z} = 1\ \text{e}\ z + \dfrac{1}{x} = \dfrac{7}{3}$$

então o valor de xyz é igual a:

(A) $\dfrac{2}{3}$ (B) 1 (C) $\dfrac{4}{3}$

(D) 2 (E) $\dfrac{7}{3}$

Capítulo 4 – Produtos Notáveis e Fatoração | **139**

558. Supondo que x, y e z sejam três números positivos que satisfazem às equações

$$xyz = 1, \quad x + \frac{1}{z} = 5 \quad \text{e} \quad y + \frac{1}{x} = 29$$

Sabendo que $z + \frac{1}{y} = \frac{m}{n}$ onde m e n são inteiros positivos primos entre si então m+n é igual a:

(A) 3   (B) 4   (C) 5
(D) 6   (E) 7

559. Seja $\alpha = \sqrt[3]{-\frac{q}{2} + \sqrt{\frac{q^2}{4} + \frac{p^3}{27}}} + \sqrt[3]{-\frac{q}{2} - \sqrt{\frac{q^2}{4} + \frac{p^3}{27}}}$ onde $p, q \in \mathbb{R}$ são dois números tais que $4p^3 + 27q^2 \geq 0$. O valor de $\alpha^3 + p\alpha$ é igual a:

(A) $-q^3$ (B) $-q^2$ (C) $-q$
(D) q^2 (E) q^3

560. Se $\frac{1}{a} + \frac{1}{b} + \frac{1}{c} = 0$ então, o produto de $\left(\frac{a^2 - bc}{b+c} + \frac{b^2 - ca}{c+a} + \frac{c^2 - ab}{a+b} \right)$

por $\left(\frac{b+c}{a^2 - bc} + \frac{c+a}{b^2 - ca} + \frac{a+b}{c^2 - ab} \right)$ é igual a:

(A) $3\dfrac{a^3 + b^3 + c^3}{abc}$ (B) $\dfrac{a^3 + b^3 + c^3}{abc}$ (C) $3\dfrac{a^3 - b^3 - c^3}{abc}$

(D) $\dfrac{a^3 - b^3 - c^3}{abc}$ (E) $2\dfrac{a^3 + b^3 + c^3}{abc}$

561. Simplificando

$$\frac{1\cdot 2^2}{2\cdot 3}+\frac{2\cdot 2^3}{3\cdot 4}+\frac{3\cdot 2^4}{4\cdot 5}+\frac{4\cdot 2^5}{5\cdot 6}+\cdots+\frac{n\cdot 2^{n+1}}{(n+1)(n+2)}$$

obtemos:

(A) $\dfrac{2^{n+2}}{n+2}$ \qquad (B) $\dfrac{2^{n+2}}{n+2}-1$ \qquad (C) $\dfrac{2^{n+2}}{n+2}-2$

(D) $\dfrac{2^{n+2}}{n+3}$ \qquad (E) $\dfrac{2^{n+2}}{n+3}-1$

562. Para todo natural n, a expressão:

$$\left(1+\frac{1}{2}+\cdots+\frac{1}{n}\right)^2+\left(\frac{1}{2}+\cdots+\frac{1}{n}\right)^2+\cdots+\left(\frac{1}{n-1}+\frac{1}{n}\right)^2+\left(\frac{1}{n}\right)^2$$

é igual a:

(A) $2n-\left(1+\dfrac{1}{2}+\cdots+\dfrac{1}{n}\right)$ \qquad (B) $n\left(1+\dfrac{1}{2}+\cdots+\dfrac{1}{n}\right)$ \qquad (C) $2n\left(1+\dfrac{1}{2}+\cdots+\dfrac{1}{n}\right)$

(D) $4n-\left(1+\dfrac{1}{2}+\cdots+\dfrac{1}{n}\right)$ \qquad (E) $n-\left(1+\dfrac{1}{2}+\cdots+\dfrac{1}{n}\right)$

563. Sendo x um número real diferente de ± 1 a expressão:

$$E=\frac{1}{x+1}+\frac{2}{x^2+1}+\frac{4}{x^4+1}+\frac{8}{x^8+1}+\cdots+\frac{2^n}{x^{2^n}+1}$$

quando simplificada se torna igual a:

(A) $\dfrac{1}{x-1}-\dfrac{2^n}{x^{2^n}-1}$ \qquad (B) $\dfrac{1}{x-1}-\dfrac{2^{n+1}}{x^{2^{n+1}}-1}$ \qquad (C) $\dfrac{2^{n+1}}{x^{2^{n+1}}-1}$

(D) $\dfrac{1}{x+1}+\dfrac{2^n}{x^{2^n}-1}$ \qquad (E) $\dfrac{1}{x+1}-\dfrac{2^{n+1}}{x^{2^{n+1}}-1}$

Capítulo 4 – Produtos Notáveis e Fatoração | **141**

564. Se $N = \dfrac{\sqrt{\sqrt{5}+2}+\sqrt{\sqrt{5}-2}}{\sqrt{\sqrt{5}+1}} - \sqrt{3-2\sqrt{2}}$, então N é igual a:

(A) 1   (B) $2\sqrt{2}-1$ (C) $\dfrac{\sqrt{5}}{2}$

(D) $\sqrt{\dfrac{5}{2}}$ (E) $2-\sqrt{2}$

565. Determinando o valor de $\dfrac{\sqrt{\sqrt[4]{8}+\sqrt{\sqrt{2}-1}}-\sqrt{\sqrt[4]{8}-\sqrt{\sqrt{2}-1}}}{\sqrt{\sqrt[4]{8}-\sqrt{\sqrt{2}+1}}}$ obtemos:

(A) 1   (B) 2   (C) $\sqrt{2}$

(D) $2\sqrt{2}$ (E) $3\sqrt{2}$

566. Sejam

$$x = \dfrac{(2+\sqrt{3})^{2005}+(2-\sqrt{3})^{2005}}{2} \text{ e } y = \dfrac{(2+\sqrt{3})^{2005}-(2-\sqrt{3})^{2005}}{\sqrt{3}}$$

o valor de $4x^2 - 3y^2$ é igual a:

(A) 1   (B) 2   (C) 3

(D) 4   (E) 5

567. O número

$$\dfrac{65533^3+65534^3+65535^3+65536^3+65537^3+65538^3+65539^3}{32765 \cdot 32766+32767 \cdot 32768+32768 \cdot 32769+32770 \cdot 32771}$$

é igual a:

(A) 2^{16} (B) $3 \cdot 2^{16}$ (C) $5 \cdot 2^{16}$

(D) $7 \cdot 2^{16}$ (E) $9 \cdot 2^{16}$

568. Se a e b são números reais positivos tais que $a+b=2$, o valor *mínimo* de

$$\frac{1}{1+a^n}+\frac{1}{1+b^n}$$

é igual a:

(A) $\dfrac{1}{2}$ (B) $\dfrac{2}{3}$ (C) $\dfrac{3}{4}$

(D) 1 (E) 2

569. Se $\sqrt[3]{\sqrt[3]{2}-1}$ é escrito sob a forma $\sqrt[3]{a}+\sqrt[3]{b}+\sqrt[3]{c}$ onde a, b e c são *números racionais*, o valor da soma $a+b+c$ é igual a:

(A) $\dfrac{1}{9}$ (B) $\dfrac{2}{9}$ (C) $\dfrac{1}{3}$

(D) $\dfrac{4}{9}$ (E) $\dfrac{5}{9}$

570. Considere as afirmativas:

1. $\sqrt{\sqrt[3]{5}-\sqrt[3]{4}} = \dfrac{1}{3}\left(\sqrt[3]{2}+\sqrt[3]{20}-\sqrt[3]{25}\right)$

2. $\sqrt{\sqrt[3]{28}-\sqrt[3]{27}} = \dfrac{1}{3}\left(\sqrt[3]{98}-\sqrt[3]{28}-1\right)$

3. $\left(\dfrac{3+2\sqrt[4]{5}}{3-2\sqrt[4]{5}}\right)^{\frac{1}{4}} = \dfrac{\sqrt[4]{5}+1}{\sqrt[4]{5}-1}$

4. $\left(\sqrt[5]{\dfrac{32}{5}}-\sqrt[5]{\dfrac{27}{5}}\right)^{\frac{1}{3}} = \sqrt[5]{\dfrac{1}{25}}+\sqrt[5]{\dfrac{3}{25}}-\sqrt[5]{\dfrac{9}{25}}$

O número de afirmativas FALSAS é igual a:

(A) 0   (B) 1   (C) 2
(D) 3   (E) 4

Capítulo 4 – Produtos Notáveis e Fatoração | **143**

571. Sendo x e y números reais positivos. Mostre que o número $A = \sqrt{x} + \sqrt{y} + \sqrt{xy}$ pode ser escrito sob a forma $B = \sqrt{x + \sqrt{y + xy + 2y\sqrt{x}}}$ e utilize este resultado para deduzir que a diferença entre os números $L = \sqrt{3} + \sqrt{10 + 2\sqrt{3}}$ e $M = \sqrt{5 + \sqrt{22}} + \sqrt{8 - \sqrt{22} + 2\sqrt{15 - 3\sqrt{22}}}$ é:

(A) 0   (B) 1   (C) 2
(D) 3   (E) 4

572. A soma dos algarismos do inteiro $n \neq 0$ para o qual

$$\sqrt{\frac{25}{2} + \sqrt{\frac{625}{4} - n}} + \sqrt{\frac{25}{2} - \sqrt{\frac{625}{4} - n}}$$

é também inteiro é igual a:

(A) 8   (B) 9   (C) 10
(D) 11   (E) 12

573. Se a é um número real maior que $\frac{1}{8}$, o valor de

$$\sqrt[3]{a + \frac{a+1}{3}\sqrt{\frac{8a-1}{3}}} + \sqrt[3]{a - \frac{a+1}{3}\sqrt{\frac{8a-1}{3}}}$$

é igual a:

(A) 1   (B) 2   (C) 4
(D) 8   (E) $\frac{2}{3}a$

574. Se a é um número real maior que ou igual a $-\frac{3}{4}$, o valor de

$$\sqrt[3]{\frac{a+1}{2} + \frac{a+3}{6}\sqrt{\frac{4a+3}{3}}} + \sqrt[3]{\frac{a+1}{2} - \frac{a+3}{6}\sqrt{\frac{4a+3}{3}}}$$

144 | Problemas Selecionados de Matemática

é igual a:
(A) 1 (B) 2 (C) 3
(D) 4 (E) 6

575. Simplificando $\dfrac{x(y+z)}{(x-y)(x-z)} + \dfrac{y(z+x)}{(y-z)(y-x)} + \dfrac{z(x+y)}{(z-x)(z-y)}$ obtemos:

(A) 3 (B) 0 (B) 1
(D) −1 (E) −3

576. Se $\dfrac{a}{b+c} + \dfrac{b}{c+a} + \dfrac{c}{a+b} = 1$ então $\dfrac{a^2}{b+c} + \dfrac{b^2}{c+a} + \dfrac{c^2}{a+b}$ é igual a:

(A) 0 (B) 1 (C) 2
(D) 3 (E) 4

577. A soma dos algarismos do inteiro positivo cujo quadrado é exatamente igual ao número $1 + \sum_{i=1}^{2001}(4i-2)^3$ é igual a:

(A) 11 (B) 13 (C) 15
(D) 17 (E) 19

578. Sejam a, b e c números reais tais que $a+b+c=3$, $a^2+b^2+c^2=9$ e $a^3+b^3+c^3=24$. O valor de $a^4+b^4+c^4$ é igual a:

(A) 61 (B) 63 (C) 65
(D) 67 (E) 69

579. Sejam a, b e c números reais tais que $a+b+c=3$, $a^2+b^2+c^2=5$, $a^3+b^3+c^3=7$ e $a^4+b^4+c^4=9$. O valor de $a^5+b^5+c^5$ é igual a:

(A) 11 (B) $\dfrac{32}{3}$ (C) $\dfrac{31}{3}$

(D) 10 (E) $\dfrac{29}{7}$

Capítulo 4 – Produtos Notáveis e Fatoração | **145**

580. Os inteiros positivos a e b tais que $\left(\sqrt[3]{a}+\sqrt[3]{b}-1\right)^2 = 49+20\sqrt[3]{6}$ são tais que $a-b$ é igual a:

   (A) 200   (B) 220   (C) 240
   (D) 260   (E) 280

581. Seja $f(n)$ o inteiro mais próximo de $\sqrt[4]{n}$. Então $\sum_{k=1}^{2005}\dfrac{1}{f(k)}$ é igual a:

   (A) 385   (B) 410   (C) 435
   (D) 460   (E) 510

582. Se A, B, C e D são *reais positivos* então o valor mínimo de
$$\frac{1}{A}+\frac{1}{B}+\frac{4}{C}+\frac{16}{D}$$
é igual a:

   (A) $\dfrac{1}{A+B+C+D}$ (B) $\dfrac{16}{A+B+C+D}$ (C) $\dfrac{2}{A+B+C+D}$

   (D) $\dfrac{64}{A+B+C+D}$ (E) $\dfrac{4}{A+B+C+D}$

583. O número de pares de números inteiros (a,b) com $a,b \neq 0$ tais que $\left(a^3+b\right)\left(a+b^3\right)=(a+b)^4$ é igual a:

   (A) 5   (B) 6   (C) 7
   (D) 8   (E) 9

584. Os 2004 números $x_1, x_2, \ldots, x_{2003}, x_{2004}$ são todos iguais a $\sqrt{2}-1$ ou a $\sqrt{2}+1$. O número de valores inteiros distintos da expressão $\sum_{k=1}^{1002} x_{2k-1}x_{2k}$ é:

   (A) 500   (B) 501   (C) 502
   (D) 503   (E) 504

585. Oito números reais não nulos cuja soma é igual a 1 são colocados nos vértices de um cubo. A cada aresta do cubo é atribuído o número resultante do produto dos números colocados em suas extremidades. O valor máximo da soma S destes 12 produtos é igual a:

(A) $\dfrac{1}{12}$ (B) $\dfrac{1}{8}$ (C) $\dfrac{1}{6}$

(D) $\dfrac{1}{4}$ (E) $\dfrac{1}{2}$

586. O número de pares ordenados (x,y) de números racionais tais que

$$\sqrt{2\sqrt{3}-3} = \sqrt{x\sqrt{3}} - \sqrt{y\sqrt{3}}$$

(A) 0 (B) 1 (C) 2
(D) 4 (E) 8

587. Sejam a, b, c e d números reais tais que $a = \sqrt{45 - \sqrt{21-a}}$, $b = \sqrt{45 + \sqrt{21-b}}$, $c = \sqrt{45 - \sqrt{21+c}}$ e $d = \sqrt{45 + \sqrt{21+d}}$

o valor de $abcd$ é igual a:

(A) 2004 (B) 2005 (C) 2006
(D) 2007 (E) 2008

588. Desenvolvendo-se e reduzindo-se os termos semelhantes da expressão:

$$\left(\cdots \left(\left((x-2)^2 - 2 \right)^2 - 2 \right)^{-2} - \cdots - 2 \right)^2$$

o coeficiente de x^2 é igual a:

(A) $\dfrac{4^{2n} - 4^n}{3}$ (B) $\dfrac{4^{2n} + 4^n}{12}$ (C) $\dfrac{4^{2n} - 4^n}{12}$

(D) $4^{2n} - 4^{n-1}$ (E) $\dfrac{4^{2n} + 4^n}{3}$

Seção 4.2 – Fatoração

589. Fatore as expressões:
1. $ab^3x^2 - a^2b^2x^2 + ab^2x^3 - a^2bx^3$
2. $9a^2b^5x^2 - 9a^2bx^6$
3. $60ab^3x^2 - 90ab^2x^3 + 40a^2b^3x - 60a^2b^2x^2$
4. $9a^5x - 18a^4bx + 9a^3b^2x$
5. $15a^3bx^2y - 5a^3bxy^2 - 15a^2b^2x^2y + 5a^2b^2xy^2$

A seguir numere a coluna abaixo de acordo com as fatorações obtidas:

( ) $10ab^2x(2b-3x)(3x+2a)$

( ) $abx^2(b-a)(b+x)$

( ) $5a^2bxy(3x-y)(a-b)$

( ) $9a^3x(a-b)^2$

( ) $9a^2bx^2(b^2+x^2)(b+x)(b-x)$

A ordem obtida de cima para baixo é:
(A) 5,1,3,4,2   (B) 3,1,2,4,5   (C) 3,2,5,4,1
(D) 3,1,5,4,2   (E) 3,1,5,2,4

590. Fatore as expressões:
1. $a^4 + a^2 + 1$
2. $a^4 - a^2 + 16$
3. $a^4 + 6a^2 + 25$
4. $3(1+a^2+a^4) - (1+a+a^2)^2$
5. $5a^4 - 3a^3b - 45a^2b^2 + 27ab^3$

A seguir numere a coluna abaixo de acordo com as fatorações obtidas:

( ) $(a^2+a+1)(a^2-a+1)$

( ) $(a^2+3a+4)(a^2-3a+4)$

( ) $(a^2+2a+5)(a^2-2a+5)$

( ) $a(a-3b)(a+3b)(5a-3b)$

( ) $2(1-a)(1-a^3)$

A ordem obtida de cima para baixo é:

(A) 1,2,3,4,5 (B) 1,2,4,3,5 (C) 1,3,2,4,5
(D) 1,2,5,4,3 (E) 1,2,5,3,4

591. Dentre as expressões x^2+x+1, x^3-1, x^2-1, x^4+x^2+1, x^4+x e x^2-x, o número daquelas que são divisores de x^7-x é igual a:

(A) 2 (B) 3 (C) 4
(D) 5 (E) 6

592. Fatore as expressões:

1. $1+2xy-x^2-y^2$

2. $x^5+y^5-xy^4-x^4y$

3. x^4+4y^4

4. $x^3+y^3-x-y-x^2y-xy^2$

5. $(x^2+y^2-5)^2-4(xy+2)^2$

A seguir numere a coluna abaixo de acordo com as fatorações obtidas:

( ) $(x-y)^2(x+y)(x^2+y^2)$

( ) $(x^2+2y^2+2xy)(x^2+2y^2-2xy)$

( ) $(1+x-y)(1-x+y)$

( ) $(x+y)(x-y+1)(x-y-1)$

( ) $(x-y-3)(x-y+3)(x-y-1)(x+y+1)$

A ordem obtida de cima para baixo é:

(A) 2,3,1,5,4 (B) 3,1,2,4,5 (C) 2,3,5,4,1
(D) 2,3,1,4,5 (E) 3,2,1,5,4

593. Fatore as expressões:

   1. $a^2 + b^2 - c^2 + 2ab$

   2. $4a^2b^2 - (a^2 + b^2 - c^2)^2$

   3. $a^2 - 4ab + 4b^2 - 4c^2$

   4. $a^4 + b^4 - c^4 - 2a^2b^2 + 4abc^2$

   5. $a^2b^2 - (a+b)ab + a + b - 1$

   A seguir numere a coluna abaixo de acordo com as fatorações obtidas:
   ( )   (a+b+c)(a+b−c)
   ( )   (a−2b+2c)(a−2b−2c)
   ( ) $(a^2 + b^2 + c^2 - 2ab)(a^2 + b^2 + c^2 + 2ab)$
   ( )   (ab−1)(a−1)(b−1)
   ( )   (a+b+c)(a+b−c)(a−b+c)(−a+b+c)

   A ordem obtida de cima para baixo é:
   (A) 1,2,3,5,4   (B) 1,3,2,4,5   (C) 1,3,5,2,4
   (D) 1,3,5,4,2   (E) 1,3,4,5,2

594. Dentre as expressões $x^2 + 4$, $x^3 + 8$, $x^4 + 16$ e $x^5 + 32$ o número daquelas que podem ser fatoradas como um produto de duas expressões reais de graus estritamente menor é igual a:
   (A) 0   (B) 1   (C) 2
   (D) 3   (E) 4

595. Fatore as expressões:

   1. $x^2 - y^2 - z^2 + 2yz + x + y - z$

   2. $x^3 + y^3 + z^3 - 3xyz$

   3. $3xyz + x(y^2 + z^2) + y(z^2 + x^2) + z(x^2 + y^2)$

   4. $1 + y(1+x)^2(1+xy)$

   5. $yz(y+z) + zx(z+x) + xy(x+y) + 2xyz$

150 | Problemas Selecionados de Matemática

A seguir numere a coluna abaixo de acordo com as fatorações obtidas:
( )   (x+y−z)(x−y+z+1)
( )   (x+y+z)(yz+zx+xy)
( )   (x+y)(y+z)(z+x)
( ) $(x+y+z)(x^2+y^2+z^2-xy-xz-yz)$
( ) $(1+y+xy)(1+xy+x^2y)$

A ordem obtida de cima para baixo é:
(A) 1,3,5,2,4   (B) 3,1,4,2,5   (C) 1,3,5,4,2
(D) 1,3,2,4,5   (E) 3,1,4,5,2

596. O símbolo R_k representa um número inteiro cuja representação decimal consiste de k un's. Por exemplo, $R_3 = 111$, $R_5 = 11111$, etc. Quando dividimos R_{24} por R_4, o quociente $C = \dfrac{R_{24}}{R_4}$ é um número inteiro cuja representação decimal consiste de apenas un's e zeros. O número de zeros em C é igual a:
(A) 10   (B) 11   (C) 12
(D) 13   (E) 15

597. Um quadrado é cortado em 25 quadrados menores, dos quais exatamente 24 são unitários. A área do quadrado original é igual a:
(A) 36   (B) 49   (C) 64
(D) 81   (E) 100

598. Um cubo é cortado em 99 cubos menores, dos quais exatamente 98 são unitários. O volume do cubo original é igual a:
(A) 729   (B) 512   (C) 343
(D) 216   (E) 125

599. Se $r^3 = -1$, então $\sum_{i=10}^{13} r^i$ é igual a:

(A) $1-r^2$ (B) r^2+2r+1 (C) r^2-2r+1

(D) $2r-r^2+1$ (E) $2r-r^2$

600. A soma dos algarismos da raiz quadrada dos números da forma

$$\underbrace{444444...44}_{2n\text{ algarismos 4's}} - \underbrace{888...8}_{n\text{ algarismos 8's}}$$

é igual a:

(A) $n+4$ (B) $n+5$ (C) $n+8$

(D) $2n+4$ (E) $6n$

601. O número $\underbrace{111\cdots 111}_{2006\text{ vezes}} - \underbrace{222\cdots 222}_{1003\text{ vezes}}$ é igual a:

(A) $(\underbrace{333\cdots 3}_{1002\text{ vezes}})^2$ (B) $(\underbrace{333\cdots 3}_{1003\text{ vezes}})^2$ (C) $(\underbrace{333\cdots 3}_{1004\text{ vezes}})^2$

(D) $(\underbrace{333\cdots 3}_{1006\text{ vezes}})^2$ (E) $(\underbrace{999\cdots 9}_{1003\text{ vezes}})^2$

602. Qual dos polinômios abaixo NÃO é um fator de $(x-1)^2(x^3+x)$?

(A) x^3-x^2+x-1 (B) x^2-2x+1 (C) x^2-x

(D) x^3-x (E) $x^4-2x^2(x-1)-2x+1$

603. Quais das expressões abaixo dividem exatamente $x^{81}-x^{10}-x+1$?

I. x^2+x+1

II. x^2-x+1

III. $x^4+x^3+x^2+x+1$

IV. $x^4-x^3+x^2-x+1$

(A) I e II somente (B) III e IV somente (C) I e III somente
(D) II e IV somente (E) II, III e IV somente

604. Se a, b e c são números reais tais que $a^2 + b^2 + c^2 = ac + bc + ab$ então
   (A) $a=b=c$
   (B) $b=a+c$
   (C) $a=b+c$
   (D) $c=a+b$
   (E) $a^2 = b^2 + c^2$

605. Fatorando-se $(ac+bd)^2 + (ad-bc)^2$ obtemos:
   (A) $(a^2+b^2)(c^2-d^2)$
   (D) $(a^2+b^2)(c^2+d^2)$
   (B) $(a^2-b^2)(c^2-d^2)$
   (E) $(ac+bd)^2$
   (C) $(a^2-b^2)(c^2+d^2)$

606. Seja $D = a^2 + b^2 + c^2$ onde a e b são inteiros consecutivos e $c=ab$. Então sobre a raiz quadrada de D podemos afirmar que:
   (A) É sempre um inteiro par.
   (B) Algumas vezes é um inteiro ímpar, outras vezes não.
   (C) Algumas vezes é racional, outras vezes não.
   (D) É sempre um inteiro ímpar.
   (E) É sempre irracional.

607. Se $a+b+c=0$, onde a, b e c são números reais diferentes de ZERO, qual a opção que é uma identidade?
   (A) $a^3 - b^3 + c^3 = 3abc$
   (D) $a^3 - b^3 - c^3 = -3abc$
   (B) $a^3 + b^3 + c^3 = -3abc$
   (E) $a^2 + b^2 + c^2 = -2abc$
   (C) $a^3 + b^3 + c^3 = 3abc$

608. Se $a=b+c$, a fração $\dfrac{a^3+b^3}{a^3+c^3}$ é igual a:

(A) 1   (B) $\dfrac{2b^3}{c^3}$ (C) $\dfrac{c^3}{b^3}$

(D) $\dfrac{a+b}{a+c}$ (E) $\dfrac{b+c}{a+c}$

609. O quociente da divisão de

$(a+b+c)^3 - a^3 - b^3 - c^3$ por $(a+b)[c^2 + c(a+b) + ab]$

é igual a:
(A) 1   (B) 2   (C) 3
(D) 4   (E) 5

610. Considere as afirmativas:

(1) A soma dos algarismos do número $777\,777^2 - 222\,223^2$ é 29.

(2) O valor de $\left(90\tfrac{1}{4}\right)^{\frac{1}{2}} - \left(91\tfrac{1}{8}\right)^{\frac{1}{3}}$ é igual a 5

(3) O valor numérico de $\dfrac{49 + 40^2 - 9^2}{98}$ é igual a 16.

(4) A soma dos algarismos do número que se deve acrescentar a $2005 2004^2$ para obtermos $2005 2005^2$ é 18.

O número de afirmativas VERDADEIRAS é:
(A) 0   (C) 1   (C) 2
(D) 3   (E) 4

611. Sabendo que $7^m - 3^{2n} = 1672$ e $7^{m/2} - 3^n = 22$ então m^n é igual a:
(A) 16   (B) 64   (C) 128
(D) 256   (E) 512

612. Considere as afirmativas

(1) O valor de $\dfrac{4 \times 10^{12} - 10^6}{2 \times 10^6 + 10^3}$ é 1999000.

(2) O valor de $\dfrac{10000001^2 - 9999999^2}{1000001^2 - 999999^2}$ é 10.

(3) A raiz quadrada de $2005^2 + 2005^2 \cdot 2006^2 + 2006^2$ possui soma dos algarismos igual a 12.

(4) A raiz quadrada de $\dfrac{8^{10} + 4^{10}}{8^4 + 4^{11}}$ é 256.

O número de afirmativas FALSAS é:

(A) 0 (C) 1 (C) 2
(D) 3 (E) 4

613. O resto da divisão por 100 da soma dos algarismos *raiz quadrada* do número

$$N = \underbrace{444\ldots444}_{4010\ 4's} + \underbrace{111\ldots111}_{2006\ 1's} + \underbrace{666\ldots666}_{2005\ 6's}$$

é igual a:

(A) 31 (B) 33 (C) 35
(D) 37 (E) 39

614. A soma dos algarismos de

$$\left(9 \cdot 10^m\right) \cdot \underbrace{111\cdots111^2}_{n\ vezes} + \left(2 \cdot 10^m\right) \cdot \underbrace{111\cdots111}_{n\ vezes} + \underbrace{111\cdots111}_{n\ vezes}$$

é igual a:

(A) $m+n$ (B) $2m+n$ (C) $2n+m$
(D) $2(m+n)$ (E) $10n+9m$

615. Sabendo que

$$\sqrt[3]{1342\sqrt{167}+2005} = a\sqrt{167}+b$$

possui a forma $a\sqrt{167}+b$, o valor de $a-b$ é igual a:

(A) 1   (B) 2   (C) 3
(D) 4   (E) 5

616. Se α, β e γ são números racionais tais que $\alpha\beta+\beta\gamma+\gamma\alpha=1$, podemos afirmar que $(1+\alpha^2)(1+\beta^2)(1+\gamma^2)$ é:

(A) o quadrado de um racional
(B) o cubo de um racional
(C) a quarta potência de um racional
(D) a sexta potência de um racional
(E) a oitava potência de um racional

617. Sabendo que $ax+by=2$; $ax^2+by^2=20$; $ax^3+by^3=56$ e $ax^4+by^4=272$, o valor de ax^5+by^5 é igual a:

(A) 640   (B) 720   (C) 992
(D) 4032   (E) 4160

618. O número $2^{8022}+1$ é igual ao produto de dois números cuja soma é igual a:

(A) $2^{4010}+2$ (B) $2^{4011}+2$ (C) $2^{4012}+2$
(D) $2^{4013}+2$ (E) $2^{4014}+2$

619. O valor de $\dfrac{4011^3-2006^3-2005^3}{4011 \cdot 2006 \cdot 2005}$ é igual a:

(A) 1   (B) 3   (C) 2005
(D) 2006   (E) 4011

156 | Problemas Selecionados de Matemática

620. O valor do número
$$\frac{(2004^2 - 2010)(2004^2 + 4008 - 3)(2005)}{(2001)(2003)(2006)(2007)}$$
é igual a:
(A) 2004 (B) 2005 (C) 2006
(D) 2007 (E) 2008

621. A fração $\dfrac{444445 \cdot 888885 \cdot 444442 + 444438}{444444^2}$ é igual a:
(A) 888881 (B) 888883 (C) 888885
(D) 888887 (E) 888889

622. Mostre que a afirmativa:
"*O produto de quatro inteiros consecutivos, aumentado de uma unidade, é um quadrado perfeito*" é VERDADEIRO e, a seguir utilize-a para determinar que a soma dos algarismos de $\sqrt{2006 \cdot 2005 \cdot 2004 \cdot 2003 + 1}$ é igual a:
(A) 21 (B) 23 (C) 25
(D) 27 (E) 29

623. A soma dos algarismos de
$$\sqrt{2004 \cdot 2002 \cdot 1998 \cdot 1996 + 36}$$
é igual a:
(A) 40 (B) 42 (C) 44
(D) 46 (E) 48

624. A soma dos algarismos da raiz quadrada de
$$(\underbrace{111\cdots 111}_{2006 \text{ un's}}) \cdot (1\underbrace{000\cdots 000}_{2005 \text{ zero's}}5) + 1$$
é igual a:
(A) 6018 (B) 6019 (C) 6020
(D) 6021 (E) 6022

625. O valor de $\dfrac{(2^3-1)\cdot(3^3-1)\cdots(100^3-1)}{(2^3+1)\cdot(3^3+1)\cdots(100^3+1)}$ é igual a:

(A) $\dfrac{3361}{5050}$ (B) $\dfrac{3363}{5050}$ (C) $\dfrac{3367}{5050}$

(D) $\dfrac{3369}{5050}$ (E) $\dfrac{3371}{5050}$

626. O número

$$\dfrac{(10^4+324)\cdot(22^4+324)\cdot(34^4+324)\cdot(46^4+324)\cdot(58^4+324)}{(4^4+324)\cdot(16^4+324)\cdot(28^4+324)\cdot(40^4+324)\cdot(52^4+324)}$$

é igual a:
(A) 371 (B) 372 (C) 373
(D) 374 (E) 375

627. Sejam

$$a = \dfrac{1^2}{1}+\dfrac{2^2}{3}+\dfrac{3^2}{5}+\cdots+\dfrac{1001^2}{2001}$$

e

$$b = \dfrac{1^2}{3}+\dfrac{2^2}{5}+\dfrac{3^2}{7}+\cdots+\dfrac{1001^2}{2003}$$

O inteiro mais próximo de $a-b$ é:
(A) 500 (B) 501 (C) 999
(D) 1000 (E) 1001

158 | Problemas Selecionados de Matemática

628. Os inteiros positivos a, b e c são tais que

$$\sqrt{a} + \sqrt{b} + \sqrt{c} = \sqrt{219 + \sqrt{10080} + \sqrt{12600} + \sqrt{35280}}$$

o número de ternos ordenados (a,b,c) que satisfazem a esta equação é igual a:

(A) 1 (B) 3 (C) 6
(D) 8 (E) 27

629. Seja $\left(1-\dfrac{1}{3^2}\right)\left(1-\dfrac{1}{4^2}\right)\left(1-\dfrac{1}{5^2}\right)\cdots\left(1-\dfrac{1}{2006^2}\right) = \dfrac{x}{2006}$. O valor de x é igual a:

(A) 1336 (B) 1337 (C) 1338
(D) 2006 (E) 2007

630. O valor de $\left(52 + 6\sqrt{43}\right)^{\frac{3}{2}} - \left(52 - 6\sqrt{43}\right)^{\frac{3}{2}}$ é igual a:

(A) 828 (B) 820 (C) 800
(D) 780 (E) 708

631. Seja A um conjunto de números reais tais que:

(i) $1 \in A$

(ii) $x \in A \Rightarrow x^2 \in A$

(iii) $x^2 - 4x + 4 \in A \Rightarrow x \in A$

Assinale dentre os números abaixo aquele que NÃO pertence ao conjunto A:

(A) $2002 + \sqrt{2003}$ (B) $2004 + \sqrt{2003}$ (C) $2004 + \sqrt{2005}$
(D) $2004 + \sqrt{2004}$ (E) $2002 + \sqrt{2005}$

632. O número de pares ordenados (a,b) de inteiros positivos tais que ambos sejam menores do que 100 e tais que $a\sqrt{2a+b} = b\sqrt{b-a}$ é igual a:

(A) 41 (B) 43 (C) 45
(D) 47 (E) 49

633. Se $x>0$ e $x+\dfrac{1}{x}=5$, o valor de $x^5+\dfrac{1}{x^5}$ é igual a:

(A) 3125   (B) 5000   (C) 2525
(D) 1250   (E) 550

634. Se $x>0$ e $x^2+\dfrac{1}{x^2}=7$ então $x^5+\dfrac{1}{x^5}$ é igual a:

(A) 55   (B) 63   (C) 123
(D) 140   (E) 145

635. Se $N=\sqrt{1+\dfrac{1}{2^2}+\dfrac{1}{3^2}}+\sqrt{1+\dfrac{1}{3^2}+\dfrac{1}{4^2}}+\cdots+\sqrt{1+\dfrac{1}{2004^2}+\dfrac{1}{2005^2}}$ então o valor de $\lfloor N \rfloor$, onde como usual $\lfloor x \rfloor$ é o maior inteiro que não supera x, é igual a:

(A) 2002   (B) 2003   (C) 2004
(D) 2005   (E) 2006

636. O valor *mínimo* de $\dfrac{\left(x+\dfrac{1}{x}\right)^6-\left(x^6+\dfrac{1}{x^6}\right)-2}{\left(x+\dfrac{1}{x}\right)^3+\left(x^3+\dfrac{1}{x^3}\right)}$, para $x>0$ é igual a:

(A) 1   (B) 3   (C) 4
(D) 6   (E) 9

637. O maior inteiro menor ou igual a $\dfrac{3^{2005}+2^{2005}}{3^{2003}+2^{2003}}$ é:

(A) 4   (B) 6   (C) 7
(D) 8   (E) 9

160 | Problemas Selecionados de Matemática

638. Para cada inteiro $n \geq 4$, seja a_n o número $0,\overline{133}_n$ expresso no sistema de numeração de base n. Sabendo que o produto $a_4 a_5 \cdots a_{99}$ pode ser expresso sob a forma $\dfrac{m}{n!}$ onde m e n são inteiros positivos sendo n o menor possível, o valor de m é igual a:

(A) 98 (B) 101 (C) 132
(D) 798 (E) 962

639. A soma de todos os valores inteiros de x para os quais a expressão

$$\frac{\sqrt{9^2 + \frac{1}{11^2} + \frac{9^2}{100^2} - \frac{1}{11 \cdot 100}}}{x + 11}$$

é inteira é igual a:

(A) −60 (B) −64 (C) −66
(D) −68 (E) −70

640. Considere as afirmativas:

(1) Se $x^2 + y^2 = 4xy$ e $x > y > 0$, o valor da razão $\dfrac{x+y}{x-y}$ é igual a $\sqrt{3}$.

(2) O valor da fração $\dfrac{a+b}{a-b}$ se $2a^2 + 2b^2 = 5ab$ e $a > b > 0$ é igual a 3.

(3) Se a e b são números reais tais que $0 < a < b$ e $a^2 + b^2 = 6ab$ então o valor de $\dfrac{a+b}{a-b}$ é igual a $\sqrt{2}$.

Assinale se forem VERDADEIRAS:

(A) Somente (1) e (2) (B) Somente (1) e (3) (C) Somente (2) e (3)
(D) Todas (E) Somente (1)

Capítulo 4 – Produtos Notáveis e Fatoração | 161

641. Sejam a e b números reais tais que $a^2 + b^2 = 6ab$. Se $\dfrac{a^3 - b^3}{a^3 + b^3} = \dfrac{p}{q}\sqrt{2}$ onde p e q são primos entre si, o valor de $p+q$ é igual a:

(A) 11 (B) 13 (C) 15
(D) 17 (E) 19

642. A expressão $x^6 + 27y^6$ quando fatorada completamente apresenta um número de fatores iguais a:

(A) 2 (B) 3 (C) 4
(D) 5 (E) 6

643. Se m e n são inteiros positivos tais que $2001m^2 + m = 2002n^2 + n$ podemos afirmar que $m - n$:

(A) é um quadrado perfeito
(B) é um cubo perfeito
(C) é um inteiro par
(D) é um inteiro ímpar
(E) pode ser negativo

644. Considere a seqüência $(1, 4, 13, \ldots)$ definida recursivamente por $s_1 = 1$ e $s_{n+1} = 3s_n + 1$ para todos os inteiros positivos n. O elemento $s_{18} = 193710244$ termina com dois algarismos idênticos. Quantos elementos consecutivos desta seqüência terminam com o mesmo número de algarismos idênticos?

(A) 1 (B) 2 (C) 3
(D) 4 (E) mais de 4

645. Considere as afirmativas:

1. Se $\dfrac{2}{x} + \dfrac{2}{y} + \dfrac{2}{z} + \dfrac{x}{yz} + \dfrac{y}{xz} + \dfrac{z}{xy} = \dfrac{8}{3}$ e $x + y + z = 16$ o produto $x \cdot y \cdot z$ é igual a 96.

2. A expressão $\dfrac{\left(x^3+y^3+z^3\right)^2-\left(x^3-y^3-z^3\right)^2}{y^3+z^3}$, é equivalente a $4x^3$.

3. A expressão $\dfrac{\left(zx^2+y^2z+2xyz\right)\left(x^2-y^2\right)}{x^3+3x^2y+3xy^2+y^3}$ é equivalente a $z(x-y)$.

Assinale se forem VERDADEIRAS:

(A) Somente (1) e (2)   (B) Somente (1) e (3)   (C) Somente (2) e (3)
(D) Todas   (E) Somente (1)

646. Considere as afirmativas:

1. Sabendo que $xy=a$, $xz=b$ e $yz=c$, e se nenhuma dessas quantidades é igual a zero então $x^2+y^2+z^2$ é igual a $\dfrac{(ab)^2+(ac)^2+(bc)^2}{abc}$.

2. Simplificando a expressão $\dfrac{\left(a^2-b^2-c^2-2bc\right)\cdot(a+b-c)}{(a+b+c)\cdot\left(a^2+c^2-2ac-b^2\right)}$ para os valores de a, b, c que não anulam o denominador, obtém-se 1.

3. Simplificando $\dfrac{a^4-b^4}{\left(a^2+b^2+2ab\right)\left(a^2+b^2-2ab\right)}-\dfrac{2ab}{a^2-b^2}$ para $b\neq\pm a$ obtém-se $\dfrac{a-b}{a+b}$.

Assinale se forem FALSAS:

(A) Somente (1) e (2)   (B) Somente (1) e (3)   (C) Somente (2) e (3)
(D) Todas   (E) Nenhuma.

647. Considere as afirmativas:

1. Simplificando $\dfrac{\left(2x^2-4x+8\right)\cdot\left(x^2-4\right)}{\sqrt{2}\cdot x^3+\sqrt{128}}$ vamos encontrar $\sqrt{2}(x-2)$.

Capítulo 4 – Produtos Notáveis e Fatoração | 163

2. Se a divisão $\dfrac{(x^3 - 6x^2 + 12x - 8)^{16} + 2x^2 - 8x + 1 + K}{x^2 - 4x + 4}$ é exata, o valor de K é igual a 8.

3. Simplificando a expressão $\dfrac{x(x^4 - 5x^2 + 4) - 2(x^4 - 5x^2 + 4)}{(x^3 - 6x^2 + 12x - 8)(x^2 - 1)}$ obtemos $\dfrac{x+2}{x-2}$.

Assinale se forem VERDADEIRAS:
(A) Somente (1) e (2) (B) Somente (1) e (3) (C) Somente (2) e (3)
(D) Todas (E) Nenhuma.

648. Considere as afirmativas:

1. Uma expressão equivalente a $2 + \sqrt{\dfrac{a^2}{b^2} + \dfrac{b^2}{a^2} + 2}$ para $a, b > 0$ é $\dfrac{(a+b)^2}{ab}$.

2. Se a, b, c são números reais tais que $a^2 + 2b = 7$, $b^2 + 4c = -7$ e $c^2 + 6a = -14$, o valor de $a^2 + b^2 + c^2$ é igual a 14.

3. Sejam a e b números reais distintos tais que $\dfrac{a}{b} + \dfrac{a + 10b}{b + 10a} = 2$. O valor de $\dfrac{a}{b}$ é igual a 0,8.

4. Se $m + n + p = 6$, $mnp = 2$ e $mn + mp + np = 11$, o valor da expressão $\dfrac{m}{np} + \dfrac{n}{mp} + \dfrac{p}{mn}$ é igual a 7.

Assinale se forem VERDADEIRAS:
(A) Somente (1), (2) e (3) (B) Somente (2), (3) e (4)
(C) Somente (2) e (4) (D) Todas
(E) Somente (4)

649. O número $3^{12033} + 1$ é igual ao produto de três fatores cuja soma é igual a:
(A) $3^{4010} + 3$ (B) $3^{4011} + 3$ (C) $3^{4012} + 3$
(D) $3^{4013} + 3$ (E) $3^{4014} + 3$

164 | Problemas Selecionados de Matemática

650. Sejam a e b números reais tais que $a^2 + b^2 = 6ab$. Se $\dfrac{a^3 - b^3}{a^3 + b^3} = \dfrac{p}{q}\sqrt{2}$ onde p e q são primos entre si, o valor de $p + q$ é igual a:

(A) 11   (B) 13   (C) 15
(D) 17   (E) 19

651. Se x e y são números reais tais que $\dfrac{x^2 + y^2}{x^2 - y^2} + \dfrac{x^2 - y^2}{x^2 + y^2} = k$. O valor de $\dfrac{x^8 + y^8}{x^8 - y^8} + \dfrac{x^8 - y^8}{x^8 + y^8}$ é igual a:

(A) $\dfrac{k^4 + 24k^2 + 16}{4k^3 + 16k}$ (B) $\dfrac{k^4 - 24k^2 - 16}{4k^3 - 16k}$ (C) $\dfrac{k^4 + 24k^2 - 16}{4k^3 - 16k}$

(D) $\dfrac{k^4 + 24k^2 - 16}{4k^3 + 16k}$ (E) $\dfrac{k^4 - 24k^2 + 16}{4k^3 + 16k}$

652. A soma de todos os inteiros positivos N para os quais $2005 \leq N \leq 2500$ e $x^4 - y^4 = N$ para alguns inteiros x e y é igual a:

(A) 14110   (B) 14112   (C) 14114
(D) 14116   (E) 14118

653. Considere as afirmações:

1. Para $n \in \mathbb{N} - \{0,1\}$ a expressão $\sqrt[n]{\dfrac{600}{25^{n+2} - 5^{2n+2}}}$, é igual a 5^{-2}.

2. Se $n \neq 0$, então a expressão $\sqrt[n]{\dfrac{20}{2^{2n+4} + 2^{2n+2}}}$ é igual a $\dfrac{1}{2}$.

3. Para $x \in \mathbb{R}^*$ a expressão $\sqrt{1 + \left(\dfrac{x^4 - 1}{2x^2}\right)^2} - \dfrac{x^2}{2}$ é igual a $\dfrac{x^4 + x^2 - 1}{2x^2}$.

Assinale:

(A) Se somente as afirmações 1 e 2 forem verdadeiras.
(B) Se somente as afirmações 2 e 3 forem verdadeiras.
(C) Se somente as afirmações 1 e 3 forem verdadeiras.
(D) Se todas as afirmações forem verdadeiras.
(E) Se todas as afirmações forem falsas.

654. Considere as afirmações:

1. Se $2x-3y-z=0$ e $x+3y-14z=0$ com $z \neq 0$, a expressão $\dfrac{x^2+3xy}{y^2+z^2}$ quando simplificada se torna igual a 7.

2. Sabendo que $3x-y-10z=0$ e que $x+2y-z=0$, o valor simplificado de $\dfrac{x^3+x^2y}{xy^2-z^3}$ sendo $z \neq 0$, é 6.

3. Se $1-y$ for usado como aproximação de $\dfrac{1}{1+y}$ com $|y|<1$, a razão do erro cometido para o valor exato é igual a $\dfrac{y}{1+y}$.

4. A melhor aproximação de $\sqrt{1-b}$ para $0<b<10^{-6}$ é $1-\dfrac{b}{2}$.

Assinale:

(A) Se somente as afirmações 1 e 2 forem verdadeiras.
(B) Se somente as afirmações 2 e 3 forem verdadeiras.
(C) Se somente as afirmações 1 e 3 forem verdadeiras.
(D) Se somente as afirmações 1 e 4 forem verdadeiras
(E) somente as afirmações 2 e 4 forem verdadeiras.

655. Considere as afirmativas:

1. Simplificando $\dfrac{ab(x^2+y^2)+xy(a^2+b^2)}{ab(x^2-y^2)+xy(a^2-b^2)}$ obtemos $\dfrac{ax+by}{ax-by}$.

2. Simplificando $\dfrac{a^4(b^2-c^2)+b^4(c^2-a^2)+c^4(a^2-b^2)}{a^2(b-c)+b^2(c-a)+c^2(a-b)}$ obtemos $(a+b)(a+c)(b+c)$.

3. Simplificando $\dfrac{1-a^2}{(1+ax)^2-(a+x)^2}$ obtemos $\dfrac{1}{1-x^2}$.

4. Simplificando $\dfrac{a^3b-ab^3+b^3c-bc^3+c^3a-ca^3}{a^2b-ab^2+b^2c-bc^2+c^2a-ca^2}$ obtemos $a+b+c$.

5. Simplificando $\dfrac{(a^2-b^2)^3+(b^2-c^2)^3+(c^2-a^2)^3}{(a-b)^3+(b-c)^3+(c-a)^3}$ obtemos $(a+b)(b+c)(c+a)$.

Assinale:
(A) Se somente as afirmativas (1), (2) e (3) forem verdadeiras.
(B) Se somente as afirmativas (2), (3) e (4) forem verdadeiras.
(C) Se somente as afirmativas (1), (3) e (5) forem verdadeiras.
(D) Se somente as afirmativas (1), (2), (3) e (4) forem verdadeiras.
(E) Se todas as afirmativas forem verdadeiras.

656. Considere as afirmativas:

1. A soma $\dfrac{y^2z^2}{b^2c^2}+\dfrac{(y^2-b^2)(z^2-b^2)}{b^2(b^2-c^2)}+\dfrac{(y^2-c^2)(z^2-c^2)}{c^2(c^2-b^2)}$ é igual a 1.

2. $\dfrac{1}{(a-b)(a-c)(x+a)}+\dfrac{1}{(b-a)(b-c)(x+b)}+\dfrac{1}{(c-a)(c-b)(x+c)}$ é igual a $\dfrac{1}{(x+a)(x+b)(x+c)}$.

3. O valor de $\dfrac{1}{1+a}+\dfrac{1}{1-a}+\dfrac{2a}{1-a^2}$ é $\dfrac{2}{1-a}$.

4. O valor de $\dfrac{(a-x)(a-y)}{(a-b)(a-c)}+\dfrac{(b-x)(b-y)}{(b-a)(b-c)}+\dfrac{(c-x)(c-y)}{(c-a)(c-b)}$ é 1.

5. A soma $\dfrac{(b+c)(x^2+a^2)}{(c-a)(a-b)}+\dfrac{(c+a)(x^2+b^2)}{(a-b)(b-c)}+\dfrac{(a+b)(x^2+c^2)}{(b-c)(c-a)}$ é nula.

O número de afirmativas VERDADEIRAS é:

(A) 1   (B) 2   (C) 3
(D) 4   (E) 5

657. Considere as afirmativas:

1. Simplificando $\dfrac{x}{2+y}+\dfrac{4-4x+x^2}{y^2+4y+4}:\dfrac{2-x}{2+y}$ obtemos $\dfrac{2}{y+2}$.

2. A expressão $\dfrac{bx(a^2x^2+2a^2y^2+b^2y^2)+ay(a^2x^2+2b^2x^2+b^2y^2)}{bx+ay}$ quando simplificada se torna igual a $(ax+by)^2$.

3. Simplificando $\dfrac{(x^{-1}+y^{-1})^{-1}-(x^{-1}-y^{-1})^{-1}}{(y^{-1}-x^{-1})^{-1}-(y^{-1}+x^{-1})^{-1}}$ onde $x,y\neq 0$, $x\neq\pm y$ temos $\dfrac{x}{y}$.

4. Simplificando $\dfrac{x-y}{x+y}+\dfrac{y-z}{y+z}+\dfrac{z-x}{z+x}+\dfrac{(x-y)(y-z)(z-x)}{(x+y)(y+z)(z+x)}$ obtemos 1.

O número de afirmativas VERDADEIRAS é igual a:

(A) 0   (B) 1   (C) 2
(D) 3   (E) 4

168 | Problemas Selecionados de Matemática

658. Considere as afirmativas:

1. Simplificando $\dfrac{a^2-b^2}{a^2+2ab+b^2} \div \dfrac{4(a^2-ab)}{a^2+ab}$ obtemos $\dfrac{1}{4}$.

2. Simplificando $\dfrac{a^2-(b-c)^2}{(a+b)^2-z^2} \times \dfrac{(a+b+c)^2}{a^2-(b+c)^2}$ obtemos $\dfrac{a-b+c}{a-b-c}$.

3. Simplificando $\dfrac{(a+b)^2-(c+d)^2}{(a+c)^2-(b+d)^2} \times \dfrac{(a-b)^2-(d-c)^2}{(a-c)^2-(d-b)^2}$ obtemos 1.

4. Simplificando $\dfrac{(a-b)^2-c^2}{(a-c)^2-b^2} \times \dfrac{a^2-(c-b)^2}{a^2-(b-c)^2}$ obtemos $\dfrac{a-b+c}{a+b-c}$.

5. Simplificando $\dfrac{1}{(a+b)^2}\cdot\left(\dfrac{1}{a^2}+\dfrac{1}{a^2}\right)+\dfrac{2}{(a+b)^3}\cdot\left(\dfrac{1}{a}+\dfrac{1}{b}\right)$ obtemos $\dfrac{1}{a^2b^2}$.

O número daquelas que são VERDADEIRAS é:

(A) 1   (B) 2   (C) 3
(D) 4   (E) 5

659. Dentre as expressões:

1. $\dfrac{a+b}{(c-a)(c-b)}+\dfrac{c+a}{(b-a)(b-c)}+\dfrac{b+c}{(a-b)(a-c)}$.

2. $\dfrac{a^2-bc}{(a+b)(a+c)}+\dfrac{b^2-ca}{(b+c)(b+a)}+\dfrac{c^2-ab}{(c+a)(c+b)}$.

3. $\dfrac{a-b}{a+b}+\dfrac{b-c}{b+c}+\dfrac{c-a}{c+a}+\dfrac{(a-b)(b-c)(c-a)}{(a+b)(b+c)(c+a)}$.

4. $\dfrac{(b+c)(x^2+a^2)}{(c-a)(a-b)}+\dfrac{(c+a)(x^2+b^2)}{(a-b)(b-c)}+\dfrac{(a+b)(x^2+c^2)}{(b-c)(c-a)}$.

O número daquelas que NÃO são nulas é:

(A) 0   (B) 1   (C) 2
(D) 3   (E) 4

660. Dentre as identidades:

1. $\dfrac{bc}{(a-c)(a-b)} + \dfrac{ca}{(b-c)(b-a)} + \dfrac{ab}{(c-a)(c-b)} \equiv 1$

2. $\left(\dfrac{b}{c}+\dfrac{c}{b}\right)^2 + \left(\dfrac{c}{a}+\dfrac{a}{c}\right)^2 + \left(\dfrac{a}{b}+\dfrac{b}{a}\right)^2 \equiv 4 + \left(\dfrac{b}{c}+\dfrac{c}{b}\right)\left(\dfrac{c}{a}+\dfrac{a}{c}\right)\left(\dfrac{a}{b}+\dfrac{b}{a}\right)$

3. $\dfrac{a^2b^2}{(a-c)(b-c)} + \dfrac{a^2c^2}{(a-b)(c-b)} + \dfrac{b^2c^2}{(b-a)(c-a)} \equiv ab + ac + bc$

4. $\dfrac{bc}{a(a^2-b^2)(a^2-c^2)} + \dfrac{ac}{b(b^2-a^2)(b^2-c^2)} + \dfrac{ab}{c(c^2-b^2)(c^2-a^2)} \equiv \dfrac{1}{abc}$

O número daquelas que são VERDADEIRAS é igual a:

(A) 0   (B) 1   (C) 2
(D) 3   (E) 4

661. Simplificando

$$\dfrac{a^2b^2c^2}{(a-d)(b-d)(c-d)} + \dfrac{a^2b^2d^2}{(a-c)(b-c)(d-c)} + \dfrac{a^2c^2d^2}{(a-b)(c-b)(d-b)} + \dfrac{b^2c^2d^2}{(b-a)(c-a)(d-a)}$$

obtemos:

(A) $abc + abd + acd + bcd$
(B) $abc - abd + acd - bcd$
(C) $abc - abd - acd - bcd$
(D) $abc + abd - acd + bcd$
(E) $abcd$

662. Considere as afirmativas:

1. A soma $\dfrac{a^2+b+c}{(a-b)(a-c)} + \dfrac{b^2+c+a}{(b-c)(b-a)} + \dfrac{c^2+a+b}{(c-a)(c-b)}$ é igual a 1.

2. A soma $\dfrac{a+x}{x(x-y)(x-z)} + \dfrac{a+y}{y(y-x)(y-z)} + \dfrac{a+z}{z(z-x)(z-y)}$ é igual a $\dfrac{a}{xyz}$

3. A soma $a^2\dfrac{(d-b)(d-c)}{(a-b)(a-c)}+b^2\dfrac{(d-c)(d-a)}{(b-c)(b-a)}+c^2\dfrac{(d-a)(d-b)}{(c-a)(c-b)}$ é igual a d^2.

4. A soma $\dfrac{a-b}{a+b}+\dfrac{b-c}{b+c}+\dfrac{c-a}{c+a}+\dfrac{(a-b)(b-c)(c-a)}{(a+b)(b+c)(c+a)}$ é igual a zero.

O número de afirmativas FALSAS é:

(A) 0   (B) 1   (C) 2

(D) 3   (E) 4

663. Sendo $ax+by+cz=0$ o valor de $\dfrac{ax^2+by^2+cz^2}{bc(y-z)^2+ac(z-x)^2+ab(x-y)^2}$ é:

(A) $a+b+c$ (B) $a+b+c$ (C) $\dfrac{1}{a+b-c}$

(D) $\dfrac{1}{a+b-c}$ (E) $\dfrac{1}{a+b+c}$

664. Sejam a, b, c, p quatro números reais dados tais que a, b e c não sejam simultaneamente iguais e $a+\dfrac{1}{b}=b+\dfrac{1}{c}=c+\dfrac{1}{a}=p$ então $abc+p$ é igual a:

(A) p (B) $2p$ (C) p^2

(D) p^3+p (E) 0

665. Se a, b e c são números reais não nulos tais que

$$\dfrac{a+b-c}{c}=\dfrac{a-b+c}{b}=\dfrac{-a+b+c}{a}$$

Seja $x<0$ tal que $x=\dfrac{(a+b)\cdot(b+c)\cdot(c+a)}{abc}$ então x é igual a:

(A) -1 (B) -2 (C) -4

(D) -6 (E) -8

666. Se a, b e c são reais tais que

$$\left(bc-a^2\right)^{-1}+\left(ca-b^2\right)^{-1}+\left(ab-c^2\right)^{-1}=0$$

então

$$a\left(bc-a^2\right)^{-2}+b\left(ca-b^2\right)^{-2}+c\left(ab-c^2\right)^{-2}$$

é igual a:
(A) -2 (B) -1 (C) 0
(D) 1 (E) 2

667. Se a, b e c são *três* reais tais que $\dfrac{a}{b+c}+\dfrac{b}{c+a}+\dfrac{c}{a+b}=1$ então o valor de

$$\dfrac{a^2}{b+c}+\dfrac{b^2}{c+a}+\dfrac{c^2}{a+b}$$

é igual a:
(A) 0 (B) 1 (C) 2
(D) 3 (E) 9

668. Sejam a, b e c números reais distintos dois a dois e não nulos tais $a+b+c=0$. O valor de

$$\left(\dfrac{b-c}{a}+\dfrac{c-a}{b}+\dfrac{a-b}{c}\right)\cdot\left(\dfrac{a}{b-c}+\dfrac{b}{c-a}+\dfrac{c}{a-b}\right)$$

é igual a:
(A) 0 (B) 1 (C) 3
(D) 9 (E) 27

669. Seja $t_n = \dfrac{n(n+1)}{2}$ o $n-ésimo$ número triangular. O valor do número

$$\dfrac{1}{t_1} + \dfrac{1}{t_2} + \dfrac{1}{t_3} + \cdots + \dfrac{1}{t_{2004}}$$

é igual a:

(A) $\dfrac{4009}{2005}$ (B) $\dfrac{2003}{1002}$ (C) $\dfrac{4008}{2005}$

(D) $\dfrac{4007}{2003}$ (E) 2

670. Sejam x e y *dois* números reais não nulos tais que $a = x + \dfrac{1}{x}$, $b = y + \dfrac{1}{y}$ e $c = xy + \dfrac{1}{xy}$ então podemos afirmar que:

(A) $a^2 + b^2 + c^2 = abc + 4$ (B) $a^2 - b^2 + c^2 = abc + 4$ (C) $a^2 + b^2 - c^2 = abc + 4$

(D) $a^2 - b^2 - c^2 = abc + 4$ (E) $a^2 - b^2 - c^2 = abc - 4$

671. Se $a^3 - 3ab^2 = 44$ e $b^3 - 3a^2b = 8$, o valor de $a^2 + b^2$ é igual a:

(A) $10\sqrt[3]{2}$ (B) $12\sqrt[3]{2}$ (C) $14\sqrt[3]{2}$

(D) $16\sqrt[3]{2}$ (E) $18\sqrt[3]{2}$

672. O número de maneiras distintas segundo as quais podemos escrever $2^{2^{1999}} + 1$ como uma soma de dois números primos é igual a:

(A) 0 (B) 1 (C) 2
(D) 3 (E) mais de 3

673. Se x, y e z são números reais positivos tais que xyz=1, o valor de
$$\frac{1}{1+x+xy}+\frac{1}{1+y+yz}+\frac{1}{1+z+zx}$$ é igual a:

(A) 5   (B) 4   (C) 3
(D) 2   (E) 1

674. Se x, y e z são números reais positivos tais que xyz=1, o valor de
$$\frac{x+1}{xy+x+1}+\frac{y+1}{yz+y+1}+\frac{z+1}{zx+z+1}$$ é igual a:

(A) 1   (B) $\frac{1}{3}$ (C) $\frac{2}{3}$
(D) 2   (E) 3

675. Sabendo que $a+b+c=0$, o valor de $\dfrac{\left(a^3+b^3+c^3\right)^2 \cdot \left(a^4+b^4+c^4\right)}{\left(a^5+b^5+c^5\right)^2}$ é igual a:

(A) $\frac{25}{8}$ (B) $\frac{18}{25}$ (C) $\frac{5}{28}$
(D) $\frac{25}{18}$ (E) $\frac{28}{15}$

676. Para $x \neq 1$, $y \neq 1$ e $x \neq y$ sabe-se que $\dfrac{yz-x^2}{1-x}=\dfrac{xz-y^2}{1-y}=k$. O valor de k é igual a:

(A) x–y–z   (B) x–y+y   (C) x+y–z
(D) x+y+z   (E) xy–yz–xz

677. Se a, b e c são números reais tais que $a \neq b \neq c \neq a$, a igualdade
$$\frac{b-c}{(a-b)(a-c)}+\frac{c-a}{(b-c)(b-a)}+\frac{a-b}{(c-a)(c-b)}$$

é igual a:

(A) $\dfrac{1}{a-b}+\dfrac{1}{b-c}+\dfrac{1}{c-a}$

(B) $\dfrac{2}{a-b}+\dfrac{2}{b-c}+\dfrac{2}{c-a}$

(C) $\dfrac{3}{a-b}+\dfrac{3}{b-c}+\dfrac{3}{c-a}$

(D) $\dfrac{2}{a-b}-\dfrac{2}{b-c}-\dfrac{2}{c-a}$

(E) $\dfrac{1}{a-b}+\dfrac{2}{b-c}+\dfrac{3}{c-a}$

678. Se a, b e c são *três* racionais distintos então

$$\dfrac{1}{(a-b)^2}+\dfrac{1}{(b-c)^2}+\dfrac{1}{(c-a)^2}$$

(A) é *sempre* o quadrado de um racional.

(B) é igual a $\dfrac{1}{a^2+b^2+c^2}$

(C) é igual a $\dfrac{1}{(a+b+c)^2}$

(D) é igual a $(a+b+c)^2$

(E) é sempre igual a 0

679. O número $\sqrt{1+\sqrt[3]{4}+\sqrt[3]{16}}$ está situado entre

(A) 1 e 1,5 (B) 1,5 e 2 (C) 2 e 2,5
(D) 2,5 e 3 (E) 3,5 e 4

680. Sejam A, L e S inteiros não negativos tais que A+L+S=12. O valor *máximo* de A·L·S+A·L+L·S+S·A é igual a:

(A) 62 (B) 72 (C) 92
(D) 102 (E) 112

681. Se x, y e z são números reais distintos dois a dois, o valor da expressão:

$$\frac{x(y+z)}{(x-y)(x-z)} + \frac{y(x+z)}{(y-z)(y-x)} + \frac{z(x+y)}{(z-x)(z-y)}$$

é igual a:

(A) −3 (B) −1 (C) 0
(D) 1 (E) 3

682. Se x, y e z são números reais distintos tais que $\frac{x}{y-z} + \frac{y}{z-x} + \frac{z}{x-y} = 0$ com $x \neq y$, $x \neq z$ e $y \neq z$ então,

$$\frac{x}{(y-z)^2} + \frac{y}{(z-x)^2} + \frac{z}{(x-y)^2}$$

é igual a:

(A) 0 (B) 1 (C) 2
(D) 3 (E) 4

683. O valor do produto $\left(1+\frac{3}{1}\right)\left(1+\frac{5}{4}\right)\left(1+\frac{7}{9}\right)\left(1+\frac{9}{16}\right)\cdots\left(1+\frac{41}{400}\right)$ onde o *n-ésimo* fator é $1+\frac{2n+1}{n^2}$, é:

(A) 441 (B) 4041 (C) 4410
(D) 4001 (E) 4010

176 | Problemas Selecionados de Matemática

684. Sabendo que $\dfrac{(a-b)(b-c)(c-a)}{(a+b)(b+c)(c+a)} = \dfrac{1}{11}$, o valor de $\dfrac{a}{a+b} + \dfrac{b}{b+c} + \dfrac{c}{c+a}$ é igual a:

(A) $\dfrac{1}{11}$ (B) $\dfrac{2}{11}$ (C) $\dfrac{4}{11}$

(D) $\dfrac{8}{11}$ (E) $\dfrac{16}{11}$

685. A soma

$$S = \dfrac{1}{1 \cdot 4} + \dfrac{1}{4 \cdot 7} + \dfrac{1}{7 \cdot 10} + \ldots + \dfrac{1}{2998 \cdot 3001}$$

quando escrita sob a forma da fração irredutível $\dfrac{p}{q}$ o valor de p+q é:

(A) 4001   (B) 5001   (C) 6001
(D) 8001   (E) 9001

686. A soma

$$S = \dfrac{1}{1 \cdot 2 \cdot 3} + \dfrac{1}{2 \cdot 3 \cdot 4} + \cdots + \dfrac{1}{2005 \cdot 2006 \cdot 2007}$$

é igual a:

(A) $\dfrac{2 \cdot 1996}{3 \cdot 2005 \cdot 2007}$ (B) $\dfrac{1}{3} - \dfrac{1}{3 \cdot 2007}$

(C) $\dfrac{1}{4} - \dfrac{1}{2006^2}$ (D) $\dfrac{1}{3} - \dfrac{1}{3 \cdot 2006 \cdot 2007}$

(E) $\dfrac{1}{4} - \dfrac{1}{2 \cdot 2006 \cdot 2007}$

687. A soma

$$S_n = \dfrac{1}{1 \cdot 2 \cdot 3 \cdot 4} + \dfrac{1}{2 \cdot 3 \cdot 4 \cdot 5} + \cdots + \dfrac{1}{2005 \cdot 2006 \cdot 2007 \cdot 2008}$$

é igual a:

(A) $\dfrac{1}{18} - \dfrac{1}{3} \cdot 2006 \cdot 2007 \cdot 2008$

(B) $\dfrac{1}{18} - \dfrac{1}{3 \cdot 2006 \cdot 2007 \cdot 2008}$

(C) $\dfrac{2 \cdot 2008}{3 \cdot 2006 \cdot 2007}$

(D) $\dfrac{1}{18} - \dfrac{1}{2 \cdot 2007 \cdot 2008}$

(E) $\dfrac{1}{9} - \dfrac{1}{3 \cdot 2006 \cdot 2007 \cdot 2008}$

688. Sabendo-se que a seguinte identidade $\dfrac{a \cdot x + b \cdot y}{x \cdot y} = \dfrac{a}{y} + \dfrac{b}{x}$ é verdadeira para quaisquer números reais a, b, $x \neq 0$ e $y \neq 0$, o valor de

$$\dfrac{13}{2 \cdot 4} + \dfrac{13}{4 \cdot 6} + \dfrac{13}{6 \cdot 8} + \cdots + \dfrac{13}{50 \cdot 52}$$

é igual a:

(A) $\dfrac{25}{16}$ (B) $\dfrac{25}{12}$ (C) $\dfrac{25}{8}$

(D) $\dfrac{25}{4}$ (E) $\dfrac{25}{2}$

689. Seja

$$S_n = \dfrac{1}{1^2 - \tfrac{1}{4}} + \dfrac{1}{2^2 - \tfrac{1}{4}} + \dfrac{1}{3^2 - \tfrac{1}{4}} + \cdots + \dfrac{1}{n^2 - \tfrac{1}{4}}$$

Se S_{99} for escrito sob a forma da fração irredutível $\dfrac{m}{n}$, o valor de $m+n$:

(A) 591   (B) 593   (C) 595
(D) 597   (E) 599

178 | Problemas Selecionados de Matemática

690. Considere as afirmativas:

(I) O valor de $\dfrac{\sqrt{4+2\sqrt{3}} - \sqrt{28+10\sqrt{3}}}{15}$ é igual a $-\dfrac{1}{3}$.

(II) Se $x + x^{-1} = \dfrac{3\sqrt{2}}{2}$ então $x^3 + x^{-3}$ é igual a $\dfrac{9\sqrt{2}}{4}$.

(III) Se $\sqrt{10+2\sqrt{6}-2\sqrt{10}-2\sqrt{15}} = \sqrt{a}+\sqrt{b}-\sqrt{c}$, o valor de $a+b+c$ é 10.

(IV) Se $P = 3^{2005} + 3^{-2005}$ e $Q = 3^{2005} - 3^{-2005}$ o valor de $P^2 - Q^2$ é 4.

O número de afirmativas FALSAS é:

(A) 0   (B) 1   (C) 2

(D) 3   (E) 4

691. Considere as afirmativas:

1. Se $x + \dfrac{1}{x} = 7$, então o valor de $x^3 + \dfrac{1}{x^3}$ é igual a 322.

2. Se $x + \dfrac{1}{x} = 5$, então o valor de $x^5 + \dfrac{1}{x^5}$ é igual a 2525.

3. Se $x^3 + \dfrac{1}{x^3} = 18$, então o valor de $x^4 + \dfrac{1}{x^4}$ é igual a 47.

4. Se $x+x^{-1}$ e $x>1$, o valor de x^7-x^7 é igual a $5822\sqrt{3}$.

Conclua que

(A) (1) e (4) estão certas

(B) (4) está certa e (3) errata

(C) (1) está certa e (2) errata

(D) (2) e (4) estão erradas

(E) (3) está errada e (4) está certa

Capítulo 4 – Produtos Notáveis e Fatoração | 179

692. Considere as afirmativas:

(I) O valor de $\sqrt{3+\sqrt{5-\sqrt{13+4\sqrt{3}}}} \cdot \sqrt{2-\sqrt{3}}$ é igual a 1.

(II) O número $N = 1 + \sqrt{3+\sqrt{8}} + \sqrt{7-\sqrt{40}} - \sqrt{6+\sqrt{20}}$ a 1.

(III) O inteiro mais próximo de $N = \dfrac{\sqrt{4+2\sqrt{3}} - \sqrt{3}}{\sqrt[3]{6\sqrt{3}-10}}$ é 2.

(IV) O valor de $N = \sqrt{13+30\sqrt{3+2\sqrt{2}}} - \dfrac{5}{6}$ é $\dfrac{\sqrt{2}}{6}$.

O número de afirmativas VERDADEIRAS é:
(A) 1   (B) 2   (C) 3
(D) 4   (E) 5

693. Se $2^4 + 2^7 + 2^m$ e $2^8 + 2^{11} + 2^n$ são quadrados perfeitos então o valor de $m+n$ é:
(A) primo   (B) divisor de 6   (C) múltiplo de 3
(D) múltiplo de 5   (E) ímpar

694. A soma dos algarismos do maior valor de x para o qual $4^{27} + 4^{1000} + 4^x$ é um quadrado perfeito é igual a:
(A) 11   (B) 13   (C) 15
(D) 17   (E) 19

695. O número de pares de inteiros positivos (m,n) para os quais $m+n+1$ é um quadrado perfeito e $mn+1$ é um cubo perfeito é igual a:
(A) 0   (B) 1   (C) 2
(D) 4   (E) infinito

180 | Problemas Selecionados de Matemática

696. Os inteiros a, b, c, d e A são tais que $a^2 + A = b^2$ e $c^2 + A = d^2$ sobre o número $2(a+b)(c+d)(ac+bd-A)$ podemos afirmar que:
    (A) É um quadrado perfeito
    (B) É um cubo perfeito
    (C) É a quarta potência de um natural
    (D) Depende de A
    (E) Depende de a, b, c e d

697. O número de pares ordenados de números inteiros (m,n) para os quais $mn \geq 0$ e $m^3 + n^3 + 99mn = 33^3$ é igual a:
    (A) 2　　　　(B) 3　　　　(C) 33
    (D) 35　　　(E) 99

698. Sejam x_1, x_2, x_3, x_4 números tais que $-1 \leq x_k \leq 1$. O menor valor possível da expressão $x_1x_2 + x_1x_3 + x_1x_4 + x_2x_3 + x_2x_4 + x_3x_4$ é:
    (A) −5　　　(B) −4　　　(C) −3
    (D) −2　　　(E) −1

699. A quantidade de inteiros entre 1 e 1000, inclusive, que podem ser expressos como a diferença de dois interos não negativos é igual a:
    (A) 250　　　(B) 500　　　(D) 600
    (D) 750　　　(E) 800

700. Se 10^k é a maior potência de 10 que divide $11^{10} - 1$ então k é igual a:
    (A) 1　　　　(B) 2　　　　(C) 3
    (D) 4　　　　(E) 5

701. O algarismo das centenas do número $2^{1999} + 2^{2000} + 2^{2001}$ é:
    (A) 0　　　　(B) 2　　　　(C) 4
    (D) 6　　　　(E) 8

702. Considere que $xy = p$, $x+y = s$, $x^{2004} + y^{2004} = t$ e $x^{2005} + y^{2005} = u$ o valor de $x^{2006} + y^{2006}$ é dado por:

(A) $su - pt$ (B) $st - pu$ (C) $su + pt$
(D) $st + pu$ (E) $ps + tu$

703. Se x e y são números reais tais que $x+y$, $x^2 + y^2$, $x^3 + y^3$ e $x^4 + y^4$ são inteiros então dentre os números da forma $x^n + y^n$, o número daqueles que NÃO são inteiros é:

(A) 0 (B) 1 (C) 2
(D) 3 (E) infinito

704. Se k é um número inteiro com $|k| > 2$ tal que $x + x^{-1} = k$, então a quantidade de números reais x tais que $x^n + x^{-n}$ é inteiro para todo n é:

(A) 0 (B) 1 (C) 2
(D) 3 (E) infinito

705. O número de inteiros n para os quais $n^4 - 4n^3 + 14n^2 - 20n + 10$ é um quadrado perfeito é igual a:

(A) 0 (B) 1 (C) 2
(D) 3 (E) mais de três

706. O valor numérico de $\dfrac{25^3 + 26^3 + \cdots + 48^3}{1^3 + 2^3 + \cdots + 24^3}$ é aproximadamente:

(A) 65 (B) 64 (C) 63
(D) 16 (E) 15

707. Considere as afirmativas:

(I) Se $\sqrt[3]{45+29\sqrt{2}} = a+b\sqrt{2}$ então a−b é igual a 2.

(II) O valor de $\sqrt[3]{7-\sqrt{50}}$ é igual a $2-\sqrt{2}$.

(III) O valor de $\sqrt[3]{10+6\sqrt{3}}$ é igual a $1+\sqrt{3}$.

(IV) Se $\sqrt[3]{10+\sqrt{108}} = \alpha+\beta\sqrt{3}$ então $\alpha-\beta = 1$.

O número de afirmativas FALSAS é igual a:

(A) 0 (B) 1 (C) 2
(D) 3 (E) 4

708. Qual o valor *máximo* de n para o qual existe um conjunto de inteiros positivos distintos $k_1, k_2, k_3, \ldots, k_n$ para os quais $k_1^2 + k_2^2 + \cdots + k_n^2 = 2002$?

(A) 14 (B) 15 (C) 16
(D) 17 (E) 18

709. Seja $x_1, x_2, \ldots, x_n$ uma seqüência de inteiros tais que

(i) $-1 \leq x_i \leq 2$, para $i=1, 2, 3, \ldots, n$;

(ii) $x_1+x_2+\cdots+x_n = 19$; e

(iii) $x_1^2+x_2^2+\cdots+x_n^2 = 99$.

Sejam, respectivamente, m e M os valores mínimo e máximo possíveis de $x_1^3+x_2^3+\cdots+x_n^3$. Então $\dfrac{M}{m}$ é igual a:

(A) 3 (B) 4 (C) 5
(D) 6 (E) 7

710. Sabendo que x^2+4x+3 é um fator de $E = (4x^2+17x+14)^k - 1$ para todo inteiro k par. Outro fator de E pode ser dado por:

(A) $16x^2-72x-65$ (B) $16x^2+72x+65$ (C) $16x^2-72x+65$
(D) $16x^2+72x-65$ (E) $16x^2-65x+72$

711. Sejam a, b e c números reais não nulos tais que $\dfrac{1}{a}+\dfrac{1}{b}+\dfrac{1}{c}=\dfrac{1}{a+b+c}$. Então podemos afirmar que:
(A) são todos positivos
(B) são todos negativos
(C) dois deles são simétricos
(D) dois são positivos e um é negativo
(E) dois são negativos e um é positivo

712. O valor de $\sqrt[3]{1-27\sqrt[3]{26}+9\sqrt[3]{26^2}}+\sqrt[3]{26}$ é:
(A) 1
(B) 2
(C) 3
(D) 4
(E) 5

713. Se a, b, c e d são reais positivos tais que $ad=bc$ então $\sqrt{abcd}$ e $\sqrt{(a+c)(b+d)}$ são respectivamente iguais a:

(A) $bc+ad$ e $\sqrt{ab}+\sqrt{cd}$

(B) $bc+ad$ e $\sqrt{ac}+\sqrt{bd}$

(C) $\dfrac{bc+ad}{2}$ e $\sqrt{ab}+\sqrt{cd}$

(D) $\dfrac{bd+ac}{2}$ e $\sqrt{ac}+\sqrt{bd}$

(E) $bc+ad$ e $\dfrac{\sqrt{ab}+\sqrt{cd}}{2}$

714. Para quantos valores de n o número $\sqrt[n]{\sqrt{3}+\sqrt{2}}+\sqrt[n]{\sqrt{3}-\sqrt{2}}$ é irracional?
(A) 1
(B) 2
(C) 3
(D) 4
(E) infinitos

715. Sejam a, b e c inteiros positivos tais que $\dfrac{a\sqrt{2}+b}{b\sqrt{2}+c}$ seja um número *racional*. O número $\dfrac{a^2+b^2+c^2}{a+b+c}$ é igual a:

(A) a-b+c (B) a+b+c (C) a+b-c
(D) a-b-c (E) -a+b-c

716. O valor de $\dfrac{2a\sqrt{1+x^2}}{x+\sqrt{1+x^2}}$ para $x=\dfrac{1}{2}\left(\sqrt{\dfrac{a}{b}}-\sqrt{\dfrac{b}{a}}\right)$ onde a e b são números reais positivos é:

(A) 2(a+b) (B) 2a+b (C) a+2b
(D) a+b   (E) a-b

717. Sejam $x, y \in \mathbb{R}_+^*$ tais que para algum $n \in \mathbb{N}$, $x^{n-1}+y^{n-1}=x^n+y^n=x^{n+1}+y^{n+1}$ então, x+y é igual a:

(A) 1 (B) 2 (C) 4
(D) 6 (E) 8

718. Sabendo que $\alpha^3-\alpha-1=0$, o valor de $\sqrt[3]{3\alpha^2-4\alpha}+\alpha\sqrt[4]{2\alpha^2+3\alpha+2}$ é igual a:

(A) 1 (B) 2 (C) 3
(D) 4 (E) 5

719. A soma de todos os valores de $n \in \mathbb{N}$ para os quais o número
$$A = 16+3\sqrt{2}-2\sqrt{5,5+\sqrt{n}(\sqrt{n}+2)+3\sqrt{2}(\sqrt{n}+1)}$$
seja um natural é igual a:

(A) 115 (B) 135 (C) 155
(D) 175 (E) 195

720. O número $x = \sqrt[3]{3 + \sqrt{9 + \dfrac{125}{27}}} - \sqrt[3]{-3 + \sqrt{9 + \dfrac{125}{27}}}$ é:

(A) inteiro positivo
(B) inteiro negativo
(C) complexo
(D) racional decimal limitado
(E) racional infinito aperiódico

721. Considere os números:

1. $N_1 = \sqrt[3]{20 + \sqrt{392}} + \sqrt[3]{20 - \sqrt{392}}$

2. $N_2 = \sqrt[3]{5\sqrt{2} + 7} - \sqrt[3]{5\sqrt{2} - 7}$

3. $N_3 = \sqrt[3]{20 + 14\sqrt{2}} + \sqrt[3]{20 - 14\sqrt{2}}$

4. $N_4 = \sqrt[3]{5 + 2\sqrt{13}} + \sqrt[3]{5 - 2\sqrt{13}}$

5. $N_5 = \sqrt[3]{6 + \sqrt{\dfrac{847}{27}}} + \sqrt[3]{6 - \sqrt{\dfrac{847}{27}}}$

O valor da soma $\displaystyle\sum_{i=1}^{5} N_i$ é:

(A) 11   (B) 12   (C) 13
(D) 14   (E) 15

722. Utilizando o valor de $\sqrt[3]{38 + 17\sqrt{5}} + \sqrt[3]{38 - 17\sqrt{5}}$ podemos concluir que o valor do número $N = \sqrt[9]{38 + 17\sqrt{5}} + \sqrt[9]{38 - 17\sqrt{5}}$ é igual a:

(A) 1   (B) 2   (C) 3
(D) 4   (E) 5

186 | Problemas Selecionados de Matemática

723. O número de valores inteiros de N tais que

$$\left(\sqrt{2005}-\sqrt{2004}\right)^{2006} = \sqrt{N}-\sqrt{N-1}$$

é igual a:

(A) 0   (B) 1   (C) 2

(D) 3   (E) infinito

724. Seja x um número real tal que

$$y = \left(x+\sqrt{x^2+1}\right)^{1/3} + \left(x-\sqrt{x^2+1}\right)^{1/3}$$

seja inteiro então:

(A) x é inteiro se, e somente se, y for par.

(B) x é inteiro se, e somente se, y for ímpar.

(C) x é sempre inteiro.

(D) x nunca é inteiro.

(E) x é sempre irracional.

725. Se θ é uma constante tal que $0 < \theta < \pi$ e $x + \dfrac{1}{x} = 2\cos\theta$, então para cada inteiro positivo n, $x^n + \dfrac{1}{x^n}$ é igual a:

(A) $2\cos\theta$ (B) $2^n\cos\theta$ (C) $2\cos^n\theta$

(D) $2\cos n\theta$ (E) $2^n\cos^n\theta$

726. Se

$$x_n = \sqrt{\dfrac{1}{1^2\cdot 3}-\dfrac{1}{1\cdot 3^2}} + \sqrt{\dfrac{1}{2^2\cdot 4}-\dfrac{1}{2\cdot 4^2}} + \cdots + \sqrt{\dfrac{1}{n^2(n+2)}-\dfrac{1}{n(n+2)^2}}$$

o valor de $\lfloor x_n\sqrt{2}\rfloor$ para todo $n \in \mathbb{N}^*$ e $n \geq 3$ é igual a:

(A) 0   (B) 1   (C) 2

(D) 3   (E) 4

727. Sobre os números

$$A = \sqrt[3]{1 - 12\sqrt[3]{65^2} + 48\sqrt[3]{65}} + 4 \text{ e } \sqrt[3]{1 - 48\sqrt[3]{63} + 36\sqrt[3]{147}} + \sqrt[3]{63}$$

podemos afirmar que a diferença $A - B$:

(A) é negativa   (B) está entre 0 e 1   (C) está entre 1 e 2

(D) está entre 2 e 3   (E) está entre 3 e 4

728. Se

$$A = \sqrt[4]{97 + 32\sqrt[4]{9} + 4\sqrt[4]{729}} - \sqrt[4]{9} \text{ e } B = \sqrt[4]{68 + 32\sqrt[4]{4} + 8\sqrt[4]{69}} - \sqrt[4]{4}$$

então $A - B$ pertence ao intervalo:

(A) $]-\infty, 0[$ (B) $]0,1[$ (C) $]1,2[$

(D) $]2,3[$ (E) $]3,4[$

729. Observe que $649^2 - 13 \times 180^2 = 1$. Existe um par $(a,b) \neq (649, 180)$ com a e b inteiros positivos menores que 10^8 e tais que $a^2 - 13b^2 = 1$. O valor da soma $a + b$ é igual a:

(A) 1076040   (B) 1076041   (C) 1076042

(D) 1076043   (E) 1076044

730. A expressão $\sqrt{a^2 + \sqrt[3]{a^4 b^2}} + \sqrt{b^2 + \sqrt[3]{a^2 b^4}}$ é igual a:

(A) $\left(a^{1/3} + b^{1/3}\right)^{3/2}$ (B) $\left(a^{3/2} + b^{3/2}\right)^{2/3}$ (C) $\left(a^{2/3} + b^{2/3}\right)^{3/2}$

(D) $(a+b)^{3/2}$ (E) $\left(a^{3/2} + b^{3/2}\right)^{3/2}$

731. A equação

$$\frac{1!}{2003!} + \frac{2!}{2004!} + \frac{3!}{2005!} + \cdots + \frac{2003!}{4005!} + \frac{2004!}{4006!} = A \cdot \left(\frac{1}{2002!} - \frac{2005!}{4006!}\right)$$

188 | Problemas Selecionados de Matemática

É satisfeita para algum número racional A. Se este número A é expresso sob a forma da fração irredutível $\frac{a}{b}$ onde a e b são inteiros positivos menores que 4000 então $a+b$ é igual a:

(A) 2001   (B) 2002   (C) 2003
(D) 2004   (E) 2005

732. O coeficiente de x^{2005} em

$$(x+1)^7 (x^2+1)^4 (x^4+1)^5 (x^8+1)(x^{16}+1)(x^{32}+1)(x^{64}+1)(x^{128}+1)(x^{256}+1)(x^{512}+1)(x^{1024}+1)$$

(A) 1024   (B) 2048   (C) 4096
(D) 8192   (E) 16384

733. Simplificando $\dfrac{2006 \times 4007 \times 2003 + 1999}{(2005)^2}$ obtemos:

(A) 4001   (B) 4002   (C) 4003
(D) 4004   (E) 4005

734. Sejam a, b e c números inteiros positivos tais que

$$abc + ab + bc + ca + a + b + c = 2000$$

então, o valor de $a+b+c$ é igual a:

(A) 50   (B) 52   (C) 54
(D) 56   (E) 58

735. Se $x+y+z=0$, simplificando

$$\frac{x^7+y^7+z^7}{xyz(x^4+y^4+z^4)}$$

obtemos:

Sugestão: calcule $(x+y)^4$ e $(x+y)^6$

(A) 0 (B) $\dfrac{1}{2}$ (C) $\dfrac{3}{2}$

(D) $\dfrac{5}{2}$ (E) $\dfrac{7}{2}$

736. Se $S = \left(1+2^{-1/32}\right)\left(1+2^{-1/16}\right)\left(1+2^{-1/8}\right)\left(1+2^{-1/4}\right)\left(1+2^{-1/2}\right)$ então S é igual a:

(A) $\dfrac{1}{2}\left(1-2^{-1/32}\right)^{-1}$ (B) $\dfrac{1}{2}\left(1-2^{-1/32}\right)$ (C) $\left(1-2^{-1/32}\right)^{-1}$

(D) $\dfrac{1}{2}$ (E) $\left(1-2^{-1/32}\right)$

737. O produto $\left(x-2^2\right)\left(x-2^{2^2}\right)\cdots\left(x-2^{2^{1001}}\right)\left(x+2^{2^{1002}}\right)\left(x+2^{2^{1003}}\right)\cdots\left(x+2^{2^{2002}}\right)$ é um polinômio de grau 2002. Os primeiros 1001 fatores contêm um termo negativo e os últimos 1001 não contêm. Desenvolvendo-se tal produto vemos que ele contém 2003 coeficientes, incluindo o termo independente. O número de coeficientes dentre estes 2003 que são positivos é igual a:

(A) 1500   (B) 1501   (C) 1502

(D) 1503   (E) 1504

738. O coeficiente de $x^{2000999}$ no desenvolvimento de

$$(x+1)(x-2)^2(x+3)^3(x-4)^4\cdots(x+1999)^{1999}(x-2000)^{2000}$$

é igual a:

(A) -2001000 (B) -2000999 (C) 1

(D) 2001000 (E) 2000999

739. Sejam a, b e c números reais não nulos tais que $(a+b+c)^2 = a^2+b^2+c^2$, o valor de

$$\frac{a^2+bc}{a^2+2bc} + \frac{b^2+ca}{b^2+2ca} + \frac{c^2+ab}{c^2+2ab}$$

é igual a:

(A) 0   (B) 1   (C) 2

(D) 3   (E) 4

740. Sejam a, b e c números reais dois a dois desiguais. Então a expressão

$$\left(\frac{a}{b-c}+\frac{b}{c-a}+\frac{c}{a-b}\right)\left(\frac{1}{b-c}+\frac{1}{c-a}+\frac{1}{a-b}\right)$$

é igual a:

(A) $\dfrac{a}{(b-c)^2}+\dfrac{b}{(c-a)^2}+\dfrac{c}{(a-b)^2}$

(B) $\dfrac{1}{(b-c)^2}+\dfrac{1}{(c-a)^2}+\dfrac{1}{(a-b)^2}$

(C) $\dfrac{a}{(b-c)}+\dfrac{b}{(c-a)}+\dfrac{c}{(a-b)}$

(D) $\dfrac{a^2}{(b-c)^2}+\dfrac{b^2}{(c-a)^2}+\dfrac{c^2}{(a-b)^2}$

(E) $\dfrac{2}{(b-c)^2}+\dfrac{2}{(c-a)^2}+\dfrac{2}{(a-b)^2}$

741. Sejam a, b e c números reais dois a dois desiguais e tais que

$$\frac{a}{b-c}+\frac{b}{c-a}+\frac{c}{a-b}=0$$

então o valor de $\dfrac{a}{(b-c)^2}+\dfrac{b}{(c-a)^2}+\dfrac{c}{(a-b)^2}$ é igual a:

(A) 0   (B) 1   (C) −1

(D) 2   (E) 4

742. Simplificando a expressão $\dfrac{4a^2-1}{(a-b)(a-c)} + \dfrac{4b^2-1}{(b-a)(b-c)} + \dfrac{4c^2-1}{(c-a)(c-b)}$ obtemos:

(A) 1   (B) 2   (C) 3
(D) 4   (E) 7

743. Sendo x_1 um número real tal que $x_1 \in \mathbb{R} - \{-1, 0, 1\}$, considere a seqüência (x_n) definida por $x_n = \dfrac{1+x_{n-1}}{1-x_{n-1}}$. Mostre que tal seqüência é periódica cujo período é igual a:

(A) 1   (B) 2   (C) 3
(D) 4   (E) 5

744. Sejam a, b e c números reais tais que $a+b+c=0$ então, a expressão

$$a^5(b^2+c^2) + b^5(a^2+c^2) + c^5(b^2+a^2)$$

é igual a:

(A) $\dfrac{1}{2}(a+b+c)(a^6+b^6+c^6)$

(B) $\dfrac{1}{2}(a^2+b^2+c^2)(a^5+b^5+c^5)$

(C) $\dfrac{1}{2}(a^3+b^3+c^3)(a^4+b^4+c^4)$

(D) $2(a+b+c)(a^6+b^6+c^6)$

(E) $2(a^2+b^2+c^2)(a^5+b^5+c^5)$

745. Um polinômio *recíproco* é um polinômio $P(x) = \displaystyle\sum_{j=0}^{n} a_j x^j$ que satisfaz a

$$a_0 = a_n, a_1 = a_{n-1}, a_2 = a_{n-2}, \ldots a_n = a_0$$

Por exemplo, x^5-2x^4-2x+1 e $3x^2-4x+3$ são polinômios recíprocos. Considere então todos os polinômios recíprocos com coeficientes inteiros que são fatores de $x^{1234}-x^3-x+1$. O de maior grau é:

(A) $2x^4+x^3+x^2+x+1$ (B) $x^4+2x^3+x^2+x+1$

(C) $x^4+x^3+2x^2+x+1$ (D) $x^4+x^3+x^2+2x+1$

(E) $x^4+x^3+x^2+x+1$

746. Seja (a,b,c) um terno de *inteiros positivos* tais que $a^2+b-c=100$ e $a+b^2-c=124$. A soma dos algarismos de $a+b+c$ é igual a:

(A) 80 (B) 82 (C) 84

(D) 86 (E) 88

747. Considere as afirmativas:

1. Se a, b, c e d são números positivos tais que $cd=1$ então o intervalo fechado $[ab,(a+c)(b+d)]$ contém pelo menos um *quadrado perfeito*.

2. Se a, b e c são números reais tais que $abc=1$ e $a+b+c=\dfrac{1}{a}+\dfrac{1}{b}+\dfrac{1}{c}$ então pelo menos um deles é igual a 1.

3. Se a, b, c e d são números naturais distintos então seu *duplo produto é maior do que a soma de seus produtos tomados dois a dois*.

4. O número de soluções reais (x,y,z) da equação $4xyz-x^4-y^4-z^4=1$ é 8.

Conclua que são FALSAS:

(A) Somente (1) e (2) (B) Somente (2) e (3)

(C) Somente (3) e 4) (D) Somente (4)

(E) Nenhuma

748. Sendo A e B números reais dados por

$$A = (19+3\sqrt{33})^{1/3} + (19-3\sqrt{33})^{1/3} + 1$$

e

$$B = (17+3\sqrt{33})^{1/3} + (17-3\sqrt{33})^{1/3} - 1$$

O valor do produto AB é igual a:

(A) 9 (B) 17 (C) 19
(D) 33 (E) 49

749. Considere as afirmativas:

1. A soma dos algarismos da raiz quadrada dos números da forma
$\underbrace{444\ldots444}_{n\ 4\text{'s}}\underbrace{888\ldots888}_{(n-1)\ 8\text{'s}}9$ é igual a $6n+1$.

2. A soma dos algarismos da raiz quadrada dos números da forma
$\underbrace{111\ldots111}_{n\ 1\text{'s}}\underbrace{222\ldots222}_{(n-1)\ 2\text{'s}}5$ é igual a $3n+2$.

3. A soma dos algarismos da raiz quadrada dos números da forma
$(\underbrace{111\ldots111}_{n\ 1\text{'s}}) \times (\underbrace{1000\ldots0005}_{(n-1)\ 0\text{'s}}) + 1$ é igual a $3n+1$.

Assinale:

(A) Se somente as afirmativas 1 e 2 forem verdadeiras.
(B) Se somente as afirmativas 1 e 3 forem verdadeiras.
(C) Se somente as afirmativas 2 e 3 forem verdadeiras.
(D) Se todas as afirmativas forem verdadeiras.
(E) Se todas as afirmativas forem falsas.

750. Sejam b e b números reais tais que $a^2+b^2=1$. O valor de a^3b-ba^3 é igual a:

(A) $\dfrac{1}{2}$ (B) $\dfrac{1}{4}$ (C) $\dfrac{1}{8}$

(D) $\dfrac{1}{16}$ (E) $\dfrac{1}{32}$

751. Sejam x e y números reais tais que $x^2+y^2=1$ e $\dfrac{x^4}{a}+\dfrac{y^4}{b}=\dfrac{1}{a+b}$. O valor de $\dfrac{x^8}{a^3}+\dfrac{y^8}{b^3}$ é igual a:

(A) $\dfrac{1}{(a+b)^3}$ (B) $\dfrac{1}{a^3+b^3}$ (C) $\dfrac{1}{(a+b)^2}$

(D) $\dfrac{1}{a^2+b^2}$ (E) $\dfrac{1}{a^4+b^4}$

752. O *maior* inteiro positivo n para o qual n^3+100 é divisível por $n+10$ é tal que a soma dos seus algarismos é igual a:
(A) 17 (B) 18 (C) 20
(D) 21 (E) 24

753. Um fator entre 1000 e 5000 do número $2^{33}-2^{19}-2^{17}-1$ é igual a:
(A) 1999 (B) 1998 (C) 1993
(D) 1988 (E) 1983

754. Fatore as expressões:

1. $(a+b+c)^3-a^3-b^3-c^3$

2. $(a-b)c^3-(a-c)b^3+(b-c)a^3$

3. $(a-b)^3+(b-c)^3-(a-c)^3$

4. $(a^2+b^2)^3-(b^2+c^2)^3-(a^2-c^2)^3$

5. $8a^3(b+c)-b^3(2a+c)-c^3(2a-b)$

A seguir numere a coluna abaixo de acordo com as fatorações obtidas:

( ) $3(a+b)(a+c)(b+c)$

( ) $(a-b)(b-c)(a-c)(a+b+c)$

( ) $3(a-b)(b-c)(c-a)$

( ) $3(a+c)(a-c)(a^2+b^2)(b^2+c^2)$

( ) $(b+c)(2a-b)(2a+c)(2a+b-c)$

A ordem obtida de cima para baixo é:

(A) 1,2,3,4,5 (B) 1,2,4,3,5 (C) 1,3,2,4,5
(D) 1,2,5,4,3 (E) 1,2,5,3,4

755. O número de ternos de *inteiros* (a,b,c) tais que $a^2+2b^2-2bc=100$ e $2ac-c^2=100$ é igual a:
(A) 1 (B) 2 (C) 4
(D) 6 (E) 8

756. Dentre as diferenças da forma $36^m - 5^n$ onde m e n são naturais não nulos, a de *menor* valor absoluto é igual a:
(A) 1 (B) 9 (C) 11
(D) 19 (E) 21

757. Fatore as expressões:

1. $a^5+a^4+a^3+a^2+a+1$

2. $2(a^2+2a-1)^2+5(a^2+2a-1)(a^2+1)+2(a^2+1)^2$

3. $(a+1)(a+3)(a+5)(a+7)+15$

4. $a^4+2a^3+3a^2+2a+1$

5. $a^4+a^2+\sqrt{2}a+2$

A seguir numere a coluna abaixo de acordo com as fatorações obtidas:

( ) $(a+1)(a^2+a+1)(a^2-a+1)$

( ) $(3a^2+4a-1)(3a^2+2a+1)$

( ) $(a^2+a\sqrt{2}+1)(a^2-a\sqrt{2}+2)$

( ) $\left(a^2+a+1\right)^2$

( ) $(a+2)(a+6)\left(a^2+8a+10\right)$

A ordem obtida de cima para baixo é:

(A) 1, 2, 3, 4, 5   (B) 1, 2, 4, 3, 5   (C) 1, 3, 2, 4, 5

(D) 1, 2, 5, 4, 3   (E) 1, 2, 5, 3, 4

758. Os cinco primeiros termos de uma sequência são (1, 2, 3, 4, 5,...). A partir do sexto, cada termo é inferior em uma unidade ao produto dos seus precedentes. Sobre o produto dos 70 primeiros termos desta sequência podemos afirmar que é igual à:

(A) soma dos seus quadrados

(B) soma dos seus cubos

(C) soma de suas quartas potências

(D) soma de suas quintas potências

(E) soma de suas sextas potências

759. Fatore as expressões:

1. $a^4+2a^3b-3a^2b^2-4ab^3-b^4$

2. $a^2b+ab^2+a^2c+b^2c+bc^2+3abc$

3. $a^4+b^4+c^4-2a^2b^2-2a^2c^2-2b^2c^2$

4. $a^6+a^4+a^2b^2+b^4-b^6$

5. $3a^4-4a^3b+b^4$

A seguir numere a coluna abaixo de acordo com as fatorações obtidas:

( ) $\left(a^2-ab-b^2\right)\left(a^2+3ab+b^2\right)$

( ) $(a+b+c)(ab+bc+ac)$

( ) $\left(3a^2+2ab+b^2\right)(a-b)^2$

( ) $(a+b+c)(a+b-c)(a-b+c)(a-b-c)$

( ) $\left(a^2+ab+b^2\right)\left(a^2-ab+b^2\right)\left(a^2-b^2+1\right)$

A ordem obtida de cima para baixo é:

(A) 1,2,3,4,5 (B) 1,2,4,3,5 (C) 1,3,2,4,5
(D) 1,2,5,4,3 (E) 1,2,5,3,4

760. O número de pares de inteiros positivos (a,b) para os quais os números $a^3+6ab+1$ e $b^3+6ab+1$ são cubos de inteiros positivos é igual a:

(A) 1 (B) 2 (C) 3
(D) 4 (E) mais de 4

761. O número de pares de inteiros positivos (a,b) tais que tanto a^2+4b quanto b^2+4a são quadrados perfeitos é igual a:

(A) 0 (B) 1 (C) 2
(D) 3 (E) mais de 3

762. Se a e b são números reais não nulos que satisfazem à equação
$$a^2b^2(a^2b^2+4)=2(a^6+b^6)$$
podemos afirmar que:

(A) pelo menos um deles não é racional
(B) os dois são racionais
(C) os dois são racionais inteiros
(D) pelo menos um deles é racional inteiro
(E) ambos são positivos

763. Se $a^2+b^2+(a+b)^2=c^2+d^2+(c+d)^2$ então podemos afirmar que:

(A) $a^3+b^3+(a+b)^3=c^3+d^3+(c+d)^3$
(B) $a^4+b^4+(a+b)^4=c^4+d^4+(c+d)^4$
(C) $a^5+b^5+(a+b)^5=c^5+d^5+(c+d)^5$
(D) $a^6+b^6+(a+b)^6=c^6+d^6+(c+d)^6$
(E) $a^7+b^7+(a+b)^7=c^7+d^7+(c+d)^7$

764. Sendo $p = 6q \pm 1$ então $4p^2 + 1$ é igual a:

(A) $(8q \pm 2)^2 + (8q \pm 1)^2 + (4q)^2$

(B) $(6q \pm 2)^2 + (6q \pm 1)^2 + (2q)^2$

(C) $(8q \pm 2)^2 + (8q \mp 1)^2 + (4q)^2$

(D) $(6q \pm 2)^2 + (6q \mp 1)^2 + (2q)^2$

(E) $(4q \pm 2)^2 + (4q \pm 1)^2 + q^2$

765. Se $B = b^2 + bc + c^2$ e $C = b^2c + bc^2$, a fatoração de $4B^3 + 27C^2$ é:

(A) $(b-c)^2 (2b^2 + 5bc + 2c^2)^2$

(B) $(b+c)^2 (2b^2 + 5bc + 2c^2)^2$

(C) $(b-c)^2 (2b^2 - 5bc + 2c^2)^2$

(D) $(b-c)^2 (2b^2 + 5bc - 2c^2)^2$

(E) $(b-c)^2 (2b^2 - 5bc - 2c^2)^2$

766. Considere as afirmativas:

1. $(x+y+z)^3 - (x^3 + y^3 + z^3) \equiv 3(x+y)(y+z)(z+x)$

2. $(x+y+z)^3 - (y+z-x)^3 - (x+z-y)^3 - (x+y-z)^3 \equiv 24xyz$

3. $(x+y)^3 - x^3 - y^3 \equiv 3xy(x+y)$

Conclua que são FALSAS:

(A) Somente (1) e (2)
(B) Somente (1) e (3)
(C) Somente (2) e (3)
(D) Todas
(E) Nenhuma

767. Considere as afirmativas:

1. $(x+y)^5 - x^5 - y^5 \equiv 5xy(x+y)(x^2+xy+y^2)$.

2. $(x+y)^7 - x^7 - y^7 \equiv 7xy(x+y)(x^2+xy+y^2)^2$.

3. $(x+y)^9 - x^9 - y^9 \equiv 3xy(x+y)\left[3(x^2+xy+y^2)^3 + x^2y^2(x+y)^2\right]$.

4. $(x+y)^{11} - x^{11} - y^{11} \equiv 11xy(x+y)(x^2+xy+y^2)\left[(x^2+xy+y^2)^3 + 2x^2y^2(x+y)^2\right]$.

5. $(x+y)^{13} - x^{13} - y^{13} \equiv 13xy(x+y)(x^2+xy+y^2)^2\left[(x^2+xy+y^2)^3 + 2x^2y^2(x+y)^2\right]$.

O número daquelas que são FALSAS é igual a:
(A) 0   (B) 1   (C) 2
(D) 3   (E) 4

768. Se $a+b+c=0$ considere então as afirmativas:

1. $\dfrac{a^5+b^5+c^5}{5} = (abc) \cdot \dfrac{a^2+b^2+c^2}{2}$

2. $\dfrac{a^5+b^5+c^5}{5} = \dfrac{a^3+b^3+c^3}{3} \cdot \dfrac{a^2+b^2+c^2}{2}$

3. $\dfrac{a^7+b^7+c^7}{7} = \dfrac{a^5+b^5+c^5}{5} \cdot \dfrac{a^2+b^2+c^2}{2}$

Assinale:
(A) Se somente as afirmativas 1 e 2 forem verdadeiras.
(B) Se somente as afirmativas 1 e 3 forem verdadeiras.
(C) Se somente as afirmativas 2 e 3 forem verdadeiras.
(D) Se todas as afirmativas forem verdadeiras.
(E) Se todas as afirmativas forem falsas.

769. Se $a+b+c=0$ considere então as afirmativas:

1. $2(a^7+b^7+c^7) = 7abc(a^4+b^4+c^4)$

2. $6(a^7+b^7+c^7) = 7(a^3+b^3+c^3)(a^4+b^4+c^4)$

3. $4\left(a^6+b^6+c^6\right)=12a^2b^2c^2+\left(a^2+b^2+c^2\right)^3$

Assinale:

(A) Se somente as afirmativas 1 e 2 forem verdadeiras.
(B) Se somente as afirmativas 1 e 3 forem verdadeiras.
(C) Se somente as afirmativas 2 e 3 forem verdadeiras.
(D) Se todas as afirmativas forem verdadeiras.
(E) Se todas as afirmativas forem falsas.

770. Sendo $X=x^3-y^3+3xy(2x+y)$ e $Y=y^3-x^3+3yx(2y+x)$ então X^3+Y^3 é igual a:

(A) $27xy(x+y)\left(x^2+xy+y^2\right)^3$

(B) $xy(x+y)\left(x^2+xy+y^2\right)^3$

(C) $x^3y^3(x+y)^3\left(x^2+xy+y^2\right)^3$

(D) $27xy(x+y)^3\left(x^2+xy+y^2\right)^3$

(E) $x^3y^3(x+y)\left(x^2+xy+y^2\right)^3$

771. Não é um fator de $x^4+y^4+z^4-2x^2y^2-2y^2z^2-2x^2z^2$ a expressão

(A) x+y+z   (B) x-y+z   (C) x+y-z
(D) x-y-z   (E) xy+yz+xz

772. Um dos fatores da expressão $ab\left(c^2+d^2\right)+cd\left(a^2+b^2\right)$ é:

(A) ab   (B) c^2+d^2 (C) ab+cd
(D) ac+bd   (E) ad+bc

773. Fatorando-se $x^4 + y^4 + (x+y)^4$ obtemos:

(A) $2(x^2 - xy + y^2)^2$ (D) $\frac{1}{2}[x^2 + y^2 + (x+y)^2]^2$

(B) $2(x^2 + xy - y^2)^2$ (E) $\frac{1}{2}[x^2 - y^2 + (x+y)^2]^2$

(C) $(x^2 + xy + y^2)^2$

774. A expressão $a^5 + 3a^4b - 5a^3b^2 - 15a^2b^3 + 4ab^4 + 12b^5$ quando fatorada completamente apresenta um número de fatores com coeficientes inteiros igual a:

(A) 1   (B) 2   (C) 3
(D) 4   (E) 5

775. Um dos fatores da expressão $x^2 - y^2 + (x+y+1)^2 - 1$ é:

(A) x–y   (B) x–1   (C) x+y+1
(D) x–y–1   (E) x+1

776. A expressão $(a-b)^2(a^2-b^2)^2 + 8(a+b)^2 ab(a^2+b^2)$ quando fatorada completamente, apresenta número de fatores com coeficientes inteiros igual a:

(A) 2   (B) 3   (C) 4
(D) 5   (E) 6

777. Escrevendo-se a expressão $x^8 + x^4 + 1$ como um produto de quatro fatores, a soma destes quatro fatores é igual a:

(A) $4x^2 + 1$ (B) $4x^2 + 2$ (C) $4x^2 + 3$
(D) $4x^2 + 4$ (E) $4x^2$

778. O número de fatores obtidos ao fatorarmos a expressão

$$30(a^2 + b^2 + c^2 + d^2) + 68ab - 75ac - 156ad - 61bc - 100bd + 87cd$$

em um produto de fatores com coeficientes inteiros é igual a:
(A) 0 (B) 1 (C) 2
(D) 3 (E) 4

779. A expressão $a^7 + a^2 + 1$ quando fatorada completamente em polinômios e monômios com coeficientes inteiros apresenta um número de fatores igual a:
(A) 7 (B) 5 (C) 4
(D) 3 (E) 2

780. A expressão $x^{10} + x^5 + 1$ quando fatorada completamente em polinômios e monômios com coeficientes inteiros apresenta um número de fatores igual a:
(A) 2 (B) 3 (C) 4
(D) 5 (E) mais de 5

781. Escrevendo-se a expressão $x^{2000} + x^{400} + 1$ como um produto de dois fatores com coeficientes inteiros, a soma destes dois fatores é igual a:
(A) $x^{1200} + x^{400} + 2$ (B) $x^{1200} + x^{800} + 2$
(C) $x^{800} + x^{400} + 2$ (D) $x^{1200} + 2x^{800} + 2$
(E) $x^{1200} + 2$

782. A expressão $(x+y)^7 - x^7 - y^7$ quando fatorada completamente em polinômios e monômios com coeficientes inteiros apresenta um número de fatores igual a:
(A) 7 (B) 6 (C) 5
(D) 4 (E) 3

783. O número de fatores que a expressão $(x^4 - 1)^4 - x - 1$ quando fatorada completamente apresenta é igual a:
(A) 2 (B) 3 (C) 4
(D) 5 (E) 6

784. Se a, b e c são inteiros positivos tais que $a = b + c$ então podemos afirmar que $a^4 + b^4 + c^4$ é igual a:
(A) um quadrado perfeito
(B) uma quarta potência
(C) um cubo perfeito
(D) $b^8 + c^8$
(E) $2b^4 + 2c^4$

785. Os números inteiros a, b e c satisfazem à relação $a+b+c=0$. Com relação ao número $2a^4 + 2b^4 + 2c^4$ podemos afirmar que:
(A) é um quadrado perfeito
(D) é o dobro de um quadrado perfeito
(B) é um cubo perfeito
(E) é o dobro de uma quarta potência
(C) é uma quarta potência

786. Se n é um inteiro maior que 1, o número de fatores distintos segundo os quais podemos escrever $n^{12} + 64$ como produto de inteiros positivos maiores que 1 é:
(A) 2
(B) 3
(C) 4
(D) 6
(E) 12

787. Sabendo que $\dfrac{b^2+c^2-a^2}{2bc} + \dfrac{c^2+a^2-b^2}{2ac} + \dfrac{a^2+b^2-c^2}{2ab} = 1$ podemos afirmar que:
(A) Duas das três frações são iguais a 1 e a terceira é igual a –1.
(B) Duas das três frações são iguais a 0 e a terceira é igual a 1.
(C) Duas das três frações são iguais a 2 e –2 e a terceira é igual a 1.
(D) Duas das três frações são iguais a 3 e –3 e a terceira é igual a 1.
(E) Duas das três frações são iguais a 4 e –4 e a terceira é igual a 1.

788. Sendo $x + x^{-1} = a$, ao escrevermos $x^{13} + x^{-13}$ como um polinômio em a verificamos que a *soma dos coeficientes* deste polinômio é igual a:
(A) 0
(B) 1
(C) 13
(D) 91
(E) 99

204 | Problemas Selecionados de Matemática

789. Fatorando-se a expressão $x^8 + 98x^4 + 1$ como um produto de dois fatores com coeficientes inteiros, um valor possível para a soma destes coeficientes é:

(A) 10   (B) 20   (C) 40

(D) 80   (E) 100

790. O polinômio do 6º grau com coeficientes inteiros que é um fator da expressão $x^{15} + 1$ é:

(A) $x^6 + 2x^5 - 3x^4 + 3x^3 - 3x^2 + 2x - 1$

(B) $x^6 + 2x^5 + 3x^4 + 3x^3 - 3x^2 - 2x + 1$

(C) $x^6 - 2x^5 - 3x^4 - 3x^3 - 3x^2 + 2x - 1$

(D) $x^6 - 2x^5 + 3x^4 + 3x^3 + 3x^2 - 2x - 1$

(E) $x^6 - 2x^5 + 3x^4 - 3x^3 + 3x^2 - 2x + 1$

791. O valor de

$$1 - \frac{1}{2} + \frac{1}{3} - \frac{1}{4} + \cdots + \frac{1}{2005} - \frac{1}{2006}$$

é igual a:

(A) $\frac{1}{1003} + \frac{1}{1004} + \cdots + \frac{1}{2006}$

(B) $\frac{1}{1004} + \frac{1}{1005} + \cdots + \frac{1}{2006}$

(C) $\frac{1}{1003} + \frac{1}{1004} + \cdots + \frac{1}{2007}$

(D) $\frac{1}{1004} + \frac{1}{1005} + \cdots + \frac{1}{2007}$

(E) $\frac{1}{1003} + \frac{1}{1004} + \cdots + \frac{1}{2005}$

792. O valor de

$$\frac{\dfrac{1995}{2}-\dfrac{1994}{3}+\dfrac{1993}{4}-\cdots-\dfrac{2}{1995}+\dfrac{1}{1996}}{}$$

é igual a:

(A) $\dfrac{1}{999}+\dfrac{3}{1000}+\cdots+\dfrac{1995}{1996}$

(B) $\dfrac{1}{999}+\dfrac{2}{1000}+\cdots+\dfrac{1995}{1996}$

(C) $\dfrac{1}{1000}+\dfrac{2}{1001}+\cdots+\dfrac{1995}{1996}$

(D) $\dfrac{1}{1000}+\dfrac{3}{1001}+\cdots+\dfrac{1995}{1996}$

(E) $\dfrac{2}{999}+\dfrac{3}{1000}+\cdots+\dfrac{1995}{1996}$

793. Seja N o inteiro positivo com 1998 algarismos iguais a 1, isto é N = 1111···111. O milésimo algarismo após a vírgula de $\sqrt{N}$ é igual a:

(A) 1   (B) 2   (C) 3

(D) 6   (E) 9

794. Sobre os números

$(B-C)\cdot(BC-A^2)$, $(C-A)\cdot(CA-B^2)$ e $(A-B)\cdot(AB-C^2)$

podemos afirmar que:

(A) Não podem ser todos positivos
(B) Dois são positivos e um é negativo
(C) Dois são negativos e um é positivo
(D) São todos positivos
(E) São todos negativos

795. Decompondo-se o número $5^{1985} - 1$ em um produto de *três* fatores cada um deles maior que 5^{100} vemos que um deles é igual a:

(A) $5^{794} - 5^{596} - 3 \cdot 5^{397} - 5^{199} + 1$

(B) $5^{794} - 5^{596} + 3 \cdot 5^{397} - 5^{199} - 1$

(C) $5^{794} + 5^{596} + 3 \cdot 5^{397} - 5^{199} + 1$

(D) $5^{794} + 5^{596} + 3 \cdot 5^{397} + 5^{199} + 1$

(E) $5^{794} - 5^{596} - 3 \cdot 5^{397} - 5^{199} - 1$

796. Se $F_n = \left(\dfrac{1+\sqrt{5}}{2}\right)^n + \left(\dfrac{1-\sqrt{5}}{2}\right)^n$ para todos os inteiros $n \geq 0$, então, para todos $n \geq 1$, tem-se que F_{n+1} é igual a:

(A) $F_n + F_{n-1}$ (B) $F_n + 2F_{n-1}$ (C) $F_n + 3F_{n-1}$

(D) $F_n + 4F_{n-1}$ (E) $F_n - F_{n-1}$

797. Se n é um inteiro positivo, a expressão $(3+2\sqrt{2})^{2n-1} + (3-2\sqrt{2})^{2n-1} - 2$ é tal que:

(A) Algumas vezes é racional, outras vezes não
(B) É sempre um inteiro ímpar
(C) É sempre irracional
(D) É sempre um inteiro par
(E) É sempre um quadrado perfeito

798. Desenvolvendo-se $(3-2\sqrt{2})^n$ onde n = 0, 1, 2, 3... de modo a obtermos uma expressão da forma $A_n + B_n\sqrt{2}$, onde A_n e B_n são inteiros. Nestas condições podemos afirmar que $A_n^2 - 2B_n^2$ é igual a:

(A) 0 (B) 1 (C) 2
(D) 3 (E) 4

799. O número $\dfrac{29-5\sqrt{29}}{58} \cdot \left(\dfrac{7+\sqrt{29}}{2}\right)^{2002} + \dfrac{29+5\sqrt{29}}{58} \cdot \left(\dfrac{7-\sqrt{29}}{2}\right)^{2002}$ é:

(A) inteiro par (B) racional não inteiro (C) irracional
(D) inteiro ímpar (E) imaginário

800. Se $a+b+c+d=3$ e $a^2+b^2+c^2+d^2=45$ o valor de:

$$\dfrac{a^5}{(a-b)(a-c)(a-d)} + \dfrac{b^5}{(b-a)(b-c)(b-d)} + \dfrac{c^5}{(c-a)(c-b)(c-d)} + \dfrac{d^5}{(d-a)(d-b)(d-c)}$$

é igual a:

(A) 42 (B) 39 (C) 36
(D) 27 (E) 18

801. Desenvolvendo-se a expressão $\sqrt{1+2\sqrt{1+3\sqrt{1+4\sqrt{1+5\sqrt{\ldots}}}}}$ obtemos:

(A) 3 (B) 4 (C) 5
(D) 6 (E) 9

802. O valor de $\displaystyle\prod_{n=2}^{\infty} \dfrac{n^3-1}{n^3+1}$ é igual a:

(A) $\dfrac{1}{2}$ (B) $\dfrac{2}{3}$ (C) $\dfrac{3}{4}$

(D) $\dfrac{4}{5}$ (E) $\dfrac{5}{6}$

803. O valor da soma $\displaystyle\sum_{k=1}^{2005} \dfrac{4k}{4k^4+1}$ quando colocado sob a forma da fração irredutível $\dfrac{p}{q}$, a soma $p+q$ é igual a:

(A) 8080100 (B) 8080101 (C) 8080102
(D) 8080103 (E) 8080104

208 | Problemas Selecionados de Matemática

804. Se $\dfrac{p}{q}$ é a fração irredutível equivalente à soma $\displaystyle\sum_{k=1}^{2005} \dfrac{k^2 - \frac{1}{2}}{k^4 + \frac{1}{4}}$ seu denominador excede o numerador de:

(A) 2005   (B) 2006   (C) 4010

(D) 4011   (E) 4012

805. O valor da soma $S = \displaystyle\sum_{i=0}^{101} \dfrac{x_i^3}{1 - 3x_i + 3x_i^2}$ para $x_i = \dfrac{i}{101}$ é igual a:

(A) 50   (B) 51   (C) 52

(D) 101   (E) 102

806. Colocando-se o número

$$\dfrac{\left(1^4 + \frac{1}{4}\right)\left(3^4 + \frac{1}{4}\right)\left(5^4 + \frac{1}{4}\right)\cdots\left(11^4 + \frac{1}{4}\right)}{\left(2^4 + \frac{1}{4}\right)\left(4^4 + \frac{1}{4}\right)\left(6^4 + \frac{1}{4}\right)\cdots\left(12^4 + \frac{1}{4}\right)}$$

sob a forma da fração irredutível $\dfrac{p}{q}$, o valor de p+q é igual a:

(A) 312   (B) 314   (C) 316

(D) 318   (E) 320

807. Dado que $x + x^{-1} = \dfrac{1 + \sqrt{5}}{2}$, o valor de $x^{2000} + x^{-2000}$ é igual a:

(A) 1   (B) 2   (C) $\dfrac{1 + \sqrt{5}}{2}$

(D) $\dfrac{1 + \sqrt{5}}{4}$ (E) 2000

808. Se x e y são números racionais tais que $\sqrt{(2\sqrt{3}-3)} = x^{1/4} - y^{1/4}$ o valor de $x+y$ é igual a:

(A) $\dfrac{11}{2}$ (B) $\dfrac{13}{2}$ (C) $\dfrac{15}{2}$

(D) $\dfrac{17}{2}$ (E) $\dfrac{17}{2}$

809. Se x e y são números racionais tais que $x^5 + y^5 = 2x^2y^2$ então $1-xy$

(A) Algumas vezes é o quadrado de um racional, outras vezes não
(B) Pode ser irracional
(C) É sempre um quadrado de um racional
(D) É sempre um inteiro ímpar
(E) É sempre um inteiro par

810. Se m, n e r são inteiros positivos tais que $1+m+n\sqrt{3} = (2+\sqrt{3})^{2r-1}$ então sobre m podemos afirmar que:

(A) Algumas vezes é racional, outras vezes não
(B) É sempre irracional
(C) É sempre um quadrado perfeito
(D) É sempre um inteiro ímpar
(E) É sempre um inteiro par

811. Considere todos os produtos por 2,4,6,...2000 dos elementos do conjunto $A = \left\{\dfrac{1}{2}, \dfrac{1}{3}, \dfrac{1}{4}, ..., \dfrac{1}{2000}, \dfrac{1}{2001}\right\}$. A soma de todos estes produtos é igual a:

(A) $499\dfrac{1}{2}$ (B) $499\dfrac{1000}{2001}$ (C) $499\dfrac{1001}{2001}$

(D) $500\dfrac{1000}{2001}$ (E) $500\dfrac{1001}{2001}$

812. Para todo número natural n o produto

$$\left(4-\frac{2}{1}\right)\left(4-\frac{2}{2}\right)\left(4-\frac{2}{3}\right)\cdots\left(4-\frac{2}{n}\right)$$

(A) É sempre um inteiro par.
(B) Algumas vezes é um inteiro ímpar, outras vezes não.
(C) Algumas vezes é racional, outras vezes não.
(D) É sempre um inteiro ímpar.
(E) É sempre irracional.

813. Considere as seguintes afirmativas:

1. $\sqrt[3]{\frac{1}{9}} - \sqrt[3]{\frac{2}{9}} + \sqrt[3]{\frac{4}{9}} = \sqrt[3]{\sqrt[3]{2}-1}$

2. $\sqrt[3]{\cos\frac{2\pi}{7}} + \sqrt[3]{\cos\frac{4\pi}{7}} + \sqrt[3]{\cos\frac{8\pi}{7}} = \sqrt[3]{\frac{5-3\sqrt[3]{7}}{2}}$

3. $\sqrt[3]{\cos\frac{2\pi}{9}} + \sqrt[3]{\cos\frac{4\pi}{9}} + \sqrt[3]{\cos\frac{8\pi}{9}} = \sqrt[3]{\frac{3\sqrt[3]{9}-6}{2}}$

Assinale:
(A) Se somente as afirmativas 1 e 2 forem verdadeiras.
(B) Se somente as afirmativas 1 e 3 forem verdadeiras.
(C) Se somente as afirmativas 2 e 3 forem verdadeiras.
(D) Se todas as afirmativas forem verdadeiras.
(E) Se todas as afirmativas forem falsas.

Seção 4.3 – Racionalização

814. Considere as afirmativas;

1. $\dfrac{\sqrt{8}+\sqrt{6}}{\sqrt{6}} - \dfrac{4-\sqrt{3}}{\sqrt{3}} = \dfrac{6-2\sqrt{3}}{3}$

2. $\dfrac{5}{5+\sqrt{5}} - \dfrac{1}{\sqrt{5}} + \dfrac{9}{5-\sqrt{5}} = 3$

3. $\dfrac{2}{\sqrt{5}-\sqrt{3}} - \dfrac{2}{\sqrt[3]{2}} = \sqrt{5}+\sqrt{3}-\sqrt[3]{2}$

4. $\dfrac{3}{\sqrt{5}-\sqrt{2}} + \dfrac{4}{\sqrt{6}+\sqrt{2}} - \dfrac{1}{\sqrt{6}-\sqrt{5}} = 0$

O número de afirmativas VERDADEIRAS é igual a:
(A) 0 (B) 1 (C) 2
(D) 3 (E) 4

815. Racionalize os denominadores das expressões

1. $\dfrac{1+\sqrt{3}}{\sqrt{3}-1}$

2. $\dfrac{38}{3\sqrt{3}-2\sqrt{2}}$

3. $\dfrac{2+\sqrt{2}}{3+2\sqrt{2}}$

4. $\dfrac{\sqrt{10}+2}{\sqrt{5}+\sqrt{2}}$

5. $\dfrac{7-5\sqrt{2}}{2\sqrt{2}-3}$

A seguir numere a coluna abaixo de acordo com as racionalizações obtidas:

( ) $2-\sqrt{2}$

( ) $2+2\sqrt{3}$

( ) $\sqrt{2}-1$

( ) $6\sqrt{3}+4\sqrt{2}$

( ) $\sqrt{2}$

A ordem obtida de cima para baixo é:

(A) 5,1,3,4,2   (B) 3,1,2,4,5   (C) 3,2,5,4,1
(D) 3,1,5,4,2   (E) 3,1,5,2,4

816. Racionalize os denominadores das expressões

1. $\dfrac{5\sqrt{2}-4\sqrt{3}}{5-2\sqrt{6}}$

2. $\sqrt{\dfrac{2+\sqrt{3}}{2-\sqrt{3}}}+\sqrt{\dfrac{2-\sqrt{3}}{2+\sqrt{3}}}$

3. $\dfrac{\sqrt{7}+\sqrt{5}}{\sqrt{3}+\sqrt{5}}+\dfrac{\sqrt{3}-\sqrt{5}}{\sqrt{7}-\sqrt{5}}$

4. $\dfrac{2(\sqrt{2}+\sqrt{6})}{3\sqrt{2+\sqrt{3}}}$

A seguir numere a coluna abaixo de acordo com os denominadores das racionalizações obtidas:

( ) $\sqrt{2}$

( ) 0

( ) 4

( ) $\dfrac{4}{3}$

A ordem obtida de cima para baixo é:

(A) 1,3,4,2   (B) 1,3,2,4   (C) 3,2,4,1
(D) 3,1,4,2   (E) 3,1,2,4

Capítulo 4 – Produtos Notáveis e Fatoração | 213

817. Racionalize os denominadores das expressões

1. $\dfrac{2\sqrt{3}}{\sqrt{2}+\sqrt{3}+\sqrt{5}}$

2. $\dfrac{3}{1+\sqrt{2}-\sqrt{3}}$

3. $\dfrac{4+2\sqrt{3}}{\sqrt{6}-\sqrt{3}+\sqrt{2}-1}$

4. $\dfrac{\sqrt{18}+\sqrt{32}-3\sqrt{8}}{(\sqrt{2}+\sqrt{3}+1)(\sqrt{2}+\sqrt{3}-1)}$

5. $\dfrac{1}{\sqrt{17-4\sqrt{9+4\sqrt{5}}}}$

A seguir numere a coluna abaixo de acordo com os denominadores das racionalizações obtidas:

( ) 1
( ) 4
( ) 3
( ) 2
( ) 1

(A) 5,1,3,4,2
(B) 3,1,2,4,5
(C) 3,2,5,4,1
(D) 3,1,5,4,2
(E) 3,1,5,2,4

818. Racionalize os denominadores das expressões

1. $\dfrac{7\sqrt{3}}{18+9\sqrt{3}-6\sqrt{2}-3\sqrt{6}}$

2. $\dfrac{3+\sqrt{6}}{5\sqrt{3}-2\sqrt{12}-\sqrt{32}+\sqrt{50}}$

3. $\dfrac{6}{\sqrt{2}-\sqrt{3}+\sqrt{5}}$

4. $\dfrac{2+\sqrt{6}}{2\sqrt{2}+2\sqrt{3}-\sqrt{6}-2}$

5. $\dfrac{1}{\sqrt{14}+\sqrt{21}+\sqrt{15}+\sqrt{10}}$

A seguir numere a coluna abaixo de acordo com os denominadores das racionalizações obtidas:

( ) 2
( ) 3
( ) $\sqrt{3}$
( ) 12
( ) 5

(A) 5,1,3,4,2   (B) 3,1,2,4,5   (C) 3,2,5,4,1
(D) 3,1,5,4,2   (E) 3,1,5,2,4

819. Considere as seguintes afirmativas:

1. A fração $\dfrac{\sqrt[3]{9+4\sqrt{5}}}{3+\sqrt{5}}$ está entre $\dfrac{13}{27}$ e $\dfrac{14}{27}$.

2. A fração $\dfrac{2+\sqrt{2}}{\sqrt[3]{6+4\sqrt{2}}}$ é igual a $\sqrt[3]{2+\sqrt{2}}$.

3. A fração $\dfrac{\sqrt[3]{3}+\sqrt[3]{2}}{\sqrt[3]{3}-\sqrt[3]{2}}$ é igual a $5+\sqrt[3]{12}+\sqrt[3]{18}$.

4. A fração $\dfrac{1}{\sqrt[4]{2\sqrt{2}+3}}$ é igual a $\sqrt{\sqrt{2}-1}$.

5. A fração $\dfrac{2}{\sqrt{2+\sqrt{2}}+\sqrt{2}}$ é igual a $\sqrt{2(2+\sqrt{2})}-2$.

O número de afirmações verdadeiras é:

(A) 1   (B) 2   (C) 3
(D) 4   (E) 5

820. O número de pares ordenados (m,n) de inteiros tais que $1000 \geq m \geq n$ que satisfazem à equação

$$\sqrt{mn} + 1 = \frac{n}{\sqrt{m}} + \frac{m}{\sqrt{n}}$$

é igual a:

(A) 30   (B) 31   (C) 32
(D) 33   (E) 34

821. Considere as seguintes afirmativas:

1. A fração $\dfrac{1}{1-\sqrt[4]{2}}$ é igual a $-\left(1+\sqrt[4]{2}\right)\left(1+\sqrt{2}\right)$.

2. A fração $\dfrac{2}{\sqrt{3}\left(\sqrt{5+2\sqrt{6}}+\sqrt{5-2\sqrt{6}}\right)}$ é igual a $\dfrac{2}{3}$.

3. A fração $\dfrac{2\sqrt[4]{2}}{\sqrt{4\sqrt{2}+2\sqrt{6}}}$ é igual a $\sqrt{3}-1$.

4. A fração $\dfrac{2}{\sqrt[4]{28-16\sqrt{3}}}$ é igual a $\sqrt{3}+1$.

5. A fração $\dfrac{2}{\sqrt{3+\sqrt{5-\sqrt{13+\sqrt{48}}}}}$ é igual a $\sqrt{6}+\sqrt{2}$.

O número de afirmações FALSAS é:

(A) 1   (B) 2   (C) 3
(D) 4   (E) 5

822. O valor da expressão $\dfrac{1}{1+\sqrt{2}}+\dfrac{1}{\sqrt{2}+\sqrt{3}}+\dfrac{1}{\sqrt{3}+2}+\cdots+\dfrac{1}{\sqrt{99}+10}$ é:

(A) −10   (B) −9   (C) $\dfrac{1}{9}$
(D) 9   (E) 10

823. O valor da soma

$$S = \frac{1}{2\sqrt{1}+1\sqrt{2}} + \frac{1}{3\sqrt{2}+2\sqrt{3}} + \cdots + \frac{1}{100\sqrt{99}+99\sqrt{100}}$$

é igual a:

(A) $\frac{1}{10}$ (B) $\frac{9}{10}$ (C) $\frac{1}{9}$

(D) $\frac{10}{9}$ (E) $\frac{11}{10}$

824. Se $x + \sqrt{x^2-1} + \dfrac{1}{x-\sqrt{x^2-1}} = 20$ então $x^2 + \sqrt{x^4-1} + \dfrac{1}{x^2+\sqrt{x^4-1}}$ é igual a:

(A) 5,05 (B) 20 (C) 51,005

(D) 61,25 (E) 400

825. O valor numérico de $E = \dfrac{1+a}{1+\sqrt{1+a}} + \dfrac{1-a}{1-\sqrt{1-a}}$ para $a = \dfrac{\sqrt{3}}{2}$ é igual a:

(A) 1 (B) $\dfrac{1}{2}$ (C) $\dfrac{\sqrt{3}}{2}$

(D) $\dfrac{\sqrt{2}}{2}$ (E) 0

826. Considere as seguintes afirmativas:

1. O denominador racionalizado de $\dfrac{1}{\sqrt{2}+\sqrt[3]{2}+\sqrt[3]{4}}$ é 2.

2. O denominador racionalizado de $\dfrac{1}{\sqrt{3}+\sqrt[4]{12}+1}$ é 4.

3. O denominador racionalizado de $\dfrac{1}{\sqrt[4]{2}+\sqrt[4]{4}+\sqrt[4]{8}+2}$ é 16.

4. O denominador racionalizado de $\dfrac{1}{\sqrt[3]{26+15\sqrt{3}}}$ é 1.

5. O denominador racionalizado de $\dfrac{3\left(\sqrt{2}+\sqrt{3}+\sqrt{5}-2\right)}{2\left[\left(\sqrt{2}+\sqrt{3}+\sqrt{5}-1\right)^2-1\right]} - \dfrac{1}{\sqrt{2}+\sqrt{3}+\sqrt{5}}$ é 12.

O número de afirmações VERDADEIRAS é:

(A) 1   (B) 2   (C) 3
(D) 4   (E) 5

827. O número de zeros que aparecem após a vírgula e antes do primeiro algarismo não nulo da expansão decimal de $\sqrt{2^{2004}+1}$ é:

(A) 300   (B) 301   (C) 302
(D) 303   (E) 304

828. Simplificando

$$\left(\dfrac{3}{\sqrt[3]{64}-\sqrt[3]{25}} + \dfrac{\sqrt[3]{40}}{\sqrt[3]{8}+\sqrt[3]{5}} - \dfrac{10}{\sqrt[3]{25}}\right)^{-1} \cdot \left(13 - 4\sqrt[3]{5} - 2\sqrt[3]{25}\right) + \sqrt[3]{25}$$

obtemos:

(A) 1   (B) 2   (C) 3
(D) 4   (E) 5

829. A expressão $\dfrac{\sqrt[3]{\sqrt{3}-\sqrt{5}} \cdot \sqrt[6]{8+2\sqrt{15}} - \sqrt[3]{a}}{\sqrt[3]{\sqrt{20}+\sqrt{12}} \cdot \sqrt[6]{8-2\sqrt{15}} - 2\sqrt[3]{2a} + \sqrt[3]{a^2}}$ é igual a:

(A) $\dfrac{\sqrt[3]{a^2}+\sqrt[3]{2a}+\sqrt[3]{4}}{2-a}$ (B) $\dfrac{\sqrt[3]{a^2}-\sqrt[3]{2a}+\sqrt[3]{4}}{2-a}$ (C) $\dfrac{\sqrt[3]{a^2}+\sqrt[3]{2a}-\sqrt[3]{4}}{2-a}$

(D) $\dfrac{\sqrt[3]{a^2}-\sqrt[3]{2a}-\sqrt[3]{4}}{2-a}$ (E) $\dfrac{\sqrt[3]{a^2}+\sqrt[3]{2a}+\sqrt[3]{4}}{2+a}$

830. O valor de $\displaystyle\sum_{x=1}^{2005} \frac{1}{\sqrt[3]{x^2+2x+1}+\sqrt[3]{x^2-1}+\sqrt[3]{x^2-2x+1}}$ é igual a:

(A) $\frac{1}{2}\left(\sqrt[3]{2006}+\sqrt[3]{2005}-1\right)$

(B) $\frac{1}{2}\left(\sqrt[3]{2005}+\sqrt[3]{2004}-1\right)$

(C) $\frac{1}{2}\left(\sqrt[3]{2006}-\sqrt[3]{2005}\right)$

(D) $\frac{1}{2}\left(\sqrt[3]{2005}-\sqrt[3]{2004}\right)$

(E) $\frac{1}{2}\left(\sqrt[3]{2004}-\sqrt[3]{2003}\right)$

831. Assinale a desigualdade verdadeira;

(A) $2\left(\sqrt{n+1}-\sqrt{m}\right) < \frac{1}{\sqrt{m}}+\frac{1}{\sqrt{m+1}}+\cdots+\frac{1}{\sqrt{n-1}}+\frac{1}{\sqrt{n}} < 2\left(\sqrt{n}-\sqrt{m-1}\right)$

(B) $2\left(\sqrt{n}-\sqrt{m-1}\right) < \frac{1}{\sqrt{m}}+\frac{1}{\sqrt{m+1}}+\cdots+\frac{1}{\sqrt{n-1}}+\frac{1}{\sqrt{n}} < 2\left(\sqrt{n}-\sqrt{m+1}\right)$

(C) $2\left(\sqrt{n}-\sqrt{m}\right) < \frac{1}{\sqrt{m}}+\frac{1}{\sqrt{m+1}}+\cdots+\frac{1}{\sqrt{n-1}}+\frac{1}{\sqrt{n}} < 2\left(\sqrt{n+1}-\sqrt{m+1}\right)$

(D) $2\left(\sqrt{n-1}-\sqrt{m-1}\right) < \frac{1}{\sqrt{m}}+\frac{1}{\sqrt{m+1}}+\cdots+\frac{1}{\sqrt{n-1}}+\frac{1}{\sqrt{n}} < 2\left(\sqrt{n}-\sqrt{m}\right)$

(E) $2\left(\sqrt{n+1}-\sqrt{m}\right) < \frac{1}{\sqrt{m}}+\frac{1}{\sqrt{m+1}}+\cdots+\frac{1}{\sqrt{n-1}}+\frac{1}{\sqrt{n}} < 2\left(\sqrt{n}-\sqrt{m+1}\right)$

832. Sobre a soma $\displaystyle\sum_{n=1}^{4999} \frac{1}{\sqrt{2n-1}+\sqrt{2n+1}}$ podemos afirmar que:

(A) é menor que 20 (B) está entre 20 e 21 (C) está entre 21 e 22
(D) está entre 22 e 23 (E) é maior que 24.

833. Seja $f(n)$ o inteiro mais próximo de $\sqrt[4]{n}$. Então o valor de $\sum_{i=1}^{1995} \dfrac{1}{f(i)}$ é igual a:

(A) 375   (B) 400   (C) 425
(D) 450   (E) 500

834. Seja (a_n) uma seqüência tal que $a_k = \dfrac{k}{(k-1)^{4/3} + k^{4/3} + (k+1)^{4/3}}$. Sobre o valor da soma $\sum_{i=1}^{999} a_i$ podemos afirmar que:

(A) menor que 50   (B) está entre 50 e 60   (C) está entre 60 e 70
(D) está entre 70 e 80   (E) é maior que 80

835. A soma $\sum_{n=1}^{\infty} \dfrac{1}{(n+1)\sqrt{n}}$

(A) menor que 2   (B) está entre 2 e 3   (C) está entre 3 e 4
(D) está entre 4 e 5   (E) é maior que 5

836. Seja n um número inteiro. De todas as frações da forma $\dfrac{1}{n}$, a parte fracionária de $\sqrt{123456789}$ está mais próxima de uma de tais frações. O valor de n é:

(A) 5   (B) 6   (C) 7
(D) 8   (E) 9

837. O valor da expressão

$$E = (1-ax)(1+ax)^{-1}(1+bx)^{1/2}(1-bx)^{-1/2}$$

para $x = a^{-1}\left(2 \cdot \dfrac{a}{b} - 1\right)^{1/2}$ onde $0 < a < b < 2a$ é igual a:

(A) 1   (B) 2   (C) 3
(D) 4   (E) 5

838. A expressão $\left[\dfrac{\sqrt{1+a}}{\sqrt{1+a}-\sqrt{1-a}}+\dfrac{1-a}{\sqrt{1-a^2}-1+a}\right]\times\left[\sqrt{\dfrac{1}{a^2}-1}-\dfrac{1}{a}\right]$, $0<a<1$ quando simplificada se torna:

(A) 2   (B) 1   (C) 0
(D) −1   (E) −2

839. O valor de x^3+px+q para $x=\sqrt[3]{-\dfrac{q}{2}+\sqrt{\dfrac{q^2}{4}+\dfrac{p^3}{27}}}+\sqrt[3]{-\dfrac{q}{2}-\sqrt{\dfrac{q^2}{4}+\dfrac{p^3}{27}}}$ é:

(A) 0   (B) 1   (C) 2
(D) 3   (E) 8

840. A expressão $\dfrac{\sqrt[3]{x^4}+\sqrt[3]{x^2y^2}-2\sqrt[3]{x^3y}}{\sqrt[3]{x^4}+\sqrt[3]{xy^3}-\sqrt[3]{x^3y}-\sqrt[3]{y^4}}$ quando simplificada se torna:

(A) $\dfrac{x+\sqrt[3]{x^2y}}{x+y}$ (B) $\dfrac{x+\sqrt[3]{x^2y}}{x-y}$ (C) $\dfrac{x-\sqrt[3]{x^2y}}{x-y}$

(D) $\dfrac{x^2-\sqrt[3]{x^2y}}{x+y}$ (E) $\dfrac{x-\sqrt[3]{x^2y}}{x+y}$

841. Simplificando $\dfrac{\sqrt[3]{x^4}-\sqrt[3]{x^3y}+\sqrt[3]{xy^3}-\sqrt[3]{y^4}}{\sqrt[3]{x^4}-\sqrt[3]{x^3y}-\sqrt[3]{xy^3}+\sqrt[3]{y^4}}$ obtemos:

(A) $\dfrac{x-y}{x+y}$ (B) $\dfrac{x+y}{x-y}$ (C) $\dfrac{xy}{x+y}$

(D) $\dfrac{xy}{x-y}$ (E) $x+y$

842. Simplificando $\dfrac{\sqrt{x^2+x^3y}}{\sqrt{x+2x^2y+x^3y^2}}$ obtemos:

(A) $\dfrac{\sqrt{x(1+xy)}}{1-xy}$ (B) $\dfrac{\sqrt{x(1-xy)}}{1-xy}$ (C) $\dfrac{\sqrt{x(1-xy)}}{1+xy}$

(D) $\dfrac{\sqrt{x(1+xy)}}{1+xy}$ (E) $\sqrt{1+xy}$

843. Simplificando $\dfrac{\sqrt{\sqrt[4]{8}-\sqrt{\sqrt{2}+1}}}{\sqrt{\sqrt[4]{8}+\sqrt{\sqrt{2}-1}}-\sqrt{\sqrt[4]{8}-\sqrt{\sqrt{2}-1}}}$ obtemos:

(A) $\sqrt{2}$ (B) $\dfrac{\sqrt{2}}{2}$ (C) $\dfrac{\sqrt{2}}{4}$

(D) $\dfrac{\sqrt{2}}{8}$ (E) $\dfrac{\sqrt{2}}{16}$

844. O valor de $\dfrac{\left(\sqrt{7+\sqrt{3}+\sqrt{7-\sqrt{48}}}\right)^3+\left(\sqrt{3-\sqrt{5}+\sqrt{9-\sqrt{80}}}\right)^3}{\left(\sqrt{7+\sqrt{3}+\sqrt{7-\sqrt{48}}}\right)^3+\left(\sqrt{2+\sqrt{7}-\sqrt{11-\sqrt{112}}}\right)^3}$ é:

(A) $\dfrac{3}{4}$ (B) $\dfrac{4}{5}$ (C) $\dfrac{5}{6}$

(D) $\dfrac{6}{7}$ (E) $\dfrac{7}{8}$

845. A expressão $\dfrac{\sqrt{2}}{\sqrt{\sqrt[4]{\dfrac{\sqrt{5}+2}{4}}+1}-\sqrt{\sqrt[4]{\dfrac{\sqrt{5}+2}{4}}-1}}$ equivale a:

(A) $\sqrt[8]{1+2\sqrt{\sqrt{5}-2}}$ (B) $\sqrt[8]{1-2\sqrt{\sqrt{5}-2}}$ (C) $\sqrt[8]{1+2\sqrt{\sqrt{5}+2}}$

(D) $\sqrt[8]{1+2\sqrt{\sqrt{5}-1}}$ (E) $\sqrt[8]{1+2\sqrt{\sqrt{5}-4}}$

222 | Problemas Selecionados de Matemática

846. O conjunto de todos os números reais x para os quais a expressão

$$x + \sqrt{x^2+1} - \frac{1}{x+\sqrt{x^2+1}}$$

é um número racional é o conjunto de todos os:

(A) inteiros x

(B) racionais x

(C) reais x

(D) x tais que $\sqrt{x^2+1}$ é racional

(E) x tais que $x+\sqrt{x^2+1}$ é racional

847. Se a e b são números reais positivos, o valor da expressão $\dfrac{\sqrt{\dfrac{ab}{2}}+\sqrt{8}}{\sqrt{\dfrac{ab+16}{8}}+\sqrt{ab}}$ é:

(A) 1 (B) 2 (C) 3
(D) 4 (E) 5

848. Seja $x = \dfrac{4}{(\sqrt{5}+1)(\sqrt[4]{5}+1)(\sqrt[8]{5}+1)(\sqrt[16]{5}+1)}$. O valor de $(x+1)^{48}$ é igual a:

(A) 5 (B) 25 (C) 125
(D) 625 (E) 3125

849. O valor numérico de $\displaystyle\sum_{n=1}^{24} \dfrac{1}{\sqrt{2n}+\sqrt{2(n+1)}}$ é igual a:

(A) $\dfrac{1}{2}\sqrt{2}$ (B) $\sqrt{2}$ (C) $\dfrac{1}{3}\sqrt{2}$
(D) $3\sqrt{2}$ (E) $2\sqrt{2}$

850. Simplificando

$$\frac{\sqrt{\left(\frac{a+b}{2\sqrt{ab}}-1\right)^{-1}}+\sqrt{\left(\frac{a+b}{2\sqrt{ab}}+1\right)^{-1}}}{\sqrt{\left(\frac{a+b}{2\sqrt{ab}}-1\right)^{-1}}-\sqrt{\left(\frac{a+b}{2\sqrt{ab}}+1\right)^{-1}}}$$

onde $a>0$ e $b>0$ obtemos:

(A) $\dfrac{\sqrt{a}}{b}$ \qquad (B) $\dfrac{\sqrt{b}}{a}$ \qquad (C) $\dfrac{\sqrt{ab}}{a}$

(D) $\dfrac{\sqrt{ab}}{b}$ \qquad (E) ab

851. A expressão

$$\frac{\left(\left(\sqrt[4]{a}+\sqrt[4]{b}\right)^2-\left(\sqrt[4]{a}-\sqrt[4]{b}\right)^2\right)^2-(16a+4b)}{4a-b}+\frac{10\sqrt{a}-3\sqrt{b}}{2\sqrt{a}+\sqrt{b}}$$

é equivalente a:

(A) $a-b$ \qquad (B) $a+b$ \qquad (C) $\dfrac{\sqrt{b}}{a}$

(D) $\dfrac{\sqrt{a}}{b}$ \qquad (E) 1

852. Simplificando

$$\left(\frac{1}{a^{\frac{1}{3}}-a^{\frac{1}{6}}+1}+\frac{1}{a^{\frac{1}{3}}+a^{\frac{1}{6}}+1}-\frac{2a^{\frac{1}{3}}-2}{a^{\frac{2}{3}}-a^{\frac{1}{3}}+1}\right)^{-1}-\frac{1}{4}a^{\frac{4}{3}}$$

obtemos:

(A) $\dfrac{\sqrt[3]{a^2}+1}{4}$ \qquad (B) $\dfrac{\sqrt[3]{a^2}-1}{4}$ \qquad (C) $\dfrac{\sqrt[3]{a^2}+1}{2}$

(D) $\dfrac{\sqrt[3]{a^2}-1}{2}$ \qquad (E) $\dfrac{\sqrt[3]{a^2}-1}{8}$

853. O denominador racionalizado da fração

$$\left(\frac{\sqrt[4]{b}\left(\sqrt[4]{a}-\sqrt[4]{b}\right)+2\sqrt[4]{ab}}{\left(\sqrt[4]{b}+\sqrt[4]{a}\right)^2} - \left(\sqrt[4]{\frac{b}{a}}+1\right)^{-1}+1 \right)^{\frac{1}{2}} \cdot \sqrt[8]{ab}$$

quando simplificada, se torna:

(A) ab (B) $a+b$ (C) a^2+b^2

(D) a^4+b^4 (E) a^4-b^4

854. Simplificando

$$\left(\frac{\sqrt[3]{a^2b}-\sqrt[3]{ab^2}}{\sqrt[3]{a^2}-2\sqrt[3]{ab}+\sqrt[3]{b^2}} - \frac{a+b}{\sqrt[3]{a^2}-\sqrt[3]{b^2}} \right)\left(\sqrt[6]{a}-\sqrt[6]{b}\right)^{-1}+\sqrt[6]{a}$$

obtemos:

(A) $\sqrt[6]{b}$ (B) $\sqrt[3]{b}$ (C) $\sqrt[6]{a}$

(D) $-\sqrt[6]{a}$ (E) $-\sqrt[6]{b}$

855. Simplificando a expressão $L = \dfrac{2}{\sqrt{4-3\sqrt[4]{5}+2\sqrt{5}-\sqrt[4]{125}}}$ obtemos:

(A) $1+\sqrt[4]{5}$ (B) $2+\sqrt[4]{5}$ (C) $3+\sqrt[4]{5}$

(D) $4+\sqrt[4]{5}$ (E) $5+\sqrt[4]{5}$

856. Se $\lfloor x \rfloor$ representa o maior inteiro que não supera x então $\lfloor N \rfloor$ onde

$$N = \sqrt{2500}-\sqrt{2501}+\sqrt{2502}-\sqrt{2503}+\cdots-\sqrt{2999}+\sqrt{3000}$$

é igual a:

(A) 51   (B) 52   (C) 53

(D) 54   (E) 55

857. O denominador racional da fração $\dfrac{c}{\sqrt[3]{a}+\sqrt[3]{b}-\sqrt[3]{a+b}}$ é igual a:

(A) $3a^2b^2(a+b)$ (B) $3ab(a+b)^2$ (C) $3a^2b^2(a^2+b^2)$

(D) $3ab(a+b)$ (E) $ab(a+b)$

858. O valor de $\dfrac{\sqrt{5-2\sqrt{6}}\left(5+2\sqrt{6}\right)\left(49-20\sqrt{6}\right)}{\sqrt{27}-3\sqrt{18}+3\sqrt{12}-\sqrt{8}}$ é igual a:

(A) 1   (B) 2   (C) 6

(D) 7   (E) 8

859. Se $\sqrt[3]{2} = a + \cfrac{1}{b + \cfrac{1}{c + \cfrac{1}{d+\cdots}}}$ onde $a, b, c, d, \ldots$ são inteiros positivos, o valor de b é:

(A) 1   (B) 2   (C) 3

(D) 4   (E) 5

860. Os inteiros positivos a e b para os quais $\displaystyle\sum_{k=2}^{1000000} \dfrac{1}{\sqrt{k}+\sqrt{k+1}} = \sqrt{a}-\sqrt{b}$ são tais que $a+b$ é igual a:

(A) 500000   (B) 500002   (C) 1000000

(D) 1000001   (E) 1000002

861. O valor de $E = 2a\dfrac{\sqrt{1+x^2}}{x+\sqrt{1+x^2}}$ para $x = \dfrac{1}{2}\left(\sqrt{\dfrac{a}{b}}-\sqrt{\dfrac{b}{a}}\right)$ é dado por:

(A) $\dfrac{a}{b}$ (B) $\dfrac{b}{a}$ (C) a

(D) b (E) 0

862. Racionalizando-se o denominador de $\dfrac{1}{\sqrt[3]{15}-\sqrt[3]{7}}$ obtemos uma expressão da forma $\dfrac{\sqrt[3]{a}+\sqrt[3]{b}+\sqrt[3]{c}}{d}$. O valor de $a+b+c+d$ é igual a:

(A) 371   (B) 373   (C) 375
(D) 377   (E) 379

863. O valor da expressão:

$$E = \dfrac{1}{\left(\sqrt{1}+\sqrt{2}\right)\left(\sqrt[4]{1}+\sqrt[4]{2}\right)} + \cdots + \dfrac{1}{\left(\sqrt{255}+\sqrt{256}\right)\left(\sqrt[4]{255}+\sqrt[4]{256}\right)}$$

sabendo que existem 255 parcelas na qual a k-ésima parcela é da forma

$$\dfrac{1}{\left(\sqrt{k}+\sqrt{k+1}\right)\left(\sqrt[4]{k}+\sqrt[4]{k+1}\right)}$$

é igual a:

(A) 1   (B) 2   (C) 3
(D) 4   (E) 5

864. O valor da soma:

$$S = \dfrac{1}{\sqrt[3]{1}+\sqrt[3]{2}+\sqrt[3]{4}} + \cdots + \dfrac{1}{\sqrt[3]{26^2}+\sqrt[3]{26\cdot 27}+\sqrt[3]{27^2}}$$

onde o k-ésimo termo possui a forma:

$$\dfrac{1}{\sqrt[3]{k^2}+\sqrt[3]{k(k+1)}+\sqrt[3]{(k+1)^2}}$$

é igual a:

(A) 1   (B) 2   (C) 3
(D) 4   (E) 5

865. Racionalizando-se o denominador de $\dfrac{1}{\sqrt{\sqrt{2}+\sqrt[3]{3}}}$ obtemos:

(A) $-\sqrt{\sqrt{2}+\sqrt[3]{2}}\left(\sqrt{2}-\sqrt[3]{3}\right)\left(4+2\sqrt[3]{9}+3\sqrt[3]{3}\right)$

(B) $-\sqrt{\sqrt{2}+\sqrt[3]{2}}\left(\sqrt{2}+\sqrt[3]{3}\right)\left(4+2\sqrt[3]{9}+3\sqrt[3]{3}\right)$

(C) $-\sqrt{\sqrt{2}+\sqrt[3]{2}}\left(\sqrt{2}+\sqrt[3]{3}\right)\left(4-2\sqrt[3]{9}+3\sqrt[3]{3}\right)$

(D) $-\sqrt{\sqrt{2}+\sqrt[3]{2}}\left(\sqrt{2}-\sqrt[3]{3}\right)\left(4-2\sqrt[3]{9}+3\sqrt[3]{3}\right)$

(E) $-\sqrt{\sqrt{2}+\sqrt[3]{2}}\left(\sqrt{2}-\sqrt[3]{3}\right)\left(4-2\sqrt[3]{9}-3\sqrt[3]{3}\right)$

866. A soma $\displaystyle\sum_{k=1}^{2024}\dfrac{1}{(k+1)\sqrt{k}+k\sqrt{k+1}}$ quando colocada sob a forma da fração irredutível $\dfrac{a}{b}$, a soma $a+b$ é igual a:

(A) 81   (B) 83   (C) 85

(D) 87   (E) 89

867. Considere as seguintes afirmativas:

1. O denominador racionalizado de $\dfrac{1}{6\sqrt{50}-5\sqrt{75}-\sqrt{128-16\sqrt{48}}}$ é 33.

2. O denominador racionalizado de $\dfrac{1}{1+\sqrt[3]{2}+2\cdot\sqrt[3]{4}}$ é 23.

3. O denominador racionalizado de $\dfrac{1}{1-\sqrt[4]{2}+2\cdot\sqrt{2}+\sqrt[4]{8}}$ é 167.

Assinale:

(A) Se somente as afirmativas 1 e 2 forem verdadeiras.

(B) Se somente as afirmativas 1 e 3 forem verdadeiras.

(C) Se somente as afirmativas 2 e 3 forem verdadeiras.

228 | Problemas Selecionados de Matemática

(D) Se todas as afirmativas forem verdadeiras
(E) Se todas as afirmativas forem falsas.

868. Simplificando

$$\left(\frac{(a+b)\left(a^{\frac{2}{3}} - b^{\frac{2}{3}}\right)^{-1} - \left(\sqrt[3]{a^2 b} - \sqrt[3]{ab^2}\right)\left(b^{\frac{1}{3}} - a^{\frac{1}{3}}\right)^{-2}}{\left(\sqrt[6]{a} + \sqrt[6]{b}\right)\left(\sqrt[3]{b} + \sqrt[3]{ab} - 2\sqrt[3]{a}\right)} \right)^{-1} + 2\sqrt[6]{a}$$

obtemos:

(A) $-\sqrt[6]{b}$ (B) $-\sqrt[6]{a}$ (C) $-\sqrt[6]{a}$
(D) $\sqrt[3]{b}$ (E) $\sqrt[6]{b}$

869. Simplificando

$$\left(\frac{4b^2 + 2ab}{\sqrt{4a^2b^2 - 8ab^3}} - \frac{16^{\frac{3}{4}} b^{\frac{3}{2}}}{\sqrt{4a^2 b - 8ab^2}} \right)\left(\frac{1}{2ab} - a^{-2} \right)^{-\frac{1}{2}} \sqrt{\frac{2a}{b}}$$

obtemos:

(A) a (B) $2a$ (C) $4a$
(D) $8a$ (E) $16a$

870. Simplificando

$$\frac{\sqrt[6]{b^5} - \sqrt[6]{a^2 b^3} + \sqrt[6]{a^3 b^2} - \sqrt[6]{a^5}}{\sqrt[6]{b} + \sqrt[6]{a}} \left(\frac{\sqrt[6]{ab^9} + \sqrt[6]{a^{10}}}{a - \sqrt{ab} + b} \right)^{-1} + 1$$

obtemos:

(A) $\dfrac{\sqrt[6]{ab^5}}{a}$ (B) $\dfrac{\sqrt[6]{a^2 b^4}}{a}$ (C) $\dfrac{\sqrt[6]{a^3 b^3}}{a}$
(D) $\dfrac{\sqrt[6]{a^4 b^2}}{a}$ (E) $\dfrac{\sqrt[6]{a^5 b}}{a}$

Capítulo 5

Teoria dos Números

Seção 5.1 – Múltiplos e Divisores

871. Considere as afirmativas:
1. Se na divisão do inteiro N por 2005, obtivermos quociente igual a 5 e o *maior resto possível* então, a soma dos algarismos de N é igual a 14.
2. Se na divisão do inteiro N por 2005, obtivermos quociente Q e resto 105 então, o maior inteiro que podemos adicionar a N sem alterar Q é 1900.
3. O maior resto possível da divisão de um número de dois algarismos p e 1 a soma dos seus algarismos é igual a 15.
4. Se $N! = N(N-1)(N-2)\cdots 3\cdot 2\cdot 1$ (isto é, o produto dos números naturais desde 1 até N) então, se dividirmos 2005! por 2006, o resto r obtido é igual a zero.

Conclua que:
(A) Todas são verdadeiras
(B) Apenas uma é falsa
(C) Duas são falsas
(D) Apenas uma é verdadeira
(E) Todas são falsas

872. Considere as afirmativas:
1. A soma de todos os números naturais que ao serem divididos por 2005 apresentam restos iguais a mil vezes o quociente é igual a 9015.
2. Se numa divisão em que o divisor é 45 e o resto é o *quadrado* do quociente então, a soma de todos os valores naturais do dividendo é 1036.
3. Se na divisão de um inteiro a por 2005 obtivermos um quociente q e resto q^3 então, soma dos algarismos do maior número a que possui esta propriedade é igual a 30.

Assinale:
(A) Se somente as afirmativas (1) e (2) forem verdadeiras.
(B) Se somente as afirmativas (1) e (3) forem verdadeiras.
(C) Se somente as afirmativas (2) e (3) forem verdadeiras.
(D) Se todas as afirmações forem verdadeiras
(E) Se todas as afirmações forem falsas

873. Considere as afirmativas:

1. O resto da divisão do número $\underbrace{777...777}_{2005\text{ setes}}$ por 1001 é igual a 7.

2. A soma dos algarismos do quociente da divisão do número $\underbrace{1111...1111}_{2005\text{ un's}}$ por 1001 é igual a 1005.

3. A soma dos algarismos do quociente da divisão do número $\underbrace{1111...1111}_{2005\text{ un's}}$ por 7 é igual a 8023.

4. O resto da divisão de $\underbrace{111...111}_{16\text{ un's}}$ por 17 é igual a 0.

Conclua que
(A) Todas são verdadeiras
(B) Apenas uma é falsa
(C) Duas são falsas
(D) Apenas uma é verdadeira
(E) Todas são falsas

874. Se todos os números desde 8 até 2005 forem divididos por 7 e a seguir, os restos obtidos nestas divisões forem adicionados então, a soma dos algarismos do número obtido ao final é igual a:

(A) 20   (B) 22   (C) 24
(D) 26   (E) 28

875. Se o inteiro N possui 4 algarismos que são inteiros consecutivos e em ordem decrescente, da esquerda para a direita então, a soma dos restos possíveis da divisão de N por 37 é igual a:

(A) 211   (B) 213   (C) 215
(D) 217   (E) 219

232 | Problemas Selecionados de Matemática

876. Considere as afirmativas:
   1. A soma de todos os números inteiros N tais que o resto da divisão de 2005 por N seja igual a 7 é 4548.
   2. A soma dos algarismos do menor inteiro positivo N tal que 2005 dividido por N deixa resto N 118 é 17.
   3. A soma dos restos possíveis da divisão por 120 do quadrado de um inteiro positivo que não possui fatores comuns com 120 é igual a 49.

   Assinale:
   (A) Se somente as afirmativas (1) e (2) forem verdadeiras.
   (B) Se somente as afirmativas (1) e (3) forem verdadeiras.
   (C) Se somente as afirmativas (2) e (3) forem verdadeiras.
   (D) Se todas as afirmações forem verdadeiras
   (E) Se todas as afirmações forem falsas

877. Quando o número natural P é dividido pelo natural D o quociente é Q e o resto é R. Quando Q é dividido por D', o quociente é Q' e o resto é R'. Quando P é dividido por DD' o resto é igual a:
   (A) $R+R'D$ (B) $R'+RD$ (C) RR'
   (D) R (E) R'

878. Quando os números naturais P e P', com P > P' são divididos pelo número natural D, os restos são R e R' respectivamente. Quando PP' e RR' são divididos por D os restos são r e r' respectivamente. Então:
   (A) $r > r'$ (B) $r < r'$ (C) $r = r'$
   (D) $r > r'$ ou $r < r'$ (E) $r > r'$ ou $r = r'$

879. Sejam a e b números naturais tais que $a \geq 3$ e $b \geq 2$. Se q e r são respectivamente o quociente e o resto da divisão de $a-1$ por b então o resto da divisão de $ab^n - 1$ por b^{n+1} é igual a:
   (A) $rb^n + b^n - 1$ (B) $rb^n + b^n + 1$ (C) $rb^n - b^n - 1$
   (D) $rb^n + b^n$ (E) r

880. Considere as afirmativas:
   1. Se N é um inteiro positivo que deixa resto igual a 3 quando dividido por 4 e deixa resto 5 quando dividido por 9 então, o resto da divisão de N por 36 é igual a 23.
   2. Se N é um inteiro positivo que deixa resto igual a 5 quando dividido por 8 e deixa resto 4 quando dividido por 11 então, o resto da divisão de N por 88 é igual a 37.
   3. Se $3940 < N < 4000$ é um número que deixa resto igual a 1 quando dividido por 8, deixa resto 2 quando dividido por 5 e deixa resto r quando dividido por 40 então, a soma dos algarismos de N é igual a 26.
   4. A soma dos algarismos do maior número ímpar que deixa resto 1 quando dividido por 3 e deixa resto 9 quando dividido por 11 é igual a 16.
   5. A soma dos algarismos do número de quatro algarismos que deixa resto 112 quando dividido por 131 e resto 98 quando dividido por 132 é igual a 20.

   Conclua que
   (A) Todas são verdadeiras
   (B) (2) e (3) são falsas
   (C) (2) e (4) são falsas
   (D) (1) e (5) são falsas
   (E) Somente uma das afirmações é verdadeira

881. Considere as afirmativas:
   1. A soma dos restos das divisões de n por $n-1$ e por $n-2$ é igual a 3.
   2. A soma dos restos das divisões de $n^2 + n + 1$ por $n+1$ e por $n+2$ é igual a 4.
   3. Se $n \geq 80$ o resto da divisão de $n^4 + 1$ por $n+3$ é igual a 83.
   4. O número 13 é um divisor comum de $7n+1$ e $8n+3$ para alguns valores de n.
   5. Existem 117 valores inteiros de $1 < n < 2005$ para os quais $15n+21$ e $14n+3$ possuem divisores comuns.

   Conclua que:
   (A) (1), (2) e (5) são verdadeiras
   (B) (1), (2) e (3) são verdadeiras
   (C) Somente (1) e (4) são verdadeiras
   (D) Somente (2) e (3) são verdadeiras
   (E) Somente (3) e (5) são falsas

882. Considere as afirmativas:
1. Se $a+4b$ é divisível por 13 então $10a+b$ também o é.
2. Se $3a+7b$ é divisível por 19 então $43a+75b$ também o é.
3. Se $3a+2b$ é divisível por 17 então $10a+b$ também o é.
4. Se $17a+3b$ é divisível por 61 então o número $8a+5b$ também o é.
5. Se $9a+7b$ é é divisível por 13 então $2a+3b$ também o é.

Conclua que
(A) Todas são falsas
(B) Todas são verdadeiras
(C) Quatro são verdadeiras e uma é falsa
(D) Três são verdadeiras e duas são falsas
(E) Duas são verdadeiras e três são falsas

883. Considere as afirmativas:
1. A soma de todos os números inteiros n para os quais $\dfrac{n^2+1}{n-1}$ é inteiro é igual a 4.
2. A soma de todos os números inteiros n para os quais $\dfrac{n^5+3}{n^2+1}$ é inteiro é igual a -3.
3. A fração $\dfrac{n^2+7}{n+3}$ é inteira para 3 inteiros positivos n.
4. A fração $\dfrac{36}{n+2}$ é inteira para 9 valores inteiros e positivos de n.
5. A fração $\dfrac{n^2+7}{n+4}$ não é irredutível para 87 valores inteiros de $1<n<2005$.

Conclua que:
(A) Três são verdadeiras e duas são falsas
(B) Duas são verdadeiras e três são falsas
(C) Somente (2) é verdadeira
(D) Somente (3) é falsa
(E) Todas são falsas

884. Qual a 2005ª letra na seqüência (ABCDEDCBAABCDEDCBAABCDEDCBA...)?

(A) A   (B) B   (C) C
(D) D   (E) E

885. Anos bissextos são os divisíveis por 4, exceto aqueles divisíveis por 100 que não o sejam por 400. Se 1º de janeiro de 2001 foi uma segunda-feira, o próximo ano no qual 1º de janeiro também será segunda-feira é:

(A) 2004   (B) 2005   (C) 2006
(D) 2007   (E) 2008

886. A televisão de Eduardo consegue sintonizar os canais de 2 até 42. Se Eduardo começa sintonizando o canal 15 e aperta o botão que avança o canal 2005 vezes, em que canal estará sintonizado ao parar?

(A) 11   (B) 12   (C) 13
(D) 14   (E) 15

887. Cinco pontos de um círculo estão numerados consecutivamente e no sentido do movimento dos ponteiros do relógio com os números 1, 2, 3, 4 e 5. Uma pulga pula de um ponto a outro no sentido em que estão marcados da seguinte forma: Se ela está sobre um ponto de número ímpar ela se move um ponto, e se ela estiver sobre um ponto de número par, ela se move dois pontos. Se a pulga começa no ponto 5, após 2005 pulos ela estará no ponto:

(A) 1   (B) 2   (C) 3
(D) 4   (E) 5

888. Suponha que uma calculadora possua uma tecla especial que troque o número x que aparece no visor pelo número dado pela fórmula $\frac{1}{1-x}$. Por exemplo, se a calculadora exibe no visor o número 2, quando esta tecla especial for pressionada aparecerá no seu lugar o número -1 uma vez que $\frac{1}{1-2} = -1$. Supondo que coloquemos no visor o número 5 e apertemos esta tecla especial 2005 vezes, que número aparecerá no visor?

(A) $-0,25$ (B) 0   (C) 0,8
(D) 1,25   (E) 5

889. Uma seqüência de números é formada iniciando com um número de dois algarismos, multiplicamos esses dois algarismos, escrevemos à direita este resultado e em seguida prosseguimos assim indefinidamente isto é, sempre multiplicando os dois últimos algarismos obtidos. Por exemplo, começando com 67 obtemos 6742816... Se agora, começarmos com 77, o 2005º número na seqüência é igual a:

(A) 1   (B) 2   (C) 3
(D) 6   (E) 8

890. Antonio criou uma seqüência de inteiros positivos segundo três regras. Começando com um inteiro positivo, ele aplica ao resultado a regra apropriada, dentre as abaixo relacionadas, e continua sempre desta forma.

Regra 1: Se o inteiro é menor do que 10, multiplica-o por 9.

Regra 2: Se o inteiro é par e maior do que 9, divide-o por 2.

Regra 3: Se o inteiro é ímpar e maior do que 9, dele subtrai 5.

Um exemplo de tal seqüência é (23,18,9,81,76,...)

Qual o 2005º termo da seqüência que começa com (98,49,...)?

(A) 6   (B) 11   (C) 22
(D) 27   (E) 54

891. Seja x_n o resto da divisão de x por n. Para x inteiro positivo a soma de todos os elementos do conjunto solução da equação

$$x^5(x_5)^5 - x^6 - (x_5)^6 + x(x_5) = 0$$

é igual a:

(A) 1100   (B) 1300   (C) 1500
(D) 1700   (E) 1900

892. Se k, m e n são inteiros quaisquer não divisíveis por 5, dentre os números $k^2 - m^2$, $m^2 - n^2$ e $n^2 - k^2$ o número mínimo dos que são divisíveis por 5 é:

(A) 0   (B) 1   (C) 2
(D) 3   (E) não determinado

893. A afirmativa:

"Se N é um número natural qualquer, existe um múltiplo de N que é formado inteiramente por un's"

é verdadeira.

(A) se N é múltiplo de 9
(B) se N é primo com 10
(C) se N é múltiplo de 3
(D) sempre
(E) nunca

894. Pegue algumas folhas de papel e corte algumas delas em cinco pedaços. Em seguida, pegue alguns desses pedaços, corte-os em cinco pedaços, e assim sucessivamente. Após ter feito isto várias vezes, pare e conte o número de pedaços de papel. Um valor possível para o número de pedaços existentes neste instante é:

(A) 2004
(B) 2005
(C) 2006
(D) 2007
(E) 2008

895. Considere a afirmativa:

"Um quadrado pode ser dividido em 2005 quadrados"

Podemos afirmar que a mesma:

(A) É falsa porque 2005 não é um quadrado perfeito.
(B) É falsa porque 2005 é um número primo.
(C) É falsa porque 2005 não é par.
(D) É falsa porque 2005 é múltiplo de 5.
(E) É verdadeira.

896. No último censo, um recenseador visitou um homem que possuía três filhas. O homem informou então ao recenseador que o produto das idades das meninas era igual a 72 e que a soma dessas idades era igual ao número de sua casa. Uma vez que com estas duas informações o recenseador não conseguia determinar as idades das meninas o homem disse-lhe que a mais velha gostava de milk-shake de chocolate. Sabendo que com esta informação adicional o recenseador pôde descobrir as idades das meninas podemos afirmar então que estas eram:

(A) 1, 3 e 24
(B) 2, 3 e 12
(C) 2, 4 e 9
(D) 2, 6 e 6
(E) 3, 3 e 8

897. A soma de todos os números de três algarismos tais que ao dividirmos cada um deles pelo número obtido ao permutarmos o primeiro e o último algarismos obtemos quociente 3 e a soma dos algarismos dos números originais como resto é igual a:

(A) 1321   (B) 1322   (C) 1323

(D) 1324   (E) 1325

898. Sejam p um número primo e r o resto da divisão de p por 210. Sabendo que r é um número composto que pode ser escrito como uma soma de dois quadrados perfeitos, a soma dos algarismos de r é igual a:

(A) 10   (B) 12   (C) 14

(D) 16   (E) 18

899. Considere as afirmativas:

1. O número 2003^{2004} só pode ser escrito como ser escrito como soma de dois quadrados de maneira única.

2. Se o número 2004^{2004} for escrito como a soma de 2004 inteiros não negativos distintos então a soma dos cubos destes números é divisível por 6.

3. Se $a_1, a_2, \ldots, a_n$ são inteiros não negativos tais que $a_1 + a_2 + \cdots + a_n = 2004^{2004}$ então o resto da divisão de $a_1^7 + a_2^7 + \cdots + a_n^7$ por 7 é igual a 0.

4. O número $4n^6 + n^3 + 5$ não é divisível por 7 para nenhum valor de $n \in \{1, 2, 3, \ldots, 2005\}$.

Conclua que

(A) Todas são verdadeiras.

(B) Apenas uma é falsa.

(C) Duas são falsas.

(D) Apenas uma é verdadeira.

(E) Todas são falsas.

900. Um painel em forma de quadrado, contém, na sua moldura, 80 lâmpadas. Às 19 horas, quando o painel é ligado, são acesas as lâmpadas de números 1, 6, 11, 16,... A partir daí, para dar a impressão de movimento, a cada segundo apagam-se as lâmpadas acesas e acendem-se as lâmpadas seguintes a elas. Uma das lâmpadas que são acesas às 20h 41min 11s é a de número:

(A) 65   (B) 66   (C) 67
(D) 68   (E) 69

901. O número de inteiros positivos múltiplos de 1001 que podem ser expressas sob a forma $10^j - 10^i$, onde i e j são inteiros e $0 \leq i < j \leq 99$ é igual a:

(A) 780   (B) 782   (C) 784
(D) 786   (E) 788

902. O menor valor de n tal que entre quaisquer n inteiros existem três cuja soma é divisível por 3 é igual a:

(A) 3   (B) 4   (C) 5
(D) 6   (E) 7

903. Se N = 1$\underbrace{000...000}_{k\ zeros}$1 é tal que N^3 possui 2005 algarismos então, o resto da divisão de N por 13 é igual a:

(A) 12   (B) 11   (C) 10
(D) 9   (E) 8

904. A partir da seqüência (9, 18, 27, 36, 45, 54,...) dos múltiplos de 9, forma-se uma nova seqüência multiplicando-se alternadamente, a partir do 1º termo por (–1), obtendo-se desta forma a seqüência (–9, 18, –27, 36, –45, 54,...). Se a soma dos n primeiros termos desta nova seqüência é igual a 180, o valor de n é:

(A) 20   (B) 30   (C) 40
(D) 60   (E) 90

240 | Problemas Selecionados de Matemática

905. Multiplique os números inteiros pares positivos e consecutivos até que o produto $2 \cdot 4 \cdot 6 \cdot 8 \cdots$ seja divisível por 2006. O maior inteiro par a ser utilizado é um número:

(A) entre 1 e 61   (B) entre 61 e 121   (C) entre 121 e 141
(D) maior que 141   (E) inexistente

906. Seja S um subconjunto de $\{1,2,3,\ldots,2005\}$ no qual nenhum par de elementos distintos de S, possui soma divisível por 7. O número máximo de elementos de S é igual a:

(A) 859   (B) 860   (C) 861
(D) 862   (E) 863

907. A soma dos valores dos inteiros positivos x tais que x e $x+99$ são *quadrados perfeitos* é igual a:

(A) 2621   (B) 2623   (C) 2625
(D) 2627   (E) 2629

908. Há bastante tempo, João começou a colecionar calendários de bolso. Passados muitos anos, ele verificou que os calendários se repetiam e que a sua coleção já estava completa. Jogou fora então as duplicatas. Quantos calendários há na coleção de João?

(A) 7   (B) 9   (C) 11
(D) 14   (E) 15

909. O $300°$ dia do ano N foi uma *Terça-feira* e o $200°$ dia do ano N+1 também foi uma *Terça-feira*. O $100°$ dia do ano N−1 foi:

(A) Quinta-feira   (B) Sexta-feira   (C) Sábado
(D) Domingo   (E) Segunda-feira

910. Em um ano com 365 dias quantas vezes, no *máximo*, pode ocorrer Sexta-feira 13?

(A) 2   (B) 3   (C) 4
(D) 6   (E) 12

911. No mês de fevereiro de 1968 houve cinco Quintas-Feiras. O número de anos antes de 2100 com o mesmo número de Quintas-Feiras é igual a:

(A) 3 (B) 4 (C) 5
(D) 6 (E) 7

912. A soma de todas as frações irredutíveis da forma $\frac{a}{2005}$ com a inteiro e $0 < \frac{a}{2005} < 2005$ é igual a:

(A) 3216000000 (B) 3216020000 (C) 3216040000
(D) 3216060000 (E) 3216080000

913. A soma de todas as frações irredutíveis menores do que 10 e com denominador igual a 30 é igual a:

(A) 400 (B) 500 (C) 600
(D) 700 (E) 800

914. Escrevemos todos os inteiros de 1 a 2005 inclusive e riscamos alguns destes números de modo que na lista remanescente não exista nenhum número que seja o dobro de outro. Qual o número máximo de inteiros que podem aparecer na lista remanescente?

(A) 1330 (B) 1332 (C) 1334
(D) 1336 (E) 1338

915. Um subconjunto de {1, 2, 3, ..., 2005} possui a propriedade de nenhum de seus membros ser o triplo de outro. Qual o *maior* número de membros que um tal subconjunto pode ter?

(A) 1551 (B) 1553 (C) 1555
(D) 1557 (E) 1559

916. Considere as afirmativas:

1. O resto da divisão de $1^3 + 2^3 + 3^3 + 4^3 + \cdots + 2005^3$ por 7 é igual a 3.

2. Sabendo que $(12!) + 14$ é divisível por 13, o resto da divisão de $(13!)$ por 169 é igual a 156.

3. O resto da divisão de $1^{2001} + 2^{2001} + 3^{2001} + \ldots + 2000^{2001} + 2001^{2001}$ por 13 é igual a 0.

4. A soma dos algarismos do menor inteiro positivo k tal que $2^{24} + k$ seja divisível por 127 é igual a 11.

5. A soma dos inteiros positivos $k < 100$ tais que $k^3 + 23$ é divisível por 24 é igual a 245..

Conclua que

(A) Todas são verdadeiras.

(B) (2) e (3) são falsas.

(C) (2) e (4) são falsas.

(D) (1) e (5) são falsas.

(E) Somente uma das afirmações é verdadeira.

917. Considere as afirmativas:

1. Se $p > 3$ é primo então o resto da divisão de p^2 por 24 é igual a 1.

2. Se $p > 5$ é primo então o resto da divisão de p^2 por 30 é igual a 19.

3. O resto da divisão do número 3^{2005} por 41 é igual a 38.

4. O resto da divisão do número 2004^{2001} por 2005 é igual a 1.

5. O resto da divisão de $2^{32} + 1$ por 641 é igual a 0.

Conclua que

(A) Todas são falsas.

(B) Todas são verdadeiras.

(C) Quatro são verdadeiras e uma é falsa.

(D) Três são verdadeiras e duas são falsas.

(E) Duas são verdadeiras e três são falsas.

Capítulo 5 – Teoria dos Números | 243

918. A soma dos algarismos do menor inteiro n para o qual o número 2003n termina em 113 quando escrito na notação decimal é igual a:

(A) 11   (B) 13   (C) 15
(D) 17   (E) 19

919. Considere as afirmativas:

1. $\underbrace{222\cdots 222}_{1980\ 2's}$ é divisível por 1982.

2. Existe n > 11 para o qual $n^2 - 19n + 89$ é um quadrado perfeito.

3. Existem inteiros positivos tais que $x^3 + y^3 = 486^4$.

4. A soma dos algarismos do menor inteiro positivo n tal que $999999 \cdot n = 111\cdots 111$ é igual a 217.

5. Se x e y são números inteiros tais que $y^2 + 3x^2y^2 = 30x^2 + 517$ o valor de $3x^2y^2$ é igual a 588.

Conclua que:

(A) Somente (1) e (3) são verdadeiras.
(B) Somente (2) é verdadeira.
(C) Somente (1) e (5) são verdadeiras.
(D) Somente (2) é falsa.
(E) Todas são falsas.

920. Para cada n = 2, 3, 4, ..., 32 seja A_n o produto de todos os múltiplos positivos de n menores ou iguais a 1000. (Por exemplo, $A_3 = 3 \times 6 \times 9 \times \ldots \times 999$). O maior inteiro positivo que divide todos os números $A_2, A_3, \ldots, A_{32}$ é igual a:

(A) 31!   (B) 32!   (C) 33!
(D) 34!   (E) 35!

921. Dado um número racional, escreva-o sob a forma de uma fração irredutível e calcule o *produto* do seu numerador com o seu denominador. A quantidade de números racionais entre 0 e 1 para os quais este produto é igual a 20! é igual a:

(A) 512   (B) 256   (C) 128
(D) 64   (E) 32

244 | Problemas Selecionados de Matemática

922. 2005 bolas numeradas de 1 a 2005 são colocadas em caixas de modo que se uma caixa contem a bola de número n então ela não pode conter nenhuma outra bola cujo número seja um múltiplo de n. O número mínimo de caixas necessárias é:

(A) 10   (B) 11   (C) 1002

(D) 1003   (E) 2005

923. A soma dos números N de quatro algarismos tais que invertendo-se a ordem de seus algarismos obtemos um múltiplo de N é:

(A) 3261   (B) 3263   (C) 3265

(D) 3267   (E) 3269

924. Um subconjunto $A \subseteq M = \{1, 2, 3, ..., 11\}$ é dito bom se possui a seguinte propriedade: "Se $2k \in A$, então $2k-1 \in A$ e $2k+1 \in A$". (O conjunto vazio e M são bons). O número de subconjuntos bons do conjunto M é igual a:

(A) 231   (B) 233   (C) 235

(D) 237   (E) 239

925. O número de quatro algarismos ABCD é um quadrado perfeito. Sabendo que o números de dois algarismos AB e CD diferem de uma unidade, nesta ordem, a soma A+B+C+D é igual a:

(A) 15   (B) 16   (C) 17

(D) 18   (E) 19

926. Se p e q são números primos distintos, o valor da soma

$$\left\lfloor \frac{p}{q} \right\rfloor + \left\lfloor \frac{2p}{q} \right\rfloor + \left\lfloor \frac{3p}{q} \right\rfloor + \cdots + \left\lfloor \frac{(q-1)p}{q} \right\rfloor$$

onde $\lfloor x \rfloor$ representa o maior inteiro que não supera x é igual a :

(A) $\frac{1}{2}pq$ (B) $\frac{1}{2}p(q-1)$ (C) $\frac{1}{2}q(p-1)$

(D) $\frac{1}{2}(p-1)(q-1)$ (E) $\frac{1}{2}(q-1)$

Capítulo 5 - Teoria dos Números | 245

927. Antonio e Gustavo entram numa sala de aulas e encontram o número 2 escrito no quadro de giz. Resolvem então iniciar um jogo no qual cada jogada consiste substituir o número n escrito no quadro pelo número (n+d) onde d é um dos divisores de n e d<n. Aquele que for obrigado a escrever um número *maior* que 20052005 perde o jogo. Se ambos jogarem corretamente, podemos afirmar que:

(A) O jogo pode durar indefinidamente.
(B) Existe uma estratégia vencedora para o primeiro a jogar.
(C) Existe uma estratégia vencedora para o segundo a jogar.
(D) Independente de quem comece o jogo, qualquer um pode ganhar.
(E) O começo do jogo não está determinado.

928. São dados 2000 pontos sobre um círculo. Rotule um destes pontos de ponto 1. A partir deste ponto, conte dois pontos na direção do movimento dos ponteiros do relógio e rotule este último de ponto 2, conte *três* pontos na direção do movimento dos ponteiros do relógio e rotule este último de ponto 3. Continue com este processo até que sejam utilizados os rótulos 1, 2, 3, ..., 1993. Ao final, alguns dos pontos sobre o círculo possuem mais do que um rótulo e alguns não possuem rótulo. O menor número inteiro que rotula o mesmo ponto como 1993 é igual a:

(A) 110   (B) 112   (C) 114
(D) 116   (E) 118

929. Consideremos as afirmativas:

1. Existe um múltiplo de 7 que começa com 2005 algarismos iguais a 1.
2. Existe um número natural de quatro algarismos para o qual nenhuma troca de três de seus algarismos por outros três resulte num múltiplo de 2005.
3. Existe um conjunto com 100 naturais distintos tal que o produto de 5 quaisquer deles é divisível pela sua soma.
4. Existe um inteiro positivo, múltiplo de 1997 tal que os seus primeiros quatro algarismos e os seus últimos quatro algarismos são iguais a 1998.
5. A soma dos algarismos do menor inteiro positivo que termina por 1986 e que é divisível por 1987 é 31.

Podemos concluir que:

(A) (1), (3) e (4) são verdadeiras.
(B) (1), (2) e (3) são verdadeiras.
(C) Somente (1) e (3) são verdadeiras.
(D) Somente (2) e (3) são verdadeiras.
(E) Somente (3) e (5) são falsas.

930. O número de inteiros compreendidos entre 1 e 1000, inclusive, que podem ser escritos como uma diferença de quadrados de dois números inteiros não negativos é igual a:

(A) 710   (B) 730   (C) 750
(D) 770   (E) 790

931. Seja x o *quadrado* de um número inteiro. Subtraímos 1 de x e do resultado subtraímos 3; deste novo resultado subtraímos 5 e assim sucessivamente, isto é, sempre subtraindo duas unidades a mais do resultado anterior. Isto continua até que alcancemos um resultado que seja o quadrado de um inteiro não nulo. A soma dos algarismos do maior valor de x *menor* que 400 para o qual isto ocorre é igual a:

(A) 11   (B) 13   (C) 15
(D) 17   (E) 19

932. Numa ilha deserta moram 13 camaleões vermelhos, 15 camaleões marrons e 17 camaleões cinzas. Sabendo que quando dois camaleões de cores diferentes se encontram automaticamente eles mudam sua cor para a terceira (isto é se um camaleão vermelho se encontra com um camaleão marrom, eles mudam suas cores para cinza). Podemos então afirmar que todos terão a mesma cor após um número de encontros igual a:

(A) 18   (B) 26   (C) 30
(D) 34   (E) nunca

933. A seqüência crescente de inteiros positivos $(a_1, a_2, a_3, ...)$ é tal que $a_{n+2} = a_n + a_{n+1}$ para todo $n \geq 1$. Se $a_7 = 120$ então a_8 é igual a:

(A) 128   (B) 168   (C) 193
(D) 194   (E) 210

934. Considere as afirmativas:

1. Para todo n, existe um múltiplo de 5^n que não contém zeros na sua representação decimal.

2. Para todo n, existe um múltiplo de 2^n com n algarismos em sua representação decimal consistindo somente dos algarismos 1 e 2.

3. Se n é uma potência de 3 então o número $2^n + 1$ é múltiplo de n.

Assinale:

(A) Se somente as afirmativas (1) e (2) forem verdadeiras.
(B) Se somente as afirmativas (1) e (3) forem verdadeiras.
(C) Se somente as afirmativas (2) e (3) forem verdadeiras.
(D) Se todas as afirmações forem verdadeiras.
(E) Se todas as afirmações forem falsas.

935. Os números de 1 a 1000 são escritos em ordem sobre um círculo. Começando com 1 risca-se cada 15° número (isto é, risca-se 1, 16, 31, 46,...). Após a primeira volta os números já riscados continuam sendo contados. Procede-se assim até não existirem mais novos números que possam ser riscados. Quantos números permanecem não riscados?

(A) 200   (B) 400   (C) 500
(D) 600   (E) 800

936. Um punhado de grãos de feijão é disposto sob a forma *hexagonal*. O número de grãos em cada disposição pode ser 1, 7, 19, 37, 61, 91,... Sabe-se que nesta seqüência o número de grãos é freqüentemente um número que termina em 69. A soma dos algarismos do 69° número desta seqüência terminado em 69 é:

(A) 31   (B) 33   (C) 35
(D) 37   (E) 39

937. Se a<b<c<d<e são inteiros positivos consecutivos tais que b+c+d é um *quadrado perfeito* e a+b+c+d+e é um *cubo perfeito*, o menor valor possível de c é igual a:

(A) 567   (B) 576   (C) 657
(D) 675   (E) 765

938. O número de quádruplas ordenadas de inteiros (a, b, c, d) onde a<b<c<d<500 satisfazendo a a+d=b+c e bc−ad=93 é igual a:

(A) 405   (B) 465   (C) 780
(D) 870   (E) 880

939. O número máximo de elementos de um conjunto A no qual a soma de quaisquer seis de seus elementos distintos não é divisível por 6 é igual a:

(A) 7   (B) 8   (C) 9
(D) 10   (E) 11

940. O menor inteiro positivo m tal que 28m+13=pd e m−71=qd onde p, q e d são inteiros positivos, q ≠ 1 e d > 3 é igual a:

(A) 111   (B) 113   (C) 115
(D) 117   (E) 119

941. Definimos *índice de repetição* de um inteiro positivo n como sendo o número de algarismos distintos que n apresenta quando escrito na base 10. Se n NÃO é primo com 10, o menor índice de repetição de um múltiplo de n é:

(A) 1   (B) 2   (C) 3
(D) 4   (E) 5

942. Se x, y e z são números inteiros maiores que 1 tais que $xy-1$ é divisível por z, $yz-1$ é divisível por x e $zx-1$ é divisível por y então o valor de $x+y+z$ é igual a:

(A) 10   (B) 11   (C) 12
(D) 13   (E) 14

943. Sejam a>b>c três inteiros positivos tais que a+b é múltiplo de c, b+c é múltiplo de a e a+c é múltiplo de b. Sobre o quociente $\dfrac{abc}{a+b+c}$ podemos afirmar que:

(A) Algumas vezes é racional, outras vezes não.
(B) É sempre um inteiro ímpar.
(C) É sempre irracional.
(D) É sempre um inteiro par.
(E) É sempre um quadrado perfeito.

Capítulo 5 – Teoria dos Números | 249

944. Se m e n são inteiros positivos primos entre si tais que $\dfrac{m}{n} = \dfrac{2}{3!} + \dfrac{3}{4!} + \cdots + \dfrac{11}{12!}$, o resto da divisão de m por 2002 é igual a:

(A) 1531 (B) 1533 (C) 1535
(D) 1537 (E) 1539

945. Definimos $n! = n(n-1)(n-2)\cdots 3\cdot 2\cdot 1$ (isto é, o produto dos números naturais desde 1 até n). Sabendo que existem inteiros únicos $a_2, a_3, a_4, a_5, a_6, a_7$ tais que

$$\dfrac{5}{7} = \dfrac{a_2}{2!} + \dfrac{a_3}{3!} + \dfrac{a_4}{4!} + \dfrac{a_5}{5!} + \dfrac{a_6}{6!} + \dfrac{a_7}{7!}$$

onde $0 \leq a_i \leq i$ para $i = 2, 3, 4, \ldots, 7$. O valor de $a_2 + a_3 + a_4 + a_5 + a_6 + a_7$ é igual a:

(A) 8 (B) 9 (C) 10
(D) 11 (E) 12

946. Se as permutações dos números $2, 3, 4, \ldots, 102$ são denotadas por $a_1, a_2, a_3, \ldots, a_{101}$, o número de tais permutações nas quais a_k é divisível por k para todo k é:

(A) 8 (B) 10 (C) 11
(D) 12 (E) 13

947. O resto da divisão de

$$(1!)\cdot 5 + (2!)\cdot 11 + \cdots + (k!)\cdot (k^2 + 3k + 1) + \cdots + (200!)\cdot 40601$$

por 2004 é igual a:

(A) 0 (B) 2000 (C) 2001
(D) 2002 (E) 2003

948. Em um quadro de giz são escritos os números $1, 2, 3, \ldots, 2004$ e começa então um jogo no qual cada movimento consiste dos seguintes passos:
- escolhe-se um conjunto qualquer de números escritos no quadro,.
- escrevemos então o resto da divisão por 11 da soma destes números escolhidos,

- apaga-se do quadro os números escolhidos

Se em determinado instante restam somente dois números no quadro um dos quais é 1000, o outro é:

(A) 2   (B) 4   (C) 12
(D) 167   (E) 2004

949. Cem pessoas alinhadas iniciam um jogo que consiste em contar a partir da primeira pessoa "um, dois, três, quatro, cinco, um, dois, três, quatro, cinco e assim sucessivamente...". Aquela que for obrigada a dizer *cinco* sai do jogo. As pessoas remanescentes continuam o jogo *até que restem apenas quatro pessoas*. Qual a posição original da última pessoa a sair do jogo?

(A) 94   (B) 96   (C) 97
(D) 98   (E) 99

950. O menor valor possível de n para o qual qualquer conjunto de n inteiros $\{a_1, a_2, a_3, ..., a_n\}$ existe dois elementos distintos cuja soma ou diferença é divisível por 2005 é igual a:

(A) 1000   (B) 1001   (C) 1002
(D) 1003   (E) 1004

951. A soma dos algarismos do menor inteiro k para o qual o conjunto $\{16, 7, ..., k-1, k\}$ contém 15 números $b_1, b_2, ..., b_{15}$, distintos dois a dois tais que b_m seja divisível por m para $m = 1, 2, ..., 15$ é igual a:

(A) 13   (B) 9   (C) 8
(D) 7   (E) 6

952. A maior potência de 2 que divide $\left(2^{2005}\right)!$ é:

(A) $2^{2^{2005}+1}$ (B) $2^{2^{2005}}$ (C) $2^{2^{2005}-1}$
(D) 2^{2005} (E) 2^{2006}

Capítulo 5 – Teoria dos Números | 251

953. O maior inteiro k para o qual $2004^{2005^{2006}} + 2006^{2005^{2006}}$ é divisível por 2005^k é igual a:

(A) 2004   (B) 2005   (C) 2006

(D) 2007   (E) 2008

954. Em uma ilha deserta havia *cinco* homens e um macaco. Durante o dia os homens colheram cocos e deixaram a partilha para o dia seguinte. Durante a noite, um dos homens acordou e resolveu pegar a sua parte. Dividiu a pilha de cocos em *cinco* partes iguais, observou que sobrava um coco, deu este coco para o macaco, retirou e guardou a sua parte. Mais tarde, o segundo homem acordou e fez a mesma coisa que o primeiro, dando também um coco para o macaco. Sucessivamente, cada um dos três homens restantes fez o mesmo que os outros dois, isto é dividindo os cocos existentes em *cinco* partes iguais, dando um coco para o macaco e guardando a sua parte. No dia seguinte os cinco homens repartiram os cocos restantes em *cinco* partes iguais, observaram que sobrou um coco, deram-no para o macaco e cada um pegou a sua parte. Se N é o menor número de cocos que a pilha inicial poderia ter então a soma de seus algarismos é igual a:

(A) 12   (B) 13   (C) 14

(D) 15   (E) 16

955. O maior número natural n para o qual $\underbrace{111111\ldots111111}_{3^{2005} \text{ dígitos}}$ é divisível por 3^n é:

(A) 2004   (B) 2005   (C) 2006

(D) 2007   (E) 2008

956. O maior número natural n para o qual 3^n é um divisor de $2^{3^{2005}} + 1$ é igual a:

(A) 2004   (B) 2005   (C) 2006

(D) 2007   (E) 2008

957. Inteiros positivos são escritos sobre os pontos de um segmento de acordo com a seguinte regra : no primeiro passo, *dois* 1's serão escritos nos extremos do segmento formando a lista L_1. A seguir, a lista L_{n+1} é formada a partir da lista L_n para $n \geq 1$

inserindo-se entre cada par de termos consecutivos a_i e a_{i+1} em L_n a soma $a_i + a_{i+1}$. Com base nisto, considere as afirmativas:

1. Se H(n) é o número de vezes que o número 13 aparece em L_n então H(100)=12.

2. A soma dos *sete* primeiros termos de L_{1996} é igual a 19943.

3. Se 1995, 8 e 1997 são *três termos consecutivos* em L_n então n=254.

4. A *média aritmética* dos elementos de L_n é igual a $\dfrac{3^{n-1}+1}{2^{n-1}+1}$.

5. Numerando os elementos das listas, *da esquerda para a direita*, vemos que o número 2 em L_3 ocupa a 8ª posição e o último 3 em L_4 ocupa a 17ª posição. O número que ocupa a 524320ª posição é igual a 82.

6. O *menor* valor de n para o qual 1996 pode possivelmente figurar em L_n é igual a 18

7. Se N(t) é o número de vezes que o número t figura em uma lista, o valor *máximo* de N(1996) é igual a 996.

O número de afirmações VERDADEIRAS é igual a:

(A) 0 (B) 1 (C) 3
(D) 5 (E) 7

958. Três irmãs foram vender frangos na feira. Uma levou 10 frangos, outra 16 e a terceira 26. Ao meio dia, as três tinham vendido ao mesmo preço uma parte dos frangos. Depois do meio dia, temendo que não pudessem desfazer-se de todos eles, baixaram o preço. As três irmãs regressaram a casa com igual quantia em dinheiro obtida com a venda das aves, ou seja, com R$ 35,00 cada uma. A diferença entre os preços de venda dos frangos antes e depois do meio dia é:

(A) R$ 2,00 (B) R$ 2,25 (C) R$ 2,50
(D) R$ 2,75 (E) R$ 3,00

959. Um número de seis algarismos (na base 10) é dito *bastante quadrado* se ele satisfaz às seguintes condições:

I. nenhum de seus algarismos é igual a zero;

II. é um quadrado perfeito; e

III. seus dois primeiros algarismos, seus dois algarismos intermediários e os seus últimos dois algarismos são todos quadrados perfeitos quando considerados como números de dois algarismos.

Quantos números *bastante quadrados* existem?

(A) 0   (B) 2   (C) 3
(D) 8   (E) 9

960. Um programa de computador gera uma seqüência de números de acordo com a seguinte regra: Gustavo digita um número e, a partir daí, o programa efetua a *Divisão Euclidiana* deste número por 18 obtendo assim um quociente e um resto. A soma do quociente com o resto gera o segundo número. Por exemplo, se o número digitado por Gustavo for 5291, o programa efetua 5291=193x18+17 e gera o número 310=293+17. O número seguinte gerado será 21 porque 310=17x18+4 e 17+4=21, etc... Sabendo que qualquer que seja o número inicial digitado por Gustavo, a partir de algum instante o programa gerará sempre o mesmo número, qual será este número que se repetirá indefinidamente se o número inicial de Gustavo for 2^{110}?

(A) 11   (B) 12   (C) 13
(D) 14   (E) 15

961. Sendo $a_n = 6^n + 8^n$, o resto da divisão de a_{2005} por 49 é igual a:

(A) 3   (B) 14   (C) 42
(D) 47   (E) 48

962. O número de inteiros positivos cuja representação decimal apresenta somente os algarismos 2 e 5 possui 2005 algarismos e é divisível por 2^{2005} é igual a:

(A) 0   (B) 1   (C) 2
(D) 3   (E) mais de 3

963. O número de naturais n tais que os 1000 primeiros dígitos de n^{2005} são iguais a 1 é igual a:

(A) 0   (B) 1   (C) 2
(D) 3   (E) mais de 3

254 | Problemas Selecionados de Matemática

964. Seja M um subconjunto de {1, 2, 3, ..., 15} tal que o produto de quaisquer três de seus elementos distintos *não* seja um quadrado perfeito. O número *máximo* de elementos de M é igual a:

(A) 8   (B) 9   (C) 10
(D) 11   (E) 12

965. O número de valores de n para os quais $\underbrace{1999\ldots9991}_{n \text{ noves}}$, para $n > 2$ **é divisível por** 1991 é:

(A) 0   (B) 1   (C) 2
(D) 3   (E) infinito

966. Para um inteiro não negativo n, seja $a_n = \lfloor (3+\sqrt{11})^{2n+1} \rfloor$ onde, como usual, $\lfloor x \rfloor$ é o maior inteiro que não supera x. A maior potência de 2 que divide a_{2005} é igual a:

(A) 2006   (B) 2005   (C) 2004
(D) 4009   (E) 4011

967. O número de pares ordenados de números naturais (m,n) para os quais $\dfrac{n^3+1}{mn-1}$ é inteiro é igual a:

(A) 1   (B) 3   (C) 5
(D) 7   (E) 9

968. O número de ternos de inteiros (p,q,r) tais que $1 < p < q < r$ e $(p-1)(q-1)(r-1)$ seja um *divisor* de $(pqr-1)$ é igual a:

(A) 0   (B) 1   (C) 2
(D) 3   (E) mais de 3

969. O número de pares de inteiros positivos (a,b) com $1 \leq a,b \leq 2005$ tais que $ab^2 + b + 7$ divide $a^2b + a + b$ é igual a:

(A) 16   (B) 17   (C) 18

(D) 19   (E) 20

970. Considere as afirmativas:

1. Para todo n, existe um múltiplo de 2^n com n algarismos em sua representação decimal consistindo somente do algarismo par m_1 e do algarismo m_2 ímpar.

2. Existem infinitos inteiros positivos n tais que 2^n termina por n, isto é $2^n = \cdots n$.

3. Sabendo que um número a é dito *automórfico* se a^2 termina com a, então, existem dois números automórficos de 4 algarismos.

4. Existe somente um número que é divisível por 2^{2005} e que não contém zeros na sua representação decimal.

Conclua que:

(A) (2), (3) e (4) são verdadeiras

(B) Somente (3) é falsa

(C) Somente (1) e (4) são falsas

(D) (1) e (2) são falsas

(E) Todas são verdadeiras

Seção 5.2 – Teoria Fundamental da Aritimética

971. A quantidade de números primos do conjunto

$$\{257, 373, 419, 667, 899, 1993, 1997, 1999, 2003, 2009\}$$

é igual a:
(A) 6 (B) 7 (C) 8
(D) 9 (E) 10

972. Escolhendo-se dois números primos distintos compreendidos entre 4 e 18 subtraímos sua soma de seu produto. Qual dos números abaixo pode ser obtido?
(A) 21 (B) 60 (C) 119
(D) 180 (E) 231

973. Considere as afirmativas:
1. A soma de todos os números primos compreendidos entre 1 e 100 que são simultaneamente uma unidade superior que um múltiplo de 4 e uma unidade inferior que um múltiplo de 5 é igual a 118.
2. Existem 4 inteiros positivos primos cuja soma dos seus algarismos é igual a 4 e nenhum destes algarismos é igual a zero.
3. Só existem 2 números primos, menores do que 10000, cuja soma dos seus algarismos é igual a 2.

Assinale:
(A) Se somente as afirmativas (1) e (2) forem verdadeiras.
(B) Se somente as afirmativas (1) e (3) forem verdadeiras.
(C) Se somente as afirmativas (2) e (3) forem verdadeiras.
(D) Se todas as afirmações forem verdadeiras
(E) Se todas as afirmações forem falsas

974. No conjunto $\{101, 1001, 10\,001, \ldots, 1\,000\,000\,000\,001\}$ cada elemento é um número formado pelo algarismo 1 nas extremidades e por algarismos 0 entre eles. Alguns desses elementos são números primos e outros são compostos. Sobre a quantidade de números compostos podemos afirmar que:
(A) é igual a 11 (B) é igual a 4 (C) é 3
(D) é menor do que 3 (E) é maior do que 4

975. Definimos $n! = n(n-1)(n-2)\cdots 3\cdot 2\cdot 1$ (isto é, o produto dos números naturais desde 1 até n). A quantidade de números primos p tais que $2005!+1 < p < 2005!+2005$ é

(A) 0   (B) 1   (C) 5
(D) 4011   (E) 2005

976. Muitos conjuntos formados somente por números primos tais como $\{7, 83, 421, 659\}$, utilizam cada um dos nove algarismos diferentes de zero exatamente uma vez. Qual a menor soma possível que um tal conjunto de primos pode ter?

(A) 193   (B) 207   (C) 225
(D) 252   (E) 477

977. Dizemos que um número é um "observador de primos" se ele é composto mas não é divisível por 2, 3 ou 5. Os três menores "observadores de primos" são 49, 77 e 91. Sabendo que existem 168 números primos, menores que 1000, a quantidade de "observadores de primos" menores que 1000 é igual a:

(A) 100   (B) 102   (C) 104
(D) 106   (E) 108

978. Os inteiros positivos a, b, $a-b$ e $a+b$ são números primos. A soma destes quatro números é:

(A) par   (B) múltiplo de 3   (C) múltiplo de 5
(D) múltiplo de 7   (E) primo

979. O produto da idade de João a 21 anos atrás com a idade que terá daqui a 21 anos, é igual ao cubo de um número primo. A soma dos algarismos da idade atual de João é igual a:

(A) 10   (B) 11   (C) 12
(D) 13   (E) 14

258 | Problemas Selecionados de Matemática

980. Um inteiro positivo N é dito palíndromo se o inteiro obtido ao revertermos a seqüência dos algarismos de N for igual a N. O ano de 1991 é o único ano do século XX com as seguintes propriedades:

(1) Ele é um palíndromo.

(2) Ele pode ser decomposto em um produto de dois números primos palíndromo, sendo um de dois algarismos e o outro de três algarismos.

Quantos são os anos do milênio entre 1000 e 2000 (incluindo o ano de 1991) que possuem as propriedades (1) e (2)?

(A) 1 (B) 2 (C) 3
(D) 4 (E) 5

981. Seja A um conjunto com n números naturais, primos entre si dois a dois, maiores que 1 e não superiores a 2005 tal que pelo menos um deles é um número primo. O menor valor de n é igual a:

(A) 13 (B) 14 (C) 15
(D) 16 (E) 17

982. Gustavo lançou quatro dados e observou que o produto dos resultados obtidos é igual a 144. Qual dos valores abaixo não pode ser igual à soma dos resultados obtidos?

(A) 14 (B) 15 (C) 16
(D) 17 (E) 18

983. O número de gatos em Vila Isabel é um número de seis algarismos que é ao mesmo tempo um quadrado e um cubo perfeitos. Sabendo que se seis gatos saírem do bairro, o número de gatos restantes é um número primo, a soma dos algarismos do número de gatos em Vila Isabel é igual a:

(A) 52 (B) 31 (C) 29
(D) 28 (E) 22

984. A soma dos três próximos números da seqüência

(4, 6, 9, 10, 14, 15, 21, 22, 25, 26, 33, 34, 35, 38, ...)

é igual a:

(A) 130   (B) 132   (C) 134
(D) 136   (E) 138

985. Considere as afirmativas:

1. Se n e p são inteiros positivos tais que $1998 = (n-1)n^n(10n+c)$ então n+p é igual a 10.

2. Se n e p são inteiros positivos tais que $1998 = np$ então $|n-p|_{min}$ é igual a 17.

3. Se n e p são inteiros positivos tais que $3933 = p^2(n-2)(n+2)$ então n+p é igual a 24.

4. Se n e p são inteiros positivos de dois algarismos tais que $6545 = np$ então n+p é igual a 160.

5. A soma dos dois maiores fatores primos dos números 9919 e 9991 é igual a 212.

Conclua que

(A) Somente (1) e (3) são verdadeiras
(B) Somente (2) é verdadeira
(C) Somente (1) e (5) são verdadeiras
(D) Somente (4) é falsa
(E) Todas são falsas

986. Seja S o conjunto de todos os números primos distintos que figuram na decomposição em fatores primos dos números 4 747, 474 747 e 47 474 747. A soma dos elementos de S é igual a:

(A) 613   (B) 519   (C) 512
(D) 418   (E) 270

987. Considere as afirmativas:

1. A soma dos algarismos do maior fator primo do número 1 001 001 001 é igual a 19.

2. A soma dos algarismos do maior fator primo do número 200 620 006 é igual a 11.

3. A soma dos fatores primos do número 999973 é igual a 173.

Assinale:

(A) Se somente as afirmativas (1) e (2) forem verdadeiras.
(B) Se somente as afirmativas (1) e (3) forem verdadeiras.
(C) Se somente as afirmativas (2) e (3) forem verdadeiras.
(D) Se todas as afirmações forem verdadeiras
(E) Se todas as afirmações forem falsas

988. Sejam a, b e c inteiros positivos tais que

$$c = a(a^2 - 3b^2) \text{ e } b(3a^2 - b^2) = 107$$

O valor de c é igual a:

(A) 190   (B) 192   (C) 194
(D) 196   (E) 198

989. Se $2000^2 - 1996^2 = 111ak^2$ onde a e k são inteiros, então o valor máximo de k − a é igual a:

(A) 4   (B) −5   (C) 11
(D) 13   (E) −13

990. Seja N um número natural que é igual ao produto dos números primos p, q e r tais que $r - q = 2p$ e $rq + p^2 = 676$. A soma dos algarismos de N é:

(A) 3   (B) 6   (C) 9
(D) 12   (E) 15

991. Sabendo que p, q e r são números primos ímpares distintos com $p + q + r = 2001$ e que k é um inteiro positivo tal que $pqr + 1 = k^2$, a soma dos algarismos do único valor possível para k é igual a:

(A) 20   (B) 21   (C) 22
(D) 23   (E) 24

992. O número de ternos (a,b,c) de inteiros positivos que satisfazem à equação

$$\frac{a+b}{a+c} = \frac{b+c}{b+a}$$

tais que $ab + ac + bc$ seja um número primo é igual a :

(A) 0   (B) 1   (C) 2
(D) 3   (E) 4

993. A soma de todos os valores do inteiro positivo n para os quais todos os elementos do conjunto

$$\{n, 2n-1, 2n+5, 3n-2, 5n-4, 6n-5, 12n+5\}$$

são primos é igual a:

(A) 10   (B) 12   (C) 14
(D) 16   (E) 18

994. Sejam x e y inteiros positivos tais que $7x^5 = 11y^{13}$. Sabendo que a decomposição em fatores primos do valor mínimo possível de x é $a^c b^d$ então $a+b+c+d$ é igual a:

(A) 30   (B) 31   (C) 32
(D) 33   (E) 34

995. Sejam a, b, c e d inteiros positivos tais que $a^5 = b^4$, $c^3 = d^2$ e $c - a = 19$. O valor de $d - b$ é igual a:

(A) 757   (B) 758   (C) 759
(D) 760   (E) 761

996. Se a, b, c e d são inteiros positivos tais que $a^5 = b^6$, $c^3 = d^4$ e $d - a = 61$, o menor valor numérico de $c - b$ é igual a:

(A) 591   (B) 593   (C) 595
(D) 597   (E) 599

262 | Problemas Selecionados de Matemática

997. A soma dos fatores primos do número $625^2 + 4$ é igual a:

   (A) 1250 (B) 1252 (C) 1254
   (D) 1256 (E) 1258

998. Os números $p < q < r < s$ são inteiros positivos consecutivos tais que $q+r+s$ é um quadrado perfeito e $p+q+r+s+t$ é um cubo perfeito então, o menor valor possível de r é igual a:

   (A) 75 (B) 288 (C) 225
   (D) 675 (E) 725

999. Seja $n > 1$ um inteiro tal que $2^n + n^2$ seja um número primo. Logo podemos afirmar que n é um:

   (A) múltiplo ímpar de 3.
   (B) múltiplo par de 3.
   (C) múltiplo ímpar de 5.
   (D) múltiplo par de 5.
   (E) múltiplo ímpar de 7.

1000. Se $\dfrac{p}{q} = 1 - \dfrac{1}{2} + \dfrac{1}{3} - \dfrac{1}{4} + \cdots - \dfrac{1}{1334} + \dfrac{1}{1335}$ onde p e q são números naturais então podemos afirmar que p é divisível por:

   (A) 2001 (B) 2002 (C) 2003
   (D) 2004 (E) 2005

1001. Seja $\dfrac{p}{q}$ uma fração irredutível que fica multiplicada por 1986 quando permutamos de lugares os algarismos que ocupam a primeira e a quinta posições. O valor de $p+q$ é igual a:

   (A) 1 333 331 (B) 1 333 333 (C) 1 333 335
   (D) 1 333 337 (E) 1 333 339

1002. A soma dos algarismos dos três menores inteiros positivos x para os quais as 41 frações

$$\frac{3x+9}{8}, \frac{3x+10}{9}, \frac{3x+11}{10}, \ldots, \frac{3x+49}{48}$$

são todas irredutíveis é igual a:
(A) 60   (B) 62   (C) 64
(D) 66   (E) 68

1003. Supondo que m e n sejam inteiros positivos, o número de pares (m,n) para os quais $m^4 + 4n^4$ é um número primo é igual a:
(A) 1   (B) 2   (C) 3
(D) 4   (E) 5

1004. O número de valores de n para os quais n^4+4^n é um número primo é:
(A) 1   (B) 2   (C) 3
(D) 4   (E) 5

1005. Dentre os números da forma n^4+4 com n natural, o número daqueles que são primos é igual a:
(A) 0   (B) 1   (C) 2
(D) 3   (E) 4

1006. O número de primos p para os quais $5^p + 4p^4$ é um quadrado perfeito é:
(A) 0   (B) 1   (C) 2
(D) 3   (E) mais de 3

1007. O número de inteiros n>2 para os quais $n^{2n-2}+1$ NÃO é primo é:
(A) 1   (B) 2   (C) 3
(D) 4   (E) infinito

1008. Para qualquer n, o número de inteiros a para os quais n^4+a NÃO é primo é igual a:
(A) 1   (B) 2   (C) 3
(D) 4   (E) infinito

1009. O número de inteiros positivos ímpares n para os quais 2^n+n é composto é:

(A) 0   (B) 1   (C) 2
(D) 4   (E) infinito

1010. Quantos são os números primos p para os quais $p^{2004}+p^{2005}$ é um quadrado perfeito?

(A) 0   (B) 1   (C) 2
(D) 3   (E) 4

1011. Considere as seguintes afirmativas:

  I. Implicação

"Se um número N cuja representação decimal apresenta somente o algarismo 1 é primo então o número de algarismos 1's em N é primo".

  II. Recíproca

"Se o número de algarismos 1's em um número N cuja representação decimal só apresenta algarismos iguais a 1 é primo então N é primo".

  III. Contrária

"Se o número de algarismos iguais a 1 de um número N cuja representação decimal apresenta somente o algarismo 1 não é primo então o número N não é primo".

  IV. Contra-Positiva ou Contra-Recíproca

"Se um número N cuja representação decimal apresenta somente o algarismo 1 não é primo então o número de algarismos 1's em N não é primo".

São verdadeiras:

(A) (I) e (IV)   (B) (I) e (III)   (C) (I), (II) e (IV)
(D) (I), (III) e (IV)   (E) Todas

1012. A soma de 19 inteiros positivos consecutivos é igual a p^3 onde p é um número primo. A soma dos algarismos do menor destes 19 inteiros é igual a:

(A) 16   (B) 14   (C) 12
(D) 10   (E) 8

1013. Quantos são os números primos p para os quais o número $3^p-(p+2)^2$ é um número primo?

(A) 0   (B) 1   (C) 2
(D) 3   (E) 4

1014. O número *máximo* de *números primos* cujos algarismos são todos iguais a 1 compreendidos entre 10 e 10^{29} é igual a:

(A) 9   (B) 10   (C) 11
(D) 29   (E) 31

1015. O número x_n da forma 1010101...1 possui n 1's. O número de valores de n para os quais x_n é primo é igual a:

(A) 0   (B) 1   (C) 2
(D) 3   (E) infinito

1016. Na seqüência infinita (10001, 100010001, 1000100010 001,...) o número de primos é igual a:

(A) 0   (B) 1   (B) 2
(D) 3   (E) mais de 3

1017. Seja M o conjunto que consiste dos 2000 números 11,101,1001,.... Sobre a quantidade de elementos de M que NÃO são primos podemos afirmar que:

(A) é menor que 1%.
(B) é maior que 1% porém menor que 10%.
(C) é maior que 10% e menor que 50%.
(D é maior que 50% e menor que 90%.
(E) é maior ou igual a 99%.

1018. A diferença entre dois números primos é 100. Escrevendo-se um ao lado do outro, obtém-se outro número primo. A soma dos algarismos deste novo número primo é igual a:

(A) 7   (B) 9   (C) 11
(D) 13   (E) 15

1019. Os números primos da forma $2^{2^{2^{\cdot^{\cdot^{2}}}}} + 9$ são em número de:

(A) 1 (B) 2 (C) 3
(D) 4 (E) infinito

1020. A soma dos algarismos do menor inteiro positivo n para o qual as 73 frações
$$\frac{19}{n+21}, \frac{20}{n+22}, \frac{21}{n+23}, \ldots, \frac{91}{n+93}$$
sejam todas irredutíveis é igual a:

(A) 10 (B) 12 (C) 14
(D) 16 (E) 18

1021. Sabendo que o produto de $(x^3 + x^2 - 1)$ por $(x^2 - x + 1)$ pode ser utilizado para fatorar o número 10 000 000 101. O maior fator primo, menor que 100, deste número é igual a:

(A) 37 (B) 43 (C) 47
(D) 53 (E) 97

1022. A soma dos algarismos do maior fator primo do número $(9^6 + 1)$ é igual a:

(A) 19 (B) 21 (C) 23
(D) 25 (E) 27

1023. O maior fator primo do número $N = 3^{12} + 2^{12} - 2 \cdot 6^6$ é igual a:

(A) 17 (B) 19 (C) 23
(D) 29 (E) 31

1024. O maior fator primo do número $N = 3^{14} + 3^{13} - 12$ é igual a:

(A) 67 (B) 71 (C) 73
(D) 97 (E) 101

1025. O número $\left(7^{12}+4^{12}\right)$ é o produto de três números primos de quatro algarismos. Sabendo que o maior desses fatores primos é maior que 2626, a soma dos seus algarismos é:

(A) 20   (B) 21   (C) 22

(D) 23   (E) 24

1026. A soma dos 3 maiores fatores primos do número

$$N = 2^{37} - 2^{36} + 2^{35} - \cdots - 2^4 + 2^3 - 2^2$$

é igual a:

(A) 211   (B) 213   (C) 215

(D) 217   (E) 219

1027. O maior fator primo do número

$$N = 3(3(3(3(3(3(3(3(3(3(3+1)+1)+1)+1)+1)+1)+1)+1)+1)+1)+1$$

é igual a:

(A) 61   (B) 67   (C) 71

(D) 73   (E) 79

1028. O maior fator primo do número

$$N = \frac{6015}{0{,}20052005\ldots} + \frac{6015}{0{,}0200520052005\ldots} + \frac{6015}{0{,}00200520052005\ldots}$$

é igual a:

(A) 150   (B) 151   (C) 152

(D) 153   (E) 154

1029. A soma dos algarismos do menor fator primo do número 1 280 000 401 é:

(A) 3   (B) 5   (C) 7

(D) 9   (E) 11

1030. O maior fator primo de número N = 2 244 851 485 148 514 627 possui soma dos algarismos igual a:

(A) 30 (B) 32 (C) 34
(D) 36 (E) 38

1031. A soma dos algarismos do maior fator primo do número $235^2 + 972^2$ é:

(A) 10 (B) 11 (C) 12
(D) 13 (E) 14

1032. A soma dos fatores primos do número N = 9 999 999 + 1 999 000 é:

(A) 1000 (B) 3000 (C) 5000
(D) 7000 (E) 9000

1033. O número de fatores primos de $5^{12} + 2^{10}$ é igual a:

(A) 0 (B) 1 (C) 2
(D) 4 (E) 5

1034. Sobre os números $A = 2^{(2^{2005}-2)} + 1$, $B = \frac{1}{2}(3^{37} - 1)$; $C = 4^{545} + 545^4$; $D = \underbrace{1000\ldots0001}_{1961 \text{ zeros}}$ e $E = \frac{5^{125} - 1}{5^{25} - 1}$ podemos concluir que:

(A) B, C e D são compostos.
(B) somente E é composto.
(C) somente A e D são compostos.
(D) B e D são primos.
(E) somente C é composto.

1035. A soma dos 4 menores fatores primos distintos do número $15^{(15^{15})} + 15$ é igual a:

(A) 31 (B) 33 (C) 35
(D) 37 (E) 39

1036. O número de fatores primos do número $N = 989 \cdot 1001 \cdot 1007 + 320$ é:

(A) 1   (B) 2   (C) 3
(D) 4   (E) 5

1037. Seja p o maior fator primo do número $N = 512^3 + 675^3 + 720^3$. A soma dos algarismos de p é igual a:

(A) 13   (B) 14   (C) 15
(D) 16   (E) 17

1038. O número de conjuntos de três elementos inteiros positivos do tipo $\{a, b, c\}$ para os quais se tem $a \times b \times c = 2310$ é igual a:

(A) 32   (B) 36   (C) 40
(D) 43   (E) 45

1039. Quantos paralelepípedos retângulos (blocos retangulares) distintos podem ser formados, não simultaneamente, com 216 cubos unitários?

(A) 16   (B) 18   (C) 19
(D) 20   (E) 21

1040. O número de inteiros positivos k tais que para cada número primo p o número $p^2 + k$ é composto é:

(A) 0   (B) 1   (C) 2
(D) 3   (E) infinito

1041. Seja S um conjunto formado por 10 inteiros consecutivos. O número de elementos de S que não possuem fatores primos em comum com os demais elementos de S é igual a:

(A) 0   (B) 1   (C) 2
(D) 3   (E) mais de 3

1042. A soma de todos os inteiros não negativos da forma $a_m = \left(2^{2m+1}\right)^2 + 1$ que são divisíveis por dois fatores primos no máximo é igual a:

(A) 1091 (B) 1092 (C) 1093
(D) 1094 (E) 1095

1043. Seja (c_n) uma seqüência finita de inteiros não negativos tais que todos os elementos da seqüência $(c_n + a)$ sejam primos para um número finito de valores de a. O maior valor possível de a é igual a:

(A) 3 (B) 5 (C) 7
(D) 11 (E) 13

1044. O número de valores de inteiros positivos n para os quais o número $3^{2n+1} - 2^{2n+1} - 6^n$ é composto é igual a:

(A) 0 (B) 1 (C) 2
(D) 3 (E) mais de 3

1045. Se a é um inteiro qualquer maior que 1 e p é um número primo então o número $1+a+a^2+\ldots+a^{p-1}$:

(A) só é composto se $a=2$.
(B) é primo se $a \neq 2$.
(C) pode ser primo ou composto.
(D) é sempre primo.
(E) é sempre composto.

1046. O maior valor de k para o qual podemos escolher k inteiros do conjunto $\{1, 2, \ldots, 2n\}$ de modo que nenhum dos inteiros escolhidos seja divisível por qualquer outro dos inteiros escolhidos é igual a:

(A) $n-2$ (B) $n-1$ (C) n
(D) $n+1$ (D) $n+2$

1047. Para quantos valores do natural n, $n^2 + 440$ é um *quadrado perfeito*?

(A) 1 (B) 2 (C) 3
(D) 4 (E) infinito

1048. Para todo natural n, o número mínimo de divisores primos de $2^{2^n} + 2^{2^{n-1}} + 1$ é igual a:

(A) 0 (B) n–1 (C) n
(D) n+1 (E) 2^n

1049. A soma de todos os inteiros x tais que $2x^2 - x - 36$ é o quadrado de um número *primo* é igual a:

(A) 10 (B) 12 (C) 14
(D) 16 (E) 18

1050. Seja d um itteiro positivo qualquer diferente de 2, 5 e 13. O número de pares de inteiros distintos (a, b) do conjunto $\{2, 5, 13, d\}$ tais que $ab-1$ não é um quadrado perfeito é igual a:

(A) 0 (B) 1 (C) 2
(D) 3 (E) infinito

1051. Para todos os números inteiros $n \geq 2$ e para todos os números primos p o número de números da forma $n^{p^p} + p^p$ que são compostos é igual a:

(A) 0 (B) 1 (C) 2
(D) 3 (E) infinito

1052. A soma dos algarismos do *menor* número natural positivo que é o dobro de um cubo e o quíntuplo de um quadrado é:

(A) 2 (B) 4 (C) 6
(D) 8 (E) 10

1053. A soma dos algarismos dos números primos p para os quais $6p+1$ é igual à quinta potência de um número inteiro é igual a:

(A) 10 (B) 11 (C) 12
(D) 13 (E) 14

1054. A seqüência de inteiros positivos $(a_1, a_2, a_3, ...)$ é tal que para cada par de inteiros (m, n) com $m < n$ se m divide n então $a_m < a_n$ e a_m é um divisor de a_n. A soma dos algarismos do menor valor possível de a_{2000} é igual a:

(A) 8 (B) 9 (C) 10
(D) 11 (E) 12

1055. Sejam a, b, c, d números primos tais que $a > 3b > 6c > 12d$ e $a^2 - b^2 + c^2 - d^2 = 1749$. O valor de $a^2 + b^2 + c^2 + d^2$ é igual a:

(A) 1998 (B) 1999 (C) 2000
(D) 3996 (E) 3998

1056. A soma de todos os valores do inteiro N, com $90 \leq N \leq 100$ que NÃO podem ser escritos sob a forma $N = a + b + ab$ onde a e b são inteiros positivos

(A) 195 (B) 196 (C) 197
(D) 198 (E) 199

1057. Dado um inteiro positivo n, seja $p(n)$ o produto dos algarismos não nulos de n. (se n possui apenas um algarismo, então $p(n)$ é igual a este algarismo). Seja $S = p(1) + p(2) + p(3) + \cdots + p(2005)$. A soma dos algarismos de S é igual a:

(A) 10 (B) 12 (C) 14
(D) 16 (E) 18

1058. Seja $(p_1, p_2, p_3, ...)$ uma seqüência tal que $p_1 = 2$, e para todo $n \geq 2$, p_n é o maior divisor primo de $p_1 p_2 \cdots p_{n-1} + 1$. Assinale qual dos números primos abaixo NÃO pode ser um elemento desta seqüência:

(A) 3 (B) 5 (C) 7
(D) 11 (E) 13

1059. Definimos n!=n(n−1)(n−2)...3.2.1. (isto é, o produto dos números naturais desde 1 até n). Para cada natural n, seja $a_n = \dfrac{(n+9)!}{(n-1)!}$. Se k é o menor natural para o qual o último algarismo não nulo da direita de a_k é ímpar então o último algarismo da direita e diferente de zero de a_k é igual a:

(A) 1   (B) 3   (C) 5
(D) 7   (E) 9

1060. As letras A, B e C representam algarismos diferentes tais que A é *primo* e A−B=4. Sabendo que o número AAABBBC é um número primo, o terno ordenado (A, B, C) é igual a:

(A) (5,1,3)   (B) (5,1,7)   (C) (7,3,1)
(D) (7,5,1)   (E) (5,7,1)

1061. Considere as afirmativas:

1. A soma dos algarismos do menor inteiro pelo qual devemos multiplicar 2100 para obtermos um cubo perfeito é igual a 9.
2. Existem 111 valores de $0 \leq n \leq 2005$ tais que $\sqrt[3]{96n}$ seja natural.
3. O menor inteiro positivo n tal que $1980 \cdot n$ é o cubo de um natural satisfaz a $50000 < n$.
4. Se N é um inteiro positivo, o menor valor de x para o qual se tem $1260 \cdot x = N^3$ é 7350.

Conclua que

(A) Todas são verdadeiras
(B) Apenas uma é falsa
(C) Duas são falsas
(D) Apenas uma é verdadeira
(E) Todas são falsas

1062. Considere as afirmativas:

1. A soma dos algarismos do primeiro inteiro positivo cujo quadrado termina com *três* 4's é igual a 11.
2. Existem infinitos inteiros positivos cujos quadrados terminam com *três* 4's.

3. Nenhum quadrado perfeito termina com *quatro* 4's.

Conclua que são FALSAS:

(A) Somente (1) (B) Somente (2) (C) Somente (3)
(D) Todas   (E) Nenhuma

1063. A soma dos números primos da forma n^n+1 que são menores que 10^{19} é igual a:

(A) 260 (B) 262 (C) 264
(D) 266 (E) 268

1064. Considere as afirmativas:

1. Se p é um número primo e p, p+10 e p+14 também o são então existe mais de um valor para p.
2. Se p é um número primo e p, p+4 e p+14 também o são então não existe valor para p.
3. Se p é um número primo e p, 2p+1 e 4p+1 também o são então existe um único valor para p.
4. Se p é um número primo tal que p e $8p^2+1$ também o são então existem infinitos valores para p.
5. A soma dos algarismos do inteiro n para o qual os números n−96, n e n+96 são primos é igual a 2.

Conclua que

(A) Todas são falsas
(B) Todas são verdadeiras
(C) Quatro são verdadeiras e uma é falsa
(D) Três são verdadeiras e duas são falsas
(E) Duas são verdadeiras e três são falsas

1065. O número mínimo de elementos que devemos apagar do conjunto $\{1, 2, 3, ..., 23, 24\}$ para garantirmos que o produto dos elementos remanescentes seja um *cubo perfeito* é igual a:

(A) 3 (B) 4 (C) 5
(D) 6 (E) mais de 6

1066. Sejam x e y números do conjunto $\{1, 2, 3, ..., 99\}$ tais que a *soma* dos algarismos das unidades de x e y seja menor do que 10. O número de pares ordenados (x, y) é igual a:

(A) 2626 (B) 4851 (C) 5252
(D) 7477 (E) 9000

1067. O número de pares ordenados (x, y) de números inteiros tais que $\sqrt{2004} = \sqrt{x} + \sqrt{y}$ é igual a:

(A) 0 (B) 1 (C) 2
(D) 3 (E) mais de 3

1068. Expressando o número 2005 como uma soma de inteiros positivos cujo produto destes inteiros seja máximo tem-se que a soma dos expoentes dos fatores primos de tal produto é igual a:

(A) 661 (B) 663 (C) 665
(D) 667 (E) 669

1069. Seja N um número de 3 algarismos tal que:
 I. O número formado por 2 de seus algarismos, em qualquer ordem, é primo.
 II. O número formado pelos seus 3 algarismos, em qualquer ordem, é primo.
A *soma* dos valores possíveis de N é igual a:

(A) 2442 (B) 2886 (C) 3774
(D) 4118 (E) 555

1070. Seja S um conjunto de números primos tal que:
 I. Qualquer número primo de um algarismo pertence a S.
 II. Para que um número primo de mais de um algarismo pertença a S, deve pertencer também a S o número que se obtém ao eliminarmos somente o seu primeiro algarismo e também deve pertencer a S o número que se obtém ao eliminarmos somente o seu último algarismo.

A soma dos elementos de S é igual a:

(A) 570 (B) 572 (C) 574
(D) 576 (E) 578

1071. Se p e q são números primos tais que seu *produto* possui uma unidade a menos que um quadrado perfeito, o *maior* inteiro que divide p+q se p>100 é

(A) 6 (B) 9 (C) 10
(D) 12 (E) 15

1072. Existem dois números de quatro algarismos da forma ABCA, tais que AB é um número primo, BC é um quadrado perfeito e CA é o produto de um número primo por um quadrado perfeito maior do que 1. A soma destes dois números é:

(A) 11531 (B) 11532 (C) 115313
(D) 11534 (E) 11535

1073. O *menor* inteiro positivo que não pode ser igual à diferença entre um quadrado perfeito e um número primo, nesta ordem, possui para *soma* de seus algarismos:

(A) 5 (B) 6 (C) 7
(D) 8 (E) 9

1074. Sabe-se que $2^5 \times 9^2 = 2592$. O número de pares ordenados (a,b) para os quais $2^5 \times a^b = 25ab$ (onde 25ab representa os algarismos do produto $2^5 \times a^b$) é igual a:

(A) 1 (B) 2 (C) 3
(D) 4 (E) 5

1075. A soma dos algarismos do menor número primo p tal que p−1 seja igual à diferença de dois quadrados perfeitos múltiplos de quatro é:

(A) 14 (B) 13 (C) 12
(B) 9 (E) 5

1076. Sejam a, b, c e d inteiros positivos tais que ab=cd. Sobre o número
$$S=a^{2006}+b^{2006}+c^{2006}+d^{2006}$$
podemos afirmar que:

(A) É composto porque os expoentes são pares.
(B) Nunca é primo.
(C) Pode ser primo ou composto dependendo dos valores de a, b, c e d.
(D) É composto somente se nem a, nem b, nem c e nem d forem iguais a 1.
(E) Nada se pode afirmar sem conhecermos os valores de a, b, c e d.

1077. Dividindo os números 24, 38, 39, 44, 45, 46 e 48 em dois conjuntos de modo que a soma dos números em cada conjunto seja um número primo, a diferença entre os valores destas somas é igual a:

(A) 10   (B) 20   (C) 30
(D) 40   (E) 50

1078. Seja $S = \{1, 2, 3, \ldots, 280\}$. O menor inteiro n tal que cada subconjunto de S com n elementos contenha cinco números primos entre si dois a dois é:

(A) 212   (B) 213   (C) 215
(D) 216   (E) 217

1079. O número de pares (x, y) tais que x é primo e y é um inteiro positivo que satisfazem a equação $x^{2001}=y^x$ é igual a:

(A) 1   (B) 2   (C) 3
(D) 4   (E) 5

1080. O número de pares (x, y) de inteiros positivos que satisfazem à equação $y^x = x^{50}$ é igual a:

(A) 5   (B) 6   (C) 7
(D) 8   (E) 9

278 | Problemas Selecionados de Matemática

1081. Seja $(a_1, a_2, ..., a_n)$ uma seqüência de números inteiros compreendidos entre 2 e 1995 tal que:

1. Quaisquer dois a_i's são primos entre si.
2. Cada a_i é primo ou igual a um produto de números primos distintos.

O *menor* valor de n para o qual podemos afirmar que tal seqüência contém um número primo é igual a:

(A) 11 (B) 12 (C) 13
(D) 14 (E) 15

1082. O número de ternos da forma (p, q, r) de inteiros positivos tais que:

1. $p(q-r) = q+r$
2. p, q e r são números primos.

é igual a:

(A) 0 (B) 1 (C) 2
(D) 3 (E) mais de 3

1083. O número de quádruplas de números primos (p_1, p_2, p_3, p_4) tais que:

1. $p_1 < p_2 < p_3 < p_4$
2. $p_1 p_2 + p_2 p_3 + p_3 p_4 + p_4 p_1 = 882$

é igual a:

(A) 0 (B) 1 (C) 2
(D) 3 (E) 4

1084. Sejam N naturais cujas representações decimais satisfazem às condições:

1. $N = \overline{aabb}$, onde $\overline{aab}$ e $\overline{abb}$ são números primos.
2. $N = p_1 \cdot p_2 \cdot p_3$, onde $p_k (1 \le k \le 3)$ é um número primo que consiste de k algarismos.

A soma dos algarismos de tais naturais N é igual a:

(A) 30 (B) 31 (C) 32
(D) 33 (E) 34

1085. Dado um conjunto M de 2005 inteiros positivos distintos, nenhum dos quais possui um divisor primo maior que 26, então o número mínimo de subconjuntos de M que possuem 4 elementos distintos cujo produto é a quarta potência de um inteiro é igual a:

(A) 0   (B) 1   (C) 2
(D) 3   (E) maior que 3

1086. A soma dos dois menores inteiros positivos n para os quais as frações

$$\frac{68}{n+70}, \frac{69}{n+71}, \frac{70}{n+72}, \ldots, \frac{133}{n+135}$$

são todas irredutíveis é igual a:

(A) 270   (B) 272   (C) 274
(D) 276   (E) 278

1087. Dados os conjuntos:

$$A = \left\{\frac{0}{1998}, \frac{1}{1998}, \frac{2}{1998}, \ldots, \frac{1997}{1998}, \frac{1998}{1998}\right\}$$

e

$$B = \left\{\frac{0}{8991}, \frac{1}{8991}, \frac{2}{8991}, \ldots, \frac{8990}{8991}, \frac{8991}{8991}\right\}$$

O número de elementos de $A \cap B$ é igual a:

(A) 1   (B) 2   (C) 999
(D) 1000   (E) 1001

1088. Qual o menor número natural que pode ser obtido ao colocarmos parêntesis na expressão abaixo?

$$15:14:13:12:11:10:9:8:7:6:5:4:3:2$$

(A) 1410   (B) 1430   (C) 1450
(D) 1470   (E) 1490

1089. A soma dos algarismos do menor número natural que pode ser obtido ao colocarmos parêntesis em qualquer lugar no numerador, sendo permitido que eles sejam colocados no mesmo lugar no denominador, da fração

$$\frac{29:28:27:26:25:24:23:22:21:20:19:18:17:16}{15:14:13:12:11:10:9:8:7:6:5:4:3:2}$$

é igual a:

(A) 38 (B) 36 (C) 34
(D) 32 (E) 30

1090. O menor número natural que pode ser obtido ao colocarmos parêntesis em qualquer lugar no numerador, sendo permitido que eles sejam colocados no mesmo lugar no denominador, da fração

29:28:27:26:25:24::23:22:21:19:18:17:16

15:14:13:12:11:10:9:8:7:6:5:4:3:2

é igual a:

(A) 1292640 (B) 1292642 (C) 1292644
(D) 1292646 (E) 1292648

1091. A média aritmética dos elementos de um conjunto formado por números primos distintos é igual a 27. A soma dos algarismos do maior destes números primos é igual a:

(A) 16 (B) 14 (C) 13
(D) 12 (E) 11

1092. Para todos os inteiros positivos x, seja

$$f(x) = \begin{cases} 1 & \text{se} \quad x = 1 \\ x/10 & \text{se} \quad 10 \text{ divide } x \\ x+1 & \text{de outro modo} \end{cases}$$

e definamos uma seqüência da seguinte forma: $x_1 = x$ e $x_{n+1} = f(x_n)$ para todos os inteiros positivos n. Seja $d(x)$ o menor n tal que $x_n = 1$. (Por exemplo, $d(100) = 3$

e $d(87) = 7$). Seja m o número de inteiros positivos x tais que $d(x) = 20$. A soma dos distintos fatores primos de m é:

(A) 511   (B) 513   (C) 515
(D) 517   (E) 519

1093. Seja N um inteiro positivo cuja decomposição em fatores primos é

$$N = p_1^{\alpha_1} \cdot p_2^{\alpha_2} \cdots p_n^{\alpha_n} \text{ ou abreviadamente } N = \prod_{i=1}^{n} p_i^{\alpha_i}$$

onde $p_1, p_2, \ldots, p_n$ são os fatores primos de N ocorrendo $\alpha_1, \alpha_2, \ldots, \alpha_n$ vezes respectivamente na sua decomposição. Nestas condições, o *número de divisores positivos* de N é dado por:

$$d(N) = \prod_{i=1}^{n} (\alpha_i + 1)$$

Dentre os números 50400, 55440, 60480, 65520 e 69300, aquele que não possui o mesmo número de divisores de pelo menos um dos outros é:

(A) 50400   (B) 55440   (C) 60480
(D) 65520   (E) 69300

1094. Considere as afirmativas:

1. O número de divisores positivos de $N = 2^{10} \cdot 5^9 + 2^9 \cdot 5^8$ é 180.
2. O número de divisores *positivos* do número $N = 10125 \times 10^3$ é 140.
3. O valor de n para o qual o número $N = 625 \times 243^n$ possui 455 divisores positivos é 18.
4. O número de divisores positivos de $30!$ é 2332800.
5. O número de divisores pares de 720 é 29.

Conclua que

(A) Quatro são falsas
(B) Duas são verdadeiras e três são falsas
(C) Três são verdadeiras e duas são falsas
(D) Quatro são verdadeiras e uma é falsa
(E) Todas são verdadeiras

1095. Quantos números menores que 20 055 002 possuem um número ímpar de divisores?

(A) 4470 (B) 4472 (C) 4474
(D) 4476 (E) 4478

1096. Considere as afirmativas:
1. O maior inteiro n tal que 2^n divide $17^9 - 9^9$ é 3.
2. O maior inteiro k tal que 5^k divide $3 \cdot (10!) + 12 \cdot (5!) + 4 \cdot (7!)$ é 3.
3. A soma de todos os valores inteiros de n tais que $2n+3$ é um divisor de $5n+26$ é igual a -6.
4. O menor inteiro positivo n tal que 31 é um divisor de $5^n + n$ é 68.
5. Não existem valores inteiros de n para os quais $3^n + 81$ seja um quadrado perfeito.

Conclua que:
(A) (1), (3) e (4) são verdadeiras
(B) (1), (4) e (5) são verdadeiras
(C) Somente (1) e (3) são verdadeiras
(D) Somente (2) e (3) são verdadeiras
(E) Somente (4) e (5) são falsas

1097. A soma dos algarismos do maior primo p maior que 2 tal que $p^3 + 7p^2$ seja um quadrado perfeito é igual a:

(A) 10 (B) 11 (C) 12
(D) 13 (E) 14

1098. O menor número primo p tal que $p^3 + 2p^2 + p$ possui exatamente 42 divisores positivos é:

(A) 11 (B) 13 (C) 17
(D) 19 (E) 23

1099. Seja $\tau(n)$ o número de divisores positivos do inteiro positivo n. Sobre a soma $\tau(1)+\tau(2)+\tau(3)+\cdots+\tau(2004)+\tau(2005)$ podemos afirmar que:

(A) é um número primo maior que 2005
(B) é um número primo menor que 2005
(C) é um número par
(D) é um número ímpar composto e maior que 2005
(E) é um número ímpar divisível por 5.

1100. A soma dos algarismos do menor inteiro positivo que possui seis divisores positivos ímpares e doze divisores positivos pares é igual a:

(A) 9   (B) 10   (C) 11
(D) 12   (E) 13

1101. O número de inteiros positivos que são divisores de pelo menos um dos números 10^{10}, 15^7 e 18^{11} é:

(A) 431   (B) 433   (C) 435
(D) 437   (E) 439

1102. O número de inteiros positivos que possuem exatamente três divisores próprios, cada um dos quais é menor do que 50 é igual a: (Um divisor próprio de um inteiro positivo n é um divisor inteiro de n distinto de 1 e de n)

(A) 101   (B) 103   (C) 105
(D) 107   (E) 109

1103. A soma dos algarismos do inteiro positivo que possui exatamente oito divisores cujo produto é 331776 é igual a:

(A) 5   (B) 6   (C) 7
(D) 8   (E) 9

1104. O inteiro positivo N possui exatamente 6 divisores inteiros positivos e distintos incluindo 1 e N. Sabendo que o produto de cinco desses divisores é 648, qual dos inteiros abaixo deve ser o outro divisor de N?

(A) 4   (B) 9   (C) 12
(D) 16   (E) 24

1105. Os inteiros a, b e c são maiores do que 20. Um deles possui número ímpar de divisores e cada um dos outros dois possuem 3 divisores. Sabendo que $a+b=c$, o menor valor possível de c é:

(A) 121   (B) 169   (C) 225

(D) 289   (E) 361

1106. O número de divisores positivos do número

$$N = (2005)^5 + 5 \cdot (2005)^4 + 10 \cdot (2005)^3 + 10 \cdot (2005)^2 + 5 \cdot (2005) + 1$$

é igual a:

(A) 216   (B) 125   (C) 27

(D) 8   (E) 3

1107. Considere as afirmativas:

1. O valor de k para o qual $k \cdot 1984$ possui 21 divisores positivos é 31.
2. A soma de todos os divisores positivos do número $3^{32} + 5^{55}$ que possuem um algarismo é 8.
3. Existem 48 divisores positivos de $17\,640$ que são divisíveis por 3.
4. Existe um múltiplo de 2004 que possui 2005 divisores.

Conclua que

(A) (2) e (3) estão certas
(B) (1) está certa e (3) errata
(C) (1) está certa e (4) errata
(D) todas estão erradas
(E) (2) está errada e (4) está certa

1108. Dado um inteiro positivo n, seja $p(n)$ o produto dos algarismos do inteiro n. (se n possui apenas um algarismo, então $p(n)$ é igual a este algarismo). Seja $S = p(1) + p(2) + p(3) + \cdots + p(2005)$. O número de divisores pares de S é igual:

(A) 78   (B) 72   (C) 60

(D) 36   (E) 18

1109. Se p e q são números primos distintos tais que $\dfrac{p^2+q^2}{p+q}$ é inteiro então, o número de pares (p,q) é igual a:

(A) 0 (B) 1 (C) 2
(D) 3 (E) mais de 3

1110. Considere as afirmativas:
1. O número de divisores positivos de 10^{99} que são múltiplos de 10^{88} é 144.
2. O número de divisores positivos de 10^{999} que são múltiplos de 10^{998} é 1999.
3. A soma dos dois menores inteiros que possuem 8 divisores positivos é 54.
4. O número de inteiros positivos menores que 10 000 000 e que possuem 77 divisores positivos é igual a 3.
5. O número de divisores positivos ímpares de 20! é igual a 2160.

Conclua que:
(A) Três são verdadeiras e duas são falsas
(B) Duas são verdadeiras e três são falsas
(C) Somente (2) é verdadeira
(D) Somente (4) é falsa
(E) Todas são falsas

1111. Chama-se "divisor próprio" de um número natural, a todo divisor positivo deste número distinto de 1 e do próprio número. Sabendo que o produto de todos os divisores próprios de 1000000 possui a forma 10^n, o valor de n é:

(A) 138 (B) 141 (C) 144
(D) 147 (E) ...

1112. Se a, k e n são inteiros positivos com $k>1$ e $n=ka$ diz-se então que a é um "divisor próprio" de n. Com base nisto, o numero de inteiros positivos menores que 54 que são iguais ao produto de seus divisores próprios é:

(A) 10 (B) 12 (C) 14
(D) 16 (E) 18

1113. O conjunto S consiste de todos os inteiros positivos que são divisores de pelo menos um dos números 1992, 6^{10} e 18^8. O número de elementos de S é:

(A) 180 (B) 181 (C) 182
(D) 183 (E) 184

1114. Quantos divisores positivos do número 30^{2003} não são divisores de 20^{2000}?

(A) $2004^3 - 2004 \cdot 2001$

(B) $2004^3 - 2004 \cdot 2002$

(C) $2004^3 - 2004 \cdot 2003$

(D) $2004^3 - 2003 \cdot 2001$

(E) $2004^3 - 2003 \cdot 2002$

1115. Numa escola, ao longo de um corredor comprido estão enfileirados 2005 armários numerados consecutivamente de 1 a 2005 com suas portas fechadas. 2005 alunos da escola também numerados consecutivamente de 1 a 2005 resolvem fazer a seguinte brincadeira: O aluno de número 1 passa pelo corredor e *abre* **todos** os armários; em seguida, o aluno de número 2 passa e *fecha* todos os armários de número *par*; depois passa o aluno de número 3 e *inverte* a posição das portas de todos os armários *múltiplos de 3*, isto é, ele os fecha se estiverem abertos e os abre se estiverem fechados; depois é a vez do aluno de número 4 que *inverte* a posição das portas dos armários *múltiplos de 4* e assim sucessivamente. Após a passagem dos 2005 alunos o número de armários que ficarão com as portas abertas é igual a:

(A) 1250
(B) 45
(C) 44
(D) 43
(E) 42

1116. A soma dos divisores positivos de 120 é 360. A soma dos inversos dos divisores positivos de 120 é igual a:
(A) 2   (B) 3   (C) 4
(D) 5   (E) 6

1117. A soma de todos os divisores de 18000 incluindo 1 e 18000 é igual a:
(A) 62860   (B) 62862   (C) 62864
(D) 62866   (E) 62868

1118. Seja n o menor número inteiro positivo tal que $\frac{1}{3}n$ é um cubo perfeito, $\frac{1}{5}n$ é uma quinta potência perfeita e $\frac{1}{7}n$ é uma sétima potência perfeita. O número de divisores positivos de n é igual a:
(A) 24990   (B) 24992   (C) 24994
(D) 24996   (E) 24998

1119. Sobre o número de pares de inteiros positivos (x,y) que são soluções da equação $\frac{1}{x}+\frac{1}{y}=\frac{1}{n}$ considere as afirmativas:

1. Se n é primo, existem exatamente três soluções.
2. Se n é o quadrado de um número primo então existem exatamente cinco soluções.
3. Se $n = 2005$ então existem exatamente nove soluções.

Assinale:
(A) Se somente as afirmativas (1) e (2) forem verdadeiras.
(B) Se somente as afirmativas (1) e (3) forem verdadeiras.
(C) Se somente as afirmativas (2) e (3) forem verdadeiras.
(D) Se todas as afirmativas forem verdadeiras.
(E) Se todas as afirmativas forem falsas.

1020. Se p é um número primo, a é um inteiro maior que 1 e q é um número primo que divide $a^p - 1$, então se sabe que ou p divide $q - 1$ ou q divide $a - 1$. O menor inteiro maior do que 1 que divide $2^{29} - 1$ é igual a:

(A) 231   (B) 233   (C) 235

(D) 237   (E) 239

1021. Seja $a > 3$ um inteiro ímpar. Então, o número mínimo de divisores primos distintos do número $a^{2^{2005}} - 1$ é igual a:

(A) 2002   (B) 2003   (C) 2004

(D) 2005   (E) 2006

1122. Para cada $k \geq 1$ seja $a_k = 2^k + 3$. É fácil ver que a_k não é divisível nem por 2 e nem por 3. A soma dos dois próximos números primos p para os quais a_k não é divisível por p é igual a:

(A) 40   (B) 42   (C) 44

(D) 46   (E) 48

1123. Dentre os números do conjunto $\{1, 2, 3, ..., 2005\}$ a soma dos algarismos daquele que possui o maior número de divisores é igual a:

(A) 14   (B) 15   (C) 16

(D) 17   (E) 18

1124. Para cada inteiro positivo pertencente ao conjunto $\{n+1, n+2, n+3, ..., 2n\}$ onde n é um número natural, considere seu maior divisor ímpar. A soma de todos estes divisores é igual a:

(A) n^2 (B) $n^2 + 1$ (C) $n^2 - 1$

(D) n   (E) 2n

1125. A soma de todos os números inteiros compreendidos entre 200 e 250 que possuem seis divisores positivos é igual a:

(A) 1386   (B) 1385   (C) 1384
(D) 1383   (E) 1629

1126. O número de inteiros positivos menores ou iguais a 2005 cujo número de divisores positivos é um múltiplo de 3 é um número:

(A) menor que 500   (B) entre 500 e 600   (C) entre 600 e 700
(D) entre 700 e 800   (E) maior que 800

1127. Suponha que n seja um inteiro positivo e d seja um algarismo do sistema de numeração decimal. Se $\frac{n}{810} = 0,d25d25d25...$ então, a soma dos algarismos de n é:

(A) 10   (B) 12   (C) 14
(D) 16   (E) 18

1128. Seja N o *menor* número natural maior que 1 e que é pelo menos 600 vezes maior que cada um dos seus divisores primos. A soma dos algarismos de N é:

(A) 10   (B) 12   (C) 14
(D) 16   (E) 18

1129. O número de elementos do conjunto {1,2,3,...,2005} que não possuem fatores primos em comum com 101 é igual a:

(A) 290   (B) 292   (C) 294
(D) 296   (E) 298

1130. O inteiro positivo N possui *exatamente* 12 divisores positivos e somente 3 fatores primos. Se a soma desses fatores primos é igual a 20, a soma dos menores valores possíveis de N é igual a:

(A) 560   (B) 562   (C) 564
(D) 566   (E) 568

1131. Seja $N = 2^n \cdot p$ onde n é um número natural e p é um número primo. Se o número N é igual à soma de todos os seus divisores excluindo ele mesmo então:

(A) $p = 2^{n-1} - 1$ (B) $p = 2^n - 1$ (C) $p = 2^{n+1} - 1$

(D) $p = 2^{n+2} - 1$ (E) $p = 2^{n+3} - 1$

1132. Se $n = 2^{p-1}(2^p - 1)$ tal que $2^p - 1$ é um número primo então a *soma dos divisores positivos* de n é igual a:

(A) n–1   (B) n   (C) 2n–1

(D) 2n   (E) $2^p + 2^{p-1} - 1$

1133. O número de primos p para os quais $p^2 + 11$ possui exatamente seis divisores positivos é:

(A) 0   (B) 1   (C) 2

(D) 3   (E) mais de 3

1134. O menor número N que não pode ser expresso como a soma de números distintos e divisores de 2000 é igual a:

(A) 4836   (B) 4837   (C) 4838

(D) 4839   (E) 4840

1135. A soma de todos os divisores do número $N = 19^{88} - 1$ que são da forma $d = 2^a \cdot 3^b$ com $a, b > 0$ é igual a:

(A) 744   (B) 745   (C) 750

(D) 3310   (E) 3315

1136. Um número natural maior que 1 é chamado "agradável" se ele for igual ao produto de seus divisores próprios distintos. A soma dos *dez* primeiros números agradáveis é igual a:

(A) 180   (B) 181   (C) 182

(D) 183   (E) 184

1137. A soma de todos os números da forma N=2ᵐ×3ⁿ tais que o número de divisores de N² seja o *triplo* do número de divisores de N é igual a:
   (A) 460   (B) 462   (C) 466
   (D) 468   (E) 470

1138. A soma de *todos* os números naturais que são divisíveis por 30 e que possuem exatamente 30 divisores positivos é igual a:
   (A) 26300   (B) 26320   (C) 26340
   (D) 26360   (E) 26380

1139. Se n é um inteiro positivo tal que 2n possui 28 divisores positivos e 3n possui 30 divisores positivos, o número de divisores positivos de 6n é:
   (A) 32   (B) 34   (C) 35
   (D) 36   (E) 38

1140. O número de inteiros positivos N que possuem somente 2 e 5 como seus divisores primos e tais que N+25 seja um quadrado perfeito é igual a:
   (A) 1   (B) 2   (C) 3
   (D) 4   (E) mais de quatro

1141. O inteiro n é tal que n.2ⁿ possui 150 divisores a mais que n. A soma dos algarismos de n é igual a:
   (A) 5   (B) 7   (C) 9
   (D) 11   (E) 12

1142. Um número *múltiplo perfeito* é aquele para o qual a soma dos seus divisores incluindo 1 e ele mesmo é um múltiplo do referido número. Por exemplo, 30240 é um número múltiplo perfeito. Se k.30240 também é um múltiplo perfeito, então o valor de k é igual a:
   (A) 6   (B) 5   (C) 4
   (D) 3   (E) 2

1143. Sejam $N = 2^{59} \times 3^{34}$ e n o número de inteiros positivos, divisores de N² que são menores do que N mas não dividem N. A soma dos algarismos de n é:
   (A) 4   (B) 5   (C) 6
   (D) 7   (E) 8

1144. Seja $N = 2^{13} \times 3^{11} \times 5^7$, o número de divisores de N^2 que são menores que N e não são divisores de N é igual a:

(A) 3310   (B) 3312   (C) 3314
(D) 3316   (E) 3318

1145. O produto dos divisores de $2^{100} \times 3^{100}$ possui a forma 6^n. A soma dos algarismos de n é igual a:

(A) 2   (B) 4   (C) 8
(D) 10   (E) 11

1146. Quantos números naturais são divisíveis por 2001 e possuem exatamente 2001 divisores naturais?

(A) 1   (B) 2   (C) 3
(D) 6   (E) mais de 6

1147. A *média harmônica* de dois números positivos é definida como o inverso da média aritmética de seus inversos. O número de pares ordenados de inteiros positivos (x,y) com x<y para os quais a *média harmônica* de x e y é 6^{20} é igual a:

(A) 791   (B) 793   (C) 795
(D) 797   (E) 799

1148. Seja n o menor inteiro positivo que é múltiplo de 75 e possui 75 divisores inteiros e positivos. O valor de $\frac{n}{75}$ é igual a:

(A) 431   (B) 432   (C) 433
(D) 434   (E) 435

1149. Seja S a soma de todos os números da forma $\frac{a}{b}$, onde a e b são números primos entre si e divisores de 1000. O maior inteiro que não excede $\frac{S}{10}$ é:

(A) 240   (B) 242   (C) 244
(D) 246   (E) 248

1150. Se p_1 e p_2 são números primos ímpares distintos e $A = (p_1 p_2 + 1)^4 - 1$, o número mínimo de divisores de A é igual a:

(A) 3   (B) 4   (C) 5
(D) 6   (E) 8

1151. Seja $a > 3$ um inteiro ímpar então, o número mínimo de divisores primos e distintos de $a^{2^{2006}} - 1$ é:

(A) 2002   (B) 2003   (C) 2004
(D) 2005   (E) 2006

1152. O número N é o produto de cinco números primos distintos. O número de pares (m,n) onde m e n são divisores de N, e n divide m é igual a:

(A) 125   (B) 243   (C) 250
(D) 625   (E) 3125

1153. O número de pares (m,n) onde m e n são divisores de 2000 e n divide m com $m \neq n$ é igual a:

(A) 110   (B) 120   (C) 130
(D) 140   (E) 150

1154. O número de pares de números naturais (a,b) tais que 4620 seja um múltiplo de a, 4620 seja um múltiplo de b e b seja múltiplo de a é igual a:

(A) 480   (B) 482   (C) 484
(D) 486   (E) 488

1155. Se n_1 e n_2 são respectivamente os números de inteiros pares e inteiros ímpares n tais que n divide $3^{12}-1$ porém, n não divide 3^k-1 para k=1, 2, 3 ..., 11 o valor de n_1+n_2 é igual a:

(A) 64   (B) 62   (C) 60
(D) 58   (E) 56

1156. A soma de todos os inteiros positivos $a = 2^n \cdot 3^m$, onde n e m são inteiros não negativos para os quais a^6 não é um divisor de 6^a é igual a:

(A) 41 (B) 42 (C) 43
(D) 44 (E) 45

1157. O número de pares de inteiros positivos (m,n) tais que n é um divisor de $m^2 + 1$ e m é um divisor de $n^2 + 1$ é igual a:

(A) 0 (B) 1 (C) 2
(D) 3 (E) infinitos

1158. O "*complemento*" de um inteiro positivo a é definido como sendo $10^n - a$ onde n é o número de algarismos da representação decimal de a. Por exemplo, o complemento de 975 é 25. O número de inteiros positivos de n algarismos que são divisíveis pelos seus complementos é igual a:

(A) $(n+1)^2+1$ (B) $(n+1)^2$ (C) $(n+1)^2-1$
(D) $(n+1)^2-2$ (E) $(n+1)^2-n$

1159. A soma dos algarismos do maior inteiro n tal que a quarta potência do número de seus divisores positivos seja igual a n é igual a:

(A) 10 (B) 12 (C) 14
(D) 16 (E) 18

1160. Seja n o menor múltiplo positivo de 2005 tal que o produto de seus divisores seja igual a n^{2005}. O número de algarismos da representação decimal de n é igual a:

(A) 64 (B) 65 (C) 66
(D) 67 (E) 68

1161. Seja N o menor inteiro positivo tal que:
  I.   N possui 216 divisores positivos
  II. O dobro de N possui 270 divisores positivos
  III. A terça parte de N possui 180 divisores
  IV. A quinta parte de N possui 144 divisores positivos

A soma dos algarismos de N é igual a:
(A) 18 (B) 15 (C) 12
(D) 10 (E) 9

1162. Seja N o menor inteiro positivo tal que:
   I. possui 144 divisores positivos distintos, e
   II. existem dez inteiros consecutivos entre os divisores positivos de N.
   A soma dos algarismos de N é igual a:
   (A) 10 (B) 12 (C) 14
   (D) 16 (E) 18

1163. O número de inteiros positivos n tais que:
   1. n é ímpar;
   2. n possui exatamente 1200 divisores positivos;
   3. existem exatamente 1997 triângulos retângulos, dois a dois não congruentes, de lados inteiros e tais que a medida de um dos seus catetos seja igual a n.
   é igual a:
   (A) 0 (B) 1 (C) 2
   (D) 3 (E) infinito

1164. Deseja-se escrever um inteiro como soma de quatro de seus divisores (sem repetição de divisores). Por exemplo, duas tais maneiras de expressarmos 24 são:
$$24 = 12 + 8 + 3 + 1 = 12 + 6 + 4 + 2$$
O número máximo de maneiras de expressarmos um número inteiro desta forma é:
(A) 2 (B) 6 (C) 10
(D) 16 (E) indeterminado

1165. Considere as afirmativas:
   1. Se o inteiro positivo n possui 60 divisores e 7n possui 80 divisores então o maior valor de k para o qual 7^k divide n é 2.
   2. A soma dos algarismos do menor número ímpar que possui o mesmo número de divisores de 360 é igual a 18.

3. A quantidade de números inteiros positivos divisíveis por 90 e que possuem exatamente 20 divisores positivos é 2.

4. Existem 2005 quadrados perfeitos tais que sua soma é um quadrado perfeito.

5. Os números $n = p_1 \cdot p_2 \cdot p_3 \ldots p_k$ que dividem $(p_1+1)(p_2+1)\ldots(p_k+1)$ onde $p_1 \cdot p_2 \cdot p_3 \ldots p_k$ é a fatoração de n em fatores primos (não necessariamente distintos) possuem a forma $2^m \cdot 3^n$ com $n \leq m \leq 2n$.

Conclua que
(A) Quatro são falsas
(B) Duas são verdadeiras e três são falsas
(C) Três são verdadeiras e duas são falsas
(D) Quatro são verdadeiras e uma é falsa
(E) Todas são verdadeiras

1166. A soma dos algarismos do inteiro positivo n tal que:

(1) n possui exatamente 6 divisores positivos: $1, d_1, d_2, d_3, d_4, n$

(2) $1 + n = 5(d_1 + d_2 + d_3 + d_4)$

é igual a:
(A) 10 (B) 12 (C) 14
(D) 16 (E) 18

1167. A soma dos algarismos do menor número natural n tal que a soma dos quadrados de seus divisores (incluindo 1 e n) é igual a $(n+3)^2$ é igual a:
(A) 11 (B) 13 (C) 15
(D) 17 (E) 19

1168. Chamamos Indicador de Euler a função denotada por $\phi(N)$ que a todo inteiro positivo N associa o número de inteiros n tais que $1 \leq n \leq N$ e primos com N. Considere então as afirmativas:

1. Se N é primo então, $\phi(N) = N - 1$.

2. Se N é primo então, $\phi(N^\alpha) = N^\alpha \left(1 - \dfrac{1}{N}\right)$.

3. Se N é primo então, $\sum_{i=0}^{\alpha} \phi(N^i) = N^\alpha$

4. Se $N = \prod_{i=1}^{n} p_i^{\alpha_i}$ então, $\phi(N) = N\left(1 - \frac{1}{p_1}\right)\left(1 - \frac{1}{p_2}\right)\cdots\left(1 - \frac{1}{p_n}\right)$

Conclua que:

(A) (2), (3) e (4) são verdadeiras
(B) somente (2) é verdadeira
(C) Somente (1) e (4) são verdadeiras
(D) (2) e (4) são falsas
(E) somente (3) é falsa

1169. O número de naturais ímpares N tais que $\varphi(N) = 1990$ é igual a:

(A) 1　　　　　　(B) 3　　　　　　(C) 5
(D) 7　　　　　　(E) 9

1170. Considere as afirmativas:

I. Para todo número natural n, a média aritmética de todos os seus divisores está entre os números $\sqrt{n}$ e $\frac{n+1}{2}$.

II. Se S_n é a soma dos n primeiros números primos, então existe um quadrado perfeito entre S_n e S_{n+1}.

III. A soma dos algarismos do maior número n tal que a soma dos cubos dos seus algarismos é maior que n é igual a 28.

Assinale:

(A) Se todas as afirmativas forem verdadeiras
(B) Se somente (I) e (II) forem verdadeiras
(C) Se somente (II) e (III) forem verdadeiras
(D) Se somente (I) e (III) forem verdadeiras
(E) Se todas forem falsas

1171. Sejam $d_1, d_2, \ldots, d_k$ todos os divisores positivos de um natural n, onde $1 = d_1 < d_2 < \cdots < d_k = n$. O número de naturais n para os quais $k \geq 4$ e $d_1^2 + d_2^2 + d_3^2 + d_4^2 = n$ é igual a:

(A) 1   (B) 2   (C) 3
(D) 4   (E) mais de 4

1172. A soma de todos os inteiros positivos n para os quais $n = d_6^2 + d_7^2 - 1$ onde $1 = d_1 < d_2 < \ldots <, d_k = n$ são todos os divisores positivos de n é:

(A) 2120   (B) 2122   (C) 2124
(D) 2126   (E) 2128

1173. O número de inteiros positivos n que possuem exatamente 16 divisores inteiros positivos $d_1, d_2, \ldots, d_{16}$ tais que $1 = d_1 < d_2 < \ldots < d_{16} = n$, $d_6 = 18$ e $d_9 - d_8 = 17$ é igual a:

(A) 0   (B) 1   (C) 2
(D) 3   (E) mais de 3

1174. Dado o número $n = p_1 p_2 p_3 p_4$ onde p_1, p_2, p_3 e p_4 são quatro números primos distintos, sejam $d_1 = 1 < d_2 < d_3 < \ldots < d_{15} < d_{16} = n$ os divisores positivos de n. Quantos são os números $n < 2001$ tais que $d_9 - d_8 = 22$?

(A) 0   (B) 1   (C) 2
(D) 3   (E) mais de 3

1175. O número de inteiros positivos N para os quais:

I. N possui exatamente *dezesseis* divisores positivos: $1 = d_1 < d_2 < \cdots < d_{16} = N$;

II. o divisor de índice d_5 (a saber, d_{d_5}) é igual a $(d_2 + d_4) \times d_6$.

é igual a:

(A) 0   (B) 1   (C) 2
(D) 3   (E) maior que 3

1176. Um número natural N possui exatamente 12 divisores (incluindo 1 e N) numerados em ordem crescente $d_1 < d_2 < d_3 < ... < d_{12}$. Sabendo que o divisor com índice $d_4 - 1$ é igual ao produto $(d_1 + d_2 + d_4)d_8$, a soma dos algarismos de N é:

(A) 25 (B) 26 (C) 27
(D) 28 (E) 29

1177. O número de divisores de 2004^{2004} que são divisíveis por exatamente 2004 inteiros positivos é igual a:

(A) 50 (B) 51 (C) 52
(D) 53 (E) 54

1178. Seja T o conjunto de todos os divisores positivos de 2004^{100}. A soma dos algarismos do maior número possível do número de elementos que pode ter um subconjunto S de T no qual nenhum elemento de S seja múltiplo de outro elemento de S é:

(A) 4 (B) 5 (C) 6
(D) 12 (E) 16

1179. Dizemos que um inteiro $n > 1$ é "iluminado" se ele é divisível pela soma dos seus fatores primos. Por exemplo, 90 é iluminado pois $90 = 2 \times 3^2 \times 5$ e $2 + 3 + 5 = 10$ que divide 90.

Considere então as afirmativas:

1. Existem infinitos números iluminados.
2. O mmc dos fatores primos de um inteiro é sempre um número iluminado.
3. Existe um número iluminado com pelo menos 10^{2005} fatores primos distintos.

Assinale:

(A) Se somente as afirmativas (1) e (2) forem verdadeiras.
(B) Se somente as afirmativas (1) e (3) forem verdadeiras.
(C) Se somente as afirmativas (2) e (3) forem verdadeiras.
(D) Se todas as afirmativas forem verdadeiras.
(E) Se todas as afirmativas forem falsas.

300 | Problemas Selecionados de Matemática

1180. Para cada inteiro positivo n, seja d(n) o número de divisores positivos de n. A soma de todos os inteiros positivos para os quais, $d(n) = \dfrac{n}{3}$ é igual a:

(A) 50 (B) 51 (C) 52
(D) 53 (E) 54

1181. O número de inteiros positivos n tais que $n=(d(n))^2$, onde d(n) é o número de divisores positivos de n é igual a:

(A) 1 (B) 2 (C) 3
(D) 4 (E) mais de 4

1182. Seja τ(k) o número de todos os divisores positivos de um número natural k e seja n uma solução da equação $τ(1,6n) = 1,6τ(n)$. O valor da razão $τ(0,16n) : τ(n)$ é:

(A) 1 (B) 2 (C) 4
(D) 6 (E) 8

1183. Para cada inteiro positivo n, seja d(n) o número de divisores positivos de n (incluindo 1 e n). O número de inteiros positivos k tais que $\dfrac{d(n^2)}{d(n)} = k$ é igual a

(A) 0 (B) 1 (C) 2
(D) 3 (E) infinito

1184. Para um inteiro positivo n, seja d(n) o número de divisores positivos de n. A soma de todos os inteiros positivos n tais que $[d(n)]^3 = 4n$ é igual a:

(A) 2100 (B) 2110 (C) 2120
(D) 2130 (E) 2140

1185. O número de ternos de números de inteiros positivos (a, b, c) tais que os números a^2+1 e b^2+1 sejam primos e satisfaçam à igualdade $(a^2+1)(b^2+1) = c^2+1$ é igual a:

(A) 0 (B) 1 (C) 2
(D) 3 (E) 4

1186. Sejam a, b, c e d números inteiros com $a>b>c>d>0$ tais que
$$ac+bd=(b+d+a-c)(b+d-a+c)$$
Considere as afirmativas sobre o número $ab+cd$:
1. divide o número $ac+bd$
2. divide o número $(a-d)(b-c)$
3. não é primo

Assinale:
(A) se somente 1 e 2 forem verdadeiras
(B) se somente 1 e 3 forem verdadeiras
(C) se somente 2 e 3 forem verdadeiras
(D) se todas as afirmativas forem verdadeiras
(E) se todas as afirmativas forem falsas

Seção 5.3 – MDC MMC

1187. O Algoritmo de Euclides para determinar o Máximo Divisor Comum (MDC) entre dois inteiros, consiste em formar uma seqüência de inteiros cujos dois primeiros elemento os são os números dados e, cada elemento seguinte é o resto da Divisão Euclidiana dos dois anteriores. A seqüência termina quando um elemento da mesma for nulo. O MDC entre os números dados é o número da seqüência que precede o zero. Nestas condições, a soma dos algarismos do MDC entre os inteiros 33810 e 4116 é igual a:

(A) 11   (B) 13   (C) 15
(D) 17   (E) 19

1188. O número de passos necessários no Algoritmo de Euclides para determinarmos o MDC de qualquer par de inteiros (a,b), $0 < a < b < 1000$, não é maior do que o necessário para determinar o do par $(610, 987)$. Este número é:

(A) 12   (B) 13   (C) 14
(D) 15   (E) 16

1189. O número de divisões necessárias para o Algoritmo de Euclides encontrar o MDC de dois números não ultrapassa n vezes o número de dígitos, na base 10, do menor dos números. O valor de n é igual a:

(A) 3   (B) 5   (C) 6
(D) 7   (E) 8

1190. Qual o valor máximo do MDC de 6 números naturais distintos escritos com dois algarismos?

(A) 13   (B) 15   (C) 16
(D) 18   (E) 23

1191. Seja $d = MDC(a,b)$ e considere as seguintes afirmativas:

1. $d=1$ se, e somente se, existem inteiros x e y tais que $ax + by = 1$.

2. $MDC\left(\dfrac{a}{d}, \dfrac{b}{d}\right) = 1$.

3. Se a divide bc e $d=1$ então a divide c.

4. Se a divide bc então $\dfrac{a}{d}$ divide c.

5. $MDC(ka, kb) = kd$, desde que $k > 0$.

Conclua que
(A) Todas são falsas
(B) Todas são verdadeiras
(C) Quatro são verdadeiras e uma é falsa
(D) Três são verdadeiras e duas são falsas
(E) Duas são verdadeiras e três são falsas

1192. Os divisores comuns de 4512 e 4128 são em número de:
(A) 8
(B) 10
(C) 12
(D) 48
(E) 96

1193. A soma dos algarismos do número N de quatro algarismo para o qual os restos das divisões de 21685 e 33509 por N sejam respectivamente 37 e 53 é igual a:
(A) 20
(B) 22
(C) 24
(D) 26
(E) 28

1194. O maior inteiro pelo qual os números 13511, 13903 e 14589 quando divididos deixam o mesmo resto, tem para soma de seus algarismos:
(A) 15
(B) 16
(C) 17
(D) 18
(E) 19

1195. Se r é o resto obtido quando cada um dos números 1059, 1417 e 2312 é dividido por d, onde d é um inteiro maior que um então, o valor de $d - r$ é igual a:
(A) 1
(B) 15
(C) 179
(D) $d - 15$
(E) $d - 1$

1196. Considere as afirmativas:

1. Se $a,m \in \mathbb{N}$ com $a>1$, então $MDC\left(\dfrac{a^m-1}{a-1}, a-1\right) = MDC(a-1, m)$.

2. $a+1$ divide $a^{2n}+1$ se, e somente se $a=1$.

3. $a+1$ divide $a^{2n+1}-1$ se, e somente se $a=1$.

4. $MDC\left(\dfrac{a^{2m}-1}{a+1}, a+1\right) = MDC(a+1, 2m)$

5. $MDC\left(\dfrac{a^{2m+1}+1}{a+1}, a+1\right) = MDC(a+1, 2m+1)$

Conclua que:

(A) Somente (1) e (3) são verdadeiras
(B) Somente (2) é verdadeira
(C) Somente (1) e (5) são verdadeiras
(D) Somente (3) é falsa
(E) Todas são falsas

1197. O número de divisores de pelo menos um dos números 6^{10} e 10^{10} é:

(A) 242   (B) 240   (C) 231
(D) 230   (E) 200

1198. O maior divisor comum de 878787878787 e 787878787878 é igual a:

(A) 3   (B) 9   (C) 27
(D) 10101010101   (E) 30303030303

1199. Um retângulo de dimensões 10×15 é subdividido em 150 quadrados unitários. Ao traçarmos uma de suas diagonais, verificamos que esta passa por seis dos vértices destes quadrados unitários. Em um retângulo de dimensões $m \times n$ dividido em mn quadrados unitários, traçamos uma de suas diagonais. Considere então as seguintes afirmativas:

1. O número de vértices de quadrados unitários que pertencem a esta diagonal é igual a $mdc(m,n)+1$.

2. Se m e n são primos entre si, o número de quadrados unitários atravessados pela diagonal é igual a m+n.

3. Se m e n não são primos entre si, o número de quadrados unitários atravessados pela diagonal é igual a m+n−MDC(m,n).

Assinale:
(A) Se somente a afirmativa (1) for verdadeira.
(B) Se somente a afirmativa (3) for verdadeira.
(C) Se somente as afirmativas (1) e (2) forem verdadeiras.
(D) Se somente as afirmativas (1) e (3) forem verdadeiras.
(E) Se todas as afirmativas forem verdadeiras.
(E) mdc(m,n)+3

1200. Um enxadrista quer decorar uma parede retangular dividindo-a em quadrados como se fosse um tabuleiro de xadrez. Sabendo que a parede mede 4,40m por 2,75m, o menor número de quadrados que ele pode colocar na parede é:
(A) 40 (B) 41 (C) 42
(D) 43 (E) 44

1201. Um apaixonado professor de Matemática escreveu duas poesias intituladas Meu Amor Algébrico e Análise do Amor Geométrico com 180 e 96 versos respectivamente e resolveu editá-las sob a forma de um livro que contenha o menor número de páginas e o mesmo número de versos por página. O número de páginas do livro é igual a:
(A) 20 (B) 21 (C) 22
(D) 23 (E) 24

1202. O chão de uma sala retangular é coberto com peças quadradas de um determinado tipo de piso. Sabendo que existem 1274 peças em uma direção e 990 peças na outra, ao traçarmos uma linha diagonal no chão da sala o número de peças quadradas que ela atravessará é igual a:
(A) 1272 (B) 1274 (C) 1613
(D) 2262 (E) 2264

1203. Um terreno possui a forma de um triângulo cujos lados medem 132m, 156m e 204m. Deseja-se plantar árvores no seu perímetro de maneira que haja uma árvore em cada vértice e que as árvores fiquem equiespaçadas. O número mínimo de árvores que podem ser plantadas de modo que a distância entre duas árvores seja um número inteiro é igual a:

(A) 12   (B) 13   (C) 17
(D) 41   (E) 42

1204. Sejam $A = \prod_{i=1}^{n} p_i^{\alpha_i}$ e $B = \prod_{i=1}^{n} p_i^{\beta_i}$ as decomposições em fatores primos dos inteiros A e B. Define-se:

$$MDC(A,B) = \prod_{i=1}^{n} p_i^{\min(\alpha_i,\beta_i)} \text{ e } MMC(A,B) = \prod_{i=1}^{n} p_i^{\max(\alpha_i,\beta_i)}$$

onde $\min(\alpha_i,\beta_i)$ e $\max(\alpha_i,\beta_i)$ são respectivamente o menor e o maior entre os números α_i e β_i para cada $i = 1,2,3,...,n$. Considere os números $N_1 = 2^A \cdot 3^B \cdot 5^C \cdot 7^D$ e $N_2 = 2^a \cdot 3^b \cdot 5^c \cdot 7^d$ onde A,B,C,D,a,b,c,d são inteiros positivos. Sabendo que $MDC(N_1,N_2) = 24$ e $MMC(N_1,N_2) = 5040$, o valor de $A+B+C+D+a+b+c+d$ é igual a:

(A) 12   (B) 11   (C) 10
(D) 9   (E) 8

1205. Antônio e Eduardo começaram em seus novos empregos no mesmo dia. A jornada de trabalho de Antônio é de três dias de trabalho seguidos de um dia de descanso enquanto que a jornada de trabalho de Eduardo é de sete dias de trabalho seguidos de três dias de descanso. Durante quantos de seus primeiros 1000 dias de trabalho seus dias de descanso coincidirão?

(A) 48   (B) 50   (C) 72
(D) 75   (E) 100

1206. A soma dos números de três algarismos divisíveis ao mesmo tempo por 14 e 34 é igual a:

(A) 2350   (B) 2360   (C) 2370
(D) 2380   (E) 2390

1207. A soma dos algarismos do menor inteiro que dividido por 8, 15, 18 e 24 deixa restos iguais a 7, 14, 17 e 23 respectivamente é igual a:

(A) 9 (B) 15 (C) 16
(D) 17 (E) 18

1208. O número de alunos de uma Universidade está compreendido entre 9000 e 10000. Sabendo que colocando-os em turmas de 35, 45 ou 50 alunos sempre sobram 11, a soma dos algarismos do número de alunos desta Universidade é igual a:

(A) 20 (B) 24 (C) 27
(D) 30 (E) 36

1209. Um cofre é equipado com sistema automático que o destranca por um minuto e volta a trancá-lo se não for aberto. Tal sistema tem dois dispositivos independentes: um que dispara de 46 minutos em 46 minutos, após ser ligado o sistema, e o outro de 34 minutos em 34 minutos. Sabendo-se que o cofre pode ser aberto tanto por um, quanto pelo outro dispositivo, e que um não anula o outro, quantas vezes por dia, pode-se dispor do cofre para abertura, sendo o sistema ligado a zero hora?

(A) 74 (B) 73 (C) 72
(D) 71 (E) 70

1210. Dois nadadores, inicialmente em lados opostos de uma piscina, começam simultaneamente a nadar um em direção ao outro. Um deles vai de um lado a outro da piscina em 45 segundos e o outro em 30 segundos. Eles nadam de um lado para outro por 12 minutos, sem perder qualquer tempo nas viradas. Quantas vezes eles passam um pelo outro (indo no mesmo sentido ou em sentidos opostos) durante este tempo?

(A) 10 (B) 12 (C) 15
(D) 18 (E) 20

1211. A diferença entre os dois menores números que quando divididos por qualquer inteiro k, tal que $2 \leq k \leq 11$ deixam resto igual a 1 é igual a:

(A) 2310 (B) 2311 (C) 13860
(D) 27720 (E) 27721

1212. Considere os inteiros positivos n que possuem a propriedade de 2 dividir n, 3 dividir $n+1$, 4 dividir $n+2$, ..., 10 dividir $n+8$. O primeiro inteiro positivo com esta propriedade é 2. Seja N, o 4º inteiro positivo com esta propriedade. A soma dos algarismos de N é igual a:

(A) 12 (B) 14 (C) 16
(D) 18 (E) 20

1213. O número 119 é muito *curioso*
Quando dividido por 2 deixa resto igual a 1.
Quando dividido por 3 deixa resto igual a 2.
Quando dividido por 4 deixa resto igual a 3.
Quando dividido por 5 deixa resto igual a 4.
Quando dividido por 6 deixa resto igual a 5.
Quantos são os números de 3 algarismos possuem esta propriedade?
(A) 0 (B) 1 (C) 3
(D) 7 (E) 14

1214. A soma dos algarismos do menor inteiro positivo que deixa resto 2 quando dividido por 3, deixa resto 4 quando dividido por 5, deixa resto 4 quando dividido por 7 e deixa resto 4 quando dividido por 11 é igual a:

(A) 20 (B) 22 (C) 24
(D) 26 (E) 28

1215. Seja N o maior número de oito algarismos que é múltiplo de 73 e também é múltiplo de 137 cujo segundo algarismo, da esquerda para a direita, é igual a 7. O sexto algarismo da esquerda para a direita é igual a:

(A) 1 (B) 3 (C) 5
(D) 7 (E) 9

1216. Seja $n>11$ o menor número tal que n, $n+1$ e $n+2$ sejam divisíveis por 11, 12 e 13 respectivamente. A soma dos algarismos de n é igual a:

(A) 11 (B) 13 (C) 15
(D) 17 (E) 19

1217. Seja S um conjunto de quatro inteiros positivos consecutivos tais que o menor seja múltiplo de 5, o segundo seja múltiplo de 7, o terceiro seja múltiplo de 9 e o maior seja múltiplo de 11. A soma dos algarismos do maior elemento de S pode ser igual a:

(A) 19 (B) 18 (C) 17
(D) 16 (E) 15

1218. Considere as seguintes afirmativas:

1. Se $m, n, a \in \mathbb{N}^*$, com $a \geq 2$, então $MDC(a^m - 1, a^n - 1) = a^{MDC(m,n)} - 1$.

2. Se $m, n, a \in \mathbb{N}^*$, com $a \geq 2$, então $MDC(a^m \pm 1, a^n + 1)$ pode assumir um dos seguintes valores: 1, 2 ou $a^{MDC(m,n)} + 1$.

3. Se $m, n, a \in \mathbb{N}^*$, com $m \geq n$, então $MDC(a^{2^m} - 1, a^{2^n} - 1) = a^{2^n} + 1$.

Assinale:

(A) Se somente a afirmativa (1) for verdadeira.
(B) Se somente a afirmativa (3) for verdadeira.
(C) Se somente as afirmativas (1) e (2) forem verdadeiras.
(D) Se somente as afirmativas (1) e (3) forem verdadeiras.
(E) Se todas as afirmativas forem verdadeiras.

1219. Considere as seguintes afirmativas:

1. Se a soma dos quadrados de dois números é 468 e a soma do seu MMC com o seu MDC é igual a 42 então, a soma destes dois números é igual a 30.

2. O número de pares de números naturais (a,b) tais que $mdc(a,b) = 5$ e $mmc(a,b) = 8160$ é igual a 8.

3. O número de pares ordenados de números naturais (a,b) tais que $m + 11d = 203$ onde $d = mdc(a,b)$ e $m = mmc(a,b)$ é igual a 4.

4. Seja n um número natural e considere os números $a = 2n^2$ e $b = n(2n+1)$. Se $d = mdc(a,b)$ e $m = mmc(a,b)$ então podemos afirmar que $b^2 - a^2$ é igual a $m - d^2$.

5. Se $d = \text{mdc}(a,b)$ e $m = \text{mmc}(a,b)$ onde a e b são dois números inteiros positivos então $\text{mdc}\left(a^2, ab, b^2\right) = d^2$ e $\text{mmc}\left(a^2, ab, b^2\right) = m^2$.

Conclua que:
(A) Somente (1) e (4) são verdadeiras
(B) Somente (2) é verdadeira
(C) Somente (1) e (5) são verdadeiras
(D) Somente (3) é falsa
(E) Todas são falsas

1220. Considere as seguintes afirmativas:
1. O MMC de dois números é 300 e o MDC desses números é 6. O quociente entre o maior e o menor desses números é um número primo.
2. O número de inteiros positivos que são divisores de pelo menos um dos números 10^{40} e 20^{30} é igual a 2301.
3. O número de inteiros positivos que são divisores de pelo menos um dos números 10^{10}, 15^7 e 18^{11} é igual a 435.
4. Sejam $a = 2005$ e $b = 1604$. A soma dos números inteiros positivos c tais que cada um dentre a, b e c divida o produto dos outros dois é igual a $5\,030\,080$.
5. O número de elementos do conjunto $\{1, 2, 3, \ldots, 2005\}$ que não possuem fatores primos em comum com $10!$ é igual a 457.

Conclua que
(A) Todas são falsas
(B) Todas são verdadeiras
(C) Quatro são verdadeiras e uma é falsa
(D) Três são verdadeiras e duas são falsas
(E) Duas são verdadeiras e três são falsas

1221. Sejam a, b e c três números inteiros positivos tais que o $\text{MDC}(a,b) = 24$ e $\text{MDC}(b,c) = 36$. O número de ternos ordenados (a,b,c) tais que $a + b + c = 300$ é igual a:

(A) 0 (B) 1 (C) 3
(D) 5 (E) 6

1222. Definimos $n! = n(n-1)(n-2)\cdots 3\times 2\times 1$. Se o mínimo múltiplo comum de $(10!)(18!)$ e $(12!)(17!)$ possui a forma $\dfrac{(a!)\cdot(b!)}{(c!)}$ então $a+b+c$ é igual a:

(A) 30   (B) 31   (C) 32
(D) 33   (E) 34

1223. O número de inteiros positivos que são divisores de pelo menos um dos números 10^{10}, 15^7 e 18^{11} é igual a:

A) 431   (B) 433   (C) 435
(D) 437   (E) 439

1224. O mínimo múltiplo comum dos números 144 e $x = 2^n\cdot 3^p\cdot 5^q$ é 720 e o seu máximo divisor comum é $2^4\cdot 3^p$. A soma de todos os valores de x nestas condições é igual a:

(A) 1000   (B) 1010   (C) 1020
(D) 1030   (E) 1040

1225. Sejam $a = \underbrace{111...111}_{40 \text{ uns}}$ e $b = \underbrace{111...111}_{12 \text{ uns}}$. A soma dos fatores primos do máximo divisor comum de a e b é igual a:

(A) 110   (B) 112   (C) 114
(D) 116   (E) 118

1226. A soma dos algarismos do maior divisor comum dos números $\underbrace{222...222}_{2010\ 2's}$ e $\underbrace{777...777}_{2005\ 7's}$

é igual a:

(A) 35   (B) 42   (C) 45
(D) 49   (E) 50

1227. Os inteiros n e m são primos entre si. Sabendo que a fração $\dfrac{m+2000n}{n+2000m}$ pode ser simplificada cancelando o divisor comum d. A soma dos algarismos do maior valor que d pode assumir é igual a:

(A) 51   (B) 53   (C) 55

(D) 57   (E) 59

1228. Se [r,s] representa o *Mínimo Múltiplo Comum* dos inteiros positivos r e s, o número de *ternos ordenados* (a,b,c) de inteiros positivos para os quais [a,b]=1000, [b,c]=2000 e [c,a]=2000 é igual a:

(A) 50   (B) 70   (C) 100

(D) 170   (E) 200

1229. O menor inteiro positivo que pode ser expresso como a soma de *nove* inteiros consecutivos, a soma de *dez* inteiros consecutivos e a soma de *onze* inteiros consecutivos é igual a:

(A) 491   (B) 493   (C) 495

(D) 497   (E) 499

1230. Seja A o conjunto de todos os números naturais de quatro algarismos, do sistema de numeração decimal, escritos com somente dois algarismos distintos diferentes de zero. Trocando entre si os algarismos do número $n \in A$ obtemos outro número de A, o qual denotaremos por f(n) (Por exemplo, f(3111) = 1333). A soma dos algarismos do número $n \in A$ com n > f(n) tal que o *Máximo Divisor Comum* de n e f(n) seja o *maior possível* é igual a:

(A) 20   (B) 22   (C) 24

(D) 26   (E) 28

1231. Considere as afirmativas:

1. Se N é um quadrado perfeito que é igual à soma de outro quadrado perfeito com o *menor* número primo de quatro algarismos então, a soma dos algarismos de N é 19.

2. A soma dos algarismos do *maior* inteiro positivo que não é igual à soma de um múltiplo de 42 com um número composto é igual a 8.

3. A soma dos maiores divisores ímpares dos inteiros do conjunto $\{1, 2, 3, ..., 2^{2005}\}$ é igual a $\frac{2}{3}(2^{4009}+1)$.

4. Se N é o menor inteiro positivo múltiplo de 5 tal que N+1 é múltiplo de 7, N+2 é múltiplo de 9 e N+3 é múltiplo de 11 então, a soma dos algarismos de N é igual a 15.

5. Existem cinco inteiros positivos tais que o máximo divisor comum de cada seja igual à diferença entre os números do par.

Conclua que:

(A) Somente (1) e (3) são verdadeiras

(B) Somente (2) é verdadeira

(C) Somente (1) e (5) são verdadeiras

(D) Somente (4) é falsa

(E) Todas são falsas

1232. Um edifício muito alto possui 1000 andares, excluindo-se o térreo. Do andar térreo partem 5 elevadores:

O elevador A pára em todos os andares

O elevador B pára nos andares múltiplos de 5, isto é 0, 5, 10, 15, ...

O elevador C pára nos andares múltiplos de 7, isto é 0, 7, 14, 21, ...

O elevador D pára nos andares múltiplos de 17, isto é 0, 17, 34, 51, ...

O elevador E pára nos andares múltiplos de 23, isto é 0, 23, 46, 69, ...

Se m é o número de andares onde param 5 elevadores e n é o número de andares onde param 4 elevadores então m+n é igual a:

(A) 1   (B) 2   (C) 3

(D) 4   (E) 5

1233. Os números da seqüência (2006, 2009, 2014, 2021, ...) são gerados pela fórmula $a_n = 2005 + n^2$, n = 1, 2, 3, ... Sendo $d_n = MDC(a_n, a_{n+1})$, o valor máximo assumido por d_n é igual a:

(A) 8020   (B) 8021   (C) 8022

(D) 8023   (E) 8024

1234. Considere as afirmativas:

1. Se o mínimo múltiplo comum dos números naturais a,b,c,d é $a+b+c+d$ então $abcd$ é divisível por 3 ou por 5.
2. Existem 100 números inteiros positivos tais que sua soma seja igual ao seu mínimo múltiplo comum.
3. O máximo divisor comum dos números da forma $a_n = 16^n + 10n - 1$, onde n é um inteiro positivo é igual a 25.
4. O número de pares (x,y) de inteiros não negativos tais que $6x + 16y = 220$ é igual a 5.
5. Para todo número natural n, o número $\binom{2n}{n} = \frac{(2n)!}{(n!)\cdot(n!)}$ divide o mínimo múltiplo comum dos números pertencentes ao conjunto $\{1, 2, 3, \ldots, 2n-1, 2n\}$.

Conclua que
(A) Quatro são falsas
(B) Duas são verdadeiras e três são falsas
(C) Três são verdadeiras e duas são falsas
(D) Quatro são verdadeiras e uma é falsa
(E) Todas são verdadeiras

1235. Sabendo que $n! = 1.2.3\ldots(n-1).n$, o número de pares de inteiros positivos x, y com $x \leq y$ e tais que MDC$(x,y)=5!$ e MMC$(x,y)=50!$ é:
(A) 8192 (B) 16384 (C) 32768
(D) 4096 (E) 2048

1236. O número de valores de k, para os quais 12^{12} é o menor múltiplo comum dos inteiros positivos 6^6, 8^8 e k é igual a:
(A) 21 (B) 22 (C) 23
(D) 24 (E) 25

1237. Seja M_n o mínimo múltiplo comum dos números $1, 2, 3, \ldots, n$ isto é,

$$M_1 = 1, M_2 = 2, M_3 = 6, M_4 = 12, M_5 = 60, M_6 = 60, \ldots$$

O número de inteiros positivos n para os quais $M_{n-1} = M_n$ é igual a:

(A) 0 (B) 1 (C) 2
(D) 3 (E) infinito

1238. Carlos montou uma lista de números de acordo com as seguintes regras: primeiro escreveu o número 84 e a seguir, 132. A partir daí, em cada passo seguinte, escreveu o número resultante da soma do último número escrito com o máximo divisor comum dos dois últimos números escritos. Por exemplo, o terceiro número é o resultado de $132 + \text{mdc}(84, 132)$. Se N é a ordem do passo no qual Carlos escreveu pela primeira vez um número terminado em 7 zeros, a soma dos algarismos de N é:

(A) 50 (B) 51 (C) 52
(D) 53 (E) 54

1239. Considere as afirmativas:

1. Se $14\,865x + 7\,976y = d$ onde $d = \text{mdc}(a,b)$ e $x, y \in \mathbb{Z}$ então, o valor de $y - x$ é igual a 8153.

2. O número $85^9 - 21^9 + 6^9$ é divisível por um número N compreendido entre 2000 e 3000 então $N = 2240$.

3. A soma dos algarismos do maior inteiro N com último algarismo não nulo e tal que após eliminarmos um de seus algarismos obtemos um divisor de N é igual a 22.

4. O número 7 é um divisor de $3^n + n^3$ se, e somente se, 7 é um divisor de $3^n \cdot n^3 + 1$.

5. A soma dos algarismos do menor inteiro positivo n tal que 3^{2001} seja um divisor de $(n+1)(n+2)(n+3)\cdots(3n)$ é igual a 3.

Conclua que
(A) Todas são falsas
(B) Todas são verdadeiras

(C) Quatro são verdadeiras e uma é falsa
(D) Três são verdadeiras e duas são falsas
(E) Duas são verdadeiras e três são falsas

1240. Considere as afirmativas:
   1. Se $p, n \in \mathbb{N}$ tais que p é um número primo e $1+np$ é um quadrado perfeito então, $n+1$ é igual a uma soma de p quadrados perfeitos.
   2. O número de pares de números naturais (x,y) para os quais $x^2 = 4y + 3 \cdot \text{mmc}(x,y)$ é infinito.
   3. Se n_5 significa o múltiplo de cinco mais próximo do número n então, a soma das soluções da equação $3(x^2)_5 + (3x)_5 = (3x-2)(x+2)$ é 8.
   4. O número $4 \cdot 3^{2^n} + 3 \cdot 4^{2^n}$ é divisível por 13 se, e somente se, n é par.
   5. Não existe valor para a base b na qual o número $(1001)_b$ é divisível por $(41)_b$.

   Conclua que
   (A) Todas são verdadeiras
   (B) (2) e (3) são falsas
   (C) (2) e (4) são falsas
   (D) (3) e (5) são falsas
   (E) Somente uma das afirmações é verdadeira

Seção 5.4 – Numeração e Divisibilidade

1241. Considere as afirmativas:
1. No sistema de numeração de base 7 um determinado número se escreve 506214 este número, no sistema de numeração de base 8 se escreve 250272.
2. Em um sistema de numeração de base b, tem-se que $57 + 33 = 112$. Na mesma base b, 57×33 é igual a 2365.
3. Num sistema de numeração de base a, tem-se que $36 + 45 = 103$. Na mesma base a, o produto 36×45 é igual a 2126.
4. Se 554 e 24 são números escritos na base b tal que o primeiro seja o quadrado do segundo então a base b é igual a 12.
5. Se $121_b = N_{10}$ e N possui 9 divisores o menor valor inteiro positivo de b é 5.

Conclua que
(A) Todas são falsas
(B) Todas são verdadeiras
(C) Quatro são verdadeiras e uma é falsa
(D) Três são verdadeiras e duas são falsas
(E) Duas são verdadeiras e três são falsas

1242. Uma loteria só distribui prêmios, em reais, expressos por números que são potências de 13 isto é 1, 13, 169, 2197, 28561, 371293 e 4826809. Se a arrecadação de um determinado concurso foi 13 milhões de reais e todo o dinheiro foi distribuído, de modo que cada prêmio individual não ultrapasse dez vezes cada um daqueles valores, quantos prêmios de 169 reais foram distribuídos?

(A) 0 (B) 2 (C) 5
(D) 7 (E) 9

1243. Observe que o número 399 quando escrito na base 5, ele se torna 3044. A soma dos seus algarismos (abreviadamente "soma digital") é igual a 11. Com base nisto, certos números quando escritos na base 4, possuem soma digital igual a 17. Se k é a soma digital de um destes tais números quando escritos na base 2, a soma dos valores mínimo e máximo de k é igual a:

(A) 20 (B) 22 (C) 24
(D) 26 (E) 28

1244. Considere as afirmativas:

1. Se um inteiro N de dois algarismos quando escrito na base 5 possui seis unidades a mais que um número escrito na base com estes mesmos algarismos em ordem inversa então a soma destes dois números na base 10 é igual a 28.
2. Se um inteiro N de três algarismos quando escrito na base 9 é escrito com os mesmos algarismos na base 11 porém, em ordem inversa. A soma de todos os valores possíveis de N quando escrito na base 10 é igual a 606.
3. O número 1987 pode ser escrito como o número de três algarismos xyz em alguma base b. Se $x+y+z = 1+9+8+7$ então $x+y-z+b$ é igual a 22.
4. Se a, b e c são algarismos do sistema de numeração decimal tais que $(aa)^2 = bbcc$ onde aa e bbcc são numerais de dois e quatro algarismos respectivamente do sistema de numeração decimal então a soma $a+b+c$ é igual a 19.
5. Um dos algarismos de um sistema de numeração cuja base é maior que a qüinquagésima potência de 50 é a_k. Sabendo que neste sistema a_k é o terceiro algarismo, da direita para a esquerda, na representação da qüinquagésima potência do número representado pelo numeral 11 então este algarismo a_k quando escrito na base 10 é igual a 1225.

Conclua que

(A) (1) e (3) são falsas (B) Somente (2) é falsa
(C) Somente (3) é verdadeira (D) (1), (3) e (5) são verdadeiras
(E) Todas são falsas

1245. Sabendo que: *"Para passar da representação b–ária de um número natural N à sua representação b^k–ária, deve-se reunir, partindo da direita para a esquerda, os algarismos b–ários de N em grupos de k e substituir cada um destes grupos pelo algarismo b^k–ário que o representa. A passagem inversa se efetua escrevendo em lugar de cada algarismo b^k–ário de N a sua representação b–ária (por meio dos algarismos b–ários). O resultado será a representação b–ária de N".* Se na base 3, a representação decimal de um número N é igual a 12112211122211112222. O primeiro algarismo (à esquerda) do número N quando escrito na base 9 é igual a:

(A) 1 (B) 2 (C) 3

(D) 4   (E) 5

1246. Considere as seguintes afirmativas:

1. Se a representação b-ária de um número natural N consiste de n algarismos então podemos afirmar que ele pertence ao intervalo $[b^{n-1}, b^n)$.

2. Se a representação b-ária de um número natural N consiste do algarismo um seguido de n zeros então a sua representação decimal é b^n.

3. Se a representação b-ária de um número natural N termina com n zeros então, ele é múltiplo de b^n.

4. Se a representação b-ária de um número natural N é $(a_n a_{n-1} \ldots a_2 a_1 a_0)_b$ então este número é divisível por $b-1$ se e somente se $a_n + a_{n-1} + \ldots + a_2 + a_1 + a_0$ for divisível por $b-1$.

5. Se a representação b-ária de um número natural N é $(\underbrace{aaa \ldots aaa}_{n\ \text{algarismos}})_b$ então $a = b-1$ e $N = b^n - 1$.

Conclua que

(A) Todas são falsas
(B) Todas são verdadeiras
(C) Quatro são verdadeiras e uma é falsa
(D) Três são verdadeiras e duas são falsas
(E) Duas são verdadeiras e três são falsas

1247. Um inteiro positivo N quando escrito na base 3 se escreve com m algarismos e quando escrito na base 2 se escreve com $m+1$ algarismos. O maior valor possível de m é igual a:

(A) 1   (B) 2   (C) 3
(D) 4   (E) 5

1248. Quando escrito na base 3, um inteiro positivo termina com 2 zeros e quando escrito na base 4 ou na base 5 este mesmo número termina com um zero apenas. O número de outras bases nas quais a representação deste inteiro termina com pelo menos um zero é igual a:

(A) 18   (B) 16   (C) 14
(D) 12   (E) 10

1249. Considere a equação $100\ldots00_b + 100\ldots00_{b+1} = 100\ldots00_{b+2}$ onde cada termo contém exatamente n zeros. O número de valores de $2 \leq n \leq 100$ para os quais a equação é verdadeira é igual a:

(A) 0 (B) 1 (C) 2
(D) 3 (E) 4

1250. O número N é um múltiplo de 7. Se a representação de N na base 2 é igual a 10110101010101ABC110 o terno ordenado (A,B,C) é:

(A) $(0,1,0)$ (B) $(1,0,0)$ (C) $(0,0,1)$
(D) $(1,1,0)$ (E) $(1,1,1)$

1251. Dado o número $N = 111\ldots111$ expresso com k algarismos iguais a 1 quando escrito na base 2, a expressão de N^2, base 2, se escreve com:

(A) $(k-1)$ uns e $(k-1)$ zeros

(B) k uns e $(k-1)$ zeros

(C) $(k-1)$ uns e k zeros

(D) k uns e k zeros

(E) $2k$ uns

1252. Se o produto $(2^{2005}+1) \cdot (2^{2004}-1)$ é escrito na base 2, o número de zeros no resultado é igual a:

(A) 2005 (B) 2004 (C) 1003
(D) 1002 (E) 1

1253. Um inteiro N de dois algarismos é um número primo quando escrito nas bases 8, 10 ou 12. A soma dos algarismos de N é igual a:

(A) 11 (B) 10 (C) 9
(D) 8 (E) 7

Capítulo 5 – Teoria dos Números | 321

1254. Quando expresso na base 8, N! termina com 21 zeros. O maior inteiro positivo N, escrito na base 10, com esta propriedade é igual a:
(A) 64
(B) 65
(C) 66
(D) 67
(E) 68

1255. Para quantos valores de N, N! termina com exatamente 25 zeros?
(A) 1
(B) 2
(C) 3
(D) 4
(E) 5

1256. Calculando-se 30!, vemos que este termina com 7 zeros. O algarismo que precede estes zeros é:
(A) 8
(B) 7
(C) 6
(D) 5
(E) 4

1257. A soma dos algarismos do menor inteiro positivo N para o qual $\dfrac{N!}{12^{12}}$ é um número inteiro é:
(A) 7
(B) 8
(C) 9
(D) 10
(E) 11

1258. Se, da esquerda para a direita, os sete últimos algarismos de n! são 8000000 o valor da soma dos algarismos de n é igual a:
(A) 7
(B) 8
(C) 9
(D) 10
(E) 11

1259. A representação decimal de um natural a possui n algarismos enquanto que a representação decimal de a^3 possui m algarismos. Dentre os valores abaixo, aquele que não pode ser possível para $m+n$ é:
(A) 2002
(B) 2003
(C) 2004
(D) 2005
(E) 2006

1260. Considere as afirmativas:

1. Se x e y são inteiros positivos do sistema de numeração decimal com respectivamente 11 e k algarismos tais que xy possui 24 algarismos então o valor máximo possível de k é 15.

2. Existem 3 números inteiros não negativos n tais que as representações binária de n e ternária de $2n$ possuem os mesmos algarismos e na mesma ordem.

3. O centésimo termo da seqüência $(1, 3, 4, 9, 10, 12, 13, ...)$ é 981.

Assinale:

(A) Se somente as afirmativas (1) e (2) forem verdadeiras.

(B) Se somente as afirmativas (1) e (3) forem verdadeiras.

(C) Se somente as afirmativas (2) e (3) forem verdadeiras.

(D) Se todas as afirmativas forem verdadeiras.

(E) Se todas as afirmativas forem falsas.

1261. Considere a seqüência de 250 números escritos na base b: $(1, 2, 3, ..., 250)$. Se $b = 25$, a *maior* diferença, na base 10, entre os valores de dois números consecutivos é igual a:

(A) 361   (B) 371   (C) 381

(D) 391   (E) 401

1262. Sejam $A = (\underbrace{888...888}_{2005 \text{ algarismos}})_9$ e $B = (\underbrace{222...222}_{2005 \text{ algarismos}})_3$ então, o valor de $\dfrac{A-B}{B}$ é:

(A) 3^{2004} (B) 3^{2005} (C) 3^{2003}

(D) 3   (E) 1

1263. Sejam $a = \underbrace{333...333}_{2005 \text{ algarismos}}$ e $b = \underbrace{666...666}_{2005 \text{ algarismos}}$. O 2006-ésimo algarismo, contado da direita para a esquerda, do produto ab é:

(A) 0   (B) 1   (C) 2

(D) 7   (E) 8

1264. Seja N um inteiro positivo múltiplo de 17 cuja representação binária apresenta três uns e alguns zeros. O número mínimo de zeros na representação binária de N é igual a:

(A) 4   (B) 5   (C) 6

(D) 7   (E) 8

1265. Seja $M = \underbrace{111\ldots111}_{299 \text{ uns}}2$ onde M é um inteiro escrito no sistema de numeração decimal e consistindo de 299 un's seguidos de um 2 na ordem das unidades simples. Se N é um inteiro positivo tal que o produto (M·N) possui k vezes o número de algarismos de N então, o maior valor possível de k é igual a:

(A) 300   (B) 301   (C) 302

(D) 303   (E) 304

1266. Para listarmos todos os números de 0 a 7 na notação *binária*, devemos escrever doze 1's, a saber, 0, 1, 10, 11, 100, 101, 110, 111. O número de 1's necessários para listarmos, na notação *binária*, os inteiros de 0 a 1023 é:

(A) 5120   (B) 5122   (C) 2124

(D) 5126   (E) 5128

1267. Se os inteiros $n^2 \cdot (n^2+2)^2$ e $n^4 \cdot (n^2+2)^2$ forem escritos na base n^2+1 onde n é um inteiro positivo, podemos afirmar que:

(A) Ambos são escritos com os mesmos algarismos porém em ordem inversa.

(B) Os algarismos do segundo são os quadrados dos algarismos do primeiro.

(C) Os algarismos do segundo são os dobros dos algarismos do primeiro.

(D) Os algarismos do segundo são iguais aos algarismos do primeiro mais 2.

(E) Faltam dados para precisar os algarismos dos dois números

1268. Para os inteiros positivos n denotemos por D(n) o número de pares de algarismos adjacentes e distintos na representação binária de n. Por exemplo,

$$D(3) = D(11_2) = 0$$

$$D(21) = D(10101_2) = 4$$

$$D(97) = D(1100001_2) = 2$$

O número de inteiros positivos n menores ou iguais a 97 para os quais D(n) = 2 é igual a:

(A) 16 (B) 20 (C) 26
(D) 30 (E) 35

1269. Definimos Fatorial de n como sendo "*o produto dos números naturais desde 1 até n*" isto é, $n! = n(n-1)(n-2)\cdots 3\cdot 2\cdot 1$. Números podem ser escritos em uma base fatorial de numeração da seguinte forma:

$$a_n \cdot n! + a_{n-1}\cdot (n-1)! + \cdots + a_2 \cdot 2! + a_1 = (a_n a_{n-1} \cdots a_2 a_1)_F$$

onde $a_1, a_2, \ldots, a_n$ são inteiros tais que $0 \leq a_k < k$. Por exemplo, o número 251 da base decimal pode ser escrito como $2\cdot 5! + 0\cdot 4! + 1\cdot 3! + 2\cdot 2! + 1\cdot 1!$ ou $(20121)_F$.

Considere as afirmativas:

1. O número 999 na base fatorial é escrito como $(121211)_F$.

2. O número $(42001)_F$ na base decimal se escreve 529.

3. O sucessor de $(54321)_F$ é o número da $(100000)_F$.

Assinale:

(A) Se somente as afirmativas (1) e (2) forem verdadeiras.
(B) Se somente as afirmativas (1) e (3) forem verdadeiras.
(C) Se somente as afirmativas (2) e (3) forem verdadeiras.
(D) Se todas as afirmativas forem verdadeiras.
(E) Se todas as afirmativas forem falsas.

1270. Dado um inteiro positivo n, seja p(n) o produto dos algarismos não nulos de n. (Se n possui somente um algarismo então p(n) é igual a este algarismo). Seja

$$S = p(1) + p(2) + p(3) + \cdots + p(999)$$

O maior fator primo de S é igual a:

(A) 101 (B) 103 (C) 105
(D) 107 (E) 109

Capítulo 5 – Teoria dos Números | 325

1271. Para um inteiro positivo n, seja $s(n)$ o produto dos algarismos de n quando este é escrito na base 4. Por exemplo, uma vez que $31 = (133)_4$, obtemos $s(31) = 1 \times 3 \times 3 = 9$. O valor de $\sum_{n=1}^{255} s(n)$ é igual a:

(A) 1496 (B) 1554 (C) 1572
(D) 1596 (E) 1624

1272. Seja $N_b = 1_b + 2_b + \cdots + 100_b$ onde b é um inteiro maior que 2. O número de valores de b para os quais a soma dos quadrados dos algarismos de N_b é no máximo igual a 512 é:

(A) 30 (B) 31 (C) 32
(D) 33 (E) 34

1273. Tem-se 11 lâmpadas alinhadas e numeradas, da esquerda para a direita, de 1 a 11. Cada lâmpada pode estar acesa ou apagada. A cada segundo, observa-se a lâmpada apagada de maior número e inverte-se o estado desta (de acesa para apagada ou de apagada para acesa) e das lâmpadas posteriores (as lâmpadas de maior número). Se no início somente as lâmpadas de números 6, 7 e 10 estão acesas, e após exatamente n segundos, todas as lâmpadas estarão acesas, o valor de n é igual a:

(A) 1996 (B) 1997 (C) 1998
(D) 1999 (E) 2000

1274. Para um inteiro k na base 10, seja z(k) o número de zeros que aparecem na representação binária de k. Se $S_n = \sum_{k=1}^{n} z(k)$, o valor de S_{256} é igual a:

(A) 769 (B) 771 (C) 773
(D) 775 (E) 777

1275. Chamaremos um inteiro positivo N de um *duplo7–10* se os seus algarismos no sistema de numeração de base 7 formam um número que é o seu dobro no sistema de numeração de base 10. Por exemplo, 51 é um *duplo7–10* porque se escreve 102 no sistema de numeração de base 7. O maior *duplo7–10* é igual a:

(A) 311   (B) 313   (C) 315
(D) 317   (E) 319

1276. Todo inteiro positivo k possui uma única *expansão na base fatorial* $(f_1, f_2, f_3, \ldots, f_m)$ significando que

$$k = 1! \cdot f_1 + 2! \cdot f_2 + 3! \cdot f_3 + \cdots + m! \cdot f_m$$

onde cada f_i é um número inteiro, $0 \leq f_i \leq i$, e $0 < f_m$. Se $(f_1, f_2, f_3, \ldots, f_j)$ é a expansão na base fatorial de $16! - 32! + 48! - 64! + \cdots + 1968! - 1984! + 2000!$, o valor de $f_1 - f_2 + f_3 - f_4 + \cdots + (-1)^{j+1} f_j$ é igual a:

(A) 491   (B) 493   (C) 495
(D) 497   (E) 499

1277. Considerando todos os inteiros entre 1 e 2^{40} cuja representação binária possui exatamente dois 1's, o número daqueles que são divisíveis por 9 é igual a:

(A) 130   (B) 131   (C) 132
(D) 133   (E) 134

1278. Seja N o número de inteiros positivos que são menores ou iguais a 2003 e cuja representação binária possui mais 1's do que 0's. O valor de N é igual a:

(A) 1151   (B) 1153   (C) 1155
(D) 1157   (E) 1159

1279. Seja n um número inteiro positivo múltiplo de 2004 tal que a sua representação binária possui exatamente 2004 zeros e 2004 uns. O número de valores possíveis de n é:

(A) 0   (B) 1   (C) 2
(D) 3   (E) mais de 3

1280. Dado um inteiro positivo $a > 1$, escrito na notação decimal, seja b o número obtido ao colocarmos lado a lado duas cópias de a isto é, $b = aa$. Sabendo que b é um múltiplo de a^2, o número de valores possíveis de $\dfrac{b}{a^2}$ é igual a:

(A) 0   (B) 1   (C) 2

(D) 3   (E) mais de 3

1281. Seja ABC um número de três algarismos do sistema de numeração decimal com $A \geq 1$. O valor mínimo de $ABC-(A^2+B^2+C^2)$ é igual a:

(A) 21   (B) 23   (C) 25

(D) 27   (E) 29

1282. Sabendo que a soma dos números de três algarismos do sistema de numeração decimal ABC, CAB e BCA pode ser fatorada em quatro números primos distintos, o valor máximo possível do produto A.B.C é igual a:

(A) 640   (B) 642   (C) 644

(D) 646   (E) 648

1283. Seja $0,\overline{A} = 0,AAAA...$ O número de ternos ordenados (A, B, C) com $A, B, C \in \{0, 1, 2, ..., 9\}$ tais que

$$K = \dfrac{0,\overline{ABC}+0,\overline{ACB}+0,\overline{BAC}+0,\overline{BCA}+0,\overline{CAB}+0,\overline{CBA}}{0,\overline{A}+0,\overline{B}+0,\overline{C}}$$

seja um número inteiro é igual a:

(A) 1000   (B) 999   (C) 900

(D) 729   (E) 512

1284. Os algarismos de um inteiro positivo A em sua representação no sistema de numeração decimal crescem da esquerda para a direita. A soma dos algarismos do número 9.A é igual a:

(A) 9   (B) 10   (C) 18

(D) 27   (E) 36

328 | Problemas Selecionados de Matemática

1285. Um número de 10 algarismos é dito *interessante* se todos os seus algarismos são distintos e ele é um múltiplo de 1111. Quantos números *interessantes* existem?

(A) 3450 (B) 3452 (C) 3454
(D) 3456 (E) 3458

1286. A soma dos algarismos de um inteiro positivo n escrito no sistema de numeração decimal é igual a 100 e a soma dos algarismos do número 44n é 800. A soma dos algarismos do número 3n é igual a:

(A) 200 (B) 300 (C) 330
(D) 400 (D) 440

1287. Uma fina tira de papel que possui 1024 unidades de comprimento e 1 unidade de largura está dividida em 1024 quadrados unitários. A tira é dobrada ao meio repetidamente. Primeiramente, a tira é dobrada de modo que a extremidade direita da tira fique sobre a extremidade esquerda resultando em uma tira de 512×1 com o dobro da espessura da primeira. A seguir, a extremidade direita desta nova tira é dobrada de modo a coincidir com a sua extremidade esquerda resultando em uma tira de 256×1 com o quádruplo da espessura da tira inicial. Este processo é repetido mais 8 vezes. Após a última dobra, a tira vira uma pilha de 1024 quadrados unitários. Quantos destes quadrados estão abaixo do quadrado que originalmente era o 942º quadrado da esquerda para a direita?

(A) 591 (B) 593 (C) 595
(D) 597 (E) 599

1288. Dizemos que um conjunto A formado por 4 algarismos distintos e não nulos é "intercambiável" se podemos formar dois pares de número, cada um com dois algarismos de A, utilizando todos os dígitos de A de modo que o produto dos números de cada par seja o mesmo ainda que os dígitos que os formam troquem de lugar. Por exemplo, o conjunto {1, 2, 3, 6} é intercambiável pois 21.36=12.63. O número de conjuntos intercambiáveis é igual a:

(A) 4 (B) 5 (C) 9
(D) 10 (E) 14

1289. Sabendo que três números $a < b < c$ são ditos em Progressão Aritmética se $c - b = b - a$, considere a seqüência (u_n) tal que $u_0 = 0$, $u_1 = 1$ e para cada $n \geq 1$, u_{n+1} é o menor inteiro positivo tal que $u_{n+1} > u_n$ e de modo que (u_n) não possua três elementos em progressão aritmética. O valor de u_{100} é igual a:

(A) 189 (B) 198 (C) 891
(D) 918 (E) 981

1290. Gustavo pensa em um número natural qualquer de dois algarismos e Antonio tentará adivinhá-lo. Se o número que Antonio disser for igual ao número de Gustavo ou se um de seus algarismos for igual ao algarismo correspondente do número de Gustavo e o outro algarismo diferir de uma unidade do algarismo correspondente do número de Gustavo então este diz "quente", caso contrário, ele diz "frio". Por exemplo, se o número de Gustavo for 65, então se Antonio disser qualquer um dos números dentre 64, 65, 66, 55 ou 75 então Gustavo deverá dizer "quente", caso contrário deverá dizer "frio". O número mínimo de tentativas que Antonio deverá fazer para adivinhar o número de Gustavo é:

(A) 18 (B) 19 (C) 20
(D) 21 (E) 22

1291. Seja M um número inteiro positivo de três algarismos em ordem estritamente crescente da esquerda para a direita. A média aritmética de M e todos os outros números de três algarismos obtidos com a reordenação dos algarismos de M termina em 5. A quantidade de tais números M é igual a:

(A) 6 (B) 8 (C) 10
(D) 12 (E) 15

1292. Os algarismos x, y e z são tais que $\dfrac{1}{x+y+z} = 0,xyz$ onde 0, xyz é um número decimal com x décimos, y centésimos e z milésimos. O valor de x+2y−z é igual a:

(A) 0 (B) 1 (C) 2
(D) 3 (E) 4

1293. Chamaremos um número de "especial" se a sua representação decimal consiste somente dos algarismos 0 e 7. Por exemplo,

$$\frac{700}{99} = 7,\overline{07} = 7,070707... \text{ e } 77,007$$

são números especiais. O menor n tal que o número 1 possa ser escrito como a *soma* de n números especiais é igual a:

(A) 7   (B) 8   (C) 9
(D) 10   (E) não existe tal n

1294. O número de *quadrados perfeitos* da forma a000...009 (no qual a>0 é um algarismo do sistema de numeração decimal e existe pelo menos um zero) é igual a:

(A) 0   (B) 1   (C) 2
(D) 3   (E) infinito

1295. Observe que o número 10 possui 9 *unidades a mais* que a soma dos quadrados de seus algarismos. A soma de *todos os outros* inteiros positivos de dois algarismos que possuem 9 *unidades a mais* que a soma dos quadrados de seus algarismos é igual a:

(A) 100   (B) 200   (C) 300
(D) 400   (E) 500

1296. Fernanda desejava multiplicar um número de *dois* algarismos por um de *três* algarismos. Entretanto, ela esqueceu de colocar o sinal de multiplicação entre os dois números tendo assim formado um número de *cinco* algarismos ao deixar apenas o número de dois algarismos à esquerda do número de três algarismos. Este número é exatamente *nove* vezes o produto que ela deveria ter encontrado. A *soma* do número de dois algarismos com o número de três algarismos é igual a:

(A) 112   (B) 113   (C) 114
(D) 124   (E) 126

1297. Luiza esqueceu de colocar o sinal de multiplicação entre dois números de três algarismos escrevendo-os como um único número. Este número de seis algarismos é exatamente o triplo do número obtido ao multiplicarmos os dois números de três algarismos. A soma destes dois números de três algarismos é:

(A) 500   (B) 501   (C) 502
(D) 503   (E) 504

1298. Seja N o menor número natural cujo último algarismo é igual a 6 e tal que quando colocamos este último algarismo na frente dos outros, o número resultante é o quádruplo do original. A soma dos algarismos de N é igual a:

(A) 21   (B) 23   (C) 25
(D) 27   (E) 29

1299. Um número natural de 6 algarismos começa, à esquerda, pelo algarismo 1. Levando-se este algarismo 1, para o último lugar, à direita, conservando a seqüência dos demais algarismos, o novo número é o triplo do número primitivo. O número primitivo é:

(A) 100006   (B) múltiplo de 11   (C) múltiplo de 4
(D) maior que 180000   (E) divisível por 5

1300. Um número natural de três algarismos se chama tricúbico se ele é igual à soma dos cubos de seus algarismos. O número de pares de números consecutivos tais que ambos sejam tricúbicos é igual a:

(A) 0   (B) 1   (C) 2
(D) 3   (E) infinito

1301. Os dígitos a e b onde $a \neq 0$ são tais que o número $N = ababab1$ escrito no sistema de numeração decimal, é um cubo perfeito. O valor de $a+b$ é igual a:

(A) 10   (B) 11   (C) 12
(D) 13   (E) 14

1302. Um número natural com menos de 30 algarismos termina, á direita, com o algarismo 2. Transpondo este algarismo 2, para o primeiro lugar, á esquerda, conservando a seqüência dos demais algarismos, o novo número é igual ao dobro do número original. O número de algarismos do número original é:

(A) 15   (B) 18   (C) 21
(D) 24   (D) 27

1303. O inteiro positivo n é tal que, eliminando-se seus três últimos algarismos da direita, obtemos a raiz cúbica de n. A soma dos algarismos de n é igual a:

(A) 22   (B) 23   (C) 24
(D) 25   (E) 26

332 | Problemas Selecionados de Matemática

1304. A soma de todos os números naturais de 4 algarismos, escritos na base 10, que são iguais ao cubo da soma de seus algarismos é igual a:

(A) 10741   (B) 10743   (C) 10745
(D) 10747   (E) 10749

1305. A soma de todos os números inteiros positivos que possuem uma unidade a mais que a soma dos quadrados de seus algarismos é igual a:

(A) 100   (B) 110   (C) 120
(D) 130   (E) 140

1306. Seja N o menor quadrado perfeito que termina com 9009. A soma dos algarismos da raiz quadrada de N é:

(A) 8   (B) 9   (C) 10
(D) 11   (E) 12

1307. Seja N um número de seis algarismos $N = \overline{abcdef}$ tal que quando o multiplicamos por 5, 4, 6, 2 e 3 respectivamente obtemos números cujos algarismos são iguais aos algarismos de N permutados ciclicamente, isto é $\overline{fabcde}$, $\overline{efabcd}$ etc. A soma dos algarismos de N é igual a:

(A) 24   (B) 27   (C) 30
(D) 33   (E) 36

1308. O inteiro N é o menor múltiplo de 15 no qual qualquer um de seus algarismos é igual a 0 ou 8. O valor de $\dfrac{N}{15}$:

(A) 592   (B) 594   (C) 596
(D) 598   (E) 602

1309. O número de quadrados perfeitos com 20 dígitos nos quais os 9 últimos algarismos da esquerda são todos iguais a nove é igual a:

(A) 1   (B) 2   (C) 3
(D) 4   (E) 5

1310. Considere as afirmativas:

1. O penúltimo algarismo do número $N = 1 \times 3 \times 5 \times 7 \times \cdots \times 99$ é 5.

2. O número de inteiros de 1 a 2005 que possuem soma de seus algarismos divisível por 5 é igual a 400.

3. O número de cubos perfeitos compreendidos entre 1 e 500000, inclusive, que são múltiplos de 7 é igual a 11.

4. Se $12 \times 11 \times 10 \times \ldots \times 3 \times 2 \times 1 + 14$ e divisível por 13, então o resto da divisão de $13 \times 12 \times \ldots \times 3 \times 2 \times 1$ por 169 é igual a 156.

Conclua que:

(A) (2), (3) e (4) são verdadeiras

(B) somente (2) é verdadeira

(C) Somente (1) e (4) são falsas

(D) (2) e (4) são falsas

(E) Todas são verdadeiras

1311. Na seqüência (24, 2534, 253534, 25353534, 2535353534, ...), seja N o primeiro número que é divisível por 99. O número de algarismos de N é igual a:

(A) 170   (B) 172   (C) 174

(D) 176   (E) 178

1312. Um número natural é dito "brilhante" se ele pode ser representado como a soma de um quadrado perfeito com um cubo perfeito. Se x e y são dois inteiros positivos quaisquer então, o número de naturais n tais que $x+n$ e $y+n$ são brilhantes é:

(A) 0   (B) 1   (C) 2

(D) 3   (E) infinito

1313. Seja N o *maior* número natural no qual cada um de seus algarismos, exceto o primeiro e o último, é menor que a média aritmética dos seus algarismos adjacentes. A *soma* dos algarismos de N é igual a:

(A) 40   (B) 42   (C) 44

(D) 46   (E) 48

334 | Problemas Selecionados de Matemática

1314. Dizemos que um número de três algarismos é "bom" se todos os seus algarismos forem não nulos, distintos entre si e com soma igual a nove. Por exemplo, 513 é um número "bom" porque 5+1+3=9. A média aritmética de todos os números bons é igual a:

(A) 111 (B) 222 (C) 333
(D) 666 (E) 999

1315. Seja n o maior número de elementos de um conjunto de elementos distintos de {10, 11, 12, ..., 99} e do qual é sempre possível selecionar dois subconjuntos cujas somas dos seus elementos sejam iguais. O valor de n é:

(A) 9 (B) 10 (C) 11
(D) 12 (E) 13

1316. A quantidade de números da forma 444...4443 que são múltiplos de 13 é:

(A) 0 (B) 1 (C) 2
(D) 3 (E) mais de 3

1317. O número 573 é tal que a representação decimal do seu *quadrado* consiste em dois inteiros consecutivos escritos lado a lado, isto é $573^2=328.329$. A soma de todos os números de três algarismos que possuem esta propriedade é igual a:

(A) 2570 (B) 2572 (C) 2574
(D) 2576 (E) 2578

1318. Os nove algarismos 1, 2, 3, ..., 9 são escritos em uma ordem qualquer de modo a formar um número N de 9 algarismos. Considerando todos os ternos de 3 algarismos consecutivos que figuram em N e efetuando-se a soma S destes 7 números de 3 algarismos, o maior valor possível de S é igual a:

(A) 4468 (B) 4648 (C) 6448
(D) 6844 (E) 8644

1319. O número de pares ordenados de inteiros positivos (a,b) tais que 8b+1 seja múltiplo de a e 8a+1 seja múltiplo de b é igual a:

(A) 10 (B) 11 (C) 12
(D) 13 (E) 14

Capítulo 5 – Teoria dos Números | 335

1320. Observando que $1001 = 7 \times 11 \times 13$, podemos usar este fato para obter um critério de divisibilidade por 7 bem mais rápido. De fato,

$$31759 = 31 \times 1000 + 759 = 31 \times 1001 - 31 + 759$$

Isto significa que 31759 é divisível por 7 se, e somente se $-31 + 759$ o for. Assinale dentre os números abaixo, aquele que NÃO é divisível por 7:

(A) 31759 (B) 471625 (C) 1556191
(D) 12030404 (E) 12345676

1321. Considere as afirmativas:

1. Seja N o maior inteiro positivo múltiplo de 8 que possui todos os seus algarismos distintos. O resto da divisão de N por 1000 é igual a 120.
2. A soma de todos os inteiros positivos de dois algarismos divisíveis por cada um de seus algarismos é igual a 630.
3. O número de inteiros positivos que possuem exatamente 3 divisores próprios (um divisor positivo de n e distinto de n), cada um dos quais menores que 50 é igual a 109.
4. O número de quadrados perfeitos divisores do número $1! \cdot 2! \cdot 3! \cdots 9!$ é igual a 672.
5. Se $R_9(n)$ representa o resto da divisão de n por 9 então $R_9(387) = R_9(3 \times 8 \times 7)$.

Conclua que:

(A) Somente (1) e (3) são verdadeiras
(B) Somente (2) é verdadeira
(C) Somente (1) e (4) são verdadeiras
(D) Somente (5) é falsa
(E) Todas são falsas

1322. Considere as afirmativas:

1. Um número N é divisível por 7 se, e somente se, a diferença entre o número de dezenas de N e o dobro de seu algarismo das unidades é divisível por 7.

2. Um número N é divisível por 19 se, e somente se, a soma entre o número de dezenas de N e o dobro de seu algarismo das unidades é divisível por 19.

3. Um número N é divisível por 29 se, e somente se, a soma entre o número de dezenas de N e o triplo de seu algarismo das unidades é divisível por 29.

4. Um número $N = d_n d_{n-1} d_{n-2} \ldots d_3 d_2 d_1$, onde os $0 \leq d_i \leq 9$ são os algarismos decimais de N, é divisível por 7 se, e somente se, a soma dos produtos dos algarismos de N, a partir de d_1, multiplicados pelos coeficientes $(1, 3, 2, -1, -3, -2, 1, 3, 2, -1, -3, -2, \ldots)$ for divisível por 7.

5. Um número $N = d_n d_{n-1} d_{n-2} \ldots d_3 d_2 d_1$, onde os $0 \leq d_i \leq 9$ são os algarismos decimais de N, é divisível por 13 se, e somente se, a soma dos produtos dos algarismos de N, a partir de d_1, multiplicados pelos coeficientes $(1, -3, -4, -1, 3, 4, 1, -3, -4, -1, 3, 4, \ldots)$ for divisível por 13.

Conclua que
(A) Quatro são falsas
(B) Duas são verdadeiras e três são falsas
(C) Três são verdadeiras e duas são falsas
(D) Quatro são verdadeiras e uma é falsa
(E) Todas são verdadeiras

1323. Considere as afirmativas:

1. Se ab é divisível por 15 então, pelo menos um dos fatores é divisível por 15.

2. Se ab é divisível por 17 então pelo menos um dos fatores é divisível por 17.

3. Se a é divisível por 6 e b é divisível por 10 então ab é divisível por 15.

4. Se ab é divisível por 60 com b e 10 primos entre si então a é divisível por 20.

5. Um número N é divisível por 2^k se, e somente se, o número representado pelos k últimos algarismos de N for divisível por 2^k.

Conclua que
(A) Todas são falsas
(B) Todas são verdadeiras
(C) Quatro são verdadeiras e uma é falsa
(D) Três são verdadeiras e duas são falsas
(E) Duas são verdadeiras e três são falsas

1324. Considere as afirmativas:
1. O número de pares de algarismos (x, y) para os quais o número $23y579x$ é divisível por 6 é igual a 13.
2. O número de pares de algarismos (x, y) para os quais o número $456x7y2$ é divisível por 12 é igual a 13.
3. O número de pares de algarismos (x, y) para os quais o número $45x83y$ é divisível por 15 é igual a 6.
4. O número de pares de algarismos (x, y) para os quais o número $3014x5y$ é divisível por 12 é igual a 7.
5. O número de pares de algarismos (x, y) para os quais o número $42673xy$ é divisível por 60 é igual a 2.

Conclua que:
(A) Três são verdadeiras e duas são falsas
(B) Duas são verdadeiras e três são falsas
(C) Somente (2) é verdadeira
(D) Somente (1) é falsa
(E) Todas são verdadeiras

1325. Considere as afirmativas:
1. O valor de k para o qual o número $1k31k4$ é divisível por 12 mas *não* é por 9 é um divisor de 6.
2. O número de pares de algarismos (x, y) para os quais o número $41x78y$ é divisível por 15 é igual 5.
3. O número de pares de algarismos (x, y) para os quais o número $1x2y3x4y$ é divisível por 33 é igual a 4.

4. Se $q(n)$ a soma dos algarismos de n então $q\left(q\left(q\left(2005^{2005}\right)\right)\right)=7$

5. O algarismo A em $(9966334)\cdot(9966332) = 99327A93466888$ é igual a 7.

Conclua que

(A) (1) e (2) estão certas
(B) (2) está certa e (3) errata
(C) (1) está certa e (5) errata
(D) (2) e (5) estão erradas
(E) (3) está errada e (4) está certa

1326. Seja $N = (a_n a_{n-1} \ldots a_2 a_1 a_0)_b$ é um inteiro positivo de $n+1$ algarismos escrito numa base b onde $0 \le a_i \le b-1$ e $a_n \ne 0$. Considere então as afirmativas:

1. Se $b = 10$ então N é divisível por d se, e somente se,
$a_n c^n + a_{n-1} c^{n-1} + \ldots + a_2 c^2 + a_1 c + a_0$ é divisível por d quando $10 \equiv c \pmod{10}$.

2. Se b é qualquer então N é divisível por d se, e somente se,
$a_n c^n + a_{n-1} c^{n-1} + \ldots + a_2 c^2 + a_1 c + a_0$ é divisível por d quando $b \equiv c \pmod{d}$.

3. Se $b \equiv 1 \pmod{d}$ então, N é divisível por $b-1$ (ou por um de seus divisores) se, e somente se, a soma de seus algarismos for divisível por $b-1$ (o u por um de seus divisores).

4. Se b é um número ímpar não inferior a 3, então um número é divisível por 2 se, e somente se, ele é par.

5. Para todo b, N é divisível por $b+1$ se a diferença entre as somas alternadas dos algarismos de N for divisível por $b+1$.

Conclua que

(A) Todas são falsas
(B) Todas são verdadeiras
(C) Quatro são verdadeiras e uma é falsa
(D) Três são verdadeiras e duas são falsas
(E) Duas são verdadeiras e três são falsas

1327. Seja N um inteiro positivo de 13 algarismos, múltiplo de 2^{13} e que só contém os algarismos 8 e 9. A soma dos algarismos de $\frac{N}{2^{13}}$ é igual a:

(A) 40   (B) 41   (C) 42
(D) 43   (E) 44

1328. Definimos n!=n(n−1)(n−2)...3.2.1 (isto é, o produto dos números naturais desde 1 até n). Seja k o menor número diferente de 0 tal que k! é divisível por 1000. A soma dos algarismos de k é igual a:

(A) 1   (B) 2   (C) 5
(D) 6   (E) 7

1329. Se o número A3640548981 270644 B é divisível por 99, o número de pares ordenados de dígitos (A,B) é:

(A) 0   (B) 1   (C) 2
(D) 3   (E) 4

1330. O número de inteiros de *seis* algarismos divisíveis por 11 e que possuam apenas os algarismos 1, 2, 3, 4, 5, 6 em alguma ordem e sem repetições é:

(A) 0   (B) 1   (C) 2
(D) 3   (E) mais de 3

1331. Quantos números de *cinco* algarismos são divisíveis por 3 e possuem 6 como um dos seus algarismos?

(A) 29999   (B) 17496   (C) 12503
(D) 18456   (E) 12504

1332. O *Pequeno Teorema de Fermat* afirma que: "Se *p* é um número primo e $1 \leq a < p$, então a^p deixa resto *a* quando dividido por *p*". Com base neste teorema, o menor valor de n para o qual $2^n - 1$ é divisível por 41 é igual a:

(A) 5   (B) 8   (C) 10
(D) 20   (E) 40

1333. Considere as 8! permutações distintas dos algarismos 1, 3, 4, 5, 6, 7, 8 e 9. Quantos destes números de 8 algarismos, são múltiplos de 275?

(A) 30   (B) 32   (C) 34
(D) 36   (E) 38

1334. Se $x \neq 0$, sejam N' e N" os dois números obtidos ao substituirmos x, y e z no número N = xyzzyx de modo que N seja divisível por 9 e 25. O valor de N'+N" é igual a:

(A) 1098800   (B) 1098900   (C) 1099000
(D) 1099100   (E) 1099200

1335. Os inteiros de 19 a 98 são escritos lado a lado para formar o número N = 1920212223...969798. Se 3^k é a maior potência de 3 que divide N então k é igual a:

(A) 0   (B) 1   (C) 2
(D) 3   (E) mais de 3

1336. O número 31^{31} é um inteiro que quando escrito na notação decimal, contém 47 algarismos. Se a soma destes 47 algarismos é S e a soma dos algarismos de S é T então a soma dos algarismos de T é igual a:

(A) 4   (B) 5   (C) 6
(D) 7   (E) 8

1337. O inteiro A possui 198.519.8511985 algarismos e não é múltiplo de 3. Sabe-se que a soma dos algarismos de A é B, a soma dos algarismos de B é C e a soma dos algarismos de C é D. O valor máximo possível de D é igual a:

(A) 11   (B) 13   (C) 15
(D) 17   (E) 19

1338. Quando 4444^{4444} é escrito na notação decimal, a soma dos seus algarismos é A. Seja B a soma dos algarismos de A. A soma dos algarismos de B é igual a:

(A) 1   (B) 3   (C) 5
(D) 7   (E) 9

Capítulo 5 – Teoria dos Números | 341

1339. Seja N um número natural de 100 algarismos, não nulos, que é *divisível* pela soma dos seus algarismos. Um valor possível para a soma dos *algarismos distintos* de N é igual a:

(A) 10   (B) 12   (C) 15
(D) 16   (E) 17

1340. Um inteiro positivo de n algarismos é dito "atraente" se os seus n algarismos consistem numa arrumação do conjunto $\{1,2,3,...,n\}$ e os seus k primeiros algarismos formam um inteiro divisível por k para $k = 1,2,3,...,n$. Por exemplo, 321 é um número atraente de 3 algarismos porque 1 divide 3 ; 2 divide 32 e 3 divide 321. O número de números atraentes de 6 algarismos é igual a:

(A) 0   (B) 1   (C) 2
(D) 3   (E) 4

1341. Um inteiro positivo N possui 1994 algarismos dos quais 14 são iguais a zero e os números de vezes em que aparecem os demais algarismos 1, 2, 3, 4, 5, 6, 7, 8 e 9 estão na razão 1:2:3:4:5:6:7:8:9 respectivamente. Sobre o fato de N ser um quadrado perfeito podemos afirmar que:

(A) Só é possível se os 14 zeros forem os últimos algarismos
(B) Não é possível porque N não é divisível por 9 .
(C) É possível porque N é divisível por 4 .
(D) Só é possível se N for divisível por 25 .
(E) Nada se pode afirmar sem conhecermos a disposição dos algarismos de N .

1342. O *menor* inteiro positivo k para o qual $2^{24}+k$ é *divisível* por 127 é igual a

(A) 111   (B) 113   (C) 115
(D) 117   (E) 119

1343. O número de elementos da interseção dos conjuntos:

$A = \{2, 5, 10, 17, ..., n^2 + 1, ...\}$ e $B = \{10001, 10004, 10009, ..., n^2 + 10000, ...\}$

é igual a:

(A) 0   (B) 1   (C) 4
(D) 6   (E) 10

1344. Dado $0 \le x_0 < 1$ seja $\begin{cases} 2x_{n-1} & \text{se } 2x_{n-1} < 1 \\ 2x_{n-1}-1 & \text{se } 2x_{n-1} \ge 1 \end{cases}$ para todos os inteiros $n > 0$. Para quantos valores de x_0 tem-se que $x_0 = x_5$?

(A) 0   (B) 1   (C) 5
(D) 31   (E) infinitos Página 307

1345. O número de maneiras segundo as quais podemos arrumar em linha os números 21, 31, 41, 51, 61, 71 e 81 de modo que da esquerda para a direita a soma de quaisquer quatro números consecutivos seja divisível por 3 é igual a:

(A) 140   (B) 142   (C) 144
(D) 146   (E) 148

1346. A soma de todos os números positivos de *dois* algarismos que são divisíveis por cada um dos seus algarismos é igual a:

(A) 630   (B) 632   (C) 634
(D) 636   (E) 638

1347. Sabendo que

$34! = 295\,232\,799\,cd9\,604\,140\,847\,618\,609\,643\,5ab\,000\,000$

o valor de $a+b+c+d$ é igual a:

(A) 4   (B) 5   (C) 6
(D) 7   (E) 8

1348. A soma de três números inteiros positivos e consecutivos é igual a uma potência de 3 e a soma dos três números inteiros consecutivos seguintes é um múltiplo de 7. O menor valor da soma destes seis números consecutivos é igual a:

(A) 491   (B) 493   (C) 495
(D) 497   (E) 499

1349. Barbosa possui 100 anos de idade e sua memória algumas vezes falha. Ele lembra que ano passado – ou foi ano retrasado? – houve uma grande festa em sua homenagem, em que cada convidado lhe presenteou com um número de pérolas igual à idade dele. O total de pérolas que Barbosa ganhou foi o número de cinco algarismos x67y2, mas infelizmente ele não consegue lembrar quais são os algarismos x e y. O número de convidados da festa foi igual a:

(A) 571   (B) 573   (C) 575
(D) 577   (E) 579

1350. A soma de todos os números de seis dígitos da forma 523xyz que são simultaneamente divisíveis por 7, 8 e 9 é igual a:

(A) 1046805   (B) 1046806   (C) 1046807
(D) 1046808   (E) 1046809

1351. Se N=1992abcd é divisível por 8640 então $\dfrac{N}{8640}$ é igual a:

(A) 2302   (B) 2304   (C) 2306
(D) 2308   (E) 2310

1352. O número de inteiros positivos N que utilizam os algarismos de 1 a 9 tais que os números determinados por quaisquer dois algarismos consecutivos de N sejam divisíveis por 7 ou por 13 é igual a:

(A) 0   (B) 1   (C) 2
(D) 3   (E) infinito

1353. Seja N o menor número natural de 97 algarismos, todos diferentes de zero, e que seja múltiplo da soma de seus 97 algarismos. A soma dos algarismos distintos de N é igual a:

(A) 30   (B) 31   (C) 32
(D) 33   (E) 34

1354. O número de pares de algarismos (a,b) para os quais o número 30a0b03 é divisível por 13 é igual a:

(A) 1   (B) 2   (C) 3
(D) 5   (E) 7

1355. Considere os números obtidos repetindo sucessivamente 1988 isto é, 1988, 19881988, 1988198819 88 etc. O número mínimo de justaposições que devemos fazer a fim de obtermos um múltiplo de 126 é igual a:

(A) 3   (B) 5   (C) 7
(D) 9   (E) 71

1356. Quantos números de sete algarismos são *múltiplos* de 388 e terminam em 388?

(A) 91   (B) 93   (C) 95
(D) 97   (E) 99

1357. Todos os números de dois algarismos de 19 a 80 são escritos lado a lado. O resultado é então o único inteiro 1920212223...787980. Assinale dentre os números abaixo aquele que deve ser subtraído deste número para obtermos um número *divisível* por 1980.

(A) 80   (B) 81   (C) 82
(D) 83   (E) zero

1358. O número *máximo* de algarismos do natural N tal que N é divisível por cada um dos seus algarismos é igual a:

(A) 9   (B) 8   (C) 7
(D) 5   (E) 4

1359. Seja N o menor número inteiro positivo que termina em 56, é múltiplo de 56 e possui soma de seus algarismos igual a 56. A soma dos algarismos de $\dfrac{N}{56}$ é igual a:

(A) 20   (B) 22   (C) 24
(D) 26   (E) 28

1360. Considere as afirmativas:

1. Existe um inteiro positivo divisível por 1996 e tal que a soma de seus algarismos seja divisível por 1996.

2. O valor do dígito d para o qual o número d456d seja divisível por 18 é 6.

3. Se o número $M = \underbrace{1111\ldots1111}_{n \text{ dígitos 1's}}$ é divisível por 13 então M pode não ser divisível por 17.

4. O resto da divisão de $16^{101} + 8^{101} + 4^{101} + 2^{101} + 1$ por $2^{100} + 1$ é 101.

5. Existe um número que termina por 987654321 que é divisível por 2003.

Conclua que

(A) Quatro são falsas
(B) Duas são verdadeiras e três são falsas
(C) Três são verdadeiras e duas são falsas
(D) Quatro são verdadeiras e uma é falsa
(E) Todas são verdadeiras

1361. Seja N o *menor* múltiplo de 99 cujos algarismos somam 99 e que começa e termina com 97. A soma dos algarismos de $\dfrac{N}{99}$ é igual a:

(A) 30   (B) 31   (C) 32
(D) 33   (E) 34

1362. Seja N o menor múltiplo de 1998 no qual qualquer um de seus algarismos é igual a 0 ou 3. A soma dos algarismos de $\dfrac{N}{1998}$ é igual a:

(A) 31   (B) 33   (C) 35
(D) 37   (E) 39

1363. Seja $N_k = 13131313\ldots131$ um número do sistema de numeração decimal formado por $2k+1$ algarismos dos quais $k+1$ são iguais a 1 e k são iguais a 3. O número de valores de k para os quais N_k é divisível por 31 é igual a:

(A) 0   (B) 1   (C) 2
(D) 3   (E) infinito

1364. Seja $S = \{11, 13, 14, 15, 17, 27, 28, 29, 36, 51\}$ um conjunto do qual serão escolhidos cinco números distintos cujo produto é igual a 2137590. A *soma* destes cinco números é igual a:

(A) 90   (B) 92   (C) 94
(D) 96   (E) 98

1365. Seja N o menor número inteiro de cinco algarismos tal que 2N também seja um número inteiro de cinco algarismos e nos quais figurem os dez algarismos de 0 a 9. Os dois últimos algarismos de N são:

(A) 38 (B) 45 (C) 48
(D) 58 (E) 85

1366. Se N = 2 244 851 485 148 514 627 e D = 8 118 811 881 188 118 000 então, colocando-se a fração $\dfrac{N}{D}$ sob a forma irredutível, a soma do seu numerador com o seu denominador é igual a:

(A) 2551 (B) 2553 (C) 2555
(D) 2557 (E) 2559

1367. Seja n = 333...33 consistindo de 100 algarismos iguais a 3. Seja N o menor número consistindo somente de 4's e tal que N seja divisível por n. Sabendo que N consiste de x 4's, o valor de x é igual a:

(A) 150 (B) 180 (C) 240
(D) 300 (E) 400

1368. Qual o dígito que deve ser colocado no lugar do "?" no número 888...888?999...99 (onde os 8's e os 9's são escritos 50 vezes cada) para que o número resultante seja divisível por 7?

(A) 3 (B) 5 (C) 7
(D) 8 (E) 9

1369. Quantos são os números de 7 algarismos múltiplos de 21 e nos quais cada um dos algarismos é 3 ou 7?

(A) 2 (B) 3 (C) 4
(D) 5 (E) mais de 5

1370. O número de maneiras de se colocar os 10 algarismos 0, 1, 2, 3, ... , 9 no lugar dos asteriscos em 71*543*2*985*2*356*8*7*836*7*39997 de modo que o número obtido deixe resto 1981 quando dividido por 3168 é:

(A) 1   (B) 2   (C) 3
(D) 5   (E) mais de 5

1371. O número de pares de números de seis algarismos tais que se estes forem escritos lado a lado para formar um número de doze algarismos, este último é *divisível* pelo produto dos dois primeiros é igual a:

(A) 0   (B) 1   (C) 2
(D) 3   (E) 4

1372. Quantos números n do conjunto {1, 2, 3, ..., 100} existem, de forma que o algarismo das dezenas de n^2 seja um número *ímpar*?

(A) 10   (B) 20   (C) 30
(D) 40   (E) 50

1373. A soma de todos os números N de três algarismos divisíveis por 11 e tais que $\frac{N}{11}$ é igual à soma dos quadrados dos algarismos de N é:

(A) 1351   (B) 1353   (C) 1355
(D) 1357   (E) 1359

1374. Sejam a, b, e c números de três algarismos e nos quais figuram os algarismos 1, 2, 3, ..., 9 cada um deles figurando exatamente uma vez. Sabendo que a razão a:b:c é 1:3:5, o valor de a+b+c é igual a:

(A) 1161   (B) 1163   (C) 1165
(D) 1167   (E) 1169

1375. Entre meus 35 amigos existem alguns que me devem R$250,00 cada, outros, aos quais eu devo R$60,00 e alguns onde não há qualquer tipo de pendência. Certo dia todos os meus amigos que me deviam vieram pagar-me e logo após todos aqueles aos quais eu devia vieram me cobrar. Sabendo que ao final do dia eu estava com R$310,00, quantos dos meus amigos me deviam dinheiro?

(A) 7 (B) 11 (C) 15
(D) 17 (E) 19

1376. O número de naturais n tais $n^2-10n-22$ seja o produto dos seus algarismos no sistema de numeração decimal é igual a:

(A) 0 (B) 1 (C) 2
(D) 3 (E) mais de 3

1377. A seqüência (a_n) de inteiros positivos é tal que $a_{n+3} = a_{n+2}(a_{n+1} + a_n)$ para todo $n = 1, 2, 3, \ldots$. Se $a_6 = 144$, o valor da soma dos algarismos de a_7 é:

(A) 14 (B) 15 (C) 16
(D) 17 (E) 18

1378. Sejam x e y dois números de dois algarismos. Sabe-se que x é o dobro de y e, além disso, um dos algarismos de y é a soma e o outro é a diferença dos algarismos de x. A soma x+y é igual a:

(A) 51 (B) 99 (C) 102
(D) 104 (D) 110

1379. A soma de todos os valores inteiros e positivos de n para os quais 2^n+65 é um quadrado perfeito é:

(A) 10 (B) 11 (C) 12
(D) 13 (E) 14

1380. Existem vários valores de um número primo p com a propriedade de qualquer múltiplo de p com cinco algarismos continua sendo múltiplo de p após uma permutação cíclica de seus algarismos. Por exemplo, se $p = 41$, como 50635 é um múltiplo de 41, também o são 55063, 35506, 63550, 63550 e 06355. Sabendo que um outro valor de p é 3, o valor de p maior que 41 é:

(A) 47 (B) 53 (C) 97
(D) 101 (E) 271

1381. Se o número n de dois algarismos é aumentado ou diminuído de um inteiro positivo k, a soma dos dígitos de cada um dos números resultantes é a mesma que a soma dos algarismos de n. Por outro lado, se n é aumentado ou diminuído de 2k, a soma dos dígitos de cada um dos números positivos resultantes é diferente da soma dos algarismos de n. Sabendo que k < 17, o valor de n :

(A) está entre 60 e 70 (B) é maior que 90 (C) está entre 80 e 90
(D) é menor que 50 (E) está entre 70 e 80

1382. Um monte com 1991 pedras está sobre uma mesa. Um "movimento" consiste em escolher qualquer monte contendo mais de uma pedra, remover uma de suas pedras e então dividir qualquer monte existente sobre a mesa em dois montes não vazios (não necessariamente com o mesmo número de pedras). Sabendo que após vários desses movimentos todos os montes remanescentes contem exatamente o mesmo número n de pedras, assinale dentre os valores abaixo aquele que n não pode assumir:

(A) 4 (B) 5 (C) 7
(D) 23 (E) 82

1383. Inicialmente dispomos de três pilhas com respectivamente 51, 49 e 5 pedras. Podemos juntar duas pilhas formando uma nova pilha ou dividir uma pilha que contenha um número par de pedras em duas pilhas com o mesmo número de pedras. Sabendo que após um certo tempo todas as pilhas contém o mesmo número de pedras, assinale a situação que NÃO pode ser obtida:

(A) 5 pilhas com 21 pedras.
(B) 15 pilhas com 7 pedras.
(C) 21 pilhas com 5 pedras.
(D) 35 pilhas com 3 pedras.
(E) 105 pilhas com 1 pedra.

1384. A soma dos algarismos do maior inteiro que divide $n^3(n^2-1)(n^2-4)$ para todo inteiro positivo n é igual a:

(A) 5 (B) 6 (C) 7
(D) 8 (E) 9

350 | Problemas Selecionados de Matemática

1385. Seja $N = \underbrace{111\ldots111}_{1999\ 1\text{'s}}\underbrace{222\ldots222}_{1999\ 2\text{'s}}$. Sabendo que N pode ser colocado sob a forma $N = 2 \times 3 \times (\underbrace{111\cdots111}_{1999\ 1\text{'s}}) \times k$ então o inteiro k é igual a:

(A) $\underbrace{1666\ldots6667}_{1996\ 6\text{'s}}$ (B) $\underbrace{1666\ldots6667}_{1997\ 6\text{'s}}$ (C) $\underbrace{1666\ldots6667}_{1999\ 6\text{'s}}$

(D) $\underbrace{1666\ldots6667}_{2000\ 6\text{'s}}$ (E) $\underbrace{1666\ldots6667}_{2001\ 6\text{'s}}$

1386. O *maior* inteiro positivo que é um fator de $n^4(n-1)^3(n-2)^2(n-3)$ para todos os inteiros positivos n é igual a:
  (A) 144   (B) 288   (C) 432
  (D) 576   (E) 720

1387. Quando a caixa do Banco pagou o meu último cheque, ela acidentalmente trocou os reais com os centavos pagando-me apenas 22 *centavos* a menos do que o triplo da quantia correta. Para corrigir o erro devo devolver:
  (A) R$ 55,44   (B) R$ 44,55   (C) R$ 83,27
  (D) R$ 23,87   (E) R$ 27,83

1388. Considere as afirmativas:

1. Se a e b são dois inteiros positivos primos entre si tais que $a+b$ é par então $ab(a-b)(a+b)$ é múltiplo de 24.

2. Sejam a, b, c e n inteiros positivos tais que $a+b+c = (19)\cdot(97)$ e $a+n = b-n = \dfrac{c}{n}$. O valor de a é igual a 80.

3. O número de pares (a,b) de inteiros positivos que satisfazem a equação $\dfrac{1}{a} + \dfrac{a}{b} + \dfrac{1}{ab} = 1$ é igual a 2.

Assinale:
(A) Se somente as afirmativas (1) e (2) forem verdadeiras
(B) Se somente as afirmativas (1) e (3) forem verdadeiras
(C) Se somente as afirmativas (2) e (3) forem verdadeiras

(D) Se todas as afirmativas forem verdadeiras
(E) Se todas as afirmativas forem falsas

1389. A quantidade de inteiros entre 1 e 1000, inclusive, que podem ser expressos como diferença de quadrados de dois inteiros não negativos é:
(A) 250 (B) 500 (C) 750
(D) 800 (E) 900

1390. O número de naturais n tais que a expansão decimal de n^{2002} começa com 2002 algarismos iguais a 1 é igual a:
(A) 0 (B) 1 (C) 2
(D) 3 (E) infinitos

1391. O número de pares ordenados (x,y) tais que x e y sejam números de *dois* algarismos, com x<y e x y seja um número de *três* algarismos idênticos é:
(A) 5 (B) 6 (C) 7
(D) 8 (E) 9

1392. A soma de todos os números N de *dois* algarismos tais que a soma dos algarismos de $10^N - N$ seja divisível por 170 é igual a:
(A) 210 (B) 230 (C) 250
(D) 270 (E) 290

1393. O número N consiste de 1999 algarismos tais que cada par de algarismos consecutivos quando vistos como um número de dois algarismos é múltiplo de 17 ou 23. Sabendo que a soma dos algarismos de N é igual a 9599, a soma dos dez últimos algarismos de N é igual a:
(A) 50 (B) 51 (C) 52
(D) 53 (E) 54

1394. Sejam a e b inteiros positivos. Considere as afirmativas abaixo nas quais três são verdadeiras e uma é falsa:
1. a+1 é divisível por b.
2. a=2b+5.

3. a+b é divisível por 3.
4. a+7b é um número primo.

A soma de todos os valores possíveis de a é igual a

(A) 24 (B) 25 (C) 26
(D) 27 (E) 28

1395. A soma de todos os números naturais de quatro algarismos formados por dois dígitos pares e dois dígitos ímpares tais que ao multiplicá-los por 2, se obtém números de quatro algarismos com todos os seus dígitos pares e, ao dividi-los por 2, se obtém números naturais de quatro algarismos com todos os seus dígitos ímpares é igual a:

(A) 24790 (B) 24792 (C) 24794
(D) 24796 (E) 24798

1396. A soma dos algarismos do menor inteiro positivo k tal que $1^2+2^2+3^3+\cdots+k^2$ seja um múltiplo de 200 é igual a:

(A) 4 (B) 5 (C) 6
(D) 7 (E) 8

1397. Seja ABCD um número de quatro algarismos com $A \neq 0$ do sistema de numeração decimal. Define-se como distância palindrômica o número $L = |A-D| + |B-C|$. O número de números positivos de quatro algarismos onde $L=1$ é igual a:

(A) 330 (B) 332 (C) 334
(D) 336 (E) 338

1398. Um número A que é divisível por 9 possui 2005 algarismos. A soma de todos os seus algarismos é a e a soma de todos os algarismos de a é b. Se a soma de todos os algarismos de b é c, o valor de c é igual a:

(A) 9 (B) 18 (C) 27
(D) 36 (E) 45

1399. Todos os números de sete dígitos são escritos lado a lado, em qualquer ordem, de modo a formar um número com 70000000 algarismos. O resto da divisão deste número por 239 é igual a:

(A) 0   (B) 1   (C) 2
(D) 3   (E) incalculável

1400. Seja N o único inteiro de nove algarismos que satisfaz às seguintes condições:
1. seus algarismos são todos distintos e diferentes de zero.
2. para todo inteiro positivo n=2, 3, 4, ..., 9 o número formado pelos n primeiros algarismos de N (da esquerda para a direita) é divisível por n.

Então N é igual a:

(A) 189654327   (B) 381654729   (C) 741258963
(D) 789654321   (E) 987654321

1401. Seja N o menor inteiro positivo que possui divisores terminados com todos os algarismos decimais, isto é, divisores terminados em 0, 1, 2, ..., 9. A soma dos algarismos de N é igual a:

(A) 9   (B) 10   (C) 11
(D) 12   (E) 13

1402. Uma das teclas dos algarismos de 1 a 9, de minha calculadora, está com defeito de modo que ao ser pressionada o número que aparece no visor não é o que lhe corresponde. Digitando o número 987654321 aparece no visor um número divisível por 11 e que deixa resto 3 ao ser dividido por 9. O número da tecla defeituosa é:

(A) 4   (B) 5   (C) 6
(D) 7   (E) 8

1403. Se p e q são inteiros positivos tais que

$$\frac{p}{q} = 1 + \frac{1}{2} - \frac{2}{3} + \frac{1}{4} + \frac{1}{5} - \frac{2}{6} + \cdots + \frac{1}{478} + \frac{1}{479} - \frac{2}{480}$$

podemos afirmar que p é *divisível* por:

(A) 239   (B) 257   (C) 373
(D) 419   (E) 641

354 | Problemas Selecionados de Matemática

1404. Um número é construído escrevendo-se os inteiros positivos a partir de 1 até que sejam obtidos 2004 algarismos isto é, $\underbrace{12345678910111213141516171819 20...}_{\text{2005 algarismos}}$

O resto da divisão deste número por 9 é igual a:

(A) 1   (B) 3   (C) 5

(D) 7   (E) 8

1405. Considere as afirmativas:

1. Para todo inteiro positivo n, o número $\frac{1}{5}n^5 + \frac{1}{3}n^3 + \frac{7}{15}n$ é sempre um número inteiro.

2. Se n é um número natural tal que $2n+1$ e $3n+1$ são quadrados perfeitos então, n é divisível por 40.

3. Se os quatro últimos algarismos de um inteiro positivo n são 1137 então, os algarismos de n podem ser permutados de modo que o novo número seja múltiplo de 7.

4. Existe um conjunto de 4004 inteiros positivos tal que a soma de quaisquer 2003 deles não é divisível por 2003.

5. Se o número $\underbrace{444...4449}_{n \text{ dígitos}}$ é múltiplo de 2004 então ele não é um quadrado de um número primo.

Conclua que

(A) Todas são falsas

(B) Todas são verdadeiras

(C) Quatro são verdadeiras e uma é falsa

(D) Três são verdadeiras e duas são falsas

(E) Duas são verdadeiras e três são falsas

1406. Para cada inteiro positivo n, seja $\tau(n)$ o número de divisores positivos de n, incluindo 1 e n. Por exemplo, $\tau(1)=1$ e $\tau(6)=4$. Definamos $S(n)$ como sendo $S(n) = \tau(1) + \tau(2) + \cdots + \tau(n)$. Se a representa o número de inteiros positivos

$n \leq 2005$ com $S(n)$ ímpar e seja b o número de inteiros positivos $n \leq 2005$ com $S(n)$ par. O valor de $|a-b|$ é igual a:

(A) 21   (B) 23   (C) 25

(D) 27   (E) 29

1407. Para cada inteiro positivo x, sejam $S(x)$ a soma dos algarismos de x e $T(x) = |S(x+2) - S(x)|$. Por exemplo, $T(199) = |S(201) - S(199)| = |3-19| = 16$. O número de valores de $T(x)$ que não excede 1999 é igual a:

(A) 221   (B) 223   (C) 225

(D) 227   (E) 229

1408. Considere as afirmativas:

1. O número 97^{97} não pode ser igual à soma dos cubos de vários inteiros consecutivos.

2. Um valor de n para o qual o número $\underbrace{1999\cdots9991}_{n \text{ noves}}$, com mais de dois noves, é um múltiplo de 1991 é igual a 180.

3. O número de pares de inteiros positivos (x,y) tais que x^3+y e $x+y^3$ sejam divisíveis por x^2+y^2 é 1.

4. Existem cinco inteiros positivos distintos tais que a soma de quaisquer três deles seja um número primo.

5. Dado o número de seis algarismos $5abcde$, é possível escrevermos à sua direita, seis outros algarismos, de modo que o número resultante, de doze algarismos, seja um quadrado perfeito.

Conclua que

(A) Quatro são falsas

(B) Duas são verdadeiras e três são falsas

(C) Três são verdadeiras e duas são falsas

(D) Quatro são verdadeiras e uma é falsa

(E) Todas são verdadeiras

356 | Problemas Selecionados de Matemática

1409. A quantidade de números A de seis algarismos tais que nenhum de seus 500 000 múltiplos A, 2A, 3A, ..., 500 000A termina com seis algarismos iguais é:

(A) 0 (B) 1 (C) 2
(D) 3 (E) mais de 3

1410. Se p e q são inteiros positivos tais que

$$\frac{p}{q} = 1 - \frac{1}{2} + \frac{1}{3} - \frac{1}{4} + \cdots - \frac{1}{1318} + \frac{1}{1319}$$

podemos afirmar que p é *divisível* por:

(A) 1973 (B) 1979 (C) 1987
(D) 1997 (E) 1999

1411. Considere as afirmativas:
1. Em qualquer conjunto de sete números naturais é possível escolhermos um subconjunto constituído de três destes números de modo que a sua *soma* seja divisível por 3.
2. Existem *duas* potências de 2 tais que uma pode ser obtida a partir da outra através de uma permutação de seus algarismos.
3. Em um conjunto formado por 18 *números consecutivos* de três algarismos, existe pelo menos um que seja *divisível* pela soma dos seus algarismos.
4. Dados N inteiros tais que a *diferença* entre, o produto de quaisquer N−1 deles e o número restante, seja divisível por N, então a soma dos seus quadrados é também *divisível* por N.
5. Se dois números reais são tais que a sua *soma é menor* do que o seu *produto* então, sua soma é maior do que quatro.

Conclua que:

(A) A segunda é verdadeira e a quinta é falsa.
(B) As três últimas são verdadeiras.
(C) Somente a quinta é verdadeira.
(D) A segunda e a terceira são verdadeiras.
(E) Somente a terceira e a quinta são verdadeiras.

Seção 5.5 – Congruências

1412. A notação $a \equiv b \pmod{m}$ onde a, b e m são inteiros, e que se lê "$\underline{a}$ é congruente a $\underline{b}$ módulo m", significa que "(a–b) é divisível por m", ou alternativamente, "$\underline{a}$ e $\underline{b}$ deixam o mesmo resto quando divididos por m". Por exemplo,

$27 \equiv 7 \pmod{10}$, $78 \equiv 6 \pmod{24}$, $6 \equiv 0 \pmod 3$ e $25 \equiv -4 \pmod{29}$

Para qual das seguintes sentenças abaixo existe um valor de x que a torna verdadeira?

(A) $2x \equiv 3 \pmod{12}$ \qquad (B) $3x \equiv 7 \pmod{12}$

(C) $6x \equiv 11 \pmod{12}$ \qquad (D) $5x \equiv 9 \pmod{12}$

(E) $10x \equiv 5 \pmod{12}$

1413. Se $a \equiv b \pmod m$ e $c \equiv d \pmod m$, considere as afirmativas:

1. $a + c \equiv b + d \pmod m$

2. $a - c \equiv b - d \pmod m$

3. $ac \equiv bd \pmod m$

Conclua que:

(A) Somente (1) e (3) são verdadeiras. \quad (D) Todas são verdadeiras.
(B) Somente (2) e (3) são verdadeiras. \quad (E) Todas são falsas.
(C) Somente (1) e (2) são verdadeiras.

1414. Considere as afirmativas:

1. $x \equiv y + z \pmod m \Rightarrow x - z \equiv y \pmod m$

2. $x \equiv y \pmod m \Rightarrow x + p \equiv y + p \pmod m$, $p \in \mathbb{Z}$

3. $x \equiv y \pmod m \Rightarrow px \equiv py \pmod m$, $p \in \mathbb{Z}$

4. $x \equiv y \pmod m \Rightarrow x^p \equiv y^p \pmod m$, $p \in \mathbb{Z}_+^*$

5. $x \equiv y \pmod m \Rightarrow px \equiv py \pmod{pm}$, $p \in \mathbb{Z}_+^*$

6. $kx \equiv ky \pmod{km} \Rightarrow x \equiv y \pmod{m}$, $k \in Z_+^*$

7. $kx \equiv ky \pmod{m} \Rightarrow x \equiv y \pmod{m}$, $k \in Z_+^*$

O número daquelas que são FALSAS é igual a:

(A) 0 (B) 1 (C) 2
(D) 5 (E) 6

1415. O resto da divisão de um inteiro n por 8 é 5 e o resto da divisão deste número n por 11 é 4. O resto da divisão de n por 88 é igual a:

(A) 20 (B) 25 (C) 30
(D) 35 (E) 37

1416. A soma dos algarismos do menor número que quando dividido por 29 deixa resto 23 e quando dividido por 37 deixa resto 31 é igual a:

(A) 10 (B) 11 (C) 12
(D) 13 (E) 14

1417. A soma dos algarismos do menor número que quando dividido por 29 deixa resto 23, quando dividido por 37 deixa resto 31 e quando dividido por 43 deixa resto 41 é igual a:

(A) 30 (B) 31 (C) 32
(D) 33 (E) 34

1418. Considere as afirmativas:

1. Se $x \equiv 1 \pmod 4$ e $x \equiv 2 \pmod 3$ então $x \equiv 5 \pmod{12}$.

2. Se $x \equiv 0 \pmod{13}$ e $x \equiv 1 \pmod 7$ então $x \equiv 78 \pmod{91}$.

3. Se $3x \equiv 4 \pmod 5$ e $5x \equiv 6 \pmod 7$ então $x \equiv 18 \pmod{35}$.

4. A soma dos algarismos do maior número $x < 2005$ tal que $x \equiv 4 \pmod 6$ e $x \equiv 2 \pmod{11}$ é igual a 16.

5. O resto da divisão do número $1^{2003} + 2^{2003} + \cdots + 2004^{2003}$ por 2005 é igual a zero.

Conclua que
(A) Todas são verdadeiras
(B) (2) e (3) são falsas
(C) (2) e (4) são falsas
(D) (1) e (5) são falsas
(E) Somente uma das afirmações é verdadeira

1419. Dentre os números abaixo, assinale aquele que quando dividido por 5 deixa o mesmo resto que o da divisão do número $N = (1^2+1)(2^2+1)(3^2+1)\cdots(2005^2+1)$ por 3:
(A) 2004
(B) 2005
(C) 2006
(D) 2007
(E) 2008

1420. O número de valores inteiros positivos de n menores que 2005 para os quais o número $8n+3$ é divisível por 13 é igual a:
(A) 180
(B) 181
(C) 182
(D) 183
(E) 184

1421. Considere as afirmativas:
1. O algarismo das unidades do número $26^{26}+33^{33}+45^{45}$ é 4.
2. O algarismo das unidades do número $(5837)^{649}$ é 7.
3. O algarismo das unidades do produto $P = 3548^9 \times 2537^{31}$ é 4.
4. $2^{100} \equiv 3^{100}$ segundo os módulos 5, 13 e 211.
5. O algarismo das unidades do número $2^{(2^{2005})}+1$ é 7.

Conclua que
(A) Todas são verdadeiras
(B) (2) e (3) são falsas
(C) (2) e (4) são falsas
(D) (1) e (5) são falsas
(E) Somente uma das afirmações é verdadeira

1422. Considere as afirmativas:

1. O resto da divisão de 7^{10} por 51 é igual a 19.
2. O resto da divisão de 2^{100} por 11 é igual a 1.
3. O resto da divisão de 5^{21} por 127 é igual a 126.
4. O resto da divisão de 14^{256} por 17 é igual a 1.
5. O resto da divisão de $\left(116 + 17^{17}\right)^{21}$ por 8 é igual a 5.

Conclua que

(A) Quatro são falsas
(B) Duas são verdadeiras e três são falsas
(C) Três são verdadeiras e duas são falsas
(D) Quatro são verdadeiras e uma é falsa
(E) Todas são verdadeiras

1423. Considere as afirmativas:

1. O resto da divisão por 13 do número 100^{1000} é igual a 7.
2. O resto da divisão por 11 do número 7077^{377} é igual a 5.
3. O resto da divisão do número $2^{2005} - 1$ por 17 é igual a 14.
4. O resto da divisão de $7^{348} + 25^{605}$ por 8 é igual a 2.
5. O resto da divisão de $19^{92} \times 93^{91}$ por 7 é igual a 1.

Conclua que:

(A) Somente (4) e (3) são verdadeiras
(B) Somente (2) é verdadeira
(C) Somente (4) e (5) são verdadeiras
(D) Somente (1) é falsa
(E) Todas são falsas

1424. Considere as afirmativas:

1. O resto da divisão do número $13^{16} - 2^{25} \cdot 5^{15}$ por 13 é igual a 2.
2. O resto da divisão do número $\left(3^{20} + 11\right)^{55}$ por 13 é igual a 6.

3. O resto da divisão do número $2^{50}+1$ por 125 é igual a 0.
4. O resto da divisão de $2^{48}-1$ por 105 é igual a 0.
5. O resto da divisão do número $3^{105}+4^{105}$ por 49 é igual a 2.

Conclua que
(A) Quatro são falsas
(B) Duas são verdadeiras e três são falsas
(C) Três são verdadeiras e duas são falsas
(D) Quatro são verdadeiras e uma é falsa
(E) Todas são verdadeiras

1425. Considere as afirmativas:
1. Para todos os números naturais a, o número a^3-a é divisível por 6.
2. Para todos os números naturais a, o número a^5-a é divisível por 5.
3. Para todos os números naturais a, os números a^5 e a possuem o mesmo algarismo das unidades.

Assinale:
(A) Se somente as afirmativas (1) e (2) forem verdadeiras.
(B) Se somente as afirmativas (1) e (3) forem verdadeiras.
(C) Se somente as afirmativas (2) e (3) forem verdadeiras.
(D) Se todas as afirmativas forem verdadeiras.
(E) Se todas as afirmativas forem falsas.

1426. Considere as afirmativas:
1. O resto da divisão de 237^{28} por 13 é igual a 10.
2. O resto da divisão de $2^{83}-1$ por 167 é igual a 0.
3. O resto da divisão de $2^{2^5}+1$ por 641 é igual a 0.
4. O resto da divisão de 2^{2005} por 101 é igual a 32.

Conclua que

(A) (1) e (2) estão certas

(B) (2) está certa e (3) errata

(C) (1) está errada e (4) certa

(D) (2) e (4) estão erradas

(E) (3) está errada e (4) está certa

1427. Considere as afirmativas:

1. O número $2^{20}+3^{70}$ é divisível por 13.

2. O número $2222^{5555}+5555^{2222}$ não é divisível por 7.

3. O número $11^{10}-1$ é divisível por 100.

4. Os números da forma $7^{2k+1}+1$ são divisíveis por 8.

Conclua que

(A) Todas são verdadeiras

(B) Apenas uma é falsa

(C) Duas são falsas

(D) Apenas uma é verdadeira

(E) Todas são falsas

1428. Considere as afirmativas:

1. O resto da divisão por 41 do número $2^{20}-1$ é igual a 0.

2. O resto da divisão por 7 do número 41^{65} é igual a 5.

3. O resto da divisão por 10 do número 7^{355} é igual a 3.

4. O resto da divisão por 163 do número 314^{162} é igual a 3.

Conclua que:

(A) (2), (3) e (4) são verdadeiras

(B) somente (2) é verdadeira

(C) Somente (1) e (4) são falsas

(D) (2) e (4) são falsas

(E) Todas são verdadeiras

1429. Se m e n são inteiros positivos ímpares, o resto da divisão do número $1^m + 2^m + \cdots + (n-1)^m$ por n é igual a:

(A) 0   (B) 1   (C) 2
(D) $n-2$ (E) $n-1$

1430. O número de valores inteiros de n entre 0 e 2005 para os quais a fração $\dfrac{15n+2}{14n+3}$ pode ser simplificada é igual a:

(A) 115   (B) 116   (C) 117
(D) 118   (E) 119

1431. Considere as afirmativas:

1. Para todos os inteiros positivos n ímpares, os números da forma $n^n - n$ são divisíveis por 24.

2. Para todos os inteiros positivos n pares, os números da forma $20^n + 16^n - 3^n - 1$ são divisíveis por 323.

3. Para todos os inteiros positivos n, os números da forma $5^{2n+1} + 3^{n+1} \cdot 2^{n-1}$ são divisíveis por 19.

4. Os números da forma $2^{3^n} + 1$ são divisíveis por 3^{n+1} mas não o são por 3^{n+2}.

Conclua que
(A) Todas são verdadeiras
(B) Três são verdadeiras e uma é falsa
(C) Duas são verdadeiras e duas são falsas
(D) Somente (3) é verdadeira
(E) Todas são falsas

1432. Considere as afirmativas:

1. A congruência $ab \equiv 1 \pmod 6$ é verdadeira se, e somente se, $a \equiv 1 \pmod 6$ e $b \equiv 1 \pmod 6$.

2. Se a é um natural não divisível por 5 então $a^2 \equiv \pm 1 \pmod 5$.

3. Se $a = 2k+1$, $k \in \mathbb{N}$ então $a^2 \equiv 1 \pmod{8}$.

4. Os números da forma $5^n - 4^n$ são divisíveis por 7 se, e somente se, $n = 6k$, $k \in \mathbb{N}$.

Conclua que

(A) Todas são verdadeiras
(B) Apenas uma é falsa
(C) Duas são falsas
(D) Apenas uma é verdadeira
(E) Todas são falsas

1433. Considere as afirmativas:

1. Os números da forma $10^n + 1$ por 11 se, e somente se, n é ímpar.

2. Os restos das divisões por 21 dos números da forma $2^n - 1$ por 21 são todos iguais a zero.

3. Os números da forma $1^n + 2^n + 3^n + 4^n$ quando divididos por 4 podem deixar 4 restos distintos.

4. Os números da forma $5^{2n} + 5^n + 1$ são divisíveis por 31 se $n \neq 3k$, $k \in \mathbb{N}$.

Conclua que

(A) (1) e (3) estão certas
(B) (2) está certa e (3) errata
(C) (1) está certa e (4) errata
(D) (2) e (4) estão erradas
(E) (3) está errada e (4) está certa

1434. Considere as afirmativas:

1. Os números da forma $n^2 - n + 1$ são divisíveis por 7 se, e somente se, $n = 7k + 5$, $k \in \mathbb{N}$.

2. Para todos $n \in \mathbb{N}$, os números da forma $n^2(n^2 - 1)$ são divisíveis por 12.

3. Para todos $n \in \mathbb{N}$, os números da forma $n(n^2 - 49)(n^2 + 49)$ são divisíveis por 30.

4. Para todos $n \in \mathbb{N}^*$, os números da forma $3 \cdot 5^{2n-1} + 2^{3n-2}$ são divisíveis por 17.

Conclua que

(A) Todas as afirmações acima estão corretas

(B) Apenas uma está incorreta

(C) Duas estão incorretas

(D) Apenas uma está correta

(E) Todas são falsas

1435. Considere as afirmativas:

1. Se $a,b \in \mathbb{N}$ então, $a^2 + b^2$ é divisível por 7 se, e somente se, ambos são divisíveis por 7.

2. A soma dos produtos, tomados dois a dois, de três números ímpares não é um quadrado perfeito e nem o dobro de um de um quadrado perfeito.

3. Se $a^3 + b^3 + c^3 \equiv 0 \pmod 7$ então $abc \equiv 0 \pmod 7$.

4. Se $n \neq 1$ é um divisor positivo de 24 então, a soma dos quadrados de n números ímpares não divisíveis por 3 é divisível por n.

Conclua que

(A) (1) e (2) estão erradas

(B) (2) está certa e (3) errata

(C) (1) está certa e (4) errata

(D) (2) e (4) estão certas

(E) (3) está errada e (4) está certa

1436. Considere as afirmativas:

1. Se o número de três algarismos abc é divisível por 27 ou por 37 então permutando-se ciclicamente seus algarismos obtemos números também divisíveis por 27 ou 37.

2. Se $n = 3k$, $k \in \mathbb{N}$ então os números da forma $3^{2n} + 3^n + 1$ são congruentes a 3 segundo o módulo 13.

3. Se o número de três algarismos abc é divisível por 17 então, o número $(2a-c)^2 + 2b^2$ também o é.

4. Se $n = 2k+1$, $k \in \mathbb{N}$ então os números da forma $10^{6n+2} + 10^{3n+1} + 1$ são divisíveis por 7 e por 13.

5. Se $n = 2k$, $k \in \mathbb{N}$ então os números da forma $10^{9n} + 10^{6n} + 10^{3n} + 1$ são congruentes a 4 segundo os módulos 7, 11, 13 e 111.

Conclua que

(A) Todas são verdadeiras
(B) (2) e (3) são falsas
(C) (2) e (4) são falsas
(D) (1) e (5) são falsas
(E) Somente uma das afirmações é verdadeira

1437. Considere as afirmativas:

1. O resto da divisão por 7 do número $3^{(10^2)}$ é igual a 4.
2. O resto da divisão por 7 do número $3^{(33^{32})}$ é igual a 6.
3. O resto da divisão por 10 do número $2^{(3^4)}$ é igual a 2.
4. O resto da divisão por 10 do número $9^{(9^9)}$ é igual a 9.

Conclua que

(A) Todas são verdadeiras
(B) Apenas uma é falsa
(C) Duas são falsas
(D) Apenas uma é verdadeira
(E) Todas são falsas

1438. Considere as afirmativas:

1. Os dois últimos algarismos do número $2^{222} - 1$ são 25.
2. Os dois últimos algarismos do número $6^{1999} + 7^{1999}$ são 39.
3. Os dois últimos algarismos do número $14^{(14^{14})}$ são 36.
4. Os dois últimos algarismos do número $9^{(9^9)}$ são 89.

Conclua que

(A) Todas as afirmativas acima estão corretas
(B) Apenas uma está incorreta

(C) Duas estão incorretas

(D) Apenas uma está correta

(E) Todas são falsas

1439. Considere as afirmativas:
   1. O resto da divisão por 13 do número $385^{1980} + 18^{1980}$ por 13 é 2.
   2. Os números da forma $\underbrace{333...3331}_{n\,algarismos\,3}$ são todos primos.
   3. O número $\underbrace{222...222}_{1980\,algarismos\,2}$ é divisível por 1980.
   4. O último algarismo de $(...(((7^7)^7)^7)...)^7$ onde existem 2005 setes é 7.
   5. O último algarismo de $7^{7^{\cdot^{\cdot^{\cdot^7}}}}$ onde existem 2005 setes é 1.

   Conclua que

   (A) Todas são falsas

   (B) Todas são verdadeiras

   (C) Quatro são verdadeiras e uma é falsa

   (D) Três são verdadeiras e duas são falsas

   (E) Duas são verdadeiras e três são falsas

1440. A soma dos cinco últimos algarismos do número $9^{\left(9^{\cdot^{\cdot^{(9^9)}}}\right)}$ formado por 1001 noves, é igual a:

   (A) 20   (B) 22   (C) 24

   (D) 26   (E) 28

1441. Quando 4444^{4444} é escrito na notação decimal, a soma dos seus algarismos é A. Se B é a soma dos algarismos de A então, a soma dos algarismos de B é igual a:

   (A) 12   (B) 11   (C) 10

   (D) 9   (E) 7

1442. Os números da seqüência $(101, 104, 109, 116, 125, 136, 149...)$ são gerados pela fórmula $a_n = 100 + n^2$, $n = 1, 2, 3, ...$. Se $d_n = MDC(a_n, a_{n+1})$ então, o valor máximo que d_n pode assumir é igual a:

(A) 400   (B) 401   (C) 402

(D) 403   (E) 404

1443. Considere as afirmativas:

1. Na seqüência $(2^1 - 1, 2^2 - 1, 2^3 - 1, ..., 2^{2k} - 1)$, $k \geq 1$ pelo menos um dos seus elementos é múltiplo de $2k + 1$.

2. Para todos os inteiros $n > 1$, os números da forma $3^n + 1$ não são divisíveis por 2^n.

3. O número $\dfrac{1000!}{(500!)^2}$ é divisível por 7.

4. Um inteiro $m > 1$ é primo se, e somente se $(m-1)! + 1$ é divisível por m.

Conclua que

(A) (1) e (2) estão erradas

(B) (2) está errada e (3) certa

(C) (1) está certa e (4) errata

(D) (2) e (4) estão erradas

(E) (3) está errada e (4) está certa

1444. Considere as afirmativas:

1. Para todo $n = 2k + 1$, $k \in \mathbb{N}$ os números da forma $2^{2n} \cdot (2^{2n+1} - 1)$ terminam por 28.

2. Se $p > 5$ é um número primo então $p^2 \equiv 1 \pmod{30}$ ou $p^2 \equiv 19 \pmod{30}$.

3. Para todo $n \in \mathbb{N}$, os números da forma $4^n + 15n - 1$ são divisíveis por 9.

4. Se $a_1 a_2 + a_2 a_3 + \cdots + a_{n-1} a_n + a_n a_1 = 0$ com $a_i \in \{1, -1\}$ então, n é divisível por 4.

Conclua que

(A) Todas as afirmações acima estão corretas
(B) Apenas uma está incorreta
(C) Duas estão incorretas
(D) Apenas uma está correta
(E) Todas são falsas

1445. O número de maneiras distintas de se escrever a fração $\frac{3}{1984}$ como uma soma de duas frações positivas com numerador 1 é igual a:

(A) 0
(B) 1
(C) 9
(D) 992
(E) 1984

1446. A soma dos algarismos do menor inteiro positivo que possui a propriedade de tornar-se 1,5 vezes maior quando transferimos o seu primeiro algarismo, da esquerda para a direita, para o seu final é igual a:

(A) 70
(B) 72
(C) 74
(D) 76
(E) 78

1447. O menor inteiro positivo n para o qual a soma $5^n + n^5$ é divisível por 13 é igual a:

(A) 10
(B) 12
(C) 14
(D) 21
(E) 31

1448. Seja a um inteiro tal que $1 + \frac{1}{2} + \frac{1}{3} + \frac{1}{4} + \cdots + \frac{1}{22} + \frac{1}{23} = \frac{a}{23!}$. O resto da divisão de a por 13 é igual a:

(A) 11
(B) 9
(C) 7
(D) 5
(E) 3

1449. Considere as afirmativas:

1. Se $n \in \mathbb{N}^*$, então o número $n^4 - 4n^3 + 5n^2 - 2n$ é divisível por 12.

2. Se $n \in \mathbb{N}^*$, $n^5 - 5n^3 + 4n$ é divisível por 120.

3. Se $n \in \mathbb{N}^*$, $n^2 + 3n + 5$ não é divisível por 121.

Assinale:

(A) Se somente as afirmativas (1) e (2) forem verdadeiras.

(B) Se somente as afirmativas (1) e (3) forem verdadeiras.

(C) Se somente as afirmativas (2) e (3) forem verdadeiras.

(D) Se todas as afirmativas forem verdadeiras.

(E) Se todas as afirmativas forem falsas.

1450. Considere as afirmativas:

1. $2^{2n+1} + 1$, $n \in \mathbb{N}$, é divisível por 3.

2. Se $n \in \mathbb{N}^*$ então, $2^n + 1$ não é divisível por 7.

3. $3^{6n} - 2^{6n}$, $n \in \mathbb{N}$ é divisível por 35.

4. $2903^n - 803^n - 464^n + 261^n$, $n \in \mathbb{N}$ é divisível por 1897.

O número de afirmativas VERDADEIRAS é igual a:

(A) 0   (B) 1   (C) 2

(D) 3   (E) 4

1451. Sejam x, y e z inteiros tais que $x^3 + y^3 - z^3$ é um múltiplo de 7. Logo podemos afirmar que:

(A) Um deles é múltiplo de 7.

(B) Pelo menos dois deles são múltiplos de 7.

(C) Os três têm que ser múltiplos de 7.

(D) Nenhum deles pode ser múltiplo de 7.

(E) A soma dos restos das divisões de cada um deles por 7 deve ser múltiplo de 7.

1452. Considere as afirmativas:
   I. Se n é um inteiro positivo maior do que 1 e 2^n+n^2 é primo, então $n \equiv 3 \pmod 6$.
   II. Se $x \equiv 23 \pmod{24}$ e se a e b são inteiros positivos tais que ab=x, então a+b é um múltiplo de 24.
   III. Se n^2+m e n^2-m são quadrados perfeitos, então m é divisível por 24.
   IV. Se 2n+1 e 3n+1 são quadrados perfeitos, n é divisível por 40.
   O número de afirmativas VERDADEIRAS é igual a:
   (A) 0   (B) 1   (C) 2
   (D) 3   (E) 4

1453. Considere as afirmativas:
   1. Um número múltiplo de 17 cuja representação binária contém três uns e sete zeros é par.
   2. Um número com 3^n dígitos iguais é divisível por 3^n.
   3. Se $n \in \mathbb{N}$ é par então os números da forma $20^n + 16^n - 3^n - 1$ são divisíveis por 323.
   4. Não existe um múltiplo de 5^{1000} que não possua nenhum zero na sua representação decimal.
   5. A soma dos algarismos do menor inteiro positivo a para o qual o número $50^n + a \cdot 23^n$ é divisível por 1971 para todo n natural ímpar, é igual a 8.
   Conclua que
   (A) Todas são falsas
   (B) Todas são verdadeiras
   (C) Quatro são verdadeiras e uma é falsa
   (D) Três são verdadeiras e duas são falsas
   (E) Duas são verdadeiras e três são falsas

1454. A soma dos algarismos do menor inteiro positivo a tal que 2001 divide $55^n + a \cdot 32^n$ para algum inteiro ímpar n é igual a:
   (A) 10   (B) 11   (C) 12
   (D) 13   (E) 14

1455. Dispondo de uma quantidade ilimitada de blocos cúbicos de arestas iguais a qualquer número inteiro de cm, o número mínimo de cubos de arestas distintas necessárias para construirmos um cubo utilizando exatamente 2005 blocos é igual a:

(A) 1   (B) 2   (C) 3
(D) 4   (E) 5

1456. O menor valor de n para o qual $3^n - 1$ é divisível por 2^{2005} é igual a:

(A) 2005   (B) 2006   (C) 2007
(D) 2008   (E) 2009

1457. Se p é um número primo ímpar então o resto da divisão do número $1^2 \times 3^2 \times 5^2 \times \cdots \times (p-2)^2$ por p é igual a:

(A) -1 (B) $(-1)^{p+1}$ (C) $(-1)^p$
(D) $(-1)^{p/2}$ (E) $(-1)^{(p+1)/2}$

1458. O resto da divisão de $2^{23} - 1$ por 47 é igual a:

(A) 0   (B) 2   (C) 3
(D) 23   (E) 46

1459. O resto da divisão do número $1776^{(1492)!}$ por 2000 é igual a:

(A) 0   (B) 1372   (C) 1374
(D) 1376   (E) 1378

1460. Os três últimos algarismos do número 7^{9999} são:

(A) 049   (B) 143   (C) 701
(D) 907   (E) 649

1461. O resto da divisão de $(n^3-n)(5^{8n+4}+3^{4n+2})$ por 3840 é igual a:
   (A) 0   (B) 1   (C) 2
   (D) 3   (E) 4

1462. A soma dos algarismos de um *quadrado perfeito* segundo o módulo 9 não pode ser congruente a:
   (A) 0   (B) 1   (C) 4
   (D) 5   (E) 7

1463. Os três últimos algarismos do número $1+2^2+3^3+\cdots+999^{999}+1000^{1000}$ são:
   (A) 100   (B) 200   (C) 300
   (D) 400   (E) 500

1464. Sejam a, b e n inteiros positivos que satisfazem a $\frac{1997}{1998}+\frac{1999}{n}=\frac{a}{b}$ onde $\frac{a}{b}$ é irredutível. Se n é o menor inteiro positivo para o qual 1000 divide a, a soma dos algarismos de n é igual a:
   (A) 2   (B) 7   (C) 12
   (D) 13   (E) 14

1465. O número de ternos de números primos da forma p, p+2, p+4 onde p é um número primo é:
   (A) 0   (B) 1   (C) 2
   (D) 3   (E) maior que 3

1466. Se p é um número primo então, o número de ternos de números da forma p^2-2, $2p^2-1$ e $3p^2+4$ que também são primos é igual a:
   (A) 0   (B) 1   (C) 2
   (D) 3   (E) maior que 3

1467. A soma dos algarismos do inteiro positivo n tal que $133^5+110^5+84^5+27^5=n^5$ é igual a:
   (A) 8   (B) 9   (C) 10
   (D) 11   (E) 12

1468. O resto da divisão do número $N = 2269^n + 1779^n + 1730^n - 1776^n$ por 2001 onde, n é um número inteiro positivo ímpar, é igual a:

(A) 0　　　　(B) 1　　　　(C) 2
(D) 3　　　　(E) 4

1469. Sabe-se que o número $2^{2^{2^{24}}} + 1$ não é primo. A soma dos seus quatro últimos algarismos é igual a:

(A) 20　　　　(B) 22　　　　(C) 24
(D) 26　　　　(E) 28

1470. O último algarismo do número $\left\lfloor \dfrac{10^{1992}}{10^{83} + 7} \right\rfloor$, onde como usual $\lfloor x \rfloor$ representa o maior inteiro que não supera x, é igual a:

(A) 0　　　　(B) 1　　　　(C) 2
(D) 3　　　　(E) 7

1471. Se n!! representa o produto de todos os inteiros positivos não superiores a n e de mesma paridade que n, isto é, n!!=n.(n−2).(n−4). O resto da divisão do número 1998!!−1997!! por 1999 é igual a:

(A) 1996　　　　(B) 1997　　　　(C) 1998
(D) 1　　　　(E) 0

1472. Quantos termos possui a maior progressão aritmética finita de razão igual a 6 constituída somente de números primos?

(A) 0　　　　(B) 1　　　　(C) 2
(D) 3　　　　(E) mais de 3

1473. Quinze números primos formam uma progressão aritmética de razão r. Sobre o valor de r podemos afirmar que:

(A) é menor que 1000
(B) está entre 1000 e 1500
(C) está entre 1500 e 2000
(D) está entre 2000 e 3000
(E) é maior que 3000

1474. Sejam A, B e C conjuntos com respectivamente 10, 16 e 17 elementos que são inteiros consecutivos. Aqueles no qual existe um elemento que é primo com todos os outros são:

(A) Todos (B) Nenhum (C) somente A e B
(D) somente B e C (E) somente C

1475. Seja n o número de elementos de um conjunto de naturais consecutivos cada um dos quais é divisível pelo quadrado de um natural. O número de valores possíveis de n é igual a:

(A) 0 (B) 1 (C) 2
(D) 3 (E) mais de 3

1476. Se (a,b) é um par de inteiros positivos tais que $ab(a+b)$ não é divisível por 7 mas $(a+b)^7 - a^7 - b^7$ é divisível por 7^7 então |a−b| é igual a:

(A) 14 (B) 15 (C) 16
(D) 17 (E) 18

1477. O número de inteiros n>1 para os quais o número $a^{25} - a$ é divisível por n para cada inteiro a é igual a:

(A) 64 (B) 63 (C) 32
(D) 31 (E) 9

1478. Seja B o inteiro obtido ao subtrairmos de um inteiro A a soma dos seus algarismos. Sabendo que se adicionarmos ao inteiro B a soma dos seus algarismos obtemos o inteiro A, podemos afirmar que o maior inteiro A com esta propriedade:

(A) é maior que 900 (D) está entre 750 e 800
(B) está entre 850 e 900 (E) é menor do que 500
(C) está entre 800 e 850

1479. Sobre o número $\dfrac{1}{25} \sum_{k=0}^{2001} \left\lfloor \dfrac{2^k}{25} \right\rfloor$, onde $\lfloor x \rfloor$ é o maior inteiro que não supera x, podemos afirmar que:

(A) é um número inteiro par.
(B) é um racional não inteiro.
(C) é um número inteiro ímpar.
(D) é um quadrado perfeito.
(E) é um cubo perfeito

1480. Sejam n um número inteiro e $S(n) = \sum_{k=0}^{2000} n^k$. O algarismo das unidades de $S(n)$ é igual a:

(A) 0   (B) 1   (C) 4
(D) 5   (E) 7

1481. A soma dos algarismos do menor inteiro positivo a para o qual a equação diofantina $1001x + 770y = 1\,000\,000 + a$ é solúvel é igual a:

(A) 10   (B) 11   (C) 12
(D) 13   (E) 14

1482. A solução da congruência $32n \equiv 7 \pmod{37}$ é:

(A) $2 \pmod{37}$ (B) $4 \pmod{37}$ (C) $5 \pmod{37}$
(D) $6 \pmod{37}$ (E) $7 \pmod{37}$

1483. A solução da congruência $17x \equiv 19 \pmod{37}$ onde $k \in \mathbb{Z}$ é:

(A) $x = 12 + 37k$ (B) $x = 11 + 37k$ (C) $x = 10 + 37k$
(D) $x = 9 + 37k$ (E) $x = 8 + 37k$

1484. A solução da congruência $147x \equiv 63 \pmod{29}$ onde $k \in \mathbb{Z}$ é:

(A) $x = 15 + 29k$ (B) $x = 16 + 29k$ (C) $x = 17 + 29k$
(D) $x = 18 + 29k$ (E) $x = 19 + 29k$

1485. Todos os pares de números inteiros x e y que satisfazem à equação $7x - 23y = 131$ onde $k \in \mathbb{Z}$ são tais que $x + y$ é igual a:

(A) $21 + 30k$ (B) $22 + 30k$ (C) $23 + 30k$
(D) $24 + 30k$ (E) $25 + 30k$

1486. Todos os pares de números inteiros x e y que satisfazem à equação $257x + 18y = 175$ onde $k \in \mathbb{Z}$ são tais que $x + y$ é igual a:

(A) $23 - 239k$ (B) $24 - 239k$ (C) $25 - 239k$
(D) $26 + 239k$ (E) $27 + 239k$

1487. O números de primos p para os quais $8p^4-3003$ é também um número primo é igual a:

(A) 0 (B) 1 (C) 2
(D) 3 (E) mais de 3

1488. Considere as afirmativas:

1. Se o número $\underbrace{111...111}_{3n \text{ vezes}}$ é divisível por $3n$ e o número $\underbrace{111...111}_{n \text{ vezes}}$ não é divisível por n então n pode ser 37.

2. O número $\underbrace{111...111}_{n \text{ vezes}}$ é divisível por 41 se, e somente se, n é divisível por 5.

3. O número $\underbrace{111...111}_{n \text{ vezes}}$ é divisível por 91 se, e somente se, n é divisível por 6.

4. O número $\underbrace{111...111}_{3^n \text{ vezes}}$ é divisível por 3^n mas não é por 3^{n+1}.

5. O primeiro algarismo, após a vírgula, da representação decimal da raiz quadrada de $\underbrace{111...111}_{2n \text{ vezes}}$ é igual a 3.

Conclua que

(A) Quatro são falsas
(B) Duas são verdadeiras e três são falsas
(C) Três são verdadeiras e duas são falsas
(D) Quatro são verdadeiras e uma é falsa
(E) Todas são verdadeiras

1489. A quantidade de números da forma $\underbrace{1999...9991}_{n \text{ noves}}$ com mais de dois noves que é múltiplo de 1991 é igual a:

(A) 0 (B) 1 (C) 2
(D) 3 (E) mais de 3

1490. A soma dos três últimos algarismos do número $2003^{2002^{2001}}$ é igual a:

(A) 7 (B) 8 (C) 9
(D) 10 (E) 11

1491. O maior inteiro k tal que 1991^k divide $1990^{1991^{1992}} + 1992^{1991^{1990}}$ é:
   (A) 1990   (B) 1991   (C) 1992
   (D) 1993   (E) 1994

1492. O número de naturais $n \geq 3$ tais que 1989 divide $n^{n^{n^n}} - n^{n^n}$ é:
   (A) 0   (B) 1   (C) 2
   (D) 3   (E) infinito

1493. Considere as afirmativas:
   1. Para todo $n > 1$, a seqüência $\left(2, 2^2, 2^{2^2}, 2^{2^{2^2}}, \ldots\right) \pmod{n}$ é constante.
   2. A soma dos algarismos do resto da divisão de 1991^{2000} por 10^6 é 16.
   3. Se $n = a^2 + b^2$, com $mdc(a,b) = 1$, tal que se $p \leq \sqrt{n}$ é um número primo que divide ab, a soma de tais possíveis n é 20.
   4. Se A, B e C são conjuntos definidos respectivamente por: $A = \{x \mid x = 10k, k \in \mathbb{N}\}$, $B = \{y = (x)_2; x \in A\}$, $C = \{z = (x)_5; x \in A\}$ então o número de elementos de $B \cap C$ com n algarismos é igual a 1.
   5. A soma dos algarismos do menor número inteiro x para o qual $7x^{25} - 10$ é divisível por 83 é igual a 15.
   Conclua que
   (A) Todas são verdadeiras
   (B) (2) e (3) são falsas
   (C) (2) e (4) são falsas
   (D) (1) e (5) são falsas
   (E) Somente uma das afirmações é verdadeira

1494. Se 31^{1995} divide $a^2 + b^2$, o resto da divisão de 31^{1996} por ab é igual a
   (A) 0   (B) 1   (C) 2
   (D) 30   (E) 31

1495. Os oito últimos algarismos do número 27^{1986} quando escrito na base 2 são:

(A) 11011001   (B) 11011101   (C) 11111001

(D) 11011011   (E) 10011001

1496. Considere as afirmativas:

1. O quinto algarismo, da direita para a esquerda, do número $5^{5^{5^{5^5}}}$ é igual a 0.

2. Se os três últimos algarismos de 1978^m e 1978^n são iguais então, o valor mínimo de m+n é 106.

3. Existem infinitos inteiros positivos divisíveis por 7 que terminam por 5 e que o restante dos seus algarismos seja igual a 1.

4. O número $10^{900} - 2^{1000}$ é múltiplo de 1994.

5. A soma dos algarismos do menor número natural cujo fatorial termina com exatamente 1987 zeros é igual a 22.

Conclua que:

(A) Três são verdadeiras e duas são falsas

(B) Duas são verdadeiras e três são falsas

(C) Somente (2) é verdadeira

(D) Somente (1) é falsa

(E) Todas são verdadeiras

1497. A soma dos algarismos do inteiro n, com $100 \leq n \leq 2005$ tal que $2^n + 2$ seja divisível por n é igual a:

(A) 11   (B) 13   (C) 15

(D) 17   (E) 19

1498. Os inteiros positivos a e b são tais que 15a+16b e 16a−15b são quadrados perfeitos. A soma dos algarismos do *menor* destes dois quadrados perfeitos é igual a:

(A) 12   (B) 13   (C) 14

(D) 15   (E) 16

1499. O número de inteiros $n > 1$ para os quais $2^n + 1$ é divisível por n^2 é igual a:

(A) 0 (B) 1 (C) 2
(D) 3 (E) infinito

1500. O número de pares de inteiros positivos (a, b) tais que $\dfrac{a^2 + b}{b^2 - a}$ e $\dfrac{b^2 + a}{a^2 - b}$ são ambos inteiros é igual a:

(A) 0 (B) 2 (C) 4
(D) 6 (E) 8

1501. O número de inteiros positivos que podem ser representados de maneira única sob a forma $\dfrac{x^2 + y}{xy + 1}$ onde x e y são inteiros positivos é igual a:

(A) 0 (B) 1 (C) 2
(D) 3 (E) 4

1502. Seja $a > 1$ um inteiro positivo ímpar. O número de valores de n para os quais 2^{2000} é um divisor de $a^n - 1$ é igual a:

(A) 0 (B) 1 (C) 2
(D) 3 (E) mais de 3

1503. O número de pares de inteiros positivos (m, n) tais que $\dfrac{n^3 + 1}{mn - 1}$ é inteiro, é igual a:

(A) 6 (B) 7 (C) 8
(D) 9 (E) 10

1504. Sejam a e b números inteiros estritamente positivos tais que $ab+1$ é um divisor de a^2+b^2. Sobre o número $\dfrac{a^2+b^2}{ab+1}$ podemos afirmar que é um quadrado perfeito:

(A) se, e somente se, a e b também o forem.
(B) se, e somente se, a e b tiverem a mesma paridade.
(C) se, e somente se, a e b tiverem paridades distintas.
(D) somente para um número finito de valores de a e b.
(E) sempre

Capítulo 6

O Primeiro Grau

Seção 6.1 – Equação do Primeiro Grau

1505. O inteiro mais próximo da raiz da equação $\dfrac{3x}{7} - \dfrac{2x+1}{14} = \dfrac{7x}{3} + 6$ é igual a:

(A) –3   (B) –2   (C) –1
(D) –4   (E) –5

1506. A raiz da equação $\dfrac{3(x+1)}{2} - \dfrac{2(x-3)}{5} + 2x - 1 = \dfrac{31x}{10} + 4$:

(A) é igual a 2   (B) é igual a 4   (C) é igual a 17
(D) é igual a 40   (E) não existe

1507. O número de raízes da equação $\dfrac{2x-7}{5} + \dfrac{19}{15}x + \dfrac{12}{5} = \dfrac{5x+2}{3} + \dfrac{1}{3}$ é igual a:

(A) 0   (B) 1   (C) 2
(D) 3   (E) infinito

1508. Se $x = \dfrac{x}{5} + \dfrac{x}{3} + 3\left(\dfrac{x}{3} - \dfrac{x}{5}\right) + 1$ então x é igual a:

(A) 3   (B) 5   (C) 10
(D) 15   (E) 30

1509. A raiz da equação $\dfrac{x}{2} - \dfrac{1}{6}(2x-1) = \dfrac{1}{3}\left(\dfrac{3}{2} - \dfrac{x}{3}\right)$ é igual a:

(A) $1\dfrac{1}{5}$ (B) $1\dfrac{2}{5}$ (C) $1\dfrac{3}{5}$

(D) $1\dfrac{4}{5}$ (E) 2

1510. A menor raiz da equação $\left(x-\frac{3}{4}\right)\left(x-\frac{3}{4}\right)+\left(x-\frac{3}{4}\right)\left(x-\frac{1}{2}\right)$ é igual a

(A) $-\frac{3}{4}$ (B) $\frac{1}{2}$ (C) $\frac{5}{8}$

(D) $\frac{3}{4}$ (E) 1

1511. A maior raiz da equação $(4x^2-9)-2(2x-3)+x(2x-3)=0$ é igual a:

(A) $\frac{1}{2}$ (B) 2 (C) $\frac{3}{2}$

(D) $\frac{1}{3}$ (E) $\frac{2}{3}$

1512. A soma das raízes da equação $(2x+3)(5x-7)^2(x-1)^3=0$ é igual a:

(A) $\frac{4}{5}$ (B) $\frac{9}{10}$ (C) 1

(D) $\frac{11}{10}$ (E) $\frac{6}{5}$

1513. O número de raízes reais da equação $(x^2-x+5)^2=(x^2-3x+7)^2$ é:

(A) 0 (B) 1 (C) 2
(D) 3 (E) 4

1514. A raiz da equação $\frac{3}{x-1}+\frac{5}{x+1}=\frac{2}{x^2-1}$ é:

(A) $\frac{1}{2}$ (B) 1 (C) $\frac{3}{2}$

(D) $\frac{5}{2}$ (E) 2

1515. O valor de x tal que $\dfrac{1{,}75}{x} - \dfrac{0{,}25}{x-2} = \dfrac{1{,}25}{x(x-2)}$ é igual a:

(A) $\dfrac{11}{6}$ (B) $\dfrac{13}{6}$ (C) $\dfrac{5}{2}$

(D) $\dfrac{17}{6}$ (E) $\dfrac{19}{6}$

1516. A raiz da equação $\{x^{-1} + 2^{-1}\}^{-1} = \dfrac{1}{2}$ é igual a:

(A) -1 (B) 0 (C) $\dfrac{1}{2}$

(D) $\dfrac{2}{3}$ (E) 1

1517. A raiz da equação $1 - \dfrac{1}{1 - \dfrac{1}{1-x}} = 2$ é igual a:

(A) $-\dfrac{1}{2}$ (B) $\dfrac{1}{2}$ (C) -1

(D) $\dfrac{2}{3}$ (E) 1

1518. A raiz da equação $\dfrac{1}{1 - \dfrac{1}{1 - \dfrac{1}{x}}} = 3$ é igual a:

(A) -2 (B) -1 (C) 0
(D) 2 (E) 3

1519. A raiz da equação $\dfrac{1}{1-\dfrac{1}{1+\dfrac{1}{1-\dfrac{1}{x}}}} = 3$ está entre:

(A) −3 e −1   (B) −2 e 0   (C) −1 e 1
(D) 0 e 2   (E) 1 e 3

1520. Se $\sqrt{2} = 1 + \dfrac{1}{2 + \dfrac{1}{2+x}}$ então x é igual a:

(A) $\sqrt{2} - 2$ (B) $\sqrt{2} + 2$ (C) $\sqrt{2}$
(D) $\sqrt{2} + 1$ (E) $\sqrt{2} - 1$

1521. O número de raízes reais da equação $\left(\dfrac{x-1}{x+1}\right)^2 - \left(\dfrac{x+2}{x-2}\right)^2 = 0$ é igual a:

(A) 0   (B) 1   (C) 2
(D) 3   (E) 4

1522. A soma das raízes da equação $\dfrac{(5x+3)(2x-1) + (5x+3)(3x-2)}{(5x-3)(2x-1) - (5x-3)(3x-2)} = 0$ é:

(A) 0   (B) $\dfrac{3}{5}$ (C) $\dfrac{7}{6}$
(D) $\dfrac{53}{15}$ (E) $\dfrac{8}{5}$

1523. Considere as afirmativas:

1. Se a razão de $2x-y$ para $x+y$ é $\frac{2}{3}$, a razão de x para y é igual a $\frac{5}{4}$.

2. Se $\frac{b}{a}=2$ e $\frac{c}{b}=3$, a razão de $a+b$ para $b+c$ é igual a $\frac{3}{8}$.

3. Se $\frac{a-b}{c}=\frac{b+c}{a}=\frac{a-c}{b}$ então a soma dos valores possíveis de $\frac{a}{a+b+c}$ é igual a $\frac{1}{2}$.

Assinale:
(A) Se somente as afirmativas (1) e (2) forem verdadeiras
(B) Se somente as afirmativas (1) e (3) forem verdadeiras
(C) Se somente as afirmativas (2) e (3) forem verdadeiras
(D) Se todas as afirmativas forem verdadeiras
(E) Se todas as afirmativas forem falsas.

1524. A soma dos algarismos da raiz real da equação:

$$\frac{x-1}{2004}+\frac{x-3}{2002}+\frac{x-5}{2000}+\cdots+\frac{x-2003}{2}=\frac{x-2}{2003}+\frac{x-4}{2001}+\frac{x-6}{1999}+\cdots+\frac{x-2004}{1}$$

é igual a:

(A) 10 (B) 9 (C) 8
(D) 7 (E) 6

1525. O número de inteiros positivos k para os quais a equação $kx-96=3k$ possui solução inteira para x é igual a:
(A) 3 (B) 6 (C) 9
(D) 12 (E) 32

1526. Para os racionais x e y definamos $x*y = 2x+3y-8xy$. O racional a para o qual não existe um racional b tal que $a*b = 0$ é:

(A) $\frac{1}{8}$ (B) $\frac{1}{4}$ (C) $\frac{3}{8}$

(D) $\frac{1}{2}$ (E) $\frac{3}{2}$

1527. Sobre as raízes da equação $2x + \dfrac{6}{x-3} = 6 + \dfrac{6}{x-3}$ podemos afirmar que:

(A) são positivas
(B) são negativas
(C) possuem sinais contrários
(D) não existem
(E) são nulas

1528. O valor de m para o qual a equação $(m^2 - 9)x = m^2 + 3m$ é possível e indeterminada é igual a:

(A) 0   (B) –1   (C) –3
(D) –6   (E) –9

1529. O valor de m para o qual a equação $m(mx+1) = 2(2x-1)$ é *impossível* é:

(A) 1   (B) 2   (C) 3
(D) 4   (E) 5

1530. O valor de m para o qual a equação $m^2x + 4 = m(x+4)$ é *impossível* é:

(A) 0   (B) 1   (C) 2
(D) 3   (E) 4

1531. O valor de m para o qual a equação $(m^2 + 2m)x + 2 = 4mx + m^2 - 6$ é *impossível* é igual a:

(A) 0 ou 2   (B) 1 ou 2   (C) 0 ou 1
(D) 2 ou 3   (E) 0 ou 3

1532. A equação $\dfrac{3x+5}{4} - \dfrac{m-2}{6} = x - \left(\dfrac{m}{2} - \dfrac{5}{3}\right)$ é possível e determinada. O valor de x é igual a:

(A) $\dfrac{m-1}{3}$ (B) $\dfrac{2m-1}{3}$ (C) $\dfrac{3m-1}{3}$

(D) $\dfrac{4m-1}{3}$ (E) $\dfrac{5m-1}{3}$

1533. A equação $m^2(5-x) + 4x = m^2 - 4m + 24$ é possível e indeterminada se m for igual a:

(A) −2   (B) −1   (C) 1
(D) 2   (E) 5

1534. Se a equação $m^3 x - m^2 - 4 = 4m(x-1)$ é possível e determinada, o valor de x é igual a:

(A) $\dfrac{m-2}{m(m+2)}$ (B) $\dfrac{m-2}{m(m-2)}$ (C) $\dfrac{m-2}{m+2}$

(D) $\dfrac{m+2}{m-2}$ (E) $\dfrac{m(m-2)}{m+2}$

1535. O valor de m para o qual a equação $(m+1)x - 3m + \dfrac{3m+1}{2}x + \dfrac{7}{2} = 0$ é impossível é igual a:

(A) $-\dfrac{2}{3}$ (B) $-\dfrac{3}{4}$ (C) $-\dfrac{3}{5}$

(D) $-\dfrac{4}{5}$ (E) $-\dfrac{5}{6}$

1536. Se a equação $mx - 5m + 3 = m^2(x-2)$ é *possível e determinada*, o valor de x é igual a:

(A) $\dfrac{2m+3}{m}$ (B) $\dfrac{2m-3}{m}$ (C) $\dfrac{m-3}{m}$

(D) $\dfrac{m+3}{m}$ (E) $\dfrac{3m-2}{m}$

1537. A equação $m^2x - 3x + 4m = m - 2(1+2x)$ é *possível e determinada* para:

(A) $m \neq 1$ (B) $m \neq 2$ (C) $m \neq 3$
(D) $m \neq 4$ (E) m qualquer

1538. A equação $5x + 3(1+m) = 3(x+m) + 2(x+4) - 1$ é *impossível* para:

(A) m qualquer (B) m=1 (C) m=2
(D) m=3 (E) m=4

1539. A equação $(m^2 + 2m + 4)x = (2m+5)x + m^3 + 1$ é *possível e indeterminada* para:

(A) m=−3 (B) m=−2 (C) m=−1
(D) m=0 (E) m=1

1540. Considere a equação do primeiro grau em "x": $m^2x + 3 = m + 9x$. Pode-se afirmar que a equação tem conjunto verdade unitário se:

(A) m=3 (B) m=−3 (C) $m \neq -3$
(D) $m \neq 3$ (E) $m \neq 3$ e $m \neq -3$

1541. A equação $k^2x - kx = k^2 - 2k - 8 + 12x$ é *impossível* para:

(A) um valor positivo de k;
(B) um valor negativo de k;
(C) 3 valores distintos de k;
(D) dois valores distintos de k;
(E) nenhum valor de k.

1542. Sabe-se que a equação do primeiro grau na variável x
$2mx - x + 5 = 3px - 2m + p$ admite as raízes $\sqrt[3]{2}+\sqrt{3}$ e $\sqrt[3]{3}+\sqrt{2}$. Entre os parâmetros m e p vale a relação:

(A) $p^2 + m^2 = 25$ (B) $p \cdot m = 6$ (C) $m^p = 64$

(D) $p^m = 32$ (E) $\dfrac{p}{m} = \dfrac{3}{5}$

1543. A equação $a(x-1) = 19x + 2b - 201$ é possível e indeterminada se $a+b$ é:

(A) 110 (B) 120 (C) 130
(D) 140 (E) 150

1544. A equação $3ax + \dfrac{a-114x}{2} = 782b+1$ é possível e indeterminada se $a + \dfrac{1}{b}$ for igual a:

(A) 81 (B) 91 (C) 101
(D) 111 (E) 121

Seção 6.2 – Problemas do Primeiro Grau

1545. João vai à escola de ônibus ou metrô. Quando ele vai de metrô ele volta de ônibus. Durante x dias letivos, João foi de ônibus 8 vezes, voltou de ônibus 15 vezes e tomou metrô (ida ou volta) 9 vezes. O valor de x é:
(A) 19   (B) 18   (C) 17
(D) 16   (E) 15

1546. Uma fita de vídeo foi programada para gravar 6 horas. Quanto tempo já se gravou se o que resta para terminar a fita é $\frac{1}{3}$ do que já passou?
(A) 5h   (B) 4,5h   (C) 4h
(D) 3,5h   (E) 3h

1547. Uma fita comum de videocassete pode gravar até 2 horas de programação no sistema SP(standard play) ou, com pior qualidade, até 4 horas de programação no sistema LP(longplay). Uma pessoa deseja gravar, em uma única fita, um filme de 2h20min de duração, usando o sistema de SP durante o maior tempo possível e completando a gravação no sistema LP. O tempo durante o qual ela deverá usar o sistema SP é igual a:
(A) 1h10min   (B) 1h20min   (E) 1h30min
(D) 1h40min   (C) 1h50min

1548. Às cinco horas da tarde da última sexta-feira, uma em cada três das salas de aula da Universidade estava vazia. Se em 68 salas havia aulas, o total de salas de aulas da Universidade é:
(A) 100   (B) 101   (C) 102
(D) 103   (E) 104

1549. Uma urna contém 50 bolas que se distinguem apenas pelas seguintes características:
  I. x delas são brancas numeradas com os números naturais de 1 até x.
  II. x+1 delas são azuis numeradas com os números naturais de 1 até x+1.
  III. x+2 delas são brancas numeradas com os números naturais de 1 até x+2.
  IV. x+3 delas são verdes numeradas com os números naturais de 1 até x+3.
O valor de x é igual a:
(A) 11   (B) 12   (C) 13
(D) 14   (E) 15

1550. Comprei duas caixas de morangos. Na primeira caixa, um quarto dos morangos estavam estragados. Na segunda caixa, que continha um morango a mais do que a primeira, somente um quinto dos morangos estavam estragados. Se no total 69 morangos estavam bons, o total de morangos estragados era:

(A) 89 (B) 69 (C) 45
(D) 44 (E) 20

1551. Um açougue vende dois tipos de carne de primeira a R$ 4,00 o quilo e de segunda a R$ 3,00 o quilo. Se um cliente pagou R$ 3,25 por um quilo de carne então necessariamente ele comprou de carne de primeira:

(A) 250g (B) 300g (C) 350g
(D) 400g (E) 600g

1552. Nos quadrados abaixo, serão escritos os quatorze dígitos de um cartão de crédito. Se a soma de quaisquer três dígitos adjacentes é 20, o valor de x é:

| | | | 9 | | | x | | | 7 | | |

(A) 3 (B) 4 (C) 5
(B) 7 (E) 9

1553. Eduardo preencheu os quadrados da figura abaixo de modo que a soma de quaisquer três quadrados vizinhos seja a mesma. Se a soma de todos os números que ocuparão os quadrados é igual a 217, assinale dentre os abaixo um número que deve figurar em tal disposição:

| | | | 17 | | | 20 | | | | |

(A) 10 (B) 11 (C) 12
(D) 13 (E) 14

1554. Diofanto foi uma criança feliz durante $1/6$ de sua vida. Após mais $1/12$ começou a cultivar uma barba. Permaneceu somente mais $1/7$ antes de se casar e somente no quinto ano após o seu casamento nasceu-lhe um filho que morreu quatro anos antes que o pai e que viveu apenas a metade do que viveu o pai. A idade que Diofanto alcançou foi:

(A) 44 anos (B) 54 anos (C) 64 anos
(D) 74 anos (E) 84 anos

1555. A carga de um telefone é suficiente para 9 horas desligado ou 1,5 hora ligado. Se o telefone celular de Gustavo descarregou em 8 horas, ele esteve ligado durante:

(A) 12 min (B) 24 min (C) 36 min
(D) 48 min (E) 1 hora

1556. Dois quintos do salário de Theobaldo são reservados para o aluguel e a metade do que sobra, para alimentação. Descontados o dinheiro do aluguel e o da alimentação, ele coloca um terço do que sobra na poupança restando então R$ 300,00 para gastos diversos. O salário do Theobaldo é igual a:

(A) R$ 1000,00 (B) R$ 1200,00 (C) R$ 1500,00
(D) R$ 1600,00 (E) R$ 2000,00

1557. Ao término de 1994, Augusto possuía a metade da idade de sua avó. Sabendo que a soma dos anos em que eles nasceram é 3838. Quantos anos possuirá Augusto ao término de 2006?

(A) 61 (B) 62 (C) 66
(D) 68 (E) 101

1558. Renata corre uma certa distância em 5 minutos menos que Fernanda. Sabendo que a velocidade de Renata é de 6 metros e dois terços por segundo enquanto a velocidade de Fernando é de 5 metros e cinco nonos por segundo. A distância, em quilômetros, percorrida é igual a:

(A) 10 (B) 9 (C) 8
(D) 6 (E) 3

1559. Um pai combinou com o filho que lhe pagaria R$ 5,00 por cada exercício de Matemática certo, mas com s condição de que lhe devolvesse R$ 3,00 por cada exercício errado. Feitos 35 exercícios, o filho recebeu R$ 55,00. A diferença entre os números de exercícios certos e errados é igual a:

(A) 1　　　　　(B) 3　　　　　(C) 5
(D) 7　　　　　(E) 9

1560. Um agricultor, trabalhando sozinho, capina um certo terreno em 10 horas. Sua esposa, trabalhando sozinha capina o mesmo terreno em 12 horas. Após o agricultor e sua esposa capinarem o terreno juntos durante 1 hora, recebem a ajuda de sua filha e então os três terminam de capinar o terreno em 3 horas. O número h de horas necessárias para que a filha sozinha capine o terreno é igual a

(A) $13\frac{1}{2}$　　　(B) $11\frac{1}{4}$　　　(C) $10\frac{1}{2}$

(D) 10　　　(E) $9\frac{1}{2}$

1561. Na hora de fazer seu testamento, uma pessoa tomou a seguinte decisão: Dividiria sua fortuna de 20 milhões de reais entre sua filha, que estava grávida, e a prole desta gravidez, cabendo a cada criança que fosse nascer o *dobro* daquilo que caberia à mãe, se fosse do sexo *masculino* e o *triplo* daquilo que caberia à mãe, se fosse do sexo *feminino*. Nasceram trigêmeos, sendo *dois meninos* e *uma menina*. A parte que coube à menina foi:

(A) 2,5 milhões　　(B) 5 milhões　　(C) 7,5 milhões
(D) 10 milhões　　(E) 12,5 milhões

1562. João, Pedro e Maria se encontraram para bater papo em um bar. João e Pedro trouxeram R$ 50,00 cada um, enquanto que Maria chegou com menos dinheiro. Pedro, muito generoso, deu parte do que tinha para Maria, de forma que os dois ficaram com a mesma quantia. A seguir, João resolveu também repartir o que tinha com Maria, de modo que ambos ficassem com a mesma quantia. No final, Pedro acabou com R$ 4,00 a menos do que os outros dois. Quanto Maria possuía quando chegou ao encontro?

(A) R$ 30,00　　(B) R$ 32,00　　(C) R$ 34,00
(D) R$ 36,00　　(E) R$ 38,00

1563. João comprou certa quantidade de sorvetes e vendeu-os todos por R$ 1,60 cada um, lucrando no total R$ 30,00. Se João tivesse vendido cada sorvete por R$ 0,90 teria tido um prejuízo de R$ 5,00. Pode-se afirmar que João comprou cada sorvete por:

(A) R$ 0,60   (B) R$ 0,80   (C) R$ 1,00
(D) R$ 1,20   (E) R$ 1,40

1564. Numa corrida de 1760 metros, A vence B por 330 metros e A vence C por 460 metros. Por quantos metros B vence C?

(A) 120   (B) 130   (C) 140
(D) 150   (E) 160

1565. Numa corrida de 5000 metros A vence B por 500 metros e B vence C por 1000 metros. Por quantos metros A vence C?

(A) 1200   (B) 1500   (C) 1800
(D) 2400   (E) 3600

1566. Um pintor encontra-se em um degrau de uma escada e observa que abaixo do degrau em que está existe o dobro do número de degraus acima deste. Após descer 8 degraus ele observa que o número de degraus acima do que está é igual ao número de degraus abaixo. O número de degraus da escada é igual a:

(A) 27   (B) 31   (C) 32
(D) 48   (E) 49

1567. Um dos elefantes do zôo está em uma dieta especial que lhe permite comer em cada dia, a quantidade de cenoura que um coelho come em um ano. Se juntos o elefante e o coelho comem em um dia 111kg de cenoura, quantos quilos de cenoura um coelho come em um dia?

(A) $\dfrac{1}{2}$ (B) $\dfrac{111}{165}$ (C) $\dfrac{37}{122}$

(D) $\dfrac{19}{61}$ (E) $\dfrac{22}{73}$

1568. Uma prova é tal que se respondermos corretamente 9 das 10 primeiras questões e $\frac{3}{10}$ das questões restantes, obteremos 50% de aproveitamento. O número de questões da prova é igual a:

(A) 60   (B) 40   (C) 20
(D) 50   (E) 30

1569. O irmão e a avó de Maria faleceram muito jovens. A soma dos períodos de duração de suas vidas foi 66 anos. O irmão de Maria faleceu 93 anos após o nascimento de sua avó. Quantos anos após o falecimento de sua avó nasceu o irmão de Maria?

(A) 37   (B) 33   (C) 30
(D) 27   (E) 17

1570. Escrevendo-se lado a lado as idades de dois irmãos obtem-se um número de quatro algarismos que é um quadrado perfeito. Nove anos mais tarde ao fazermos a mesma coisa obteve-se novamente um quadrado perfeito. Sabendo que o segundo é o quadrado de um número nove unidades maior que o primeiro, a soma das idades originais dos dois irmãos é igual a:

(A) 30   (B) 37   (C) 79
(D) 97   (E) 99

1571. Quatro meninas, Alice, Bárbara, Cristina e Márcia, participam de um concurso de trios ficando uma delas de fora a cada vez que é executada uma canção pelas outras três. Sabe-se que Márcia cantou 7 canções e foi quem mais cantou enquanto que Alice cantou 4 canções e foi quem menos cantou. Quantas canções foram cantadas pelas meninas em trios?

(A) 7   (B) 8   (C) 9
(D) 10 (E) 11

1572. Um pedreiro precisa de 10000 tijolos para completar uma obra. Ele sabe por experiência que no máximo 7% da encomenda quebra na entrega. Se tijolos são vendidos em centos, qual o número *mínimo* de tijolos que ele deve encomendar para ter certeza de completar a obra?

(A) 10900   (B) 10600   C) 10500
(D) 10700   (E) 10800

1573. Duas velas possuem tamanho e diâmetro diferentes. A maior queima em 7 horas e a menor queima em 10 horas. Após queimarem *juntas* durante 4 horas elas ficam com o mesmo comprimento. A razão entre os comprimentos da *menor* e da *maior* vela é igual a:

(A) $\dfrac{7}{10}$ (B) $\dfrac{3}{5}$ (C) $\dfrac{4}{7}$

(D) $\dfrac{5}{7}$ (E) $\dfrac{2}{3}$

1574. Um feirante pegou uma caixa de tangerinas, agrupou-as em dúzias e verificou que sobraram 8 tangerinas. Juntou-as e agrupou-as em dezenas, verificando que sobraram duas e que havia agora mais três grupos do que antes. A *soma dos algarismos* do número de tangerinas é:

(A) 8 (B) 12 (C) 15
(D) 18 (E) 24

1575. Dirigindo, Eduardo gasta do Rio de Janeiro a Campos 3 horas. Antonio, que dirige a uma velocidade inferior em 5 km/h sai, ao mesmo tempo em que Eduardo, do Rio de Janeiro e chega a Campos 20 minutos mais tarde. A distância do Rio de Janeiro a Campos, em quilômetros, é igual a:

(A) 135 (B) 145 (C) 150
(D) 180 (E) 300

1576. Gustavo e Antonio correram 10 quilômetros. Começaram do mesmo ponto, correram 5 quilômetros montanha acima e retornaram ao ponto de partida pelo mesmo caminho. Sabendo que Gustavo partiu 10 minutos antes de Antonio com velocidades de 15 km/h montanha acima e 20 km/h montanha abaixo e que Antonio corre a 16 km/h e 22 km/h montanha acima e abaixo respectivamente, a que distância do topo da montanha eles se cruzam?

(A) $\dfrac{5}{4}$ km (B) $\dfrac{35}{27}$ km (C) $\dfrac{27}{20}$ km

(D) $\dfrac{7}{3}$ km (E) $\dfrac{28}{9}$ km

1577. A, B e C participam de um jogo no qual após cada rodada o perdedor tem que duplicar o dinheiro de cada um dos outros dois. Primeiro A perde, depois B e finalmente C. Se no final terminam todos com R$ 16,00 então A começou:

(A) R$ 24,00   (B) R$ 26,00   (C) R$ 28,00
(D) R$ 30,00   (E) R$ 32,00

1578. Sete amigos fizeram um acordo no qual segundo eles jogariam sete partidas e aquele que perdesse em cada uma delas teria de dobrar a dinheiro dos outros seis. Ao final das sete partidas, cada um deles tinha perdido uma partida e estava com R$128,00. A diferença entre as quantias, em reais, com que começaram o primeiro jogador a perder e do último jogador a perder é igual a:

(A) 440   (B) 441   (C) 442
(D) 443   (E) 444

1579. Um bando de gafanhotos atacou uma plantação de algodão. Se 100 gafanhotos atacassem cada pé de algodão, 60 gafanhotos ficariam sem pé para atacar. Como todos os pés foram atacados por 102 gafanhotos cada um, o número de gafanhotos é igual a:

(A) 3000   (B) 3020   (C) 3040
(D) 3060   (E) 3080

1580. Supondo que dois pilotos de Fórmula 1 largam juntos num determinado circuito e completam, respectivamente, cada volta em 72 e 75 segundos. Depois de quantas voltas do mais rápido, contadas a partir da largada, ele estará uma volta na frente do outro?

(A) 22   (B) 23   (C) 24
(D) 25   (E) 26

1581. Dispondo-se de duas ligas de ouro e prata nas quais os metais estão nas razões 2:3 e 3:7 respectivamente e desejamos obter 8 quilos de uma nova liga na qual estes metais estejam na razão 5:11. A diferença entre as quantidades, em kg, que devemos tomar de cada uma das duas ligas é:

(A) 2   (B) 3   (C) 4
(D) 5   (E) 6

1582. Um industrial produz uma máquina que endereça 500 envelopes em 8 minutos. Ele deseja construir uma máquina de tal forma que ambas, operando juntas, endereçarão 500 envelopes em 2 minutos. O tempo, em minutos, que a *segunda* máquina demorará para endereçar 500 envelopes sozinha é igual a:

(A) 1 (B) $1\frac{1}{3}$ (C) $1\frac{2}{3}$

(D) 2 (E) $2\frac{2}{3}$

1583. As idades de Alice e Bernardo juntas perfazem um total de 11016 dias. Sabendo que daqui a 1296 dias Bernardo terá o *dobro* da idade que Alice tinha quando Bernardo tinha o *dobro* da idade que Alice tinha quando esta tinha o *dobro* da idade de Bernardo, a idade de Alice, em dias, é igual a:

(A) 5184 (B) 5832 (C) 5862

(D) 5886 (E) 5994

1584. Trabalhando sozinho, João leva 12 horas a menos do que Pedro leva para fazer o mesmo trabalho. João cobra R$ 120,00 por hora e Pedro cobra R$ 96,00 por hora de trabalho. Sabendo que para o cliente o custo é o mesmo se João fizer um quarto do trabalho e Pedro fizer os outros três quartos ou se João fizer dois terços do trabalho e Pedro fizer o terço remanescente, quantas horas João levaria para fazer o trabalho sozinho?

(A) 42 (B) 46 (C) 48

(D) 50 (E) 52

1585. Um moribundo deixou 23,5 milhões de reais para ser dividido entre a viúva, seu filho e sua filha com a condição que se a filha morresse e o filho sobrevivesse ele receberia $5/8$ do dinheiro e a viúva $3/8$ do dinheiro. Porém, se o filho morresse e a filha sobrevivesse ela receberia $5/9$ do dinheiro e a viúva $4/9$. Sabendo que o filho e a filha sobreviveram, a diferença entre as suas partes foi igual a:

(A) 1,5 milhões (B) 2,0 milhões (C) 2,5 milhões

(D) 3,0 milhões (E) 4,0 milhões

1586. Duas velas de mesmo tamanho são acesas simultaneamente. A primeira dura 4 horas e a segunda 3 horas. Em que instante, a partir das 12 horas, as duas velas devem ser acesas, de modo que às 16 horas, o comprimento de uma seja o *dobro* do comprimento da outra?

(A) 13:24   (B) 13:28   (C) 13:36
(D) 13:40   (E) 13:48

1587. Para construir um muro de tijolos, um empreiteiro contratou dois pedreiros que trabalhando isoladamente gastam respectivamente 9 e 10 horas para construí-lo. Sabendo que trabalhando juntos o rendimento conjunto cai dez tijolos por hora e mesmo assim levam cinco horas para construir o muro, quantos tijolos possui o muro?

(A) 500   (B) 550   (C) 900
(D) 950   (E) 960

1588. No quadrado da figura abaixo com 3 linhas e 3 colunas, sabe-se que a soma dos elementos em cada linha e em cada coluna são iguais. O valor de $X+Y-Z$ é igual a:

(A) 11
(B) 13
(C) 15
(D) 17
(E) 19

1	Y	9
9	X	Z
		8

1589. Seja n um inteiro positivo. Um quadrado mágico de ordem n é um quadrado com n linhas e n colunas, no qual a soma dos elementos em cada linha e em cada coluna é constante e igual a soma dos elementos de cada uma das duas diagonais. O maior inteiro que será colocado no quadrado mágico abaixo quando este for completado é igual a:

(A) 9
(B) 10
(C) 11
(D) 15
(E) 18

4		
	6	
9		

1590. Um quadrado mágico de ordem n é um quadrado com n linhas e n colunas, no qual a soma dos elementos em cada linha e em cada coluna é constante e igual a soma dos elementos de cada uma das duas diagonais. O valor de x no quadrado mágico abaixo é igual a:

(A) 200

(B) 210

(C) 220

(D) 230

(E) 240

x	19	96
1		

1591. No quadrado mágico da figura abaixo, a soma dos três números em cada uma das três linhas, em cada uma das três colunas e ao longo de cada uma das duas diagonais é a mesma constante k. O valor de k é igual a:

(A) 99

(B) 98

(C) 97

(D) 96

(E) 95

		33
31	28	

1592. Gustavo escolheu alguns pontos sobre uma reta e os pintou de amarelo. A seguir, escolheu outros pontos sobre a mesma reta e os pintou de azul de modo que entre dois pontos amarelos consecutivos houvesse exatamente um ponto azul. Finalmente, escolheu outros pontos sobre a mesma reta, os quais pintou de verde de modo que entre um ponto amarelo e um ponto azul haja exatamente um ponto verde. Se o total de pontos amarelos, azuis e verdes é 505, o número de pontos amarelos é igual a:

(A) 121   (B) 123   (C) 125
(D) 127   (E) 129

1593. Numa festa, há 100 garotas e alguns garotos. Cada garota conhece exatamente 4 garotos e 11 garotos conhecem 5 garotas cada, 16 garotos conhecem 4 garotas cada, 25 garotos conhecem 3 garotas cada, e os demais conhecem 2 garotas cada. O número de garotos na festa é igual a:

(A) 115   (B) 125   (C) 135
(D) 145   (E) 155

1594. O Sr Santos chega todo dia à estação do metrô às cinco horas. Neste exato instante, seu motorista o apanha e o leva para casa. Num belo dia, o Sr. Santos chegou à estação às quatro horas e ao invés de esperar pelo seu motorista até às cinco horas resolve ir andando para casa. No caminho, ele encontra com o seu motorista que o apanha e o leva de carro para casa e chegam em casa vinte minutos mais cedo do que de costume. Algumas semanas mais tarde, noutro belo dia, o Sr Santos chegou à estação do metrô às quatro horas e trinta minutos e, novamente ao invés de esperar pelo seu motorista ele resolve ir andando para casa e encontra seu motorista no caminho. Este prontamente o apanha e o leva para casa de carro. Desta vez, quantos minutos o Sr Santos chegou em casa mais cedo?

(A) 15   (B) 10   (C) 5

(D) 4   (E) 3

1595. As companhias aéreas permitem aos passageiros despacharem suas bagagens nas seguintes condições: cada companhia estabelece um limite de peso que cada passageiro pode transportar sem custo adicional. Caso o peso total da bagagem exceda o limite estabelecido, o passageiro deverá então pagar uma taxa adicional para despachar suas bagagens. Esta taxa adicional é um valor proporcional à quantidade de quilogramas além do limite de peso estabelecido. Voltando do exterior Augusto pagou R$120,00 e Eduardo pagou R$40,00 de taxa adicional à companhia Catavento Air e juntos têm no total 52 kg de bagagem. Sabendo que se Augusto tivesse viajado sozinho com toda a bagagem, teria que pagar R$340,00, o peso máximo de bagagem que pode ser transportado nessa companhia sem que se precise pagar a taxa adicional é igual a:

(A) 12 kg   (B) 14 kg   (C) 16 kg

(D) 18 kg   (E) 20 kg

1596. Na finalíssima do Campeonato Carioca de Futebol de 2001 o quadro das apostas era o seguinte:

- Para o Flamengo: cada R$ 175,00 apostado dava ao apostador R$ 100,00.
- Para o Vasco: cada R$ 100,00 apostado dava ao apostador R$ 155,00.

Assim, por exemplo, se o Flamengo fosse o vencedor do jogo(como realmente o foi) uma pessoa que tivesse apostado R$ 175,00 no Flamengo teria de volta seus R$ 175,00 e ainda ganharia R$ 100,00, enquanto que uma pessoa que tivesse apostado R$ 100,00 no Vasco perderia seus R$ 100,00.

Supondo que uma casa de apostas tenha aceito 51 apostas a R$ 175,00 no Flamengo, o número de apostas a R$ 100,00 que ela deve aceitar para que o seu lucro seja o mesmo independentemente de quem ganhe o jogo é igual a:

(A) 55   (B) 60   (C) 65
(D) 70   (E) 75

1597. As estações A e B distam entre si 3km. De 3 em 3 minutos parte de cada uma delas um trem em direção à outra. Os trens trafegam com velocidades constantes e iguais. Um pedestre que trafega com velocidade constante parte de A no exato momento em que um trem está chegando e outro partindo e chega a B no exato momento em que um trem está chegando e outro partindo. Sabendo que o pedestre encontrou 12 trens andando no mesmo sentido que ele e 14 trens andando no sentido oposto ao seu, aí já incluídos os 4 trens citados anteriormente, a diferença entre as velocidades dos trens e do pedestre, em km/h é igual a:

(A) 80   (B) 65   (C) 60
(D) 55   (E) 50

Seção 6.3 – Duas ou mais Incógnitas

1598. Para quaisquer inteiros a e b definamos a operação $*$ por
$$a*b = a+b-ab.$$
Resolvendo o sistema $\begin{cases}(2*x)+(3*y)=19\\(3*x)+(4*y)=89\end{cases}$ verificamos que $y-x$ é igual a:

(A) −78   (B) 78   (C) 156
(D) 176   (E) 186

1599. Se x e y satisfazem ao sistema $\begin{cases}83249x+16751y=108249\\16751x+83249y=41751\end{cases}$ então $\dfrac{x}{y}$ é igual a:

(A) 1   (B) 2   (C) 3
(D) 4   (E) 5

1600. Resolvendo o sistema $\begin{cases}\dfrac{2}{3(x-1)}+\dfrac{3}{y-2}=2\\[4pt]\dfrac{-1}{x-1}+\dfrac{8}{2(y-2)}=0\end{cases}$

o valor de $y-x$ é igual a:

(A) $1\dfrac{3}{8}$ (B) $2\dfrac{3}{8}$ (D) $3\dfrac{3}{8}$
(D) $3\dfrac{1}{8}$ (E) $4\dfrac{1}{8}$

1601. Resolvendo o sistema $\begin{cases}5732x+2134y+2134z=7866\\2134x+5732y+2134z=670\\2134x+2134y+5732z=11464\end{cases}$ o valor de $x-y-z$ é igual a:

(A) −2   (B) −1   (C) 0
(D) 1   (E) 2

Capítulo 6 – O Primeiro Grau | 407

1602. Resolvendo o sistema $\begin{cases} \dfrac{1}{x-2}+\dfrac{1}{y} = 6 \\ 4x+47y-22xy = 8 \end{cases}$ o valor de $x+y$ é:

(A) 2
(B) $2\dfrac{1}{4}$
(C) $2\dfrac{1}{2}$
(D) $2\dfrac{3}{4}$
(E) 3

1603. Os números $a,b,c \in \mathbb{Z}^*$, para os quais $\begin{cases} 144a+12b+c = 0 \\ 256a+16b+c = 0 \end{cases}$ são tais que $\sqrt{b^2 - 4 \cdot a \cdot c}$ pode ser:

(A) 151
(B) 152
(C) 153
(D) 154
(E) 155

1604. Se $x,y \in \mathbb{R}$ são tais que $(4x-y-8)^2 + (3x+2y-17)^2 = 0$ então $x+y$ é:

(A) 5
(B) 6
(C) 7
(D) 8
(E) 9

1605. Para $x,y,z,w \in \mathbb{R}_+$ o menor valor de x tal que $\begin{cases} y = x-2001 \\ z = 2y-2001 \\ w = 3z-2001 \end{cases}$ é:

(A) 3331
(B) 3333
(C) 3335
(D) 3337
(E) 3339

1606. Seja $\lfloor x \rfloor$ o maior inteiro que não supera x. O número de pares ordenados (x,y) pertencentes ao primeiro quadrante tais que $\begin{cases} x+\lfloor y \rfloor = 5,3 \\ y+\lfloor x \rfloor = 5,7 \end{cases}$ é igual a:

(A) 2
(B) 4
(C) 6
(D) 10
(E) 11

408 | Problemas Selecionados de Matemática

1607. Sejam $\lfloor r \rfloor$ o maior inteiro que não supera r enquanto que $\{r\}$ é a parte fracionária de r isto é, $r - \lfloor r \rfloor$. Os valores de x, y e z que satisfazem ao sistema
$$\begin{cases} x + \lfloor y \rfloor + \{z\} = 3,9 \\ y + \lfloor z \rfloor + \{x\} = 3,5 \\ z + \lfloor x \rfloor + \{y\} = 2 \end{cases}$$
são tais que $x - y - z$ é igual a:

(A) 1,5   (B) 1,3   (C) 0

(D) −1,3   (E) −1,5

1608. Sejam $\lfloor r \rfloor$ o maior inteiro que não supera r enquanto que $\{r\}$ é a parte fracionária de r isto é, $r - \lfloor r \rfloor$. Os valores de x, y e z que satisfazem ao sistema
$$\begin{cases} x + \lfloor y \rfloor + \{z\} = 200,2 \\ y + \lfloor z \rfloor + \{x\} = 200,1 \\ z + \lfloor x \rfloor + \{y\} = 200,0 \end{cases}$$
são tais que $2x - y - z$ é:

(A) 0,10   (B) 0,20   (C) 0,30

(D) 0,40   (E) 0,50

1609. Para todos $(x,y) \in \mathbb{Z}^2$ seja $f(x,y) = (4x + 2y + 12)^2 - 4(x + y + 4)^2$ o número de soluções inteiras (x,y) da equação $f(x,y) = 4$ é igual a:

(A) 0   (B) 1   (C) 2

(D) 3   (E) 4

1610. Um cavalo e um burro caminhavam juntos, levando sobre os lombos pesadas cargas. Lamentava-se o cavalo de seu revoltante fardo ao que obtemperou-lhe o burro: "De que te queixas? Se eu te tomasse um saco, minha carga passaria a ser o dobro da tua. Por outro lado, se eu te desse um saco, tua carga igualaria a minha". Ao todo, quantos sacos levavam os animais?

(A) 10   (B) 12   (C) 14

(D) 15   (E) 16

Capítulo 6 – O Primeiro Grau | 409

1611. Um omelete feito com 2 ovos e 30 gramas de queijo contém 280 calorias. Se um omelete feito com 3 ovos e 10 gramas de queijo também contém 280 calorias, o número de calorias contida num ovo é igual a:

(A) 80   (B) 70   (C) 60
(D) 50   (E) 40

1612. Quatro números inteiros são tais que quando adicionados três a três obtemos as somas 180, 197, 208 e 222. Logo, podemos afirmar que o maior dos quatro números é igual a:

(A) 77   (B) 83   (C) 89
(D) 91   (E) 95

1613. Somando-se dois a dois os elementos de um conjunto de cinco números inteiros obtivemos as somas 0, 6, 11, 12, 17, 20, 23, 26, 32, 37. O maior destes números é igual a:

(A) 9   (B) 14   (C) 23
(D) 31   (E) 34

1614. Um baleiro vende dois tipos de balas b_1 e b_2. Três balas do tipo b_1 custam R$ 0,10 e a unidade de bala b_2 custa R$ 0,15. No final de um dia de trabalho, ele vendeu 127 balas e arrecadou R$ 5,75. O número de balas do tipo b_1 vendidas foi:

(A) 114   (B) 113   (C) 112
(D) 111   (E) 110

1615. Numa corrida de d metros, se A e B competem sozinhos, A vence B com 20m de frente; se B e C competem sozinhos B vence C com 10m de frente; se A e C competem sozinhos A vence C com 28m de frente. O valor de d é:

(A) 58   (B) 60   (C) 100
(D) 116   (E) 120

1616. Tomam-se G exemplares de um livro de Geometria, e A exemplares de um livro de Álgebra, com número de páginas maior que o dos livros de Geometria para encher completamente uma prateleira de uma estante. Além disso, N dos livros de

Geometria e D dos livros de Álgebra, também enchem completamente a mesma prateleira. Finalmente, sabendo que I dos livros de Geometria sozinhos enchem completamente a mesma prateleira e se G, A, N, D, I são inteiros positivos distintos, o valor de I é igual a:

(A) $\dfrac{GD + NA}{D + A}$ (B) $\dfrac{GD^2 + NA^2}{D^2 - A^2}$ (C) $\dfrac{GD^2 - NA^2}{D^2 - A^2}$

(D) $\dfrac{GA - ND}{D - A}$ (E) $\dfrac{GD - NA}{D - A}$

1617. Na pirâmide a seguir, para as camadas acima da base, o número colocado em cada tijolo é a soma dos números dos dois tijolos nos quais ele se apoia e que estão imediatamente abaixo dele.

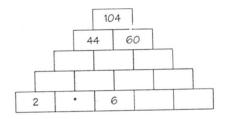

O número assinalado com o asterisco é igual a

(A) 3 (B) 4 (C) 5
(D) 9 (E) 11

1618. Um relojoeiro vendeu dois relógios pelo mesmo preço ganhando 20% em um deles e perdendo 20% no outro. Se ele perdeu R$ 8,00 na transação podemos afirmar que:

(A) O relógio mais barato custou R$ 40,00.
(B) O relógio mais barato custou R$ 60,00.
(C) O relógio mais barato custou R$ 100,00.
(D) O relógio mais barato custou R$ 120,00.
(E) Os relógios juntos custaram R$ 180,00.

1619. O preço de venda de um vestido é tal que o lucro é 20% deste preço. Aumentando-se o preço de 20 reais, o lucro passa a ser um terço do novo preço de venda. O preço de venda do vestido é igual a:

(A) 100 reais   (B) 90 reais   (C) 80 reais
(D) 70 reais   (E) 60 reais

1620. João percorre uma distância com velocidade constante. Se aumentasse sua velocidade em 0,5 km/h percorria a mesma distância em $4/5$ do tempo e se diminuísse sua velocidade em 0,5 km/h gastaria mais 2h 30min para percorrer a mesma distância. O valor da distância, em Km, é igual a:

(A) $13\frac{1}{2}$ (B) 15   (C) $17\frac{1}{2}$
(D) 20   (E) 25

1621. Tenho o *dobro* da idade que tu tinhas quando eu tinha a idade que tu tens. Quando tu tiveres a idade que tenho teremos juntos 99 anos. Minha idade é:

(A) 40   (B) 42   (C) 44
(D) 46   (E) 48

1622. Sejam $\lfloor r \rfloor$ o maior inteiro que não supera r enquanto que $\{r\}$ é a parte fracionária de r isto é, $r - \lfloor r \rfloor$. Os valores de x, y e z que satisfazem ao sistema

$$\begin{cases} x + \lfloor y \rfloor + \{z\} = 200,0 \\ \{x\} + y + \lfloor z \rfloor = 190,1 \\ \lfloor x \rfloor + \{y\} + z = 178,8 \end{cases}$$ são tais que $x - y + z$ é igual a:

(A) 63,15   (B) 63,25   (C) 63,35
(D) 63,45   (E) 63,55

1623. Num grupo de rapazes e moças, 10 moças foram embora e o número de rapazes ficou igual ao número de moças. Após um certo tempo, 24 rapazes foram embora, e o número de moças ficou o quíntuplo do número de rapazes. Podemos afirmar que, inicialmente, havia no grupo

(A) 30 moças   (B) 40 moças   (C) 40 rapazes
(D) 50 rapazes   (E) 60 pessoas

1624. Um grupo de alunos faz prova numa sala. Se saírem do recinto 10 rapazes, o número de rapazes e moças será igual. Se em seguida, saírem 10 moças o número de rapazes se tornará o *dobro* do número de moças. Sendo r o número de rapazes e m o número de moças podemos afirmar que 2r+m é igual a:

(A) 60 (B) 70 (C) 80
(D) 90 (E) 100

1625. 15 meninas saem de um grupo de meninos e meninas. No grupo restante ficam dois meninos para cada menina. Aí então, 45 meninos abandonam o grupo. Ficam então cinco meninas para cada menino. O número de meninas no grupo inicial era:

(A) 29 (B) 40 (C) 43
(D) 50 (E) 55

1626. Algumas bolas de uma urna são vermelhas e as restantes são azuis. Se retirarmos uma bola vermelha da bolsa então um sétimo das bolas restantes são vermelhas. Se, ao invés disto, forem retiradas duas bolas azuis então, um quinto das bolas restantes são vermelhas. O número de bolas que havia originalmente na bolsa é igual a:

(A) 8 (B) 22 (C) 36
(D) 57 (E) 71

1627. Adicionando-se um litro de água a uma mistura de ácido e água, obtemos uma nova mistura com 20% de ácido. Quando um litro de ácido é adicionado à mistura, o resultado é uma mistura com $33\frac{1}{3}\%$ de ácido. O percentual de ácido na mistura original era:

(A) 21% (B) 22% (C) 23%
(D) 24% (E) 25%

1628. Para um teste de 30 questões, duas Escolas utilizam critérios distintos de avaliação. Na primeira, o aluno começa com 30 pontos; *ganha 4 pontos por resposta correta* e *perde 1 ponto* por resposta errada. Na segunda, o aluno ganha 5 *pontos* por resposta *correta; não perde nem ganha* se errar a resposta e *ganha 2 pontos* por questão deixada sem resposta. Sabendo que 84 *pontos* segundo o primeiro critério equivalente a 93 *pontos* segundo o outro, o número de questões que um aluno deve deixar em branco para obter os pontos é:

(A) 6 (B) 9 (C) 11
(D) 14 (E) 15

1629. A área de um retângulo permanecer inalterada quando ele fica $2\frac{1}{2}$ mais comprido e $\frac{2}{3}$ mais fino ou quando ele fica $2\frac{1}{2}$ mais curto e $\frac{4}{3}$ mais largo. A área do retângulo é:

(A) 30   (B) $\frac{80}{3}$ (C) $\frac{45}{2}$

(D) 24   (E) 20

1630. Uma estudante e seu professor completaram uma tarefa em dois dias. No primeiro dia eles fizeram três quintos da tarefa tendo a estudante trabalhando durante seis horas e o professor vinte horas. No outro dia para fazer os outros dois quintos, a estudante trabalhou três horas e o professor quinze horas. O número de horas que a estudante levaria para fazer a tarefa trabalhando sozinha é:

(A) 10   (B) 20   (C) 30

(D) 40   (E) 50

1631. Atualmente, a soma das idades do Sr. Antonio e sua esposa é seis vezes a soma das idades de seus filhos. Há dois anos a soma das idades dos dois era dez vezes a soma das idades das crianças. Sabendo que daqui a seis anos a soma de suas idades será três vezes a soma das idades dos filhos, o número de crianças é:

(A) 2   (B) 3   (C) 4

(D) 5   (E) 6

1632. Renata desce andando uma escada rolante que se move para cima e conta 150 degraus. Sua irmã Fernanda sobe a mesma escada e conta 75 degraus. Se a velocidade de Renata (em degraus por unidade de tempo) é três vezes a velocidade de Fernanda, o número de degraus visíveis na escada rolante em qualquer instante é:

(A) 100   (B) 120   (C) 140

(D) 150   (E) 180

1633. Caio gosta de brincar numa das escadas rolantes, em movimento, que leva ao segundo piso de um Shopping Center. Quando sobe caminhando ele conta dez degraus e leva vinte segundos para chegar ao topo. Quando desce correndo conta cinquenta degraus e demora trinta segundos para chegar ao pé da escada. O número de graus visíveis na escada rolante em qualquer instante é igual a:

(A) 20   (B) 22   (C) 24

(D) 26   (E) 28

1634. A tabela abaixo mostra os resultados de um concurso de pesca.

n	0	1	2	3	...	13	14	15
Número de participantes que pescaram n peixes	9	5	7	23	...	5	2	1

Sabe-se que os participantes que pescaram 3 ou mais peixes tiveram uma média de 6 peixes por pessoa e os que pescaram 12 ou menos peixes tiveram uma média de 5 peixes por pessoa. Quantos peixes foram pescados?

(A) 484   (B) 512   (C) 736

(D) 857   (E) 943

1635. O passageiro de um trem, à velocidade constante, vê num marco quilométrico um numero de dois algarismos. Transcorrida uma hora, vê outro marco com os algarismos do primeiro invertidos. Decorrida mais uma hora, vê outro marco com os algarismos do primeiro número tendo um zero entre eles. Qual a velocidade do trem?

(A) 40 km/h   (B) 45 km/h   (C) 50 km/h

(D) 60 km/h   (E) 80 km/h

1636. Uma rede ferroviária vende bilhetes unitários nos quais são impressas as estações de origem e destino. Várias estações novas foram adicionadas à rede de modo que foram criados 76 diferentes novos tipos de bilhetes unitários. O número de novas estações adicionadas à rede foi:

(A) 4   (B) 2   (C) 19

(D) 8   (E) 38

1637. Certo dia em um hortifrutti, sete abacaxis custavam tanto quanto nove bananas e oito mangas enquanto que cinco abacaxis custavam tanto quanto seis bananas e seis mangas. Neste mesmo dia, um abacaxi custava tanto quanto:

(A) duas mangas
(B) 1 banana e 2 mangas
(C) 3 bananas e 1 manga
(D) 1 banana e 1 manga
(E) 4 bananas

1638. Quatro maçãs custam tanto quanto cinco ameixas; três pêras custam tanto quanto sete maçãs; oito damascos custam tanto quanto quinze pêras. Se cinco maçãs são vendidas por 2 reais, qual o menor número inteiro de reais que comprará um número igual de cada um dos quatro tipo de frutas?

(A) 1021 (B) 1022 (C) 1023
(D) 1024 (E) 1025

1639. 400 deputados estavam presentes a uma sessão na Câmara dos deputados para a votação de uma Lei Salarial. Sabe-se que na primeira votação a nova Lei foi rejeitada. Entretanto, numa segunda votação na qual estavam presentes os mesmos 400 deputados a nova Lei foi aprovada com uma margem de aprovação igual ao dobro da margem com que ela tinha sido rejeitada.. Sabendo que o número de votantes a favor da aprovação da Lei na segunda votação foi $\frac{12}{11}$ do número daqueles que votaram pela rejeição na primeira votação, quantos deputados a mais votaram pela aprovação da lei na segunda votação?

(A) 75 (B) 60 (C) 50
(D) 45 (E) 20

1640. Para julgar um fora da lei, foi formado um júri popular com 500 pessoas. O Julgamento foi feito em duas etapas: na primeira ele seria julgado *culpado* ou *inocente* e então (se o veredicto fosse culpado) na segunda etapa seria votada a pena a ser cumprida. Sabendo que o fora da lei foi condenado à morte com a seguinte votação:

1. Não houve abstenções.
2. A *pena de morte* obteve 80 votos a mais que o veredicto culpado.
3. A soma do número de votos do veredicto *inocente* e o número de votos contra a *pena de morte* foi igual ao número de votos a favor da pena de morte.

A diferença entre o número de votos a favor da pena de morte e o número de votos a favor da inocência do fora da lei foi:

(A) 110   (B) 120   (C) 130
(D) 140   (E) 150

1641. Uma bióloga, desejando calcular o número de peixes de um lago, captura no dia Primeiro de Maio uma amostra de 60 peixes e, após marcá-los os solta. No dia Primeiro de Setembro ela captura uma amostra de 70 peixes e constata que 3 deles estão marcados. Para calcular o número de peixes existentes no lago no dia Primeiro de Maio, ela supõe que 25% desses não estavam no lago em Primeiro de Maio (em virtude de morte ou emigrações); que 40% dos peixes presentes no lago em Primeiro de Setembro não estavam presentes no lago em Primeiro de Maio (em virtude de nascimentos e imigrações) e que o número de peixes marcados e não marcados na amostra do dia Primeiro de Setembro sejam representativos da população total. O número de peixes que a bióloga calculou que havia no lago no dia Primeiro de Maio é:

(A) 810   (B) 820   (C) 830
(D) 840   (E) 850

1642. Dentre um grupo de 30 pessoas, cada par de pessoas é constituído de dois amigos ou dois inimigos. Sabe-se ainda que cada pessoa deste conjunto possui 6 inimigos O número de conjuntos constituído de 3 pessoas deste grupo que é formado somente de pessoas amigas entre si ou de pessoas inimigas entre si é:

(A) 1988   (B) 1990   (C) 1992
(D) 1996   (E) 1998

1643. Quando o capim de um pasto atinge uma determinada altura, coloca-se vacas para comê-lo. Entretanto, à medida que as vacas o comem, o capim continua crescendo com a mesma intensidade. Se 15 vacas podem consumir o capim de 3 acres de pastagem em 4 dias enquanto que 32 vacas podem consumir o capim de 4 acres em 2 dias, o número de vacas que consumirão o capim de 6 acres em 3 dias é igual a:

(A) 36   (B) 40   (C) 44
(D) 48   (E) 52

1644. Sabendo que 75 bois comem em 12 dias o capim de um pasto de 60 acres, e que 81 bois comem em 15 dias o capim de outro pasto de 72 acres. O número de bois que serão necessários para comer em 18 dias o capim de um pasto com 96 acres supondo que nos três pastos, o capim possui a mesma altura no momento em que entram os bois no pasto e que o mesmo continua crescendo uniformemente mesmo após a sua entrada é igual a:

(A) 100 (B) 108 (C) 120
(D) 132 (E) 144

Seção 6.4 – Proporcionalidade e Médias

1645. A tabela abaixo mostra a variação de quatro grandezas A, B, C e D.

Grandezas	Valores			
A	1	3	6	9
B	3	9	18	27
C	3	27	108	243
D	3	2	1	1/3

Observe, por exemplo, que quando a grandeza A vale 6 unidades, as grandezas B, C e D valem, respectivamente, 18, 108 e 1. Com base nisto, considere as seguintes afirmativas:

1. A grandeza A é diretamente proporcional à grandeza B.
2. A grandeza A é diretamente proporcional à grandeza C.
3. A grandeza A é inversamente proporcional à grandeza D.

Assinale:
(A) Se somente a afirmativa (1) for verdadeira.
(B) Se somente as afirmativas (1) e (2) forem verdadeiras.
(C) Se somente as afirmativas (1) e (3) forem verdadeiras.
(D) Se somente as afirmativas (2) e (3) forem verdadeiras.
(E) Se todas as afirmativas forem verdadeiras.

1646. Considere as afirmativas:

1. Se y é diretamente proporcional a x, e se $y=8$ quando $x=4$, o valor de y quando $x=-8$ é igual a -16.
2. Se a razão entre $3x-4$ e $y+15$ é constante e se $y=3$ quando $x=2$, o valor de x quando $y=12$ é igual a $7/3$.
3. Se as seqüências (x,y,z) e $(3,9,15)$ são formadas por grandezas diretamente proporcionais e $xyz=960$ então, $x+y+z$ é igual a 36.

4. Se as seqüências $(2, 4, a_3, 8, a_5)$ e $(b_1, 36, 54, b_4, 108)$ são formadas por grandezas diretamente proporcionais então $a_3 + a_5 + b_1 + b_4 = 108$.

5. As grandezas x^2+1 e y^2+1 são inversamente proporcionais. Se $y = 20$ quando $x = 2$, o valor de $x > 0$ quando $y = -2$ é igual a 20.

Conclua que
(A) Todas são falsas
(B) Todas são verdadeiras
(C) Quatro são verdadeiras e uma é falsa
(D) Três são verdadeiras e duas são falsas
(E) Duas são verdadeiras e três são falsas

1647. O conjunto P é formado pro três elementos respectivamente proporcionais a 2, 3 e 7. Sabendo que o menor mais o triplo do maior menos o dobro do outro é igual a 34, a soma destes três elementos é igual a:

(A) 20   (B) 21   (C) 22
(D) 23   (E) 24

1648. Se as grandezas A e B são representadas numericamente por números naturais positivos, tais que a relação matemática entre elas é $A \cdot B^{-1} = 4$, coloque (V) verdadeiro ou (F) falso, assinalando a seguir, a alternativa que apresenta a seqüência correta.

1. (   ) A é diretamente proporcional a B, porque se aumentando o valor de B, o de A também aumenta.
2. (   ) A é inversamente proporcional a B, porque o produto de A pelo inverso de B é constante.
3. (   ) A não é diretamente proporcional a B.
4. (   ) A não é inversamente proporcional a B.

(A) (V),(F),(F),(V)   (B) (F),(V),(V),(F)   (C) (F),(F),(V),(F)
(D) (F),(F),(F),(V)   (E) (F),(F),(V),(V)

1649. Considere as afirmativas:

1. Uma grandeza R é diretamente proporcional a uma grandeza S e inversamente proporcional a uma grandeza T. Sabendo que quando $R = 4/3$ e $T = 9/14$ tem-se que $S = 3/7$, o valor de S quando $R = \sqrt{48}$ e $T = \sqrt{75}$ é igual a 30.

2. Se $x,y,z \in \mathbb{N}$ são tais que $x < y < z$, $z = x+y$ e $z = 5x$ então x, y e z são, nesta ordem, diretamente proporcionais a 1, 4, 5.

3. Se Antonio comprou 140 euros com 200 dólares e Márcia comprou 50 dólares com 126 reais então Caio pode comprar 378 reais com 105 euros.

4. Para comprar um livro canadense, Antonio trocou \$US d á razão de \$Can 10 por cada US\$ 7. Se após a compra do livro por \$Can 60 ainda sobraram \$Can d então $d = 104$.

Conclua que
(A) (1) e (2) estão erradas
(B) (2) está certa e (3) errata
(C) (1) está certa e (4) errata
(D) (2) e (4) estão erradas
(E) (3) está errada e (4) está certa

1650. O número de gansos em uma criação cresce de maneira tal que a diferença entre as populações nos anos $n+2$ e n é diretamente proporcional à população no ano $n+1$. Se as populações nos anos 2003, 2004 e 2006 eram 39, 60 e 123 respectivamente, então a população em 2005 era igual a:

(A) 81   (B) 84   (C) 87
(D) 90   (E) 102

1651. Em um problema de regra de três composta, entre as variáveis X, Y e Z, sabe-se que, quando o valor de Y aumenta, o de X também aumenta; mas, quando Z aumenta, o valor de x diminui, e que para x = 1 e y = 2, o valor de z = 4. O valor de x, para y = 18 e z = 3 é:

(A) 6,75   (B) 0,333...   (C) 15

(D) 12   (E) 18

1652. José e Pedro constituíram uma sociedade, onde José entrou com R$20.000,00 e Pedro com R$25.000,00. Após 8 meses, José aumentou seu capital para R$35.000,00 e Pedro diminui seu capital para R$15.000,00. No fim de 1 ano e 6 meses houve um lucro de R$3.440,00. A parte do lucro que coube a José foi:

(A) R$1.400,00   (B) R$1.440,00   (C) R$1.860,00

(D) R$2.040,00   (E) R$2.400,00

1653. Um bar vende suco e refresco de maracujá. Ambos são fabricados diluindo em água um concentrado desta fruta. As proporções são de uma parte de concentrado para três de água, no caso do suco, e de uma parte de concentrado para seis de água no caso do refresco. O refresco também poderia ser fabricado diluindo x partes de suco em y partes de água, se a razão x/y fosse igual a:

(A) $1/2$ (B) $3/4$ (C) 1

(D) $4/3$ (E) 2

1654. Considere as afirmativas:
1. Se "gato e meio come rato e meio em minuto e meio" então, um gato come dois ratos em 3 minutos.
2. Se 10 homens comem 10 sanduíches em 10 minutos então 100 homens comem 100 sanduíches é 100 minutos.
3. Se 12 terriers podem matar 600 ratos em 15 minutos então, 30 terriers podem matar 1000 ratos em 10 minutos.

4. Se um artesão monta 15 pulseiras em cinco horas então, conservadas as condições de trabalho, dois artesãos montarão 18 pulseiras em três horas.

5. Certo rei mandou 30 homens plantar árvores em seu pomar. Se em 9 dias eles plantaram 1000 árvores, então 36 homens plantariam 4400 árvores em 33 dias.

Conclua que

(A) Quatro são falsas

(B) Duas são verdadeiras e três são falsas

(C) Três são verdadeiras e duas são falsas

(D) Quatro são verdadeiras e uma é falsa

(E) Todas são verdadeiras

1655. A equipe da professora Márcia, composta de 13 professores, corrigiu no Vestibular passado 3000 provas em 6 dias. Este ano, o número de provas aumentou para 5500 e a equipe foi ampliada para 15 professores. Para se obter uma estimativa do número n de dias necessários para totalizar a correção, suponha que, durante o período de correção, o ritmo de trabalho da equipe deste ano será o mesmo da equipe do ano passado. O número n satisfaz à condição:

(A) $n \leq 8$ (B) $8 < n \leq 10$ (C) $10 < n \leq 12$

(D) $12 < n \leq 15$ (E) $n > 15$

1656. Se um galão de tinta é suficiente para pintar uma estátua de 6 metros de altura, quantos galões são necessários para pintar 540 estátuas semelhantes à original mas com somente 1 metro de altura?

(A) 90   (B) 72   (C) 45

(D) 30   (E) 15

1657. Certa máquina, trabalhando 5 horas por dia, produz 1200 peças em 3 dias. O número de horas que deveria trabalhar no 6º dia, para produzir 1840 peças se o regime de trabalho fosse de 4 horas diárias seria:

(A) 18 horas   (B) 3,75 horas   (C) 2 horas

(D) 3 horas   (E) Nenhuma hora

1658. Com uma produção diária constante, uma máquina produz 200 peças em D dias. Se a produção diária fosse de mais 15 peças, levaria menos 12 dias para produzir as 200 peças. O número D é um número:

(A) múltiplo de 6   (B) primo   (C) menor que 17
(D) maior que 24   (E) entre 17 e 24

1659. Se 6 datilógrafos em 18 dias de 8 horas preparam 720 páginas de 30 linhas com 40 letras por linha, em quantos dias de 7 horas, 8 datilógrafos comporão 800 páginas de 28 linhas por página e 45 letras por linha?

(A) 10   (B) 12   (C) 14
(D) 16   (E) 18

1660. Se x homens trabalhando x horas por dia durante x dias produzem x artigos, então, o número de artigos produzidos por y homens trabalhando y horas por dia durante y dias é:

(A) $\dfrac{x^3}{y^2}$ (B) $\dfrac{y^3}{x^2}$ (C) $\dfrac{x^2}{y^3}$

(D) $\dfrac{y^2}{x^3}$ (E) y

1661. 3 profissionais fazem 24 peças em 2 horas, e 4 aprendizes fazem 16 peças em 3 horas. Em quantas horas 2 profissionais e 3 aprendizes farão 48 peças?

(A) 2   (B) 3   (C) 4
(D) 5   (E) 6

1662. Se 10 homens trabalhando 12 dias constroem 2 muros e 15 mulheres trabalhando 20 dias constroem 5 muros, então 6 homens e 9 mulheres construirão 4 muros em aproximadamente:

(A) 9 dias   (B) 14 dias   (C) 16 dias
(D) 18 dias   (E) 23 dias

1663. Se 30 operários gastaram 18 dias, trabalhando 10 horas por dia, para abrir um canal de 25 metros, quantos dias de 12 horas de trabalho 10 operários, que têm o triplo da eficiência dos primeiros, gastarão para abrir um canal de 20 metros, sabendo-se que a dificuldade do primeiro está para a do segundo como 3 está para 5?

(A) 20 dias (B) 24 dias (C) 60 dias
(D) 25 dias (E) 13 dias

1664. Antonio constrói 20 cadeiras em 3 dias de 4 horas de trabalho por dia. Severino constrói 15 cadeiras do mesmo tipo em 8 dias de 2 horas de trabalho por dia. Trabalhando juntos, no ritmo de 6 horas por dia, produzirão 25 cadeiras em:

(A) 15 dias (B) 16 dias (C) 18 dias
(D) 20 dias (E) 24 dias

1665. Um fazendeiro possui ração suficiente para alimentar suas 16 vacas durante 62 dias. Após 14 dias ele vende 4 vacas. Passados mais 15 dias, ele compra 9 vacas. Quantos dias, no total durou sua reserva de ração?

(A) 51 (B) 53 (C) 55
(D) 57 (E) 59

1666. Uma caravana com 7 pessoas deve atravessar o Sahara em 42 dias. Seu suprimento de água permite que cada pessoa disponha de 3,5 litros por dia. Após 12 dias, a caravana encontra 3 beduínos sedentos, vítimas de uma tempestade de areia, e os acolhe. Se os membros da caravana (beduínos inclusive) continuarem consumindo água como antes, em quantos dias, no máximo, será necessário encontrar um oásis?

(A) 14 (B) 18 (C) 21
(D) 24 (E) 28

1667. Três turmas de operários asfaltam 20km de uma estrada em 10 dias. Quantas turmas devem ser adicionadas ao trabalho se a estrada deve ser asfaltada em mais 15 dias e existem ainda 50km a serem asfaltados?

(A) 1 (B) 2 (C) 3
(D) 4 (E) 5

1668. Duas estradas de iguais dimensões começam simultaneamente a ser construídas por 15 operários cada uma delas. Mas exclusivamente devido a dificuldades no terreno, percebe-se que enquanto uma turma avançou $\frac{2}{3}$ na sua obra, a outra turma avançou $\frac{4}{5}$ da sua. O número de operários que devemos tirar e uma e por na outra para que as duas obras fiquem prontas ao mesmo tempo é:
(A) 4 (B) 5 (C) 6
(D) 10 (E) 12

1669. Dois trens de carga, na mesma linha férrea, seguem uma rota de colisão. Um deles vai a $46 \text{ km}/\text{h}$ e o outro a $58 \text{ km}/\text{h}$. No instante em que eles se encontram a 260km um do outro, um pássaro que voa a $60 \text{ km}/\text{h}$, parte de um ponto entre os dois, até encontrar um deles e então volta para o outro e continua nesse vai-e-vem até morrer esmagado no momento em que os os trens se chocam. Quantos quilômetros voou o pobre pássaro?
(A) 100 (B) 120 (C) 150
(D) 170 (E) 200

1670. O capim de um terreno cresce em toda sua extensão com igual rapidez e espessura. Sabe-se que 70 vacas comeriam o capim em 24 dias enquanto que 30 vacas o comeriam em 60 dias. Quantas vacas comeriam o capim em 96 dias?
(A) $17\frac{1}{2}$ (B) $18\frac{3}{4}$ (C) 20
(D) 22 (E) 24

1671. Um cão persegue uma lebre que leva de dianteira 70 saltos dos seus. Enquanto a lebre dá 4 saltos, o cão dá apenas 3, mas 2 saltos do cão valem por 5 da lebre. Quantos saltos dá o cão até alcançar a lebre?
(A) 40 (B) 50 (C) 60
(D) 70 (E) 80

1672. Uma lebre está 50 pulos à frente de um cachorro, o qual dá 3 pulos no tempo que ela leva para dar 4. Sabendo que 2 pulos do cachorro valem 3 da lebre, quantos pulos ele deve dar para pegá-la?
(A) 100 (B) 150 (C) 200
(D) 250 (E) 300

1673. Uma raposa está adiantada 60 pulos seus sobre um cão que a persegue. Enquanto a raposa dá 10 pulos, o cão dá 8; 3 pulos do cão valem 5 pulos da raposa. Quantos pulos dará o cão para alcançar a raposa?

(A) 140 (B) 141 (C) 142
(D) 143 (E) 144

1674. Uma MÉDIA de uma lista de números $\{x_1, x_2, x_3, ..., x_n\}$ é um valor que pode substituir todos os elementos da lista sem alterar uma de suas característica.

Se esta característica é a soma dos elementos desta lista, obtemos a Média Aritmética Simples dada por:

$$\bar{x} = \frac{x_1 + x_2 + \cdots + x_n}{n}$$

Se a característica a ser considerada for o produto dos seus elementos, obtemos a Média Geométrica Simples dada por:

$$g = \sqrt[n]{x_1 x_2 \cdots x_n}.$$

Se a característica for a soma dos inversos dos elementos da lista, obteremos a Média Harmônica Simples que é dada por:

$$h = \frac{n}{\dfrac{1}{x_1} + \dfrac{1}{x_2} + \cdots + \dfrac{1}{x_n}}$$

Outra média importante é a Média Quadrática dada por:

$$q = \sqrt{\frac{x_1^2 + x_2^2 + \cdots + x_n^2}{n}}$$

isto é, a média quadrática é igual à raiz quadrada da média aritmética dos quadrados dos números da lista.

Finalmente, a Média Aritmética Ponderada dos números da lista com pesos respectivamente iguais a $p_1, p_2, ..., p_n$ é definida por:

$$m_p = \frac{p_1 x_1 + p_2 x_2 + \cdots + p_n x_n}{p_1 + p_2 + \cdots + p_n}$$

Considere então as afirmativas:

1. Se uma empresa automobilística produziu durante o primeiro trimestre de 2005, respectivamente 2000, 1000 e 3000 veículos por mês então, a produção média mensal neste trimestre foi de 2000 veículos.

2. Nos anos 90 a correção dos salários dos trabalhadores era feita pela taxa média de aumento mensal da inflação de três meses consecutivos. Se em um determinado trimestre as taxas de inflação foram de 21%, 44% e 32% respectivamente então a correção dos salários naquele trimestre foi de 32%.

3. No último Campeonato Brasileiro de Futebol a CBF distribuiu R$180 000,00 em prêmios para os dois maiores artilheiros, para o melhor jogador de todo o campeonato: e para os três jogadores mais votados para a seleção do campeonato. O prêmio médio destes ganhadores foi de R$110 000,00.

Assinale:

(A) Se somente a afirmativa (1) for verdadeira.
(B) Se somente as afirmativas (1) e (2) forem verdadeiras.
(C) Se somente as afirmativas (1) e (3) forem verdadeiras.
(D) Se somente as afirmativas (2) e (3) forem verdadeiras.
(E) Se todas as afirmativas forem verdadeiras.

1675. Considere as afirmativas:

1. A média aritmética de 6 números é 4. Acrescentando-se a esse conjunto um sétimo número, a nova média passa a ser 6. O sétimo número é igual a 18.

2. Seis números de uma lista de nove números são $(7, 8, 3, 5, 9, 5)$. O maior valor possível da mediana (a nota central) de todos os nove números nesta lista é 8.

3. Duas turmas fizeram a mesma prova. A primeira com 20 alunos obteve média 80. A segunda com 30 alunos obteve média 70. A média das notas de todos os 50 alunos foi igual a 75.

4. A média aritmética de 96 números, dentre os quais 65 e 67, é 19. Suprimindo-se esses dois números a média do novo conjunto de números passa a ser igual a 18.

5. A média aritmética de 5 números é igual a 40. Se, ao eliminarmos dois deles a nova média aritmética se torna igual a 36, a média aritmética dos números eliminados é igual a 46.

Conclua que

(A) Todas são falsas.
(B) Todas são verdadeiras.
(C) Quatro são verdadeiras e uma é falsa.
(D) Três são verdadeiras e duas são falsas.
(E) Duas são verdadeiras e três são falsas.

1676. Se um pneu de automóvel *pode* rodar 40000 km, um jogo de 5 pneus (incluindo o *estepe*) possibilita rodar até:

(A) 40000 km   (B) 50000 km   (C) 128000 km
(D) 180000 km   (E) 200000 km

1677. Os cinco pneus de um automóvel, incluindo o estepe, foram usados igualmente durante os primeiros 30000 km percorridos pelo automóvel. Durante quantos quilômetros cada um dos pneus foi utilizado?

(A) 6000   (B) 7500   (C) 24000
(D) 30000   (E) 37500

1678. Antonio corre 5 km a uma velocidade de 10 km/h e em seguida 10 km a 5 km/h. A velocidade média, em km/h, durante toda a corrida foi:

(A) 6   (B) 6,5   (C) 7
(D) 7,5   (E) 8

1679. Caio escreveu um número em cada um dos cinco quadradinhos da figura abaixo porém, apagou o segundo, o terceiro e o quinto números. Sabendo que cada número, exceto o primeiro e o último, é igual à média aritmética de seus vizinhos, podemos afirmar que o número que ocupa o quadradinho assinalado com o asterisco é igual a:

| 1 | | | 100 | * |

(A) 131   (B) 133   (C) 135
(D) 137   (E) 139

1680. Em uma seqüência de nove números, a média aritmética dos cinco primeiros é igual a 7 e a média aritmética dos cinco últimos é igual a 10. Sabendo que a média aritmética de todos os nove números é igual a 9 então o quinto número é:

(A) 1   (B) 2   (C) 3
(D) 4   (E) 5

1681. Considere as afirmativas:

1. A seqüência $(a_1, a_2, a_3, \ldots)$ é tal que $a_1 = 20$, $a_9 = 5$ e se, $n \geq 3$ a_n é, a média aritmética dos primeiros $(n-1)$ termos então, o valor de a_2 é igual a -10.

2. Se os pneus de um automóvel duram 40 000 km quando usados nas rodas dianteiras e 60 000 km quando postos nas rodas traseiras então, com quatro pneus novos e fazendo um rodízio adequado podemos rodar até 50 000 km.

3. Se Nk+1 objetos são colocados em N gavetas então, pelo menos uma gaveta recebe mais de k objetos.

4. Se numa sala de aulas existem 50 pessoas então pelo menos 8 delas farão aniversário no mesmo dia da semana no próximo ano.

Conclua que

(A) (1) e (2) estão certas.
(B) (2) está certa e (3) errata.
(C) (1) está certa e (4) errata.
(D) (2) e (3) estão erradas.
(E) (2) está errada e (4) está certa.

1682. A média aritmética de três números possui 10 unidades a mais que o menor dos três e 15 unidades a menos que o maior. Sabendo que a mediana (o número central) dos três números é 5, a soma dos três números é igual a:

(A) 5   (B) 20   (C) 25
(D) 30   (E) 36

1683. A seqüência $(a_1, a_2, a_3, ..., a_k, ...)$ é tal que $a_1 = 19$, $a_9 = 99$ e, para todo $n \geq 3$, a_n é igual à média aritmética dos primeiros $(n-1)$ termos. O valor de a_2 é igual a:

(A) 29 (B) 59 (C) 79
(D) 99 (E) 179

1684. Na seqüência de inteiros positivos $(a_1, a_2, a_3, ..., a_k, ...)$ para $1 \leq i \leq k$, o termo a_i é o i-ésimo ímpar positivo; para $i > k$, o termo a_i é a média aritmética dos termos anteriores. Podemos concluir que a_{2k} é igual a:

(A) k^2 (B) k (C) $2k$
(D) 0 (E) $k^{\frac{1}{2}}$

1685. Sabe-se que quando usados nas rodas traseiras pneus podem rodar até 42 000 km e quando usados nas rodas dianteiras duram até 58 000 km. Qual a distância máxima que pode ser percorrida por um carro que dispõe de quatro pneus novos mais um estepe novo?

(A) 75 000 km (B) 72 000 km (C) 60 900 km
(D) 58 000 km (E) 42 000 km

1686. Um biólogo marinho captura 50 peixes em um lago, marca-os com pequenos e inofensivos anéis de plástico e, em seguida devolve-os ao lago. No dia seguinte, ele recaptura 100 peixes e verifica que apenas 8 deles têm a marca deixada no dia anterior. Sobre o número médio de peixes existentes no lago podemos afirmar que:

(A) não é maior do que 500
(B) é maior do que 500 mas não é maior do que 800
(C) é maior do que 800 mas não é maior do que 1000
(D) é maior do que 1000 mas não é maior que 1200
(E) é maior que 1200

1687. Uma lista de números consiste dos inteiros de 1 até 9 ; n oitos e k noves. Sabendo que a média aritmética dos números da lista é igual a 7,3 então, o valor de $n+k$ é igual a:

(A) 24 (B) 21 (C) 11
(D) 31 (E) 89

1688. Cada uma das dez pessoas dispostas em círculo escolhe um número e o revela a seus dois vizinhos adjacentes. Então, cada pessoa calcula a média aritmética dos números de seus vizinhos e a declara na ordem 1, 2, 3, ... , 10 no sentido do movimento dos ponteiros do relógio. O número escolhido pela pessoa que escolheu a média 6 é:

(A) 1 (B) 5 (C) 6
(D) 10 (E) Não determinado

1689. A soma da *média geométrica* com a *média aritmética* de dois inteiros é 200. A soma das raízes quadradas desses números é igual a:

(A) $2\sqrt{5}$ (B) $10\sqrt{2}$ (C) 20
(D) $10\sqrt{5}$ (E) 40

1690. A média aritmética das idades de um grupo de professores e inspetores é 40. Se a média das idades dos professores é 35 e a média das idades dos inspetores é 50. A razão entre o número de inspetores e o número de inspetores é igual a:

(A) 3:2 (B) 3:1 (C) 2:3
(D) 2:1 (E) 1:2

1691. Em uma certa população, a razão do número de mulheres para o número de homens é de 11 para 10. A média aritmética das idades das mulheres é 34 e a média aritmética das idades dos homens é 32. Qual a média aritmética da idade da população?

(A) $32\dfrac{9}{10}$ (B) $32\dfrac{20}{21}$ (C) 33
(D) $33\dfrac{1}{21}$ (E) $33\dfrac{1}{10}$

432 | Problemas Selecionados de Matemática

1692. Quando três números consecutivos da seqüência $(1, 2, 3, \ldots, 1999)$ são omitidos, a média aritmética dos números restantes é um número inteiro. O maior destes números é igual a:

(A) 999   (B) 1000   (C) 1001
(D) 1002   (E) 1003

1693. Um conjunto de inteiros positivos consecutivos a partir de 1 é escrito num quadro de giz. Apagando-se um desses números, a *média aritmética* dos números remanescentes é $35\frac{7}{17}$. O número apagado foi:

(A) 6   (B) 7   (C) 8
(D) 9   (E) Indeterminado

1694. Após a correção de uma prova de Química para cinco de seus alunos, a professora Márcia começou a transcrever as notas destes alunos para o seu diário de classe e verificou que após o lançamento de cada nota, a média aritmética das notas até então lançadas era sempre um número inteiro. Sabendo que as notas, listadas em ordem crescente, foram 71, 76, 80, 82 e 91, a última nota lançada pela professora Márcia foi:

(A) 71   (B) 76   (C) 80
(D) 82   (E) 91

1695. Seja S uma lista de inteiros positivos, não necessariamente distintos, na qual um dos inteiros é 68. A média aritmética dos números de S é 56. Retirando-se de S o número 68, a média dos números remanescentes cai para 55. O maior número que pode figurar na lista S é:

(A) 728   (B) 716   (C) 660
(D) 650   (E) 649

1696. Dizemos que um número de três algarismos é "bom" se todos os seus algarismos forem não nulos, distintos entre si e com soma igual a nove. Por exemplo, 513 é um número "bom" porque 5+1+3=9. A *média aritmética* de todos os números bons é igual a:

(A) 111   (B) 222   (C) 333
(D) 666   (E) 999

1697. Em uma cela, há uma passagem secreta que conduz a um porão de onde partem três túneis. O primeiro túnel dá acesso à liberdade em 1 hora; o segundo, em 3 horas; o terceiro leva ao ponto de partida em 6 horas. Em média, os prisioneiros que descobrem os túneis conseguem escapar da prisão em:

(A) 3h20min (B) 3h40min (C) 4h
(D) 4h30min (E) 5h

1698. Com um aumento de 5 turmas em um determinado Colégio, reduz-se em 6 unidades a média do número de alunos por turma e com um novo aumento de 5 turmas reduz-se em mais 4 unidades a média de alunos por turma. Se o número de alunos deste Colégio permanece o mesmo durante tais mudanças, o número de alunos deste Colégio é igual a:

(A) 560 (B) 600 (C) 650
(D) 720 (E) 800

1699. Considere as afirmativas:

1. Se a média, a mediana (a nota central), a única moda (a nota mais freqüente) e a amplitude (diferença entre a o maior e o menor valor) de uma coleção de oito inteiros são todas iguais a 8, então o maior inteiro que pode ser elemento desta coleção é igual a 14.

2. Se em um conjunto de cinco inteiros positivos, a média aritmética é igual a 5, a mediana é 5 e a única moda é 8 então, a diferença entre o maior e o menor inteiro do conjunto é igual a 7.

3. Se em um teste de Matemática com cinco, questões a média aritmética foi igual a 90, a mediana foi igual a 91 e a moda foi igual a 94 então, a soma das duas menores notas foi igual a 171.

Assinale:

(A) Se somente a afirmativa (1) for verdadeira.
(B) Se somente as afirmativas (1) e (2) forem verdadeiras.
(C) Se somente as afirmativas (1) e (3) forem verdadeiras.
(D) Se somente as afirmativas (2) e (3) forem verdadeiras.
(E) Se todas as afirmativas forem verdadeiras.

1700. Quando a média, a mediana e a moda da lista $(10, 2, 5, 2, 4, 2, x)$ são arrumadas em ordem crescente elas formam uma progressão aritmética não constante. A soma de todos os valores possíveis de x é igual a:

(A) 3   (B) 6   (C) 9
(D) 17   (E) 20

1701. Uma amostra que consiste de cinco observações possui média aritmética igual a 10 e mediana igual a 12. O menor valor que pode assumir a diferença entre o maior e o menor valor desses cinco valores é igual a:

(A) 2   (B) 3   (C) 5
(D) 7   (E) 10

1702. Uma lista de cinco inteiros positivos possui média aritmética igual a 12 e a diferença entre o maior e o menor desses cinco números é 18. Sabendo que a moda e a mediana desses números é igual a 8, o número de valores distintos para o segundo maior elemento desta lista é igual a:

(A) 4   (B) 6   (C) 8
(D) 10   (E) 12

1703. Sejam X, Y e Z conjuntos de pessoas, disjuntos dois a dois. As médias das idades das pessoas nos conjuntos X, Y, Z, $X \cup Y$, $X \cup Z$ e $Y \cup Z$ são dadas abaixo:

CONJUNTO	X	Y	Z	X∪Y	X∪Z	Y∪Z
Média das idades das pessoas no conjunto	37	23	41	29	39,5	33

Qual a média das idades das pessoas no conjunto $X \cup Y \cup Z$?

(A) 33   (B) 33,83   (C) 33,5
(D) 34   (E) 33,666...

1704. Todos os estudantes das escolas A e B participam de um vestibular. As médias das notas dos rapazes, das moças e de rapazes e moças juntos nas escolas A e B são dadas na tabela abaixo bem como as médias dos rapazes nas duas escolas juntas. Qual a média das notas das moças nas duas escolas juntas?

ESTUDANTES	Escolas		
	A	B	A & B
Rapazes	71	81	79
Moças	76	90	x
Rapazes & Moças	74	84	-

(A) 81 (B) 82 (C) 83
(D) 84 (E) 85

1705. Para $1 < x < y$, seja $S = \{1, x, y, x+y\}$. O valor absoluto da diferença entre a média e a mediana de S é igual a:

(A) $\dfrac{1}{2}$ (B) $\dfrac{1}{3}$ (C) $\dfrac{1}{4}$

(D) $\dfrac{1}{6}$ (E) $\dfrac{1}{8}$

1706. O número a é a média aritmética de três números e b é média aritmética de seus quadrados. A média aritmética dos produtos dois a dois dos três números é dada por:

(A) $\dfrac{1}{2}(a^2 - b)$ (B) $\dfrac{1}{2}(2a^2 - b)$ (C) $\dfrac{1}{2}(3a^2 - b)$

(D) $\dfrac{1}{2}(3a^2 - 2b)$ (E) $\dfrac{1}{6}(3a^2 - 2b)$

1707. A soma das sextas potências de seis números inteiros, subtraída de uma unidade, é igual a seis vezes o produto dos seis números. Sabendo que no par (x,y), x representa a quantidade de números iguais a zero e y representa a quantidade de números iguais a +1 ou −1 então (x,y) é igual a:

(A) (1,5)   (B) (2,4)   (C) (3,3)
(D) (4,2)   (E) (5,1)

1708. Uma lista de inteiros possui moda igual a 32 e média igual a 22. O menor número na lista é igual a 10. A mediana, m, da lista é um elemento da lista. Se o elemento m da lista for substituído por m+10, a média e a mediana da nova lista passam a ser 24 e m+10, respectivamente. Se ao invés disto m for substituído por m−8, a mediana da nova lista passa a ser m−4. O valor de m é igual a:

(A) 16   (B) 17   (C) 18
(D) 19   (E) 20

1709. Em um inteiro positivo M, de três algarismos, o algarismo das centenas é menor do que o algarismo das dezenas e o algarismo das dezenas é menor que o algarismo da unidades simples. A média aritmética de M com todos os números de três algarismos obtidos pela reordenação dos algarismos de M termina em 5. A soma de todos tais números M é igual a:

(A) 2260   (B) 2262   (C) 2264
(D) 2266   (E) 2268

1710. Para cada subconjunto não vazio X do conjunto M = {1,2,...,2000}, seja a_X a soma do maior com o menor elemento de X. A média aritmética de todos tais números a_X assim obtidos é igual a:

(A) 2000   (B) 2001   (C) 2002
(D) 2003   (E) 2004

1711. Para todo conjunto não vazio X de números, seja a_X a soma do maior e do menor elementos de X. Se X varia entre todos os subconjuntos não vazios de {1, 2, 3, ... , 1000} o valor médio de a_X é igual a:

(A) 500   (B) 501   (C) 1000
(D) 1001   (E) 1002

1712. Para quantos pares ordenados de números inteiros (x,y) tem-se que $0<x<y<10^6$ e a *média aritmética* de x e y possui exatamente 2 unidades a mais que a *média geométrica* entre x e y?

(A) 991 (B) 993 (C) 995
(D) 997 (E) 999

1713. Um conjunto finito de números reais distintos S possui as seguintes propriedades: a média aritmética de $S \cup \{1\}$ possui 13 unidades a menos que a média de S e a média de $S \cup \{2001\}$ possui 27 unidades a mais que a média de S. A média de S é igual a:

(A) 651 (B) 653 (C) 655
(D) 657 (E) 659

1714. Considere as afirmativas:

1. Se (x, y) é solução da equação $(1-x)^2 + (x-y)^2 + y^2 = \dfrac{1}{3}$ então, $4x+y$ é igual a 3.

2. Se $a, b, c \in \mathbb{N}^*$ são tais que $a+b+c=1$ então, o menor valor de $\left(\dfrac{1}{a}-1\right)\left(\dfrac{1}{b}-1\right)\left(\dfrac{1}{c}-1\right)$ é igual a 8.

3. Se a média aritmética de um número de números primos distintos é igual a 27 então, o maior número primo que pode ocorrer entre eles é 139.

4. Um conjunto A consiste de m inteiros consecutivos cuja soma é igual a 2m e um conjunto B consiste de 2m inteiros consecutivos cuja soma é igual a m. Se o valor absoluto da diferença entre o maior elemento de A e o maior elemento de B é 99 então o valor de m é igual a 201.

Conclua que
(A) Todas são verdadeiras.
(B) Apenas uma é falsa.
(C) Duas são falsas.
(D) Apenas uma é verdadeira.
(E) Todas são falsas.

1715. A seqüência $(x_1, x_2, x_3, ..., x_{100})$ é tal que para todo inteiro k entre 1 e 100, inclusive, o número x_k possui k unidades a menos que a soma dos outros 99 números. Sabendo que $x_{50} = m/n$, onde m e n são inteiros positivos primos entre si, o valor de m+n é igual a:

(A) 171 (B) 173 (C) 175
(D) 177 (E) 179

1716. Dada uma amostra de 121 números, cada um dos quais está compreendido entre 1 e 1000 inclusive sendo permitida a repetição com uma única moda (o valor mais freqüente) seja D a diferença entre a moda e a média aritmética dos elementos da amostra. Se D é a maior possível, o valor de $\lfloor D \rfloor$ é igual a: (para o real x, $\lfloor x \rfloor$ é o maior inteiro que não supera x).

(A) 941 (B) 943 (C) 945
(D) 947 (E) 949

1717. Um conjunto S de inteiros positivos distintos é tal que para todo inteiro $x \in S$, a média aritmética do conjunto dos valores obtidos ao eliminarmos x de S é um número inteiro. Sabendo que $1 \in S$ e que 2002 é o maior elemento de S, o maior número de elementos que S pode ter é igual a:

(A) 25 (B) 30 (C) 35
(D) 40 (E) 45

1718. 101 bolas numeradas de 1 a 101 são divididas em duas sacolas A e B. Sabendo que retirando-se a bola de número 40 da sacola A e colocando-a na sacola B provocamos um aumento de 0,25 na média aritmética dos números das bolas de ambas as sacolas, o número de bolas que havia originalmente na sacola A é igual a:

(A) 70 (B) 71 (C) 72
(D) 73 (E) 74

1719. Vários compradores fizeram uma fila para comprar os vinte quilogramas de queijo que estavam em oferta na seção de frios de um supermercado. Após servir 10 fregueses, a vendedora avisou para aqueles que ainda permaneciam na fila que haveria queijo para os 10 próximos se, e somente se, cada um deles comprasse exatamente o peso médio das porções já vendidas. Quantos quilos de queijo ainda restam à venda após os 10 primeiros fregueses terem feito suas aquisições?

(A) 5　　　　　　　(B) 8　　　　　　　(C) 10
(D) 12　　　　　　 (E) 15

1720. Uma lista de 2000 números consiste de um zero e 1999 um's. É permitido escolher quaisquer *dois ou mais* números da lista (mas não toda a lista) e substituir cada um deles pela *média aritmética* destes. O número mínimo de números que podemos escolher e efetuar estas operações de modo a que todos 2000 os números fiquem iguais é:

(A) 2　　　　　　　(B) 3　　　　　　　(C) 4
(D) 5　　　　　　　(E) 6

1721. Um ônibus faz uma viagem de 100km e está equipado com um computador de bordo que prevê quanto tempo a mais é preciso para chegar ao destino final. Isto é feito supondo que a velocidade média do ônibus na parte restante da viagem seja a mesma da parte já percorrida. 40 minutos após a partida do ônibus, o computador previu que o tempo de viagem restante seria de 1 hora. Sabendo que esta previsão permanece a mesma durante as próximas 5 horas, quantos quilômetros o ônibus terá percorrido quando se passarem estas 5 horas?

(A) 60km　　　　　 (B) 66,7km　　　　 (C) 75km
(D) 85km　　　　　 (E) 90km

Seção 6.5 – Porcentagem

1722. Considere as afirmativas:

1. 1000% de 2 é 2000.
2. $12\frac{1}{2}\%$ de 8 é 1.
3. $0,75\%$ de 264 é $0,198$.
4. 96 é $37\frac{1}{2}\%$ de 256.
5. 8 é 2% de 400.

Conclua que:

(A) (1) e (2) são verdadeiras, mas (3) é falsa.

(B) (1), (2) e (4) são verdadeiras.

(C) (1) e (2) são verdadeiras, mas (5) é falsa.

(D) (1) e (3) são falsas, mas (4) e (5) são verdadeiras.

(E) somente (3) é falsa.

1723. Toda a produção mensal de latas de refrigerante de uma certa fábrica foi vendida a três lojas. Para a loja A, foi vendida 50% da produção; para loja B, foram vendidos 40% da produção e para a loja C, foram vendidas 2500 unidades. Qual foi a produção mensal desta fábrica?

(A) 4166 latas   (B) 10000 latas   (C) 20000 latas
(D) 25000 latas   (E) 30000 latas

1724. Assinale a quantia diferente das demais:

(A) 10% de R\$5000,00

(B) 20% de R\$2500,00

(C) 25% de R\$2000,00

(D) 33% de R\$1500,00

(E) 40% de R\$1250,00

1725. Em setembro de 1990 um cafezinho custava 20 cruzeiros (Cr$20,00). Em setembro de 1993 custava 20 cruzeiros reais (CR$20,00). Lembrando que CR$1,00 = Cr$1000,00 o aumento percentual do preço do cafezinho nesse período foi de:

(A) 1000%   (B) 9000%   (C) 99000%
(D) 20000%   (E) 10000%

1726. Subtraindo 99% de 19 de 19% de 99, a diferença d satisfaz a:

(A) $d < -1$ (B) $d = -1$ (C) $-1 < d < 1$
(D) $d = 1$ (E) $d > 1$

1727. Para quantos inteiros a, é verdadeira afirmativa:

"10 é o menor inteiro que é pelo menos a% de 20"?

(A) 1   (B) 2   (C) 3
(D) 4   (E) 5

1728. Uma pessoa comprou uma geladeira para pagamento à vista, obtendo um desconto de 10%. Como a balconista não aceitou o seu cheque, ele pagou com 119565 moedas de um centavo. O preço da geladeira sem desconto é:

(A) R$ 1284,20   (B) R$ 1284,50   (C) R$ 1328,25
(D) R$ 1328,50   (E) R$ 1385,25

1729. Considere as afirmativas:
1. Se dividirmos o preço atual de um automóvel pelo preço de algum tempo atrás, e obtivermos 21,05, isto significa que neste período houve um aumento de 2005%.
2. Descontos sucessivos de 10% e 20% são equivalentes a um desconto único de 30%.
3. Se após um aumento de 40% no preço de uma mercadoria houver uma diminuição no novo preço de 25% então, ao final teremos uma redução de 5% no preço inicial da mercadoria.

4. Se aumentarmos a velocidade média de um automóvel em 60% então, a redução no tempo necessário para efetuarmos um determinado percurso é de 37,5%.

5. Se preço de um artigo for reduzido em 20% então, para restabelecermos o preço reduzido ao seu valor original este deve ser aumentado em 25%.

Conclua que
(A) Todas são verdadeiras.
(B) (2) e (3) são falsas.
(C) (2) e (4) são falsas.
(D) (1) e (5) são falsas.
(E) Somente uma das afirmações é verdadeira.

1730. A "média" de café-com-leite oferecida pelos bares é composta de 75% de leite e 25% de café. Se em um copo de 300 mL forem colocados 20 mL de água pura e o restante for completada de acordo com a proporção exata então a quantidade de leite oferecida a menos é igual a:

(A) 5 mL (B) 10 mL (C) 15 mL
(D) 20 mL (E) 25 mL

1731. Considere as afirmativas:

1. Se o seu salário subiu 56%, e os preços subiram 30% então o seu poder de compra subiu 26%.

2. Se os preços de um supermercado aumentarem de 60% então, uma família que deseje manter seus gastos com supermercado inalterados deve reduzir suas compras em 37,5%.

3. Se em um produto de três números positivos aumentarmos dois deles de 20% e diminuirmos o outro em 40% então este produto não se altera.

4. Se a aresta de um cubo for duplicada então o percentual de aumento no volume do cubo é de 700%.

5. Se um aluno descuidadamente dividir um número por 5 ao invés de multiplicá-lo por 5 então o percentual de erro cometido foi de 96%.

Conclua que

(A) Todas são falsas
(B) Todas são verdadeiras
(C) Quatro são verdadeiras e uma é falsa
(D) Três são verdadeiras e duas são falsas
(E) Duas são verdadeiras e três são falsas

1732. Em 6 de setembro de 1994, os jornais noticiavam que uma grande empresa havia convertido seus preços para reais utilizando:

1 real = 2400 cruzeiros reais e não 1 real = 2750 cruzeiros reais

Ao fazer isso, nessa empresa, os preços:

(A) baixaram cerca de 12,7%

(B) baixaram cerca de 14,6%

(C) aumentaram cerca de 12,7%

(D) aumentaram cerca de 13,2%

(E) aumentaram cerca de 14,6%

1733. Do instante $t=0$ ao instante $t=1$ uma população aumentou i% e do instante $t=1$ ao instante $t=2$ a população aumentou j%. O aumento percentual ocorrido na população do instante $t=0$ ao instante $t=2$ foi de:

(A) $\left(i+j+\dfrac{ij}{100}\right)\%$ 　　(B) $\left(i+j+\dfrac{i+j}{100}\right)\%$ 　　(C) $(i+j)\%$

(D) $(ij)\%$ 　　(E) $(i+ij)\%$

1734. Em uma prova realizada em uma escola, foram reprovados 25% dos alunos que a fizeram. Na 2ª chamada, para os 8 alunos que faltaram, foram reprovados 2 alunos. A porcentagem de aprovação da turma toda foi de:

(A) 23%   (B) 27%   (C) 63%
(D) 50%   (E) 75%

1735. O Curso CROQUETTE afirma em sua propaganda que seus alunos ocuparam 60% das vagas oferecidas em certo concurso pré-militar. Outros cursos retrucam que apenas 15% dos alunos do curso CROQUETTE foram classificados. Se todos dizem a verdade, a razão entre o número de candidatos do curso CROQUETTE inscritos neste concurso e o número de vagas oferecidas é igual a:

(A) 4 (B) 4,5 (C) 5
(D) 6 (E) 7,5

1736. Um comerciante vendeu $3/10$ de uma peça de fazenda com um lucro de 30% e a parte restante com um prejuízo de 10%. No total da operação, o comerciante:

(A) teve um lucro de 20%.
(B) teve um lucro de 2%.
(C) teve um prejuízo de 20%.
(D) teve um prejuízo de 20%.
(E) não teve lucro nem prejuízo.

1737. Um comerciante deseja realizar uma grande liquidação anunciando x% de desconto em todos os produtos. Para evitar prejuízo o comerciante remarca os produtos antes da liquidação. De que porcentagem p devem ser aumentados os produtos para que, depois do desconto, o comerciante receba o valor inicial das mercadorias?

(A) $x\%$ (B) $\dfrac{x}{1+x}\%$ (C) $\dfrac{100}{x}\%$

(D) $\dfrac{100x}{100-x}\%$ (E) $\dfrac{x}{100+x}\%$

1738. Um comerciante comprou dois carros por um total de R$ 27.000,00. Vendeu o primeiro com lucro de 10% e o segundo com prejuízo de 5%. No total ganhou R$ 750,00. Os preços de compra foram respectivamente:

(A) R$ 10.000,00 e R$ 17.000,00
(B) R$ 13.000,00 e R$ 14.000,00

(C) R$ 14.000,00 e R$ 13.000,00

(D) R$ 15.000,00 e R$ 12.000,00

(E) R$ 18.000,00 e R$ 9.000,00

1739. Considere as afirmativas:
1. Se o aluguel consome 40% do salário de um trabalhador e se o seu salário for corrigido com um aumento de 180% e o aluguel sofrer um aumento de 250% então o novo aluguel passa a consumir 50% novo salário.
2. Sabendo que o período de um pêndulo é diretamente proporcional à raiz quadrada do seu comprimento, se diminuirmos o seu comprimento em 10%, o seu período diminuirá aproximadamente em 5%.
3. Se em um período em que os preços subiram 82% os salários de certa categoria aumentaram apenas 30% então, para que os salários recuperem o poder de compra, eles devem ser aumentados em 40%.
4. Se na fórmula $Z = xy^2$, x e y decrescem de 25% então Z decresce $27/64$ do seu valor.

Conclua que
(A) (1) e (2) estão erradas
(B) (2) está certa e (3) errata
(C) (1) está certa e (4) errata
(D) (2) e (4) estão erradas
(E) (3) está errada e (4) está certa

1740. Colocando dígitos de 1 a 9 nos quadrados abaixo de modo que

oo % de oooo

seja igual a 2000 vemos que o primeiro quadrado da esquerda contem um :
(A) 2   (B) 4   (C) 6
(D) 8   (E) algarismo indefinido

1741. Um cliente pediu a um vendedor um desconto de 40% sobre o preço de tabela. O vendedor disse que poderia dar um desconto de 30% e ainda daria um desconto de 10% incidindo sobre o preço já com o desconto de 30%. Estas duas propostas, do cliente e do vendedor, apresentam uma diferença de quantos por cento sobre o preço de tabela?

(A) 0,21%   (B) 3%   (C) 7%
(D) 10%   (E) 21%

1742. Um vendedor sempre coloca os seus produtos à venda com lucro de 70% sobre o preço de custo. Se o preço de custo de um certo produto aumentou de R$ 170,00, o que corresponde a 20% do preço que tal produto era vendido, o novo preço de vendas é igual a:

(A) R$ 850,00   (B) R$ 1020,00   (C) R$ 1139,00
(D) R$ 1224,00   (E) R$ 1445,00

1743. João foi comprar um artigo que custava R$ 10000,00 e o vendedor lhe ofereceu três descontos sucessivos de 20%, 10% e 5% em qualquer ordem que ele preferisse. Sabendo que a ordem por ele escolhida foi 5%, 10% e 20%, qual das ordens abaixo seria melhor ele ter escolhido?

(A) 20%, 10%, 5%   (B) 20%, 5%, 10%   (C) 5%, 20%, 10%
(D) 10%, 20%, 5%   (E) nenhuma dessas

1744. Durante sua viagem ao país das Maravilhas a altura de Alice sofreu quatro mudanças sucessivas da seguinte forma: primeiro ela tomou um gole de um líquido que estava numa garrafa em cujo rótulo se lia "beba—me e fique 25% mais alta". A seguir, comeu um pedaço de uma torta onde estava escrito: "prove—me e fique 10% mais baixa"; logo após tomou um gole do líquido de outra garrafa cujo rótulo estampava a mensagem: "beba—me e fique 10% mais alta". Finalmente, comeu um pedaço de outra torta na qual estava escrito "prove—me e fique 20% mais baixa". Após a viagem de Alice, podemos afirmar que ela:

(A) ficou 1% mais baixa   (B) ficou 1% mais alta   (C) ficou 5% mais baixa
(D) ficou 5% mais alta   (E) ficou 10% mais alta

1745. Na eleição para prefeito de um município concorreram os candidatos X e Y. O resultado final revelou que 38% dos eleitores votaram em X, 42% em Y, 16% nulo e 4% em branco. Se 25% dos eleitores que votaram nulo, houvessem votado no candidato X e 50% dos que votaram em branco, houvessem votado em Y, o resultado seria:

(A) 47,5% para X, 44% para Y, 6,5% nulos e 2% em branco.

(B) 9,5% para X, 63% para Y, 25,5% nulos e 2% em branco.

(C) 46% para X, 43% para Y, 8% nulos e 3% em branco.

(D) 42% para X, 44% para Y, 12% nulos e 2% em branco.

(E) 6,2% para X, 18,8% para Y, 25% nulos e 50% em branco.

1746. A comunidade acadêmica de uma faculdade, composta de professores, alunos e funcionários, foi convocada a responder "sim" ou "não" a uma certa proposta. Não houve nenhuma abstinência e 40% dos professores, 84% dos alunos e 80% dos funcionários votaram "sim". Se a porcentagem global de votos "sim" foi 80%, a razão entre o número de alunos e o número de professores, nesta ordem, desta faculdade é igual a:

(A) 10:1 (B) 9:2 (C) 8:3

(D) 7:4 (E) 5:1

1747. Durante o verão, quando há um aumento no consumo de refrigerantes, um agrupamento de escoteiros decidiu coletar latas de alumínio para reciclagem, conseguindo recolher 300 latas por dia. A companhia de reciclagem pagava R$ 0,10 por lata, mas, a esse preço, as latas estavam se acumulando nos galpões, mais rapidamente do que poderiam ser recicladas. Assim, no dia em que os escoteiros iniciaram a coleta, a companhia mudou a sua estratégia e passou a pagar uma quantia menor por lata: houve uma redução fixa e diária correspondente a 1,25% do preço inicial de R$ 0,10. Como as latas coletadas deveriam ser entregues de uma única vez, devido aos custos de transporte, os escoteiros ficaram em um dilema: no início, o preço estava melhor, mas eles tinham poucas latas; por outro lado, se esperassem muito, o preço ficaria significativamente menor. Deste modo, o número de dias em que os escoteiros devem concluir a coleta e vender as latas, de modo que o grupamento receba a maior quantia possível é igual a:

(A) 20 (B) 30 (C) 40

(D) 50 (E) 60

1748. Um certo número de pessoas aguarda o momento de ocupar as poltronas de um teatro. Sabe-se que se 80% do total das pessoas ocuparem as poltronas, 125 lugares ficarão desocupados; entretanto, se 60% do total das pessoas ocuparem as poltronas, restarão 175 lugares vagos. Nestas condições, o número de poltronas deste teatro é igual a:

(A) 325 (B) 350 (C) 375
(D) 400 (E) 450

1749. Pra montar uma fábrica de sapatos, uma empresa fez um investimento inicial de $120 000. Cada par de sapatos é vendido por $30, com uma margem de lucro de 20%. A venda mensal é de 2 000 pares de sapatos. O número de meses necessários para que a empresa recupere o investimento inicial é igual a:

(A) 10 (B) 12 (C) 14
(D) 16 (E) 16

1750. Ao se fazer um levantamento do quadro de pessoal de uma fábrica obteve-se os seguintes dados: 28% dos funcionários são mulheres; $\frac{1}{6}$ dos homens são menores de idade e 85% dos funcionários são maiores de idade. Nestas condições, podemos afirmar que a porcentagem dos menores de idade que são mulheres é igual a:

(A) 30% (B) 28% (C) 25%
(D) 23% (E) 20%

1751. A ligação entre as cidades A e B pode ser feita por dois caminhos C_1 e C_2. O caminho C_1 é mais curto, porém com mais tráfego e o caminho C_2 é 14% mais longo do que C_1 mas possui tráfego menor, o que permite um aumento de 20% na velocidade média. De que percentual diminuirá o tempo de viagem para ir de A até B utilizando o caminho C_2?

(A) 5% (B) 6% (C) 7%
(D) 8% (E) 9%

1752. Uma grandeza X é diretamente proporcional às grandezas P e T e inversamente proporcional ao quadrado da grandeza W. Se aumentarmos P de 60% do seu valor e diminuirmos T de 10% do seu valor, então, para que X não se altere devemos:

(A) aumentar W de 20%

(B) aumentar W de 30%

(C) aumentar W de 44%

(D) diminuir W de 20%

(E) diminuir W de 25%

1753. Uma urna está cheia de moedas e contas, todas de prata ou de ouro. Sabe-se que 20% dos objetos da urna são contas e 40% das moedas da urna são de prata. O percentual de objetos da urna que são moedas de ouro é igual a:

(A) 40%   (B) 48%   (C) 52%

(D) 60%   (E) 80%

1754. Ações de certa empresa valorizam-se 25% em janeiro, 25% em fevereiro, –25% em março e –25% em abril. A variação percentual sofrida por estas ações nesse quadrimestre é aproximadamente igual a:

(A) –12%   (B) –1%   (C) 0%

(D) 1%   (E) 12%

1755. Duas irmãs possuem uma conta de poupança conjunta. Do total do saldo, a mais velha detém 70% e a mais nova 30%. Tendo recebido um dinheiro extra, o pai das meninas resolveu fazer um depósito exatamente igual ao saldo da caderneta. Por uma questão de justiça, no entanto, ele disse às meninas que o depósito deveria ser dividido igualmente entre as duas. Nestas condições a participação da mais velha no novo saldo:

(A) diminuiu para 60%

(B) diminuiu para 65%

(C) permaneceu em 70%

(D) aumentou para 80%

(E) não pode ser determinado

1756. Três variedades de trigo P, Q e R possuem respectivamente 13%, 11% e 9% de proteínas. O número de toneladas da variedade P que devem ser misturadas com 20 toneladas da variedade Q e 40 toneladas da variedade R para obtermos uma mistura com 12% de proteínas é igual a:

(A) 140 (B) 360 (C) 120
(D) 136 (E) 164

1757. Duas empresas de táxi, X e Y, praticam regularmente a mesma tarifa. No entanto, com o intuito de atrair mais passageiros, a empresa X decide oferecer um desconto de 50% em todas as suas corridas, e a empresa Y, descontos de 30%. Com base nestas informações e considerando o período de vigência dos descontos, considere as afirmativas:

1. Se um passageiro pagou $8 por uma corrida em um táxi da empresa Y, então, na tarifa sem desconto, a corrida teria custado menos de $11.

2. Ao utilizar um táxi da empresa Y, um passageiro paga 20% a mais do que pagaria pela mesma corrida, se utilizasse a empresa X.

3. Se durante 20 dias uma pessoa fizer percursos de ida e volta ao trabalho, nos táxis da empresa Y e pagar ao final destes dias $80 então para fazer os mesmos percursos de ida e volta ao trabalho, durante 24 dias, nos táxis da empresa X, esta pessoa pagaria mais de $70.

Assinale:
(A) Se somente as afirmativas (1) e (2) forem verdadeiras
(B) Se somente as afirmativas (1) e (3) forem verdadeiras
(C) Se somente as afirmativas (2) e (3) forem verdadeiras
(D) Se todas as afirmativas forem verdadeiras
(E) Se todas as afirmativas forem falsas

1758. Numa cidade, 28% das pessoas têm cabelos pretos e 24% possuem olhos azuis. Sabendo que 65% da população de cabelos pretos têm olhos castanhos e que a população de olhos verdes que têm cabelos pretos é 10% do total de pessoas de olhos castanhos e cabelos pretos, qual a porcentagem, do total de pessoas de olhos azuis, que tem os cabelos pretos?

Obs.: Nesta cidade só existem pessoas de olhos azuis, verdes ou castanhos.

(A) 30,25% (B) 31,25% (C) 32,25%
(D) 33,25% (E) 34,25%

1759. Supondo que o preço P de um produto sofra dois aumentos sucessivos de 10%, então este preço passará a ser igual a $363, mas, caso ele tenha dois descontos sucessivos de 10%, então passará a ser P'. O valor de P+P' é igual a:

(A) $653 (B) $589 (C) $633
(D) $726 (E) $543

1760. Em um determinado mês do ano, o preço de um determinado produto corresponde a 15% do salário mínimo. Se nos dois meses seguintes o preço do produto sofrer um aumento de 10% e 20% respectivamente e, no entanto o salário mínimo ficar "congelado" nestes dois meses, a que porcentagem do salário mínimo corresponderá o preço do produto após os dois aumentos?

(A) 19,8% (B) 25% (C) 30%
(D) 32% (E) 45%

1761. Uma empresa possui uma matriz M e duas filiais A e B. 45% dos empregados da empresa trabalham na matriz M e 25% dos empregados trabalham na filial A. De todos os empregados dessa empresa, 40% optaram por associarem-se a um clube classista, sendo que 25% dos empregados da matriz M e 45% dos empregados da filial A se associaram ao clube. O percentual dos empregados da filial B que se associaram ao clube é de:

(A) 17,5% (B) 18,5% (C) 30%
(D) $58\frac{1}{3}\%$ (E) $61\frac{2}{3}\%$

1762. Um comerciante compra um artigo cujo preço de tabela é R$24,00 com um desconto de 12,5%. Ele deseja vender o artigo com um lucro de $33\frac{1}{3}\%$, mesmo concedendo um desconto de 30% ao comprador. O preço com que deve ser marcado o artigo é igual a:

(A) R$25,20 (B) R$30,00 (C) R$33,60
(D) R$40,00 (E) R$45,00

1763. Considere as afirmativas:

1. Sabendo que a força de repulsão entre duas cargas elétricas positivas é inversamente proporcional ao quadrado da distância entre elas então, se aumentarmos a distância em 25%, a força de repulsão diminuirá em 36%.

2. Se um certo produto podia ser comprado há alguns meses por 25% do seu valor atual então, o percentual de aumento sofrido pelo produto neste mesmo período foi de 300%.

3. Se uma chapa de metal circular, com 1m de raio, ficar exposta ao sol e em conseqüência, sofrer uma dilatação de 1% na dimensão do raio então, o aumento percentual da área é de 1,91%.

4. A pressão P e o volume V de um gás perfeito mantido a uma temperatura constante satisfazem à Lei de Boyle PV = constante então, se aumentarmos a pressão em 25%, o volume do gás diminuirá de 20%.

Conclua que

(A) Todas são verdadeiras

(B) Apenas uma é falsa

(C) Duas são falsas

(D) Apenas uma é verdadeira

(E) Todas são falsas

1764. Um comerciante compra produtos com um desconto de 25% sobre o preço de tabela. Ele deseja estabelecer preços que lhe permitam dar um desconto de 20% para o freguês e ainda assim obter 25% de lucro sobre o preço de venda. A porcentagem de aumento sobre o preço de tabela que ele deve dar aos produtos é igual a:

(A) 125% (B) 100% (C) 120%
(D) 80%   (E) 75%

1765. Em um concurso foi concedido um tempo T, para a realização da prova de MATEMÁTICA. Um candidato gastou $\frac{1}{3}$ deste tempo para resolver a parte de Aritmética e 25% do tempo restante para resolver a parte de Álgebra. Como ele só gastou $\frac{2}{3}$ do tempo de que ainda dispunha PARA RESOLVER A PARTE DE Geometria, entregou a prova faltando 35 minutos para o término da mesma. O tempo concedido para a realização da prova foi igual a:

(A) 3h 10min (B) 3h (C) 2h 50min
(D) 3h 30min (E) 4h

1766. O preço de um artigo foi aumentado de p%. Mais tarde o novo preço foi diminuído de p%. Se no final, o preço passou a ser 1 real, o preço original era:

(A) $\dfrac{1-p^2}{200}$
(B) $\dfrac{\sqrt{1-p^2}}{100}$
(C) 1

(D) $1-\dfrac{p^2}{10\,000-p^2}$
(E) $\dfrac{10\,000}{10\,000-p^2}$

1767. Um carro movido a gasolina aditivada faz aproximadamente dez quilômetros por litro. Sabendo que o preço do litro da gasolina comum é 75% do preço da gasolina aditivada, podemos afirmar que o desempenho (em quilômetros por litro) a partir do qual o carro que utiliza apenas gasolina comum passa a ser mais econômico quando comparado com o carro que utiliza apenas a gasolina aditivada é:

(A) 5 (B) 5,5 (C) 6
(D) 7,5 (E) 8

1768. O percentual de lucro sobre o preço de custo correspondente a um lucro de 75% sobre o preço de venda é igual a:

(A) 75% (B) 150% (C) 225%
(D) 300% (E) 750%

1769. Mesmo concedendo um desconto de 40%, um comerciante obtém um lucro de 20%. O percentual de lucro que ele obteria caso não tivesse concedido o desconto seria de:

(A) 40% (B) 60% (C) 80%
(D) 100% (E) 120%

1770. Supondo que x e y são inversamente proporcionais e positivos, de quanto decresce y se aumentarmos x de p%?

(A) $p\%$
(B) $\dfrac{p}{1+p}\%$
(C) $\dfrac{100}{p}\%$

(D) $\dfrac{p}{100+p}\%$
(E) $\dfrac{100p}{100+p}\%$

454 | Problemas Selecionados de Matemática

1771. A Renda per Capita é obtida, dividindo-se o Produto Interno Bruto (PIB) pela população. Se num determinado ano o PIB diminuiu 4% e, no ano seguinte, permaneceu estável enquanto que a população aumentou 2% por ano, a variação da Renda per Capita nesses dois anos:

(A) não aumentou nem diminuiu

(B) aumentou aproximadamente 2%

(C) aumentou aproximadamente 8%

(D) diminuiu aproximadamente 8%

(E) diminuiu aproximadamente 6%

1772. Se um comerciante comprasse suas mercadorias por 8% a menos e mantivesse o mesmo preço de venda, seu lucro atual de x% aumentaria para (x+10)%. O valor de x é igual a:

(A) 12   (B) 15   (C) 30

(D) 50   (E) 75

1773. Os rendimentos das cadernetas de poupança são isentos de imposto de renda, os dos fundos de commodities e os dos fundos de renda fixa são tributados em 25% e 30%, respectivamente, da valorização que exceder à variação da UFIR. Suponhamos que para um próximo mês, as previsões sejam que a UFIR aumente 1,8% e que as cadernetas, os fundos de commodities e os de renda fixa rendam 2,2%, 2,6% e 2,8%, respectivamente, antes do desconto do imposto de renda. Se as previsões se confirmassem, a melhor e a pior das aplicações seriam, respectivamente:

(A) poupança e commodities.

(B) commodities e renda fixa.

(C) commodities e poupança.

(D) renda fixa e commodities.

(E) renda fixa e poupança.

1774. Um lojista sabe que, para não ter prejuízo, o preço de venda de seus produtos deve ser no mínimo 44% superior ao preço de custo. Porém ele prepara a tabela de preços de venda acrescentando 80% ao preço custo, porque sabe que o cliente gosta de obter desconto no momento da compra. Qual é o maior desconto que ele pode conceder ao cliente, sobre o preço da tabela, de modo a não ter prejuízo?

(A) 10%   (B) 15%   (C) 20%

(D) 25%   (E) 36%

1775. Para efeito de apuração, nas eleições de um determinado país, os votos são classificados em válidos, nulos e brancos. O candidato A obteve 54,3% dos votos válidos e, por isso, foi o vencedor. Sabendo que houve 9,5% de votos nulos e 9,2% de votos em branco, do total de eleitores que compareceram às urnas, o percentual dos que votaram no candidato A foi igual a:

(A) 44,1%   (B) 44,3%   (C) 44,5%
(D) 44,7%   (E) 44,9%

1776. O Governo de um determinado país deseja diminuir 24% do dinheiro circulante. Se ele tem sob seu controle 60% desse dinheiro, então a porcentagem do dinheiro controlado que deverá tirar de circulação é:

(A) 28%   (B) 32%   (C) 36%
(D) 40%   (E) 44%

1777. Cem estudantes participaram de uma prova cuja pontuação máxima é 150 e a média de todos foi 100. Sabe-se que o número de meninas participantes foi 50% maior que o número de meninos entretanto, a média dos meninos foi 50% maior que a média das meninas. A média dos meninos foi:

(A) 100   (B) 112,5   (C) 120
(D) 125   (E) 150

1778. A reciclagem de latas de alumínio permite uma considerável economia de energia elétrica: a produção de cada lata reciclada gasta apenas 5% da energia que seria necessária para produzir uma lata não-reciclada. Considere que, de cada três latas produzidas, uma não é obtida por reciclagem, e que a produção de cada lata reciclada consome 1 unidade de energia. De acordo com essa proporção, o número de unidades de energia necessário para a produção de 24 latas é igual a:

(A) 24   (B) 42   (C) 150
(D) 176   (E) 180

1779. Augusto vai a pé todas as manhãs de casa para a escola. Certo dia, já tendo percorrido 20% do caminho, percebeu que tinha esquecido o livro de Matemática em casa, e notou que se continuasse em direção à escola lá chegaria cinco minutos antes do sinal tocar para o início das aulas. Entretanto se voltasse à casa para apanhar seu livro de Matemática chegaria um minuto após o sinal ter tocado para o início das aulas. Quanto tempo dura a caminhada diária de Augusto de casa até a escola?

(A) 10 minutos   (B) 15 minutos   (C) 20 minutos
(D) 25 minutos   (E) 30 minutos

456 | Problemas Selecionados de Matemática

1780. Gustavo leva exatamente 20 minutos para ir de sua casa até a escola. Uma certa vez, durante o caminho, percebeu que esquecera em casa o seu exemplar do livro Problemas Selecionados de Matemática que ia mostrar para a classe; ele sabia que se continuasse a andar, cegaria à escola 8 minutos antes do sinal, mas se voltasse para pegar o livro, no mesmo passo, chegaria atrasado 10 minutos. Que porcentagem do caminho já tinha percorrido neste ponto?

(A) 40%   (B) 45%   (C) 50%
(D) 67%   (E) 90%

1781. Numa sala estão presentes 100 pessoas das quais 99% são *homens*. Quantas pessoas devem sair da sala para que a porcentagem de *homens* na sala seja 98%?

(A) 1   (B) 2   (C) 5
(D) 10   (E) 50

1782. Quatro quilos de uma liga de prata e cobre contém 5% de prata. Que massa de cobre deve ser adicionada para obtemos uma liga contendo 2% de prata?

(A) 4kg   (B) 5kg   (C) 6kg
(D) 8kg   (E) 10kg

1783. Uma loja tem os dois seguintes planos de venda:
  I. à vista com 30% de desconto.
  II. em duas parcelas iguais sem aumento de preço (a primeira paga no ato da compra e a segunda um mês após).

A taxa de juros ao mês cobrada por esta loja no plano (II) é de:

(A) 15%   (B) 30%   (C) 60%
(D) 100%   (E) 150%

1784. Uma loja oferece duas opções de pagamento:
  I. à vista com x% de desconto
  II. em duas parcelas mensais iguais, sem desconto, a primeira sendo paga no ato da compra.

Se você investir seu dinheiro a juros mensais de 25%, a partir de que valor de x a opção (I) é mais vantajosa?

(A) 5   (B) 10   (C) 12,5
(D) 20   (E) 25

1785. 10% de uma certa população está infectada por um vírus. Um teste para identificar ou não a presença do vírus dá 90% de acertos quando aplicado a uma pessoa infectada e dá 80% de acertos quando aplicado a uma pessoa sadia. Qual a porcentagem de pessoas realmente infectadas entre as que o teste classificou como infectadas?

(A) 20% (B) 26% (C) 33%
(D) 50% (E) 87%

1786. Em um grupo de pessoas, 2% são ambidestras e 10% são canhotas. 25% das pessoas destras são do sexo feminino e o mesmo se dá com 50% das ambidestras. Sabendo que 25% do total das pessoas são do sexo feminino, a porcentagem de destros dentre os homens do grupo é igual a:

(A) 70% (B) 75% (C) 80%
(D) 88% (E) 90%

1787. 300 atletas representam um país tanto nos jogos de verão como nos jogos de inverno. Nos jogos de verão 60% desses atletas praticam atletismo e os outros 40% jogos coletivos (futebol, basquete, vôlei,...). Nos jogos de inverno, esses atletas praticam hockey sobre o gelo ou esquiação mas não ambos. 56% daqueles que praticam hockey, praticam atletismo nos jogos de verão e 30% dos que praticam atletismo fazem esquiação nos jogos de inverno. O número de atletas que praticam esquiação e jogos coletivos é igual a:

(A) 54 (B) 30 (C) 120
(D) 95 (E) 21

1788. O preço do ingresso para uma peça de teatro custa R$ 15,00. Se no dia seguinte for observado um aumento de 50% no número de espectadores e um acréscimo de 25% na renda, a redução no preço do ingresso foi:

(A) R$ 1,50 (B) R$ 2,00 (C) R$ 2,50
(D) R$ 3,00 (E) R$ 4,00

1789. Na cidade de Itapipoca alguns animais são realmente estranhos. Dez por cento dos cães pensam que são gatos e dez por cento dos gatos pensam que são cães. Todos os outros cães e gatos são perfeitamente normais. Certo dia, todos os cães e gatos de Itapipoca foram testados por um psicólogo verificando-se que 20% deles pensavam que eram gatos. Que porcentagem dos animais era realmente de gatos?

(A) 12,5 (B) 18 (C) 20
(D) 22 (E) 22,5

1790. Uma loja deseja vender uma mercadoria que custa R$ 64,00 em duas parcelas iguais, sendo uma à vista e a outra a vencer em 30 dias. Qual deve ser o valor de cada prestação para que na segunda parcela estejam incluídos juros de 50% sobre o saldo devedor?

(A) R$ 48,00 (B) R$ 44,00 (C) R$ 40,00
(D) R$ 38,40 (E) R$ 32,00

1791. Uma geladeira pode ser comprada à vista por R$ 1197,00 ou em três prestações mensais e iguais, sendo a primeira delas paga no ato da compra. Se a loja cobra juros de 30% ao mês sobre o saldo devedor, o valor de cada prestação é igual a:

(A) R$ 501,00 (B) 503,00 (C) R$ 505,00
(D) R$ 507,00 (E) R$ 509,00

1792. Um aparelho de ar condicionado tem preço à vista de R$ 900,00 e é também vendido a prazo em 5 pagamentos mensais iguais. Sabendo que a loja cobra juros mensais de 20%, considere as afirmativas:

1. Se o primeiro pagamento é feito no ato da compra, o valor de cada prestação é R$ 240,00.
2. Se o primeiro pagamento é feito um mês após a compra, o valor de cada prestação é R$ 300,00.
3. Se o primeiro pagamento é feito dois meses após a compra, o valor de cada prestação é R$ 360,00.

Conclua que são verdadeiras:

(A) Todas (B) somente 1 e 2 (C) somente 1 e 3
(D) somente 2 e 3 (E) nenhuma

1793. Um forno de microondas, em oferta, está sendo vendido em três prestações iguais de R$ 172,90 sendo a primeira paga no ato da compra e as outras duas em 30 e 60 dias após o dia da compra. Se à vista este forno de microondas custa R$ 389,90, a taxa de juros cobrada por esta loja é aproximadamente igual a:

(A) 34% (B) 35% (C) 36%
(D) 38% (E) 40%

1794. João comprou uma televisão de 29 polegadas e vai pagá-la em quatro prestações mensais iguais e consecutivas de R$ 600,00 cada uma sendo a primeira paga no ato da compra e a segunda 30, 60 e 90 dias após a compra. Sabendo que estão sendo cobrados juros de 25% ao mês sobre o saldo devedor, podemos afirmar que o valor mais próximo do preço à vista da televisão era de:

(A) R$ 1600,00   (B) R$ 1700,00   (C) R$ 1800,00
(D) R$ 1900,00   (E) R$ 2000,00

1795. Uma melancia de massa 10kg contém 99% de água. Após deixá-la aberta algum tempo, um agricultor verificou que alguma água tinha evaporado deixando-a com 98% de água. Após a evaporação, a nova massa da melancia em quilos, é igual a:

(A) 5   (B) 6   (C) 7
(D) 8   (E) 9

1796. Uma grande melancia pesa 20kg e sabe-se que 98% de seu peso é de água. Ela foi deixada exposta ao sol e alguma água evaporou de modo que neste instante apenas 95% de seu peso é de água. O seu novo peso agora é igual a:

(A) 17kg   (B) 19,4kg   (C) 10kg
(D) 19kg   (E) 8kg

1797. Um atleta consegue obter a marca de 19,86 metros com um salto triplo. Sabendo que a distância vencida com o pulo inicial é 10% maior que a distância percorrida com a passada intermediária a qual é 10% maior que a distância obtida com o salto final, a distância, em metros, percorrida na passada intermediária foi:

(A) 6   (B) $6\frac{3}{5}$ (C) $6\frac{2}{3}$
(D) $7\frac{13}{50}$ (E) 8

1798. Um feirante compra caixas de 500g de morangos por R$ 2,40 cada. Em cada caixa cerca de 20% dos morangos estão estragados. Ele joga fora os morangos estragados e forma novas caixas de 500g somente com morangos bons. O valor pelo qual o feirante deve vender cada caixa se ele pretende obter um lucro de 80% sobre o capital investido é:

(A) R$ 3,40   (B) R$ 4,32   (C) R$ 5,00
(D) R$ 5,40   (E) R$ 6,00

460 | Problemas Selecionados de Matemática

1799. Em certo mês, 2 jornais circularam respectivamente com 50000 e 300000 exemplares. A partir daí, a circulação do primeiro cresce 8,8% ao mês e a do segundo decresce 15% a cada mês. Nestas condições, o número de meses para que a circulação do primeiro supere a do segundo é igual a:

(A) 2 (B) 4 (C) 6
(D) 7 (E) 8

1800. Pedro tomou um empréstimo de $300 a juros de 15% ao mês. Dois meses após Pedro pagou $150 e um mês após este pagamento, Pedro liquidou seu débito. O valor aproximado deste último pagamento foi:

(A) $280 (B) $282 (C) $284
(D) $286 (E) $288

1801. Uma usina comprou 2000 litros de leite puro e então retirou certo volume V desse leite para produção de iogurte e substituiu esse volume por água. Em seguida, retirou novamente o mesmo volume V da mistura e novamente substituiu por água. Na mistura final existem 1125 litros de leite. O percentual do volume inicial que V representa é:

(A) 25% (C) 30% (C) 35%
(D) 40% (E) 45%

1802. A rede de lojas Sinrosca vende por crediário com uma taxa mensal de 10%. Uma certa mercadoria, cujo preço à vista é P será vendida a prazo de acordo com o seguinte plano de pagamento: $100 de entrada, uma prestação de $240 a ser paga em 30 dias e outra de $220 a ser paga em 60 dias. O valor de P de venda à vista desta mercadoria é igual a:

(A) $452 (B) $483,47 (C) $486
(D) $496 (E) $500

1803. Um comerciante comprou um carregamento de computadores. Sabendo que ele vendeu $2/3$ do carregamento por $3/4$ do preço que havia pago pelo carregamento inteiro, quanto ele lucrará se conseguir vender todo o carregamento por este preço?

(A) 10% (B) 12% (C) 12,5%
(D) 20% (E) 25%

1804. A, B, C e D cujas idades eram 19, 17, 15 e 13 anos respectivamente, herdaram $13 750. Essa quantia foi dividida de forma a que com juros de 10% ao ano, quando cada um atingisse os 21 anos de idade possuísse a mesma quantia. O valor inteiro *mais próximo* da quantia, em reais, que coube a D é:

(A) 2521   (B) 2522   (C) 2523
(D) 2524   (E) 2525

1805. Uma máquina copiadora pode fazer cópias cujos tamanhos são iguais a 80%, 100% e 150% de um original. Fazendo cópias de cópias, qual o menor número de vezes que devemos utilizar a máquina para fazermos uma cópia cujo tamanho seja 324% do original?

(A) 5   (B) 6   (C) 7
(D) 8   (E) impossível produzir tal cópia

1806. A cada dia, os preços de parte dos produtos de uma Empresa crescem ou decrescem de $n\%$, onde n é um número inteiro tal que $0 < n < 100$. Sabendo que os preços são calculados precisamente, o número de valores de n para os quais o preço assume o mesmo valor é:

(A) 0   (B) 1   (C) 2
(D) 3   (E) mais de 3

1807. Após corrigir todas as provas de Matemática de seus alunos, um professor constatou a seguinte distribuição de notas:

Notas	≤ 4	≤ 5	≤ 6	≤ 7	≤ 8	≤ 9	≤ 10
Porcentagem	12%	28%	40%	54%	86%	98%	100%

Considere então as seguintes afirmativas:
1. A porcentagem de alunos que receberam nota estritamente maior que 7 porém menor que ou igual a 8 é 32%.
2. A porcentagem de alunos que receberam nota estritamente maior que 5 porém menor que ou igual a 8 é 56%.

3. Sabendo que o professor tem 12 turmas, com igual número de alunos por turma, a menor quantidade de alunos por turma é 25.
4. A média dos alunos da turma está entre 5 e 7.

O número de afirmativas verdadeiras é igual a:

(A) 0   (B) 1   (C) 2
(D) 3   (E) 4

1808. Em Brasilândia 10% dos empregados ganham 90% do salário total pago a todos os trabalhadores deste país. Supondo que este país seja dividido em várias regiões e que é possível que em cada região o salário total pago a quaisquer 10% dos trabalhadores não seja superior a x% do salário total pago nesta região então, x é:

(A) 6   (B) 8   (C) 9
(D) 10   (E) 11

1809. Ao final do ano letivo, constatou-se dentre os alunos de um determinado Colégio que em qualquer grupo de 5 ou mais alunos escolhidos aleatoriamente, 80% dos conceitos "E" (Excelente) recebidos pelos alunos deste grupo, foram dados a não mais do que 20% dos alunos do grupo. O percentual mínimo de conceitos "E" obtidos pelo melhor aluno deste grupo é igual a:

(A) 20%   (B) 60%   (C) 67,5%
(D) 75%   (E) 80%

Seção 6.6 – Inequações do Primeiro Grau

1810. Para os números reais distintos x e y sejam $M(x,y)$ o maior dentre x e y e $m(x,y)$ o menor dentre x e y. Se $a<b<c<d<e$, então
$$M(M(a,m(b,c),m(d,m(a,e))))$$
é igual a:
(A) a (B) b (C) c
(D) d (E) e

1811. Sejam a, b, c e d números inteiros tais que $a<2b$, $b<3c$, e $c<4d$. Se $d<100$, o maior valor possível de a é igual a:
(A) 2367   (B) 2375   (C) 2391
(D) 2399   (E) 2400

1812. Considere as afirmativas:
1. Se a e b são números reais tais que $4<a<7$ e $3<b<4$ então, $a-b$ está entre 0 e 4.
2. Se x e y são reais tais que $-1<x<3$ e $-2<y<0$ então, $-1<x-y<5$.
3. Se $x,y \in \mathbb{R}$ tais que $-2 \leq x \leq 2$ e $-2 \leq y \leq 2$ então, $-4 \leq x-y \leq 4$.

Assinale:
(A) Se somente as afirmativas (1) e (2) forem verdadeiras
(B) Se somente as afirmativas (1) e (3) forem verdadeiras
(C) Se somente as afirmativas (2) e (3) forem verdadeiras
(D) Se todas as afirmativas forem verdadeiras
(E) Se todas as afirmativas forem falsas

1813. Considere as afirmativas:
1. Se $-4<x<-1$ e $1<y<2$ então xy e $\dfrac{2}{x}$ estão no intervalo $\left]-8,-\dfrac{1}{2}\right[$.
2. Se $-3<x<4$ e $\dfrac{1}{2}<y<3$ então $a<\dfrac{x}{y}<b$. O valor de $a+b=3$.

3. Se $5 \leq a \leq 10$ e $20 \leq b \leq 30$ então o valor máximo $\dfrac{a}{b}$ é $\dfrac{1}{2}$.

Assinale:

(A) Se somente as afirmativas (1) e (2) forem verdadeiras
(B) Se somente as afirmativas (1) e (3) forem verdadeiras
(C) Se somente as afirmativas (2) e (3) forem verdadeiras
(D) Se todas as afirmativas forem verdadeiras
(E) Se todas as afirmativas forem falsas

1813. A notação $\lfloor x \rfloor$ representa o maior inteiro que não supera x. Por exemplo, $\lfloor 3,5 \rfloor = 3$, $\lfloor -5,2 \rfloor = -6$ e $\lfloor 5 \rfloor = 5$. O número de inteiros positivos x, para os quais $\left\lfloor x^{\frac{1}{2}} \right\rfloor + \left\lfloor x^{\frac{1}{3}} \right\rfloor = 10$ é igual a:

(A) 11
(B) 12
(C) 13
(D) 14
(E) 15

1814. A notação $\lfloor x \rfloor$ representa o maior inteiro que não supera x. Por exemplo, $\lfloor 3,5 \rfloor = 3$, $\lfloor -5,2 \rfloor = -6$ e $\lfloor 5 \rfloor = 5$. Sejam x e y números reais tais que $\lfloor \sqrt{x} \rfloor = 10$ e $\lfloor \sqrt{y} \rfloor = 14$ então, o valor de $\left\lfloor \sqrt{\lfloor \sqrt{\lfloor x+y \rfloor} \rfloor} \right\rfloor$ é igual a:

(A) 3
(B) 4
(C) 5
(D) 6
(E) 7

1815. A notação $\lfloor x \rfloor$ representa o maior inteiro que não supera x. Por exemplo, $\lfloor 3,5 \rfloor = 3$, $\lfloor -5,2 \rfloor = -6$ e $\lfloor 5 \rfloor = 5$. O número de racionais x tais que $x^{\lfloor x \rfloor} = \dfrac{9}{2}$ é igual a:

(A) 0
(B) 1
(C) 2
(D) 3
(E) 4

1816. A notação $\lfloor x \rfloor$ representa o maior inteiro que não supera x. Por exemplo, $\lfloor 3,5 \rfloor = 3$, $\lfloor -5,2 \rfloor = -6$ e $\lfloor 5 \rfloor = 5$. O número de inteiros x compreendidos entre 0 e 500 para os quais $x - \left\lfloor x^{\frac{1}{2}} \right\rfloor^2 = 10$ é igual a:

(A) 17   (B) 18   (C) 19
(D) 20   (E) 21

1817. A soma dos algarismos do *menor* inteiro positivo k para o qual a equação $\left\lfloor \dfrac{2002}{n} \right\rfloor = k$ não possui soluções para n é igual a:

(A) 11   (B) 13   (C) 15
(D) 17   (E) 19

1818. Sejam a_1, a_2, a_3, a_4 e a_5 números reais distintos. Se m é o número de valores distintos das somas do tipo $a_i + a_j$ onde $1 \le i < j \le 5$, o menor valor possível de m é igual a:

(A) 4   (B) 5   (C) 6
(D) 7   (E) 10

1819. O menor inteiro positivo n tal que $\sqrt{n} - \sqrt{n-1} < \dfrac{1}{100}$ é igual a:

(A) 2401   (B) 2501   (C) 2601
(D) 2701   (E) 2801

1820. O *maior* valor inteiro de x que satisfaz à inequação
$$\dfrac{x-3}{2} - \dfrac{3(3-x)}{10} + \dfrac{7x-6}{4} < \dfrac{x+10}{3} - \dfrac{3-16x}{20}$$
é igual a:

(A) 10   (B) 8   (C) 6
(D) 4   (E) 2

1821. A solução da inequação $\frac{1}{x} < 3$ é:

(A) $x < \frac{1}{3}$ (B) $x > \frac{1}{3}$ (C) $x > 3$

(D) $0 < x < \frac{1}{3}$ (E) $x < 0$ ou $x > \frac{1}{3}$

1822. A solução da inequação $\frac{1}{x} > -2$ é:

(A) $x > -\frac{1}{2}$ (B) $x < -\frac{1}{2}$ (C) $x < -2$

(D) $-\frac{1}{2} < x < 0$ (E) $x < -\frac{1}{2}$ ou $x > 0$

1823. A inequação $(3x-12)(-x-5) \leq 0$ é equivalente a:

(A) $x \leq -5$ ou $x \geq 4$ (B) $x \leq -5$ ou $x \geq -4$ (C) $-5 \leq x \leq 4$
(D) $4 \leq x \leq 5$ (E) $-4 \leq x \leq 0$

1824. O mior valor inteiro de x que satisfaz à inequação $\frac{3x+1}{x+5} \leq 2$ é igual a:

(A) 8 (B) 9 (C) 10
(D) 11 (E) 12

1825. O número de soluções inteiras da inequação $\frac{x-3}{2x+4} > 1$ é igual a:

(A) 0 (B) 3 (C) 4
(D) 6 (E) infinito

1826. O número de valores inteiros de x que satisfazem à inequação $\dfrac{2x-3}{x} < \dfrac{x+5}{x}$ é igual a:

(A) 5 (B) 6 (C) 7
(D) 8 (E) 9

1827. Quantos pares de inteiros positivos (a,b) com $a+b \leq 100$ satisfazem à equação $\dfrac{a+b^{-1}}{a^{-1}+b} = 13$?

(A) 1 (B) 5 (C) 7
(D) 9 (E) 13

1828. A solução da inequação $\dfrac{1}{1-2x} > \dfrac{1}{2x+3}$ é igual a:

(A) $x < -\dfrac{3}{2}$ ou $-\dfrac{1}{2} < x < \dfrac{1}{2}$

(B) $-\dfrac{3}{2} < x < -\dfrac{1}{2}$ ou $x > \dfrac{1}{2}$

(C) $x < -\dfrac{1}{2}$ ou $\dfrac{1}{2} < x < \dfrac{3}{2}$

(D) $-\dfrac{1}{2} < x < \dfrac{1}{2}$ ou $x > \dfrac{3}{2}$

(E) $-\dfrac{1}{2} < x < \dfrac{3}{2}$

1829. A solução da inequação $(x+1)^3(2x-3)(-3x+5)(2x^2+7) < 0$ é igual a:

(A) $x < -1$ ou $\dfrac{3}{2} < x < \dfrac{5}{3}$

(B) $-1 < x < \dfrac{3}{2}$ ou $x > \dfrac{5}{3}$

(C) $x < \dfrac{3}{2}$ ou $x > \dfrac{5}{3}$

(D) $x < -1$ ou $x > \dfrac{5}{3}$

(E) $\dfrac{3}{2} < x < \dfrac{5}{3}$

1830. A solução da inequação $\dfrac{(3-2x)^3(x-5)}{(7x-1)(3x+4)^2} \geq 0$ é igual a:

(A) $x < \dfrac{1}{7}$ ou $\dfrac{3}{2} \leq x \leq 5$

(B) $-\dfrac{4}{3} < x < \dfrac{3}{2}$ ou $x \geq 5$

(C) $x < -\dfrac{4}{3}$ ou $-\dfrac{4}{3} < x < \dfrac{1}{7}$ ou $\dfrac{3}{2} \leq x \leq 5$

(D) $\dfrac{1}{7} < x \leq \dfrac{3}{2}$ ou $x \geq 5$

(E) $x < -\dfrac{4}{3}$ ou $x \geq 5$

1831. A solução da inequação $\dfrac{x^2 - 4x + 3}{3 - 2x} \leq 1 - x$ é igual a:

(A) $x \leq 0$ ou $x > \dfrac{3}{2}$

(B) $x \leq 0$ ou $1 \leq x < \dfrac{3}{2}$

(C) $0 \leq x \leq 1$ ou $x > \dfrac{3}{2}$

(D) $1 \leq x < \dfrac{3}{2}$

(E) $0 < x < \dfrac{3}{2}$

1832. A solução da inequação $\dfrac{1}{x-1} + \dfrac{2}{x-2} < \dfrac{3}{x-3}$ é igual a:

(A) $x<1$ ou $\dfrac{3}{2}<x<3$ ou $x>3$

(B) $1<x<\dfrac{3}{2}$ ou $x>3$

(C) $x<1$ ou $\dfrac{3}{2}<x<3$

(D) $x<\dfrac{3}{2}$ ou $x>3$

(E) $1<x<\dfrac{3}{2}$ ou $\dfrac{3}{2}<x<3$

1833. A solução da inequação $-1 < \dfrac{2-3x}{x+3} < 1$ é igual a:

(A) $x<\dfrac{1}{4}$ ou $x>\dfrac{5}{3}$

(B) $x<-3$ ou $x>\dfrac{3}{2}$

(C) $-3<x<\dfrac{3}{2}$

(D) $\dfrac{1}{4}<x<\dfrac{5}{3}$

(E) $\dfrac{1}{5}<x<\dfrac{4}{3}$

1834. A solução da inequação $\dfrac{1}{x} + \dfrac{1}{2x-1} > 2$ é igual a:

(A) $x < 0$ ou $\dfrac{1}{4} < x < \dfrac{1}{2}$ ou $x > 1$

(B) $0 < x < \dfrac{1}{2}$ ou $x > 1$

(C) $0 < x < \dfrac{1}{4}$ ou $\dfrac{1}{2} < x < 1$

(D) $\dfrac{1}{4} < x < \dfrac{1}{2}$ ou $x > 1$

(E) $0 < x < \dfrac{1}{4}$ ou $x > 1$

1835. O conjunto dos números reais x para os quais $(x-1)^2(x-4)^2 < (x-2)^2$ é verdadeira satisfaz a:

(A) $2 - \sqrt{2} < x < 3 - \sqrt{3}$ ou $2 + \sqrt{2} < x < 3 + \sqrt{3}$

(B) $2 - \sqrt{3} < x < 3 - \sqrt{2}$ ou $2 + \sqrt{3} < x < 3 + \sqrt{2}$

(C) $1 - \sqrt{3} < x < 2 - \sqrt{3}$ ou $1 + \sqrt{3} < x < 2 + \sqrt{3}$

(D) $x < 2 - \sqrt{2}$ ou $3 - \sqrt{3} < x < 2 + \sqrt{2}$ ou $x > 3 + \sqrt{3}$

(E) $2 + \sqrt{2} < x < 3 + \sqrt{3}$

1836. Contando n bolas coloridas, algumas pretas e outras vermelhas, achou-se que 49 das 50 primeiras eram vermelhas. Depois 7 de cada 8 contadas eram vermelhas. Se, no total 90% ou mais das bolas contadas eram vermelhas, o valor máximo de n é igual a:

(A) 225 (B) 210 (C) 200
(D) 180 (E) 175

1837. Uma caixa contém fichas vermelhas, brancas e azuis. O número de fichas azuis é no mínimo igual à metade do número de fichas brancas e no máximo igual à terça parte do número de fichas vermelhas. Se o número de fichas brancas ou azuis é no mínimo 55 o número mínimo de fichas vermelhas é igual:

(A) 24 (B) 33 (C) 45
(D) 54 (E) 57

1838. N bilhetes (N múltiplo de 10) de uma extração da Loteria Estadual foram vendidos e todo bilhete vermelho recebeu um prêmio. Quatro dos cem primeiros bilhetes eram vermelhos e dos bilhetes restantes vendidos, dois de cada dez eram vermelhos. Se no máximo 15% dos bilhetes vendidos recebeu um prêmio, o valor *máximo* de N é igual a:

(A) 350 (B) 340 (C) 330
(D) 320 (E) 310

1839. Um conjunto de inteiros positivos e consecutivos a partir de 1 é escrito num quadro de giz. Um destes números é apagado e a média aritmética dos números restantes é igual a $35\frac{7}{17}$. O número que foi apagado é igual a:

(A) 6 (B) 7 (C) 8
(D) 9 (E) 10

1840. Se $\min(a,b) = \begin{cases} a & \text{se } a \leq b \\ b & \text{se } a > b \end{cases}$ onde $\min(a,b)$ representa o *menor* dos números a e b então, a solução da inequação $\min(2x+3, 3x-5) < 4$ é igual a:

(A) $x < \frac{1}{2}$ (B) $x < 3$ (C) $x > \frac{1}{2}$

(D) $\frac{1}{2} < x < 3$ (E) $x > 3$

1841. Os números positivos x tais que $\left(1 + \frac{1}{nx}\right)^{-1} > 1 - \frac{1}{n}$ para todo inteiro positivo n satisfazem a:

(A) $x \leq 2$ (B) $x \geq 1$ (C) $x > 0$
(D) $0 \leq x \leq 1$ (E) $0 \leq x < 2$

1842. O *maior* valor inteiro e positivo de n para o qual existe um *único* inteiro k tal que $\frac{8}{15} < \frac{n}{n+k} < \frac{7}{13}$ é igual a:

(A) 110 (B) 111 (C) 112
(D) 113 (E) 114

1843. Sejam m e n inteiros positivos tais que $m \leq 1984$ e $r = 2 - \frac{m}{n} > 0$. O menor valor possível de r é igual a:

(A) 1983 (B) 993 (C) 992
(D) $\frac{1}{992}$ (E) $\frac{1}{993}$

1844. O número de ternos ordenados (x,y,z) de inteiros positivos que satisfazem à equação 5(xy+yz+zx)=4xyz é igual a:

(A) 1 (B) 2 (C) 3
(D) 6 (E) 12

1845. No edifício mais alto de uma cidade moram Antonio e Eduardo. O número do andar do apartamento de Antonio coincide com o número do apartamento de Eduardo. A soma dos números dos apartamentos dos dois é 2164. Sabendo que há 12 apartamentos por andar, numerados consecutivamente do primeiro andar ao último, a soma dos algarismos do apartamento de Antonio é igual a:

(A) 24 (B) 25 (C) 26
(D) 27 (E) 28

1846. A função máximo inteiro é definida como sendo "o maior inteiro que não supera o número real x" e é representada por $\lfloor x \rfloor$. Por exemplo, $\lfloor 3 \rfloor = 3 = \lfloor \pi \rfloor$ e $\lfloor -2 \rfloor = -2 = \lfloor -1,01 \rfloor$. Considere então as afirmativas:

I. $\lfloor x+n \rfloor = \lfloor x \rfloor + n$ para todo inteiro n.

II. $\lfloor x \rfloor + \lfloor y \rfloor \leq \lfloor x+y \rfloor \leq \lfloor x \rfloor + \lfloor y \rfloor + 1$

III. $\lfloor nx \rfloor \geq n\lfloor x \rfloor$ para todo natural n.

IV. $\lfloor x-y \rfloor \leq \lfloor x \rfloor - \lfloor y \rfloor \leq \lfloor x-y \rfloor + 1$

V. $\left\lfloor \dfrac{\lfloor x \rfloor}{n} \right\rfloor = \left\lfloor \dfrac{x}{n} \right\rfloor$ para todo inteiro n.

VI. $\left\lfloor x + \dfrac{1}{2} \right\rfloor = \lfloor 2x \rfloor$

O número de afirmações VERDADEIRAS é igual a:

(A) 6 (B) 5 (C) 4
(D) 3 (E) 2

1847. O valor de $\lfloor x \rfloor + \lfloor -x \rfloor$ é igual a:

(A) 0, para todo x (D) –1, se x não é inteiro
(B) 2x, se x é inteiro (E) –2, se x é inteiro
(C) 0, se x não é inteiro

1848. Se $\lfloor x \rfloor$ representa o maior inteiro menor ou igual a x, a soma

$\lfloor x \rfloor + \left\lfloor x + \dfrac{1}{n} \right\rfloor + \left\lfloor x + \dfrac{2}{n} \right\rfloor + \cdots + \left\lfloor x + \dfrac{n-1}{n} \right\rfloor$ é igual a:

(A) $n\lfloor x \rfloor$ (B) $\lfloor nx \rfloor$ (C) $\left\lfloor \dfrac{x}{n} \right\rfloor$

(D) $\lfloor (n+1)x \rfloor$ (E) $\lfloor nx+1 \rfloor$

1849. Se $\lfloor x \rfloor$ representa o maior inteiro menor ou igual a x, o valor de x para o qual $x^3 - 5\lfloor x \rfloor = 10$ é igual a:

(A) $\sqrt[3]{5}$ (B) $\sqrt[3]{10}$ (C) $\sqrt[3]{15}$
(D) $\sqrt[3]{20}$ (E) $\sqrt[3]{25}$

474 | Problemas Selecionados de Matemática

1850. Se $\lfloor x \rfloor$ representa o maior inteiro menor ou igual a x, o valor de x para o qual $x^3 - \lfloor x \rfloor = 3$ é igual a:

(A) $\sqrt[3]{2}$ (B) $\sqrt[3]{3}$ (C) $\sqrt[3]{4}$

(D) $\sqrt[3]{5}$ (E) $\sqrt[3]{6}$

1851. Se $\lfloor x \rfloor$ representa o maior inteiro menor ou igual a x, o número de raízes da equação $\lfloor x \rfloor + \lfloor 2x \rfloor + \lfloor 4x \rfloor + \lfloor 8x \rfloor + \lfloor 16x \rfloor + \lfloor 32x \rfloor = 12345$ é igual a:

(A) 0 (B) 1 (C) 2

(D) 3 (E) 4

1852. Se x é um número positivo, seja $\{x\} = x - \lfloor x \rfloor$. O valor de x tal que $x^3 - 5\{x\} = 10$ é igual a:

(A) $\sqrt{10}$ (B) $\sqrt{5}$ (C) $\sqrt{3}$

(D) $\sqrt{2}$ (E) $\sqrt{6}$

1853. Considere as afirmativas:
1. O número de inteiros positivos que satisfazem à equação $\left\lfloor \dfrac{x}{10} \right\rfloor = \left\lfloor \dfrac{x}{11} \right\rfloor + 1$ é igual a 120.

2. Se $-\dfrac{a}{b}$ é a menor solução de $\dfrac{x}{\lfloor x \rfloor} = \dfrac{2004}{2005}$ então a soma dos algarismos de $a+b$ é igual a 16.

3. A soma dos algarismos do menor inteiro positivo $x > 9$ tal que $\lfloor x \rfloor - 19 \cdot \left\lfloor \dfrac{x}{19} \right\rfloor = 9 = \lfloor x \rfloor - 89 \cdot \left\lfloor \dfrac{x}{89} \right\rfloor$ é igual a 8.

Assinale:
(A) Se somente as afirmativas (1) e (2) forem verdadeiras
(B) Se somente as afirmativas (1) e (3) forem verdadeiras
(C) Se somente as afirmativas (2) e (3) forem verdadeiras
(D) Se todas as afirmativas forem verdadeiras

1854. Sendo n um inteiro positivo, o número de inteiros positivos x que satisfazem à equação $\left\lfloor \dfrac{x}{n} \right\rfloor = \left\lfloor \dfrac{x}{n+1} \right\rfloor + 1$ onde $\lfloor x \rfloor$ representa o maior inteiro menor ou igual a x é igual a:

(A) n (B) n+1 (C) 2n+1
(D) $n^2 + n$ (E) $n^2 + 2n$

1855. Se $\lfloor x \rfloor$ representa o maior inteiro menor ou igual a x, a diferença entre a maior e a menor raiz da equação $\lfloor 19x + 98 \rfloor = 19 + 98x$ é igual a:

(A) $\dfrac{1}{98}$ (B) $\dfrac{3}{98}$ (C) $\dfrac{5}{98}$
(D) $\dfrac{7}{98}$ (E) $\dfrac{9}{98}$

1856. Se $\lfloor x \rfloor$ representa o maior inteiro menor ou igual a x, o número de soluções da equação $x \cdot \lfloor x \rfloor = \{x\}$ é igual a:

(A) 1 (B) 2 (C) 3
(D) 4 (E) mais de 4

1857. Dado um número real x seja $\{x\}$ a parte fracionária de x, isto é, $\{x\} = x - \lfloor x \rfloor$, onde $\lfloor x \rfloor$ representa o maior inteiro menor ou igual a x, uma raiz da equação $\lfloor x \rfloor \cdot \{x\} = 2002x$ é:

(A) $-\dfrac{1}{1999}$ (B) $-\dfrac{1}{2000}$ (C) $-\dfrac{1}{2001}$
(D) $-\dfrac{1}{2002}$ (E) $-\dfrac{1}{2003}$

1858. Se $\lfloor x \rfloor$ representa o maior inteiro menor ou igual a x, o número de soluções reais x da equação $x \cdot \lfloor x \cdot \lfloor x \cdot \lfloor x \rfloor \rfloor \rfloor = 88$ é igual a:

(A) 0 (B) 1 (C) 2
(D) 3 (E) 4

476 | Problemas Selecionados de Matemática

1859. Se $\dfrac{a}{b}$ é a fração irredutível que é a solução da equação $x \cdot \lfloor x \cdot \lfloor x \cdot \lfloor x \rfloor \rfloor \rfloor = 2001$ então $a+b$ é igual a:

(A) 2281   (B) 2283   (C) 2285

(D) 2287   (E) 2289

1860. Se $\lfloor x \rfloor$ representa o maior inteiro menor ou igual a x, o número de soluções reais a da equação $\left\lfloor \dfrac{1}{2}a \right\rfloor + \left\lfloor \dfrac{1}{3}a \right\rfloor + \left\lfloor \dfrac{1}{5}a \right\rfloor = a$ é igual a:

(A) 10   (B) 15   (C) 29

(D) 30   (E) 60

1861. Se $\lfloor x \rfloor$ representa o maior inteiro menor ou igual a x, a soma dos algarismos da solução inteira da equação $\left\lfloor \dfrac{x}{1!} \right\rfloor + \left\lfloor \dfrac{x}{2!} \right\rfloor + \cdots + \left\lfloor \dfrac{x}{10!} \right\rfloor = 1001$ é igual a:

(A) 11   (B) 13   (C) 15

(D) 17   (E) 19

1862. Se $\lfloor x \rfloor$ representa o maior inteiro menor ou igual a x, o menor número natural n para o qual a equação $\left\lfloor \dfrac{10^n}{x} \right\rfloor = 1998$ possui uma solução inteira é igual a:

(A) 6   (B) 7   (C) 8

(D) 9   (E) 10

1863. Se $\lfloor \sqrt[3]{1} \rfloor + \lfloor \sqrt[3]{2} \rfloor + \lfloor \sqrt[3]{3} \rfloor + \cdots + \lfloor \sqrt[3]{n} \rfloor = 2n$, então o valor de n é igual a:

(A) 29   (B) 33   (C) 41

(D) 49   (E) 53

1864. Uma fórmula para $S_n = \lfloor 1^{1/2} \rfloor + \lfloor 2^{1/2} \rfloor + \cdots + \lfloor (n^2-1)^{1/2} \rfloor$ é dada por:

(A) $\dfrac{n}{6}(n-1)(4n+1)$ (B) $\dfrac{n}{6}(n-1)(4n-1)$ (C) $\dfrac{n}{6}(n+1)(4n-1)$

(D) $\dfrac{n}{6}(2n-1)(4n+1)$ (E) $\dfrac{n}{6}(n+1)(n+1)$

1865. Seja $r \in \mathbb{R}$ para o qual $\left\lfloor r + \dfrac{19}{100} \right\rfloor + \left\lfloor r + \dfrac{20}{100} \right\rfloor + \cdots + \left\lfloor r + \dfrac{91}{100} \right\rfloor = 546$. O valor de $\lfloor 100r \rfloor$ é igual a:

(A) 741 (B) 743 (C) 745
(D) 747 (E) 749

1866. Uma expressão para $S_n = \sum_{i=1}^{n^3-1} \lfloor i^{1/3} \rfloor$ é igual a:

(A) $\dfrac{n}{4}(n-1)(3n+1)$ (B) $\dfrac{n^2}{4}(n-1)(3n+1)$ (C) $\dfrac{n}{4}(n+1)(3n-1)$

(D) $\dfrac{n^2}{4}(n+1)(3n-1)$ (E) $\dfrac{n}{4}(n+1)(3n+1)$

1867. Dado um número real x seja $\{x\}$ a parte fracionária de x, isto é, $\{x\} = x - \lfloor x \rfloor$, onde $\lfloor x \rfloor$ representa o maior inteiro menor ou igual a x. O valor de $x \neq 0$ que satisfaz à equação $\lfloor x \rfloor \cdot \{x\} = 1991x$ é igual a:

(A) $\dfrac{1}{1991}$ (B) $\dfrac{1}{1992}$ (C) $\dfrac{1}{1993}$

(D) $-\dfrac{1}{1992}$ (E) $-\dfrac{1}{1991}$

1868. Sabendo que $\{A\} = A - \lfloor A \rfloor$, o número real positivo $3<x<2$ tal que $\{x\} + \left\{\dfrac{1}{x}\right\} = 1$, possui a forma $\dfrac{a+\sqrt{b}}{c}$. O valor de a+b+c é igual a:

(A) 6   (B) 7   (C) 8
(D) 9   (E) 10

1869. O conjunto dos valores positivos de x tais que $\dfrac{1}{\lfloor x \rfloor} + \dfrac{1}{\lfloor 3x \rfloor} = x - \lfloor x \rfloor$:

(A) Só possui valores inteiros

(B) Possui um número finito de valores no intervalo $\left[0, \dfrac{1}{3}\right[$.

(C) Possui apenas um elemento no intervalo $\left[\dfrac{1}{3}, \dfrac{2}{3}\right[$.

(D) Não possui elementos no intervalo $\left[\dfrac{2}{3}, 1\right[$.

(E) É finito.

Seção 6.7 – Módulo de um Real

1870. Considere as afirmativas:
1. ( ) $|x-y| = |y-x|$
2. ( ) $\sqrt{x^2} = x$
3. ( ) $|x+y| = |x|+|y|$
4. ( ) $|x| = |y| \Leftrightarrow x = y$
5. ( ) $|x^2| = |x|^2 = x^2$

Conclua que:
(A) Todas são verdadeiras.
(B) Somente 4 é falsa.
(C) Somente 2 é falsa.
(D) 1 e 4 são verdadeiras.
(E) 1 e 5 são verdadeiras.

1871. Considere as afirmativas:
1. Se $x<0$ então $y = |x|+x$ é igual a 0.
2. Se $x>2$ e $y = |x-1|+|x+2|+|x-2|$ então y é igual a $3x-1$.
3. Se $x<-2$ então $|1-|1+x||$ é igual a $-2-x$.
4. Se $x<0$ então $\dfrac{|x-|x||}{x}$ é igual a -2.

Conclua que
(A) Todas são verdadeiras
(B) Apenas uma é falsa
(C) Duas são falsas
(D) Apenas uma é verdadeira
(E) Todas são falsas

1872. Considere as afirmativas:
1. Se $x<0$ então $\left|x-\sqrt{(x-1)^2}\right|$ é igual a $1-2x$.
2. Se $x<1$ então $4+x-\sqrt{(x-1)^2}$ é igual a $2x+3$.

3. O número real $(|x|-1)(1+x)$ é positivo se $x > 1$.

Assinale:

(A) Se somente as afirmativas (1) e (2) forem verdadeiras
(B) Se somente as afirmativas (1) e (3) forem verdadeiras
(C) Se somente as afirmativas (2) e (3) forem verdadeiras
(D) Se todas as afirmativas forem verdadeiras
(E) Se todas as afirmativas forem falsas

1873. Para quaisquer reais não nulos a, b e c o conjunto dos valores que o número $\frac{a}{|a|} + \frac{b}{|b|} + \frac{c}{|c|} + \frac{abc}{|abc|}$ pode assumir é igual a:

(A) $\{0\}$ (B) $\{-4,-2,2,4\}$ (C) $\{-4,0,4\}$
(D) $\{-4,-2,0,2,4\}$ (E) $\{-2,0,2\}$

1874. Se $1 \leq x \leq 2$ então $\sqrt{x+2\sqrt{x-1}} + \sqrt{x-2\sqrt{x-1}}$ é igual a:

(A) 4   (B) 2   (C) 1
(D) 0   (E) -2

1875. Se x e y são reais e $|x+y-17| + |x-y-5| = 0$ então y é igual a:

(A) 2   (B) 3   (C) 4
(D) 5   (E) 6

1876. A diferença entre a maior e a menor raiz da equação $3|x|+1 = |x|+7$ é

(A) -3 (B) 3   (C) 0
(D) -6 (E) 6

1877. A soma das raízes da equação $|2x-3| = 5$ é igual a:

(A) 0   (B) 1   (C) 2
(D) 3   (E) 4

1878. Se $|x-1| = 2x$ então x é igual a:

(A) -1 (B) 1 (C) 3

(D) -1 ou $\dfrac{1}{3}$ (E) $\dfrac{1}{3}$

1879. O produto das raízes da equação $|5-|x|| = 3$ é igual a:

(A) 64 (B) 128 (C) 256

(D) 1024 (E) 2048

1880. A soma das raízes da equação $||2x-3|-4| = 6$ é igual a:

(A) 0 (B) 1 (C) 2

(D) 3 (E) 4

1881. A soma das raízes da equação $|2-|1-|x||| = 1$ é igual a:

(A) 0 (B) 1 (C) 2

(D) 3 (E) 4

1882. Se $||x-2|-1| = a$, onde a é um inteiro constante possui exatamente 3 raízes distintas, então a é igual a:

(A) 0 (B) 1 (C) 2

(D) 3 (E) 4

1883. O número de raízes reais da equação $|||x-1|-2|-3|-2| = 1$ é igual a:

(A) 1 (B) 3 (C) 5

(D) 7 (E) 9

1884. O número de soluções da equação $\left|1-2\left|1-2\left|1-2x\right|\right|\right|=\dfrac{x}{2}$ é igual a:

(A) 0   (B) 2   (C) 4
(D) 6   (E) 8

1885. A soma de todos os valores de x tais que $\left|3\left|3x-1\right|-1\right|=x$ é igual a:

(A) $\dfrac{21}{20}$ (B) $\dfrac{23}{20}$ (C) $\dfrac{5}{4}$

(D) $\dfrac{27}{20}$ (E) $\dfrac{29}{20}$

1886. Se x e y são números reais não nulos tais que $|x|+y=3$ e $|x|y+x^3=0$ então o inteiro mais próximo de $x-y$ é igual a:

(A) -3 (B) 1   (C) 2
(D) 3   (E) 6

1887. O número de ternos ordenados de números inteiros (a,b,c) que satisfazem a $|a+b|+c=19$ e $ab+|c|=97$ é igual a:

(A) 0   (B) 4   (C) 6
(D) 10   (E) 12

1888. O número de soluções da equação

$$\left|\left|\left|\left|\left|\left|x^2-x-1\right|-3\right|-5\right|-7\right|-9\right|-11\right|-13=x^2-2x-48$$

é igual a:

(A) 0   (B) 2   (C) 4
(D) 6   (E) mais de 6

1889. A diferença entre a maior e a menor raiz da equação $|x+3|+|x-1|=6$ é:

(A) −6 (B) −4 (C) −2
(D) 2 (E) 6

1890. O produto das raízes da equação $|3x-2|-|3-x|=3$ é igual a:

(A) −4 (B) −2 (C) 2
(D) 4 (E) 8

1891. Para que valores de x tem-se que $|x|+|x-1|=1$?

(A) 0 e 1 (B) $0 \leq x \leq 1$ (C) 0 e −1
(D) qualquer x (E) $-1 \leq x \leq 1$

1892. A diferença entre a maior e a menor raiz da equação $|3x+1|+|x-3|=16$ é igual a:

(A) 1 (B) 2 (C) 4
(D) 8 (E) 16

1893. O produto das raízes da equação $|x+2|=2|x-2|$ é igual a:

(A) 0 (B) 1 (C) 2
(D) 3 (E) 4

1894. A soma das raízes da equação $|x-4|+|1-x|=7$ é igual a:

(A) 1 (B) 2 (C) 3
(D) 4 (E) 5

1895. O número de raízes da equação é $|x-1|+|x+2|-|x-3|=4$ igual a:

(A) 0 (B) 1 (C) 2
(D) 3 (E) 4

1896. O número de raízes inteiras da equação $|x-3|+|1-x|=2$ é igual a:

(A) 1 (B) 2 (C) 3
(D) 4 (E) 5

1897. O número de raízes da equação $|x+3|+|x-1|=x+1$ é igual a:

(A) 0 (B) 1 (C) 2
(D) 3 (E) infinito

1898. O número de raízes da equação $|x-1|-2|x+3|+x+7=0$ é igual a:

(A) 1 (B) 2 (C) 3
(D) 4 (E) infinito

1899. Sabendo que a equação $|x-1|+|x-2|+\cdots+|x-2001|=a$ possui exatamente uma solução, a soma dos algarismos de a é igual a:

(A) 2 (B) 3 (C) 4
(D) 5 (E) 6

1900. Se $|x|+x+y=10$ e $x+|y|-y=12$ o valor de $x+y$ é igual a:

(A) -2 (B) 2 (C) $\dfrac{18}{5}$
(D) $\dfrac{22}{3}$ (E) 22

1901. Sabendo que o sistema $\begin{cases} |x|+x+|y|+y=10 \\ |x|-x+|y|-y=4 \end{cases}$ possui duas soluções (a,b) e (c,d) o valor de $a+b+c+d$ é igual a:

(A) 6 (B) 7 (C) 8
(D) 9 (E) 10

1902. A inequação $|x|+|2x-6| \leq |x+6|$ é satisfeita para um número de valores inteiros de x igual a:

(A) 3 (B) 4 (C) 5
(D) 6 (E) 7

1903. A inequação $|x-3| < 7$ é equivalente a:

(A) $-4 < x < 10$ (B) $x < -10$ ou $x > 4$ (C) $x < -4$ ou $x > 10$
(D) $x < 4$ ou $x > 10$ (E) $-10 < x < 4$

1904. O maior valor inteiro de x que satisfaz à inequação $|x+2|+x \leq 5$ é igual a

(A) 0 (B) 1 (C) 2
(D) 3 (E) 4

1905. A sentença $|x+1|+2|x-2| < 6$ é equivalente a:

(A) $-1 < x < 2$ (B) $x < 2$ (C) $0 < x < 1$
(D) $x < -1$ ou $x > 2$ (E) $-1 < x < 3$

1906. A solução da inequação $|x+3| \leq |1-x|$ é igual a

(A) $x \leq -3$ (B) $x \leq -2$ (C) $x \leq -1$
(D) $x \leq 1$ (E) $x \leq 3$

1907. A inequação $3 \leq |1-x| \leq 4$ é equivalente a:

(A) $-2 \leq x \leq 3$ ou $3 \leq x \leq 5$ (D) $-5 \leq x \leq -3$ ou $4 \leq x \leq 5$
(B) $-3 \leq x \leq 2$ ou $3 \leq x \leq 5$ (E) $-2 \leq x \leq 3$ ou $4 \leq x \leq 5$
(C) $-3 \leq x \leq -2$ ou $4 \leq x \leq 5$

1908. O conjunto dos valores reais de x que satisfazem à desigualdade $2 \leq |x-1| \leq 5$ é igual a:

(A) $[-4,-1] \cup [3,6]$ (B) $[-6,-3] \cup [3,6]$ (C) $[-1,3]$
(D) $[-4,6]$ (E) $]-\infty,-1] \cup [3,+\infty[$

1909. O número de raízes da equação $|x+1|-|x|+3|x-1|-2|x-2|=x+2$ é:

(A) 1   (B) 2   (C) 3
(D) 4   (E) infinito

1910. Para x real, a desigualdade $1 \leq |x-2| \leq 7$ é equivalente a:

(A) $x \leq 1$ ou $x \geq 3$ (D) $-5 \leq x \leq 1$ ou $3 \leq x \leq 9$
(B) $1 \leq x \leq 3$ (E) $-6 \leq x \leq 1$ ou $3 \leq x \leq 10$
(C) $-5 \leq x \leq 9$

1911. Se $-8 < x < 2$ então $a \leq |2-|2+x|| < b$, o valor de $a+b$ é igual a:

(A) 1   (B) 2   (C) 3
(D) 4   (E) 5

1912. A soma de todos os valores de a para os quais a equação $|x-a|+|x+3a-8|=4$ possui infinitas soluções é igual a:

(A) 4   (B) 5   (C) 6
(D) 7   (E) 8

1913. O valor máximo da expressão $\left|\cdots\left||x_1-x_2|-x_3\right|-\cdots x_{1998}\right|$ onde $x_1, x_2, \ldots, x_{1998}$ são naturais distintos entre 1 e 1998 é igual a:

(A) 1996   (B) 1997   (C) 1998
(D) 1999   (E) 2000

1914. Considere a seqüência $(x_0, x_1, \ldots, x_{2000})$ de inteiros satisfazendo a:

$$x_0 = 0 \text{ e } |x_n| = |x_{n-1}+1| \text{ para } n = 1, 2, \ldots, 2000$$

O valor mínimo da expressão $|x_1 + x_2 + \cdots + x_{2000}|$ é igual a:

(A) 10   (B) 12   (C) 14
(D) 16   (E) 18

1915. O valor *máximo* da expressão

$$\Big|\cdots\big||x_1 - x_2| - x_3\big| - \cdots x_{1998}\Big|$$

onde $x_1, x_2, \ldots, x_{1998}$ são naturais distintos entre 1 e 1998 é igual a:
(A) 1996   (B) 1997   (C) 1998
(D) 1999   (E) 2000

1916. Considere uma quantidade $Q > 0$ e seja M um valor aproximado de Q, obtido através de uma certa medição. O erro relativo E desta medição é definido por $E = \dfrac{|Q - M|}{Q}$. Considere ainda um instrumento com uma precisão de medida tal que o erro relativo de cada medição é de, no máximo, 0,02. Suponha que uma certa quantidade Q foi medida pelo instrumento e o valor M = 5,2 foi obtido. O menor valor possível de Q é igual a:

(A) 5,090   (B)   5,092   (C) 5,094
(D) 5,096   (E)   5,098

1917. A soma dos *sete* seguintes números é exatamente igual a 19:

$a = 2{,}56, a_2 = 2{,}61, a_3 = 2{,}65, a_4 = 2{,}71, a_5 = 2{,}79, a_6 = 2{,}82, a_7 = 2{,}86$

Deseja-se substituir cada a_i por uma aproximação inteira A_i, $1 \leq i \leq 7$, de modo que a soma dos A_i's seja também igual a 19, e de modo que M, o *máximo* dos "erros" $|A_i - a_i|$ seja o menor possível. Para este M mínimo, o valor de 100M é igual a:
(A) 61   (B) 63   (C) 65
(D) 67   (E) 69

1918. Suponha que o conjunto $\{1, 2, 3, \cdots, 1998\}$ tenha sido particionado em dois pares disjuntos $\{a_i, b_i\}$, $(1 \leq i \leq 999)$ de modo que para todo i, $|a_i - b_i|$ seja igual a 1 ou 6. O algarismo das unidades da soma:

$$|a_1 - b_1| + |a_2 - b_2| + \cdots + |a_{999} - b_{999}|$$

é igual a :
(A) 1 (B) 3 (C) 5
(D) 7 (E) 9

1919. O número de soluções da equação $|x+4|+|x|+|x-4|=8-x^2$ é igual a:
(A) 0 (B) 1 (C) 2
(D) 3 (E) 4

1920. A área da região do plano cartesiano limitada pelo gráfico de $y^2+2xy+40|x|=400$ é igual a:
(A) 200 (B) 400 (C) 600
(D) 800 (E) 1000

1921. A área da região do *Plano Cartesiano* cujos pontos (x,y) satisfazem a $|x|+|y|+|x+y|\leq 2$ é igual a:
(A) 2,5 (B) 3 (C) 2
(D) 4 (E) 3,5

1922. A área da região limitada pelo gráfico de $|x-60|+|y|=\left|\dfrac{x}{4}\right|$ é igual a:
(A) 60 (B) 120 (C) 240
(D) 480 (E) 600

1923. Sejam $a_1, a_2, a_3, \ldots, a_n$ os números 1,2,3...,n escritos em qualquer ordem. Sobre $\sum_{i=1}^{n}|a_i - i|$ podemos afirmar que:
(A) É sempre par
(B) É sempre ímpar
(C) Algumas vezes é par, outras vezes é ímpar.
(D) É um quadrado perfeito
(E) Existem dados insuficientes para determinar sua paridade.

1924. Seja n um inteiro positivo dado. Definindo, para todo real x, $S(x) = \sum_{j=0}^{n} |2^j x - 1|$

podemos afirmar que o valor mínimo de $S(x)$ é igual a:

(A) $n - 1 + \dfrac{1}{2^n}$ (B) $n + 1 + \dfrac{1}{2^n}$ (C) $n - 1 - \dfrac{1}{2^n}$

(D) $n + 1 - \dfrac{1}{2^n}$ (E) $n - \dfrac{1}{2^n}$

1925. O número de valores inteiros de $1 \leq n \leq 2004$ tais que para cada valor de n a inequação $\left|\dfrac{nx}{2004} - 1\right| < \dfrac{n}{2004}$ possui exatamente duas soluções inteiras é igual a:

(A) 1990 (B) 1991 (C) 1992
(D) 1993 (E) 1994

1926. Seja S o conjunto de pontos do plano Cartesiano que satisfazem a:

$$\left|\,|x| - 2\,| - 1\right| + \left|\,|y| - 2\,| - 1\right| = 1$$

Se for construído um modelo de arame de espessura desprezível do conjunto S, o comprimento do arame necessário possui a forma $a\sqrt{b}$. O valor de $a+b$ é igual a:

(A) 60 (B) 62 (C) 64
(D) 66 (E) 68

1927. Se os gráficos de $y = -|x - a| + b$ e $y = |x - c| + d$ intersectam-se nos pontos $(2, 5)$ e $(8, 3)$, o valor de $a + c$ é igual a:

(A) 7 (B) 8 (C) 10
(D) 13 (E) 18

1928. Os inteiros positivos a, b e c são tais que $a < b < c$ e o sistema formado pelas equações $2x + y = 2003$ e $y = |x-a| + |x-b| + |x-c|$ possui exatamente uma solução então o valor mínimo de c é igual a:

(A) 668   (B) 669   (C) 1002
(D) 2003   (E) 2004

1929. Sabendo que $a \neq \dfrac{1}{26}$, a solução da equação $\dfrac{1}{|x-2|} = \dfrac{1}{|x-52a|}$ é:

(A) $2a - 26$ (B) $a - 26$ (C) $26a - 1$
(D) $26a + 1$ (E) $a + 26$

1930. Sabendo que $|x-1| < ax$, o conjunto dos valores de a para os quais esta inequação possui exatamente duas soluções inteiras é:

(A) $0 < a \leq \dfrac{1}{3}$ (B) $\dfrac{1}{3} \leq a < \dfrac{1}{2}$ (C) $\dfrac{1}{2} < a \leq \dfrac{2}{3}$
(D) $\dfrac{2}{3} < a \leq 1$ (E) $x > 1$

1931. Os pares ordenados de inteiros (x, y) tais que $(|x|-2)^2 + (|y|-2)^2 < 5$ são em número de:

(A) 40   (B) 42   (C) 44
(D) 46   (E) 48

Capítulo **7**

O Segundo Grau

Seção 7.1– Equação do Segundo Grau

1932. Se os coeficientes a, b e c da equação $ax^2+bx+c=0$ são todos não nulos então as suas raízes são dadas por:

(A) $\dfrac{2c}{-b\pm\sqrt{b^2-4ac}}$ (B) $\dfrac{2c}{-b\pm\sqrt{b^2+4ac}}$ (C) $\dfrac{b\pm\sqrt{b^2-4ac}}{2a}$

(D) $\dfrac{-b\pm\sqrt{b^2+4ac}}{2a}$ (E) $\dfrac{2a}{-b\pm\sqrt{b^2-4ac}}$

1933. Um aluno, ao tentar determinar as raízes x_1 e x_2 da equação $ax^2+bx+c=0$, $a.b.c.\neq 0$, explicitou x da seguinte forma:

$$x = \frac{-b\pm\sqrt{b^2-4ac}}{2c}$$

Sabendo-se que não teve erro de contas, encontrou como resultado

(A) x_1 e x_2 (B) $-x_1$ e $-x_2$ (C) x_1^{-1} e x_2^{-1}

(D) $c.x_1$ e $c.x_2$ (E) $a.x_1$ e $a.x_2$

1934. Considere a equação do $2°$ grau em x tal que $ax^2+bx+c=0$, onde a, b e c são números reais com "a" diferente de zero. Sabendo que 2 e 3 são as raízes dessa equação, podemos afirmar que:

(A) $13a+5b+2c=0$ (B) $9a+3b-c=0$ (C) $4a-2b=0$

(D) $5a-b=0$ (E) $36a+6b+c=0$

1935. Para quantos valores do coeficiente a as equações $x^2+ax+1=0$ e $x^2-x-a=0$ possuem uma solução real comum?

(A) 0 (B) 1 (C) 2

(D) 3 (E) infinitos

1936. A soma de todos os números reais a para os quais as equações $x^2+ax+1=0$ e $x^2+x+a=0$ possuem pelo menos uma raiz comum é:

(A) −2 (B) −1 (C) 0
(D) 1 (E) 2

1937. As equações $x^2-5x+6=0$ e $x^2-7x+c=0$ possuem uma raiz comum. Os valores possíveis de c são:

(A) 10 e 15 (B) 12 e 15 (C) apenas 10
(D) 10 e 12 (E) 10, 12 e 15

1938. O conjunto dos valores de m para os quais as equações $3x^2-8x+2m=0$ e $2x^2-5x+m=0$ possuem uma e apenas uma raiz real comum é:

(A) unitário, de elemento positivo.
(B) unitário, de elemento não negativo.
(C) composto de dois elementos não positivos.
(D) composto de dois elementos não negativos.
(E) vazio.

1939. Se $(2n+m)x^2-4mx+4=0$ e $(6n+m)x^2+3(n-1)x-2=0$ possuem as mesmas raízes então o valor de $m+n$ é igual a:

(A) $-31/37$ (B) $-33/37$ (C) $-35/37$
(D) −1 (E) $-39/37$

1940. Se $(2p+q)x^2-6qx-3=0$ e $(6p-3q)x^2-3(p-2)x-9=0$ possuem as mesmas raízes, então:

(A) $p=6q+2$ (B) $p+q=7$ (C) $3q=p+2$
(D) $p-2=0$ (E) $2p+3q=8$

1941. As equações $(x-2)^4 - x + 2 = 0$ e $x^2 - kx + k = 0$ possuem duas raízes em comum. Neste caso, o valor de k está entre:

(A) −1 e 1 (B) 0 e 2 (C) 1 e 3
(D) 2 e 4 (E) 3 e 5

1942. Se um inteiro n, maior que 8 é uma solução da equação $x^2 - ax + b = 0$ e a representação de a no sistema de numeração de base n é 18 então, a representação de b no sistema de base n é:

(A) 18 (B) 28 (C) 80
(D) 81 (E) 280

1943. O número de pares ordenados (a,b), de números reais tais que as equações $x^2 + ax + b^2 = 0$ e $x^2 + bx + a^2 = 0$ possuem pelo menos uma raiz comum é:

(A) 0 (B) 1 (C) 2
(D) 3 (E) 4

1944. Considere as afirmativas:

1. O número de inteiros positivos compreendidos entre as raízes da equação $2x^2 - 11x + 12 = 0$ é igual a 2.

2. A maior raiz da equação $3x^2 - 14x + 15 = 0$ pertence ao intervalo $]-1, 5]$.

3. As raízes da equação $25x^2 - 70x + 49 = 0$ estão compreendidas no intervalo $[1, 2[$.

4. Se x_1 e x_2 são raízes da equação $15x^2 + x - 2 = 0$ então $5x_1 + 3x_2$ é igual a −1.

5. A menor raiz da equação $11x - 3x^2 + 70 = 0$ pertence ao intervalo $[-3, 7[$.

Conclua que

(A) Todas são falsas
(B) Todas são verdadeiras
(C) Quatro são verdadeiras e uma é falsa

(D) Três são verdadeiras e duas são falsas

(E) Duas são verdadeiras e três são falsas

1945. Considere as afirmativas:

1. A menor raiz de $2(x+1)^2 - 3(x-1)^2 + 4(x^2+1) = 0$ é igual a $1/3$.

2. O número de inteiros compreendidos entre as raízes da equação $x^2 - (3-2\sqrt{2})x + 4 - 3\sqrt{2} = 0$ é igual a zero.

3. A menor raiz de $2x^2 + (3-2\sqrt{2})x - 3\sqrt{2} = 0$ pertence ao intervalo $]-2, 2[$.

4. A diferença entre a maior e a menor raiz da equação $(7+4\sqrt{3})x^2 + (2+\sqrt{3})x - 2 = 0$ é igual a $6+3\sqrt{3}$.

5. A diferença entre a maior e a menor raiz da equação $(x-2005)^2 + 7(2005-x) - 8 = 0$ é igual a 7.

Conclua que

(A) (1) e (3) são falsas

(B) Somente (2) é falsa

(C) Somente (3) é verdadeira

(D) (1), (3) e (5) são verdadeiras

(E) Todas são falsas

1946. Considere as afirmativas:

1. A soma das raízes da equação $\sqrt[4]{x} = \dfrac{12}{7-\sqrt[4]{x}}$ é igual a 337.

2. A solução de $2\left(x+\dfrac{1}{x}\right)^2 + \left(x^2+\dfrac{1}{x^2}\right)^2 - \left(x^2+\dfrac{1}{x^2}\right)\left(x+\dfrac{1}{x}\right)^2 = (x+2)^2$ pertence ao intervalo $[-\sqrt{15}, \sqrt{15})$.

3. A soma das raízes de $(3x-12)(x+2)(x-2) = (3x-12)(-x+6)$ é igual a 5.

4. Os valores de m para os quais as raízes da equação $x^2 - 2mx + m^2 - 1 = 0$ estão compreendidas entre -2 e 4 pertencem ao intervalo $]-1, 3[$.

5. Se $a,b \in \mathbb{Z}$ são tais que $a \leq x < b$ e $2\left\lfloor\dfrac{x}{6}\right\rfloor^2 + 3\left\lfloor\dfrac{x}{6}\right\rfloor = 20$ então o valor mínimo de $b-a$ é igual a 6.

Conclua que

(A) Todas são falsas
(B) Todas são verdadeiras
(C) Quatro são verdadeiras e uma é falsa
(D) Três são verdadeiras e duas são falsas
(E) Duas são verdadeiras e três são falsas

1947. Considere as afirmativas:

1. O número de raízes reais da equação $(x-2)^{x^2-x} = (x-2)^{12}$ é igual a 5.

2. A soma de todas as raízes de $(3x-4)^{2x^2+2} = (3x-4)^{5x}$ é igual a $\dfrac{11}{2}$.

3. Existem 5 inteiros n que satisfazem a $(n^2-2n)^{n^2+47} = (n^2-2n)^{16n-16}$

Assinale:

(A) Se somente as afirmativas (1) e (2) forem verdadeiras
(B) Se somente as afirmativas (1) e (3) forem verdadeiras
(C) Se somente as afirmativas (2) e (3) forem verdadeiras
(D) Se todas as afirmativas forem verdadeiras
(E) Se todas as afirmativas forem falsas

1948. Considere as afirmativas:

1. Existem 4 valores de x que satisfazem à equação $(x^2-x-1)^{x+2} = 1$.

2. Existem 6 valores de x que satisfazem a $(x^2-x-1)^{x^2-1} = 1$.

3. A soma de todos os $x \in \mathbb{R}$ para os quais $(x^2-5x+5)^{x^2-9x+20} = 1$ é igual a 15.

4. Existem 5 valores de $x \in \mathbb{R}$ para os quais $(x^2-5x+5)^{x^2-11x+30} = 1$.

Conclua que

(A) Todas as afirmações acima estão corretas
(B) Apenas uma está incorreta
(C) Duas estão incorretas
(D) Apenas uma está correta
(E) Todas são falsas

1949. Para cada inteiro positivo n, a parábola $y = (n^2 + n)x^2 - (2n+1)x + 1$ corta o eixo dos x nos pontos A_n e B_n. O valor de $\sum_{n=1}^{2005} A_n B_n$ é igual a:

(A) $\dfrac{2005}{2006}$ (B) $\dfrac{2006}{2007}$ (C) $\dfrac{2005}{2007}$

(D) $\dfrac{2007}{2005}$ (E) $\dfrac{2007}{2006}$

1950. Caio, um aluno da 8ª série, de certo colégio, para resolver a equação $x^4 - x^2 + 2x - 1 = 0$, no conjunto $\mathbb{R}$ dos números reais, observou-se que $x^4 = x^2 - 2x + 1$ e que o segundo membro da equação é um produto notável. Desse modo, conclui que $(2x+1)^2$ é igual a:

(A) 3 (B) 4 (C) 5
(D) 6 (E) 7

1951. Se $a \neq b$, $a^3 - b^3 = 19x^3$ e $a - b = x$, qual das conclusões a seguir é correta?

(A) $a = 3x$
(B) $a = 3x$ ou $a = -2x$
(C) $a = -3x$ ou $a = 2x$
(D) $a = 3x$ ou $a = 2x$
(E) $a = 2x$

1952. O número de raízes reais da equação $(x-4)(x^2-8x+14)^2 = (x-4)^2$ é igual a:

(A) 1 (B) 2 (C) 3
(D) 5 (E) mais de 5

1953. A soma das soluções reais da equação $x^2+x+1 = \dfrac{156}{x^2+x}$ é igual a:

(A) 13 (B) 6 (C) −1
(D) −2 (E) −6

1954. O quociente entre a maior e a menor raiz da equação $\sqrt[9]{x} + \dfrac{\sqrt[9]{x^8}}{x} = \dfrac{17}{4}$ é igual a:

(A) 2^{27} (B) 2^{32} (C) 2^{36}
(D) 2^{46} (E) 2^{54}

1955. O número de soluções em $\mathbb{R}$ da equação $(x^2-x+1)(x^2-x+2)=12$ é:

(A) 0 (B) 1 (C) 2
(D) 3 (E) 4

1956. Sobre as raízes reais da equação $(x^2+3x-4)^2 + (x^2+3x+2)^2 - 36 = 0$ podemos afirmar que:

(A) Duas são positivas e duas negativas
(B) Três são positivas e uma é negativa
(C) Três são negativas e uma é positiva
(D) Todas são negativas
(E) Todas são positivas

1957. Se $\left(x^2-4x+5\right)^2-(x-1)(x-3)=4$ então, a diferença entre a maior e a menor raiz desta equação é igual a:

(A) 1   (B) 2   (C) 3
(D) 4   (E) 6

1958. Se $(x-1)(x-2)(x-3)(x-4)+1=0$ então, a diferença entre a maior e a menor solução real desta equação é igual a:

(A) 1   (B) $\sqrt{2}$ (C) $\sqrt{3}$
(D) 2   (E) $\sqrt{5}$

1959. Se $\left(x^2+3x+2\right)\left(x^2+7x+12\right)+\left(x^2+5x-6\right)=0$ então, o número de raízes positivas da equação é igual a:

(A) 0   (B) 1   (C) 2
(D) 3   (E) 4

1960. Se $\left(x^2+x+1\right)\left(2x^2+2x+3\right)=3\left(1-x-x^2\right)$ então, a diferença entre a maior e a menor raiz desta equação é igual a:

(A) –1   (B) 1   (C) 2
(D) 3   (E) 4

1961. Se $\left(x^2+3x-4\right)^3+\left(2x^2-5x+3\right)^3=\left(3x^2-2x-1\right)^3$ então, a diferença entre a maior e a menor raiz real desta equação é igual a:

(A) 5   (B) $11/2$ (C) 6
(D) $13/2$ (E) 7

1962. Se $(x-2)(x-3)(x-4)(x-5)=360$ então a diferença entre a maior e a menor raiz desta equação é igual a:

(A) 7   (B) 8   (C) 9
(D) 10   (E) 11

500 | Problemas Selecionados de Matemática

1963. O número de raízes reais da equação $\left(\dfrac{x}{x+1}\right)^2 + \left(\dfrac{x+1}{x}\right)^2 = \dfrac{17}{4}$ é igual a:

(A) 0 (B) 1 (C) 2
(D) 3 (E) 4

1964. O número de raízes positivas da equação $x^2 - 4x + \dfrac{10}{x^2 - 4x + 5} = 2$ é:

(A) 0 (B) 1 (C) 2
(D) 3 (E) 4

1965. Se $\dfrac{1}{x^2 - 10x - 29} + \dfrac{1}{x^2 - 10x - 45} - \dfrac{2}{x^2 - 10x - 69} = 0$ então, a soma dos algarismos da solução positiva desta equação é igual a:
é igual a :

(A) 10 (B) 8 (C) 6
(D) 4   (D) 2

1966. Se $(x^2 + 10x + 30)^2 = 11x^2 + 110x + 300$ então, o número de raízes positivas desta equação é igual a:

(A) 0 (B) 1 (C) 2
(D) 3 (E) 4

1967. Se $(2x-3)(4x-3)(x+1)(4x+1) = 9$ então, o inteiro mais próximo da maior raiz desta equação é igual a:

(A) 1 (B) 2 (C) 3
(D) 4 (E) 5

1968. Se $(x^2-2x-5)(x^2+3x+2)(x^2-7x+12)+6=0$ então, o número de raízes racionais desta equação é igual a:

(A) 6 (B) 4 (C) 2
(D) 1 (E) 0

1969. Se $a \in \mathbb{Z}$ e $-2005 \le a \le 2005$, o número de raízes reais da equação:

$$\frac{a^2}{x(x+1)}+\frac{a^2}{(x+1)(x+2)}+\frac{a^2}{(x+2)(x+3)}+\frac{a^2}{(x+3)(x+4)}+\frac{a^2}{(x+4)(x+5)}=1$$

é igual a:

(A) 2005 (B) 2006 (C) 4010
(D) 4011 (D) 4012

1970. Se $(x^2+x+4)^2+8x(x^2+x+4)+15x^2=0$ o número de raízes reais desta equação é igual a:

(A) 0 (B) 1 (C) 2
(D) 3 (E) 4

1971. Se $36x^4+36x^3-7x^2-6x+1=0$ então, a soma das raízes negativas desta equação é igual a:

(A) -1 (B) $-3/2$ (C) -2
(D) $-5/2$ (E) -3

1972. O número de raízes reais da equação $3x^4-2x^3+4x^2-4x+12=0$ é:

(A) 0 (B) 1 (C) 2
(D) 3 (E) 4

1973. Dentre os números abaixo, aquele que é uma das raízes da equação $x^4 - 40x^3 + 206x^2 - 40x + 1 = 0$ é:

(A) $5 + 2\sqrt{6}$ (B) $7 + 4\sqrt{3}$ (C) $11 - 2\sqrt{30}$

(D) $9 - 4\sqrt{5}$ (E) $17 - 12\sqrt{2}$

1974. O número de raízes inteiras da equação $6x^2 - (x+1)(x+4) = x^2(x-1)^2$ é:

(A) 0 (B) 1 (C) 2

(D) 3 (E) 4

1975. Sobre as raízes da equação $x^2\left(x^3 + 2x + \dfrac{5}{2}\right)^2 - \left(\dfrac{5}{2}x^3 + 1\right)^2 = 0$, podemos afirmar que:

(A) são todas positivas
(B) são todas negativas
(C) três são positivas e três são negativas
(D) duas são positivas e quatro são negativas
(E) duas são negativas e quatro são positivas

1976. A diferença entre a maior e a menor raiz da equação $x^2 + \dfrac{9x^2}{(x+3)^2} = 27$ é igual a:

(A) $\sqrt{5}$ (B) $2\sqrt{5}$ (C) $3\sqrt{5}$

(D) $4\sqrt{5}$ (E) $6\sqrt{5}$

1977. A diferença entre a maior e a menor raiz da equação $x^2 + \dfrac{x^2}{(x+1)^2} = 3$ é:

(A) 1 (B) $\sqrt{2}$ (C) $\sqrt{3}$

(D) 2 (E) $\sqrt{5}$

1978. O número de raízes reais da equação $x^2 + \left(\dfrac{5x}{x-5}\right)^2 = 11$ é:

(A) 0   (B) 1   (C) 2
(D) 3   (E) 4

1979. Se $(6x+7)^2(3x+4)(x+1) = 6$, a diferença entre a maior e a menor raiz real desta equação é igual a:

(A) 1   (B) 2   (C) 3
(D) 4   (E) 5

1980. Sobre as raízes da equação $\dfrac{x^2}{3} + \dfrac{48}{x^2} = 10\left(\dfrac{x}{3} - \dfrac{4}{x}\right)$ podemos afirmar:

(A) As quatro são irracionais
(B) Duas são reais e duas são complexas
(C) Duas são racionais e duas são irracionais
(D) As quatro são complexas
(E) As quatro são racionais

1981. A raiz real da equação

$$\cfrac{1}{x + \cfrac{1}{x^2 + \cfrac{1}{x^3 + \cfrac{1}{x^4}}}} = \cfrac{1}{1 + \cfrac{1}{x^3 + \cfrac{1}{x^2 + \cfrac{1}{x^5}}}} - \cfrac{1}{x^2 + \cfrac{1}{x + \cfrac{1}{x^4 + \cfrac{1}{x^3}}}}$$

Pertence ao intervalo:

(A) $[1, 6/5[$ (B) $[6/5, 7/5[$ (C) $[7/5, 8/5[$
(D) $[8/5, 9/5[$ (E) $[9/5, 2[$

1982. Se $(x+7)(x^2+18x+65)=\dfrac{49}{x-1}$ a diferença entre a maior e a menor raiz real desta equação é igual a:

(A) $2\sqrt{65}$ (B) $2\sqrt{85}$ (C) $2\sqrt{95}$
(D) $2\sqrt{105}$ (E) $2\sqrt{115}$

1983. Se $x^3-4x^2+3+\dfrac{1}{2x^3-8x^2+7}=1$, o número de soluções inteiras desta equação é igual a:

(A) 0 (B) 1 (C) 2
(D) 3 (E) 4

1984. As raízes da equação $(x-1)(x-3)(x-5)(x-7)(x-9)(x-11)=-225$ pertencem ao intervalo:

(A) $(1,11)$ (B) $(2,12)$ (C) $(3,13)$
(D) $(4,14)$ (E) $(5,15)$

1985. As raízes reais da equação $x^4-4x=1$ pertencem ao intervalo:

(A) $(-3,0)$ (B) $(-2,1)$ (C) $(-1,2)$
(D) $(0,3)$ (E) $(1,4)$

1986. A soma das raízes reais da equação $x^4+16x-12=0$ é igual a:

(A) 2 (B) -2 (C) -6
(D) -12 (E) -16

1987. O número de raízes reais da equação $(1+x^2)^2=4x(1-x^2)$ é igual a:

(A) 0 (B) 1 (C) 2
(D) 3 (E) 4

1988. A soma das raízes da equação $\left(\sqrt{a-\sqrt{a^2-1}}\right)^x + \left(\sqrt{a+\sqrt{a^2-1}}\right)^x = 2a$ é igual a:

(A) 0 (B) 1 (C) 2
(D) a (E) 2a

1989. O valor de x que satisfaz a equação $\left(\sqrt[3]{5\sqrt{2}+7}\right)^x - \left(\sqrt[3]{5\sqrt{2}-7}\right)^x = 140\sqrt{2}$ é:

(A) 2 (B) 3 (C) 4
(D) 5 (E) 6

1990. O valor de n que satisfaz a $\sqrt[n]{17\sqrt{5}+38} + \sqrt[n]{17\sqrt{5}-38} = \sqrt{20}$ é igual a:

(A) 1 (B) 2 (C) 3
(D) 4 (E) 5

1991. Se $(x+1)^{21} + (x+1)^{20}(x-1) + (x+1)^{19}(x-1)^2 + \cdots + (x-1)^{21} = 0$ então, o número de soluções reais desta equação é igual a:

(A) 0 (B) 1 (C) 3
(D) 7 (E) 21

1992. Se $(x+1)^{2001} + (x+1)^{2000}(x-2) + (x+1)^{1999}(x-2)^2 + \cdots + (x-2)^{2001} = 0$ então, número de soluções reais desta equação é igual a:

(A) 0 (B) 1 (C) 2
(D) 3 (E) 2001

1993. O número de raízes reais da equação $9x^4 + 12x^3 - 3x^2 - 4x + 1 = 0$ é:

(A) 0 (B) 1 (C) 2
(D) 3 (E) 4

1994. A soma de todos os valores de a tais que o valor absoluto de uma das raízes da equação $x^2 + (a-2)x - 2a^2 + 5a - 3 = 0$ é igual ao *dobro* do valor absoluto da outra raiz é igual a:

(A) $\dfrac{251}{60}$ (B) $\dfrac{253}{60}$ (C) $\dfrac{255}{60}$

(D) $\dfrac{257}{60}$ (E) $\dfrac{259}{60}$

1995. Sendo a é um número real tal que $a \geq 4/3$ então, duas das raízes da equação $x^4 - 2ax^2 + x + a^2 - a = 0$ são dadas por:

(A) $\dfrac{-1+\sqrt{4a-3}}{2}$ e $\dfrac{1+\sqrt{1+4a}}{2}$

(B) $\dfrac{-1-\sqrt{4a-3}}{2}$ e $\dfrac{1-\sqrt{1+4a}}{2}$

(C) $\dfrac{1+\sqrt{4a-3}}{2}$ e $\dfrac{-1+\sqrt{1+4a}}{2}$

(D) $\dfrac{-1-\sqrt{4a-3}}{2}$ e $\dfrac{1+\sqrt{1+4a}}{2}$

(E) $\dfrac{-1+\sqrt{4a-3}}{2}$ e $\dfrac{1-\sqrt{1+4a}}{2}$

1996. O conjunto das soluções reais da equação $x^6 - 7x^2 + \sqrt{6} = 0$ é igual a:

(A) $\left\{\pm\sqrt{6}, \pm\sqrt{\dfrac{\sqrt{10}-\sqrt{6}}{2}}\right\}$

(B) $\left\{\pm\sqrt[4]{6}, \pm\sqrt{\dfrac{\sqrt{10}-\sqrt{6}}{2}}\right\}$

(C) $\left\{\pm\sqrt[4]{6}, \pm\sqrt{\dfrac{\sqrt{10}+\sqrt{6}}{2}}\right\}$

(D) $\left\{\pm\sqrt{6}, \pm\sqrt{\dfrac{\sqrt{10}+\sqrt{6}}{2}}\right\}$

(E) $\left\{\pm\sqrt{6}, \pm\sqrt[4]{6}\right\}$

1997. O conjunto dos números reais a para os quais as soluções da equação $x^4 - 2ax^2 + x + a^2 - a = 0$ são reais é:

(A) $a \geq 3/4$ (B) $1/2 \leq a < 3/4$ (C) $1/4 \leq a < 1/2$

(D) $0 \leq a < 1/4$ (E) $a < 0$

1998. Se $4x^6 - 6x^2 + 2\sqrt{2} = 0$ então, a diferença entre a maior e a menor raiz real desta equação é igual a:

(A) $\sqrt[4]{2}$ (B) $\sqrt{2}$ (C) $\sqrt[4]{8}$

(D) $2\sqrt[4]{2}$ (E) $2\sqrt{2}$

1999. Se $(x^2 - 9x - 1)^{10} + 99x^{10} = 10x^9(x^2 - 1)$ número de raízes reais da equação é igual a:

(A) 0   (B) 2   (C) 4

(D) 6   (E) 8

2000. Sejam $x = \sqrt{19} + \dfrac{91}{\sqrt{19} + \dfrac{91}{\sqrt{19} + \dfrac{91}{\sqrt{19} + \dfrac{91}{\sqrt{19} + \dfrac{91}{x}}}}}$ e S a soma dos valores absolutos de todas as raízes desta equação então o valor de S^2 é igual a:

(A) 381   (B) 382   (C) 383
(D) 384   (E) 385

2001. Se 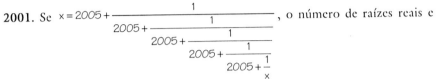, o número de raízes reais e positivas desta equação é igual a:

(A) 0   (B) 1   (C) 2
(D) 3   (E) 5

2002. O número de soluções reais da equação
$$\cfrac{1}{1+\cfrac{1}{1+\cfrac{1}{1+\cdots\cfrac{}{1+\cfrac{1}{x}}}}} = x$$
onde na expressão da esquerda, o sinal de fração está repetido n vezes é:

(A) 0   (B) 1   (C) 2
(D) n (E) depende de n

2003. Se $(x+2002)(x+2003)(x+2004)(x+2005)+1=0$, a diferença entre a maior e a menor raiz real desta equação é igual a:

(A) 1   (B) 2   (C) $\sqrt{5}$
(D) $\sqrt{6}$ (E) $2\sqrt{2}$

2004. Se $(x+1999)(x+2001)(x+2003)(x+2005)+16=0$ então, número de raízes reais da equação é igual a:

(A) 0   (B) 1   (C) 2
(D) 3   (E) 4

2005. Se $(x^2-3x+1)^2-3(x^2-3x+1)+1=x$ então, o produto das duas maiores raízes desta equação pertence ao intervalo:

(A)]0,2[(B)]2,4[(C)]4,6[
(D)]6,8[(E)]8,10[

2006. Se $(x^2-3x+3)^2-3(x^2-3x+3)+3=x$ o número de raízes reais e distintas desta equação é igual a:

(A) 0 (B) 1 (C) 2
(D) 3 (E) 4

2007. As raízes da equação $(x^2-3x-2)^2-3(x^2-3x-2)-2-x=0$:

(A) são todas racionais.
(B) duas são racionais e duas são irracionais.
(C) duas são irracionais e duas são complexas.
(D) são todas irracionais.
(E) são todas complexas.

2008. Se $x^3+9xy+127=y^3$, o número de pares de inteiros (x,y) que satisfazem a esta equação é igual a:

(A) 1 (B) 2 (C) 3
(D) 4 (E) 5

2009. Supondo que a expressão $\sqrt{n+\sqrt{n+\sqrt{n+\cdots}}}$ seja *convergente*, o maior inteiro $n < 4000000$ para o qual tal expressão é racional possui soma de seus algarismos igual a:

(A) 21 (B) 23 (C) 25
(D) 27 (E) 29

2010. Colocando-se o valor de $\sqrt[8]{2207 - \cfrac{1}{2207 - \cfrac{1}{2207 - \cdots}}}$ sob a forma $\dfrac{a+b\sqrt{c}}{d}$ onde $a,b,c,d \in \mathbb{Z}$ o valor de $a+b+c+d$ é igual a:

(A) 10   (B) 11   (C) 12
(D) 13   (E) 14

2011. Dado um número real x seja $\{x\}$ a parte fracionária de x, isto é, $\{x\} = x - \lfloor x \rfloor$, onde $\lfloor x \rfloor$ representa o maior inteiro menor ou igual a x. Supondo que a seja positivo, $\{a^{-1}\} = \{a^2\}$ e $2 < a^2 < 3$, o valor de $a^{12} - 144a^{-1}$ é igual a:

(A) 231   (B) 233   (C) 235
(D) 237   (E) 239

2012. Se $\dfrac{1}{x} + \dfrac{1}{x+2} - \dfrac{1}{x+4} - \dfrac{1}{x+6} - \dfrac{1}{x+8} - \dfrac{1}{x+10} + \dfrac{1}{x+12} + \dfrac{1}{x+14} = 0$, o número de soluções reais desta equação é igual a:

(A) 1   (B) 3   (C) 5
(D) 7   (E) 8

2013. As raízes de um trinômio do 2º grau de coeficientes inteiros são dois números inteiros distintos. Sabendo que a soma dos 3 coeficientes é um número primo e que para algum inteiro positivo o valor do trinômio é igual a -55, a diferença entre a maior e a menor raiz do trinômio é igual a:

(A) 10   (B) 12   (C) 14
(D) 16   (E) 18

2014. A soma de todos os valores dos números reais r tais que -20, 1, 10 e r sejam as quatro raízes da equação $p(q(x)) = 0$ onde $p(x)$ e $q(x)$ são trinômios do segundo grau é igual a:

(A) -3 (B) -5 (C) -7
(D) -9 (E) -11

2015. Seja $P(x)$ um trinômio do segundo grau. Sabendo que uma das raízes da equação $P(x^2+4x-7)=0$ é igual a 1 e que pelo menos uma de suas raízes é dupla, o número de soluções para a determinação das raízes desta equação é:

(A) 0   (B) 1   (C) 2
(D) 3   (E) 4

2016. Sejam $P(x)$ e $Q(x)$ dois trinômios do segundo grau tais que três raízes da equação $P(Q(x))=0$ são os números -22, 7 e 13. Os valores possíveis para a quarta raiz desta equação são:

(A) 28, 16 e 42

(B) -28, -16 e -42

(C) 28, -16 e -42

(D) -28, 16 e -42

(E) -28, -16 e 42

2017. Suponha que os inteiros não nulos $a_1, a_2, a_3, \cdots, a_n$ satisfazem à equação

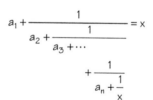

para todos os valores de x para os quais o lado esquerdo da equação faz sentido. Sobre o inteiro n podemos afirmar que:

(A) pode ser igual a 2   (B) pode ser igual a 3   (C) pode ser igual a 4
(D) pode ser igual a 5   (E) pode ser ímpar

2018. As funções quadráticas para as quais existe uma função quadrática $g(x)$ tal que as raízes da equação $g(f(x)) = 0$ são quatro termos consecutivos e distintos de uma progressão aritmética e são ao mesmo tempo também raízes da equação $f(x) \cdot g(x) = 0$ são dadas por:

(A) $f(x) = ax^2 - \dfrac{9}{2}x + \dfrac{9}{2a}$ ou $f(x) = ax^2 - \dfrac{1}{2}x + \dfrac{1}{2a}$ com $a \in \mathbb{R}^*$

(B) $f(x) = ax^2 + \dfrac{9}{2}x - \dfrac{9}{2a}$ ou $f(x) = ax^2 + \dfrac{1}{2}x - \dfrac{1}{2a}$ com $a \in \mathbb{R}^*$

(C) $f(x) = ax^2 + \dfrac{9}{2}x + \dfrac{9}{2a}$ ou $f(x) = ax^2 + \dfrac{1}{2}x + \dfrac{1}{2a}$ com $a \in \mathbb{R}^*$

(D) $f(x) = ax^2 - \dfrac{9}{2}x - \dfrac{9}{2a}$ ou $f(x) = ax^2 - \dfrac{1}{2}x - \dfrac{1}{2a}$ com $a \in \mathbb{R}^*$

(E) $f(x) = ax^2 - \dfrac{7}{2}x + \dfrac{7}{2a}$ ou $f(x) = ax^2 - \dfrac{3}{2}x + \dfrac{3}{2a}$ com $a \in \mathbb{R}^*$

Seção 7.2 – Discussão da Equação do Segundo Grau

2019. O discriminante de uma equação do segundo grau cujos coeficientes são inteiros não pode ser igual a:

(A) 23   (B) 24   (C) 25

(D) 28   (E) 33

2020. O número de maneiras de substituirmos os símbolos ∗ na equação $*x^2 + *x + * = 0$ por três números não nulos a, b e c tais que $a+b+c=0$ colocados ao acaso de modo que a equação obtida possua raízes racionais distintas é igual a:

(A) 0   (B) 1   (C) 3

(D) 6   (E) depende de a, b, c

2021. O trinômio $y = x^2 - 14x + k$, onde k é uma constante real positiva, tem duas raízes reais distintas. A maior dessas raízes pode ser:

(A) 4   (B) 6   (C) 11

(D) 14   (E) 17

2022. Os valores de K que fazem com que a equação: $Kx^2 - 4x + K = 0$ tenha raízes reais e que seja satisfeita a inequação $1-K \leq 0$ são os mesmos que satisfazem a inequação:

(A) $x^2 - 4 \leq 0$ (B) $4 - x^2 \leq 0$ (C) $x^2 - 1 \geq 0$

(D) $x^2 - 3x + 2 \leq 0$ (E) $x^2 - 3x + 2 \geq 0$

2023. Tio Gandhi inventou "uma nova" regra para a adição de frações:

$$\frac{a}{b} \oplus \frac{c}{d} = \frac{ac}{bc + ad}$$

onde ⊕ significa a adição pela regra do Tio Gandhi.

O número de pares de frações não nulas para os quais a adição pela regra do Tio Gandhi fornece o resultado correto é igual a:

(A) 0   (B) 1   (C) 2

(D) 3   (E) infinito

2024. Considere as afirmativas:

1. Se a e b são reais positivos então $\sqrt{a^2-2ab-b^2}$ é real se, e somente se, $\dfrac{a}{b} \geq 1+\sqrt{2}$.

2. A equação $2003x^2 - 2004x - 2005 = 0$ possui duas raízes simétricas.

3. Se a equação em x, $\dfrac{4x^2}{M} - Mx + \dfrac{M}{4} = 0$ não possui raízes reais então o produto dos valores inteiros de M é igual a -1.

4. O número de racionais r tais que a equação $rx^2 + (r+1)x + r = 1$ possui soluções inteiras é igual a zero.

Conclua que
(A) Todas são verdadeiras
(B) Três são verdadeiras e uma é falsa
(C) Duas são verdadeiras e duas são falsas
(D) Somente três são falsas
(E) Todas são falsas

2025. Se $k > 1$, e a equação $x = k(x+1)(x+2)$ possui raízes reais e iguais, o inteiro mais próximo do valor de k é igual a:

(A) 0 (B) 2 (C) 4
(D) 6 (E) 8

2026. O menor valor inteiro de k para o qual a equação $2x(kx-4) - x^2 + 6 = 0$ possui raízes reais é:

(A) -1 (B) 2 (C) 3
(D) 4 (E) 5

2027. Para que os valores reais de k a equação $x = k^2(x-1)(x-2)$ possui raízes reais?

(A) nenhum (B) $-2 < k < 1$ (C) $-2\sqrt{2} < k < 2\sqrt{2}$
(D) $k > 1$ ou $k < -2$ (E) todos

2028. Se os quadrados das raízes da equação $k(x^2-2x+1)+x+2=0$ são negativos então:

(A) $k > 1/12$ (B) $k < -2$ (C) $0 < k < 1/12$
(D) $-1 < k < 0$ (E) $-2 < k < -1$

2029. Sejam k_1 e k_2 respectivamente o *menor* e o *maior* valor de k para os quais a equação $kx(kx+2)+2(x+2)=0$ possui raízes iguais então, $3k_1+k_2$ é:

(A) $-10/3$ (B) $8/3$ (C) $-8/3$
(D) 4 (E) 0

2030. Se a e b são números reais positivos e cada uma das equações $x^2+ax+2b=0$ e $x^2+2bx+a=0$ possui raízes iguais então o *menor* valor possível de $a+b$ é:

(A) 2 (B) 3 (C) 4
(D) 5 (E) 6

2031. Se p é um *número primo* e ambas as raízes da equação $x^2+px-444p=0$ são inteiras então:

(A) $1 < p \leq 11$ (B) $11 < p \leq 21$ (C) $21 < p \leq 31$
(D) $31 < p \leq 41$ (E) $41 < p \leq 51$

2032. Se $a^2+ab+ac<0$ então:

(A) $a^2 > 4ab$ (B) $b^2 > 4ac$ (C) $c^2 > 4ab$
(D) $a^2 = 4b$ (E) $b^2 = 4ac$

2033. Sendo a, b e c números inteiros ímpares, sobre as raízes da equação $ax^2+bx+c=0$ podemos afirmar que:

(A) São inteiros ímpares
(B) São inteiros pares

(C) Não são racionais

(D) São racionais não inteiras

(E) Não são reais

2034. Se a razão entre as diferenças das raízes de duas equações do segundo grau, com coeficientes racionais, é um número racional então, sobre a razão ente os seus discriminantes podemos afirmar que:

(A) É um inteiro

(B) É um irracional

(C) É o quadrado de um racional

(D) Não é inteira

(E) Não é real

2035. Se p, q e r são constantes *positivas* então, com relação às equações $px^2 + 2qx + r = 0$, $rx^2 + 2px + q = 0$ e $qx^2 + 2rx + p = 0$ pode-se afirmar que:

(A) Todas possuem raízes reais.

(B) Pelo menos uma delas possui raízes reais.

(C) Pelo menos duas delas possuem raízes reais.

(D) Nenhuma delas possui raízes reais.

(E) Sem conhecermos p, q e r nada se pode afirmar.

2036. O número de pares de números primos q e r tais que $5x^2 - qx + r = 0$ possui raízes racionais distintas é igual a:

(A) 1 (B) 2 (C) 3

(D) 4 (E) 5

2037. Os valores de b para os quais as equações $1988x^2 + bx + 8891 = 0$ e $8891x^2 + bx + 1988 = 0$ possuem uma raiz comum são:

(A) ±10875 (B) ±10876 (C) ±10877

(D) ±10878 (E) ±10879

2038. Sejam $F(x) = x^2 + 19x - 99a^2 + 1024$ e $G(x) = x^2 + 18x - 98a^2 + 1024$. O maior valor de a para o qual $F(x)$ e $G(x)$ possuem uma raiz comum é:

(A) 2   (B) 4   (C) 6
(D) 8   (E) 10

2039. Para quantos valores reais do número a a equação $x^2 + ax + 6a = 0$ possui somente raízes inteiras?

(A) 6   (B) 7   (C) 8
(D) 9   (E) 10

2040. A soma dos algarismos do inteiro positivo k para o qual a afirmativa: "Para todos os inteiros positivos a, b e c para os quais as raízes da equação $ax^2 + bx + c = 0$ são racionais, as raízes da equação $4ax^2 + 12bx + kc = 0$ também são racionais" é verdadeira é igual a:

(A) 2   (B) 4   (C) 5
(D) 8   (E) 9

2041. O número de inteiros positivos a para os quais existem inteiros $0 \le b \le 2005$ tais que ambas as equações $x^2 + ax + b = 0$ e $x^2 + ax + b + 1 = 0$ possuam raízes inteiras é igual a:

(A) 41   (B) 42   (C) 43
(D) 44   (E) 45

2042. O número de raízes reais da equação $x^{2006} + 3x^2 - 3x^{1/2} + 1 = 0$ é igual a:

(A) 0   (B) 2   (C) 4
(D) 1003   (E) mais de 1003

2043. Sejam P_1, P_2, P_3, P_4 e P_5 funções quadráticas. Se cada número do conjunto $\{1,2,3,\ldots,n\}$ é raiz de pelo menos uma equação $P_i(x)=P_j(x)$, com $1 \leq i < j \leq 5$, o menor valor de n para o qual podemos afirmar que entre as cinco funções quadráticas existem pelo menos duas iguais é:

(A) 6   (B) 11   (C) 21

(D) 26   (E) 41

2044. Ao tentar resolver uma equação do segundo grau, Gustavo inadvertidamente trocou o coeficiente de x^2 pelo termo independente e vice versa, gerando uma nova equação. Ao resolvê-la, obteve 2 como uma de suas raízes e a outra era uma das raízes da equação original. A soma dos quadrados das duas raízes da equação original é igual a:

(A) 5   (B) 1   (C) $1/4$

(D) $5/4$ (E) $3/2$

2045. Considere as seguintes afirmativas a respeito da equação $x|x|+px+q=0$

1. Ela possui no *máximo* três raízes.
2. Ela possui *pelo menos* uma raiz real.
3. Ela possui raízes reais somente se $p^2-4q \geq 0$.
4. Ela possui três raízes reais se $p<0$ e $q>0$.

O número de afirmativas FALSAS é igual a:

(A) 0   (B) 1   (C) 2

(D) 3   (E) 4

2046. Um professor de *Matemática* escreveu no quadro de giz o trinômio quadrático $x^2 + 1006x + 2006$. A seguir, cada um de seus alunos aumentava de uma unidade ou diminuía de uma unidade o coeficiente de x ou o termo independente. Ao final, apareceu no quadro o trinômio $x^2 + 2006x + 1006$. Com base nisto, podemos afirmar que com este processo aparecerão no quadro de giz, trinômios quadráticos com raízes:

(A) Sempre racionais não inteiras

(B) Sempre irracionais

(C) Sempre inteiras positivas.

(D) Sempre inteiras negativas

(E) Necessariamente inteiras.

2047. Considere as afirmativas:

1. Se x e y são inteiros positivos tais que $2005x^2 + x = 2006y^2 + y$ então $x - y$ é um quadrado perfeito.

2. O número de pares de inteiros (x, y) que satisfazem à equação $y(x^2 + 36) + x(y^2 - 36) + y^2(y - 12) = 0$ é igual a 5.

3. Se $f(x) = x^2 + 12x + 30$ então a equação $f\big(f\big(f\big(f\big(f(x)\big)\big)\big)\big) = 0$ não possui raízes reais.

4. A expressão $2x^2 + 3xy + y^2$ pode ser igual a 3^{2002}.

5. A equação $x^4 - 4x = \dfrac{2}{k} - k^2$ possui raízes reais se, e somente se $0 \leq k \leq 2$.

Conclua que

(A) Todas são verdadeiras

(B) Quatro são verdadeiras e uma é falsa

(C) Três são verdadeiras e duas são falsas

(D) Somente quatro são falsas

(E) Todas são falsas

Seção 7.3 – Problemas do Segundo Grau

2048. O custo em reais de 25 laranjas é igual ao número de laranjas que podemos comprar com um real. O número de laranjas que se pode comprar com três reais é igual a:

(A) 15   (B) 30   (C) 45
(D) 75   (E) 100

2049. Em Patópolis, o sistema de numeração possui base b. Pato Donald comprou um carro por \$440, entregando ao vendedor uma nota de \$1000 recebendo de troco \$340. A base b é:

(A) 2   (B) 5   (C) 7
(D) 8   (E) 12

2050. Um grupo de amigos se reuniu num restaurante e, ao pagar a conta, que era de \$600 dois deles estavam sem dinheiro, o que fez com que cada um dos outros contribuísse com mais \$10. Sendo x o número total de pessoas, o valor de x é:

(A) 10   (B) 11   (C) 12
(D) 13   (E) 14

2051. Um ministro brasileiro organiza uma recepção. Metade dos convidados são estrangeiros cuja língua oficial não é o português e, por delicadeza, cada um deles diz "bom dia" a cada um dos outros na língua oficial de a quem se dirige. O ministro responde "seja bem-vindo" a cada convidado. Sabendo que no total foram ditos 78 bons dias em português o número de convidados era:

(A) 9   (B) 10   (C) 11
(D) 12   (E) 13

2052. O número de gansos de uma criação cresce de maneira tal que a diferença entre as populações nos anos $n+2$ e n é diretamente proporcional à população no ano $n+1$. Se as populações nos anos 2002, 2003 e 2005 eram 39, 60 e 123 respectivamente, então a população em 2004 era:

(A) 81   (B) 84   (C) 87
(D) 90   (E) 102

2053. Se a média aritmética de a e b é o dobro da sua média geométrica, com $a > b > 0$ então, o inteiro mais próximo da razão $\frac{a}{b}$ é:

(A) 5   (B) 8   (C) 10
(D) 12   (E) 14

2054. Um comerciante comprou n rádios por d reais, onde d é um inteiro positivo. Ele contribuiu com a comunidade vendendo para o bazar da mesma 2 rádios pela *metade do seu custo*. O restante ele vendeu com um lucro de $8 em cada rádio. Se o lucro total foi de $72 então o menor valor possível de n é igual a:

(A) 18   (B) 16   (C) 15
(D) 12   (E) 11

2055. Uma gravura medindo 18×24 será colocada numa moldura de madeira sendo a maior dimensão a vertical. A largura da moldura nas laterais é a metade da mesma nas outras duas partes. Se a área da moldura é igual à área da gravura, a razão entre a menor e a maior dimensão da moldura é:

(A) 1:3   (B) 1:2   (C) 2:3
(D) 3:4   (E) 1:1

2056. Se $ab \neq 0$ e $|a| \neq |b|$ o número de valores distintos de x que satisfazem a equação $\frac{x-a}{b} + \frac{x-b}{a} = \frac{b}{x-a} + \frac{a}{x-b}$ é igual a:

(A) 0   (B) 1   (C) 2
(D) 3   (E) 4

2057. Um jóquei vendeu um cavalo por $131250 e ganhou na transação tantos por cento quanto o número de reais que ele havia pagado pelo cavalo. O preço de custo do cavalo foi igual a:

(A) $75 000 (B) $100 000 (C) $125 000
(D) $150 000 (E) $175 000

2058. Três homens A, B e C trabalhando juntos fazem um trabalho em 6 horas a menos do que A levaria para fazê-lo sozinho; em uma hora a menos que levaria B sozinho e a metade do tempo necessário para C fazê-lo também sozinho. Se h é o número de horas necessárias para que A e B juntos possam efetuar o trabalho então h é igual a:

(A) $5/2$ (B) $3/2$ (C) $4/3$
(D) $5/24$ (E) $3/4$

2059. Um aeroplano voa entre duas cidades, contra o vento, em 84 minutos e retorna a favor do vento em 9 minutos a menos do que levaria sem vento. Em quantos minutos foi feita a viagem de volta?

(A) 54 ou 18 (B) 60 ou 15 (C) 63 ou 12
(D) 72 ou 36 (E) 75 ou 20

2060. Um trem de passageiros que é x vezes mais rápido que um trem de carga leva x vezes mais tempo para ultrapassá-lo quando viajam no mesmo sentido do que levaria se estivessem viajando em sentido contrário. O valor de x é aproximadamente igual a:

(A) 2 (B) 2,2 (C) 2,4
(D) 2,6 (E) 2,8

2061. Três máquinas, P, Q e R trabalhando juntas fazem um trabalho em x horas. Trabalhando sozinhas, P necessita de 6 horas adicionais, Q necessita de uma hora adicional e R necessita de x horas adicionais. O valor de x é:

(A) $2/3$ (B) $11/12$ (C) $3/2$
(D) 2 (E) 3

2062. Dois barcos partem num mesmo instante de lados opostos de um rio de margens paralelas. Viaja cada qual perpendicularmente às margens com velocidade constante. Supondo que um deles é mais rápido que o outro, eles se cruzam num ponto situado a 720 metros da margem mais próxima; completada a travessia, cada barco fica parado no respectivo cais por dez minutos. Na volta eles se cruzam a 400 metros da outra margem. A largura do rio é igual a :

(A) 2880m (B) 2160m (C) 2060m
(D) 2000m (E) 1760m

2063. Considere este feliz acontecimento: Uma menina estava atravessando uma ponte onde passava uma linha férrea. Quando ela se encontrava no meio da ponte, avistou um trem a cinquenta metros vindo em sua direção. Imediatamente ela se virou e correu. Deste modo, o trem não a atropelou por um triz. Se ela tivesse tentado atravessar a ponte, o trem a teria atropelado um metro antes dela chegar ao outro lado. O inteiro mais próximo do comprimento da ponte, em metros, é igual a:

(A) 9 (B) 10 (C) 11
(D) 12 (E) 13

2064. Os elefantes de um zoológico estão de dieta e juntos, num período de 10 dias devem comer uma quantidade de cenouras igual ao quadrado da quantidade que um coelho come em 30 dias. Em um dia, os elefantes e o coelho comem juntos 1444 quilogramas de cenoura. Quantos quilogramas de cenoura os elefantes comem me um dia?

(A) 1400 kg (B) 1420 kg (C) 1440 kg
(D) 1460 kg (E) 1480 kg

2065. Um tanque é dotado de duas torneiras. A primeira esvazia-o num tempo inferior ao da segunda em 30 minutos. Sabendo-se que as duas torneiras juntas esvaziam o tanque em 20 minutos, em quanto tempo a primeira torneira esvazia 60% do tanque?

(A) 12 minutos (B) 16 minutos (C) 18 minutos
(D) 20 minutos (E) 30 minutos

2066. Duas irmãs levaram 90 ovos à feira. Embora tivessem vendido a preços diferentes, apuraram na venda a mesma quantia. Na volta para casa, a primeira disse à segunda: "Se eu tivesse também os teus ovos teria ganho mais $8", ao que a outra respondeu: "Eu, se tivesse também os teus ovos, teria ganho $12,50 a mais". A diferença entre os números de ovos que cada uma levou à feira é igual a:

(A) 5 (B) 10 (C) 15
(D) 20 (E) 25

2067. Um grupo de homens deveria capinar dois terrenos, um com o dobro da área do outro. Durante metade do primeiro dia todos eles capinaram o terreno grande; depois do almoço, metade do grupo continuou capinando o terreno grande e a outra metade passou a capinar o terreno menor. Ao final da tarde o trabalho estava todo terminado com exceção de um pequeno pedaço do terreno menor, sendo que o capino deste ocupou todo o segundo dia de um único homem. Quantos homens havia no grupo?

(A) 6 (B) 8 (C) 10
(D) 12 (E) 16

2068. Várias pessoas, cada uma das quais com R$400,00 participam de um jogo no qual cada jogador, no início de cada rodada, coloca R$10,00 na mesa e no final desta rodada o perdedor divide equitativamente todo o seu dinheiro com os demais jogadores e deixa a mesa. O jogo então prossegue desta forma até que reste apenas um jogador. Ao final, o vencedor constata que ele possui os mesmos R$400,00 com os quais iniciou. O número de jogadores que havia inicialmente no jogo é igual a:

(A) 70 (B) 72 (C) 74
(D) 76 (E) 78

2069. Uma loja tem os dois seguintes planos de venda:

I. 50% de desconto sobre o preço de tabela para pagamento à vista.

II. 35% de desconto sobre o preço de tabela para pagamento em 3 vezes.

A taxa de juros ao mês cobrada por essa loja no plano II é aproximadamente:

(A) 5% (B) 7,5% (C) 30%
(D) 33% (E) 35%

2070. Uma geladeira pode ser comprada à vista por dois mil reais ou em três prestações mensais iguais, sendo a primeira delas paga no ato da compra. Se o vendedor cobra juros de 30% ao mês sobre o saldo devedor, o valor de cada prestação é igual a:

(A) 827 reais (B) 847 reais (C) 867 reais
(D) 887 reais (E) 907 reais

2071. Uma loja oferece duas alternativas de pagamento:
I. à vista com 30% de desconto
II. em três prestações mensais iguais, sem desconto, a primeira prestação sendo paga no ato da compra.
Qual a taxa mensal de juros cobrada pela loja nas vendas a prazo?

(A) 30% (B) 45% (C) 51%
(D) 60% (E) 70%

2072. Uma padaria trabalha com os tipos A, B, C e D de farinha cujos teores de impureza são 8%, 12%, 16% e 10,7% respectivamente. Para fabricar o tipo D o padeiro mistura uma certa quantidade de farinha A com 300 gramas de farinha B. Em seguida, substitui 200 gramas dessa mistura por 200 gramas de farinha tipo C. A quantidade, em gramas, de farinha tipo A utilizado foi:

(A) 250 (B) 300 (C) 500
(D) 700 (E) 750

2073. Uma loja oferece duas opções de pagamento na compra de qualquer objeto: uma à vista, com 20% de desconto e outra, em três parcelas mensais iguais, sem acréscimo, sendo a primeira no ato da compra. Uma pessoa ao invés de pagar à vista e aproveitar ao 20% de desconto opta por pagar apenas a primeira parcela e aplicar a parte restante do dinheiro no mercado financeiro. A que taxa mensal esse dinheiro deve ser aplicado para que as duas opções de compra sejam equivalentes?

(A) 20% (B) 30% (C) 25,64%
(D) 27,42% (E) 29,42%

526 | Problemas Selecionados de Matemática

2074. Uma loja em liquidação apresenta dois planos de pagamento para a compra de um televisor:

I. 39% de desconto par pagamento à vista

II. 25% de desconto para pagamento em 3 vezes iguais (entrada mais duas prestações)

A taxa de inflação para a qual é indiferente a escolha entre os dois planos é:

(A) 20%   (B) 22%   (C) 25%
(D) 27%   (E) 30%

2075. Uma geladeira tem preço à vista de $900 e é também vendida a prazo em cinco pagamentos mensais iguais, o primeiro pagamento sendo feito um mês após a compra. Se a loja cobra juros mensais de 20%, o valor de cada prestação é igual a:

(A) $250   (B) $300   (C) $360
(D) $400   (E) $460

2076. Três vezes a idade de Augusto mais a idade de Eduardo é igual a duas vezes a idade de Gustavo. O dobro do cubo da idade de Gustavo é igual a três vezes o cubo da idade de Augusto mais o cubo da idade de Eduardo. Sabendo que os números que expressam as idades das três pessoas são primos entre si dois a dois, a soma dos quadrados de suas idades é:

(A) 42   (B) 46   (C) 122
(D) 290   (E) 326

2077. Dado o sistema $\begin{cases} xy + x + y = 11 \\ xz + x + z = 14 \\ yz + y + z = 19 \end{cases}$, sabe-se que exatamente dois ternos (x,y,z) o satisfazem. A soma das coordenadas desses ternos é igual a:

(A) −2   (B) −3   (C) −4
(D) −5   (E) −6

2078. Se a, b e c são números reais positivos tais que $a(b+c)=152$, $b(c+a)=162$ e $c(a+b)=170$ então abc é igual a:

(A) 672   (B) 688   (C) 704
(D) 720   (E) 750

2079. Quatro inteiros positivos a, b, c e d têm produto igual a $8!$ e satisfazem a

$$\begin{cases} ab+a+b = 524 \\ bc+b+c = 146 \\ cd+c+d = 104 \end{cases}$$

O valor de $a-d$ é igual a:

(A) 4   (B) 6   (C) 8
(D) 10   (E) 12

2080. No sistema $\begin{cases} xy^2 - x^2 = 8x \\ y+2x = 5 \end{cases}$, a soma dos valores de y que pertencem ao seu conjunto solução é igual a:

(A) $-1/2$ (B) $13/2$ (C) $23/2$
(D) $9/2$ (E) infinita.

2081. Os pares (x,y) soluções do sistema $\begin{cases} 9x+3y-2 = 0 \\ 9x^2+3y^2-7x = 0 \end{cases}$ são:

(A) $(1/12, 5/12)$ e $(4/9, 2/3)$

(B) $(1/12, -5/12)$ e $(4/9, 2/3)$

(C) $(1/12, 5/12)$ e $(4/9, -2/3)$

(D) $\left(-\frac{1}{12}, \frac{5}{12}\right)$ e $\left(\frac{4}{9}, \frac{2}{3}\right)$

(E) $\left(\frac{1}{12}, \frac{5}{12}\right)$ e $\left(-\frac{4}{9}, \frac{2}{3}\right)$

2082. Os pares ordenados (x, y) soluções do sistema $\begin{cases} xy+9 = y^2 \\ xy+7 = x^2 \end{cases}$ são:

(A) $\left(\frac{7}{4}, -\frac{9}{4}\right)$ e $\left(-\frac{7}{4}, \frac{9}{4}\right)$

(B) $\left(\frac{7}{4}, -\frac{9}{4}\right)$ e $\left(-\frac{7}{4}, -\frac{9}{4}\right)$

(C) $\left(\frac{7}{4}, -\frac{9}{4}\right)$ e $\left(\frac{7}{4}, \frac{9}{4}\right)$

(D) $\left(\frac{7}{4}, \frac{9}{4}\right)$ e $\left(-\frac{7}{4}, \frac{9}{4}\right)$

(E) $\left(-\frac{7}{4}, \frac{9}{4}\right)$ e $\left(-\frac{7}{4}, -\frac{9}{4}\right)$

2083. O número de soluções reais (x, y) que satisfazem simultaneamente às equações $x^2 y + xy^2 = 70$ e $(x+y) \cdot (x^2 + y^2) = 203$ é igual a:

(A) 0   (B) 1   (C) 2
(D) 3   (E) 4

2084. O número de ternos de inteiros positivos (a, b, c) que satisfazem simultaneamente às equações $ab + bc = 44$ e $ac + bc = 23$ é igual a:

(A) 0   (B) 1   (C) 2
(D) 3   (E) 4

2085. Se x e y são inteiros positivos tais que $xy + x + y = 71$ e $x^2 y + xy^2 = 880$. O valor de $x^2 + y^2$ é igual a:

(A) 140   (B) 142   (C) 144
(D) 146   (E) 148

2086. Se (x,y) é uma solução para o sistema formado pelas equações $xy = 6$ e $x^2y + xy^2 + x + y = 63$. O valor de $x^2 + y^2$ é igual a:

(A) 13   (B) $\dfrac{1173}{32}$ (C) 55

(D) 69   (E) 81

2087. O número de soluções reais (x,y) que satisfazem simultaneamente às equações $x^2 + y = 19$ e $x + y^2 = 13$ é igual a:

(A) 1   (B) 2   (C) 3

(D) 4   (E) mais de 4

2088. O número de soluções do sistema $\begin{cases} a^3 - b^3 - c^3 = 3abc \\ a^2 = 2(b+c) \end{cases}$ onde a, b e c são números naturais é igual a:

(A) 1   (B) 2   (C) 3

(D) 4   (E) infinitos

2089. Se $\begin{cases} a+b = c^2d \\ a+b+c = 42 \end{cases}$, o número de valores distintos que c pode assumir como solução deste sistema onde a, b, c e d são números naturais é igual a:

(A) 2   (B) 3   (C) 4

(D) 8   (E) infinitos

2090. Se x e y são números reais que satisfazem a $\dfrac{x}{y} = \dfrac{2y}{x+y}$ então o número de valores que $\dfrac{y}{x}$ pode assumir é igual a:

(A) 1   (B) 2   (C) 3

(D) 4   (E) infinitos

Problemas Selecionados de Matemática

2091. Se x e y são números reais não nulos tais que $|x| + y = 3$ e $|x|y + x^3 = 0$ então o inteiro mais próximo de $x - y$ é igual a:

(A) -3 (B) -1 (C) 2
(D) 3 (E) 5

2092. O número de ternos (a,b,c) de números inteiros que satisfazem a $|a+b| + c = 19$ e $ab + |c| = 97$ é igual a:

(A) 0 (B) 4 (C) 6
(D) 10 (E) 12

2093. Se x, y e z são números reais positivos tais que $x + \dfrac{1}{y} = 4$, $y + \dfrac{1}{z} = 1$ e $z + \dfrac{1}{x} = \dfrac{7}{3}$ então xyz é igual a:

(A) $2/3$ (B) 1 (C) $4/3$
(D) 2 (E) $7/3$

2094. Se x, y e z são números reais positivos tais que $xyz = 1$, $x + \dfrac{1}{z} = 5$ e $y + \dfrac{1}{x} = 29$. Se $z + \dfrac{1}{y} = \dfrac{m}{n}$ onde m e n são primos entre si, o valor de $m + n$ é igual a:

(A) 1 (B) 2 (C) 3
(D) 4 (E) 5

2095. O número de soluções reais (x,y,z,w) que satisfazem simultaneamente às equações $2y = x + \dfrac{17}{x}$, $2z = y + \dfrac{17}{y}$, $2w = z + \dfrac{17}{z}$ e $2x = w + \dfrac{17}{w}$ é:

(A) 1 (B) 2 (C) 3
(D) 4 (E) 5

2096. Se x, y e z são números reais positivos tais que $x+\dfrac{1}{y}=a$, $y+\dfrac{1}{z}=b$ e $z+\dfrac{1}{x}=c$ com $ab \neq 1$, $bc \neq 1$ e $ca \neq 1$ então tal sistema possui solução se:

(A) $(abc-a-b-c)^2 \geq 0$

(B) $(abc-a-b-c)^2 \geq 1$

(C) $(abc-a-b-c)^2 \geq 2$

(D) $(abc-a-b-c)^2 \geq 3$

(E) $(abc-a-b-c)^2 \geq 4$

2097. O número de quádruplas de números reais a, b, c e d que satisfazem às equações:

$$\begin{cases} abc+ab+bc+ca+a+b+c = 1 \\ bcd+bc+cd+db+b+c+d = 9 \\ cda+cd+da+ac+c+d+a = 9 \\ dab+da+ab+bd+d+a+b = 9 \end{cases}$$

é igual a:

(A) 24 (B) 4 (C) 2
(D) 1 (E) 0

2098. No sistema $\begin{cases} x^2+5y^2+6z^2+8(yz+zx+xy) = 36 \\ 6x^2+y^2+5z^2+8(yz+zx+xy) = 36 \\ 5x^2+6y^2+z^2+8(yz+zx+xy) = 36 \end{cases}$, o seu número de soluções

é igual a:

(A) 1 (B) 2 (C) 6
(D) 8 (E) 9

2099. O número de soluções do sistema formado pelas equações $x^2+y+z=3$, $x+y^2+z=3$ e $x+y+z^2=3$ é igual a:

(A) 1   (B) 2   (C) 6
(D) 8   (E) 9

2100. O número de pares de números reais (x,y) que satisfazem às equações $2-x^3=y$ e $2-y^3=x$ é igual a:

(A) 0   (B) 1   (C) 2
(D) 3   (E) 4

2101. O número de ternos (x,y,z) de números inteiros que são soluções do sistema

$$\begin{cases} x+2y-z = 11 \\ x^2-4y^2+z^2 = 37 \\ xz = 24 \end{cases}$$

é igual a:

(A) 0   (B) 1   (C) 2
(D) 3   (E) 4

2102. Se x e y são números reais tais que $\begin{cases} x+y+\dfrac{x}{y} = 19 \\ \dfrac{x(x+y)}{y} = 60 \end{cases}$. O número de valores possíveis da soma $x+y$ é igual a:

(A) 0   (B) 1   (C) 2
(D) 3   (E) 4

2103. O número de soluções inteiras do sistema formado pelas equações $xz-2yt=3$ e $xt+yz=1$ é igual a:

(A) 0   (B) 1   (C) 2
(D) 3   (E) 4

2104. Sabendo que $ax+by=2$; $ax^2+by^2=20$; $ax^3+by^3=56$ e $ax^4+by^4=272$ então, o valor de ax^5+by^5 é igual a:

(A) 998   (B) 996   (C) 994
(D) 992   (E) 990

2105. Se os números reais a, b, x e y satisfazem às equações $ax+by=3$, $ax^2+by^2=7$, $ax^3+by^3=16$ e $ax^4+by^4=42$, o valor de ax^5+by^5 é:

(A) 20   (B) 22   (C) 24
(D) 26   (E) 28

2106. Dado o sistema $\begin{cases} a+b+c = 24 \\ a^2+b^2+c^2 = 210 \\ abc = 440 \end{cases}$, o número de ternos de números inteiros (a,b,c) que o satisfazem é igual a:

(A) 1   (B) 2   (C) 3
(D) 4   (E) 6

2107. Considere o sistema $\begin{cases} \dfrac{1}{x+y}+x = a-1 \\ \dfrac{x}{x+y} = a-2 \end{cases}$. Se $a \in (2,3)$ e (x,y) é uma solução do sistema, e se $\dfrac{p}{q}$ é o valor de a para o qual a expressão $\dfrac{x}{y}+\dfrac{y}{x}$ assume seu valor mínimo então o valor de $p+q$ é igual a:

(A) 6   (B) 7   (C) 8
(D) 9   (E) 10

2108. Se $\begin{cases} x+y-z = -1 \\ x^2-y^2+z^2 = 1 \\ -x^3+y^3+z^3 = -1 \end{cases}$ então, o número de ternos de números reais (x,y,z) que satisfazem a este sistema é igual a:

(A) 1   (B) 2   (C) 3
(D) 4   (E) 6

2109. Se a, b, x e y são números reais tais que $\begin{cases} a+b = 12 \\ ax+by = 115 \\ ax^2+by^2 = 187 \\ ax^3+by^3 = 877 \end{cases}$. O valor de ax^4+by^4 é igual a:

(A) 1999   (B) 2001   (C) 2003
(D) 2005   (E) 2007

2110. Sabendo que a, b, x e y são números reais tais que $\begin{cases} a+b = 23 \\ ax+by = 79 \\ ax^2+by^2 = 217 \\ ax^3+by^3 = 691 \end{cases}$, o valor de ax^4+by^4 é igual a:

(A) 1993   (B) 1995   (C) 1997
(D) 1998   (E) 1999

2111. Sabendo que a, b e c são números reais positivos, o sistema no conjunto dos números reais positivos:

$$\begin{cases} \sqrt{xy}+\sqrt{xz}-x = a \\ \sqrt{yz}+\sqrt{yx}-y = b \\ \sqrt{zx}+\sqrt{zy}-z = c \end{cases}$$

Capítulo 7 – O Segundo Grau | 535

possui solução (x,y,z) dada por:

(A) $\left(\dfrac{a^2(b+c-a)}{(c+a-b)(a+b-c)}, \dfrac{b^2(c+a-b)}{(a+b-c)(b+c-a)}, \dfrac{c^2(a+b-c)}{(b+c-a)(c+a-b)} \right)$

(B) $\left(\dfrac{a^2(b+c+a)}{(c+a-b)(a+b-c)}, \dfrac{b^2(c+a+b)}{(a+b-c)(b+c-a)}, \dfrac{c^2(a+b+c)}{(b+c-a)(c+a-b)} \right)$

(C) $\left(\dfrac{a^2(b+c-a)}{(c+a-b)(a+b+c)}, \dfrac{b^2(c+a-b)}{(a+b+c)(b+c-a)}, \dfrac{c^2(a+b-c)}{(a+b+c)(c+a-b)} \right)$

(D) $\left(\dfrac{a(b+c-a)}{(c+a-b)(a+b-c)}, \dfrac{b(c+a-b)}{(a+b-c)(b+c-a)}, \dfrac{c(a+b-c)}{(b+c-a)(c+a-b)} \right)$

(E) $\left(\dfrac{a^3(b+c-a)}{(c+a-b)(a+b-c)}, \dfrac{b^3(c+a-b)}{(a+b-c)(b+c-a)}, \dfrac{c^3(a+b-c)}{(b+c-a)(c+a-b)} \right)$

2112. O número de soluções reais do sistema $\begin{cases} \dfrac{4x^2}{4x^2+1} = y \\ \dfrac{4y^2}{4y^2+1} = z \\ \dfrac{4z^2}{4z^2+1} = x \end{cases}$ é igual a:

(A) 0 (B) 1 (C) 2
(D) 3 (E) mais de 3

2113. O número de soluções do sistema $\begin{cases} x + \dfrac{2}{x} = 2y \\ y + \dfrac{2}{y} = 2z \\ z + \dfrac{2}{z} = 2x \end{cases}$ é igual a:

(A) 0 (B) 1 (C) 2
(D) 3 (E) mais de 3

2114. O número de soluções do sistema $\begin{cases} x+\dfrac{1}{y} = 2-(y-z)^2 \\ y+\dfrac{1}{z} = 2-(x-y)^2 \\ z+\dfrac{1}{x} = 2-(z-x)^2 \end{cases}$ é igual a:

(A) 0   (B) 1   (C) 2
(D) 3   (E) mais de 3

2115. O número de soluções reais que satisfazem simultaneamente às equações $a+b+c=1$, $a^2+b^2+c^2=15$ e $a^3+b^3+c^3=-13$ é:

(A) 0   (B) 1   (C) 3
(D) 6   (E) 8

2116. O número de soluções do sistema $\begin{cases} (x+y)^3 = z \\ (y+z)^3 = x \\ (z+x)^3 = y \end{cases}$ é igual a:

(A) 0   (B) 1   (C) 2
(D) 3   (E) mais de 3

2117. Seja t um número real positivo. O número de soluções reais positivas (a,b,c,d) do sistema de equações dado por

$$\begin{cases} a(1-b^2) = t \\ b(1-c^2) = t \\ c(1-d^2) = t \\ d(1-a^2) = t \end{cases}$$

é igual a:

(A) 0   (B) 1   (C) 2
(D) 3   (E) 4

Seção 7.4 – Relações entre Coeficientes e Raízes

2118. Sobre a equação $2003x^2 - 2004x - 2005 = 0$, a afirmação correta é:
(A) tem duas raízes reais de sinais contrários, mas não simétricas.
(B) tem duas raízes simétricas.
(C) não tem raízes reais.
(D) tem duas raízes positivas.
(E) Tem duas raízes negativas.

2119. Sendo $b > 2a > 0$, a equação do segundo grau $ax^2 + bx + a = 0$ possui:
(A) duas raízes iguais
(B) duas raízes simétricas
(C) duas raízes recíprocas
(D) duas raízes de sinais opostos mas não de mesmo valor absoluto
(E) nenhuma raiz real

2120. Se p e q são números primos e $x^2 - px + q = 0$ possui raízes inteiras e distintas considere as afirmativas:
1. A diferença das raízes é ímpar.
2. Pelo menos uma das raízes é um número primo.
3. $p^2 - q$ é um número primo.
4. $p + q$ é um número primo.

São verdadeiras:
(A) Somente I   (B) Somente II   (C) Somente II e III
(D) Somente I, II e IV   (E) Todas

2121. Sejam $f(x) = x^2 + bx + 9$ e $g(x) = x^2 + dx + e$. Se $f(x) = 0$ possui raízes r e s, e $g(x)$ possui raízes $-r$ e $-s$ então a soma dos coeficientes da equação $f(x) + g(x) = 0$ é igual a:
(A) 9   (B) 18   (C) 20
(D) 30   (E) 36

538 | Problemas Selecionados de Matemática

2122. Se a e b são as soluções da equação $x^2 - 3cx - 8d = 0$ e c e d são as soluções de $x^2 - 3ax - 8b = 0$ o valor de $a+b+c+d$ se a, b, c e d são números reais distintos é igual a:

(A) 0 (B) 5 (C) −5
(D) −11 (E) 11

2123. Se f é uma função tal que $f(x/3) = x^2 + x + 1$, a soma de todos os valores de z tais que $f(3x) = 7$ é igual a:

(A) $-1/3$ (B) $-1/9$ (C) 0
(D) $5/9$ (E) $5/3$

2124. O valor de k para o qual a soma das raízes da equação $3kx^2 - (7+k)x + 1 = 0$ é igual a $\frac{1}{4}$ vale:

(A) −28 (B) −14 (C) −7
(D) 0 (E) 14

2125. A soma da média aritmética coma média geométrica das raízes da equação $ax^2 - 8x + a^3 = 0$ é igual a:

(A) $\dfrac{4-a^2}{a}$ (B) $\dfrac{-4+a^2}{a}$ (C) $\dfrac{8+a^2}{a}$

(D) $\dfrac{4+a^2}{a}$ (E) 5

2126. Se na equação $ax^2 + bx + c = 0$ a média harmônica das raízes é igual ao dobro da média aritmética destas raízes, podemos afirmar que:

(A) $2b^2 = ac$ (B) $b^2 = ac$ (C) $b^2 = 2ac$
(D) $b^2 = 4ac$ (E) $b^2 = 8ac$

2127. Se a e b são raízes da equação $x^2 - 92x + k = 0$ e $a^b \cdot a^a \cdot b^a \cdot b^b = 16^{23}$ o valor de k é igual a:
(A) 1   (B) 2   (C) 4
(D) 8   (E) 16

2128. As raízes de $ax^2 + bx + c = 0$ são irracionais, porém, seus valores aproximados são 0,8430703308 e −0,5930703308. Se a, b e c são inteiros primos entre si tais que $a > 0$, $|b| \leq 10$ e $|c| \leq 0$, o valor de $a + b + c$ é igual a:
(A) 1   (B) 2   (C) 3
(D) 4   (E) 5

2129. O trinômio $y = x^2 - 14x + k$, onde k é uma constante real positiva, tem duas raízes reais distintas. A maior dessas raízes pode ser:
(A) 4   (B) 6   (C) 11
(D) 14   (E) 17

2130. Sabendo que na equação $x^2 + Bx - 17 = 0$ onde B é positivo e que as raízes são inteiras, achar a soma das raízes:
(A) 17   (B) 16   (C) −17
(D) −10   (E) −16

2131. Se as raízes da equação $x^2 + bx + c = 0$ são b e c onde $b \neq c$ então o par ordenado de número reais (b, c) é:
(A) (−1,−2)   (B) (1,−2)   (C) (1,2)
(D) (−1,2)   (E) (0,0)

2132. O valor de K na equação $x^2 + Mx + K = 0$, para que uma de suas raízes seja o dobro da outra e o seu discriminante seja igual a 9 é:
(A) 20   (B) 10   (C) 12
(D) 15   (E) 18

540 | Problemas Selecionados de Matemática

2133. Se a e b com a < b são dois números cuja média aritmética é $\frac{13}{12}$ e cuja média geométrica é $\frac{1}{2}$ então $3a + 4b$ vale:

(A) 1   (B) 2   (C) 3
(D) 4   (E) 5

2134. Dada a equação $(x^2 - 5x + 6)^2 - 5(x^2 - 5x + 6) + 6 = 0$, a soma e o produto das suas raízes reais são respectivamente:

(A) 6 e 8   (B) 7 e 10   (C) 10 e 12
(D) 15 e 16   (E) 15 e 20

2136. Numa Olimpíada de Matemática, duas equipes A e B, competem na modalidade de revezamento. A primeira pessoa da equipe A passou adiante a resposta correta enquanto que a primeira pessoa da equipe B passou adiante a reposta com 5 unidades a mais do que a correta. Sabendo que o enunciado do problema #2 era:

"Seja K o número que você recebeu. Se a soma das raízes da equação $Kx^2 + 4x + c = 0$ é igual a S, determine o valor de K+S."

Sabendo que as segundas pessoas de ambas as equipes encontraram uma resposta com o valor de K recebido mas surpreendentemente ambas acharam o mesmo valor de K+S, todos os valores possíveis de K+S são iguais a:

(A) ±1   (B) ±3   (C) ±5
(D) ±7   (E) ±9

2135. Para que $4 + \sqrt{11}$ sejam uma das raízes da equação $x^2 - Bx + C = 0$, com B e C inteiros, o produto BC é igual a:

(A) 20   (B) 40   (C) 30
(D) 60   (E) 64

2137. Um professor elaborou três modelos de prova. No 1º modelo colocou uma equação do 2º grau; no 2º modelo, colocou a mesma equação trocando apenas o coeficiente do termo do 2º grau; e no 3º modelo, colocou a mesma equação do 1º modelo trocando apenas o termo independente. Sabendo que as raízes da equação do 2º modelo são 2 e 3 e que as raízes do 3º modelo são 2 e -7, pode-se afirmar sobre a equação do 1º modelo, que:

(A) não tem raízes reais.
(B) a diferença entre a sua maior e a sua menor raiz é 7.
(C) a sua maior raiz é 6.
(D) a sua menor raiz é 1.
(E) a soma dos inversos das suas raízes é $2/3$.

2138. Seja k a razão entre as raízes da equação $px^2 - qx + q = 0$, onde $p > 0$ e $q > 0$. As raízes da equação $\sqrt{p}\,x^2 - \sqrt{q}\,x + \sqrt{p} = 0$ são:

(A) $\sqrt{k}$ e $\dfrac{1}{\sqrt{k}}$ (B) k e $\dfrac{1}{k}$ (C) k^2 e $\dfrac{1}{k^2}$

(D) k e $\sqrt{k}$ (E) k e $\dfrac{\sqrt{k}}{k}$

2139. A média harmônica entre as raízes da equação $340x^2 - 13x - 91 = 0$ é:

(A) 7 (B) -7 (C) $\dfrac{340}{7}$

(D) $\dfrac{1}{7}$ (E) -14

2140. As raízes da equação $x^2 + ax + 1 = b$ são inteiros positivos. Sobre o número $a^2 + b^2$ podemos afirmar que:

(A) pode ser primo.

(B) é um quadrado perfeito.

(C) é um cubo perfeito.

(D) é sempre composto.

(E) depende de a e b.

2141. Se $r^2 - r - 10 = 0$ então $(r+1)(r+2)(r-4)$ é igual a:

(A) irracional positivo (B) inteiro (C) não real

(D) irracional negativo (E) racional não inteiro

2142. Se α e β são raízes da equação $9x^2 + x + 9 = 0$, considere as afirmativas:

(1) O valor de $(\alpha + 9) \cdot (\beta + 9)$ é igual a 81.

(2) O maior inteiro que não supera o valor de $\alpha^2 + \beta^2$ é igual a -1.

(3) O valor de $\alpha^{-2} + \beta^{-2}$ é sempre igual ao de $\alpha^2 + \beta^2$.

(4) O maior inteiro que não supera o valor de $\alpha^3 + \beta^3$ é igual a 1.

O número de afirmativas verdadeiras é igual a:

(A) 0 (B) 1 (C) 3

(D) 4 (E) 5

2143. Na equação do segundo grau $x^2 - 14x + k = 0$, onde k é um inteiro positivo, as raízes são dois números primos distintos p e q. O valor de $\dfrac{p}{q} + \dfrac{q}{p}$ é igual a:

(A) 2 (B) $106/45$ (C) $130/33$

(D) $170/13$ (E) $130/37$

2144. A soma dos quadrados dos inversos das raízes da equação $Kx^2 - Wx + p = 0$, sendo $Kp \neq 0$, é igual a:

(A) $\dfrac{W^2 - 2Kp}{p^2}$ (B) $\dfrac{W^2 - 4Kp}{p^2}$ (C) $\dfrac{2Kp - W^2}{p^2}$

(D) $\dfrac{4Kp - W^2}{p^2}$ (E) $\dfrac{Kp}{W}$

2145. Os valores de m, na equação $mx^2 - 2mx + 4 = 0$, para que as suas raízes tenham o mesmo sinal satisfazem a:

(A) $m \leq 0$ (B) $m \geq 3$ (C) $m \geq 7$
(D) $m \leq 5$ (E) $m \leq 4$

2146. O valor de K positivo, para que a diferença das raízes da equação $x^2 - 2Kx + 2K = 1$ seja 10, é:

(A) 6 (B) 8 (C) 5
(D) 1 (E) 10

2147. Sejam r_1 e r_2 raízes da equação $ax^2 + bx + c = 0$. A expressão $r_1^3 + r_2^3$ é igual a:

(A) $-\dfrac{b^3}{a^3}$ (B) $\dfrac{c^3 - 3abc}{a^3}$ (C) $\dfrac{3b^2c - c^3}{a^3}$

(D) $\dfrac{b^2c + bc^2}{a^3}$ (E) $\dfrac{3abc - b^3}{a^3}$

2148. Considere as afirmativas:

1. A soma dos cubos das raízes da equação $x^2 + x - 1 = 0$ é -4.
2. A soma dos cubos das raízes da equação $x^2 + x - 3 = 0$ é -10.
3. A soma dos cubos das raízes da equação $x^2 - \sqrt[3]{3}x + \sqrt[3]{9} = 0$ é -6.

Assinale:

(A) Se somente as afirmativas (1) e (2) forem verdadeiras.
(B) Se somente as afirmativas (1) e (3) forem verdadeiras.
(C) Se somente as afirmativas (2) e (3) forem verdadeiras.
(D) Se todas as afirmativas forem verdadeiras.
(E) Se todas as afirmativas forem falsas.

2149. Sendo $\underline{m}$ e $\underline{n}$ as raízes da equação $x^2 - 10x + 1 = 0$, o valor da expressão $\dfrac{1}{m^3} + \dfrac{1}{n^3}$ é:

(A) 970   (B) 950   (C) 920
(D) 900   (E) 870

2150. Sejam r e s as raízes da equação $x^2\sqrt{3} + 3x - \sqrt{7} = 0$. O valor numérico da expressão $(r+s+1)(r+s-1)$ é

(A) $\dfrac{2}{7}$ (B) $\dfrac{3}{7}$ (C) $\dfrac{9}{7}$

(D) $\dfrac{4}{3}$ (E) 2

2151. Se r e s são as raízes da equação $x^2 - \sqrt{5}x + 1 = 0$ o valor de $r^8 + s^8$ é igual a:

(A) 45   (B) 46   (C) 47
(D) 48   (E) 49

2152. Se r e s são as raízes da equação $x^2 + x + 7 = 0$, o valor de $2r^2 + rs + s^2 + r + 7$ é igual a:

(A) −2   (B) −4   (C) −6
(D) −8   (E) −10

2153. Se r é uma das raízes da equação $x^2+5x+7=0$, o valor da expressão $(r-1)(r+2)(r+6)(r+3)$ é igual a:

(A) 11   (B) 13   (C) 15
(D) 17   (E) 19

2154. A equação do 2º grau $x^2-2x+m=0$, $m<0$, tem raízes x_1 e x_2. Se $x_1^{n-2}+x_2^{n-2}=a$ e $x_1^{n-1}+x_2^{n-1}=b$, então $x_1^n+x_2^n$ é igual a:

(A) $2a+mb$ (B) $2b-ma$ (C) $ma+2b$
(D) $ma-2b$ (E) $m(a-2b)$

2155. O valor da soma $S=(2+\sqrt{3})^5+(2-\sqrt{3})^5$ é igual a:

(A) 720   (B) 722   (C) 724
(D) 726   (E) 728

2156. O número de valores de k para os quais a equação $kx^2+(k-4)x+2k=0$ possui raízes x_1 e x_2 tais que $2(x_1^2+x_2^2)=5x_1x_2$ é igual a:

(A) 0   (B) 1   (C) 2
(D) 3   (E) 4

2157. Os valores de k de modo que a equação $x^2-(2k+1)x+k^2+2=0$ tenha duas raízes x_1 e x_2 que satisfazem a relação $(3x_1-5)(3x_2-5)=4$ são:

(A) -2 ou 1 (B) 2 ou $4/3$ (C) 3 ou $1/3$
(D) 2 ou 1 (E) -2 ou $4/3$

2158. Se m e n são raízes da equação $x^2-2\sqrt{3}x+1=0$ o valor da expressão $\dfrac{3m^2+5mn+3n^2}{4m^3n+4mn^3}$ é igual a:

(A) $3/4$ (B) $4/5$ (C) $5/6$

(D) $6/7$ (E) $7/8$

2159. Os valores de k de modo que a diferença entre a maior e a menor raiz da equação $5x^2 + 4x + k = 0$ seja igual à soma dos quadrados das mesmas são:

(A) $3/5$ ou $-12/5$ (B) $-3/5$ ou $-12/5$ (C) $3/5$ ou $-12/5$

(D) $5/3$ ou $5/12$ (E) $-3/5$ ou $12/5$

2160. Se a e b são raízes da equação $3x^2 - 17x - 14 = 0$, o valor da expressão $\dfrac{2a^2 + 3ab + 2b^2}{4ab^2 + 4a^2b}$ é igual a:

(A) $-155/238$ (B) $-157/238$ (C) $-159/238$

(D) $-161/238$ (E) $-163/238$

2161. Se r e s são as raízes da equação $2x^2 - x - 16 = 0$ com $r > s$, o valor da expressão $\dfrac{r^4 - s^4}{r^3 + r^2s + rs^2 + s^3}$ é igual a:

(A) $129/2$ (B) $\sqrt{129}/2$ (C) $127/2$

(D) $\sqrt{127}/2$ (E) $1/8$

2162. Se m e n são raízes da equação $2x^2 - x - 2 = 0$ o valor da expressão $\dfrac{m^2}{n+1} + \dfrac{n^2}{m+1}$ é igual a:

(A) $33/4$ (B) $31/4$ (C) $29/4$

(D) $27/4$ (E) $25/4$

2163. Se α e β são as raízes da equação $x^2+19x+1=0$ e se γ e δ são as raízes da equação $x^2+99x+1=0$, o valor de $(\alpha-\gamma)\cdot(\beta-\gamma)\cdot(\alpha+\delta)\cdot(\beta+\delta)$ é igual a:

(A) 9420 (B) 9440 (C) 9460
(D) 9480 (E) 9500

2164. A soma dos valores de k para os quais a equação $(k-1)x^2-2kx+k+1=0$ possui duas raízes x_1 e x_2 que satisfazem à relação $\dfrac{1}{x_1^2}+\dfrac{1}{x_2^2}=\dfrac{5}{4}$ é igual a:

(A) 1 (B) 4/3 (C) 10/3
(D) 4 (E) 13/3

2165. As raízes da equação $x^2-2x+5=0$ são x_1 e x_2. Se a equação de raízes $x_1+\dfrac{1}{x_1}$ e $x_2+\dfrac{1}{x_2}$ é $ax^2+bx+c=0$ então $a+b+c$ pode ser igual a:

(A) 30 (B) 29 (C) 28
(D) 27 (E) 26

2166. Se x_1 e x_2 são raízes da equação $9x^2+x+9=0$, considere as afirmativas:

1. A soma dos coeficientes da equação cujas raízes são x_1+1 e x_2+1 é igual a 9.

2. A soma dos coeficientes da equação cujas raízes são x_1^2 e x_2^2 é 323.

3. A soma dos coeficientes da equação cujas raízes são $\dfrac{2}{x_1}-1$ e $\dfrac{2}{x_2}-1$ é igual a 76.

4. A soma dos coeficientes da equação cujas raízes são $x_1 + \dfrac{1}{x_2}$ e $x_2 + \dfrac{1}{x_1}$ é 47.

5. A soma dos coeficientes da equação cujas raízes são $\dfrac{x_1}{x_2}$ e $\dfrac{x_2}{x_1}$ é 323.

O número de afirmativas FALSAS é igual a:

(A) 0 (B) 1 (C) 2
(D) 3 (E) 4

2167. Se x_1 e x_2 são raízes da equação $3x^2 + 5x - 6 = 0$, uma equação de raízes $x_1 + \dfrac{1}{x_2}$ e $x_2 + \dfrac{1}{x_1}$ pode ser igual a:

(A) $6x^2 + 5x + 3 = 0$

(B) $5x^2 + 6x - 3 = 0$

(C) $6x^2 - 5x - 3 = 0$

(D) $x^2 + 6x + 3 = 0$

(E) $6x^2 + 5x - 3 = 0$

2168. Sejam x_1 e x_2 as raízes da equação $ax^2 + bx + c = 0$. Se $\dfrac{x_1}{x_2}$ e $\dfrac{x_2}{x_1}$ são as raízes da equação $\alpha x^2 + \beta x + 1 = 0$, então β é igual a:

(A) $2 - \dfrac{b^2}{ac}$

(B) $\dfrac{b^2}{ac} - 2$

(C) $2 - \dfrac{ab^2}{c}$

(D) $2 - \dfrac{b^2}{c}$

(E) $\dfrac{b^2}{c} - 2$

2169. Se a equação $k(x^2-2x+1)+x^2-4x-3=0$ possui duas raízes x_1 e x_2 que satisfazem a relação $(4x_1+1)(4x_2+1)=18$ então o valor de k é igual a:

(A) 3 (B) 4 (C) 5
(D) 6 (E) 7

2170. O valor de m para o qual a equação $m(x^2-3x+2)+3x^2=0$ admite duas raízes x_1 e x_2 tais que $2x_1-x_2=3$ é igual a:

(A) -2 (B) -1 (C) 0
(D) 1 (E) 2

2171. Se as soluções da equação $x^2+px+q=0$ são os cubos das soluções da equação $x^2+mx+n=0$ então:

(A) $p=m^3+3mn$ (B) $p=m^3-3mn$ (C) $p+q=m^3$

(D) $\left(\dfrac{m}{n}\right)^3=\dfrac{p}{q}$ (E) $p-q=m^3$

2172. Se m e n são as raízes da equação $6x^2-5x+3=0$, a soma dos coeficientes da equação de raízes $m-n^2$ e $n-m^2$ é igual a:

(A) 851 (B) 479 (C) -47
(D) -479 (E) -419

2173. Sabendo que α e β são as raízes da equação $ax^2+bx-c=0$ enquanto que 2α e 2β são as raízes de $a^2x^2+b^2x+c^2=0$, as raízes de $a^3x^2+b^3x-c^3=0$ são iguais a:

(A) 3α e 3β (B) 4α e 4β (C) 6α e 6β
(D) 8α e 8β (E) α e β

2174. As raízes da equação $ax^2 + bx + c = 0$ são iguais a m e n. Assinale a equação cujas raízes são m^3 e n^3.

(A) $a^3x^2 - b(3ac + b^2)x + c^3 = 0$

(B) $ax^2 - b(3ac - b^2)x + c = 0$

(C) $a^3x^2 + b(b^2 - 3ac)x + c = 0$

(D) $a^3x^2 + b(b^2 - 3ac)x - c^3 = 0$

(E) $a^3x^2 + b(b^2 - 3ac)x + c^3 = 0$

2175. Se m e n são inteiros positivos para os quais as raízes das equações $m^2 - mx + n + 1 = 0$ e $x^2 - (n+1)x + m = 0$ são inteiras positivas e que juntas com m e n formam, em alguma ordem, uma Progressão Aritmética de soma igual a 21 então $m + n$ é igual a:

(A) 6 (B) 7 (C) 8
(D) 9 (E) 10

2176. Se r_1 e r_2 são as raízes da equação $2x^2 - 9x + 8 = 0$, uma equação cujas raízes são $\dfrac{1}{r_1 + r_2}$ e $(r_1 - r_2)^2$ é:

(A) $36x^2 + 161x + 34 = 0$

(B) $36x^2 - 161x - 34 = 0$

(C) $36x^2 - 161x + 34 = 0$

(D) $36x^2 + 161x + 36 = 0$

(E) $36x^2 + 161x - 34 = 0$

2177. Se $S(M)$ representa a soma dos elementos do conjunto M o número de maneiras distintas segundo as quais podemos particionar o conjunto $\{2^0, 2^1, 2^2, ..., 2^{2005}\}$ em dois conjuntos não vazios A e B tais que a equação $x^2 - S(A)x + S(B) = 0$ possua uma raiz inteira é igual a:

(A) 1001   (B) 1002   (C) 1003
(D) 1004   (E) 1005

2178. Se a e b são as raízes da equação $11x^2 - 4x - 2 = 0$, o valor do produto $(1 + a + a^2 + a^3 + ...)(1 + b + b^2 + b^3 + ...)$ é igual a:

(A) 2   (B) $11/5$ (C) $12/5$
(D) $13/5$ (E) $14/5$

2179. A diferença entre o maior e o menor valor de a de modo que a soma dos quadrados das raízes da equação $x^2 - (8a - 2)x + 15a^2 - 2a - 7 = 0$ seja igual a 24 é igual a:

(A) $20/17$ (B) $18/17$ (C) $16/17$
(D) $14/17$ (E) $12/17$

2180. Sejam x_1 e x_2 raízes da equação $x^2 + px + q = 0$ e sejam x_3 e x_4 raízes da equação $x^2 + p'x + q' = 0$ onde p, p', q e q' são reais não nulos. Se $x_1 x_4 = x_2 x_3$ então:

(A) $p^2 q' = q'^2 q$ (B) $(pp')^2 = qq'$ (C) $pp' = (qq')^2$
(D) $pp' = qq'$ (E) $pq' = p'q^2$

2181. A equação $x^2 - bx + c = 0$ possui raízes r e r_1 e a equação $x^2 + bx + d = 0$ possui raízes r e r_2. Uma equação cujas raízes são r_1 e r_2 é:

(A) $x^2 + \dfrac{c-d}{b}x - \dfrac{2cd}{c+d} = 0$

(B) $x^2 + \dfrac{c+d}{b}x - \dfrac{2cd}{c-d} = 0$

(C) $x^2 - \dfrac{c-d}{b}x - \dfrac{2cd}{c+d} = 0$

(D) $x^2 + \dfrac{c-d}{b}x + \dfrac{2cd}{c+d} = 0$

(E) $x^2 - \dfrac{c+d}{b}x - \dfrac{2cd}{c-d} = 0$

2182. Sabendo que a equação $x^2 - 97x + A = 0$ possui raízes iguais às quartas potências das raízes de $x^2 - x + B = 0$. A soma dos valores possível de A é igual a:

(A) 5391   (B) 5392   (C) 5393

(D) 5394   (E) 5395

2183. Se α e β são as raízes da equação $x^2 + 9x + 1 = 0$ e se γ e δ são as raízes da equação $x^2 + x + 9 = 0$, o valor de $(\alpha - \gamma) \cdot (\beta - \gamma) \cdot (\alpha - \delta) \cdot (\beta - \delta)$ é:

(A) 520   (B) 540   (C) 560

(D) 580   (E) 600

2184. Se α e β são as raízes da equação $x^2 + 19x + 1 = 0$ e se γ e δ são as raízes da equação $x^2 + 91x + 1 = 0$, o valor de $(\alpha - \gamma) \cdot (\beta - \gamma) \cdot (\alpha + \delta) \cdot (\beta + \delta)$ é:

(A) 9720   (B) 9270   (C) 7920

(D) 7290   (E) 2970

2185. Considere as equações $x^2 + bx + c = 0$ se $x^2 + b'x + c' = 0$ onde b, c, b' e c' são inteiros tais que $(b-b')^2 + (c-c')^2 > 0$ se as equações possuem uma raiz comum então, sobre as outras raízes pode-se afirmar que:

(A) São inteiros não distintos
(B) São racionais não inteiros distintos
(C) São racionais não inteiros e iguais
(D) São irracionais
(E) São inteiros distintos

2186. Se x_1 e x_2 são as raízes reais da equação $x^2 - (k-2)x + (k^2 + 3k + 5) = 0$ o valor máximo de $x_1^2 + x_2^2$ é igual a:

(A) 20 (B) 19 (C) 18
(D) $50/3$ (E) 16

2187. Se a e b são raízes da equação $x^2 + px - \dfrac{1}{2p^2} = 0$ onde p é um número real, o valor mínimo de $a^4 + b^4$ é igual a:

(A) 1 (B) 2 (C) $1 + \sqrt{2}$
(D) $2 + \sqrt{2}$ (E) $3 + \sqrt{2}$

2188. Se α e β são as raízes da equação $x^2 - 1995x + \dfrac{1}{1995} = 0$ podemos afirmar:

(A) A soma de suas raízes é igual a -1995.

(B) $\alpha^n + \beta^n$ é inteiro para todo natural n.

(C) Se $\alpha > \beta$, então 1990 é o maior inteiro que não supera α.

(D) $\dfrac{1}{\alpha^n} + \dfrac{1}{\beta^n}$ nunca é inteiro, para todo inteiro $n > 1$.

(E) $\alpha^3 + \beta^3$ é um inteiro que deixa resto 2 ao ser dividido por 5.

2189. Sejam k um inteiro maior que 1 e a uma raiz da equação $x^2 - kx + 1 = 0$. Sabendo que para qualquer inteiro $n > 10$, o algarismo das unidades de $a^{2^n} + a^{-2^n}$ é sempre igual a 7, os valores possíveis do algarismo das unidades de k são:

(A) 1, 5 e 7 (B) 3, 5 e 7 (C) 5, 7 e 9
(D) 1, 7 e 9 (E) 3, 7 e 9

2190. Se a, b, c e d são números reais não nulos tais que c e d são as soluções de $x^2 + ax + b = 0$ e a e b são as soluções de $x^2 + cx + d = 0$ então $a+b+c+d$ é igual a:

(A) 0 (B) -2 (C) 2

(D) 4 (E) $\dfrac{-1+\sqrt{5}}{2}$

2191. Sejam a, b e c números reais tais que as equações $x^2 + ax + 1 = 0$ e $x^2 + bx + c = 0$ possuam uma raiz comum e as equações $x^2 + x + a = 0$ e $x^2 + cx + b = 0$ também possuam uma raiz comum. A soma $a+b+c$ é:

(A) 0 (B) -2 (C) 2
(D) 3 (E) -3

2192. Sejam quatro números formados pelos coeficientes a e b da equação $x^2 + ax + b = 0$ e suas raízes. Considere então as seguintes afirmativas:

1. Se os quatro números forem distintos então, é possível determinar a equação utilizando estes quatro números.

2. Somente é possível determinar a equação se dois dentre os quatro números forem iguais.

3. Se três dentre os quatro números forem iguais, é possível determinar a equação.

Assinale:

(A) Se somente as afirmativas (1) e (2) forem verdadeiras.
(B) Se somente as afirmativas (1) e (3) forem verdadeiras.
(C) Se somente as afirmativas (2) e (3) forem verdadeiras.

(D) Se todas as afirmativas forem verdadeiras.
(E) Se todas as afirmativas forem falsas.

2193. Considere as afirmativas:

1. Existem números naturais a, b e c para os quais cada uma das equações
   $ax^2+bx+c=0$, $ax^2+bx-c=0$, $ax^2-bx+c=0$ e $ax^2-bx-c=0$ possui raízes inteiras.

2. Existem três funções quadráticas tais que cada uma delas possua uma raiz real, mas a soma de quaisquer duas delas não possua raízes reais.

3. Existem três funções quadráticas tais que cada uma delas possua duas raízes reais distintas, mas a soma de quaisquer duas delas não possua raízes reais.

Assinale:

(A) Se somente as afirmativas (1) e (2) forem verdadeiras.
(B) Se somente as afirmativas (1) e (3) forem verdadeiras.
(C) Se somente as afirmativas (2) e (3) forem verdadeiras.
(D) Se todas as afirmativas forem verdadeiras.
(E) Se todas as afirmativas forem falsas.

2194. O número de valores de a para os quais as raízes das equações $x^2+ax+2006=0$ e $x^2+2006x+a=0$ são ambas inteiras é igual a:

(A) 0   (B) 1   (C) 2
(D) 3   (E) mais de 3

Seção 7.5 – Equações Biquadradas e Irracionais

2195. A soma das duas menores raízes da equação $x^4 - 13x^2 + 36 = 0$ é igual a:

(A) 0   (B) –4   (C) –5
(D) –6   (E) –13

2196. A diferença entre a maior e a menor raiz da equação $x^4 - 6x^2 + 8 = 0$ é:

(A) 0   (B) 1   (C) 2
(D) 3   (E) 4

2197. O produto das raízes positivas da equação $4x^4 - 17x^2 + 18 = 0$ é igual a:

(A) $\frac{\sqrt{2}}{2}$ (B) $\sqrt{2}$ (C) $\frac{3\sqrt{2}}{2}$
(D) $2\sqrt{2}$ (E) $5\sqrt{2}$

2198. A soma das duas maiores raízes da equação $81x^4 - 45x^2 + 4 = 0$ é:

(A) 1   (B) 2   (C) 3
(D) 4   (E) 5

2199. A soma dos valores absolutos das raízes da equação $x^4 - 11x^2 + 18 = 0$ é:

(A) $6\sqrt{2}$ (B) $2\sqrt{2}$ (C) $4 + 2\sqrt{2}$
(D) $5 + 2\sqrt{2}$ (E) $6 + 2\sqrt{2}$

2200. O número de soluções inteiras da equação $4x^5 + 11x^3 - 3x = 0$ é igual a:

(A) 5   (B) 3   (C) 2
(D) 1   (E) 0

2201. A soma das raízes da equação de raízes reais $mx^4 + nx^2 + p = 0$, $m \neq 0$ é igual a:

(A) 0 (B) $-\dfrac{n}{m}$ (C) $-\dfrac{2n}{m}$

(D) $\dfrac{p}{m}$ (E) $-\dfrac{p}{m}$

2202. A média geométrica das raízes da equação $x^4 + x^2 + 81 = 0$ é igual a:

(A) 0 (B) 1 (C) 2
(D) 3 (E) 4

2203. Na equação $2004x^4 + 2005x^2 + 2006 = 0$ a média aritmética das suas raízes é igual a:

(A) 0

(B) $-2003/4002$

(C) $-\left(2003/4004\right)^2$

(D) $\left(2003/4004\right)^2$

(E) $1002/1001$

2204. Considere a soma de n parcelas $S = n^{15} + n^{15} + \cdots + n^{15}$. Sobre as raízes da equação $\sqrt[4]{S} = 13n^2 - 36$ podemos afirmar que

(A) seu produto é -36 (B) sua soma é nula   (C) sua soma é 5
(D) seu produto é 18 (E) seu produto é 36

2205. O número de valores reais de r para os quais a equação $x^4 - (r+1)x^2 + r = 0$ possui quatro soluções reais distintas que são termos consecutivos de uma seqüência aritmética é igual a:

(A) 0 (B) 1 (C) 2
(D) 3 (E) infinito

2206. Uma equação biquadrada da qual -1 e 2 são duas de suas raízes possui para soma dos seus coeficientes.

(A) 0   (B) 1   (C) 2
(D) 3   (E) 4

2207. Uma equação biquadrada tem duas raízes respectivamente iguais a $\sqrt{2}$ e 3. O valor do coeficiente do termo de $2°$ grau dessa equação é:

(A) 7   (B) -7   (C) 11
(D) -11   (E) 1

2208. Uma equação biquadrada que possui os números $\sqrt{3}$ e 3 como duas de suas raízes é:

(A) $x^4 - 2x^2 - 27 = 0$

(B) $x^4 - 2x^2 + 27 = 0$

(C) $x^4 + 12x^2 + 27 = 0$

(D) $x^4 - 12x^2 + 27 = 0$

(E) $x^4 + 2x^2 + 27 = 0$

2209. A soma dos coeficientes da equação biquadrada que possui como duas de suas raízes os números $\sqrt{3}$ e $\sqrt{5}$ é:

(A) 6   (B) 7   (C) 8
(D) 9   (E) 10

2210. Duas raízes da equação biquadrada $x^4 + bx^2 + c = 0$ são $0{,}2333\ldots$ e $30/7$. O valor de c é:

(A) 1   (B) 3   (C) 5
(D) 7   (E) 11

2211. Uma equação biquadrada que possui os números $\sqrt{a}$ e 1 como duas de suas raízes é:

(A) $x^4 - (a+1)x^2 + a = 0$

(B) $x^4 + (a+1)x^2 + a = 0$

(C) $x^4 - (a+1)x^2 - a = 0$

(D) $x^4 + (a+1)x^2 - a = 0$

(E) $x^4 - (a-1)x^2 + a = 0$

2212. Uma equação biquadrada que possui duas raízes iguais aos termos médios do desenvolvimento de $\left(\dfrac{1}{\sqrt{2}} + \dfrac{1}{\sqrt{5}}\right)^5$ é:

(A) $10x^4 - 7x^2 - 1 = 0$ (D) $10x^4 + 7x^2 - 1 = 0$

(B) $10x^4 + 7x^2 + 1 = 0$ (E) $7x^4 - 10x^2 - 1 = 0$

(C) $10x^4 - 7x^2 + 1 = 0$

2213. A equação $x^4 - 8x^2 + k^2 - 5 = 0$, onde k é um número inteiro, tem 4 raízes reais. A soma dos valores absolutos de k é:

(A) 13   (B) 14   (C) 15
(D) 16   (E) 17

2214. Se a equação $x^4 - 4(m+2)x^2 + m^2 = 0$ admite quatro raízes reais, então

(A) o maior valor inteiro de m é -3.
(B) a soma dos três menores valores inteiros de m é zero.
(C) a soma dos três maiores valores inteiros de m é -12.
(D) só existem valores inteiros e positivos para m.
(E) só existem valores negativos para m.

2215. O número de pares ordenados distintos (x,y) onde x e y são inteiros positivos tais que $x^4y^4 - 10x^2y^2 + 9 = 0$ é igual a:

(A) 0 (B) 3 (C) 4
(D) 12 (E) 15

2216. O número de equações dentre as cinco abaixo listadas que possuem pelo menos uma solução no conjunto dos inteiros não negativos é igual a:

$$\sqrt{x} = \sqrt{x}$$
$$\sqrt{x} \cdot \sqrt{x} = \sqrt{x} + \sqrt{x}$$
$$\sqrt{x} \cdot \sqrt{x} \cdot \sqrt{x} = \sqrt{x} + \sqrt{x} + \sqrt{x}$$
$$\sqrt{x} \cdot \sqrt{x} \cdot \sqrt{x} \cdot \sqrt{x} = \sqrt{x} + \sqrt{x} + \sqrt{x} + \sqrt{x}$$
$$\sqrt{x} \cdot \sqrt{x} \cdot \sqrt{x} \cdot \sqrt{x} \cdot \sqrt{x} = \sqrt{x} + \sqrt{x} + \sqrt{x} + \sqrt{x} + \sqrt{x}$$

(A) 1 (B) 2 (C) 3
(D) 4 (E) 5

2217. A raiz da equação $\sqrt{3x^2 - 20x + 16} = x - 4$ pertence ao intervalo:

(A) $(1,3)$ (B) $(2,4)$ (C) $(3,5)$
(D) $(4,6)$ (E) $(5,7)$

2218. A raiz da equação $3 + \sqrt{2x^2 - 4x = 9} = 2x$ está entre:

(A) 1 e 3 (B) 2 e 4 (C) 3 e 5
(D) 4 e 6 (E) 5 e 7

2219. A raiz da equação $\sqrt{1 - \sqrt{x^4 - x^2}} = x - 1$ é:

(A) $\dfrac{6}{5}$ (B) $\dfrac{5}{4}$ (C) $\dfrac{4}{3}$

(D) $\dfrac{3}{2}$ (E) 1

2220. A raiz da equação $\sqrt{2x-6}+\sqrt{x+4}=5$ é:

(A) Um número par
(B) Um divisor de 6
(C) Um número primo
(D) Um múltiplo de 10
(E) Um múltiplo de 3

2221. A equação $\sqrt{3x+1}-\sqrt{2x-1}=1$ tem duas raízes cuja soma é:

(A) 10 (B) 4 (C) 8
(D) 5 (E) 6

2222. A raiz da equação $\sqrt{5x+7}-\sqrt{3x+1}=\sqrt{x+3}$ é:

(A) $-\dfrac{1}{11}$ (B) $-\dfrac{2}{11}$ (C) $-\dfrac{3}{11}$

(D) $-\dfrac{4}{11}$ (E) $\dfrac{5}{11}$

2223. A raiz real da equação $\sqrt{1+\sqrt{1+\sqrt{1+x}}}=x$ pertence ao intervalo:

(A) $(0,1)$ (B) $(1,2)$ (C) $(2,3)$
(D) $(3,4)$ (E) $(4,5)$

2224. A soma dos algarismos da solução da equação:

$$\dfrac{1}{\sqrt{x+1}+\sqrt{x+3}}+\dfrac{1}{\sqrt{x+3}+\sqrt{x+5}}+\cdots+\dfrac{1}{\sqrt{x+2003}+\sqrt{x+2005}}=1$$

é igual a:

(A) 41 (B) 42 (C) 43
(D) 44 (E) 45

2225. A soma dos algarismos da maior raiz da equação

$$\sqrt[7]{(x+127)^6} - 8 \cdot \sqrt[7]{(x-127)^6} = 7 \cdot \sqrt[7]{(x^2-16129)^3}$$

é igual a:

(A) 10   (B) 11   (C) 12

(D) 13   (E) 14

2226. A soma das raízes da equação $\sqrt{2x-4} - 3\sqrt[4]{2x-4} = -2$ é igual a:

(A) 12,5   (B) 11,5   (C) 7

(D) 7,5   (E) 0

2227. A raiz real da equação $(x-2)^2 - 4(x-2) + \sqrt{x}(4-\sqrt{x}) = 0$ pertence ao intervalo:

(A) (1,3)   (B) (2,4)   (C) (3,5)

(D) (4,6)   (E) (5,7)

2228. A solução da equação $\sqrt{2 + \sqrt[3]{3x-1}} + \sqrt[3]{3x-1} = 4$ é:

(A) divisor de 30

(B) múltiplo de 5

(C) fator de 40

(D) múltiplo de 7

(E) divisível por 9

2229. Se r é a menor raiz da equação $\sqrt{x^2} + \sqrt{x^4} = \sqrt{x^6}$, então:

(A) $r < -1$ (B) $-1 < r < 0$ (C) $r = 0$

(D) $0 < r < 1$ (E) $r > 1$

2230. A soma das raízes da equação $\dfrac{\sqrt[3]{54x-27}}{3} - \sqrt[6]{1458x-729} = -2$ é:

(A) 20,5   (B) 10,5   (C) 33,5

(D) 30,5   (E) 23,5

2231. A raiz da equação $\sqrt[3]{1+\sqrt{x}} + \sqrt[3]{1-\sqrt{x}} = \sqrt[3]{5}$ é um número que pertence ao intervalo:

(A) (0,1)   (B) (1,2)   (C) (2,3)

(D) (3,4)   (E) (4,5)

2232. A soma das soluções da equação $\sqrt{2x+1} - 4\sqrt[3]{2x+1} + 3\sqrt[6]{2x+1} = 0$ dá um número:

(A) nulo

(B) irracional

(C) racional

(D) par entre 42 e 310

(E) ímpar maior que 160

2233. Se x é um número satisfazendo a equação $\sqrt[3]{13x+37} - \sqrt[3]{13x-37} = \sqrt[3]{2}$ então x é igual a :

(A) 0   (B) 1   (C) 7

(D) 14   (E) –14

2234. O produto das raízes reais da equação $\sqrt[3]{x} + \sqrt[3]{2x-3} = \sqrt[3]{12(x-1)}$ é:

(A) 1   (B) 2   (C) 3

(D) 4   (E) 5

2235. O produto das raízes da equação $\sqrt[3]{x+3} = \sqrt[3]{x-16} + 1$ é igual a:

(A) –260   (B) –262   (C) –264

(D) –268   (E) –270

2236. O número de raízes da equação $9 - x^2 = 2x(\sqrt{10 - x^2} - 1)$ é igual a:

(A) 0   (B) 1   (C) 2
(D) 3   (E) 4

2237. O número de raízes da equação $x^2 - 4x - 6 = \sqrt{2x^2 - 8x + 12}$ é igual a:

(A) 0   (B) 1   (C) 2
(D) 3   (E) 4

2238. A soma das raízes reais da equação $(x+4)(x+1) - 3\sqrt{x^2 + 5x + 2} = 6$ é igual a:

(A) −1   (B) −2   (C) −3
(D) −4   (E) −5

2239. O produto das raízes reais da equação $x^2 + 3 - \sqrt{2x^2 - 3x + 2} = 1{,}5(x + 4)$ é igual a:

(A) −5   (B) −6   (C) −7
(D) −8   (E) −9

2240. Se a equação $\sqrt{4x^2 - 5x + 10} - \sqrt{4x^2 - 5x - 1} = 1$ possui x_1 e x_2 como suas raízes reais então, o valor de $x_1 + 4x_2$ é igual a:

(A) 11   (B) 12   (C) 13
(D) 14   (E) 15

2241. A soma das raízes reais da equação $(x-4)^2 + 4x - 27 = 2\sqrt{x^2 - 4x + 4}$ é igual a:

(A) 1   (B) 2   (C) 3
(D) 4   (E) 5

Capítulo 7 – O Segundo Grau | 565

2242. Se $x \in \mathbb{R}$ e $\sqrt{1+mx} = x + \sqrt{1-mx}$ onde m é um parâmetro real, os valores de m para os quais a equação admite solução não nula são tais que:

(A) $\sqrt{2}/2 \leq m < 1$ (B) $-1 < m \leq \sqrt{2}$ (C) $-\sqrt{2} < m < \sqrt{2}$

(D) $0 < m < \sqrt{2}/2$ (E) $m > 1$

2243. A soma das raízes da equação $x^2 - 6x + 9 = 4\sqrt{x^2 - 6x + 6}$ é igual a:

(A) 6   (B) –12   (C) 12

(D) 0   (E) –6

2244. O produto das raízes da equação $x^2 + 18x + 30 = 2\sqrt{x^2 + 18x + 45}$ é:

(A) 15   (B) 20   (C) 30

(D) 45   (E) 60

2245. O produto das raízes da equação $(x-3)^2 + 3x - 22 = \sqrt{x^2 - 3x + 7}$ é igual a:

(A) –15   (B) –16   (C) –1

(D) –18   (E) –19

2246. Se a solução da equação $\sqrt{6x+6} - \sqrt{5x-5} = \sqrt{4x+4} - \sqrt{3x-3}$ possui a forma $\dfrac{\left(a - \sqrt{15} - \sqrt{24}\right)}{\left(b - \sqrt{15} - \sqrt{24}\right)}$ então o par ordenado (a,b) é:

(A) (9,–1)   (B) (–9,–1)   (C) (9,1)

(D) (–1,9)   (E) (–9,1)

2247. A diferença entre a maior e a menor raiz da equação $\dfrac{\sqrt{2+x} + \sqrt{2-x}}{\sqrt{2+x} - \sqrt{2-x}} = \dfrac{2}{x}$ é igual a:

(A) 1   (B) 2   (C) 3

(D) 4   (E) 5

2248. Resolvendo-se o sistema $\begin{cases} \sqrt{x} \cdot y \cdot z = \dfrac{8}{3} \\ x \cdot \sqrt{y} \cdot z = \dfrac{4\sqrt{2}}{3} \\ x \cdot y \cdot \sqrt{z} = \dfrac{16\sqrt{2}}{27} \end{cases}$ tem-se que $\dfrac{x+y+z}{x \cdot y \cdot z}$ é igual a:

(A) $21/4$ (B) $35/8$ (C) $35/16$
(D) $105/16$ (E) $105/32$

2249. O valor de x no sistema $\begin{cases} 16x - y = 1 \\ \sqrt{x+2} - \sqrt[4]{y+33} = 1 \end{cases}$ é igual a:

(A) $15 + 14\sqrt{2}$ (B) $15 + 12\sqrt{2}$ (C) $15 + 10\sqrt{2}$
(D) $15 + 8\sqrt{2}$ (E) $15 + 6\sqrt{2}$

2250. Sobre o sistema $\begin{cases} x^{-2} + \sqrt[4]{y} = \dfrac{7}{6} \\ x^{-4} - \sqrt{y} = \dfrac{7}{36} \end{cases}$ pode-se afirmar que:

(A) é impossível (B) é indeterminado (C) $x = 1/2$
(D) $x = \sqrt{6}/3$ (E) $y = 1/16$

2251. O maior valor de y, na solução do sistema $\begin{cases} \sqrt[4]{x} + \sqrt[5]{y} = 3 \\ \sqrt{x} + \sqrt[5]{y^2} = 5 \end{cases}$ é:

(A) 1 (B) 16 (C) 32
(D) 64 (E) 128

2252. O sistema $\begin{cases} x^2 - \sqrt{5}y = 8000 \\ 0,001x - y = 5000 \end{cases}$:

(A) tem apenas uma solução (x,y), $x<0$ e $y<0$.

(B) tem apenas uma solução (x,y), $x>0$ e $y<0$.

(C) tem apenas uma solução (x,y), $x<0$ e $y>0$.

(D) tem duas soluções.

(E) não tem soluções.

2253. Sendo x e y números positivos e x maior do que y, que satisfazem o sistema

$$\begin{cases} \sqrt{x+y} + \sqrt{x-y} = 5 \\ \sqrt{x^2 - y^2} = 6 \end{cases}$$

vamos ter $x^2 + y^2$ igual a:

(A) 48,5   (B) 42   (C) 40,5

(D) 45   (E) 45,5

2254. Se (x_1, y_1, z_1) e (x_2, y_2, z_2) são as soluções do sistema

$$\begin{cases} \sqrt{x+y+z} = x - \sqrt{y+z} \\ x+y-2z = -8 \\ y-z = -7 \end{cases}$$

o valor de $x_1 x_2 + y_1 y_2 + z_1 z_2$ é igual a:

(A) 30   (B) 40   (C) 50

(D) 60   (E) 70

568 | Problemas Selecionados de Matemática

2255. Se o par ordenado (x,y) é a solução do sistema então o valor de $3x-7y$ é:

$$\begin{cases} \sqrt{x+y} + \sqrt{x-y} = 5\sqrt{x^2-y^2} \\ \dfrac{2}{\sqrt{x+y}} - \dfrac{1}{\sqrt{x-y}} = 1 \end{cases}$$

(A) $1/18$ (B) $1/17$ (C) $1/16$

(D) $1/14$ (E) $1/13$

2256. O número de raízes da equação $\sqrt{x-4\sqrt{x-4}}+2=\sqrt{x+4\sqrt{x-4}}-2$ é igual a:

(A) 1   (B) 2   (C) 3

(D) 4   (E) infinito

2257. As raízes da equação $\sqrt{x+5-4\sqrt{x-1}}+\sqrt{x+2-2\sqrt{x+1}}=1$ pertencem ao intervalo:

(A) $[0,3]$ (B) $[4,7]$ (C) $[8,11]$

(D) $[12,15]$ (E) $[16,19]$

2258. O número de raízes da equação $\sqrt{x+3-4\sqrt{x+1}}+\sqrt{x+8-6\sqrt{x-1}}=1$ é igual a:

(A) 0   (B) 1   (C) 2

(D) 3   (E) 4

2259. A diferença entre a maior e a menor raiz da equação $x - \dfrac{x}{\sqrt{x^2-1}} = \dfrac{91}{60}$ é um número da forma $\dfrac{m}{n}$, o valor de $m+n$ é:

(A) 280   (B) 281   (C) 282

(D) 283   (E) 284

Capítulo 7 – O Segundo Grau | 569

2260. O número de reais x que satisfazem à equação:

$$\sqrt{\frac{x-2004}{15}}+\sqrt{\frac{x-2005}{14}}+\sqrt{\frac{x-2006}{13}}=\sqrt{\frac{x-15}{2004}}+\sqrt{\frac{x-14}{2005}}+\sqrt{\frac{x-13}{2006}}$$

é igual a :

(A) 0 (B) 1 (C) 3
(D) 4 (E) 6

2261. Se $a \geq 1$, a soma das soluções reais da equação $\sqrt{a-\sqrt{a+x}}=x$ é igual a:

(A) $\sqrt{a}-1$ (B) $\sqrt{a-1}$ (C) $\frac{\sqrt{a-1}}{2}$

(D) $\frac{\sqrt{a}-1}{2}$ (E) $\frac{\sqrt{4a-3}-1}{2}$

2262. As raízes reais da equação $\sqrt{5-\sqrt{5-x}}=x$ pertencem ao intervalo:

(A) $\left(0,\sqrt{5}\right)$ (B) $\left(\sqrt{5},\sqrt{6}\right)$ (C) $\left(\sqrt{6},\sqrt{7}\right)$
(D) $\left(\sqrt{7},\sqrt{8}\right)$ (E) $\left(\sqrt{8},3\right)$

2263. Se $5x^2+x-x\sqrt{5x^2-1}-2=0$ então, a diferença entre a maior e a menor das raízes reais desta equação é igual a:

(A) 0 (B) $\frac{\sqrt{10}}{5}$ (C) $\frac{2\sqrt{10}}{5}$

(D) $\frac{5}{2}$ (E) 5

2264. Suponha que cada símbolo $\langle \Diamond_i \rangle_{i=1}^{\infty}$ seja igual a um sinal de +(mais) ou −(menos). Substituindo-os convenientemente na expressão

$$2=\sqrt{6\,\Diamond_1\sqrt{6\,\Diamond_2\sqrt{6\,\Diamond_3\cdots}}}$$

Considere as afirmativas:
1. A seqüência de sinais para que a igualdade seja verdadeira para os $6's$ é $(-,-,-,-,\ldots)$.
2. Existe uma seqüência apropriada de sinais para a qual a igualdade se torna verdadeira quando substituímos o 6 pelo 7.
3. Não existe uma seqüência apropriada de sinais para a qual a igualdade se torna verdadeira quando substituímos o 6 pelo 8.
4. Não existe nenhuma seqüência apropriada de sinais para a qual a igualdade se torna verdadeira quando substituímos o 6 por um número $1 \leq n < 6$.

O número de afirmativas verdadeiras é:

(A) 0 (B) 1 (C) 2
(D) 3 (E) 4

2265. Sabendo que a raiz da equação $2x - 5 + 2\sqrt{x^2 - 5x} + 2\sqrt{x-5} + 2\sqrt{x} = 48$ possui a forma $\left(\dfrac{p}{q}\right)^2$, o valor de $p+q$ é igual a:

(A) 51 (B) 53 (C) 55
(D) 57 (E) 59

2266. O número de raízes reais da equação $\sqrt[4]{97-x} + \sqrt[4]{x} = 5$ é igual a:

(A) 0 (B) 1 (C) 2
(D) 3 (E) 4

2267. A diferença entre a maior e a menor raiz da equação $\sqrt[4]{1-x} + \sqrt[4]{15+x} = 2$ é igual a:

(A) 10 (B) 12 (C) 14
(D) 16 (E) 18

2268. Se a raiz real da equação $\sqrt{\dfrac{\sqrt{x^2+28^2}+x}{x}}-\sqrt{x\sqrt{x^2+28^2}-x^2}=3$ possui a forma $\dfrac{m\sqrt{n}}{p}$, o valor de $m+n+p$ é igual a:

(A) 90   (B) 92   (C) 94
(D) 96   (E) 98

2269. Se $\sqrt[5]{(x-2)(x-32)}-\sqrt[4]{(x-1)(x-33)}=1$ então, a diferença entre a menor e a maior raiz desta equação é igual a:

(A) $2\sqrt{257}$ (B) $\sqrt{257}$ (C) 34
(D) $-\sqrt{257}$ (E) $-2\sqrt{257}$

2270. Se $\sqrt{2x^2+3x+5}+\sqrt{2x^2-3x+5}=3x$, o número de raízes inteiras desta equação é igual a:

(A) 0   (B) 1   (C) 2
(D) 3   (E) 4

2271. A raiz real da equação $\sqrt{1-x}=2x^2-1+2x\sqrt{1-x^2}$ possui a forma $\dfrac{\sqrt{m+n\sqrt{p}}}{q}$ o valor de $m+n+p+q$ é:

(A) 10   (B) 11   (C) 12
(D) 13   (E) 14

2272. O número de raízes reais da equação
$$\sqrt{4-x\sqrt{4-(x-2)\sqrt{1+(x-5)(x-7)}}}=\dfrac{5x-6-x^2}{2}$$
é igual a:

(A) 0   (B) 1   (C) 2
(D) 3   (E) 4

2273. Se a raiz real da equação $\sqrt{\dfrac{\sqrt{x^2+4356}+x}{x}}-\sqrt{x\sqrt{x^2+4356}-x^2}=5$ possui a forma $\dfrac{m\sqrt{n}}{p}$, o valor de $m+n+p$ é igual a:

(A) 240 (B) 242 (C) 244
(D) 246 (E) 248

2274. A raiz real da equação $2x^2-3x=2x\sqrt{x^2-3x}+1$ pertence ao intervalo:

(A) $\left[-1,-\dfrac{1}{2}\right]$ (B) $\left[-\dfrac{1}{2},-\dfrac{1}{4}\right]$ (C) $\left[-\dfrac{1}{4},-\dfrac{1}{8}\right]$

(D) $\left[-\dfrac{1}{8},-\dfrac{1}{16}\right]$ (E) $\left[-\dfrac{1}{16},-\dfrac{1}{32}\right]$

2275. O número de raízes reais da equação:

$$\cfrac{x}{2+\cfrac{x}{2+\cfrac{\cdots}{2+\cfrac{x}{1+\sqrt{1+x}}}}}=1$$

onde o algarismo "2" está repetido 2005 vezes é:

(A) 0 (B) 1 (C) 2
(D) 3 (E) mais de 3

2276. A soma dos algarismos do inteiro positivo n solução da equação $\sqrt{n+(2005)^2}+\sqrt{n}=\left(\sqrt{2006}+1\right)^2$ é igual a:

(A) 10 (B) 11 (C) 12
(D) 13 (E) 14

2277. O número de reais x tais que satisfaze à equação $x = \sqrt{x - \frac{1}{x}} + \sqrt{1 - \frac{1}{x}}$ é:

(A) 0   (B) 1   (C) 2
(D) 3   (E) 4

2278. As raízes reais da equação $x^3 + 1 = 2\sqrt[3]{2x-1}$ pertencem ao intervalo:

(A) $[-2, 1)$ (B) $[-1, 2)$ (C) $[0, 3)$
(D) $[1, 4)$ (E) $[2, 5)$

2279. O número de raízes reais da equação:

$$\sqrt{(x+1972098 - 1986\sqrt{(x+986049)})} + \sqrt{(x+1974085 - 1988\sqrt{(x+986049)})} = 1$$

é igual a:

(A) 0   (B) 1   (C) 2
(D) 3   (E) 4

2280. A maior raiz real da equação $\sqrt[4]{386-x} + \sqrt[4]{x} = 6$ possui a forma $m + n\sqrt{p}$, o valor de $m+n+p$ igual a:

(A) 321   (B) 323   (C) 325
(D) 327   (E) 329

2281. O número de raízes reais da equação $\sqrt{2 + \sqrt{2 - \sqrt{2+x}}} = x$ é igual a:

(A) 0   (B) 1   (C) 2
(D) 3   (E) 4

2282. O número de raízes reais da equação $x^3 - 3x^2 - 8x + 40 - 8\sqrt[4]{4x+4} = 0$ é igual a:

(A) 0   (B) 1   (C) 2
(D) 3   (E) 4

2283. O número de raízes reais da equação $\dfrac{1}{x^2}+\dfrac{1}{\left(4-\sqrt{3}x\right)^2}=1$ é igual a:

(A) 0 (B) 1 (C) 2
(D) 3 (E) 4

Seção 7.6 – Fatoração da Função Quadrática

2284. A *soma* dos valores inteiros de a para os quais a expressão $(x-a)(x+10)+1$ pode ser fatorada como um produto da forma $(x+b)(x+c)$ onde b e c são inteiros é:

(A) 8 (B) 10 (C) 12
(D) 20 (E) 24

2285. Se $F = \dfrac{6x^2 + 16x + 3m}{6}$ é o quadrado de uma expressão do primeiro grau em x então m tem um valor particular entre:

(A) 3 e 4 (B) 4 e 5 (C) 5 e 6
(D) −4 e −3 (E) −6 e −5

2286. Para quantos inteiros n entre 1 e 100, o trinômio $x^2 + x - n$ pode ser fatorado em um produto de dois fatores do primeiro grau e coeficientes inteiros?

(A) 0 (B) 1 (C) 2
(D) 9 (E) 10

2287. Se b e c são constantes tais que $(x+2)(x+b) = x^2 + cx + 6$ então c é igual a:

(A) −5 (B) −3 (C) −1
(D) 3 (E) 5

2288. A expressão $2005x^2 + ax + 2005$ pode ser fatorada em dois fatores do primeiro grau com coeficiente inteiros se, e somente se a for:

(A) Qualquer número ímpar
(B) Algum número par
(C) Algum número ímpar
(D) Zero
(E) Qualquer número par

2289. O conjunto de valores de m para os quais a expressão $x^2 + 3xy + x + my - m$ é igual ao produto de dois fatores do primeiro grau em x e y com coeficientes inteiros é igual a:

(A) $\{0, 12, -12\}$ (B) $\{12\}$ (C) $\{0, 12\}$

(D) $\{0\}$ (E) $\{12, -12\}$

2290. O valor de m para o qual a expressão $2x^2 + mxy - 6y^2 + 5x + 9y - 3$ pode ser fatorada como o produto de dois fatores do primeiro grau é:

(A) -11 (B) -12 (C) -13

(D) -14 (E) -15

2291. Se $3x^2 + kxy - 2y^2 - 7x + 7y - 6$ é igual ao produto de dois fatores lineares com coeficientes inteiros, o valor de k é igual a:

(A) 1   (B) 2   (C) 3

(D) 4   (E) 5

2292. A fração $\dfrac{2x^2 - 8x - 90}{3x^2 + 36x + 105}$ quando simplificada se torna:

(A) $\dfrac{2(x-9)}{3(x+7)}$ (B) $\dfrac{2(x+9)}{3(x+7)}$ (C) $\dfrac{2(9-x)}{3(x+7)}$

(D) $\dfrac{2(x-9)}{3(x-7)}$ (E) $-\dfrac{2}{13}$

2293. Simplificando a fração $\dfrac{15x^2 + 44x - 20}{11x - 3x^2 + 70}$ obtemos:

(A) $\dfrac{5x-2}{7-x}$ (B) $\dfrac{5x-2}{x+7}$ (C) $\dfrac{5x+2}{x+7}$

(D) $\dfrac{5x+2}{7-x}$ (E) $\dfrac{5x+2}{x-7}$

2294. Simplificando a fração $\dfrac{3x^2 - 5xy - 8y^2}{2x^2 + 3xy + y^2}$ obtemos:

(A) $\dfrac{3x+8y}{2x+y}$ (B) $\dfrac{3x+8y}{2x-y}$ (C) $\dfrac{3x-8y}{2x+y}$

(D) $\dfrac{3x-8y}{2x-y}$ (E) -3

2295. Simplificando a fração $\dfrac{2m^2 - 3mn + n^2}{3mn - m^2 - 2n^2}$ obtemos:

(A) $\dfrac{2m+n}{2n-m}$ (B) $\dfrac{2m-n}{2n-m}$ (C) $\dfrac{2m+n}{2n+m}$

(D) $\dfrac{2m+n}{2n-m}$ (E) $\dfrac{2m-n}{m+2n}$

2296. A fração $\dfrac{x^2 + (\sqrt{2}-1)x - \sqrt{2}}{\sqrt{2} + (1 - 3\sqrt{2})x - 3x^2}$ quando simplificada, se torna:

(A) $\dfrac{x+1}{3x+1}$ (B) $\dfrac{x-1}{3x+1}$ (C) $\dfrac{x-1}{1-3x}$

(D) $\dfrac{x+1}{1-3x}$ (E) $\dfrac{x-1}{3x-1}$

2297. Onze *meninas* e *n meninos* foram catar cogumelos. Eles encontraram $n^2 + 9n - 2$ cogumelos no total e cada um catou a mesma quantidade que os demais. O número de pessoas neste grupo era:

(A) 15 (B) 20 (C) 25
(D) 30 (E) 35

2298. Se a, p e q são números inteiros tais que

$$(x-a)(x-1999)-2 = (x-p)(x-q)$$

para qualquer valor real de x, o número de ternos ordenados de valores (a,p,q) é igual a:

(A) 0   (B) 1   (C) 2
(D) 3   (E) 4

2299. A temperatura de um ponto $P(x,y)$ do plano é dada pela expressão $x^2 + y^2 - 4x + 2y$. A temperatura do ponto mais frio do plano é igual a:

(A) -5 (B) -4 (C) -3
(D) -2 (E) -11

2300. Para quantos valores de m, a expressão $m^2x^2 + 2(m-1)x + 4$ é o quadrado de uma expressão do primeiro grau em x?

(A) 0   (B) 1   (C) 2
(D) 3   (E) 4

2301. Os valores inteiros de z para os quais $z^2 + 13z + 3$ é um quadrado perfeito são tais que:

(A) Ambos são positivos.
(B) Ambos são negativos.
(C) Um é positivo e outro é negativo.
(D) Dois são positivos e um é negativo.
(D) Dois são negativos e um é positivo.

2302. As raízes de uma função quadrática de coeficientes inteiros são dois números inteiros distintos. Sabendo que a soma dos 3 coeficientes é um número primo e que para algum inteiro positivo o valor do trinômio é igual a -55, a diferença entre a maior e a menor raiz do trinômio é igual a:

(A) 10   (B) 12   (C) 14
(D) 16   (E) 18

Capítulo 7 – O Segundo Grau | 579

2303. A soma de todos os valores de a compreendidos entre 100 e 200 para os quais $ax^2 + x - 6$ pode ser expresso como o produto de dois fatores do primeiro grau em x com coeficientes inteiros é igual a:

(A) 1002   (B) 1003   (C) 1004
(D) 1005   (E) 1006

2304. A soma de todos os valores dos inteiros positivos $k < 2000$ para os quais a expressão $x^4 + k$ pode ser fatorada em um produto de dois fatores com coeficientes inteiros é igual a:

(A) 1410   (B) 1412   (C) 1414
(D) 1416   (E) 1418

2305. Se x, y e z são números reais tais que $x^2 + y^2 + z^2 - xy - yz - zx = 8$ então, o valor máximo possível da diferença entre dois quaisquer dos números x, y e z é igual a:

(A) $\dfrac{4}{\sqrt{3}}$ (B) $4\sqrt{\dfrac{3}{2}}$ (C) $4\sqrt{\dfrac{2}{3}}$

(D) 4 (E) $2\sqrt{2}$

2306. Sabendo que o módulo da função quadrática $f(x) = ax^2 + bx + c$ nunca é maior que 1, se x pertence ao intervalo fechado $[0,1]$ podemos afirmar que:

(A) $|a| + |b| + |c| \leq 11$ (D) $|a| + |b| + |c| \leq 17$
(B) $|a| + |b| + |c| \leq 13$ (E) $|a| + |b| + |c| \leq 19$
(C) $|a| + |b| + |c| \leq 15$

Seção 7.7 – O Gráfico da Função Quadrática

2307. O gráfico de uma função quadrática $f: \mathbb{R} \to \mathbb{R}$, dada por $f(x) = ax^2 + bx + c$, chama-se uma parábola, mais especificamente, dados um ponto F e uma reta d que não o contém, a parábola de foco F e diretriz d é o subconjunto $G \subset \mathbb{R}^2$ dos pontos do plano que distam igualmente de F e de d. A reta perpendicular à diretriz, baixada a partir do foco, chama-se o eixo da parábola. O ponto mais próximo da diretriz chama-se o vértice dessa parábola. Ela é o ponto médio do segmento cujas extremidades são o foco e a interseção do eixo com a diretriz.

Com base no texto acima, considere as afirmativas:

1. O gráfico da função quadrática $f(x) = x^2$ é a parábola cujo foco é $F = \left(0, \frac{1}{4}\right)$ e cuja diretriz é a reta horizontal $y = -\frac{1}{4}$.

2. Se $a \neq 0$, o gráfico da função quadrática $f(x) = ax^2$ é a parábola cujo foco é $F = \left(0, \frac{1}{4a}\right)$ e cuja diretriz é a reta horizontal $y = -\frac{1}{4a}$.

3. Para todo $a \neq 0$ e todo $m \in \mathbb{R}$, o gráfico da função quadrática $f(x) = a(x-m)^2$ é uma parábola cujo foco é o ponto $F = \left(m, \frac{1}{4a}\right)$ e cuja diretriz é a horizontal $y = -\frac{1}{4a}$.

4. Dados $a, m, k \in \mathbb{R}$, com $a \neq 0$, o gráfico da função quadrática $f(x) = a(x-m)^2 + k$ é a parábola cujo foco é o ponto $F = \left(m, k + \frac{1}{4a}\right)$ e cuja diretriz é a horizontal $y = k - \frac{1}{4a}$.

Conclua que

(A) Todas as afirmações acima estão corretas
(B) Apenas uma está incorreta
(C) Duas estão incorretas
(D) Apenas uma está correta
(E) Todas são falsas

2308. A Forma Canônica da função quadrática é dada por:

(A) $f(x) = a\left[\left(x + \dfrac{b}{2a}\right)^2 + \dfrac{4ac - b^2}{4a^2}\right]$

(B) $f(x) = a\left[\left(x + \dfrac{b}{2a}\right)^2 + \dfrac{b^2 - 4ac}{4a^2}\right]$

(C) $f(x) = a\left[\left(x + \dfrac{b}{2a}\right)^2 + \dfrac{4ac - b^2}{4a}\right]$

(D) $f(x) = a\left[\left(x + \dfrac{b}{2a}\right)^2 + \dfrac{b^2 - 4ac}{4a}\right]$

(E) $f(x) = a\left[\left(x + \dfrac{b}{2a}\right)^2 - \dfrac{b^2 - 4ac}{2a}\right]$

2309. Considere as afirmativas acerca da função quadrática, ou melhor, da parábola que lhe serve de gráfico:

1. Passa por um mínimo($a > 0$) ou um máximo($a < 0$) quando $x = -b/2a$ (semi-soma das raízes).
2. O valor mínimo ou de máximo é $-\Delta/4a$.
3. A reta de equação $x = -b/2a$, paralela ao eixo dos y, é o eixo de simetria da parábola.
4. Se $a > 0$, a concavidade da parábola é virada para cima. Se $a < 0$, a concavidade da parábola é virada para baixo.
5. A parábola corta ou não o eixo dos x conforme a função quadrática tiver ou não raízes reais.
6. A parábola pode não cortar o eixo dos y.

Conclua que:
(A) Três são verdadeiras e três são falsas
(B) Duas são verdadeiras e quatro são falsas
(C) Somente (2) é verdadeira
(D) Somente (6) é falsa
(E) Todas são falsas

2310. Considerando o gráfico abaixo referente da função quadrática $f(x) = ax^2 + bx + c$, pode-se afirmar que:

(A) $a > 0; b > 0; c < 0$
(B) $a > 0; b < 0; c > 0$
(C) $a < 0; b < 0; c < 0$
(D) $a < 0; b > 0; c > 0$
(E) $a < 0; b > 0; c > 0$

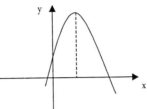

2311. Dado o gráfico da função quadrática $f(x) = ax^2 + bx + c$, onde $\Delta = b^2 - 4ac$ é o seu discriminante

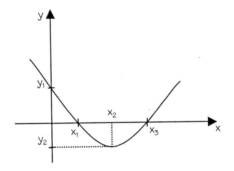

Considere as seguintes afirmativas:

1. $x_1 = \dfrac{-b - \sqrt{\Delta}}{2a}$ e $x_3 = \dfrac{-b + \sqrt{\Delta}}{2a}$

2. $x_2 = \dfrac{-b}{2a}$

3. $y_2 = \dfrac{-\Delta}{4a}$

4. $y_1 = c$

Conclua que
(A) Todas são verdadeiras
(B) Apenas uma é falsa
(C) Duas são falsas
(D) Apenas uma é verdadeira
(E) Todas são falsas

2312. Todos os gráficos das funções quadráticas da forma $f(x) = x^2 + ax + b$ com $a + b = 2005$ passam por um mesmo ponto. A soma das coordenada deste ponto é igual a:

(A) 2005   (B) 2006   (C) 2007
(D) 2008   (E) 2009

2313. Consideremos num sistema de coordenadas cartesianas as duas parábolas de equações $y = x^2 - 4x - 5$ e $y = -\frac{1}{2}(x^2 - 4x - 5)$. A área do menor retângulo com lados paralelos aos eixos coordenados que engloba a área limitada pelas duas parábolas é igual a:

(A) 18   (B) 27   (C) 54
(D) 72   (E) 81

2314. Uma parábola tem vértice na origem e o eixo y como eixo de simetria. Se ela passa pelo ponto $P = (4,4)$ a ordenada do ponto da parábola de abscissa 6 é:

(A) $\frac{\sqrt{6}}{2}$ (B) $2\sqrt{6}$ (C) 6
(D) 9   (E) 24

2315. Assinale dentre as funções quadráticas $f(x)$ com coeficientes inteiros dadas abaixo, aquela tal que para todo inteiro positivo n cuja representação decimal consiste somente de 1's o valor $f(x)$ também consiste somente de 1's :

(A) $f(x) = 9x^2 + 2$ (B) $f(x) = 9x^2 + 2x + 1$ (C) $f(x) = 9x^2 - 2$
(D) $f(x) = 9x^2 - 2x$ (E) $f(x) = 9x^2 + 2x$

2316. O vértice da parábola de equação $y = x^2 - 8x + c$ é um ponto do eixo dos x se o valor de c for igual a:

(A) −16 (B) −4 (C) 4
(D) 8   (E) 16

2317. Sabendo que os pontos $P = (1, y_1)$ e $Q = (-1, y_2)$ pertencem ao gráfico de $y = ax^2 + bx + c$ e se $y_1 - y_2 = -6$ o valor de b é igual a:

(A) −3 (B) 0 (C) 3
(D) $\sqrt{ac}$ (E) $\dfrac{a+c}{2}$

2318. Para traçarmos o gráfico de $f(x) = ax^2 + bx + c$ construímos uma tabela com os valores de $f(x)$ iguais a 3844, 3969, 4096, 4227, 4356, 4489, 4624 e 4761 correspondentes a valores de x, crescentes e equiespaçados. Assinale o único valor de $f(x)$ incorreto dentre os citados abaixo:

(A) 4096 (B) 4227 (C) 4356
(D) 4489 (E) 4761

2319. Os valores da função quadrática $f(x) = x^2 + ax + b$ são quadrados perfeitos consecutivos para dois números inteiros também consecutivos então, o número de valores da função que são também quadrados perfeitos é:

(A) 0 (B) 1 (C) 2
(D) 3 (E) infinito

2320. A parábola de equação $y = ax^2 + bx + c$ e vértice no ponto (h, k) é refletida em torno da reta $y = k$ resultando na parábola de equação $y = dx^2 + ex + f$. O valor de $a + b + c + d + e + f$ é igual a:

(A) 6h (B) 6k (C) 3k
(D) 2h (E) 2k

2321. O gráfico de $f(x) = ax^2 + bx - c$ passa pelo ponto $(-1, 0)$ e possui máximo no ponto $(2, 3)$. O valor de $a - b + c$ é igual a:

(A) $-\dfrac{1}{3}$ (B) $-\dfrac{2}{3}$ (C) 0

(D) $\dfrac{2}{3}$ (E) $\dfrac{5}{3}$

2322. O vértice da parábola $f(x) = ax^2 - 10x + c$ é o ponto de coordenadas $(5, -9)$. O valor de $a + c$ é igual a:

(A) 17   (B) 11   (C) -4

(D) 9   (E) 15

2323. Na função quadrática $y = ax^2 + bx + c$, $a < 0$, o seu valor numérico para $x = -3$ é positivo, para $x = 2$ é positivo e para $x = 7$ é negativo. Logo:

(A) $b > 0$ (B) $b < 0$ (C) $b = 0$ ou $c = 0$

(D) $c > 0$ (E) $c < 0$

2324. O gráfico do trinômio $y = x^2 + bx + c$ passa pela origem e possui um mínimo igual a -12. Se o seu vértice está situado à direita da origem então b é igual a:

(A) $-2\sqrt{3}$ (B) $-4\sqrt{3}$ (C) -48

(D) -24 (E) -12

2325. Os números mínimo e máximo, respectivamente, de pares ordenados com pelo menos uma coordenada nula que o conjunto $A = \{(x, y) \in \mathbb{R}^2 \mid y = ax^2 + bxbb + c\}$ pode apresentar, fixados $a \in \mathbb{R}^*$, $b \in \mathbb{R}$ e $c \in \mathbb{R}$ são:

(A) 0 e 2   (B) 0 e 3   (C) 1 e 2

(D) 1 e 3   (E) 2 e 3

2326. A parábola de equação $y = ax^2 + bx + c$ passa pelos pontos $A = (-1, 12)$, $B = (0, 5)$ e $C = (2, -3)$. O valor de $a+b+c$ é igual a:

(A) −4   (B) −2   (C) 0
(D) 1   (E) 2

2327. Se $f(x)$ um polinômio do segundo grau tal que $f(3) = 2 \cdot f(2)$, $f(4) = 25$ e $f(5) = 10 \cdot f(1)$. O valor de $f(6)$ é igual a:

(A) 59   (B) 60   (C) 61
(D) 62   (E) 63

2328. Com relação às raízes de $2000x^2 - (2000 + 2001 + 0{,}1^{2000})x + 2001 = 0$ podemos afirmar que:

(A) ambas são menores que 1.
(B) uma é maior e a outra é menor que 1
(C) ambas são negativas.
(D) uma é negativa e a outra é positiva.
(E) ambas são positivas e maiores que 1.

2329. Para que o trinômio $y = ax^2 + bx + c$ admita um valor máximo e tenha raízes de sinais contrários, deve-se ter:

(A) $a < 0$, $c > 0$ e b qualquer
(B) $a < 0$, $c < 0$ e $b = 0$
(C) $a > 0$, $c < 0$ e b qualquer
(D) $a > 0$, $c < 0$ e $b = 0$
(E) $a < 0$, $c < 0$ e b qualquer

2330. A parábola $y = ax^2 + bx + c$ possui vértice cujas coordenadas são $(4, 2)$. Se $(2, 0)$ pertence à parábola então o produto abc é igual a:

(A) −12   (B) −6   (C) 0
(D) 6   (E) 12

2331. O menor valor de $x^2 + 8x$ para valores reais de x é igual a:

(A) 16,25 (B) –16 (C) –15
(D) –8   (E) –24

2332. Uma função quadrática intercepta o eixo dos y em +16 e intercepta o eixo dos x em +2 e +8. O valor mínimo desta função é igual a:

(A) –16 (B) –9 (C) –6
(D) –5   (E) maior que –5

2333. A parábola $y = ax^2 + bx + c$ se anula em $x = 8$ e possui um mínimo igual a –12 quando $x = 6$. O valor de $a + b + c$ é igual a:

(A) 63 (B) 64 (C) 65
(D) 66 (E) 67

2334. O trinômio $y = x^2 + bx + c$ possui um mínimo igual a –1 quando $x = -2$ então bc é:

(A) 12 (B) 7 (C) 6
(D) 2   (E) 1

2335. Para que o trinômio $y = x^2 - 4x + k$ tenha seu valor mínimo igual a –9, o maior valor de x, que anula este trinômio, é:

(A) 2 (B) 4 (C) 1
(D) 5 (E) 3

2336. O valor de p para que o trinômio do 2º grau $px^2 - 4p^2x + 24p$ tenha máximo igual a $4K$, quando $x = K$ é:

(A) 2   (B) –2 (C) 3
(D) –3 (E) 1

2337. O valor mínimo do trinômio $y = 2x^2 + bx + p$ ocorre para $x = 3$. Sabendo que um dos valores de x que anulam esse trinômio é o dobro do outro, valor de p é:

(A) 32 (B) 64 (C) 16
(D) 128 (E) 8

2338. Se $P(x) = ax^2 + bx + c$ e $P(k)$ é o seu valor numérico para $x = k$ e sabendo que $P(3) = P(-2) = 0$ e que $P(1) = 6$, podemos afirmar que $P(x)$:

(A) tem valor negativo para $x = 2$

(B) tem valor máximo igual a $27/4$

(C) tem valor máximo igual a $11/4$

(D) tem valor máximo igual a $25/4$

(E) tem valor mínimo igual a $-25/4$

2339. Uma partícula projetada verticalmente para cima adquire no fim de t segundos, uma altura de h metros onde $h = 160t - 16t^2$. A altura máxima atingida pela partícula é:

(A) -800 (B) 640 (C) 400
(D) 320   (E) 160

2340. Se $n \in Z$, o valor máximo de $21n - n^2$ é igual a:

(A) $\dfrac{241}{4}$ (B) $\dfrac{543}{8}$ (C) 22

(D) 55 (E) 56

2341. O menor valor inteiro da expressão $5n^2 - 195n + 15$ ocorre para n igual a:

(A) 10 (B) 15 (C) 20
(D) 25 (E) 30

2342. O menor valor da expressão $E = 1 + \sqrt{4x^2 + 4x + 5}$ para valores reais de x é igual a:

(A) 0   (B) 1   (C) 2
(D) -2   (E) 2

2343. O valor máximo de $f(x) = 14 - \sqrt{x^2 - 6x + 25}$ é igual a:

(A) 6   (B) 8   (C) 10
(D) 12   (E) 14

2344. Se a e b são raízes da equação $x^2 - kx + k = 0$ onde k é um número real. O valor de k para o qual $a^2 + b^2$ é mínimo é igual a:

(A) 0   (B) -1   (C) 1
(D) -2   (E) 2

2345. Se o trinômio: $y = mx(x-1) - 3x^2 + 6$ admite (-2) como uma de suas raízes, podemos afirmar que o trinômio:

(A) tem mínimo no ponto $x = -0,5$
(B) pode ter valor numérico 6,1
(C) pode ter valor numérico 10
(D) tem máximo no ponto $x = 0,5$
(E) tem máximo no ponto $x = 0,25$

2346. O trinômio do segundo grau $y = (K+1)x^2 + (K+5)x + (K^2 - 16)$ apresenta máximo e tem uma raiz nula. A outra raiz é:

(A) uma dízima periódica positiva
(B) uma dízima periódica negativa
(C) decimal exata positiva
(D) decimal exata negativa
(E) inteira

2347. Relativamente ao trinômio $y = x^2 - bx + 5$, com b constante inteira, podemos afirmar que ele pode :

(A) se anular para um valor par de x

(B) se anular para dois valores reais de x cuja soma seja 4

(C) se anular para dois valores reais de x de sinais contrários

(D) ter valor mínimo igual a 1

(E) ter máximo para $b = 3$

2348. O valor de m que torna mínima a soma dos quadrados das raízes da equação $x^2 - mx + m - 1 = 0$, é:

(A) −2   (B) −1   (C) 0

(D) 1   (E) 2

2349. Dado o trinômio $y = -497x^2 + 1988x - 1987$, considere as seguintes afirmações:

I. Seu valor máximo é igual a 1.

II. Possui duas raízes de mesmo sinal.

III. Os valores numéricos para $x = -103$ e $x = 107$ são iguais.

IV. O gráfico intersecta o eixo das ordenadas em −1987.

O número de afirmações VERDADEIRAS é igual a:

(A) 4   (B) 3   (C) 2

(D) 1   (E) 0

2350. O valor de a, para que a soma dos quadrados das raízes da equação $x^2 + (2-a)x - a - 3 = 0$ seja mínima, é:

(A) 1   (B) 9   (C) $\sqrt{2}$

(D) −1   (E) −9

2351. Considere os números reais $x-a$, $x-b$ e $x-c$; onde a, b e c são constantes. Qual o valor de x para que a soma de seus quadrados seja a menor possível?

(A) $\dfrac{a+b+c}{2}$ (B) $\dfrac{a+b+c}{3}$ (C) $\dfrac{2a+2b+2c}{3}$

(D) $\dfrac{a-b-c}{3}$ (E) $\dfrac{2a-2b+2c}{3}$

2352. A equação $3x^2-4x+k=0$ possui raízes reais. O valor de k para o qual o produto das raízes da equação é máximo vale:

(A) $16/9$ (B) $16/3$ (C) $4/9$

(D) $4/3$ (E) $-4/3$

2353. Um polinômio do 2º grau em x é divisível por $(3x-3\sqrt{3}+1)$ e por $(2x+2\sqrt{3}-7)$. O valor mínimo do polinômio ocorre para x igual a:

(A) $19/12$ (B) $23/12$ (C) $29/12$

(D) $31/12$ (E) $35/12$

2354. Se x é real, o valor máximo inteiro de $\dfrac{3x^2+9x+17}{3x^2+9x+7}$ é igual a:

(A) 40 (B) 41 (C) 42
(D) 43 (E) 44

2355. O valor mínimo de $\dfrac{x^4+x^2+5}{(x^2+1)^2}$ é igual a:

(A) 1 (B) 0,95 (C) 0,85
(D) 0,75 (E) 0,65

2356. Se x e y são tais que $3x - y = 20$, o menor valor de $\sqrt{x^2 + y^2}$ é:

(A) $2\sqrt{5}$ (B) $2\sqrt{10}$ (C) $2\sqrt{15}$

(D) $4\sqrt{5}$ (E) $4\sqrt{10}$

2357. O valor mínimo de $\sqrt{x^2 + y^2}$ se $5x + 12y = 60$ é igual a:

(A) $60/13$ (B) $13/5$ (C) $13/12$

(D) 1 (E) 0

2358. O número de pares ordenados de inteiros positivos (x, y) que satisfazem à equação $y^2 - x^2 = 2x + 1$ onde $2005 < x < y < 2032$ é igual a:

(A) 21 (B) 23 (C) 25

(D) 27 (E) 29

2359. A parábola $y = x^2$ é refletida em torno da reta $y = 3$ resultando numa nova parábola a qual é refletida em torno da reta $x = 2$ resultando na parábola $y = -x^2 + bx + c$. O valor de $b + c$ é igual a:

(A) -2 (B) -1 (C) 0

(D) 3 (E) 5

2360. Um atleta arremessa uma bola de basquete cujo centro segue uma trajetória plana vertical de equação $y = -\dfrac{1}{7}x^2 + \dfrac{8}{7}x + 2$ na qual os valores de x e y são dados em metros. Sabendo que o atleta acerta o arremesso, e que o centro da bola passa pelo centro da cesta, que está situado a $3m$ de altura, a distância do centro da cesta ao atleta, em metros, é igual a:

(A) 1 (B) 3 (C) 5

(D) 7 (E) 9

2361. A parábola $y = ax^2 + 19x$, onde a é um inteiro, passa por dois pontos de coordenadas inteiras no primeiro quadrante cujas ordenadas são números primos. A soma das coordenadas destes dois pontos é igual a:

(A) 20 (B) 21 (C) 22
(D) 23 (E) 24

2362. Um arco parabólico de extremidades A e B possui altura $MC = 16$ e amplitude $AB = 40$. Sabendo que C é o ponto médio do arco AB e M é o ponto médio do segmento AB, a altura XY do arco, em um ponto situado a 5 unidades do centro M deste, é igual a:

(A) 1
(B) 15
(C) $15\frac{1}{3}$
(D) $15\frac{1}{2}$
(E) $15\frac{3}{4}$

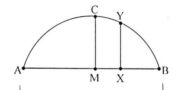

2363. Um atleta de vôlei efetua um saque de um ponto situado a 6m da margem esquerda de uma quadra cujo comprimento é igual a 18m. Sabendo que a bola descreve uma parábola e que a altura máxima atingida pela bola é 25m, considere as afirmativas:

1. A altura que a bola passa sobre a margem esquerda, quando ela cai a 5m da margem direita, é igual a 21m.

2. A altura que a bola atinge ao ultrapassar o suporte da rede, situado no meio da quadra, é igual a 18,75m.

Conclua que:

(A) (1) está certa e (2) está errada
(B) (1) está errada e (2) está certa
(C) (1) e (2) estão certas
(D) (1) e (2) estão erradas
(E) Não há dados suficientes

2364. Seja p uma parábola com vértice na origem e diretriz $y = -1$. O número de pontos de reticulado (pontos de coordenadas inteiras) que pertencem a p e cuja distância ao ponto $(0,1)$ seja menor ou igual a 1999 é igual a :

(A) 44 (B) 45 (C) 88
(D) 89 (E) 90

2365. Uma loja está fazendo uma promoção na venda de balas: "Compre x balas e ganhe $x\%$ de desconto". A promoção é válida para compras de até 60 balas, caso em que é concedido o desconto máximo de 60%. Alfredo, Beatriz, Carlos e Daniel compraram 10, 15, 30 e 45 balas, respectivamente. Qual deles poderia ter comprado mais balas e gasto a mesma quantia, se empregasse melhor seus conhecimentos de Matemática?

(A) Alfredo (B) Beatriz (C) Carlos
(D) Daniel (E) Nenhum

2366. Caio e Lucas receberam o mesmo salário. Caio recebeu um aumento de $A\%$ seguido de um aumento de $B\%$. Lucas recebeu um aumento de $C\%$ seguido de um aumento de $D\%$. É dado que $A+B=C+D$ e $A<C<D<B$. Após os aumentos podemos afirmar que:

(A) Lucas ganha mais do que Caio.
(B) Caio ganha mais do que Lucas.
(C) Os dois ganham igualmente.
(D) Nada se pode afirmar sem conhecer os salários de cada um.
(E) Nada se pode afirmar sem conhecer A, B, C e D.

2367. Um fazendeiro sabe, por experiência, que colhendo neste instante a sua safra de batatas, colherá 100 ares que poderão ser vendidos a $1500 cada um. Entretanto, se esperar um pouco mais, sua safra aumenta 10 ares a cada semana, mas o preço de venda cai $50 em cada are. Dentro de quantas semanas o fazendeiro deverá fazer a colheita a fim de obter o montante máximo?

(A) 10 (B) 12 (C) 15
(D) 16 (E) 20

2369. Em um pomar em que existiam 30 laranjeiras produzindo, cada uma 600 laranjas por ano, foram plantadas n novas laranjeiras. Depois de um certo tempo, constatou-se que devido à competição por nutrientes do solo, cada laranjeira (tanto nova como velha) estava produzindo 10 laranjas a *menos*, por ano, por cada nova laranjeira plantada no pomar. Se f(n) é a produção anual do pomar, considere as afirmativas,

1. A expressão algébrica que traduz f(n) é dada por

$$f(n) = -10n^2 + 300n + 18000.$$

2. Os valores de n para os quais f(n) = 0 são 30 e 60.

3. Para que o pomar tenha produção máxima devem ser plantadas 15 novas laranjeiras.

4. O valor da produção máxima é 20250 laranjeiras.

O número de afirmativas VERDADEIRAS é igual a:

(A) 0   (B) 1   (C) 2
(D) 3   (E) 4

2368. Um foguete ogiva nuclear foi acidentalmente lançado de um ponto da Terra e cairá perigosamente de volta à Terra. Se a trajetória plana desse foguete segue o gráfico da equação $y = -x^2 + 300x$, qual a tangente do ângulo α segundo o qual se deve lançar outro foguete com trajetória retilínea, do mesmo ponto de lançamento, para que esse último intercepte e destrua o primeiro no ponto mais distante da Terra ?

(A) 100   (B) 150   (C) 200
(D) 250   (E) 300

2368. Um foguete ogiva nuclear foi acidentalmente lançado de um ponto da Terra e cairá perigosamente de volta à Terra. Se a trajetória plana desse foguete segue o gráfico da equação $y = -x^2 + 300x$, qual a tangente do ângulo α segundo o qual se deve lançar outro foguete com trajetória retilínea, do mesmo ponto de lançamento, para que esse último intercepte e destrua o primeiro no ponto mais distante da Terra ?

(A) 100   (B) 150   (C) 200
(D) 250   (E) 300

2370. O diretor de uma orquestra percebeu que, com o ingresso a $9 em média 300 pessoas assistem aos consertos e que, para cada redução de $1 no preço dos ingressos, o *público* aumenta de 100 espectadores. Qual deve ser o preço do ingresso para que a receita seja máxima ?

(A) $9 (B) $8 (C) $7
(D) $6 (E) $5

2371. Um feirante vende mamões. Não podendo retornar com a mercadoria, ele é obrigado a vender tudo que leva à feira. A sua experiência mostra que caso leve a feira 100 mamões consegue um lucro total de $90 ; caso leve 150 mamões consegue um lucro total de $127,50 ; caso leve 200 mamões consegue um lucro total de $60 . O lucro médio por mamão é o quociente entre o lucro total e o número de mamões. Admitindo que a função que associa o número de mamões. Admitindo que a função que associa o número de mamões levados à feira, o lucro médio por mamão seja um trinômio do segundo grau, considere as afirmativas:

I. O número máximo de mamões que o feirante pode levar à feira par voltar sem prejuízo é igual a 216 .

II. O número de mamões que torna máximo o lucro médio por mamão é igual a 120 .

III. O número de mamões que torna máximo o lucro médio por mamão é o mesmo que dá lucro total máximo .

Conclua que estão corretas:

(A) Todas (B) somente (2) e (3) (C) somente (1)
(D) somente (1) e (3) (E) somente (1) e (2)

2372. Considere as afirmativas:

1. Se $x^2 + \dfrac{1}{x^2} = A$ e $x - \dfrac{1}{x} = B$ onde A e B são positivos, o valor mínimo de B/A é igual a $2\sqrt{2}$.

2. Se $x = 2005(a-b)$, $y = 2005(b-c)$ e $z = 2005(c-a)$ tais que $xy + yz + xz \neq 0$, o valor numérico de $\dfrac{x^2 + y^2 + z^2}{xy + yz + xz}$ é igual a 2 .

3. Sendo $x+2y=5$ o valor mínimo que x^2+y^2+2x é $31/5$.

4. O valor máximo de y/x onde x e y são números reais que satisfazem à equação $(x-3)^2+(y-3)^2=6$ é $2+\sqrt{3}$.

Conclua que
(A) (1) e (2) estão certas
(B) (2) está certa e (3) errata
(C) (1) está errada e (4) certa
(D) (2) e (4) estão erradas
(E) (3) está errada e (4) está certa

2373. Um avião tem combustível para voar durante 4 horas. Na presença de um vento com velocidade v km/h na direção e sentido do movimento, a velocidade do avião é de $(300+v)$ km/h. Se o avião se desloca em sentido contrário ao do vento, sua velocidade é de $(300-v)$ km/h. Supondo que o avião se afaste de uma distância d do aeroporto e retorne ao ponto de partida, consumindo todo o combustível, e que durante todo o trajeto a velocidade do vento é constante e tem a mesma direção que a do movimento do avião, o valor da distância d máxima é igual a:

(A) 200km　　(B) 300km　　(C) 400km
(D) 500km　　(E) 600km

2374. Os valores de a para os quais a expressão $\dfrac{a+3x}{(x-1)(x+1)}$ assume todos os valores reais são tais que:

(A) $a<-3$ ou $a>3$　　(B) $-4<a<4$　　(C) $-3<a<3$
(D) $-5<a<5$　　(E) $a<-4$ ou $a>4$

2375. Seja $y=ax^2+bx+c$ uma parábola onde a, b e c são números inteiros com $a\neq 0$ e que passa pelos pontos (a,b), (b,c) e (c,a) então $a+b+c$ é:

(A) -3　　(B) -2　　(C) -1
(D) 2　　(E) 3

2376. O número de ternos ordenados de números reais (a,b,c) para os quais a parábola $y = ax^2 + bx + c$ passa pelos pontos (a,a), (b,b) e (c,c) é igual a:

(A) 0   (B) 1   (C) 3
(D) 4   (E) mais de 4

2377. O número máximo de partes nas quais o plano xy pode ser dividido pelos gráficos de 100 funções quadráticas distintas da forma $y = ax^2 + bx + c$ é:

(A) 200   (B) 201   (C) 400
(D) 401   (E) 10001

2378. O ponto $P(a,b)$ pertence à parábola $x^2 = 4y$. A tangente à parábola no ponto P intersecta a reta $y = -1$ no ponto A. Excetuando-se quando P é o ponto $(0,0)$ a medida do ângulo $\angle AFP$ é igual a:

(A) 60°   (B) 90°   (C) 30°
(D) 45°   (E) 75°

2379. Um losango $ABCD$ está inscrito na região compreendida entre a reta $y = x$ e a parábola $y = x^2$ com CD pertencente à reta $y = x$ e AD paralelo ao eixo dos y. A soma das coordenadas do ponto A é igual a:

(A) $1 - \sqrt{2}$ (B) $2 - \sqrt{2}$ (C) $\sqrt{2} - 1$
(D) $2 + \sqrt{2}$ (E) $\sqrt{2} + 1$

2380. Traça-se no plano Cartesiano o gráfico da parábola $y = x^2$. Sejam A, B e C pontos distintos da parábola (com A entre B e C). Se N é um ponto de BC de modo que AN seja paralelo ao eixo dos y e se as áreas dos triângulos ABN e ACN são S_1 e S_2, a medida do segmento AN é igual a:

(A) $\sqrt[3]{5S_1 S_2}$ (B) $\sqrt[3]{4S_1 S_2}$ (C) $\sqrt[3]{3S_1 S_2}$
(D) $\sqrt[3]{2S_1 S_2}$ (E) $\sqrt[3]{S_1 S_2}$

2381. Seja $f(x)=\sqrt{ax^2+bx}$ então, a soma dos valores reais de a tais que existe pelo menos um valor positivo de b para o qual o domínio de f e a imagem de f são os mesmo conjuntos é igual a:

(A) -4 (B) -2 (C) 0
(D) 2 (E) 4

2382. Assinale a ÚNICA afirmativa incorreta.
(A) Uma desigualdade permanece inalterada quando adicionamos, subtraímos, multiplicamos ou dividimos um número positivo a ambos os seus membros.
(B) A média aritmética de dois números positivos e distintos é maior que sua média geométrica.
(C) Se a soma de dois números é constante, seu produto é máximo se eles forem iguais.
(D) Se a e b são positivos e desiguais então $\frac{1}{2}(a^2+b^2) > \left[\frac{1}{2}(a+b)\right]^2$.
(E) Se o produto de dois números positivos é constante sua soma é máxima se eles forem iguais.

2383. Se as variáveis x e y satisfazem a condição $x+y=c$ onde c é uma constante seu produto xy é máximo se, e somente se:

(A) $x=y=\dfrac{c}{2}$ (B) $x=y=\dfrac{c}{16}$ (C) $x=y=\dfrac{c}{4}$
(D) $x=y=\dfrac{c}{32}$ (E) $x=y=\dfrac{c}{8}$

2384. Se as variáveis x e y satisfazem a condição $xy=c$ onde c é uma constante positiva, sua soma $x+y$ é mínima se, e somente se:

(A) $x=y=\sqrt{c}$ (B) $x=y=\sqrt{\dfrac{c}{8}}$ (C) $x=y=\sqrt{\dfrac{c}{2}}$
(D) $x=y=\sqrt{\dfrac{c}{16}}$ (E) $x=y=\sqrt{\dfrac{c}{4}}$

2385. Considere as afirmativas:

1. O produto de várias quantidades positivas cuja "soma é constante" é máximo quando todas as quantidades são iguais.

2. O produto $x^\alpha \cdot y^\beta \cdot z^\gamma \cdots$ das potências positivas $\alpha, \beta, \gamma, \cdots$ das quantidades positivas $x, y, z, \cdots$ cuja "soma é constante" é máximo quando $\dfrac{x}{\alpha} = \dfrac{y}{\beta} = \dfrac{z}{\gamma} = \cdots$.

3. A soma de várias quantidades positivas cujo "produto é constante" é mínima quando todas são iguais.

4. Se o produto $x \cdot y \cdot z \cdots$ é constante, a soma $S = x^\alpha + y^\beta + z^\gamma + \cdots$ é mínima quando $\alpha x^\alpha = \beta y^\beta = \gamma z^\gamma = \cdots$.

O número daquelas que são verdadeiras é igual a:

(A) 0   (B) 1   (C) 2
(D) 3   (E) 4

2386. Sejam a, b, c, d, e, f, g e h elementos distintos do conjunto $\{-7, -5, -3, -2, 2, 4, 6, 13\}$. O valor máximo possível de $(a+b+c+d)^2 + (e+f+g+h)^2$ é igual a:

(A) 30   (B) 32   (C) 34
(D) 40   (E) 50

2387. Se a e b são respectivamente os valores máximo e mínimo de $\dfrac{y}{x}$ onde (x,y) com $x, y > 0$ satisfazem à equação $2x^2 + xy + 3y^2 - 11x - 20y + 40 = 0$ então, o valor de $a+b$ é igual a:

(A) 3   (B) $\sqrt{10}$ (C) $7/2$
(D) $9/2$ (E) $2\sqrt{14}$

Capítulo 7 – O Segundo Grau | 601

2388. Se $x, y \in \mathbb{R}_+$ são tais que $x+y=2$ o valor máximo de $P = x^2y^2(x^2+y^2)$ é igual a:

(A) 0　　　　　(B) 2　　　　　(C) 4
(D) 6　　　　　(E) 8

2389. O número de ternos de números reais positivos x, y, z tais que $x+y+z=6$ e $\dfrac{1}{x}+\dfrac{1}{y}+\dfrac{1}{z}=2-\dfrac{4}{xyz}$ é igual a:

(A) 0　　　　　(B) 1　　　　　(C) 2
(D) 3　　　　　(E) mais de 3

2390. Se $x, y \in \mathbb{R}$, o valor máximo de $y(1+x^2) = x\left(\sqrt{1-4y^2}-1\right)$ é igual a:

(A) $-\frac{1}{4}$　　　　　(B) $-\frac{1}{2}$　　　　　(C) $\frac{1}{4}$
(D) $\frac{1}{2}$　　　　　(E) 1

2391. O valor mínimo de $\dfrac{12}{x}+\dfrac{18}{y}+xy$ é igual a:

(A) 18　　　　　(B) 16　　　　　(C) 15
(D) 12　　　　　(E) 6

2392. O valor mínimo de $x^2 + \dfrac{16}{x}$ para todos os valores positivos de x é:

(A) 16　　　　　(B) 12　　　　　(C) 10
(D) 8　　　　　(E) 6

2393. Para valores positivos de x e y o valor máximo do produto $xy(72-3x-4y)$ é igual a:

(A) 1012　　　　　(B) 1112　　　　　(C) 1150
(D) 1152　　　　　(E) 1160

2394. Para valores positivos de x o menor valor de $5x + \dfrac{16}{x} + 21$ é igual a:

(A) $21 + \sqrt{5}$ (B) $21 + 2\sqrt{5}$ (C) $21 + 4\sqrt{5}$
(D) $21 + 6\sqrt{5}$ (E) $21 + 8\sqrt{5}$

2395. Se x e y são positivos tais que $x > y$ o menor valor de $x + \dfrac{8}{y(x-y)}$ é:

(A) 2   (B) 3   (C) 4
(D) 5   (E) 6

2396. Se $0 < x < 1$ o valor máximo de $x\sqrt{1-x^2}$ é igual a:

(A) 0   (B) 1   (C) $\dfrac{1}{2}$
(D) $\dfrac{1}{4}$ (E) $\dfrac{1}{8}$

2397. O maior valor de $2x(12 - x^2)$ para todos os valores de $x > 0$ é igual a:

(A) 30   (B) 32   (C) 36
(D) 40   (E) 42

2398. O número positivo que excede seu cubo da maior quantidade possível é igual a:

(A) $\sqrt{3}$ (B) $\sqrt{2}$ (C) 1
(D) $\dfrac{\sqrt{2}}{2}$ (E) $\dfrac{\sqrt{3}}{3}$

2399. O valor mínimo da expressão $6x + \dfrac{24}{x^2}$, quando $x > 0$ é igual a:

(A) 12   (B) 14   (C) 16
(D) 18   (E) 20

2400. O número positivo cujo quadrado excede seu cubo da maior quantidade possível é igual a:

(A) $2/3$　　(B) 1　　(C) $4/3$

(D) $5/3$　　(E) 2

2401. O valor máximo de $\dfrac{12(xy-4x-3y)}{x^2y^3}$ sendo x e y positivos é igual a:

(A) $1/16$　　(B) $1/32$　　(C) $1/64$

(D) $1/128$　　(E) $1/256$

2402. O menor valor de $xy+2xz+3yz$ para valores positivos de x, y e z tais que $xyz=48$ é igual a:

(A) 24　　(B) 36　　(C) 48

(D) 60　　(E) 72

2403. O menor valor de $x^2+12y+10xy^2$ para valores positivos de x e y satisfazendo a condição $xy=6$ é igual a:

(A) 108　　(B) 104　　(C) 100

(D) 96　　(E) 92

2404. Sejam x,y,z números reais positivos tais que $xyz=32$. O valor mínimo de $x^2+4xy+4y^2+2z^2$ é igual a:

(A) 64　　(B) 72　　(C) 96

(D) 144　　(E) 160

604 | Problemas Selecionados de Matemática

2405. Um pesado caminhão de carga freqüentemente faz uma viagem de 400 km com velocidade quase constante. Segundo as leis federais, a velocidade do caminhão na rodovia não pode ser menor que 35 km/h e nem maior que 55 km/h. Sabe-se que a uma velocidade de x quilômetros por hora, o consumo do caminhão é $1 + \dfrac{x}{40} + \dfrac{x^2}{300}$ litros de combustível por hora. Se o custo do combustível é K reais por litro e o salário do motorista é 8K reais por hora, a que velocidade, em km/h o caminhão deve ser conduzido para minimizar o custo total da viagem incluindo os gastos com combustível e salário do motorista?

(A) 48 (B) 49 (C) 50
(D) 51 (E) 52

2406. O valor mínimo da expressão $E = \dfrac{a+1}{a(a+2)} + \dfrac{b+1}{b(b+2)} + \dfrac{c+1}{c(c+2)}$ para valores reais e positivos de a, b e c com $a+b+c \leq 3$ é igual a:

(A) 0 (B) 1 (C) 2
(D) 3 (E) 4

2407. Se a e b são respectivamente o maior e o menor valor possível de $f(x,y) = y - 2x$ para todos os valores não negativos de x e y com $x \neq y$ e $\dfrac{x^2+y^2}{x+y} \leq 4$ então $a+b$ é igual a:

(A) $-2 - 2\sqrt{10}$ (B) $2 - 2\sqrt{10}$ (C) $4 - 2\sqrt{10}$
(D) $6 - 2\sqrt{10}$ (E) $8 - 2\sqrt{10}$

2409. Sejam a, b e c números reais tais que $\alpha, \beta, \gamma \in \{-1, +1\}$ com $\alpha a + \beta$ menor valor possível de $\left(\dfrac{a^3+b^3+c^3}{abc}\right)^2$ é igual a:

(A) 0 (B) 1 (C) 3
(D) 6 (E) 9

2410. Seja $(a_1, a_2, a_3, ..., a_{2006})$ uma seqüência de números reais. O valor máximo do menor dos números $a_k \cdot (1 - a_{2006-k})$, para $1 \leq k \leq 2006$ é igual a:

(A) $1/8$ (B) $1/4$ (C) $1/2$
(D) $3/4$ (E) 1

2411. O maior valor real possível do número c tal que $\dfrac{((x+y)^2 - 6)((x-y)^2 + 8)}{(x-y)^2} \geq c$ é igual a:

(A) 18 (B) 20 (C) 24
(D) 28 (E) 30

Seção 7.8 – Inequações do Segundo Grau

2412. O conjunto dos valores de x que satisfazem à inequação $x^2 - 5x + 4 > 0$:

(A) $x < 1$ ou $x > 4$ (B) $-4 < x < -1$ (C) $1 < x < 4$

(D) $x < 1$ (E) $x < -4$ ou $x > -1$

2413. O conjunto solução da inequação $x^2 + 4x < 0$ é o intervalo:

(A) $(-4, 0)$ (B) $[-3, -1]$ (C) $(-\infty, +\infty)$

(D) $[-2, 0]$ (E) $[-4, 0]$

2414. A inequação $2x^2 - 7x - 15 \geq 0$ é equivalente a:

(A) $\dfrac{3}{2} \leq x \leq 5$ (B) $x \geq -\dfrac{3}{2}$ (C) $-5 \leq x \leq \dfrac{3}{2}$

(D) $x \leq -5$ ou $x \geq \dfrac{3}{2}$ (E) $-x \leq -\dfrac{3}{2}$ ou $x \geq 5$

2415. O conjunto solução da inequação $x^2 + 6x + 9 \leq 0$ é igual a:

(A) $\varnothing$ (B) $\{3\}$ (C) $\{-3\}$

(D) $\mathbb{R}$ (E) $\{3, -3\}$

2416. O conjunto solução da inequação $12x^2 - 4x + 3 < 0$ é igual a:

(A) $\varnothing$ (B) $\mathbb{R}$ (C) $\left(-\dfrac{3}{2}, \dfrac{22}{21}\right)$

(D) $[-1, 1]$ (E) $\{0\}$

2417. O conjunto solução da inequação $3x^2 + 2x + 1 > 0$ é:

(A) $\varnothing$ (B) $\mathbb{R}$ (C) $\left(-1, \dfrac{2}{3}\right)$

(D) $\{0\}$ (E) $(-\infty, -1) \cup \left(\dfrac{2}{3}, +\infty\right)$

2418. O número de elementos do conjunto solução da inequação $-5 + 4x - 3x^2 < 0$ é igual a:

(A) 0 (B) 1 (C) 2
(D) 3 (E) infinito

2419. O conjunto dos valores de x que satisfazem à inequação $x^2 - 3x > 10$ é:

(A) $x < -5$ ou $x > 2$ (B) $-2 < x < 5$ (C) $x < -2$ ou $x > 5$
(D) $x > 5$ (E) $-5 < x < 2$

2420. O conjunto solução da inequação $-2 + x - 3x^2 > 0$ é igual a:

(A) $\varnothing$ (B) $\mathbb{R}$ (C) $\left(-\dfrac{2}{3}, 1\right)$

(D) $\{0\}$ (E) $\left(-\infty, \dfrac{2}{3}\right) \cup (1, +\infty)$

2421. O número de soluções inteiras da inequação $x^2 + 13x + 36 \leq 0$ é igual a

(A) 0 (B) 3 (C) 4
(D) 5 (E) 6

2422. Analise as afirmativas abaixo :

I. se $x^2 - 4x > x$, então $x > 5$.

II. se $x^2 - 1 > 0$ então $x > 1$.

III. se $\sqrt{x-3} = x+1$, então x só pode ser igual a 1

IV. $\dfrac{x^2-36}{x-6} = x+6$ para todo x real.

Assinale a alternativa correta:
(A) Todas as afirmativas são corretas.
(B) Apenas as afirmativas I, II e III são corretas.
(C) Apenas as afirmativas III e IV são corretas.
(D) Somente a afirmativa I é correta.
(E) Nenhuma das afirmativas é correta.

2423. Sejam os conjuntos

$$A = \left\{ x \in R \mid \dfrac{x-3}{x+5} \geq 0 \right\}$$

$$B = \{ x \in R \mid (x-3)(x+5) \geq 0 \}$$

$$C = \{ x \in R \mid x-3 \geq 0 \text{ e } x+5 \geq 0 \}$$

Pode-se afirmar que:
(A) $A = B = C$ (B) $A \subset B \subset C$ (C) $A \subset C \subset B$
(D) $C \subset A \subset B$ (E) $C \subset A = B$

2424. O maior valor inteiro que verifica a inequação $x \cdot (x+1) \cdot (x-4) < 2 \cdot (x-4)$ é igual a:
(A) 1 (B) negativo (C) par positivo
(D) ímpar maior que 4 (E) primo

2425. A soma dos valores inteiros de x, no intervalo $-10 < x < 10$, e que satisfazem a inequação $(x^2 + 4x + 4)(x+1) \leq x^2 - 4$ é:
(A) 42 (B) 54 (C) −54
(D) −42 (E) −44

2426. A solução da inequação $(x+3)(x+2)(x-3) > (x+2)(x-1)(x+4)$ é o intervalo:

(A) $\left(-\infty, -\dfrac{5}{3}\right)$ (B) $(-\infty, -1)$ (C) $\left(-2, -\dfrac{5}{3}\right)$

(D) $\left(-\dfrac{5}{3}, +\infty\right)$ (E) $(-1, 2)$

2427. Um exercício sobre inequações tem como resposta
$$\{x \in \mathbb{R} \mid x < -1 \text{ ou } 0 < x < 5\}$$
O exercício pode ser:

(A) $\dfrac{x^2 - 4x - 5}{-x} > 0$

(B) $(-x^3 + 4x + 5x) \geq 0$

(C) $(x^3 - 4x^2 - 5x) > 0$

(D) $\dfrac{1}{-x^3 + 4x^2 + 5x} \geq 0$

(E) $\dfrac{-x}{x^2 - 4x - 5} \geq 0$

2428. O número de soluções inteiras da inequação $\dfrac{x^2 - 6x + 10}{x^2 - 1} < 0$ é igual a:

(A) 0 (B) 1 (C) 2
(D) 3 (E) infinito

2429. A solução da inequação $\dfrac{x^2 + 5x + 16}{x^2 + 5x - 4} > 0$ é:

(A) $\varnothing$ (B) qualquer $x \in \mathbb{R}$ (C) $x < 2$
(D) $1 < x < 4$ (E) $x > 3$

2430. Um subconjunto do conjunto solução da inequação $\dfrac{1+4x-x^2}{x^2+1} > 0$ é:

(A) $\{x \in R \mid x > 5\}$

(B) $\{x \in R \mid 0 < x < 4\}$

(C) $\{x \in R \mid -1 < x < 3\}$

(D) $\{x \in R \mid x < 2\}$

(E) $\{x \in R \mid x < 0\}$

2431. A soma dos valores inteiros e positivos de x que satisfazem a inequação $\dfrac{-x^2+4x+7}{-x^2+3x+4} \geq 1$ é igual a:

(A) 8   (B) 10   (C) 6
(D) 9   (E) 14

2432. A inequação $\dfrac{3x^2-10x+5}{x^2-3x+2} \leq 1$ é equivalente a:

(A) $\dfrac{1}{2} \leq x < 1$ ou $2 < x \leq 3$

(A) $x \leq \dfrac{1}{2}$ ou $1 \leq x \leq 2$ ou $x \geq 3$

(C) $-3 \leq x < -2$ ou $-1 < x \leq -\dfrac{1}{2}$

(D) $x \leq -3$ ou $-2 < x < -1$ ou $x \geq -\dfrac{1}{2}$

(E) $-\dfrac{1}{2} \leq x < 1$ ou $2 \leq x \leq 3$

2433. O conjunto verdade da inequação $\dfrac{1}{x^2-x} \leq \dfrac{x-2}{x^2-3x+2}$ é:

(A) $\{x \in R \mid x < 0 \text{ ou } x > 1\}$

(B) $\{x \in R^* \mid x \neq 1 \text{ e } x \neq 2\}$

(C) $\{x \in R \mid 0 < x < 1\}$

(D) $\{x \in R \mid x > 2\}$

(E) $\{x > 0,\ x \neq 1 \text{ e } x \neq 2\}$

2434. O conjunto solução da inequação $\dfrac{x^2-2x+3}{x^2-4x+3} > -3$ é igual a:

(A) $\left(1, \dfrac{3}{2}\right) \cup (2,3)$

(B) $(-3,-2) \cup \left(-\dfrac{3}{2}, 1\right)$

(C) $(-\infty, 1) \cup \left(\dfrac{3}{2}, 2\right) \cup (3, +\infty)$

(D) $(-\infty, -3) \cup \left(-2, -\dfrac{3}{2}\right) \cup (-1, +\infty)$

(E) $(-3,-1) \cup \left(\dfrac{3}{2}, 2\right)$

2435. O conjunto solução da inequação $(x^2-4)(x^2-4x+3) \geq 0$ é igual a:

(A) $[-2,1] \cup [2,3]$

(B) $(-\infty,-3] \cup [-2,1] \cup [2,+\infty)$

(C) $(-\infty,-2] \cup [1,2] \cup [3,+\infty]$

(D) $[-3,-2] \cup [1,2]$

(E) $R - \{-2,1,2,3\}$

2436. O conjunto solução da inequação $(2x-1)(3x^2-14x-17)>0$ é igual a:

(A) $(-\infty,-1)\cup\left(\dfrac{1}{2},5\dfrac{2}{3}\right)\cup\left(5\dfrac{2}{3},+\infty\right)$

(B) $\left(-1,\dfrac{1}{2}\right)\cup\left(5\dfrac{2}{3},+\infty\right)$

(C) $(-\infty,-1)\cup\left(5\dfrac{2}{3},+\infty\right)$

(D) $\left(-1,5\dfrac{2}{3}\right)$

(E) $\left(-\infty,\dfrac{1}{2}\right)\cup\left(5\dfrac{2}{3},+\infty\right)$

2437. A inequação $\dfrac{3}{3-2x-x^2}<1$ é equivalente a:

(A) $x<-1$ ou $0<x<2$ ou $x>3$

(B) $-1<x<0$ ou $2<x<3$

(C) $x<-3$ x ou $-2<x<0$ ou $x>1$

(D) $-3<x<-2$ ou $0<x<1$

(E) $x<-3$ ou $x>1$

2438. A solução do sistema $\begin{cases}\sqrt{\sqrt{x}+2}\cdot\sqrt{\sqrt{x}-2}-5\sqrt[4]{x-4}+6<0\\1500x^{-1}+x>80\end{cases}$ é:

(A) $x>85$

(B) $30<x<50$

(C) $20<x<85$

(D) $20<x<50$ ou $x>85$

(E) $20<x<30$ ou $50<x<85$

2439. Se $P(x) = ax^2 + bx + c$ e $P(-1) \cdot P(1) < 0$ e $P(1) \cdot P(2) < 0$, $P(x)$ pode admitir, para raízes, os números:

(A) 0,3 e 3,2   (B) −2,4 e 1,5   (C) −0,3 e 0,5
(D) 0,7 e 1,9   (E) 1,3 e 1,6

2440. A soma de todos os valores inteiros e positivos de P que fazem com que $y = Px - P - 3 - x^2$ seja negativo para qualquer valor de x é:

(A) 21   (B) 28   (C) 10
(D) 14   (E) 15

2441. Os valores de K que fazem com que a equação $Kx^2 - 4x + K = 0$ tenha raízes reais e que seja satisfeita a inequação $1 - K \leq 0$ são os mesmos que satisfazem a inequação:

(A) $x^2 - 4 \leq 0$ (B) $4 - x^2 \leq 0$ (C) $x^2 - 1 \geq 0$
(D) $x^2 - 3x + 2 \leq 0$ (E) $x^2 - 3x + 2 \geq 0$

2443. O conjunto dos λ reais para os quais $\lambda(x^2 + 1) - (x^2 + x + 1) > 0$ se verifica para todo x real é:

(A) $\left(-\infty, \dfrac{1}{2}\right)$ (B) $\left(\dfrac{3}{2}, +\infty\right)$ (C) $\left(\dfrac{1}{2}, 1\right)$

(D) $\mathbb{R}$ (E) $\left(1, \dfrac{3}{2}\right)$

2442. A solução da inequação $\dfrac{4x^2}{\left(1 - \sqrt{1+2x}\right)^2} < 2x + 9$ é dada por:

(A) $-\dfrac{1}{2} \leq x < \dfrac{45}{9}$ (B) $-\dfrac{1}{2} \leq x < \dfrac{41}{8}$ (C) $-\dfrac{1}{2} \leq x < \dfrac{43}{8}$

(D) $-\dfrac{1}{2} \leq x < \dfrac{45}{8}$ (E) $-\dfrac{1}{2} \leq x < \dfrac{49}{8}$

2444. A expressão $x^2 + 1 > kx$ é verdadeira para todo x real se, e somente se:
(A) $k < 0$
(B) $k > 0$
(C) $-1 < k < 1$
(D) $-2 < k < 2$
(E) $k > 3$

2445. Se x é real, e $4x^2 + 4xy + x + 6 = 0$ então, o conjunto dos valores de x para os quais y é real é igual a :
(A) $(-\infty, -2] \cup [3, +\infty)$
(B) $[-3, 2]$
(C) $(-\infty, 2] \cup [3, +\infty)$
(D) $[-2, 3]$
(E) $(-\infty, -3] \cup [2, +\infty)$

2446. Os valores de k para os quais a equação $k = \dfrac{x^2 + x + 2}{3x + 1}$ possui solução para todo real x são:
(A) $-\dfrac{7}{9} \leq K \leq 1$
(B) $k \leq -1$ ou $k \geq \dfrac{7}{9}$
(C) $k \geq 1$
(D) $K \leq -\dfrac{7}{9}$ ou $k \geq 1$
(E) $-1 \leq K \leq \dfrac{7}{9}$

2447. Se x_1 e x_2 são as raízes reais da equação $x^2 - (k-2)x + (k^2 + 3k + 5) = 0$, o valor máximo de $x_1^2 + x_2^2$ é igual a:
(A) 20
(B) 19
(C) 18
(D) $\dfrac{50}{3}$
(E) 16

2448. A inequação $x^4 - 9x^2 + 8 < 0$ é equivalente a:
(A) $1 < x < 8$
(B) $1 < x < 2\sqrt{2}$
(C) $x < 1$ ou $x > 2\sqrt{2}$
(D) $-2\sqrt{2} < x < -1$ ou $1 < x < 2\sqrt{2}$
(E) $x < -2\sqrt{2}$ ou $-1 < x < 1$ ou $x > 2\sqrt{2}$

2449. O sistema de inequações simultâneas $\begin{cases} x^2 + 4x + 3 \geq 0 \\ 2x^2 + x - 10 \leq 0 \\ 2x^2 - 5x + 3 > 0 \end{cases}$ possui como conjunto solução:

(A) $[-1,1) \cup \left(\dfrac{3}{2}, 2\right]$

(B) $\left[-2, -\dfrac{3}{2}\right) \cup (-1, 1]$

(C) $\left[-1, \dfrac{3}{2}\right) \cup [2, +\infty)$

(D) $(-\infty, -1] \cup \left(1, \dfrac{3}{2}\right) \cup [2, +\infty)$

(E) $(-\infty, -2] \cup \left(-\dfrac{3}{2}, -1\right) \cup [1, +\infty)$

2450. O conjunto solução da dupla inequação $-1 < \dfrac{10x^2 - 3x - 2}{-x^2 + 3x - 2} < 1$ é igual a

(A) $\left(-\dfrac{2}{3}, 0\right) \cup \left(\dfrac{6}{11}, \dfrac{2}{3}\right)$

(B) $\left(-\infty, \dfrac{6}{11}\right) \cup \left(\dfrac{2}{3}, +\infty\right)$

(C) $\left(-\infty, -\dfrac{2}{3}\right) \cup \left(\dfrac{2}{3}, +\infty\right)$

(D) $\left(-\infty, -\dfrac{2}{3}\right) \cup \left(0, \dfrac{6}{11}\right) \cup \left(\dfrac{2}{3}, +\infty\right)$

(E) $\left(0, \dfrac{6}{11}\right)$

2451. O conjunto dos valores possíveis de h para os quais a desigualdade $-3 < \dfrac{x^2 - hx + 1}{x^2 + x + 1} < 3$ é satisfeita para qualquer valor real de x é:

(A) $(-\infty, -5) \cup (1, +\infty)$ (B) $[-1, 5]$ (C) $[-3, 3]$

(D) $[-5, 1]$ (E) $(-\infty, -1) \cup (5, +\infty)$

2451. Os valores de a para os quais a desigualdade $-3 < \dfrac{x^2 - ax - 2}{x^2 - x + 1} < 2$ é satisfeita para todo x real são tais que:

(A) $-2 < a < 1$ (B) $1 < a < 4$ (C) $2 < a < 5$

(D) $0 < a < 3$ (E) $-1 < a < 2$

2452. O conjunto dos valores reais de m para os quais a desigualdade $x^2 - 120 + 14m(x - 17) + m^2(x - 17)^2 \geq 0$ pata todos os valores reais de x é:

(A) $\left[-\dfrac{5}{12}, \dfrac{12}{5}\right]$ (B) $\left[-\dfrac{12}{5}, \dfrac{5}{12}\right]$ (C) $(-\infty, +\infty)$

(D) $\left(-\infty, -\dfrac{12}{5}\right] \cup \left[\dfrac{5}{12}, +\infty\right)$ (E) $\left(-\infty, -\dfrac{5}{12}\right] \cup \left[\dfrac{12}{5}, +\infty\right)$

2454. A solução da inequação $x(x+1)(x+2)(x+3) \geq -\dfrac{9}{16}$ é igual a:

(A) $x \leq -\dfrac{3}{2} - \sqrt{\dfrac{5}{2}}$ ou $x \geq -\dfrac{3}{2} + \sqrt{\dfrac{5}{2}}$

(B) $-\dfrac{3}{2} - \sqrt{\dfrac{5}{2}} \leq x < -\dfrac{3}{2} + \sqrt{\dfrac{5}{2}}$

(C) $x \leq \dfrac{-3 - \sqrt{5}}{2}$ ou $x \geq \dfrac{-3 + \sqrt{5}}{2}$

(D) $\dfrac{-3-\sqrt{5}}{2} \leq x \leq \dfrac{-3+\sqrt{5}}{2}$

(E) $x \leq -\dfrac{3}{2} - \sqrt{\dfrac{5}{2}}$ ou $x = -\dfrac{3}{2}$ ou $x \geq -\dfrac{3}{2} + \sqrt{\dfrac{5}{2}}$

2455. Os valores reais de m tais que ambas as raízes da equação $x^2 - 2mx + m^2 - 1 = 0$ sejam maiores que -2 e menores que 4 são:

(A) $-2 < m < 4$ (B) $-1 < m < 3$ (C) $0 < m < 2$
(D) $1 < m < 4$ (E) $2 < m < 5$

2456. O valor de a para o qual a expressão $4x^2 + 4(a-2)x - 8a^2 + 14a + 31 = 0$ possui raízes reais cuja soma dos quadrados é mínima é igual a:

(A) -1 (B) 0 (C) 1
(D) 2 (E) 3

2457. Considere as afirmativas:

1. O conjunto solução da inequação $\dfrac{1}{x+1} + \dfrac{6}{x+5} \geq 1$ é igual a $]-5, -2] \cup]-1, 3]$.

2. O conjunto solução da inequação $\dfrac{1}{x} + \dfrac{1}{2x-1} > 2$ é igual a $0 < x < \dfrac{1}{4}$ ou $\dfrac{1}{2} < x < 1$.

3. Os valores de x, que verificam a desigualdade $(x-1)^2(x-4)^2 < (x-2)^2$ são tais que $2-\sqrt{2} < x < 3-\sqrt{3}$ ou $2+\sqrt{2} < x < 3+\sqrt{3}$.

Assinale:
(A) Se somente as afirmativas (1) e (2) forem verdadeiras.
(B) Se somente as afirmativas (1) e (3) forem verdadeiras.
(C) Se somente as afirmativas (2) e (3) forem verdadeiras.
(D) Se todas as afirmativas forem verdadeiras.
(E) Se todas as afirmativas forem falsas.

2458. Sejam a, b e c números reais tais que
$$a^2 - bc - 8a + 7 = 0 \text{ e } b^2 + c^2 + bc - 6a + 6 = 0$$
Os valores possíveis de a pertencem ao intervalo:

(A) $(-\infty, +\infty)$ (B) $(-\infty, 1] \cup [9, +\infty)$ (C) $(0, 7)$

(D) $[1, 9]$ (E) $(-\infty, 0] \cup [7, +\infty)$

2459. Seja $\lfloor x \rfloor$ o maior inteiro menor ou igual a x. O número de soluções reais de $4x^2 - 40\lfloor x \rfloor + 51 = 0$ é igual a:

(A) 0   (B) 1   (C) 2

(D) 3   (E) 4

2460. A função quadrática definida por $f(x) = ax^2 - c$ é tal que $-4 \leq f(1) \leq -1$ e $-1 \leq f(2) \leq 5$ logo podemos afirmar que:

(A) $7 \leq f(3) \leq 26$ (B) $-4 \leq f(3) \leq 15$ (C) $-1 \leq f(3) \leq 20$

(D) $-9 \leq f(3) \leq 11$ (E) $-\dfrac{28}{3} \leq f(3) \leq \dfrac{35}{3}$

2461. O círculo $(x-5)^2 + (y-3)^2 = 25$ intersecta o eixo dos x nos pontos A e B. As equações das parábolas com eixo de simetria vertical que possuem apenas os pontos A e B em comum com o círculo possuem coeficiente de x^2 que satisfaz a:

(A) $a = \dfrac{1}{6}$ ou $-\dfrac{1}{2} < a < 0$ ou $0 < a < \dfrac{1}{8}$

(B) $a = \dfrac{1}{6}$ ou $-\dfrac{1}{2} < a < \dfrac{1}{8}$

(C) $a = \dfrac{1}{6}$ ou $0 < a < \dfrac{1}{8}$

(D) $a = \dfrac{1}{6}$ ou $-\dfrac{1}{2} < a < 0$

(E) $a = \dfrac{1}{6}$

2462. Se a e b são reais não nulos e distintos que são raízes da equação $x^{10} + p^5 + q^5 = 0$. Considere as afirmativas:

I. $a^5 + b^5 + p^5 = 0$

II. Se a e b são também raízes da equação $x^2 + px + q = 0$, então $\dfrac{a}{b}$ e $\dfrac{b}{a}$ são raízes da equação $(x^5 + 1) - (x+1)^5 = 0$.

III. Se a e b são também raízes da equação $x^2 + px + q = 0$, então $\dfrac{a}{b}$ e $\dfrac{b}{a}$ são raízes da equação $(x^5 - 1) - (x+1)^5 = 0$.

Conclua que:
(A) Somente I é verdadeira.
(B) Somente II é verdadeira.
(C) Somente III é verdadeira.
(D) Somente I e II são verdadeiras
(E) Somente II e III são verdadeiras.

2463. Os valores de x, que verificam a desigualdade $|x^2 - 4x + 1| > |x^2 - 4x + 5|$ são tais que:

(A) $1 < x < 3$ (B) $2 < x < 4$ (C) $3 < x < 5$

(D) $4 < x < 6$ (E) $5 < x < 7$

2464. O número de quadrados perfeitos com 20 algarismos tais que os nove últimos algarismos da esquerda são todos iguais a nove é igual a:

(A) 0   (B) 1   (C) 4

(D) 5   (E) mais de cinco

2465. O número natural k para o qual a expressão $\dfrac{k^2}{1{,}001^k}$ atinge seu valor máximo é igual a:

(A) 2000 (B) 2001 (C) 2002
(D) 2003 (E) 2004

2466. A notação $\lfloor x \rfloor$ significa o maior inteiro que não supera x. Por exemplo, $\lfloor 3{,}5 \rfloor = 3$ e $\lfloor 5 \rfloor = 5$. O número de inteiros x compreendidos entre 0 e 500 para os quais $x - \lfloor x^{\frac{1}{2}} \rfloor^2 = 10$ é igual a:

(A) 17 (B) 18 (C) 19
(D) 20 (E) 21

2467. Seja n o menor inteiro positivo cuja raiz cúbica é da forma $n + r$ onde n é um inteiro e r é um número real positivo menor que $\dfrac{1}{1000}$. O valor de n é igual a:

(A) 11 (B) 13 (C) 15
(D) 17 (E) 19

2468. O valor de N para o qual a imagem da função $f(x) = \dfrac{4x^2 + Nx + N}{x + 1}$ consiste de todos os reais $x \neq 1$ exceto para um único intervalo da forma $-L < x < L$ é igual a:

(A) 2 (B) 4 (C) 8
(D) 16 (E) 32

2469. A equação $ax^2 + bx + c = 0$ possui uma raiz real x_1 e a equação $-ax^2 + bx + c = 0$ possui uma raiz real x_2. Sabendo que a e c são ambos não nulos e que a equação $\dfrac{a}{2}x^2 + bx + c = 0$ possui uma raiz real x_3 podemos afirmar que:

(A) x_3 é menor que a menor das raízes x_1 e x_2.
(B) x_3 é maior que a menor das raízes x_1 e x_2.

(C) x_3 está compreendido entre as raízes x_1 e x_2.

(D) Nada se pode afirmar sem conhecermos x_1, x_2 e x_3.

(E) Nada se pode afirmar sem conhecermos a, b e c.

2470. Os valores positivos do parâmetro a para os quais as soluções comuns das inequações $x^2 - 2x \leq a^2 - 1$ e $x^2 - 4x \leq -a - 2$ formam um intervalo real de comprimento igual a 1 são:

(A) 1 e $\frac{1}{2}$ (B) 1 e $\frac{3}{4}$ (C) 1 e $\frac{5}{4}$

(D) 1 e $\frac{3}{2}$ (E) 1 e $\frac{7}{4}$

2471. O maior número real z tal que $x + y + z = 5$ e $xy + yz + xz = 3$ onde x e y são reais é igual a:

(A) 4   (B) $\frac{13}{3}$ (C) $\frac{14}{3}$

(D) 5   (E) $\frac{16}{3}$

2472. A soma de todos os valores inteiros de a para os quais o máximo e o mínimo da função $f(x) = \dfrac{12x^2 - 12ax}{x^2 + 36}$ são inteiros é igual a:

(A) 16   (B) 8   (C) 0

(D) −8   (E) −16

2473. Se a, b, c e d são números reais para os quais o conjunto de todas as soluções da desigualdade $\dfrac{ax^2 + bx + c}{a + dx - x^2} \leq 2x$ é o conjunto $\{0\} \cup\ ]4, +\infty[$ então, $a + b + c + d$ é igual a:

(A) 20   (C) 22   (C) 24

(D) 26   (E) 28

Análise

Capítulo 8

A Linguagem da Lógica

Seção 8.1 – Lógica

2475. Supondo que as proposições do exercício anterior sejam verdadeiras, considere as seguintes sentenças:

1. (   ) $(p \wedge q) \to r$
2. (   ) $(p \to r) \to q$
3. (   ) $\neg p \leftrightarrow (q \vee r)$
4. (   ) $\neg(p \leftrightarrow (q \vee r))$
5. (   ) $\neg(p \vee q) \wedge r$

Atribuindo a cada uma delas o valor lógico de VERDADEIRO(V) ou FALSO(F), obtemos a seguinte seqüência:

(A) (V,V,V,F,F) (B) (V,V,F,F,F) (C) (V,F,V,F,V)

(D) (V,V,F,V,V) (E) (V,V,F,F,V)

2476. Sejam p, q e r três proposições tais que p é verdadeira, q é falsa e r é verdadeira. Considere então cada um dos enunciados:

1. (   ) $p \to q$
2. (   ) $q \to r$
3. (   ) $(p \vee \neg r) \vee q$
4. (   ) $(p \leftrightarrow r) \leftrightarrow \neg q$
5. (   ) $p \to (q \to p)$

Atribuindo a cada um deles o valor lógico de VERDADEIRO(V) ou FALSO(F), obtemos a seguinte seqüência:

(A) (F,V,V,V,V) (B) (V,F,V,F,V) (C) (F,V,V,F,F)

(D) (F,V,V,V,F) (E) (V,F,V,V,F)

2477. A negação de "Todos os homens são honestos" é:
(A) Nenhum homem é honesto
(B) Todos os homens são desonestos
(C) Alguns homens são desonestos
(D) Nenhum homem é desonesto
(E) Alguns homens são honestos

2478. A negação de "Nenhum aluno preguiçoso freqüenta esta escola" é:
(A) Todo aluno preguiçoso freqüenta esta escola
(B) Todo aluno preguiçoso não freqüenta esta escola
(C) Alguns alunos preguiçosos freqüentam esta escola
(D) Alguns alunos preguiçosos não freqüentam esta escola
(E) Nenhum aluno preguiçoso não freqüenta esta escola

2479. Dada a sentença: "Não haverá picnic domingo somente se o tempo não estiver bom". Podemos concluir:
(A) Se houver picnic, o tempo no domingo estará certamente bom.
(B) Se não houver picnic, o tempo no domingo estará possivelmente ruim
(C) Se o tempo não estiver bom domingo, não haverá picnic
(D) Se o tempo estiver bom domingo, pode haver picnic
(E) Se o tempo estiver bom domingo, haverá picnic

2480. Suponha que as três sentenças abaixo são verdadeiras:
I. Todos os calouros são humanos
II. Todos os estudantes são humanos
III. Alguns estudantes pensam
Dadas as quatro sentenças abaixo:
(1) Todos os calouros são estudantes
(2) Alguns humanos pensam
(3) Nenhum calouro pensa
(4) Alguns humanos que pensam não sa   dantes
Aquelas que são conseqüências lógicas de   (II) e (III) são:
(A) somente (2)   (B) (2) e (4)   (C) somente (4)
(D) (1) e (2)   (E) (2) e (3)

2481. Dadas as proposições:
1. Todas as mulheres são boas motoristas
2. Algumas mulheres são boas motoristas
3. Nenhum homem é bom motorista
4. Todos os homens são maus motoristas
5. Pelo menos um homem é mau motorista
6. Todos os homens são bons motoristas

A proposição que nega (6) é:

(A) (1) (B) (2) (C) (3)
(D) (4) (E) (5)

2482. Dadas as duas hipóteses:
I. "Alguns M's não são N's"
II. "Nenhum N é V"

podemos concluir:

(A) Alguns M's não são V's
(B) Alguns V's não são M's
(C) Nenhum M é um V
(D) Alguns M's são V's
(E) Nada se pode afirmar

2483. Suponha que numa escola seja verdade que:
I. Alguns alunos não são honestos
II. Todos os membros do diretório são honestos

Uma conclusão necessária é:

(A) Alguns alunos são membros do diretório
(B) Alguns membros do diretório não são alunos
(C) Alguns alunos não são membros do diretório
(D) Nenhum membro do diretório é aluno
(E) Nenhum aluno é membro do diretório

2484. Se a sentença: "Todas as camisas desta loja estão em liquidação" é falsa então, quais das sentenças abaixo devem ser verdadeiras?
   I.   Todas as camisas desta loja não estão com preços de liquidação
   II. Existe alguma camisa nesta loja que não está em liquidação
   III. Nenhuma camisa desta loja está em liquidação
   IV. Nem todas as camisas desta loja estão em liquidação
   (A) Somente II   (B) Somente IV   (C) Somente I e III
   (D) Somente II e IV   (E) Somente I, II e IV

2485. Quais das sentenças abaixo são equivalentes à sentença "Se o elefante rosa do planeta alfa tem olhos roxos então o porco selvagem do planeta beta não tem focinho comprido"?
   I.   "Se o porco selvagem do planeta beta tem focinho comprido, então o elefante rosa do planeta alfa tem olhos roxos"
   II. "Se o elefante rosa do planeta alfa não tem olhos roxos então o porco selvagem do planeta beta não tem focinho comprido"
   III. "Se o porco selvagem do planeta beta tem focinho comprido então o elefante rosa do planeta alfa não tem olhos roxos"
   IV. "O elefante rosa do planeta alfa não tem olhos roxos ou o porco selvagem do planeta beta não tem focinho comprido"
   (A) Somente I e III   (B) Somente II e IV   (C) Somente III
   (D) Somente II e III (E) Somente III e IV

2486. Considere a seguinte implicação: "Se um homem é filósofo então ele é sábio" e as seguintes formas:
   I.   Recíproca: "Se um homem é sábio então ele é filósofo"
   II. Contrária: "Se um homem não é filósofo então ele não é sábio"
   III. Contra-Positiva ou Contra-Recíproca: "Se um homem não é sábio então ele não é filósofo"
   Assinale aquela que é logicamente equivalente à implicação é:
   (A) I   (B) II   (C) III
   (D) Nenhuma   (E) Todas

2487. Sejam "p = ele é rico" e "q = ele é feliz". Considere então as proposições:
1. Se ele é pobre então ele é feliz
2. É necessário ser pobre a fim de ser feliz
3. Ser rico é uma condição suficiente para ser feliz
4. Ser rico é uma condição necessária para ser feliz
5. Ele só é pobre se for infeliz

Escrevendo cada uma das proposições acima sob a forma simbólica obtemos:

(A) $\neg p \to q, q \to \neg p, p \to q, q \to p, \neg p \to \neg q$

(B) $\neg q \to \neg p, q \to \neg p, p \to q, q \to p, \neg p \to \neg q$

(C) $\neg p \to q, p \to \neg q, p \to \neg q, q \to p, \neg p \to \neg q$

(D) $\neg q \to p, \neg p \to q, q \to p, p \to q, p \to \neg q$

(E) $\neg p \to q, q \to p, p \to \neg q, p \to q, \neg p \to q$

2488. Assinale as na coluna da direita as negações equivalentes às proposições da coluna da esquerda:

(1) $p \wedge q$ ( ) $\neg p \vee \neg q$

(2) $p \vee q$ ( ) $\neg p \wedge \neg q$

(3) $p \to q$ ( ) $p \wedge \neg q$

(4) $p \leftrightarrow q$ ( ) $p \leftrightarrow \neg q$

(5) $\neg p$ ( ) p

A ordem obtida de cima para baixo é:

(A) 1, 2, 3, 4, 5   (B) 2, 1, 4, 5, 3   (C) 2, 1, 3, 5, 4

(D) 2, 1, 4, 3, 5   (E) 1, 3, 5, 2, 4

2489. Utilizando os resultados do exercício anterior, assinale na coluna da direita a expressão que simplifica cada uma das proposições apresentadas na coluna da esquerda:

(1) $\neg(p \vee \neg q)$ ( ) $\neg p \wedge \neg q$

(2) $\neg(\neg p \to q)$ ( ) $p \leftrightarrow q$

(3) ¬(p ∧ ¬q)   ( ) ¬p ∨ q
(4) ¬(¬p ∧ ¬q)   ( ) ¬p ∧ q
(5) ¬(¬p ↔ q)   ( ) p ∨ q
(6) ¬(¬p → ¬q)   ( ) ¬p ∧ q

A ordem obtida de cima para baixo é:

(A) 6,2,3,4,5,1   (B) 5,2,3,4,1,6   (C) 1,3,5,4,6,2
(D) 2,3,5,6,4,1   (E) 2,3,5,1,4,6

2490. Sabendo que o enunciado composto ¬p ∧ q → q ∧ r é VERDADEIRO, um valor lógico que não é possível para as proposições p, q e r, nesta ordem, é:

(A) F,V,F   (B) F,V,V   (C) F,F,F
(D) F,F,V   (E) V,V,F

2491. Se M(x) significa: "x é um homem" e A(x) significa: "Rosa ama x" o significado de (∀x); M(x) ⇒ A(x) é:

(A) Somente homens amam Rosa
(B) Todo homem ama Rosa
(C) Rosa ama somente homens
(D) Rosa não ama mulheres
(E) Rosa ama todo homem

2492. Numa prova de múltipla escolha, uma das questões saiu ilegível, porém as respostas, dadas abaixo, estavam claramente impressas. Assinale a resposta correta:

(A) Todas as respostas abaixo.
(B) Nenhuma das abaixo.
(C) Todas as respostas acima.
(D) Uma das respostas acima.
(E) Nenhuma das respostas acima

2493. As quatro sentenças abaixo, e somente estas, foram encontradas em um cartão:
Neste cartão, exatamente uma sentença é falsa.
Neste cartão, exatamente duas sentenças são falsas.
Neste cartão, exatamente três sentenças são falsas.
Neste cartão, exatamente quatro sentenças são falsas.
(Suponha que cada sentença neste cartão seja VERDADEIRA ou FALSA). Entre aquelas o número de sentenças FALSAS é:

(A) 0   (B) 1   (C) 2
(D) 3   (E) 4

2494. Três caixas etiquetadas estão sobre uma mesa. Uma delas contém apenas canetas; outra apenas lápis; e há uma que contém lápis e canetas. As etiquetas são "lápis", "canetas" e "lápis e canetas", porém nenhuma caixa está com a etiqueta correta. É permitida a seguinte operação: escolher uma caixa e dela retirar um único objeto. Qual o número mínimo de operações necessárias para colocar corretamente as etiquetas?

(A) Uma   (B) Duas   (C) Três
(D) Quatro   (E) Cinco

2495. João não estudou para a prova de Matemática e por conta disto, não entendeu o enunciado da primeira questão. A questão era de múltipla escolha e tinha as seguintes opções das quais apenas uma é verdadeira. Assinale-a:
(A) O problema possui duas soluções, ambas positivas.
(B) O problema possui duas soluções, uma positiva e outra negativa.
(C) O problema possui mais de uma solução.
(D) O problema possui pelo menos uma solução.
(E) O problema possui exatamente uma solução positiva.

2496. Os canibais de uma tribo preparam-se para comer um missionário. Eles lhe propõem então que decida sua sorte numa curta declaração. Se a mesma for Verdadeira, será *Assado*; se for Falsa será *Cosido*. Sabendo que na lógica canibal existe, a priori, o princípio do terceiro excluído podemos afirmar:
(A) Não há saída para o missionário
(B) Se o missionário disser que será cosido estará salvo
(C) Se o missionário disser que será assado estará salvo
(D) Nada se pode afirmar sobre a sorte do missionário
(E) Qualquer que seja a declaração do missionário não há como impor uma terceira solução

Capítulo 8 – A Linguagem da Lógica | **633**

2497. Paulo mente às Quartas, Quintas e Sextas feiras, dizendo a verdade no resto da semana. Pedro mente aos Domingos, Segundas e Terças feiras, dizendo a verdade nos outros dias. Certo dia ambos declararam: "Amanhã é dia de mentir". Qual o dia em que foi feita essa declaração?

(A) Terça feira   (B) Sábado   (C) Quarta feira
(D) Domingo   (E) Sexta feira

2498. Cada um dos cartões seguintes tem de um lado um número e do outro lado uma letra:

| A | | 20 | | B | | 5 |

Quem os colocou assim afirmou: **"Todo cartão que tiver uma vogal em uma face terá um número par na outra"**

Uma pessoa deseja verificar se essa afirmação é verdadeira. Para cada cartão, indique se a pessoa será obrigada a olhar a outra face desse mesmo cartão:

(A) Precisa, Não Precisa, Não Precisa, Precisa
(B) Precisa, Precisa, Precisa, Precisa
(C) Precisa, Não Precisa, Precisa, Precisa
(D) Precisa, Não Precisa, Não Precisa, Não Precisa
(E) Não Precisa, Precisa, Precisa, Precisa

2499. Augusto, Wagner e Antonio são réus em um julgamento de um crime que foi cometido por um deles. Durante o julgamento cada um deles fez duas declarações:

- Augusto : Eu sou inocente. Wagner é inocente.
- Wagner : Augusto é inocente. Antonio é culpado.
- Antonio : Eu sou inocente. Augusto é culpado

Foi constatado mais tarde que um deles mentiu duas vezes, outro falou a verdade duas vezes e o outro mentiu uma vez e falou a verdade na outra. Nestas condições podemos afirmar que:

(A) Augusto cometeu o crime, Wagner mentiu duas vezes e Antonio falou a verdade duas vezes.

(B) Wagner cometeu o crime, Antonio mentiu duas vezes e Augusto falou a verdade duas vezes.

(C) Antonio cometeu o crime, Augusto mentiu duas vezes e Wagner falou a verdade duas vezes.

(D) Wagner cometeu o crime, Augusto mentiu duas vezes e Antonio falou a verdade duas vezes.

(E) Antonio cometeu o crime, Wagner mentiu duas vezes e Augusto falou a verdade duas vezes.

2500. A cada um dos irmãos André (A), Bernardo (B) e Carlos (C), devemos associar uma e somente uma das profissões cirurgião (c), dentista (d) e engenheiro (e). Determine a profissão associada a cada pessoa sabendo que:

I. $A(c) \Rightarrow B(d)$ \qquad II. $A(d) \Rightarrow B(e)$

III. $B(\neg c) \Rightarrow C(d)$ \qquad IV. $C(e) \Rightarrow A(d)$

(A) $A(e)$, $B(d)$, $C(c)$ \quad (B) $A(e)$, $B(c)$, $C(d)$ \quad (C) $A(c)$, $B(d)$, $C(e)$

(D) $A(d)$, $B(e)$, $C(c)$ \quad (E) $A(d)$, $B(c)$, $C(e)$

2501. Três pessoas A, B e C fizeram as seguintes declarações:

A: Eu tenho 22 anos, sendo 2 a menos que B e 1 a mais que C.

B: Não sou o mais jovem, C e eu temos 3 anos de diferença e C tem 25 anos

C: Eu sou mais jovem que A, A tem 23 anos e B possui 3 anos a mais que A

Sabendo que cada pessoa fez apenas uma declaração falsa, a soma das idades das três pessoas é igual a:

(A) 62 \qquad (B) 64 \qquad (C) 66

(D) 68 \qquad (E) 70

2502. Uma prisão possui duas portas. Uma delas conduz à liberdade e a outra conduz à morte. Sabe-se que em cada porta existe um guarda que conhece para onde levam as portas. Além disso, cada guarda só pode responder SIM ou NÃO sendo que cada um dos guardas sempre fala a verdade e o outro sempre mente. A um prisioneiro que ignore qual dos guardas sempre mente lhe é dada a oportunidade de fazer uma única pergunta a um dos guardas. Nestas condições podemos afirmar que:

(A) Com uma única pergunta, o prisioneiro não pode conseguir a liberdade

(B) É possível conseguir a liberdade com uma única pergunta

(C) Mesmo se fosse permitido ao prisioneiro fazer duas perguntas ele não conseguiria a liberdade

(D) Somente de fosse permitido ao prisioneiro fazer três perguntas ele conseguiria a liberdade

(E) Nada se pode afirmar sobre a sorte do missionário

2503. Aos vértices de um cubo são atribuídos os números de 1 a 8 de modo que os conjuntos dos números correspondentes aos vértices das seis faces são $\{1,2,6,7\}$, $\{1,4,6,8\}$, $\{1,2,5,8\}$, $\{2,3,5,7\}$, $\{3,4,6,7\}$ e $\{3,4,5,8\}$. O vértice atribuído ao número 6 está mais longe do vértice de número:

(A) 1 (B) 3 (C) 4
(D) 5 (E) 7

2504. Para escolher um ministro entre três candidatos A, B e C um presidente os submete a uma prova: Sobre a cabeça de cada um deles é colocado um chapéu, que eles não vêm porém cada um vê o chapéu sobre a cabeça dos outros dois. Os candidatos sabem que os chapéus foram escolhidos entre 3 pretos e 2 brancos. O primeiro que disser a cor do chapéu que está sobre a sua cabeça será escolhido ministro. Um deles, digamos A, vê um chapéu preto sobre a cabeça de cada um dos outros dois e vendo que eles não se pronunciavam, afirma com certeza "Meu chapéu é preto". Nestas condições podemos afirmar que:

(A) Somente se ele estivesse vendo dois chapéus brancos ele poderia afirmar que o seu era preto
(B) Não há como A deduzir com certeza a cor do seu chapéu vendo dois chapéus pretos
(C) Qualquer um deles poderia deduzir a cor do seu chapéu
(D) A afirmação de A está correta
(E) Nenhum deles pode deduzir a cor do seu chapéu

2505. Um aluno vai responder a um teste com cinco questões do tipo VERDADEIRO(V) ou FALSO(F). Ele sabe que seu professor sempre coloca mais questões verdadeiras do que falsas e também que nunca existem três questões seguidas com as mesmas respostas. Após o aluno ler as cinco questões, ele percebeu que a primeira e a última possuíam respostas contrárias e que a única questão que ele sabia responder com certeza era a segunda. Sabendo que com essas informações ele pode responder corretamente às cinco questões, podemos afirmar que a seqüência correta é:

(A) (B) V,V,F,V,F (C) F,V,V,F,V
(D) V,F,V,F,V (E) V,F,V,V,F

2506. Cinco animais A, B, C, D e E são cães ou são lobos. Cães sempre contam a verdade e lobos sempre mentem. A diz que B é um cão. B diz que C é um lobo. C diz que D é um lobo. D diz que B e E são animais de espécies diferentes. E diz que A é um cão. Quantos lobos há entre os cinco animais?

(A) 1   (B) 2   (C) 3
(D) 4   (E) 5

2507. Cinco pessoas A, B, C, D e E são juízes ou advogados. Sabe-se que juízes sempre falam a verdade enquanto que advogados sempre mentem. Sabe-se que:

- A é um juiz;
- B diz que ele é um juiz;
- C diz que D é um juiz;
- D diz que B e E não podem ser ambos juízes;
- E diz que A e B são juízes.

O número de juízes entre A, B, C, D e E é igual a:

(A) 2   (B) 3   (C) 4
(D) 5   (E) indeterminado

2508. Um assassinato foi cometido por uma única pessoa de um grupo de cinco suspeitos: Armando, Celso, Edu, Juarez e Tarso. Entre eles apenas um mente, nos depoimentos, afirmaram:

- Armando – "Sou inocente"
- Tarso – "Celso mentiu"
- Celso – "Edu é culpado"
- Edu – "Tarso é culpado"
- Juarez – "Armando disse a verdade"

Quem é o culpado?

(A) Armando   (B) Celso   (C) Edu
(D) Juarez   (E) Tarso

2509. Quatro alunos simpáticos desejam comprar um presente de aniversário para seu professor de MATEMÁTICA.

- Augusto pensa que ele vai fazer 38 anos no dia 16 de Setembro.
- Eduardo pensa que ele vai fazer 40 anos no dia 17 de Outubro.
- Gustavo pensa que ele vai fazer 38 anos no dia 17 de Outubro.
- Nicolau pensa que ele vai fazer 38 anos no dia 17 de Setembro.
- Pablo pensa que ele vai fazer 40 anos no dia 16 de Setembro.

Supondo que somente um deles esteja certo e que os outros não estejam totalmente errados(isto é a idade, o dia ou o mês de cada está correto), aquele que está certo é:

(A) Augusto (B) Eduardo (C) Gustavo
(D) Nicolau (E) Pablo

2510. Eduardo, Gustavo e Nicolau estavam reunidos quando de repente Eduardo resolveu distribuir entre os outros, dois números inteiros positivos e consecutivos sem que nenhum deles saiba quem recebeu o maior. Após a distribuição ocorreu o seguinte diálogo:

- Gustavo: não sei o número que Nicolau recebeu;
- Nicolau: não sei o número que Gustavo recebeu;
- Gustavo: não sei o número que Nicolau recebeu;
- Nicolau: não sei o número que Gustavo recebeu;
- Gustavo: não sei o número que Nicolau recebeu;
- Nicolau: não sei o número que Gustavo recebeu;
- Gustavo: agora eu sei o número que Nicolau recebeu;
- Nicolau: agora eu também sei o número que Gustavo recebeu;

A soma dos números recebidos por cada um deles é igual a:

(A) 10 ou 12 (B) 11 ou 13 (C) 12 ou 14
(D) 13 ou 15 (E) 14 ou 16

2511. A figura ao lado mostra três dados iguais. O número da face que é a base inferior da coluna de dados:

(A) é 1   (B) é 2   (C) é 4
(D) é 6   (E) é 1 ou 4

2512. Cinco amigas, Ana, Bia, Cátia, Dida e Elisa, são tias ou irmãs de Zilda. As tias de Zilda contam a verdade e as irmãs de Zilda sempre mentem.

- Ana diz que Bia é tia de Zilda.
- Bia diz que Cátia é irmã de Zilda.
- Cátia diz que Dida é irmã de Zilda.
- Dida diz que Bia e Elisa têm diferentes graus de parentesco com Zilda.
- Elisa diz que Ana é tia de Zilda.

Assim, o número de irmãs de Zilda neste conjunto de cinco amigas é dado por:

(A) 1   (B) 2   (C) 3
(D) 4   (E) 5

2513. Um líder criminoso foi morto por um de seus quatro asseclas: A, B, C e D. Durante o interrogatório esses indivíduos fizeram as seguintes declarações:

- A afirmou que C matou o líder.
- B afirmou que D não matou o líder
- C disse que estava jogando dardos com A quando o líder foi morto, e por isso, não tiveram participação no crime.
- D disse que não matou o líder.

Considerando a situação hipotética apresentada acima e sabendo que três dos comparsas mentiram em suas declarações, enquanto um deles falou a verdade podemos afirmar que:

(A) C não mentiu   (B) A matou o líder   (C) B matou o líder
(D) C matou o líder   (E) D matou o líder

2514. Fernanda atrasou-se e chega ao ginásio do Flamengo quando o jogo de vôlei já está em andamento. Ela pergunta às suas amigas, que estão assistindo à partida, desde o início, qual o resultado até o momento. Suas amigas dizem-lhe:

- Amanda: "Neste set, o escore está 13 a 12".
- Berenice: "O escore não está 13 a 12, e o Flamengo já ganhou o primeiro set".
- Camila: "Este set está 13 a 12, a favor do Flamengo.
- Denise: "O escore não está 13 a 12, o Flamengo está perdendo este set, e quem vai sacar é a equipe visitante".
- Eunice: "Quem vai sacar é a equipe visitante, e o Flamengo está ganhando este set".

Conhecendo suas amigas, Fernanda sabe que duas delas estão mentindo e que as demais estão dizendo a verdade e conclui corretamente que:

(A) O escore está 13 a 12, o Flamengo está perdendo este set e quem vai sacar é a equipe visitante.

(B) O escore está 13 a 12, o Flamengo está vencendo este set e quem vai sacar é a equipe visitante.

(C) O escore não está 13 a 12, o Flamengo está vencendo este set e quem vai sacar é a equipe visitante.

(D) O escore não está 13 a 12, o não Flamengo está vencendo este set e o Flamengo venceu o primeiro set.

(E) O escore está 13 a 12, o Flamengo vai sacar e o Flamengo venceu o primeiro set.

2515. Você seta à frente de duas portas. Uma delas conduz a um tesouro e a outra a uma sala vazia. Caio guarda uma das portas, enquanto que Lucas guarda a outra. Cada um dos guardas sempre diz a verdade ou sempre mente, ou seja, ambos os guardas podem sempre mentir, ambos podem sempre dizer a verdade ou um sempre dizer a verdade e o outro sempre mentir. Você não sabe se ambos são mentirosos, se ambos são verazes, ou se um é veraz e o outro é mentiroso. Mas, para descobrir qual das portas conduz ao tesouro, você pode fazer três (e apenas três) perguntas aos guardas, escolhendo-as da seguinte relação:

- P1: O outro guarda é da mesma natureza que você?
- P2: Você é o guarda da porta que leva ao tesouro?

- P3: O outro guarda é mentiroso?
- P4: Você é veraz?

Então, uma possível seqüência de três perguntas que é logicamente suficiente para assegurar, seja qual for a natureza dos guardas, que você identifique corretamente a porta que leva ao tesouro, é:

(A) P2 a Caio, P2 a Lucas, P3 a Lucas.

(B) P3 a Lucas, P2 a Caio, P3 a Caio.

(C) P3 a Caio, P2 a Lucas, P4 a Caio.

(D) P1 a Caio, P1 a Lucas, P2 a Caio.

(E) P4 a Caio, P1 a Caio, P2 a Lucas.

2516. Quatro carros, de cores amarela, verde, azul e preta, estão em fila. Sabe-se que o carro que está imediatamente antes do carro azul é menor do que o que está imediatamente depois do carro azul; que o carro verde é o menor de todos; que o carro verde está depois do carro azul; e que o carro amarelo está depois do preto. O primeiro carro da fila:

(A) é amarelo   (B) é azul   (C) é preto
(D) é verde   (E) indeterminada

2517. Os carros de Arthur, Bernardo e Caio são, não necessariamente nesta ordem, um Toyota, um Peugeot e um Fiat. Um dos carros é cinza, um outro é verde e o outro é azul. O carro de Arthur é cinza; o carro de Caio é o Fiat; o carro de Bernardo não é verde e não é Toyota. As cores do Toyota, do Peugeot e do Fiat são, respectivamente:

(A) Cinza, verde e azul   (B) Azul, cinza e verde   (C) Azul, verde e cinza
(D) Cinza, azul e verde   (E) Verde, azul e cinza

2518. Um agente de viagens atende a três amigas. Uma delas é loura, outra é morena e a outra é ruiva. O agente sabe que uma delas se chama Elizabeth, outra se chama Márcia e a outra se chama Geni. Sabe, ainda, que cada uma delas fará uma viagem a um país diferente da Europa: uma delas irá à Alemanha, outra irá à França e a outra irá à Espanha. Ao agente de viagens, que queria identificar o nome e o destino de cada uma, elas deram as seguintes informações:

- A loura: "Não vou à França nem à Espanha".
- A morena: "Meu nome não é Márcia nem Geni".
- A ruiva: "Nem eu e nem Márcia vamos à França".

O agente de viagens concluiu, então, acertadamente, que:

(A) A loura é Geni e vai à Espanha.

(B) A ruiva é Geni e vai à França.

(C) A ruiva é Elizabeth e vai à Espanha.

(D) A morena é Elizabeth e vai à Espanha.

(E) A loura é Márcia e vai à Alemanha.

2519. Três amigas encontraram-se em uma festa. O vestido de uma delas é azul, o de outra é preta e o da outra é branco. Elas calçam pares de sapatos destas mesmas três cores, mas somente Ana está com vestido e sapatos da mesma cor. Nem o vestido nem os sapatos de Júlia são brancos. Márcia está com os sapatos azuis. Deste modo:

(A) O vestido de Júlia é azul e o de Ana é preto.

(B) O vestido de Júlia é branco e seus sapatos são pretos.

(C) Os sapatos de Júlia são pretos e os de Ana são brancos.

(D) Os sapatos de Ana são pretos e o vestido de Márcia é branco.

(E) O vestido de Ana é preto e os sapatos de Márcia são azuis.

2520. Os cursos de Renata, Fernanda e Márcia são não necessariamente nesta ordem, Medicina, Moda e Química. Uma delas realizou seu curso na UERJ, a outra na UFRJ e a outra na UFF. Renata realizou seu curso na UERJ. Márcia cursou Química. Fernanda não realizou seu curso na UFF e não fez Medicina. Assim, os cursos e os respectivos locais de estudo de Renata, Fernanda e Márcia são pela ordem:

(A) Medicina na UERJ, Química na UFRJ, Moda na UFF.

(B) Química na UERJ, Moda na UFRJ, Medicina na UFF.

(C) Medicina na UERJ, Moda na UFRJ, Química na UFF.

(D) Moda na UERJ, Medicina na UFF, Química na UFRJ.

(E) Medicina na UERJ, Moda na UFF, Química na UFRJ.

2521. Quatro cartas estão dispostas sobre uma mesa. Em cada uma delas existe uma letra em um dos lados e um número do outro lado. O conteúdo mostrado é o abaixo:

| A | | K | | 4 | | 7 |

Deseja-se verificar a veracidade da seguinte afirmativa;

"Se existe uma vogal em um dos lados de uma carta então, existe um número par do outro lado"

Quais as cartas que devemos virar para confirmar a afirmativa?

(A) A   (B) A e 4   (C) A e 7
(D) A, 4 e 7   (E) todas

2522. Sobre uma mesa estão três caixas e três objetos, cada um em uma caixa diferente: uma moeda, um grampo e uma borracha. Sabe-se que
- A caixa verde está à esquerda da caixa azul;
- A moeda está à esquerda da borracha;
- A caixa vermelha está à direita do grampo;
- A borracha está à direita da caixa vermelha.

Em que caixa está a moeda?

(A) Na caixa vermelha.
(B) Na caixa verde.
(C) Na caixa azul.
(D) As informações fornecidas são insuficientes para se dar uma resposta.
(E) As informações fornecidas são contraditórias.

2522. Você está em um país estrangeiro e não conhece o idioma, mas sabe que as palavras "BAK" e "KAB" significam sim e não, porém não sabe qual é qual. Você encontra uma pessoa que entende português e pergunta: "KAB" significa sim?" A pessoa responde "KAB". Pode-se deduzir que:

(A) KAB significa sim.
(B) KAB significa não.
(C) A pessoa que respondeu mentiu.
(D) A pessoa que respondeu disse a verdade.
(E) Não é possível determinar.

2523. Quatro amigos vão visitar um museu e um deles resolve entrar sem pagar. Aparece um fiscal que quer saber qual deles entrou sem pagar.

- Eu não fui, diz o Benjamim.
- Foi o Carlos, diz o Mário.
- Foi o Pedro, diz o Carlos.
- O Mário não tem razão, diz o Pedro.

Sabendo que apenas um deles mentiu. Quem não pagou a entrada do museu?

(A) Mário (B) Pedro (C) Benjamim
(D) Carlos (E) não é possível saber.

2524. Há três cartas viradas sobre uma mesa. Sabe-se que em cada uma delas está escrito um número inteiro positivo. São dadas a Carlos, Samuel e Tomás as seguintes informações:

- Todos os números escritos nas cartas são diferentes;
- A soma dos números é 13;
- Os números estão em ordem crescente, da esquerda para a direita.

Primeiro, Carlos olha o número na carta da esquerda e diz: "Não tenho informações suficientes para determinar os outros dois números." Em seguida, Tomás olha o número na carta da direita e diz: "Não tenho informações suficientes para determinar os outros dois números." Por fim, Samuel olha o número na carta do meio e diz: "Não tenho informações suficientes para determinar os outros dois números." Sabendo que cada um deles sabe que os outros dois são inteligentes e escuta os comentários dos outros, qual é o número da carta do meio?

(A) 2 (B) 3 (C) 4
(D) 5 (E) Não há informações suficientes.

2525. Um crime é cometido por uma pessoa e há quatro suspeitos: André, Eduardo, Rafael e João. Interrogados, eles fazem as seguintes declarações:

- André: Eduardo é o culpado.
- Eduardo: João é o culpado.
- Rafael: Eu não sou culpado.
- João: Eduardo mente quando diz que eu sou culpado.

Sabendo que apenas um dos quatro disse a verdade, quem é o culpado?

(A) André (B) Eduardo (C) Rafael
(D) João (E) Não se pode saber.

2526. A respeito da resposta de um problema, Maurício, Paulo, Eduardo e Carlos fizeram as seguintes afirmações:
- Maurício: É maior que 5.
- Paulo: É menor que 10.
- Eduardo: É um número primo.
- Carlos: É maior que 12.

Entre as afirmações acima, quantas, no máximo, podem ser verdadeiras?

(A) 0 (B) 1 (C) 2
(D) 3 (E) 4

2527. Um serralheiro tem 10 pedaços de 3 elos elos de ferro cada um, mostrados abaixo.

Ele quer fazer uma única corrente de 30 elos. Para abrir e depois soldar um elo o serralheiro leva 5 minutos. Quantos minutos no mínimo mínimo ele levará para fazer a corrente?

(A) 30 (B) 35 (C) 40
(D) 45 (E) 50

2528. Qual é a quantidade total de letras de todas as respostas incorretas desta questão?

(A) Quarenta e oito. (B) Quarenta e nove. (C) Cinqüenta.
(D) Cinqüenta e um. (E) Cinqüenta e quatro.

Capítulo 8 – A Linguagem da Lógica | 645

2529. Cada uma das afirmativas abaixo é VERDADEIRA ou FALSA :
1. As afirmativas (3) e (4) são ambas verdadeiras
2. As afirmativas (4) e (5) não são ambas falsas
3. A afirmativa (1) é verdadeira
4. A afirmativa (3) é falsa
5. As afirmativas (1) e (3) são ambas falsas

Dentre as afirmativas de (1) a (5) listadas acima, o número daquelas que são verdadeiras é:

(A) 0   (B) 1   (C) 2
(D) 3   (E) 4

2530. Surpreendentemente, todos os 7 adultos de minha família fazem aniversário em datas muito próximas. Estas datas são 1º de Janeiro, 31 de Janeiro, 2 de Fevereiro, 20 de Fevereiro, 21 de Fevereiro, 23 de Fevereiro e 27 de Fevereiro. Por comodidade, a família decidiu comemorar todos os aniversários numa única data para a qual a soma dos dias existentes entre cada aniversário e a referida data seja mínima. Esta data é:

(A) 31 de Janeiro   (B) 1º de Fevereiro   (C) 9 de Fevereiro
(D) 11 de Fevereiro   (E) 20 de Fevereiro

2531. Consideremos um conjunto S consistindo de dois objetos não definidos "COMISSÃO" e "ALUNO", os quatro Postulados :

- P1: Toda comissão é uma coleção de alunos.
- P2: Quaisquer duas comissões distintas têm um e somente um aluno em comum.
- P3: Todo aluno pertence a duas e somente duas comissões.
- P4: Existem exatamente quatro comissões.

Consideremos ainda os três Teoremas :

- T_1: Existem exatamente seis alunos.
- T_2: Existem exatamente três alunos em cada comissão.

- T_3 : Para cada aluno existe exatamente um outro aluno que não pertence a mesma comissão que o primeiro.

Nestas condições, os teoremas dedutíveis dos postulados são:

(A) somente T_3 (B) somente T_2 e T_3 (C) somente T_1 e T_2
(D) somente T_1 e T_3 (E) T_1, T_2 e T_3

2532. Um explorador visita um pequeno país, constituído por duas tribos, os ABES e os BABES. Ainda que a língua seja a mesma, os ABES nunca mentem ao passo que os BABES mentem sistematicamente. O explorador encontra 3 nativos e perguntou ao primeiro o nome de sua tribo e este respondeu na sua língua nativa, algo que o explorador não entendeu. O segundo nativo disse ao explorador que o primeiro tinha dito que era um ABE. Já, o terceiro nativo disse ao explorador que o primeiro tinha dito que era um BABE. Com base nisto, o segundo e o terceiro nativos eram respectivamente:

(A) ABE e ABE   (B) ABE e BABE   (C) BABE e ABE
(D) BABE e BABE   (E) não se pode determinar

2533. Numa cidade, existem 5 casas de cores diferentes, com 5 moradores de nacionalidades diferentes, que bebem bebidas diferentes, fumam cigarros diferentes e possuem animais de estimação diferentes. Sabe-se que:
- O inglês mora na casa vermelha;
- O animal de estimação do sueco é um cachorro;
- O dinamarquês bebe chá;
- A casa verde fica à esquerda da casa branca;
- O dono da casa verde bebe café;
- O fumante de Malboro tem pássaros;
- O dono da casa amarela fuma Carlton;
- O morador do meio bebe leite;
- O norueguês mora na primeira casa;
- O fumante de Hollywood mora ao lado do dono do gato;
- O dono do cavalo mora ao lado do que fuma Carlton;
- O fumante de Plaza bebe cerveja;
- O alemão fuma Free;
- O norueguês mora al lado da casa azul;
- O fumante de Hollywood tem um vizinho que bebe vinho;

Com base nestas informações podemos afirmar que o dono do peixe é o:
(A) alemão
(B) dinamarquês
(C) inglês
(D) norueguês
(E) sueco

2534. Vejamos esta curiosa reunião familiar. Estão reunidas algumas pessoas da mesma família. Entre as pessoas presentes existem as seguintes relações: Pai, Mãe, Filho, Filha, Irmão, Irmã, Primo, Prima, Sobrinho, Sobrinha, Tio e Tia. Todos possuem um antepassado comum e não há casamentos consangüíneos. O número mínimo de pessoas necessárias para que todas estas relações se verifiquem é igual a:
(A) 3
(B) 4
(C) 5
(D) 6
(E) mais de 6

2535. Em uma agência bancária existem um GERENTE, um TESOUREIRO, e quatro CAIXAS. O GERENTE resolve instalar um novo cofre, manda fazer várias fechaduras e distribui as chaves de modo que:
- Ele possa abrir a porta sozinho.
- O TESOUREIRO só possa abrir a porta juntamente com qualquer um dos CAIXAS.
- Os CAIXAS só podem abrir a porta em grupos de três.

O número de fechaduras necessárias é igual a:
(A) 5
(B) 6
(C) 7
(D) 8
(E) mais de 8

2536. Após um assalto, quatro empregados de um banco, descrevem a figura do assaltante:
- Segundo o PORTEIRO, o assaltante era alto, de olhos azuis vestia uma capa e usava chapéu.
- Segundo o CAIXA, o assaltante era baixo, de olhos negros, vestia uma capa e usava chapéu.
- Segundo a GERENTE, o assaltante era de estatura média, tinha olhos verdes vestia uma jaqueta e usava um chapéu.
- Segundo o TESOUREIRO, o assaltante era alto, de olhos castanhos vestia uma capa e não usava chapéu.

Se cada uma das testemunhas descreveu pelo menos um detalhe exato podemos afirmar que o assaltante era:

(A) Alto, de olhos azuis vestia uma jaqueta e usava chapéu.
(B) Alto, de olhos negros vestia uma capa e usava chapéu.
(C) De estatura média, olhos castanhos vestia uma jaqueta e não usava chapéu.
(D) Baixo, de olhos azuis vestia uma jaqueta e não usava chapéu.
(E) Baixo, de olhos verdes vestia uma capa e usava chapéu.

2537. Para cada $k \leq n$ numa lista de n afirmações, a k-ésima afirmação é:

1. "O número de afirmações falsas nesta lista é $<k$"

2. "O número de afirmações falsas nesta lista é $\leq k$"

3. "O número de afirmações falsas nesta lista é $=k$"

Sobre o problema de determinar os possíveis valores verdade das n afirmações, em cada caso, considere os seguintes argumentos:

I. A única maneira de assegurar valores verdade para (1) é fazer as j primeiras afirmações falsas e as outras verdadeiras sendo $0 \leq j \leq n$.

II. Em (2) todas as afirmações são verdadeiras.

III. Em (3) somente a última afirmação é verdadeira.

São verdadeiros:

(A) (I), (II) e (III)   (B) Somente (I) e (II)   (C) Somente (I) e (III)
(D) Somente (II) e (III)   (E) Nenhum

Capítulo 9

Teoria dos Conjuntos

Seção 9.1 – Pertinência e Inclusão

2538. Sejam τ o conjunto das turmas de seu colégio, A a sua turma, C o conjunto dos seus colegas de turma e F o conjunto das famílias dos alunos de sua turma. Designando você por x e um dos seus colegas de turma por y, assinale (V) ou (F) conforme os valores lógicos de VERDADEIRO ou FALSO cada um dos enunciados a seguir :

1. (   ) $x \in \tau$
2. (   ) $y \in \tau$
3. (   ) $A \in \tau$
4. (   ) $x \in C$
5. (   ) $y \in C$
6. (   ) $C \in A$
7. (   ) $C \in \tau$
8. (   ) $x \notin F$
9. (   ) $y \in F$
10. (   ) $C \notin F$

O número de enunciados VERDADEIROS é igual a:
(A) 2   (B) 4   (C) 6
(D) 8   (E) 10

2539. Com as notações do exercício anterior, se $x \in X \in F$ e $y \in X$, podemos concluir que:

(A) X não é a sua família
(B) X é seu parente
(C) y não é seu parente
(D) y é sua família
(E) y é seu parente

2540. Uma imagem que facilita a compreensão de exemplos onde os elementos de um conjunto são também conjuntos é encararmos um conjunto como um pacote que contenha em seu interior os elementos do conjunto. Por exemplo, o conjunto $\{\{a,b\},\{c,d\}\}$ seria imaginado como um pacote (caracterizado pelo par de chaves mais externo) que possui no seu interior dois pequenos pacotes, a saber $\{a,b\}$ e $\{c,d\}$. Imaginando um conjunto como um pacote, dê a representação explícita de um pacote que contém: dois abacaxis a_1 e a_2, um saco com três bananas b_1, b_2 e b_3, uma caixa que contém um caqui embrulhado c e dois damascos desembrulhados d_1 e d_2.

(A) $\{\{a_1, a_2\}, \{b_1, b_2, b_3\}, \{c\}, d_1, d_2\}$
(B) $\{a_1, a_2, \{b_1, b_2, b_3\}, \{c\}, \{d_1, d_2\}\}$

(C) $\{\{a_1, a_2\}, \{b_1, b_2, b_3\}, \{c, d_1, d_2\}\}$

(D) $\{a_1, a_2, \{b_1, b_2, b_3\}, \{\{c\}, d_1, d_2\}\}$

(E) $\{\{a_1, a_2\}, \{b_1, b_2, b_3\}, \{\{c\}, d_1, d_2\}\}$

2541. Seja τ o conjunto das turmas de um colégio, A uma dessas turmas, R e F duas alunas dessa turma. Assinale (V) ou (F) conforme os valores lógicos de VERDADEIRO ou FALSO ou cada um dos enunciados a seguir:

1. (   ) A ∈ τ   6. (   ) {F} ⊄ τ
2. (   ) R ∈ A   7. (   ) {R} ⊂ A
3. (   ) F ∉ τ   8. (   ) {R, F} ⊂ A
4. (   ) {A} ⊂ τ   9. (   ) τ ∉ A
5. (   ) F ∈ A   10. (   ) τ ⊄ A

O número de enunciados FALSO é igual a:

(A) 0   (B) 1   (C) 2
(D) 3   (E) 4

2542. Se A = {2, {0}, 0, 6} assinale a afirmação errada:

(A) 2 ∈ A   (B) 0 ∈ A   (C) {0} ∈ A
(D) {0} ⊂ A   (E) 6 ⊂ A

2543. Sendo A = {2, {0}, 0, {0, 6}} considere as afirmativas:

1. (   ) 2 ∈ A   6. (   ) {0, {0}} ∈ A
2. (   ) {2} ∈ A   7. (   ) ∅ ∈ A
3. (   ) {0} ∉ A   8. (   ) 6 ∈ A
4. (   ) 0 ∉ A   9. (   ) {6} ∉ A
5. (   ) {2, 0} ∈ A   10. (   ) {0, 6} ∈ A

652 | Problemas Selecionados de Matemática

O número daquelas que são FALSAS é igual a:

(A) 4   (B) 5   (C) 6
(D) 7   (E) 8

2544. Se $B = \{\emptyset, 0, 5, \{0\}, \{0,5\}\}$ considere as afirmativas:

1. ( ) $\emptyset \in B$ 6. ( ) $\{5, \{5\}\} \in B$
2. ( ) $\{\emptyset\} \in B$ 7. ( ) $\{0, 5\} \in B$
3. ( ) $5 \in B$ 8. ( ) $\{\{5\}\} \in B$
4. ( ) $\{5\} \notin B$ 9. ( ) $\{\emptyset, 0, 5\} \in B$
5. ( ) $\{0\} \notin B$ 10. ( ) $0 \in B$

O número daquelas que são VERDADEIRAS é igual a:

(A) 1   (B) 2   (C) 3
(D) 4   (E) 5

2545. Se $V = \{a, b, \{c, d\}\}$ então:

(A) $c \in V$ (B) $\{\{c,d\}\} \subset V$ (C) $\{c,d\} \subset V$
(D) $\{c\} \in V$ (E) $\{a,b,c,d\} \subset V$

2546. Se $A = \{\{2, 0\}, 0, \{5\}\}$ considere os enunciados:

1. ( ) $2 \notin A$ 6. ( ) $\{2, 5\} \in A$
2. ( ) $0 \in A$ 7. ( ) $\{0\} \in A$
3. ( ) $5 \in A$ 8. ( ) $\{0, 2\} \notin A$
4. ( ) $\{2\} \in A$ 9. ( ) $\emptyset \in A$
5. ( ) $\{5\} \notin A$ 10. ( ) $\{0, 2, 5\} \in A$

A soma dos números correspondentes aos enunciados FALSOS é igual a:

(A) 50   (B) 51   (C) 52
(D) 53   (E) 54

Capítulo 9 – Teoria dos Conjuntos | 653

2546. Se A = {2,{2}, 0, {0,5}}, considere os enunciados:

1. ( ) 5∈A   6. ( ) {0}⊂A
2. ( ) {2}∈A   7. ( ) {{0}}⊂A
3. ( ) {2}⊂A   8. ( ) {0, 5}⊂A
4. ( ) {{2}}⊂A   9. ( ) {0}∉A
5. ( ) 0∈A   10. ( ) {0, 5}∈A

A soma dos números correspondentes aos enunciados FALSOS é igual a:

(A) 14   (B) 16   (C) 20
(D) 25   (E) 40

2547. Sendo A = {2, 0, {0}, {6}} considere as afirmativas:

1. ( ) {2}∉A   6. ( ) 2∈A
2. ( ) {0,{0}}∈A   7. ( ) {{0}}⊂A
3. ( ) {2, 0, {6}}∉A   8. ( ) 0∈A
4. ( ) {{0}, {6}}⊄A   9. ( ) {0}∉A
5. ( ) {0, 6}⊂A   10. ( ) {6}⊄A

A soma dos números correspondentes as afirmativas VERDADEIRAS é igual a:

(A) 20   (B) 25   (C) 30
(D) 35   (E) 40

2548. A representação *explícita* do conjunto A = {x | x∈y ∧ y∈B} onde B = {∅, {∅}, {{∅}}} é igual a:

(A) ∅   (B) {∅}   (C) {{∅}}
(D) {∅,{∅}}   (E) {{∅},{{∅}}}

2549. Sendo $A = \{\emptyset, \{\emptyset\}, 0, \{6\}\}$ considere as afirmativas:

1. ( ) $\emptyset \in A$
2. ( ) $\emptyset \subset A$
3. ( ) $\{\emptyset\} \in A$
4. ( ) $\{\emptyset\} \subset A$
5. ( ) $\{6\} \subset A$
6. ( ) $\{6\} \subset A$
7. ( ) $6 \in A$
8. ( ) $\{\{\emptyset\}\} \subset A$
9. ( ) $\{\emptyset, 0\} \in A$
10. ( ) $\{\emptyset, 0, \{6\}\} \subset A$

A soma dos números correspondentes aqueles que são FALSAS é igual a:

(A) 25   (B) 27   (C) 29
(D) 31   (E) 33

2550. Sendo $A = \{2, 0, \{0\}, \{5\}, \emptyset\}$, considere os enunciados:

1. ( ) $\emptyset \in A$
2. ( ) $\emptyset \subset A$
3. ( ) $\{0\} \in A$
4. ( ) $\{\{0\}, \{5\}\} \in A$
5. ( ) $\{\emptyset\} \subset A$
6. ( ) $\{0\} \subset A$
7. ( ) $\{0, 5\} \in A$
8. ( ) $5 \in A$
9. ( ) $\{5\} \subset A$
10. ( ) $\{\emptyset\} \in A$

O número de enunciados VERDADEIROS é igual a:

(A) 16   (B) 17   (C) 18
(D) 19   (E) 20

2551. Sendo $A = \{\{2, 6\}, 0, \{0\}, \emptyset\}$, considere os enunciados:

1. ( ) $2 \in A$
2. ( ) $\emptyset \in A$
3. ( ) $\{6\} \in A$
6. ( ) $\{2, 6\} \subset A$
7. ( ) $\{2, 0, 6\} \subset A$
8. ( ) $6 \in A$

4. ( ) $\{\{2, 6\}, \{0\}\} \subset A$ 9. ( ) $\emptyset \subset A$

5. ( ) $\{\emptyset\} \subset A$ 10. ( ) $\{2, \emptyset\} \in A$

A soma dos números correspondente aqueles que são VERDADEIROS é igual a

(A) 20   (B) 25   (C) 30
(D) 35   (E) 40

2552. Sendo $A = \{\emptyset, 2005, \{\emptyset\}, \{2005\}\}$ considere as afirmativas:

1. ( ) $\emptyset \in A$ 6. ( ) $\{\{\emptyset\}\} \subset A$
2. ( ) $\emptyset \subset A$ 7. ( ) $\{\{2005\}\} \not\subset A$
3. ( ) $\{\emptyset\} \in A$ 8. ( ) $\{\{\emptyset\}\} \in A$
4. ( ) $\{2005, \{2005\}\} \subset A$ 9. ( ) $\{\emptyset\} \subset A$
5. ( ) $\{2005\} \not\in A$ 10. ( ) $\{2005\} \subset A$

A soma dos números correspondentes aquelas que são FALSAS é igual a:

(A) 20   (B) 21   (C) 22
(D) 23   (E) 24

2553. Sendo $A = \{\emptyset, 2005, \{\emptyset\}, \{2005\}\}$ considere as afirmativas:

1. ( ) $\emptyset \in A$ 6. ( ) $\{\{\emptyset\}\} \subset A$
2. ( ) $\emptyset \subset A$ 7. ( ) $\{\{2005\}\} \not\subset A$
3. ( ) $\{\emptyset\} \in A$ 8. ( ) $\{\{\emptyset\}\} \in A$
4. ( ) $\{2005, \{2005\}\} \subset A$ 9. ( ) $\{\emptyset\} \subset A$
5. ( ) $\{2005\} \not\in A$ 10. ( ) $\{2005\} \subset A$

A soma dos números correspondentes aquelas que são FALSAS é igual a:

(A) 22   (B) 23   (C) 24
(D) 25   (E) 26

2554. Assinale (V) ou (F) conforme se tornem VERDADEIRAS ou FALSAS, cada uma das sentenças abaixo quando substituímos a barra pelos sinais de pertinência ($\in$) e/ou inclusão ($\subset$).

N°	SENTENÇA	$\in$	$\subset$
01	$\varnothing \_ \varnothing$		
02	$\varnothing \_ \{\varnothing\}$		
03	$\varnothing \_ \{\{\varnothing\}\}$		
04	$\{\varnothing\} \_ \{\varnothing, \{\varnothing\}\}$		
05	$\{\varnothing\} \_ \{\varnothing, \{\{\varnothing\}\}\}$		
06	$\{\{\varnothing\}\} \_ \{\varnothing, \{\varnothing\}\}$		
07	$\{\{\varnothing\}\} \_ \{\varnothing, \{\{\varnothing\}\}\}$		
08	$\{\{\varnothing\}\} \_ \{\varnothing, \{\varnothing, \{\varnothing\}\}\}$		
09	$\{\{\varnothing\}\} \_ \{\{\varnothing\}, \{\{\varnothing\}\}\}$		
10	$\{\varnothing, \{\varnothing\}\} \_ \{\varnothing, \{\varnothing\}, \{\varnothing, \{\varnothing\}\}\}$		

A soma dos números correspondentes às sentenças para as quais apenas uma das relações é VERDADEIRA é igual a:

(A) 20   (B) 21   (C) 22
(D) 23   (E) 24

2555 Sejam $A = \{a, b, c, d, e, f\}$; $B = \{d, e, f, g, h, i\}$; $C = \{b, d, f, h\}$; $D = \{d, e\}$; $E = \{e, f\}$; $F = \{d, f\}$ e X um conjunto que satisfaz simultaneamente às condições $X \subset A$, $X \subset B$ e $X \not\subset C$. Dentre os conjuntos a A, B, C, D, E e F aqueles que podem ser iguais a X são:

(A) A e B somente   (B) D e F somente   (C) B e D somente
(D) A e D somente   (E) D e E somente

2556. Dado o conjunto $A = \{0, \{0\}, \{0, 6\}\}$ considere as afirmativas, onde $P(A)$ significa o conjunto das partes do conjunto A:

1. ( ) $0 \in P(A)$ 6. ( ) $\{0\} \subset P(A)$
2. ( ) $\{\{0\}\} \subset P(A)$ 7. ( ) $\{0\} \in P(A)$
3. ( ) $\{0, 6\} \in P(A)$ 8. ( ) $\emptyset \in P(A)$
4. ( ) $\{\{0\}\} \in P(A)$ 9. ( ) $\emptyset \subset P(A)$
5. ( ) $\{\emptyset\} \in P(A)$ 10. ( ) $\{\emptyset\} \in P(A)$

O número daquelas que são VERDADEIRAS é igual a:
(A) 5   (B) 6   (C) 7
(D) 9   (E) 10

2557. Dado o conjunto $A = \{\emptyset, 0, \{5\}, \{0, 5\}\}$ considere as afirmativas, onde $P(A)$ significa o conjunto das partes do conjunto A:

1. ( ) $\{\{0, 5\}\} \not\subset P(A)$ 6. ( ) $\{5\} \subset P(A)$
2. ( ) $\{\{\{5\}\}\} \subset P(A)$ 7. ( ) $\{0\} \subset P(A)$
3. ( ) $\{5\} \notin P(A)$ 8. ( ) $\emptyset \in P(A)$
4. ( ) $\{\{5\}\} \in P(A)$ 9. ( ) $\emptyset \subset P(A)$
5. ( ) $\{\emptyset\} \subset P(A)$ 10. ( ) $\{\emptyset\} \in P(A)$

O número daquelas que são FALSAS é igual a:
(A) 0   (B) 1   (C) 2
(D) 3   (E) 4

2557. Dado o conjunto $A = \{\emptyset, 0, 6, \{0\}\}$ considere as afirmativas, onde $P(A)$ significa o conjunto das partes do conjunto A :

1. ( ) $\{0, \{0\}\} \in P(A)$ 7. ( ) $\{\{\emptyset\}\} \in P(A)$
2. ( ) $\{0, \{0\}\} \subset P(A)$ 8. ( ) $\{\{\emptyset\}\} \subset P(A)$

658 | Problemas Selecionados de Matemática

3. ( ) $\{\{0\}\} \in P(A)$ 9. ( ) $\{\{\emptyset, 0\}\} \subset P(A)$

4. ( ) $\{\{0\}\} \subset P(A)$ 10. ( ) $\{\emptyset, \{\emptyset\}\} \subset P(A)$

5. ( ) $\{\{\emptyset\}, \{0\}, \{6\}\} \subset P(A)$ 11. ( ) $\{\emptyset, \{\emptyset\}\} \in PPP(A)$

6. ( ) $\{\{0\}, \{0, \{0\}\}\} \in PP(A)$ 12. ( ) $\{\emptyset, \{0\}, 6\} \in P(A)$

O número daquelas que são VERDADEIRAS é igual a:

(A) 2   (B) 4   (C) 6
(D) 8   (E) 10

2558. Sejam $A = \{2, 0, \{0\}, 5, \{5\}\}$ e $B \subset A$ tais que $5 \in B$ e $\{0\} \notin B$. O número de tais conjuntos B é igual a:

(A) 32   (B) 16   (C) 9
(D) 8   (E) 7

2559. Considere os enunciados:
1. ( ) Todo conjunto é subconjunto de si próprio.
2. ( ) Todo conjunto é elemento de si próprio.
3. ( ) O conjunto vazio é elemento de qualquer conjunto.
4. ( ) O conjunto vazio é subconjunto de si próprio.
5. ( ) O conjunto vazio é elemento de si próprio.
6. ( ) O conjunto vazio é subconjunto de qualquer conjunto.

Atribuindo a cada um deles o valor lógico de VERDADEIRO ou FALSO, o número daqueles que são VERDADEIROS é igual a:

(A) 2   (B) 3   (C) 4
(D) 5   (E) 6

2560. Considere as afirmativas:
1. ( ) A pertinência e a inclusão são mutuamente exclusivas.
2. ( ) Existe um conjunto que contém todos os outros como seus elementos.
3. ( ) Todo conjunto finito com, digamos n elementos, possui n^2 subconjuntos.
4. ( ) O número de elementos não vazios do conjunto das partes de um conjunto finito com, digamos, n elementos, é 2^{n-1}.

O número de afirmações FALSAS é igual a:

(A) 0 (B) 1 (C) 2
(D) 3 (E) 4

2561. Se A é um conjunto cujo número de subconjuntos está compreendido entre 1000 e 2001, o número de elementos de A é igual a:

(A) 9 (B) 10 (C) 11
(D) 12 (E) 1024

2562. Sejam A e B dois conjuntos tais que o número de subconjuntos de A está compreendido entre 120 e 250 e o número de subconjuntos não vazios de B é 15. Se C é um conjunto cujo número de elementos é igual à soma dos números de elementos de A e B então o número de partes próprias de C é:

(A) 2046 (B) 2048 (C) 4094
(D) 4096 (E) 8190

2563. O número de conjuntos X que satisfazem a $\{0, 5\} \subset X \subset \{1, 2, 3, ..., 9\}$ é:

(A) 6 (B) 7 (C) 64
(D) 128 (E) 512

2564. Considere as afirmativas:

1. Sabendo que se $A \subset B$ mas $A \neq B$ e $A \neq \emptyset$ diz-se que A é uma parte própria de B, o conjunto $A = \{2, 4, \sqrt{2}, \sqrt{4}, \emptyset, 0\}$ admite 62 partes próprias.

2. Existem 122 números de 1 a 2005 que podem ser escritos como soma de duas ou mais potências de 3.

3. O 2005º elemento da seqüência (x_n) formada pelos números que podem ser escritos como uma soma de uma ou mais potências distintas de 3 é 88300.

Assinale:

(A) Se somente as afirmativas (1) for verdadeira
(B) Se somente as afirmativa (2) for verdadeira.
(C) Se somente as afirmativa (3) for verdadeira.
(D) Se somente as afirmativas (1) e (2) forem verdadeiras.
(E) Se todas as afirmativas forem verdadeiras.

2565. Um conjunto A possui o dobro do número de elementos de um conjunto B e o conjunto B possui mais elementos do que um conjunto C. Sabendo que o conjunto A possui x subconjuntos a mais do que o conjunto B e que o conjunto B possui 15 subconjuntos a mais do que o conjunto C, o valor de x é igual a:

(A) 200 (B) 220 (C) 240
(D) 250 (E) 256

2566. Numa fábrica em greve, seis operários combinaram que *pelo menos dois* deles ficariam de vigília para evitar a entrada de outros funcionários. O número de maneiras distintas segundo as quais a entrada da fábrica pode ser vigiada pelos operários é:

(A) 64 (B) 63 (C) 58
(D) 57 (E) 56

2567. O Bar Amnésia oferece 19 tipos distintos de bebidas destiladas como, por exemplo: whisky, vodka, tequila, cachaça, run, gin etc. O barman do Amnésia costuma oferecer aos seus fregueses drinques compostos por pelo menos 2 porém, com não mais do que 9 destas bebidas misturadas. O número de drinques *distintos* possíveis que o barman pode servir é igual a:

(A) 262120 (B) 262122 (C) 262124
(D) 262126 (E) 262128

2568. Seja U um conjunto não vazio com 2005 elementos. Seja S um subconjunto de P(U) com a seguinte propriedade:

"Se $A, B \in S$, então $A \subset B$ ou $B \subset A$".

Então, o número máximo de elementos que S pode ter é:

(A) 2^{2004} (B) 2006 (C) $2^{2005} - 1$
(D) $2^{2004} + 1$ (E) 1003

2569. Para todo conjunto finito A de inteiros positivos, seja S(A) a soma dos elementos de A. A soma de todos os S(A) quando A varia entre todos os subconjuntos de $\{1, 2, 3, ..., n\}$ é igual a:

(A) $n(n+1) \cdot 2^n$ (C) $n(n+1) \cdot 2^{n-1}$ (C) $n(n+1) \cdot 2^{n-2}$
(D) $n \cdot 2^n$ (E) $n \cdot 2^{n-1}$

Capítulo 9 – Teoria dos Conjuntos | 661

2570. Um inteiro positivo é chamado *"ascendente"* se ele possui *pelo menos dois* algarismos na sua representação decimal e cada um desses é *menor* do que *todo algarismo* à sua direita. A quantidade de números positivos ascendentes é:

(A) 512   (B) 511   (C) 503
(D) 502   (E) 500

2571. Um BARQUEIRO deve transportar um Lobo, uma Cabra e um Repolho através de um rio e só pode transportar um além dele próprio. O número de maneiras distintas segundo as quais o barqueiro deve proceder, se o Lobo não pode ser deixado a sós com a Cabra, nem a Cabra com o Repolho é igual a:

(A) 0   (B) 1   (C) 2
(D) 3   (E) 4

2572. Existem quatro botes numa margem de um rio; seus nomes são oito, quatro, dois e um, porque essas são as quantidades de horas que cada um deles demora para cruzar o rio. Pode-se atar um bote a outro, porém não mais de um, e então o tempo que demoram em cruzar é igual ao do mais lento dos botes. Um só marinheiro deve levar todos os botes até a outra margem do rio. Qual é o menor tempo, em horas, necessário para completar o translado?

(A) 12   (B) 13   (C) 14
(D) 15   (E) 16

2573. Considere os conjuntos: $a = \{b, c\}$; $b = \varnothing$; $c = \{e\}$; $d = \{c, e\}$; $e = \{b\}$ e os enunciados:

1. ( ) $b \in e$
2. ( ) $e \in b$
3. ( ) $b \in d$
4. ( ) $(a \in c \lor c \in d)$
5. ( ) $(b \in c \rightarrow a \in a)$
6. ( ) $(e \in c \land a \in c)$
7. ( ) $(e \in d \leftrightarrow d \in e)$
8. ( ) $(\forall x) \neg (x \in b)$
9. ( ) $(\forall q)(q \in c \rightarrow q \in a)$
10. ( ) $(\forall n)(n \in e \rightarrow n \in a)$

Atribuindo a cada um deles o valor lógico de VERDADEIRO ou FALSO, a soma dos números correspondentes àqueles que são VERDADEIROS é igual a:

(A) 28   (B) 29   (C) 30
(D) 31   (E) 32

2574. Seja $S=\{a_1, a_2, a_3, ..., a_{12}\}$ onde todos os 12 elementos são distintos. Desejamos formar subconjuntos não vazios de S de tal forma que o índice de cada um dos elementos de tais subconjuntos seja múltiplo do menor índice que aparecer no conjunto. Por exemplo, $\{a_2, a_6, a_8\}$ é um conjunto aceitável, bem como $\{a_6\}$. O número de tais subconjuntos que podem ser formados é igual a:

(A) 2048 (B) 2100 (C) 2102
(D) 2104 (E) 2106

2575. Chama-se "CARDINALIDADE" de um conjunto ao número de elementos deste conjunto. Se A é um conjunto com 9 elementos, a soma das cardinalidades de todos os seus subconjuntos é igual a:

(A) 512 (B) 2304 (C) 2306
(D) 2308 (E) 2310

2576. Seja A um subconjunto do conjunto $\{1, 2, 3, ..., 3000\}$ tal que $x \in A$ implica em $2x \notin A$. O número *máximo* de elementos de A é igual a:

(A) 1000 (B) 1500 (C) 1999
(D) 2000 (E) 2001

2577. Seja S o conjunto $\{1, 2, 3, ..., 10\}$. O número de conjuntos formados por dois subconjuntos disjuntos e não vazios de S é igual a:

(A) 28500 (B) 28501 (C) 28502
(D) 28503 (E) 28504

Seção 9.2 – A Álgebra dos Conjuntos

2578. Sejam $U = \{a,b,c,d,e,f,g\}$, $A = \{a,b,c,d,e\}$, $B = \{a,c,e,g\}$ e $C = \{b,e,f,g\}$.
Considere os conjuntos abaixo onde $\overline{K}$ significa o complemento de K.

1. $A \cup C = \{a,b,c,d,e,f,g\}$
2. $B \cap A = \{a,c,e\}$
3. $C - B = \{b,f\}$
4. $\overline{B} = \{b,d\}$
5. $\overline{A} - B = \{b,d,g\}$
6. $\overline{B} \cup C = \{b,d,e,e,fg\}$
7. $\overline{A - C} = \{b,f,g\}$
8. $\overline{C} \cap \overline{A} = \{a,c,d,f,g\}$
9. $A - \overline{B} = \{b,d,f,g\}$
10. $\overline{A \cap \overline{A}} = U$

A soma dos números correspondentes às operações corretamente efetuadas é:
(A) 29 (B) 30 (C) 31
(D) 35 (E) 45

2579. Sejam X e Y conjuntos que satisfazem às condições:

1. $X \cup Y = \{a,b,c,d,e,f,g,h,k\}$
2. $X \cap Y = \{d,f,k\}$
3. $X \cup \{c,d,e\} = \{a,c,d,e,f,h,k\}$
4. $Y \cup \{b,d,h\} = \{b,d,e,f,g,h,k\}$

O conjunto $X - Y$ é igual a:
(A) $\{a,b,c\}$ (B) $\{a,c,g\}$ (C) $\{a,c,h\}$
(D) $\{a,b,e\}$ (E) $\{a,c,e\}$

2580. Relativamente às operações com conjuntos, é falso afirmar que:
(A) $A \cup (B \cap C) = (A \cup B) \cap (A \cup C)$
(B) $A \cap (B \cup C) = (A \cap B) \cap (A \cap C)$
(C) se $A \cap B = \phi$ então $A - B = A$
(D) se $A \cap B = B \cap A$ então $A = B$;
(E) se $A - B = B - A$ então $A = B$.

2581. Dados os conjuntos A, B e C, tais que: $n(B \cup C) = 20$, $n(A \cap B) = 5$, $n(A \cap C) = 4$, $n(A \cap B \cap C) = 1$ e $n(A \cup B \cup C) = 22$, o valor de $n[A - (B \cap C)]$ é igual a:

(A) 10 (B) 9 (C) 8
(D) 7   (E) 6

2582. Sejam $A = \{a, c, d, f, h, k\}$, $B = \{b, d, e, f, g, k\}$, $C = \{a, d, e, i, j, k, l\}$ e $D = \{a, i, j, h, k, l, m\}$ conjuntos contidos em $U = \{a, b, c, d, e, f, g, h, i, j, k, l, m\}$. Sabendo que $\overline{K}$ significa o complemento do conjunto K considere os conjuntos abaixo:

1. $(A \cup B) \cap C = \{a, d, e, k\}$
2. $(A \cap B) \cup C = \{a, d, e, f, i, j, l, k\}$
3. $A \cap (B \cup C) = \{a, d, f, k\}$
4. $A \cup (B \cap C) = \{d, e, k\}$
5. $A - (B - C) = \{a, c, d, h, k\}$
6. $(A - B) - C = \{c, h\}$
7. $A - (B \cup C) = \{c, h\}$
8. $(A - B) \cap C = \{i\}$
9. $A \cup (B - C) = \{a, b, c, d, f, g, h, k\}$
10. $A \cap (B - C) = \{i\}$
11. $(A - B) \cup (C - D) = \{b, c, e, g, l\}$
12. $(A \cup B) \cap (C \cup D) = \{a, d, e, i, k, l\}$
13. $(A - B) - (C - D) = \{b, c, e, g, l\}$
14. $(A \cap B) \cup (C \cap D) = \{a, d, e, i, j\}$
15. $(A - B) \cap (C - D) = \varnothing$
16. $[(A - B) - C] - D = \{b, c, g\}$
17. $[A - (B - C)] - D = \{c, d\}$
18. $A - [(B - C) - D] = \{a, b, c, e, g, i, l\}$
19. $[A \cap (B - C)] - D = \{f\}$
20. $[(A - B) - (C \cup D)] - A = \varnothing$
21. $(B - A) - (D - B) = \{d, h, k\}$
22. $(B - A) - (A - B) = \{b, e, g\}$
23. $A - [B - (C - D)] = \{b, c, e, g, l\}$
24. $[A - (\overline{A} - B)] - \overline{C} = \{a, e\}$
25. $(\overline{A - \overline{B}}) \cap (D - C) = \{k, l, m\}$
26. $(\overline{A \cap B}) \cup (\overline{C \cap D}) = \{b, c, f, g, h, j, m\}$
27. $[(A - \overline{B}) - (\overline{A} - B)] - A = \{b, d, g\}$
28. $[\overline{A} - (\overline{B} - \overline{C})] - \overline{D} = \{d, k, m\}$
29. $\overline{A} - [\overline{B} - (\overline{C} - \overline{D})] = \{d, h, k, m\}$
30. $[\overline{A} \cap (B - \overline{C})] - D = \varnothing$

A soma dos números correspondentes às operações efetuadas CORRETAMENTE é igual a:

(A) 320   (B) 322   (C) 324
(D) 326   (E) 328

2583. Considere os conjuntos $A = \{1, \{1\}, 2\}$ e $B = \{1, 2, \{2\}\}$ e as cinco afirmações

I. $A - B = \{1\}$

II. $\{2\} \subset (B - A)$

III. $\{1\} \subset A$

IV. $A \cup B = \{1, 2, \{1, 2\}\}$

V. $B - A = \{\{2\}\}$

Logo,

(A) todas as afirmações estão erradas.
(B) só existe uma afirmação correta.
(C) as afirmações ímpares estão corretas.
(D) as afirmações III e V estão corretas.
(E) as afirmações I e IV são as únicas incorretas.

2584. Sendo $A = [-3, 1)$, $B = (0, 2]$ e $C = (-\infty, 3]$ e se $\overline{X}$ significa o complemento de X em $\mathbb{R}$, considere as afirmativas:

1. $A \cup B = [-3, 2]$

2. $A \cap B = (0, 1)$

3. $(A - B) \cap C = [-3, 0]$

4. $C - (A \cup B) = (-\infty, -3]$

5. $\overline{(B - A)} \cap C = (2, 3]$

A soma dos números correspondentes às operações corretamente efetuadas é:

(A) 4   (B) 6   (C) 9
(D) 12   (E) 15

2585. Considere as afirmativas:

1. O complemento em $\mathbb{R}$ do conjunto $A = \{[0,2) \cup (3,5]\} - [1,4]$ é $(-\infty, 3] \cup [1,4] \cup (5, +\infty)$.

2. Se h é um inteiro que varia de 19 a 99, a união dos intervalos do tipo $[h, h+1)$ é igual a $[19, 100) - \{20, 21, ..., 99\}$.

3. Sendo $A_n = [1+n, 3n]$, onde n é um natural não nulo, então $A_{99} \cap A_{100} = [101, 297]$.

Assinale:
(A) Se somente as afirmativas (01) e (02) forem verdadeiras.
(B) Se somente as afirmativas (01) e (03) forem verdadeiras.
(C) Se somente as afirmativas (02) e (03) forem verdadeiras.
(D) Se todas as afirmativas forem verdadeiras.
(E) Se todas as afirmativas forem falsas.

2586. Considere o conjunto $I = \{1, 2, 3\}$. Para cada $n \in I$ sejam:

$A_n = \{x \in \mathbb{R} \mid 2n < x < 2n+2\}$ e $B_n = \{x \in \mathbb{R} \mid 2n+1 < x < 2n+3\}$

Considere ainda as afirmativas:

(1) A interseção da reunião dos A_n com a reunião dos B_n é o intervalo $(3, 8)$.

(2) A reunião de todos os conjuntos da forma $A_n \cap B_n$ é $(3,8) - \{4,5,6,7\}$.

(3) A interseção de todos os conjuntos da forma $A_n \cup B_n$ é vazia.

(4) A reunião das interseções dos A_n com as interseções dos B_n é $(3,5) \cup (6,7)$.

O número de afirmações verdadeiras é igual a:

(A) 0   (B) 1   (C) 2
(D) 3   (E) 4

2587. Considere os conjuntos A, B, C e U no diagrama abaixo. A região hachurada corresponde ao conjunto:

(A) $[A-(B\cap C)]\cup[(B\cap C)-A]$

(B) $C_{(A\cup B\cup C)}[(A\cup B)-C]$

(C) $C_{A\cup(B\cap C)}[(A\cap B)\cup(A\cap C)]$

(D) $(A\cup B)-[(A\cap B)\cup(A\cap C)]$

(E) $[(B\cap C)-A]\cup(A-B)$

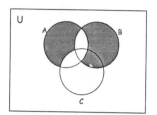

2588. Considere os diagramas onde A, B, C e U são conjuntos. A região hachurada pode ser representada por:

(A) $(A\cap B)\cup(A\cap C)-(B\cap C)$

(B) $(A\cap B)\cup(A\cap C)-(B\cup C)$

(C) $(A\cup B)\cup(A\cap C)\cup(B\cap C)$

(D) $(A\cup B)-(A\cup C)\cap(B\cap C)$

(E) $(A-B)\cap(A-C)\cap(B-C)$

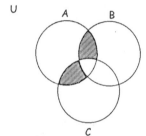

2589. Sejam U o conjunto das brasileiras, A o conjunto das cariocas, B o conjunto das morenas e C o conjunto das mulheres de olhos azuis. O diagrama que representa o conjunto de mulheres morenas ou de olhos azuis, e não cariocas; ou mulheres cariocas e não morenas e nem de olhos azuis é:

(A)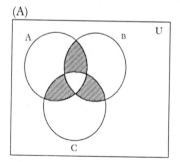

(B)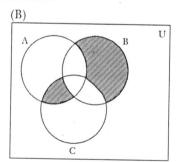

(C)   (D)

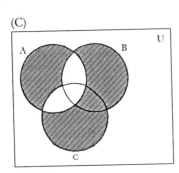
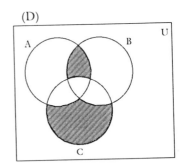

(E)

2590. Sejam X e Y conjuntos tais que:

1. $X \cup Y = \{a,b,c,d,e\}$ 3. $a \notin Y - X$
2. $X \cap Y = \{b,c,d\}$ 4. $e \notin X - Y$

O conjunto Y é igual a :

(A) $\{a,b,c,d\}$ (B) $\{b,c,d\}$ (C) $\{a,b,c,e\}$

(D) $\{a,b,c,d,e\}$ (E) $\{b,c,d,e\}$

2591. Dados os conjuntos $A = \{f,g,h,k\}$; $B = \{g,h,k\}$ e $C = \{f,g\}$ o conjunto X tal que:

1. $X \subset (A \cup B \cup C)$
2. $X \cap C = \{f\}$
3. $B - X = \{g,h\}$

é igual a:

(A) {f,g}　　　　(B) {f,h}　　　　(C) {f,k}

(D) {f,g,h}　　　(E) {f}

2592. Sejam A, B e C conjuntos contidos em U = {a,b,c,d,e,f,g,h} tais que:

1. A∪B∪C = U   4. B∩C = {g}
2. A∩B = ∅   5. $\overline{A\cup B}$ = {h}
3. A∩C = {e,f} 6. A−C = {b,c}

Se $\overline{K}$ significa o complemento do conjunto K, o conjunto $(\overline{C-A})\cup(\overline{C-B})$ é:

(A) {e,f}　　　　(B) {e,h}　　　　(C) {e,f,g}

(D) {e,f,h}　　　(E) {e,f,g,h}

2593. Sejam A, B e C conjuntos contidos em um universo U tais que:

1. A∪B∪C = U   4. A∪B = {1,2,3,7,8}
2. A∩C = ∅   5. A∪C = {1,2,3,4,5,6,7}
3. B∩C = {3}   6. $\overline{B}$ = {4,5,6,7}

Se $\overline{K}$ significa o complemento do conjunto K, o conjunto $(A-B)\cup\overline{C}$ é:

(A) {3,4,5,6,8}　(B) {3,4,5,6}　　(C) {3,4,5,6,7}

(D) {3,4,5,7}　　(E) {3,4,5,6,7,8}

2594. Sejam A, B e C conjuntos contidos em um universo U tais que:

1. $\overline{A\cup B\cup C}$ = {1,8,12}   4. A∪B = {2,3,4,5,7,9}
2. B∩C = ∅   5. A∪C = {2,3,4,5,6,10,11}
3. A∩C = {5}   6. $\overline{B}$ = {1,2,5,6,8,10,11,12}

Se $\overline{K}$ significa o complemento do conjunto K, o número de elementos do conjunto $(A-B) \cap C$ é igual a:

(A) 0 (B) 1 (C) 2
(D) 3 (E) 4

2595. Chama-se DIFERENÇA SIMÉTRICA de dois conjuntos A e B ao conjunto A∆B definido por:

$$A \Delta B = (A-B) \cup (B-A)$$

Sejam A e B contidos em $U = \{1, 2, 3, 4, 5, 6, 7, 8\}$ tais que:

1. $A \Delta B = \{1, 2, 3, 4, 5\}$

2. $\overline{B} = \{1, 4, 7\}$

3. $\overline{A} = \{2, 3, 5, 7\}$

Se $\overline{K}$ significa o complemento do conjunto K, então a soma dos elementos do conjunto A é igual a:

(A) 18 (B) 19 (C) 20
(D) 21 (E) 22

2596. Sejam A B e C conjuntos contidos em um universo U tais que:

1. $\overline{(A \cup B \cup C)} = \{d, f\}$ 4. $A \cup B = \{a, b, g, i, j\}$
2. $B \cap C = \{g\}$ 5. $A \cup C = \{a, b, c, e, g, h, i, j\}$
3. $A \cap C = \emptyset$ 6. $\overline{B} = \{c, d, e, f, h, i\}$

Se $\overline{K}$ significa o complemento do conjunto K, o conjunto $(A-B) \cup (B-C)$ é

(A) {a, b, i, j} (B) {b, i, j} (C) {a, b, g, j}
(D) {b, g, j} (E) {a, b, i, g}

2597. No conjunto $P(A)$ das partes do conjunto $A = \{a,b,c,d,e,f,g,h,i,j,k\}$ o número de soluções da equação $\{a,b,c,d,e\} \cap X = \{a,d,e\}$ é igual a:

(A) 6 (B) 7 (C) 8
(D) 64 (E) 128

2598. Considere as afirmativas:

1. Se A e B são dois conjuntos tais que $n(A \cup B) = 10$, $n(A \cap B) = 5$ e $n(A) > n(B)$, então a soma dos valores possíveis para $n(A-B)$ é igual a 12.

2. Se A e B são dois conjuntos com p e q elementos respectivamente tais que $A \cup B$ possui $2^p + 2^q$ subconjuntos então existem 2 possibilidades para o par (p,q).

3. Se A, B e C são três conjuntos finitos tais que $A \cup B$, $A \cup C$ e $B \cup C$ possuem respectivamente 23, 10 e 13 elementos então o número de elementos de $A \cap B$ é igual a 0.

4. Se A, B e C são três conjuntos finitos tais que $\#(A \cap B) = 20$, $\#(A \cap C) = 10$ e $\#(A \cap B \cap C) = 5$ então o número de elementos de $A \cap (B \cup C)$ é igual a 25.

Conclua que
(A) Todas as afirmações acima estão corretas
(B) Apenas uma está incorreta
(C) Duas estão incorretas
(D) Apenas uma está correta
(E) Todas são falsas

2599. Definimos $0 = \emptyset$; $1 = 0 \cup \{0\}$; $2 = 1 \cup \{1\}$; $3 = 2 \cup \{2\}$; $4 = 3 \cup \{3\}$ e assim sucessivamente. Considere então as afirmativas:

1. $1 \in 2$ 2. $1 \subset 2$ 3. $1 \cap 2 = 0$
4. $1 \cup 2 = 2$ 5. $(0 \cup 2) \in 1$

Conclua que:
(A) (01) e (03) são falsas.
(B) Somente (02) é falsa
(C) Somente (03) é verdadeira
(D) (01), (02) e (05) são verdadeiras.
(E) Todas são falsas

2600. Utilizando as notações do exercício anterior, considere as afirmativas:
1. Se $X = \{\{2,5\}, 4, \{4\}\}$ então $\cap(\cup X - 4)$ é igual a 4.
2. $(\cup P1)'$ onde $A' = 3 - A$ para todo conjunto A é igual a $\{1, 2\}$.
3. $\cap \cup (P(2) - 2) = 0$

Conclua que:
(A) Todas são verdadeiras.
(B) Somente (1) e (2) são verdadeiras.
(C) Somente (1) e (3) são verdadeiras.
(D) Somente (2) e (3) são verdadeiras.
(E) Todas são falsas.erdadeiras.
(E) Todas são falsas.

2601. Seja $A = \{\{\emptyset\}, \{\{\emptyset\}\}\}$. Com relação aos conjuntos $P(\cup A)$ e $\cup P(A)$ podemos afirmar que:
(A) Não possuem elementos comuns.
(B) Possuem apenas um elemento comum.
(C) Possuem dois elementos comuns.
(D) São unitários.
(E) São vazios.

2602. Considere as afirmativas:
I. $A \cup \{\emptyset\} = A$
II. $A \in \{A\}$
III. $P(A) = A$

Conclua que:

(A) (I) e (II) são sempre falsas.
(B) (I) e (III) são sempre falsas.
(C) (II) e (III) são sempre falsas.
(D) (I) e (III) são sempre verdadeiras.
(E) Somente (III) é sempre verdadeira.

2603. Sejam X e Y conjuntos. Assinale (V) ou (F) conforme se tornem VERDADEIRAS ou FALSAS, cada uma das sentenças abaixo quando substituímos a barra pelos sinais de pertinência ($\in$) e/ou inclusão ($\subset$).

N°	SENTENÇA	$\in$	$\subset$
01.	x _ {{x}, y}		
02.	y _ {{x}, y}		
03.	x _ x		
04.	x _ ∅ ∩ x		
05.	x _ {x} − {{x}}		
06.	x _ {x} ∪ x ∪ {y}		
07.	y _ {x} ∪ x ∪ {y}		
08.	x _ {x} ∪ ∅ ∪ {y}		
09.	y _ {x} ∪ ∅ ∪ {y}		
10.	y _ {x} ∪ y ∪ {y}		

A soma dos números correspondentes às sentenças para as quais somente uma das relações é VERDADEIRA é igual a:

(A) 30 (B) 31 (C) 32
(D) 33 (E) 34

2604. Seja S um conjunto com seis elementos. O número de maneiras distintas segundo as quais podemos selecionar dois subconjuntos de S, não necessariamente distintos de modo que a união destes dois subconjuntos seja igual a S é igual a:

(A) 361 (B) 363 (C) 365
(D) 367 (E) 369

2605. O número de ternos ordenados (A_1, A_2, A_3) nos quais os conjuntos A_1, A_2, A_3 satisfazem a $A_1 \cup A_2 \cup A_3 = \{1,2,3,\ldots,10\}$ e $A_1 \cap A_2 \cap A_3 = \emptyset$ é:

(A) 8^{10} (B) 6^{10} (C) 5^{10}
(D) 4^{10} (E) 2^{10}

2606. Sejam A, B, C três conjuntos não vazios com respectivamente a, b, c elementos. Se x, y, z são os números de elementos de $B \cap C$, $A \cap C$ e $A \cap B$ respectivamente, sejam ainda $d(B,C)=b+c-2x$, $d(A,C)=a+c-2y$, $d(A,B)=a+b-2z$. Então $d(B,C) = 0$ se, e somente se:

(A) $A \subset C$ (B) $B = C$ (C) $B \cap C = \emptyset$
(D) $C \subset B$ (E) $B \cup C = \emptyset$

2607. Considere as notas musicais:

0 = Dó natural (Dó)
1 = Dó sustenido (Dó#)
2 = Ré natural (Ré)
3 = Ré sustenido (Ré#)
4 = Mi natural (Mi)
5 = Fá natural (Fá)
6 = Fá sustenido (Fá#)
7 = Sol natural (Sol)
8 = Sol sustenido (Sol#)
9 = Lá natural (Lá)
10 = Lá sustenido (Lá#)
11 = Si natural (Si)

As músicas, em geral, são feitas com combinações de "sete" notas básicas (principais) escolhidas do conjunto acima de acordo com a seguinte regra: Seja

$$P_x = \{x+0, x+2, x+4, x+5, x+7, x+9, x+11\}$$

como se vê, o conjunto P_x possui "sete" elementos. Para cada x, nós temos um conjunto diferente de notas básicas chamado ESCALA. Por exemplo, se $x = 0$ tem-se:

$$P_0 = \{0, 2, 4, 5, 7, 9, 11\} = \{Dó, Ré, Mi, Fá, Sol, Lá, Si\}$$

que é a chamada ESCALA DÓ MAIOR. Saiba que o conjunto $P_0 \cap P_2$ é o conjunto das notas básicas da música chinesa e que o conjunto $P_4 \cap P_9$ forma a chamada ESCALA ESCOCESA. Lembrando que a nota de número 12 é novamente o Dó natural; a nota de número 13 é o Dó Sustenido e assim por diante, considere as afirmativas:

I. As notas da ESCALA ESCOCESA são Lá, Si, Dó.

II. As notas básicas da música chinesa são Ré, Mi, Sol, Lá#, Si.

III. Se um acorde é um conjunto formado por duas ou mais notas musicais distintas, o número de acordes possíveis na música chinesa é 31.

Assinale:

(A) Se todas as afirmativas forem verdadeiras.
(B) Se somente as afirmativas (I) e (II) forem verdadeiras.
(C) Se somente as afirmativas (I) e (III) forem verdadeiras.
(D) Se somente as afirmativas (II) e (III) forem verdadeiras.
(E) Se todas as afirmativas forem falsas.

2608. Sejam A, B, C e D conjuntos tais que:

I. x não está em $A \cap C$

II. x não está em $B \cap D$

III. x não está em $(B - A) - D$.

IV. x está em $C \cup D$

Considere então as afirmativas:

1. x está em A
2. x está em B
3. x está em C
4. x está em D

Conclua que:
(A) Todas são verdadeiras.
(B) Somente (04) é falsa.
(C) Somente (02) é falsa.
(D) (01) e (04) são verdadeiras.
(E) (01) e (03) são verdadeiras.

2609. Sejam A, , B, C, D, E conjuntos tais que:
   I.   x não está em A−B.
   II. x não está em B−C.
   III. x não está em C−D.
   IV. x não está em D−E.
   V.   x está em A∪E.

Considere então as afirmativas:

1. x está em A
2. x está em B
3. x está em C
4. x está em D
5. x está em E
6. x não está em A
7. x não está em B
8. x não está em C
9. x não está em D
10. x não está em E

O número de afirmativas VERDADEIRAS é:
(A) 1   (B) 2   (C) 3
(D) 4   (E) 5

2610. Um subconjunto τ do conjunto potência P(E) de um conjunto E tal que $\bigcup_{X \in \tau} X = E$ é chamado uma TOPOLOGIA em E se, e somente se, os dois seguintes axiomas são satisfeitos:

T1: Se A e B são elementos de τ então $(A \cap B) \in \tau$.

T2: Para todo subconjunto σ de τ, $\bigcup_{X \in \sigma} X \in \tau$.

Um ESPAÇO TOPOLÓGICO é um conjunto E juntamente com uma topologia em E. Os elementos de τ são chamados CONJUNTOS ABERTOS do espaço topológico (E, τ). Nestas condições, seja E = {a, b, c, d, e} e considere os seguintes conjuntos:

1. $\tau_1 = \{E, \emptyset, \{a\}, \{a,b\}, \{a,c\}\}$.

2. $\tau_2 = \{E, \emptyset, \{a,b,c\}, \{a,b,d\}, \{a,b,c,d\}\}$

3. $\tau_3 = \{E, \emptyset, \{a\}, \{a,b\}, \{a,c,d\}, \{a,b,c,d\}\}$

4. $\tau_4 = \{E, \emptyset, \{a\}, \{e\}, \{b,c\}, \{a,b,c,e\}\}$

5. $\tau_5 = \{E, \emptyset, \{a\}, \{a,b\}, \{a,c,d\}, \{a,b,e\}, \{a,b,c,d\}\}$

O número de conjuntos dentre os acima que constituem famílias de abertos em E é igual a:

(A) 1 (B) 2 (C) 3
(D) 4 (E) 5

2611. Com as notações do exercício anterior, considere as afirmativas:

1. Existem 4 topologias em um conjunto com dois elementos.

2. Se (E, τ) é um espaço topológico tal que $\tau = \{\emptyset, E, A, B\}$ então devemos ter $B = \overline{A}$, $A \subset B$ ou $B \subset A$.

3. Se $A = \{0, 1, 2\}$ e se x e y são os números de topologias em A com 3 e 4 abertos respectivamente então, $x + y = 18$.

Assinale:
(A) Se todas as afirmativas forem verdadeiras.
(B) Se somente as afirmativas (1) e (2) forem verdadeiras.
(C) Se somente as afirmativas (1) e (3) forem verdadeiras.
(D) Se somente as afirmativas (2) e (3) forem verdadeiras.
(E) Se todas as afirmativas forem falsas.

2612. Um círculo divide o plano em 2 regiões; dois círculos distintos dá-nos três ou quatro regiões dependendo de sua posição relativa. Três círculos podem produzir oito regiões mas não mais. O número máximo de regiões obtidas por n círculos é igual a:

(A) 2^n (B) $n^2 - n$ (C) $n^2 - n - 2$
(D) $n^2 - n + 1$ (E) $n^2 - n + 2$

2613. Para todo conjunto S, seja $|S|$ o número de elementos de S, e seja $n(S)$ o número de subconjuntos de S. Se A, B, C são conjuntos tais que:

$$n(A)+n(B)+n(C)=n(A\cup B\cup C) \text{ e } |A|=|B|=100$$

então, o valor mínimo possível para $|A\cap B\cap C|$ é igual a:

(A) 96 (B) 97 (C) 98
(D) 99 (E) 100

2614. Seja S um subconjunto de $\{1, 2, 3, \ldots, 2005\}$ tal que não existam dois elementos de S cuja diferença seja igual a 4 ou 7. O maior número de elementos de que S pode ter é igual a:

(A) 910 (B) 913 (C) 915
(D) 918 (E) 920

2615. O número de maneiras segundo as quais podemos encontrar subconjuntos A, B e C do conjunto $\{1,2,3,\ldots,n\}$ tais que $A\cap B\cap C=\varnothing$, $A\cap B\neq\varnothing$ e $A\cap C\neq\varnothing$ é igual a:

(A) 8^n-7^n (B) $8^n-2\cdot 7^n$ (C) $7^n-2\cdot 6^n$
(D) $8^n-2\cdot 7^n+6^n$ (E) $7^n-2\cdot 6^n+5^n$

Seção 9.3 – Cardinalidade

2616. O conjunto X possui 20 elementos e o conjunto Y possui 18. Exatamente 12 elementos pertencem simultaneamente a X e a Y. O número de elementos que pertencem a X ou a Y é igual a:

(A) 38   (B) 34   (C) 26
(D) 19   (E) 12

2617. Em 10 caixas, 5 contém lápis, 4 contém borrachas e 2 contém lápis e borrachas. Em quantas caixas não há lápis nem borrachas?

(A) 0   (B) 1   (C) 2
(D) 3   (E) 4

2618. Numa classe de 50 alunos, 17 são os que jogam vôlei; 32 os que jogam basquete; 25 os que jogam basquete e não jogam vôlei. Considere então as afirmativas:

1. 7 alunos jogam vôlei e basquete.
2. 42 alunos jogam basquete ou vôlei.
3. 10 alunos jogam somente vôlei.
4. 34 alunos praticam somente um dos jogos.
5. 8 alunos não gostam de nenhum dos 2 jogos.

Conclua que:

(A) somente (1) e (3) são verdadeiras.   (D) somente (4) é falsa.
(B) somente (2) é verdadeira.   (E) todas são falsas.
(C) somente (1) e (5) são verdadeiras.

2619. Numa classe, existem 19 meninas; 10 crianças louras; 10 meninos não louros e 4 meninas louras. Considere então as afirmativas:

1. 6 são os meninos louros.
2. 15 são as meninas não louras.
3. 40 são as crianças da classe.
4. 25 são as crianças louras ou meninas.
5. 31 são as crianças não louras ou meninos.

Conclua que o número de afirmações verdadeiras é igual a:

(A) 1 (B) 2 (C) 3
(D) 4 (E) 5

2620. Um grupo de 72 turistas visitou a França ou a Espanha. O número dos que visitaram a França é o sêxtuplo do número daqueles que visitaram França e Espanha, o qual, é a terça parte dos que visitaram só a Espanha. O número de turistas que visitou um único país é igual a:

(A) 18 (B) 32 (C) 36
(D) 48 (E) 64

2621. Depois de n dias de férias, um estudante observa que:
1. Choveu 7 vezes, de manhã ou à tarde.
2. Quando chove de manhã não chove à tarde.
3. Houve 5 tardes sem chuva.
4. Houve 6 manhãs sem chuva.

Nestas condições, o valor de n é igual a:

(A) 4 (B) 7 (C) 8
(D) 9 (E) 10

2622. Numa cidade constatou-se que as famílias que consomem arroz não consomem macarrão. Sabe-se que: 40% consomem arroz; 30% consomem macarrão; 15% consomem feijão e arroz; 20% consomem feijão e macarrão; 60% consomem feijão. A porcentagem correspondente às famílias que não consomem esses três produtos é:

(A) 10% (B) 3% (C) 15%
(D) 5% (E) 12%

2623. Num colégio, verificou-se que 120 alunos não tem pai professor; 130 alunos não tem mãe professora e 5 tem pai e mãe professores. Qual o número de alunos do colégio, sabendo-se que 55 alunos possuem pelo menos um dos pais professor e que não existem alunos irmãos?

(A) 155 (B) 154 (C) 153
(D) 152 (E) 151

2624. Numa reunião social tem-se que: o número de mulheres que não usam relógio é o triplo do número de homens que usam relógio; o número de homens que não usam relógio é o quádruplo do número de mulheres que usam relógio; entre as pessoas que usam relógio, o número de mulheres é o dobro do número de homens. Sabendo que existem 112 pessoas na reunião, qual o número de pessoas que não usam relógio ou não são mulheres?

(A) 12   (B) 24   (C) 48
(D) 96   (E) 100

2625. Num concurso, cada candidato fez uma prova de Português e uma de Matemática. Para ser aprovado, o aluno tem que passar nas duas provas. Sabe-se que o número de candidatos que passaram em Português é o quádruplo do número de aprovados no concurso; dos que passaram em Matemática é o triplo do número de candidatos aprovados no concurso; dos que não passaram nas duas provas é a metade do número de aprovados no concurso; e dos que fizeram o concurso é 260. Quantos candidatos foram reprovados no concurso?

(A) 140   (B) 160   (C) 180
(D) 200   (E) 220

2626. Numa comunidade 90% das pessoas são a favor do ensino público e gratuito, 80% são parlamentaristas e 70% são a favor da pena de morte para crimes hediondos. Entre que valores pode variar a porcentagem das pessoas que são a favor do ensino público e gratuito e também do parlamentarismo?

(A) entre 60% e 70% inclusive
(B) entre 65% e 75% inclusive
(C) entre 70% e 80% inclusive
(D) entre 75% e 85% inclusive
(E) entre 80% e 90% inclusive

2627. No problema anterior, entre que valores pode variar a porcentagem das pessoas que são simultaneamente a favor dos três itens?

(A) entre 40% e 70% inclusive
(B) entre 45% e 75% inclusive
(C) entre 50% e 80% inclusive

(D) entre 55% e 85% inclusive

(E) entre 60% e 90% inclusive

2628. Um entregador de jornais carrega consigo todos os dias 31 exemplares do jornal A e 37 exemplares do jornal B para serem entregues em um condomínio com 60 casas. Sabendo que nenhuma casa recebe dois exemplares de um mesmo jornal, a soma dos números mínimo e máximo de casas para as quais podem ser entregues dois jornais é igual a:

(A) 31   (B) 32   (C) 35
(D) 37   (E) 39

2629. Num colégio em que alguns alunos foram reprovados, sabe-se que o número de alunos reprovados em Matemática é igual ao número de alunos reprovados em Física e igual ao número de alunos reprovados em Química; 5 alunos foram reprovados apenas em Matemática; 8 alunos foram reprovados em Matemática e Física; 5 alunos foram reprovados em Matemática e Química; 3 alunos foram reprovados nas três matérias e 7 alunos foram reprovados em Física e Química. O número de alunos reprovados em apenas uma matéria é igual a:

(A) 11   (B) 12   (C) 13
(D) 14   (E) 15

2630. Numa sondagem sobre "sinais exteriores de riqueza", onde A = avião, Y = iate e C = carro, para um conjunto de 100 pessoas, obteve-se o seguinte resultado:

1. A = 8, Y = 6 e C = 55
2. A e Y = 3; Y e C = 4; A e C = 6
3. A e Y e C = 2

Se x é o número de pessoas que possuem somente carro e y é o número de pessoas que não possuem nenhum dos veículos então x+y é igual a:

(A) 81   (B) 83   (C) 85
(D) 87   (E) 89

Capítulo 9 – Teoria dos Conjuntos | 683

2631. Dentre 150 pessoas consultadas, 75 gostam de bolos; 50 gostam de doces e 25 gostam de caramelos. Não há ninguém que goste de caramelo e bolos sem gostar também de doces; 5 gostam somente de caramelos; 20 somente de doces e 10 gostam das três coisas. O número de pessoas que não gostam de nenhuma das três coisas é:

(A) 40   (B) 45   (C) 50
(D) 55   (E) 60

2632. Determinado professor constatou que entre 200 de seus alunos; 68 são comportados; 138 são inteligentes; 160 são tagarelas; 120 são tagarelas porém inteligentes; 20 são comportados mas não são inteligentes; 13 são comportados mas não são tagarelas; 15 são comportados, tagarelas e não inteligentes. Quantos dentre estes 200 alunos não são comportados, não são tagarelas e não são inteligentes?

(A) 16   (B) 17   (C) 18
(D) 19   (E) 20

2633. Um determinado produto vende-se Líquido ou em Pó. Uma sondagem mostrou que um terço das pessoas interrogadas não utilizam o Pó; dois sétimos das pessoas interrogadas não utilizam o Líquido; 427 utilizam o Líquido e o Pó. Se um quinto das pessoas interrogadas não utilizam o produto, o número de pessoas interrogadas foi igual a:

(A) 731   (B) 733   (C) 735
(D) 737   (E) 739

2634. Feita uma pesquisa de mercado sobre o consumo de três produtos, obteve-se o seguinte resultado: 100 consumem o produto A; 150 consomem o produto B; x consomem o produto C; 20 consomem os produtos A e B; 40 consomem os produtos os produtos B e C; 30 consomem os produtos A e C; 10 consomem os produtos A, B e C. Determine o número de consumidores do produto C sabendo que foram entrevistadas 280 pessoas.

(A) 110   (B) 120   (C) 130
(D) 140   (E) 150

2635. Num grupo de 142 pessoas foi feita uma pesquisa sobre três programas de televisão A, B e C e constatou-se que:

I. 40 não assistem a nenhum dos três programas.

II. 103 não assistem ao programa C.

III. 25 só assistem ao programa B.

IV. 13 assistem aos programas A e B.

V. O número de pessoas que assistem somente aos programas B e C é a metade dos que assistem somente a A e B.

VI. 25 só assistem a 2 programas; e

VII. 72 só assistem a um dos programas.

Pode-se concluir que o número de pessoas que assistem

(A) ao programa A é 30

(B) ao programa C é 39

(C) aos 3 programas é 6

(D) aos programas A e C é 13

(E) aos programas A ou B é 63.

2636. Feita uma pesquisa entre 2000 pessoas, para determinar os hábitos de bebida, constatou-se que 370 bebem o refrigerante A ; 780 bebem o refrigerante B ; 690 bebem o refrigerante C ; 100 bebem A e B ; 220 bebem B e C ; 110 bebem A e C ; finalmente, 40 bebem A, B e C. Dentre as 2000 pessoas consultadas se x é o número daquelas que não bebem nenhum dos três refrigerantes e se y é o número daquelas que bebem apenas um dos refrigerantes então x + y é:

(A) 1610   (B) 1620   (C) 1630

(D) 1640   (E) 1650

2637. Na cidade de UTOPIA há 1000 famílias. Uma pesquisa revelou que destas famílias:

- 470 assinam a revista Olhe ;
- 420 assinam a revista Olhe ;
- 315 assinam a revista Era ;
- 140 assinam as revistas Pois é e Era ;
- 220 assinam as revistas Olhe e Era ;

- 110 assinam as revistas Olhe e Pois é ;
- 75 assinam as três revistas.

O número de pessoas que assinam exatamente duas destas revistas é igual a:

(A) 190   (B) 245   (C) 490
(D) 500   (E) 510

2638. Numa pesquisa aplicada a 1400 famílias sobre a audiências a programas de televisão encontraram-se os seguintes resultados:
- 800 famílias preferem assistir a Telejornais ;
- 250 famílias preferem assistir a Novelas ;
- 420 famílias preferem assistir a Filmes ;
- 100 famílias preferem assistir a Telejornais e Novelas ;
- 40 famílias preferem assistir a Novelas e Filmes ;
- 18 famílias preferem assistir a Telejornais e Filmes ;
- 8 famílias gostam de assistir aos três tipos de programas.

O número de famílias que gostam de assistir a pelo um destes tipos de programa é:

(A) 1100   (B) 1200   (C) 1300
(D) 1400   (E) 1500

2639. Em um passeio ao qual compareceram 50 crianças, 21 participaram de um torneio de Futebol de Salão ; 20 participaram de um torneio de Vôlei ; 25 participaram de um torneio de Natação . Sete crianças participaram da Natação e do Vôlei ; 4 participaram do Futebol de Salão e do Vôlei ; 8 participaram da Natação e do Futebol de Salão . Sabendo que 3 crianças não participaram de nenhum dos três torneios, o número de crianças que participaram de exatamente dois torneios é igual a:

(A) 0   (B) 19   (C) 28
(D) 37   (E) 46

2640. Após uma briga de n malucos em um HOSPÍCIO verificou-se que:

- 50 malucos perderam os Olhos;
- 48 malucos perderam os Braços;
- 40 malucos perderam as Pernas;
- 22 malucos perderam os Olhos e as Pernas;
- 28 malucos perderam os Olhos e as Braços;
- 24 malucos perderam os Braços e as Pernas;
- 10 malucos perderam os Braços, Olhos e Pernas.

O número de malucos que tiveram pelo menos duas perdas é igual a:

(A) 50 (B) 52 (C) 54
(D) 56 (E) 58

2641. Foram oferecidos a 315 alunos de uma Universidade, cursos de verão de Álgebra Linear, Análise Matemática e Álgebra Moderna. Sabe-se que cada um dos 315 alunos se inscreveu em pelo menos um dos cursos e que 153 alunos se inscreveram em somente um dos cursos sendo 75 em Álgebra Moderna e 38 em Álgebra Linear; 25 alunos se inscreveram em todos os três cursos ao mesmo tempo; 130 alunos se inscreveram em Álgebra Linear, dos quais nenhum se inscreveu em Álgebra Moderna sem ter se inscrito em Análise Matemática. Se x é o número de alunos inscritos em Álgebra Moderna e y é o número de alunos inscritos em Análise Matemática então $x+y$ é igual a:

(A) 371 (B) 372 (C) 373
(D) 374 (E) 375

2642. De 28 alunos consultados entre os estudantes de Matemática, Português e História, verificou-se que o número dos que gostam de Matemática e Português somente é igual ao número dos que gostam só de Matemática. Nenhum gosta só de Português ou só de História; seis estudantes gostam de Matemática e História mas não gostam de Português; o número dos que gostam de Português e História somente é o quíntuplo do número dos que gostam das três matérias. Se o número daqueles que gostam das três matérias é par e não nulo, então número de estudantes que gostam de Português e Matemática somente é igual a:

(A) 5   (B) 6   (C) 7
(D) 8   (E) 9

2643. De 158 alunos consultados, 50 gostam de Matemática, 70 de Geografia e 80 de Português. Nenhum gosta só de Matemática. Todos que gostam de Português e Geografia gostam também de Matemática, 22 gostam das três matérias. Considere então as afirmações:

1. 78 alunos gostam de somente uma das matérias.
2. 28 alunos gostam de somente duas matérias.
3. 58 alunos não gostam de nenhuma das matérias.

Conclua que:

(A) Somente as afirmativas (I) e (II) são verdadeiras.
(B) Somente as afirmativas (II) e (III são verdadeiras.
(C) Somente as afirmativas (I) e (III) são verdadeiras.
(D) Todas as afirmativas são verdadeiras.
(E) Todas as afirmativas são falsas.

2644. Numa aula de artes plásticas, o professor Miguel Ângelo ao examinar as cores obtidas por seus alunos ao misturar as 3 **cores primárias** vermelho, azul e amarelo verificou que elas podiam ser separadas em sete pequenos grupos: vermelho, azul amarelo, violeta, verde, laranja e marron. Perguntando a seus alunos como haviam misturado as cores primárias obteve as seguintes informações: 20 usaram o vermelho; 11 usaram vermelho e não usaram o azul; 27 usaram o azul ou o amarelo; 6 fizeram o laranja usando vermelho e amarelo mas não usaram o azul; 3 fizeram o marron usando vermelho, azul e amarelo mas não o vermelho. O número de alunos da turma é:

(A) 30   (B) 31   (C) 32
(D) 33   (E) 34

2645 A classificação dos tipos sangüíneos é feita de acordo com presença dos antígenos A, B e Rh. Segundo a *escrita biomédica*, a presença de A e B é simbolizada por AB, a ausência de A e B é simbolizada por O; a presença de por Rh⁺ e a ausência de Rh por Rh⁻. Em um grupo de 100 pacientes de um hospital verificou-se que 6 pacientes tem sangue (O, Rh^-); 45 pacientes são portadores de somente um dos antígenos no sangue, sendo 6 portadores do antígeno A e 36 do antígeno Rh; 9 pacientes são portadores dos 3 antígenos; 83 pacientes são portadores do antígeno Rh sendo que destes, nenhum é portador do antígeno A sem ser do antígeno B. Se x e y representam o número de pacientes cujos tipos sangüíneos são (B, Rh^+) e (AB, Rh^-) respectivamente então x + y é igual a:

(A) 38 (B) 39 (C) 40
(D) 41 (E) 42

2646. Considere os pacientes de AIDS classificados em três grupos de risco: Hemofílicos, Homossexuais e Toxicômanos. Num certo país, de um grupo de 75 pacientes verificou-se que

- 41 são Homossexuais ;
- 9 são Homossexuais e Hemofílicos e não Toxicômanos ;
- 7 são Homossexuais e Toxicômanos e não Hemofílicos ;
- 2 são Hemofílicos e Toxicômanos e não são Homossexuais ;
- 6 pertencem apenas ao grupo de risco dos Toxicômanos ;
- o número de pacientes que são apenas Hemofílicos é igual ao número de pacientes que são apenas Homossexuais ;
- o número de pacientes que pertencem simultaneamente aos três grupos de risco é a *metade* do número de pacientes que *não* pertencem a nenhum dos grupos de risco.

O número de pacientes que pertencem simultâneamente aos três grupos de risco é igual a:

(A) 1 (B) 2 (C) 3
(D) 4 (E) 5

2647. Dentre um grupo de Matemáticos, verificou-se que todos os Geômetras eram Analistas. Metade de todos os Analistas eram Geômetras. Existem 30 Algebristas e 20 Geômetras. Nenhum Algebristas é Geômetra. O número de Analistas que não são Geômetras nem Algebristas é igual a:

(A) 5   (B) 10   (C) 15
(D) 20   (E) 25

2648. Sabe-se que certo vírus ocorre com as intensidades x, y e z. Uma pessoa afetada por qualquer das três apresenta graves sintomas tais como calafrio, febre, vômito, etc. 20 pacientes apresentam-se a um médico, e cada um deles possui alguns desses sintomas. Cada uma das intensidades x, y e z dá origem a sintomas específicos S_x, S_y e S_z respectivamente. As intensidades x e z não podem afetar o paciente simultaneamente, mas o podem x e y bem como y e z. Houve 10 pacientes que se queixaram de S_y e S_z; dois apresentaram os sintomas de S_x e S_y; 17 apresentaram S_y e 12 apresentaram S_z. O número de pacientes afetados pela intensidade x é igual a:

(A) 0   (B) 1   (C) 2
(D) 3   (E) 4

2649. Numa cidade, em cada 100 homens, 85 são casados, 70 possuem telefone, 75 possuem automóvel e 80 possuem casa própria. O número mínimo de homens que são casados possuem telefone, casa própria e automóvel é igual a:

(A) 10   (B) 15   (C) 20
(D) 25   (E) 30

2650. Numa pesquisa com 141 estudantes constatou-se que 47 gostam de somente um dos assuntos dentre Matemática, Computação e História, 37 gostam de somente dois destes assuntos, 2 gostam de todos os três assuntos, 26 gostam de Computação mas não de História, 23 gostam de Matemática e Computação, 15 gostam de Matemática e História e 26 gostam de História.
Considere então as afirmativas:
1. 70 alunos gostam de Matemática.
2. 103 alunos gostam no máximo de um dos três assuntos.

3. 18 alunos gostam de Matemática ou, Computação e História.

Conclua que:

(A) Todas são verdadeiras.
(B) Todas são falsas.
(C) Somente (1) e (2) são verdadeiras.
(D) Somente (1) e (3) são verdadeiras.
(E) Somente (2) e (3) são verdadeiras.

2651. Um ciclo de três conferências teve um sucesso constante. Em cada sessão havia o mesmo número de assistentes, no entanto, a metade dos que compareceram à primeira conferência não voltou mais, um terço dos que compareceram à segunda conferência assistiram somente a ela e um quarto dos que compareceram à terceira conferência não assistiram nem a primeira nem a segunda conferência. Sabendo que havia um total de 300 inscritos e que cada inscrito assistiu a pelo menos uma conferência, considere as afirmativas:

1. 156 pessoas compareceram a cada conferência.
2. 37 pessoas compareceram às três conferências.
3. 94 pessoas compareceram a somente duas conferências.
4. 168 pessoas compareceram a somente uma conferência.

O número de afirmações VERDADEIRAS é igual a:

(A) 0   (B) 1   (C) 2
(D) 3   (E) 4

2652. Numa pesquisa dentre um grupo de N pessoas para verificar suas fontes de notícias verificou-se que:

- 50 pessoas usam televisão como fonte de notícias.
- 61 pessoas não usam rádio como fonte de notícias.
- 13 pessoas não usam jornal como fonte de notícias.
- 74 pessoas usam pelo menos duas das citadas fontes de notícias.

A soma dos valores mínimo e máximo de N consistentes com estas informações é igual a:

(A) 84 (B) 85 (C) 86
(D) 148 (E) 234

2653. Numa competição em que foram propostos os problemas A, B e C, 25 estudantes resolveram pelo menos um dos 3 problemas. Destes 25, dentre aqueles que não resolveram o problema A, o número daqueles que resolveram o problema B é o dobro do número daqueles que resolveram o problema C. O número de estudantes que resolveram somente o problema A supera em uma unidade o número de estudantes que resolveram o problema A e pelo menos um dos outros dois. Sabendo que dentre aqueles que resolveram apenas um problema a metade não resolveu o problema A, o número de estudantes que resolveram apenas o problema B é igual a:

(A) 2 (B) 4 (C) 6
(D) 8 (E) 10

Seção 9.4 – Produto Cartesiano

2654. Os valores de x e y para os quais $\{x, 2y\} = \{x+3, y\}$ são tais que $x+y$ é

(A) 6　　　　　　(B) 5　　　　　　(C) 4
(D) 3　　　　　　(E) 2

2655. O número de pares de valores de x e y para os quais $\{x, x+1\} = \{y, 2\}$ é

(A) 0　　　　　　(B) 1　　　　　　(C) 2
(D) 3　　　　　　(E) 4

2656. O valor de x para o qual $\{x^2, x-1\} = \{4, 1\}$ é um número:

(A) Negativo　　　(B) Divisor de 15　　(C) Múltiplo de 3
(D) Primo　　　　(E) Quadrado perfeito

2657. Se x e y são tais que $\{\{x\}, \{x, 2x\}\} = \{\{-4y\}, \{-4y, -12\}\}$ o valor de x+y é igual a:

(A) $-4\frac{1}{8}$　　　(B) $-4\frac{1}{4}$　　　(C) $-4\frac{1}{2}$
(D) -4　　　　(E) -6

2658. Se $\{\{4\}, \{4, y\}\} = \{\{2x\}, \{2x, 3x\}\}$ então x+y é igual a:

(A) 6　　　　　　(B) 8　　　　　　(C) 10
(D) 12　　　　　(E) 14

2659. Sejam a e b números reais. No conjunto de todos os pares ordenados de números reais, define-se a operação $*$ por $(a,b)*(c,d) = (2ac, b+2d)$. O valor de x tal que $(1,2)*(x,3) = (4,8)$ é igual a:

(A) 1　　　　　　(B) 2　　　　　　(C) 3
(D) 4　　　　　　(E) 5

2660. Seja $*$ uma operação binária definida no conjunto dos pares ordenados de números reais por $(a,b)*(c,d)=(a-c,b+d)$. Se $(3,2)*(0,0)=(x,y)*(3,2)$ então o valor de x é igual a:

(A) -3 (B) 0   (C) 2
(D) 3   (E) 6

2661. No conjunto dos pares ordenados de números reais definamos uma operação $*$ como $(a,b)*(a',b')=(aa'-bb',ab'+a'b)$. Se $(3,-4)*(x,y)=(1,0)$ então $x*y$ é igual a:

(A) $3/25$ (B) $4/25$ (C) $1/5$
(D) $6/25$ (E) $7/25$

2662. No conjunto dos pares ordenados de números reais definamos a operação $*$ como $(a,b)*(a',b')=(aa'+2bb',ab'+ba')$. Se $(2,3)*(\alpha,\beta)=(2,3)$ então $\alpha+\beta$ é igual a:

(A) 1   (B) 2   (C) 3
(D) 4   (E) 5

2663. No conjunto dos pares ordenados de números reais definamos a operação $*$ como $(a,b)*(a',b')=(2aa'+3bb',a'b-2ab')$. Se $(1,2)*(x,y)=(92,28)$ então $x+y$ é igual a:

(A) 30   (B) 44   (C) 54
(D) -54 (E) -44

2664. Sendo $A=\{x\in\mathbb{Z}^* \wedge |x|\leq 1\}$ e $B=\{x\in\mathbb{Z}_+ \wedge |y|\leq 2\}$. O número de elementos de $A\times B$ é igual a:

(A) 2   (B) 3   (C) 4
(D) 5   (E) 6

2665. Se $\{(b,c),(d,a),(e,c),(d,f),(b,a),(d,c),(b,f),(e,a),(x,y)\}$ é o Produto Cartesiano de dois conjuntos A e B então o par (x,y) é igual a:

(A) (c,d) (B) (a,e) (C) (f,e)
(D) (e,f) (E) (c,e)

2666. Sejam A={0, 1, 2} e B={2, 3, 4, 5, 6}. Se cada elemento (x,y) de A×B é escrito como uma fração $\dfrac{x}{y}$, quantos números distintos se obtém?

(A) 10 (B) 9 (C) 8
(D) 7 (E) 6

2667. O conjunto A é tal que A^2 possui 9 elementos. Dois de seus elementos são (1, 9) e (9, 2). A soma das coordenadas de todos os outros elementos de A^2 é igual a

(A) 41 (B) 51 (C) 52
(D) 61 (E) 62

2668. Sejam A e B dois conjuntos não vazios e não unitários com números de elementos diferentes. Qual o menor número ímpar que pode representar o número de elementos de A×B?

(A) 7 (B) 9 (C) 13
(D) 15 (E) 19

2669. Se A e B são dois conjuntos tais que o conjunto

$$X=\{(2,3),(5,7),(6,8),(7,3),(5,8)\}$$

seja um subconjunto do Produto Cartesiano de A por B. Se $A \cap B = \{2,3,7\}$, qual o menor número ímpar que pode representar o número de elementos de $A \times B$ sabendo que $\#A \neq \#B$?

(A) 21 (B) 25 (C) 27
(D) 35 (E) 45

2670. Sejam A e B dois conjuntos tais que o número de elementos de A é a e o número de subconjuntos de B é b. O número de elementos do conjunto A×(P(A×B)) é igual a:

(A) ab^a (B) a^ab (C) a^bb
(D) a^{b+1} (E) b^{a+1}

2671. Um conjunto A possui p elementos e um conjunto B possui q elementos. O número de subconjuntos do Produto Cartesiano de A por B que também são produtos cartesianos é igual a:

(A) $2^{pq} - 1$ (B) $2^{pq} - 2^p - 2^q$ (C) $2^{p+q} - 2^p - 2^q$
(D) $2^{p+q} - 2^p - 2^q + 1$ (E) $2^{p+q} - 2^p - 2^q + 2$

2672. Considere num Plano Euclidiano (α) o conjunto ζ dos pontos interiores a um círculo. Considere ainda, o conjunto dos pontos que constituem um segmento AB, perpendicular a (α) com A pertencente à circunferência do círculo. Qual dos objetos a seguir, melhor se parece com o Produto Cartesiano ζ × AB ?

(A) uma caixa de sapatos sem tampa e sem fundos.
(B) um chapéu de palhaço (clown).
(C) uma rolha nova.
(D) uma cartola sem abas e sem tampo.
(E) um cubo.

2673. A figura

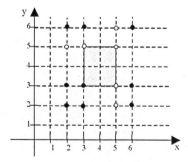

é o quadrado cartesiano do conjunto :

(A) {2}U[3,5]U{6} (D) {2}U]3,5]U{6}
(B) {2}U]3,5[U{6} (E) [3,5[U{6}
(C) {2}U[3,5[U{6}

2674. Uma representação sob a forma de Produto Cartesiano para a região indicada é dada por :

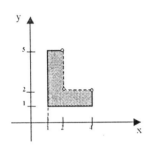

(A) [1,4]×[1,2[U[1,2[×[1,5]
(B) [1,4]×[1,2]U[1,2]×[1,5]
(C) [1,4]×[1,2]U[1,2[×[1,5]
(D) [1,4]×[1,5]−]2,4[×]2,5]
(E) [1,4]×[1,5]−]2,4[×[2,5]

Capítulo 10

Funções

Seção 10.1 – Conceitos Fundamentais

2675. Uma função envolve três coisas
  (1) Um conjunto X chamado de domínio da função
  (2) Um conjunto Y chamado de contra-domínio da função
  (3) Uma regra (ou correspondência) f que associa a cada x de X, um único f(x) de Y.

Se o terno (X,Y,f) é uma função dizemos que "f é uma função de X em Y" embora isto seja um abuso de linguagem, uma vez que, não é f que é a função; f é a regra da função. Entretanto, este uso do mesmo símbolo para uma função e sua regra nos proporciona uma maneira muito mais maleável de se falar sobre funções. Assim, diremos que f é uma função de X em Y, que X é o domínio de f e que Y é o contradomínio de f – tudo isto significando que (X,Y,f) é uma função conforme definido acima escreveremos $f: X \to Y$ ou $X \xrightarrow{f} Y$ ao invés de (X,Y,f). Existem vários sinônimos da palavra *"função"*. Os mais comuns são *"transformação"*, *"correspondência"*, *"operador"* e *"aplicação"* que são utilizados em contextos onde pareçam ser mais sugestivos na transmissão do papel desempenhado por uma função particular. Estas conotações de atividade sugeridas pelos sinônimos acima constituem um dos motivos pelos quais algumas pessoas ficam nada satisfeitas com a *"nossa definição"* segundo a qual *uma função não faz alguma coisa, mas meramente é*!

Para cada $x \in X$, o elemento $f(x) \in Y$ chama-se imagem de x pela função f ou o *valor* assumido função f no ponto $x \in X$. Escreve-se $x \mapsto f(x)$ para indicar que f transforma (ou leva) x em f(x) que não deve ser lido como "y igual a função de x" mas "y é igual a f de x" (para salientar o fato de que a função em questão é f, e não g, seno ou log. Os livros tradicionais falam, por exemplo, de "A função $y = x^2$"; mas em algumas partes da matemática isto gera confusão. Em certos contextos, porém, não há perigo em usar "a função x^2" como abreviação para "a função cujo valor em x é x^2" (e o domínio deve então ser dado). Nossa noção de função é a que chamamos de "*univalente*"; nunca lidamos com funções "*multivalentes*". Com isto, queremos dizer que se f é uma função de X em Y não devemos confundir f com f(x) uma vez que f é a função enquanto que f(x) é o valor que a função assume num ponto x do seu domínio, através de uma regra "*inteiramente arbitrária*". sujeita apenas a duas condições:

Capítulo 10 – Funções | 699

1ª. *Não deve haver exceções*: a fim de que f tenha o conjunto X como domínio, a regra deve fornecer f(x) para todo x de X isto é,

F1. $\forall x \in X, \exists y \in Y \mid y = f(x)$

2ª. *Não deve haver ambigüidades*: a cada x de X, a regra deve fazer corresponder um *único* f(x) em Y isto é,

F2. $y_1 = f(x) \wedge y_2 = f(x) \Rightarrow y_1 = y_2$

Se f é uma função de X em Y, a **imagem de** f é o conjunto de todos os f(x) com x em X. Em outras palavras, a imagem de f consiste de todos os elementos y de Y tais que y = f(x) para algum x em X. Com base nisto, seja $E = \{x \in \mathbb{N}; 1 \leq x \leq 9\}$ e a função $f: E \to E$ definida por f(x) = x se x é ímpar e f(x) = x−1 se x é par. A imagem da função f é igual a:

(A) E (B) {1,3,5,7,9} (C) {2,4,6,8}
(D) {1,2,3,4,5} (E) {1,3,5,7}

2676. Dados $P = \{x \in \mathbb{Z}: 0 \leq x \leq 99\}$ e $Q = \{y \in \mathbb{Z}; 0 \leq y \leq 9\}$ definimos $f: P \to Q$ por f(x) = algarismo das unidades de x. O número de elementos do conjunto $A = \{x \mid f(x) = 5\}$ é igual a:

(A) 99 (B) 11 (C) 10
(D) 9 (E) 8

2677. Seja $E = \{0,1,2,...,99\}$ e consideremos a função $f: E \to E$ definida por f(x) = soma dos algarismos de x. O número de elementos do conjunto $A = \{x \mid f(x) = 12\}$ é igual a:

(A) 99 (B) 12 (C) 11
(D) 10 (E) 7

700 | Problemas Selecionados de Matemática

2678. Uma função $f: \mathbb{N} \to \mathbb{N}$ associa a cada natural n, a raiz quadrada positiva do menor quadrado perfeito maior que n. O valor de $f(5) + f(20) + f(2005)$ é:

(A) 51 (B) 53 (C) 55
(D) 57 (E) 59

2679. Seja $f(n) = \dfrac{x_1 + x_2 + \cdots + x_n}{n}$ onde n é um inteiro positivo. Se $x_k = (-1)^k$, $k = 1, 2, \ldots$ o conjunto dos valores possíveis de $f(n)$ é igual a:

(A) $\{0\}$ (B) $\{0, 1/n\}$ (C) $\{1/n\}$
(D) $\{1, 1/n\}$ (E) $\{0, -1/n\}$

2680. Seja $S = \{1, 2, 3, 4, 5\}$ e considere a função um a um de S em S, tal que:

1. Se $n \in S$, a imagem de n não pode ser igual a $n-1$, nem igual a n e nem igual a $n+1$.

2. Se $n \in S$ e a imagem de n é r, então a imagem de r não pode ser nem n nem $n+1$.

A imagem do número 3 é igual a:

(A) 1 (B) 2 (C) 3
(D) 4 (E) 5

2681. Considere as afirmativas:

1. O número de funções distintas $f: \{a, b, c, d, e\} \to \{2, 0, 5\}$ que podem ser definidas é igual a 243.

2. Se C é um conjunto com 4 elementos o número máximo de funções $f: C \to C$ tais que a equação $f(x) = x$ não possua solução é 81.

3. O número máximo de funções $f: \{1, 2, 3, \ldots, 10\} \to \{1, 2, 3, \ldots, 10\}$ tais que conjunto solução da equação $f(x) = x$ seja $\{2, 4, 6, 8, 10\}$ é 3^{10}.

4. O valor máximo de f(x) onde f é uma função definida no conjunto $A = \{1, 2, 3, ..., 10\}$ que associa a cada $x \in A$ o número de subconjuntos de A aos quais x pertence e que possuem x elementos é igual a 126.

Conclua que
(A) (1) e (2) estão certas
(B) (2) está certa e (3) errata
(C) (1) está errada e (4) certa
(D) (2) e (4) estão erradas
(E) (3) está errada e (4) está certa

2682. Seja $S = \{1, 2, 3, 4, 5, 6\}$ e $f : S \to S$ uma função tal que nenhuma imagem $f(x)$ seja de mais do que 3 elementos do domínio. O número de tais funções que podem ser definidas é igual a:

(A) 44200 (B) 44220 (C) 44240
(D) 42260 (E) 44280

2683. Para um subconjunto A de um conjunto S definimos a função característica k_A como segue $\begin{cases} k_A(x) = 1 & \text{se} \quad x \in A \\ k_A(x) = 0 & \text{se} \quad x \in S \setminus A \end{cases}$. Considere as seguintes afirmativas sobre subconjuntos arbitrários A e B de S:

I. $k_A \cdot k_B$ é a função característica de $A \cap B$.

II. $k_A + k_B$ é a função característica de $A \cup B$.

III. $k_A - k_{A \cap B}$ é a função característica de $A \setminus B$.

São corretas:
(A) I (B) I e II (C) I e III
(D) II e III (E) I, II e III

2684. Considere as afirmativas:

1. O conjunto imagem da função $f : \{1, 2, 3, 4, 5\} \to \{1, 2, 3, 4, 5\}$ definida por $f(x) = (x-2)(x-3)$ possui 3 elementos.

2. Se $f(a) = a - 2$ e $F(a,b) = b^2 + a$ então $F[3, f(4)] = 7$.

3. Se $f: \mathbb{R} \to \mathbb{R}$ é tal que $f(2x-1) = \sqrt{4x^2 + 1}$ então $f(0) = \sqrt{2}$.

4. Se $f: \mathbb{R} \to \mathbb{R}$ é tal que $f(23x + 1) = \sqrt{3x^2 + 1}$ então $f(93) = 7$.

5. Se $f(x+1) = \dfrac{2 \cdot f(x) + 1}{3}$ e $f(2) = 2$ então $f(1) = 5/2$.

Conclua que

(A) Todas são falsas

(B) Todas são verdadeiras

(C) Quatro são verdadeiras e uma é falsa

(D) Três são verdadeiras e duas são falsas

(E) Duas são verdadeiras e três são falsas

2685. Considere as afirmativas:

1. Se $f(x) = x^{(x+1)} (x+2)^{(x+3)}$ então $f(0) + f(-1) + f(-2) + f(-3) = 10/9$.

2. Se $f(x) = g(x+1)$ e $g(x) = x^2$ então $f(3) = 16$.

3. Se $f(x) = x^4 - x + 1$ então $f(0) = 1$.

4. Se $f(x) = |x|$ então $f(2) - f(-3) = -1$.

5. Se $f(x) = 5x^2 + ax + b$, onde $a \neq b$, $f(a) = b$ e $f(b) = a$ então $a + b = -1/5$.

Conclua que

(A) Quatro são falsas

(B) Duas são verdadeiras e três são falsas

(C) Três são verdadeiras e duas são falsas

(D) Quatro são verdadeiras e uma é falsa

(E) Todas são verdadeiras

Capítulo 10 – Funções | 703

2686. Considere as afirmativas:

1. Seja $f: \mathbb{R} \to \mathbb{R}$ a função definida por $f(x) = \begin{cases} x & \text{se } x < 3 \\ 2x & \text{se } 3 \leq x \leq 5 \\ 3x & \text{se } x < 5 \end{cases}$ então,

   $f(2) + f(3) + f(4) + f(5) + f(6) = 44$.

2. Seja $f: \mathbb{R} \to \mathbb{R}$ a função definida por $f(x) = \begin{cases} 0, & \text{se } x \text{ racional} \\ 1, & \text{se } x \text{ irracional} \end{cases}$ então,

   $2f(\sqrt{2}) - 3f\left[f(\sqrt{2})\right] = 2$.

3. Seja $f: \mathbb{R} \to \mathbb{R}$ a função definida por $f(x) = \begin{cases} 1, & x > 0 \\ 0, & x = 0 \\ -1, & x < 0 \end{cases}$ então,

   $f(10) - f(-3) = 2$.

4. A função f é definida recursivamente por $f(x) = \begin{cases} x - 5 & \text{se } x \geq 20 \\ f(f(x+6)) & \text{se } x < 20 \end{cases}$, então

   $f(18) = 15$.

Conclua que
(A) Todas são verdadeiras
(B) Apenas uma é falsa
(C) Duas são falsas
(D) Apenas uma é verdadeira
(E) Todas são falsas

2687. Considere as afirmativas:

1. A função $f: \mathbb{N} \to \mathbb{N}$ é tal que $f(n) = \begin{cases} (-1)^n n^2 & \text{se } n \text{ ímpar} \\ f(n+1) & \text{se } n \text{ par} \end{cases}$, então

   $f(4) + f(3) = -34$.

2. A função $f: \mathbb{N} \to \mathbb{N}$ é tal que $f(n) = \begin{cases} \dfrac{n}{2} & \text{se } n \text{ par} \\ 3n+1 & \text{se } n \text{ impar} \end{cases}$ então, o número de soluções da equação $f(n) = 25$ é igual a 4.

3. A função f é definida recursivamente por $f(x) = \begin{cases} x-1 & \text{se } x > 10 \\ f(f(x+2)) & \text{se } x \leq 10 \end{cases}$ então $f(5) = 10$.

4. A função $f: \mathbb{N} \to \mathbb{N}$ é tal que $f(n) = \begin{cases} n/3 & \text{se } n = 3k \\ 2n+1 & \text{se } n \neq 3k \end{cases}$, então, o numero de valores de inteiros positivos x para os quais $f(f(x)) = x$ é igual a 4.

Conclua que
(A) Todas são verdadeiras
(B) Apenas uma é falsa
(C) Duas são falsas
(D) Apenas uma é verdadeira
(E) Todas são falsas

2688. Considere as afirmativas:

1. Se $f: \mathbb{R} \to \mathbb{R}$ é uma função tal que $f(x + f(x)) = 4f(x)$ e $f(1) = 4$, então $f(5) = 16$.

2. Se $f: \mathbb{R} \to \mathbb{R}$ é uma função para a qual existe um valor de x para o qual $f(x) = 2$ e $f(f(x)) \cdot (1 + f(x)) = -f(x)$ então, $f(2) = 2/3$.

3. Se $f: \mathbb{R} \to \mathbb{R}$ é uma função tal que $f(x) + f(1-x) = 11$ e $f(1+x) = 3 + f(x)$ então $f(x) + f(-x) = 8$.

4. Se $f: \mathbb{Z} \to \mathbb{Z}$ é uma função tal que $f(f(x)) = f(x+2) - 3$ com $f(1) = 4$ e $f(4) = 3$ então $f(5) = 12$.

Conclua que
(A) Todas as afirmativas acima estão corretas
(B) Apenas uma está incorreta

(C) Duas estão incorretas
(D) Apenas uma está correta
(E) Todas são falsas

2689. Considere as afirmativas:

1. Se $f: \mathbb{R}_+^* \to \mathbb{R}_+^*$ é uma função tal que $f(xy) = \dfrac{f(x)}{y}$ e $f(500) = 3$ então, $f(600) = 5/2$.

2. Se $f: \mathbb{R} \to \mathbb{R}$ é uma função tal que para todos os reais x e y tem-se que $f(x+y) = x + f(y)$ e $f(0) = 2$ então $f(2006) = 2008$.

3. Seja $f: \mathbb{R}^* \to \mathbb{R}$ uma função tal que $2f(x) - 3f\left(\dfrac{1}{x}\right) = x^2$ então, $f(2) = -7/4$.

4. Seja $f: \mathbb{R}^* \to \mathbb{R}$ uma função real de variável real tal que
$f(x) + 2f\left(\dfrac{2002}{x}\right) = 3x$ para todo $x > 0$ então, $f(2) = 2000$.

Conclua que:
(A) (2), (3) e (4) são falsas
(B) somente (2) é verdadeira
(C) Somente (1) e (4) são falsas
(D) (2) e (4) são falsas
(E) Todas são verdadeiras

2690. Seja $f: \mathbb{N} \to \mathbb{N}$ uma função tal que $f(mn) = n.f(m) + m.f(n)$ para todos os naturais m e n. Se $f(10) = 19$, $f(12) = 52$ e $f(15) = 26$, o valor de $f(8)$ é:

(A) 12   (B) 24   (C) 36
(D) 48   (E) 60

2691. Seja $f: \mathbb{N} \to \mathbb{N}$ uma função tal que $f(mn) = n.f(m) + m.f(n)$ para todos os naturais m e n. Se $f(12) = f(15) = f(20) = 60$, o valor de $f(8)$ é igual a:

(A) 4   (B) 12   (C) 16
(D) 24   (E) 60

2692. Para um real x, seja $\lfloor x \rfloor$ o maior inteiro menor ou igual a x. Por exemplo, $\lfloor 5,2 \rfloor = 5$, $\lfloor 5 \rfloor = 5$, $\lfloor \pi \rfloor = 3$, $\lfloor -1 \rfloor = -1$ e $\lfloor -1,2 \rfloor = -2$. Se $f(x) = \left\lfloor \dfrac{x}{15} \right\rfloor \cdot \left\lfloor \dfrac{2x}{15} \right\rfloor$ e $-1 \leq x \leq 55$, o número de valores possíveis de $f(x)$ é:

(A) 7 (B) 8 (C) 9
(D) 10 (E) 56

2693. Se $\lfloor a \rfloor$ é o maior inteiro que não supera a. Por exemplo, $\left\lfloor \dfrac{11}{3} \right\rfloor = 3$. Dada a função $f(x) = \left\lfloor \dfrac{x}{7} \right\rfloor \cdot \left\lfloor \dfrac{37}{x} \right\rfloor$ onde x é um inteiro tal que $1 \leq x \leq 45$, o número de valores distintos que $f(x)$ pode assumir é igual a:

(A) 1 (B) 3 (C) 4
(D) 5 (E) 6

2694. Seja $f: \mathbb{Q}^+ \to \mathbb{Q}$ uma função que satisfaz às seguintes condições:

I. f é crescente, isto é, para quaisquer $0 < x < y$ tem-se $f(x) < f(y)$.

II. $f(x \cdot y) = f(x) + f(y)$ para quaisquer $x, y > 0$.

Considere ainda as afirmativas:

1. $f\left(\dfrac{1}{x}\right) = -f(x)$, para todo $x > 0$.

2. $f\left(\dfrac{x}{y}\right) = \dfrac{f(x)}{f(y)}$, para todos $x, y > 0$.

3. $f(x^n) = n \cdot f(x)$, para todo $x > 0$ e $n \in \mathbb{N}$.

4. $f(\sqrt[n]{x}) = \dfrac{1}{n} \cdot f(x)$, para todo $x > 0$ e $n \in \mathbb{N}$.

5. $f(x) < 0 < f(y)$ sempre que $0 < x < 1 < y$.

O número de afirmações VERDADEIRAS é igual a:

(A) 1 (B) 2 (C) 3
(D) 4 (E) 5

2695. Considere as afirmativas:
   1. Seja $f: \mathbb{R} \to \mathbb{R}$ uma função tal que $f(a+b) = f(a) + f(b)$. Se $f(0) = 0$ e $f(3) = 5$, o valor de x para o qual $f(x) = 15$ é igual a 9.
   2. Seja $f(x)$ definida para todos os inteiros $x \geq 0$ tal que $f(1) = 1$ e $f(a+b) = f(a) + f(b) - 2f(ab)$ então $f(2006) = 0$.
   3. Seja $f: \mathbb{R} \to \mathbb{R}$ uma função tal que $f(2) = 3$ e $f(a+b) = f(a) + f(b) + ab$ para todos os reais a e b então $f(11) = 66$
   4. Seja $f: \mathbb{Z} \to \mathbb{Z}$ uma função tal que para todos x e y inteiros tem-se que $f(x+y) = f(x) + f(y) + 6xy + 1$ e $f(x) = f(-x)$ então $f(3) = 26$.

   Conclua que
   (A) Todas são verdadeiras
   (B) Três são verdadeiras e uma é falsa
   (C) Duas são verdadeiras e duas são falsas
   (D) Somente três são falsas
   (E) Todas são falsas

2696. Seja $f: [0,1] \to [0,1]$ uma função tal que $f\left(\dfrac{x}{3}\right) = \dfrac{f(x)}{2}$ e $f(1-x) = 1 - f(x)$.

   O valor de $f\left(\dfrac{3}{4}\right) + f\left(\dfrac{3}{5}\right)$ é igual a:

   (A) $\dfrac{4}{3}$ (B) $\dfrac{5}{4}$ (C) $\dfrac{6}{5}$

   (D) $\dfrac{7}{6}$ (E) $\dfrac{9}{8}$

2697. Seja $f: \mathbb{R} \to \mathbb{R}$ uma função que satisfaz à equação funcional $f(a) \cdot f(b) = f(a+b)$ se $f(x) > 0$ para todo x, considere as afirmativas:
   I. $f(0) = 1$
   II. $f(-a) = \dfrac{1}{f(a)}$, para todo a

III. $f(a) = \sqrt[3]{f(3a)}$, para todo a

IV. $f(b) > f(a)$ se $b > a$

As afirmativas VERDADEIRAS são:

(A) (III) e (IV) somente
(B) (I), (III) e (IV) somente
(C) (I), (II) e (IV) somente
(D) (I), (II) e (III) somente
(E) Todas

2698. Seja f uma função real de variável real que satisfaz à equação funcional $f(a+b) + f(a-b) = 2f(a) + 2f(b)$. Logo, para quaisquer que sejam os reais x e y tem-se que:

(A) $f(0) = 1$

(B) $f(-x) = -f(x)$

(C) $f(-x) = f(x)$

(D) $f(x+y) = f(x) + f(y)$

(E) existe $t > 0$ tal que $f(x+t) = f(x)$

2699. Para cada inteiro positivo k, seja $f_1(k)$ o quadrado da soma dos algarismos de k. Se $n \geq 2$, seja $f_n(k) = f_1(f_{n-1}(k))$. O valor de $f_{2006}(11)$ é igual a:

(A) 16   (B) 49   (C) 169
(D) 256   (E) 2

2700. Considere as afirmativas:

1. Seja $f: \mathbb{R} \to \mathbb{R}$ uma função tal que $2f(x) + f(1-x) = x^2$ então, $f(5) = 34/3$.

2. Seja $f: \mathbb{R} \to \mathbb{R}$ uma função tal que $f(x) + 2f(6-x) = x$ então $f(1) = 3$.

3. A função $f: \mathbb{R}^* \to \mathbb{R}$ é tal que $f\left(\dfrac{1}{x}\right) + \dfrac{1}{x}f(-x) = 2x$ então $f(10) = 1001/10$.

4. Seja $f:\mathbb{R}^* \to \mathbb{R}$ uma função tal que $2f(x)+3f\left(\dfrac{1}{x}\right)=-5x^2$ então $f(3)=53/3$.

5. Seja $f:\mathbb{R}^* \to \mathbb{R}$ uma função tal que $\dfrac{1}{x}f(-x)+f\left(\dfrac{1}{x}\right)=x$ então $f(5)=53/5$.

Conclua que
(A) Todas são falsas
(B) Todas são verdadeiras
(C) Quatro são verdadeiras e uma é falsa
(D) Três são verdadeiras e duas são falsas
(E) Duas são verdadeiras e três são falsas

2701. Considere as afirmativas:

1. Seja $f:\mathbb{Z}_+ \to \mathbb{Z}$ uma função tal que $f(0)=1$ e $f(n+1)=f(n)+n$ então, a soma dos algarismos de $f(2005)$ é igual a 13.

2. Seja $f:\mathbb{R} \to \mathbb{R}$ uma função tal que $f(0)=1/4$, $f(2)=4$ e $f(n+1)=(k+1)\cdot f(n)$ onde k é um real positivo então, o algarismo das unidades de $f(2005)$ é igual a 6.

3. Seja $f:\mathbb{R} \to \mathbb{R}$ uma função tal que 0 não pertence ao seu conjunto imagem e $f(m-n)=f(m)\cdot f(n)$ então, $f(3)=1$.

4. Seja $f:\mathbb{Z} \to \mathbb{Z}$ uma função tal que $f(m)=\dfrac{1}{2}m$ para $-4<m\leq 4$ e $f(m+8k)=f(m)$ para $k\in\mathbb{Z}$ então, $f(22)=-1$.

5. Seja $f:\mathbb{R} \to \mathbb{R}$ uma função tal que $f(0)\neq 1$, $f(1)=4$ e $f(m+n)=f(m)\cdot f(n)$ para todos $m,n \in \mathbb{R}$ então, $f(-2)=-16$.

Conclua que:
(A) Somente (1) e (3) são verdadeiras
(B) Somente (2) é verdadeira
(C) Somente (1) e (4) são verdadeiras
(D) Somente (5) é falsa
(E) Todas são falsas

2702. Considere as afirmativas:

1. Seja $f:\mathbb{R}\to\mathbb{R}$ uma função tal que $f(m,1)=m$ e $f(m,n)=f(m+1,n-1)$ para todos $m,n\in\mathbb{R}$ então, $f(2137,842)=2979$.

2. Seja $f:\mathbb{R}\to\mathbb{R}$ uma função tal que $f(4)=256$ e $f(m+n)=f(m)\cdot f(n)$ então, o valor de k tal que $f(k)=0,0625$ é -2.

3. Seja $f:\mathbb{R}\to\mathbb{R}$ uma função tal que $f(-1/2)=-1/2$ e $f(m+n)=f(mn)$ para todos $m,n\in\mathbb{R}$ então, $f(2005)=-1/2$.

4. Seja $f:\mathbb{R}_+^*\to\mathbb{R}$ uma função tal que $f(mn)=f(m)+f(n)$ então, $f(0,5)+f(1)+f(2)=0$.

5. Seja $f:\mathbb{N}\to\mathbb{N}$ uma função tal que $f(0)=0$ e $f(n)=1+f(n-2^k)$ onde $k\in\mathbb{Z}_+$ com $2^k<n<2^{k+1}$ então, $f(2005)=9$.

Conclua que:
A) Três são verdadeiras e duas são falsas
(B) Duas são verdadeiras e três são falsas
(C) Somente (2) é verdadeira
(D) Somente (1) é falsa
(E) Todas são falsas

2703. Considere as afirmativas:

1. Seja $f:\mathbb{R}\to\mathbb{R}$ uma função tal que $f(2006)\neq 0$ e $f(x+y\cdot f(x))=f(x)+x\cdot f(y)$ para todos $x,y\in\mathbb{R}$ então, $f(2006)=1$.

2. Seja $f:\mathbb{R}\to\mathbb{R}$ uma função tal que $f(x)\cdot f(y)-f(xy)=x+y$ para todos $x,y\in\mathbb{R}$ então, $f(2006)=2006$.

3. Seja $f:\mathbb{R}\to\mathbb{R}$ uma função tal que $f(1)=5$, $f(3)=21$ e $f(x+y)-f(x)=kxy+2y^2$ onde k é uma constante então, $f(100)=20\,007$.

4. Seja $f:\mathbb{R}\to\mathbb{R}$ uma função tal que $f(1)\neq 0$ e $f(x+y^2)=f(x)+2(f(y))^2$ então, $f(2006)=1003$.

Conclua que
(A) Todas são verdadeiras
(B) Apenas uma é falsa
(C) Duas são falsas
(D) Apenas uma é verdadeira
(E) Todas são falsas

2704. Considere as afirmativas:

1. Seja $f: \mathbb{N} \to \mathbb{N}$ uma função tal que para todos m e n naturais e $m \leq 9$ tem-se que $f(10n+m) = f(n) + 11m$ e $f(0) = 0$ o número de soluções da equação $f(n) = 2005$ é igual a 10.

2. Seja $f: \mathbb{Z} \to \mathbb{Z}$ uma função tal que $f(x) = f(-x)$ e $f(x+y) = f(x) + f(y) + 6xy + 1$ para todos $x, y \in \mathbb{Z}$ então, $f(3) = 26$.

3. Seja $f: \mathbb{R} \to \mathbb{R}$ uma função tal que $f(0) \neq 0$ e $f(x+y) = f(x) \cdot f(y) + f(x) + f(y)$ então, $f(6) = -1$.

4. Seja $f: \mathbb{R} \to \mathbb{R}$ uma função tal que $f(0) = 5$ e $f(x) \cdot f(y) - f(xy) = x + y$ para todos $x, y \in \mathbb{R}$ então, $f(2005) = 402$.

5. Seja $f: \mathbb{Z} \to \mathbb{Z}$ uma função tal que $f(1) = 1$ e $f(x) + f(y) = f(x+y) + xy$ para todos $x, y \in \mathbb{Z}$ para todos $x, y \in \mathbb{Z}$ então, $f(2006) = 0$.

Conclua que
(A) Todas são falsas
(B) Todas são verdadeiras
(C) Quatro são verdadeiras e uma é falsa
(D) Três são verdadeiras e duas são falsas
(E) Duas são verdadeiras e três são falsas

2705. Considere as afirmativas:

1. Seja $f: \mathbb{R}^* \to \mathbb{R}$ uma função tal que $f(x) + 2f\left(\dfrac{1}{x}\right) = 3x$ então, a equação $f(x) = f(-x)$ é satisfeita para exatamente dois números reais.

2. Seja $f: \mathbb{R}^* \to \mathbb{R}$ uma função tal que $\dfrac{1}{x} \cdot f(-x) + f\left(\dfrac{1}{x}\right) = x$ então, $f(5) = {}^{63}/_5$.

3. Seja $f: \mathbb{R} \to \mathbb{R}$ uma função tal que $f(59) = 2006$ e $f(x) + f(x-1) = x^2$ então, $f(2006) = 2\,012\,785$.

4. Seja $f: \mathbb{R}^* \to \mathbb{R}$ uma função tal que $f\left(\dfrac{1}{x}\right) + \dfrac{1}{x} \cdot f(-x) = 2x$ então, o valor de $f(10) = {}^{100}/_{10}$.

Conclua que
(A) Todas são verdadeiras
(B) Apenas uma é falsa
(C) Duas são falsas
(D) Apenas uma é verdadeira
(E) Todas são falsas

2706. Considere as afirmativas:

1. Seja $f: \mathbb{R} \to \mathbb{R}$ uma função tal que $f(1) = 1$ e $f(x) + f(y) = f(x+y) - xy - 1$ então, o número de inteiros $n \neq 1$ para os quais $f(n) = n$ é igual a 1.

2. Seja $f: \mathbb{Z}_+^* \to \mathbb{Z}$ uma função tal que $f(1) = 2$ e $f(x+y) = f(x) \cdot f(y) - f(xy) + 1$ para todos $x, y \in \mathbb{Z}_+^*$ então, $f(2005) = 2006$.

3. Seja $f: \mathbb{Z}_+^* \to \mathbb{Z}$ uma função tal que $f(1) = 2$ e $f(xy) = f(x) \cdot f(y) - f(x+y) + 2005$ então a soma dos algarismos de $f(2005)$ é igual a 17.

4. Seja $f: \mathbb{R} \to \mathbb{R}$ uma função tal que $f(1) = 17$ e $f(x - y^2) = f(x) + (y^2 - 2x) \cdot f(y)$ então a soma dos algarismos de $f(2006)$ é igual a 36.

Conclua que
(A) Todas as afirmações acima estão corretas
(B) Apenas uma está incorreta
(C) Duas estão incorretas
(D) Apenas uma está correta
(E) Todas são falsas

Capítulo 10 – Funções | 713

2707. Considere as afirmativas:
1. Seja f uma função definida no conjunto dos inteiros positivos maiores que 3 tal que $f(n) = f(n-1) + f(n-2) - f(n-3)$. Se $f(1) = 2$, $f(2) = 5$ e $f(3) = 8$ então $f(2005) = 6014$.
2. Seja f uma função definida no conjunto dos inteiros positivos tal que $f(n+1) = f(n) + 2n + 1$. Se $f(0) = 2$, então $f(2005) = 4020027$.
3. Seja f uma função definida no conjunto dos inteiros positivos tal que $f(n) = f(n-1) + 4n + 2$. Se $f(0) = 3$, então $f(2005) = 8048073$.
4. Seja f uma função definida no conjunto dos inteiros positivos tal que $f(n+2) = 2 \cdot f(n+1) - f(n) + 1$. Se $f(1) = 1$ e $f(2) = 2$, então $f(2005) = 2009011$.

Conclua que
(A) Todas as afirmações acima estão corretas
(B) Apenas uma está incorreta
(C) Duas estão incorretas
(D) Apenas uma está correta
(E) Todas são falsas

2708. Para todos os inteiros x, a função $f : \mathbb{Z} \to \mathbb{Q}$ possui a seguinte propriedade definida por $f(x+1) = \dfrac{1 + f(x)}{1 - f(x)}$ para todo $x \in \mathbb{Z}$. Se $f(1) = 2$, o valor de $f(2006)$ é igual a:

(A) 2   (B) −3   (C) −½

(D) ⅓   (E) 1

2709. Admita $Y = \{a, b, c\}$ e considere a função $h : Y \times Y \to Y$ definida por:

$h(a,a) = a$ $h(b,a) = b$ $h(c,a) = c$

$h(a,b) = b$ $h(b,b) = c$ $h(c,b) = a$

$h(a,c) = c$ $h(b,c) = a$ $h(c,c) = b$

Considere a função $f: \mathbb{Z} \to Y$ tal que $f(0) = a$, $f(1) = b$ e, para todos os inteiros m e n tem-se que $f(m+n) = h(f(m), f(n))$. Se, além disso, para todo inteiro n tem-se que $f(3n) = a$, o valor de $y \in Y$ tal que $h(y, f(52)) = f(45)$ é igual a:

(A) a (B) b (C) c
(D) não existe (E) impossível calcular

2710. Seja $f(n)$ a soma dos n primeiros termos da seqüência $(0, 1, 1, 2, 2, 3, 3, 4, \ldots, a_n, \ldots)$ onde, $a_n = \begin{cases} \dfrac{n}{2}, & n = 2k \\ \dfrac{n-1}{2}, & n = 2k+1 \end{cases}$. Se x e y são inteiros positivos com $x > y$ a expressão de $f(x+y) - f(x-y)$ é dada por:

(A) xy (B) $\dfrac{xy}{2}$ (C) $\dfrac{x+y}{2}$

(D) $\dfrac{x-y}{2}$ (E) $\dfrac{(x+y)(x-y)}{2}$

2711. Seja $f: \mathbb{N} \to \mathbb{N}$ uma função tal que $f(x)$ é igual à soma dos algarismos de x no sistema de numeração decimal. Se $x_0 = 0$ e, para todo natural n, $x_{n+1} = f(f(x_n) + x_n + 1)$, o valor de x_{2006} é igual a:

(A) 3 (B) 4 (C) 6
(D) 7 (E) 9

2712. Seja f uma função definida no conjunto dos números inteiros não negativos tal que $f(0) = 7$, $f(1) = 7$ e $f(n+m) = \dfrac{f(2n) + f(2m)}{2} - (n-m)^2$ para $n, m \geq 0$. O valor de $f(37)$ é igual a:

(A) 1331 (B) 1333 (C) 1335
(D) 1337 (E) 1339

2713. Seja $f: \mathbb{N} \to \mathbb{N}$ uma função definida por $f(x) = \begin{cases} 2n+8 & \text{se } n \leq 8 \\ n+f(n-8) & \text{se } n > 8 \end{cases}$. A soma dos algarismos de $f(2006)$ é igual a:

(A) 10   (B) 12   (C) 14
(D) 16   (E) 18

2714. Para todos os pares ordenados (x, y) de números inteiros, definamos $f(x, y)$ da seguinte maneira:

1. $f(x, 1) = x$
2. $f(x, y) = 0$ se $y > x$
3. $f(x+1, y) = y \cdot [f(x, y) + f(x, y-1)]$

O valor de $f(8, 8)$ é igual a:

(A) 120   (B) 720   (C) 5040
(D) 40320   (E) 362880

2715. Seja f uma função definida no conjunto $\mathbb{Z}$ dos números inteiros que satisfaz às seguintes condições:

1. $f(0) \neq 0$
2. $f(1) = 3$
3. $f(x) \cdot f(y) = f(x+y) + f(x-y)$ para todos os inteiros x e y.

O valor de $f(7)$ é igual a:

(A) 841   (B) 843   (C) 845
(D) 847   (E) 849

2716. A função f definida no conjunto dos pares ordenados de números inteiros satisfaz às seguintes condições:

1. $f(x, x) = x$
2. $f(x, y) = f(y, x)$
3. $(x+y) \cdot f(x, y) = y \cdot f(x, x+y)$

O valor de $f(14, 92)$ é igual a:

(A) 640   (B) 641   (C) 642

(D) 643   (E) 644

2717. A função f definida no conjunto dos pares ordenados de números inteiros satisfaz às seguintes condições:

1. $f(x, x) = x + 2$
2. $f(x, y) = f(y, x)$
3. $(x + y) \cdot f(x, y) = y \cdot f(x, x + y)$

O valor de $f(9, 7)$ é igual a:

(A) 181   (B) 183   (C) 185

(D) 187   (E) 189

2718. Seja f uma função definida para todos os números inteiros positivos x e y satisfazendo às seguintes condições:

1. $f(1, 1) = 2$
2. $f(x + 1, y) = 2(x + y) + f(x, y)$
3. $f(x, y + 1) = 2(x + y - 1) + f(x, y)$

O valor de $x - y$ para o qual $f(x, y) = 2006$ é igual a:

(A) 20   (B) 10   (C) 0

(D) −10   (E) −20

2719. Seja f uma função definida no conjunto dos inteiros positivos que satisfaz às condições:

1. $f(1) = 1$
2. $f(2n) = 2 \cdot f(n) + 1$, $n \geq 1$
3. $f(f(n)) = 4n + 1$, $n \geq 2$

O valor de f(2006) é igual a:

(A) 4171   (B) 4173   (C) 4175
(D) 4177   (E) 4179

2720. Seja f uma função definida no conjunto dos inteiros positivos que satisfaz às condições:

1. $f(1) = 0$
2. $f(2n) = 2 \cdot f(n) + 1$
3. $f(2n+1) = f(2n) - 1$

O valor de n tal que $f(n) = 1994$ é igual a:

(A) 2101   (B) 2103   (C) 2105
(D) 2107   (E) 2109

2721. A função de Ackermann é definida para inteiros não negativos n e k por:

1. $f(0,n) = n+1$
2. $f(k,0) = f(k-1,1)$
3. $f(k+1, n+1) = f(k, f(k+1, n))$

Os dois últimos algarismos de $f(2, 2005)$ são:

(A) 11   (B) 12   (C) 13
(D) 14   (E) 15

2722. Seja $f : \mathbb{N}^* \to \mathbb{N}^*$ a função tal que $f(f(n)) + f(n) = \begin{cases} 2n-1, & \text{se } n \text{ é par} \\ 2n+1, & \text{se } n \text{ é ímpar} \end{cases}$. O valor de $f(2006)$ é igual a:

(A) 4011   (B) 4010   (C) 2006
(D) 2005   (E) 1003

718 | Problemas Selecionados de Matemática

2723. Seja $f: \mathbb{N}^* \to \mathbb{N}^*$ uma função tal que $f(n+1) > f(n)$ e $f(f(n)) = 3n$ para todo $n \in \mathbb{N}^*$. O valor de $f(2006)$ é igual a:

(A) 3831 (B) 3833 (C) 3835
(D) 3837 (E) 3839

2724. Seja f uma função definida por $f(x) = \dfrac{4^x}{4^x + 2}$. O valor de $\sum_{i=0}^{2006} f\left(\dfrac{i}{2006}\right)$ é igual a:

(A) 1002 (B) 1002,5 (C) 1003
(D) 2005 (E) 2006

2725. Seja f uma função definida por $f(x) = \dfrac{2000^x}{2000^x + \sqrt{2000}}$. O valor da soma $f\left(\dfrac{1}{2001}\right) + f\left(\dfrac{2}{2001}\right) + \cdots + f\left(\dfrac{2000}{2001}\right)$ é igual a:

(A) 1000 (B) 1001 (C) 2000
(D) 2001 (E) 2002

2726. Seja $f: \mathbb{R} \to \mathbb{R}$ uma função tal que $f(x) = \dfrac{9^x}{9^x + 3}$. A soma de todas as expressões da forma $f\left(\dfrac{k}{2002}\right)$ com $k \in \mathbb{Z}$ e $0 < k < 2002$ para os quais a fração $\dfrac{k}{2002}$ é irredutível é igual a:

(A) 300 (B) 320 (C) 360
(D) 400 (E) 420

2726. Seja $f: \mathbb{R} \to \mathbb{R}$ uma função tal que $f(x) = \dfrac{x^2}{1+x^2}$. A soma de todas as expressões da forma $f\left(\dfrac{k}{2007-k}\right)$ com $k \in \mathbb{Z}$ e $0 < k < 2006$ é igual a:

(A) $\dfrac{2007}{2}$ (B) 1003 (C) $\dfrac{2005}{2}$
(D) 1002 (E) $\dfrac{2001}{2}$

Capítulo 10 - Funções | 719

2727. Para cada $k \geq 0$ seja, $f_k(x) = kx^2 + k^2 - f_{k-1}(x)$. Se $f_0(x) = 1$, a soma dos algarismos de $f_{2005}\left(\dfrac{1}{\sqrt{1003}}\right)$ é igual a:

(A) 18   (B) 19   (C) 20
(D) 21   (E) 22

2728. Seja $f: \mathbb{N} \to \mathbb{R}$ uma função tal que $f(1) + f(2) + \cdots + f(n) = n^2 \cdot f(n)$ para todo natural n. Se $f(1) = 1003$, o valor de $f(2006)$ é igual a:

(A) 2007   (B) 2006   (C) 2005
(D) $\dfrac{1}{2006}$ (E) $\dfrac{1}{2007}$

2729. Se $f: \mathbb{Z}_+^* \to \mathbb{Z}$ é uma função tal que $f(n+1) = (-1)^{n+1} n - 2 \cdot f(n)$ e $f(1) = f(2006)$ então, o valor de $f(1) + f(2) + f(3) + \cdots + f(2005)$ é igual a:

(A) $\dfrac{1003}{2}$ (B) $\dfrac{1003}{3}$ (C) $\dfrac{1003}{4}$
(D) $\dfrac{1003}{5}$ (E) $\dfrac{1003}{6}$

2730. Seja $f: \mathbb{N} \to \mathbb{R}$ uma função tal que $f(1) = 1$ e para $n \geq 2$ tem-se que $f(1) + 2 \cdot f(2) + 3 \cdot f(3) + \cdots + n \cdot f(n) = n \cdot (n+1) \cdot f(n)$. O valor de $f(2006)$ é igual a:

(A) 2006   (B) 4012   (C) $\dfrac{1}{2006}$
(D) $\dfrac{1}{4012}$ (E) $\dfrac{1}{6018}$

2731. Para todos os pares ordenados (x, y) de números inteiros, definamos uma função $f(x, y)$ tal que $f(x, x) = 0$ e $f(x, f(y, z)) = f(x, y) + z$. O valor de $f(2006, 1948)$ é igual a:

(A) 50   (B) 52   (C) 54
(D) 56   (E) 58

720 | Problemas Selecionados de Matemática

2732. Seja $f: \mathbb{N}^* \to \mathbb{N}^*$ uma função tal que $f(f(n)) = 4n + 9$, $n > 0$ e $f(2^k) = 2^{k+1} + 3$, $k \geq 0$. O valor de $f(1789)$ é igual a:

(A) 3581 (B) 3582 (C) 3583
(D) 3584 (E) 3585

2733. Seja $f: \mathbb{N}^* \to \mathbb{Z}$ uma função tal que:

1. $f(mn) = f(m) + f(n)$
2. $f(n) = 0$ se o algarismo das unidades de n é 3.
3. $f(10) = 0$

O valor de $f(2006)$ é igual a:

(A) 0 (B) 1 (C) 2
(D) 3 (E) 2003

2734. A função $f: \mathbb{N}^* \to \mathbb{N}^*$ satisfaz às condições:

1. $f(ab) = f(a) \cdot f(b)$ se $MDC(a, b) = 1$
2. $f(p+q) = f(p) + f(q)$ para todos os números primos p e q

O valor de $f(2005)$ é igual a:

(A) 1 (B) 5 (C) 401
(D) 1599 (E) 2005

2735. Seja $f: \mathbb{N}^* \to \mathbb{N}^*$ uma função tal que:

1. $f(1) = 1$
2. $f(2n+1) = f(2n) + 1$
3. $f(2n) = 3 \cdot f(n)$

O valor de $f(2006)$ é igual a:

(A) 88300 (B) 88302 (C) 88304
(D) 88306 (E) 88308

2736. A função $f: \mathbb{N} \times \mathbb{N} \to \mathbb{N}$ é tal que:
   1. $f(0, y) = y + 1$, $\forall y \in \mathbb{N}$;
   2. $f(x+1, 0) = f(x, 1)$, $\forall x \in \mathbb{N}$
   3. $f(x+1, y+1) = f(x, f(x+1, y))$, , $\forall (x, y) \in \mathbb{N} \times \mathbb{N}$

   O resto da divisão de $f(3, 2006)$ por 101 é igual a:
   (A) 1   (B) 3   (C) 5
   (D) 7   (E) 9

2737. Seja $\mathbb{N}^* = \{1, 2, 3, ...\}$ e $f: \mathbb{N}^* \to \mathbb{N}^*$ uma função tal que:
   1. se $x < y$ então $f(x) < f(y)$
   2. $f(y \cdot f(x)) = x^2 \cdot f(xy)$ para todos $x, y \in \mathbb{N}^*$

   A soma dos algarismos de $f(2006)$ é igual a:
   (A) 11   (B) 13   (C) 15
   (D) 17   (E) 19

2738. Seja $\mathbb{N}^*$ o conjunto de todos os inteiros positivos e seja $f: \mathbb{N}^* \to \mathbb{N}^*$ uma função tal que:
   1. $f(1) = 1$
   2. $f(2n) = f(n)$
   3. $f(2n+1) = f(2n) + 1$

   Se M é o maior valor de $f(n)$ quando $1 \leq n \leq 1994$ a soma de todos os inteiros positivos n tais que $f(n) = M$ é igual a:
   (A) 8251   (B) 8253   (C) 8255
   (D) 8257   (E) 8259

2739. Seja $\mathbb{N}^* = \{1, 2, 3, ...\}$ e suponha que $f: \mathbb{N}^* \to \mathbb{N}^*$ seja uma função que satisfaz a $f(1) = 1$ e, para todo $n \in \mathbb{N}^*$ tem-se que:

1. $3f(n) \cdot f(2n+1) = f(2n) \cdot (1 + 3f(n))$

2. $f(2n) < 6f(n)$

A soma de todos os valores de k e ℓ que são soluções da equação $f(k) + f(\ell) = 293$, $k < \ell$ é igual a:

(A) 200   (B) 202   (C) 204

(D) 206   (E) 208

2740. Seja $f: \mathbb{N}^* \to \mathbb{N}^*$ uma função tal que para todos $k, n \in \mathbb{N}^*$, tem-se que $f(1) = 1$, $f(2^k) = 1$ e se $n < 2^k$ então $f(2^k + n) = f(n) + 1$. Considere então as afirmativas:

1. O valor de $f(2006)$ é 7.

2. O valor máximo de $f(n)$ quando $n \le 2006$ é 10.

3. O menor número natural n tal que $f(n) = 2006$ é 2^{2006}.

Assinale:

(A) Se somente a afirmativa (1) for verdadeira

(B) Se somente a afirmativa (2) for verdadeira

(C) Se somente a afirmativa (3) for verdadeira

(D) Se somente as afirmativas (1) e (2) forem verdadeiras

(E) Se somente as afirmativas (2) e (3) forem verdadeiras

2741. Seja $f: \mathbb{N}^* \to \mathbb{N}^*$ uma função tal que:

1. $f(f(n)) = n$ para todo $n \in \mathbb{N}^*$

2. $f(f(n) + 1) = \begin{cases} n - 1 & \text{se } n \text{ é par} \\ n + 3 & \text{se } n \text{ é ímpar} \end{cases}$

Sabendo que f é bijetora e que $f(f(n)+1) \neq 2$ então $f(1) = 2$, o valor de $f(2005) + f(2006)$ é igual a:

(A) 4010 (B) 4011 (C) 4012
(D) 4013 (E) 4014

2742. Seja $f: \mathbb{N} \to \mathbb{N}$ a função definida por $f(n) = \begin{cases} n-3 & \text{se } n \geq 1000 \\ f(f(n+6)) & \text{se } n < 1000 \end{cases}$. O valor de $f(1992) - f(1)$ é igual a:

(A) 989 (B) 992 (C) 1988
(D) 1991 (E) não determinável

2743. Se $f: \mathbb{Z} \to \mathbb{Z}$ é uma função definida por $f(x) = \begin{cases} x-10 & \text{se } x > 100 \\ f(f(x+11)) & \text{se } x \leq 100 \end{cases}$. O conjunto dos valores da função f é igual a:

(A) $\{y \in \mathbb{Z} \mid y \geq 90\}$ (B) $\{y \in \mathbb{Z} \mid y \geq 91\}$ (C) $\{y \in \mathbb{Z} \mid y \geq 92\}$
(D) $\{y \in \mathbb{Z} \mid y \geq 93\}$ (E) $\{y \in \mathbb{Z} \mid y \geq 94\}$

2744. Para todo inteiro n, $f(n)$ é definido por $f(n) = \begin{cases} n-3 & \text{se } n \geq 2000 \\ f(f(n+5)) & \text{se } n < 2000 \end{cases}$

O conjunto dos inteiros positivos n tais que $f(n) = 1997$ é:

(A) vazio (B) unitário (C) finito enumerável
(D) infinito (E) não determinável

2745. Se $f: \mathbb{N} \to \mathbb{N}$ é a função definida por $f(x) = \begin{cases} n-12 & \text{se } n > 2000 \\ f(f(n+16)) & \text{se } n \leq 2000 \end{cases}$. O número de soluções da equação $f(n) = n$ é:

(A) 1 (B) 2 (C) 3
(D) 4 (E) mais de 4

2746. Considere uma função $f: \mathbb{N}^* \to \mathbb{N}^*$ com as seguintes propriedades:

1. $f(2) = 2$
2. $f(m \cdot n) = f(m) \cdot f(n)$, m e n naturais não nulos.
3. $f(m) > f(n)$, quando $m > n$.

O valor de $f(2006)$ é igual a:

(A) 2 (B) 2006 (C) 4012
(D) 2^{2006} (E) 2^{2007}

2747. Se f é tal que $f(1) = 3$ e $f(m+n) + f(m-n) - m + n - 1 = \dfrac{f(2m) + f(2n)}{2}$ para todos os inteiros não negativos m e n com $m \geq n$. A soma dos algarismos de $f(2003)$ é igual a:

(A) 10 (B) 11 (C) 12
(D) 13 (E) 14

2748. Uma função $f(m,n)$ é definida para todos os inteiros positivos $m \geq n$ por:

1. $f(m,n) = \sqrt{n + f(m, n+1)}$ se $m > n$ e
2. $f(n,n) = \sqrt{n}$, para todo n

Sobre $f(1992, 1)$ podemos afirmar que:

(A) É menor do que 2.
(B) Está compreendido entre 2 e 3.
(C) Está compreendido entre 3 e 4.
(D) Está compreendido entre 4 e 5.
(E) Está compreendido entre 5 e 6.

2749. Para cada função f que é definida para todos os números reais e satisfaz à condição $f(x.y) = x.f(y) + f(x).y$ e $f(x+y) = f(x^{1999}) + f(y^{1999})$. O valor de $f(\sqrt{5753})$ é igual a:

(A) 0   (B) 1   (C) 2

(D) $\sqrt{5753}$ (E) 3998

2750. Seja $f : \mathbb{N} \to \mathbb{N}$ uma função tal que $f(n) = 1$ se n é ímpar e $f(n) = k$ para todo número par $n = 2^k \ell$, onde k é um número natural e ℓ é um número ímpar. O maior número natural n para o qual se tem que $f(1) + f(2) + \cdots + f(n) \leq 123456$ é igual a:

(A) 82301   (B) 82303   (C) 82305

(D) 82307   (E) 82309

2751. Uma função f definida para todos os números racionais é tal que $f(1) = 19$ e $f(x+y) = f(x) + f(y) + 2xy$. O valor de $f(99)$ é igual a:

(A) 11680   (B) 11682   (C) 11684

(D) 11686   (E) 11688

2752. Seja $f : \mathbb{R} \to \mathbb{R}$ uma função tal que:

1. $f(x+y) = f(x) + f(y)$ para todos $x, y \in \mathbb{R}$.
2. $f(1) = 1$
3. $x^2 . f\left(\frac{1}{x}\right) = f(x)$, para todo $x \in \mathbb{R}^*$.

O valor de $f(2006)$ é igual a:

(A) 2006   (B) 2003   (C) 2002^2

(D) $\frac{1}{2002}$ (E) $\frac{1}{2003}$

2753. Seja $f: \mathbb{N} \to \mathbb{N}$ uma função estritamente crescente tal que $f(1) = 2006$ e $f(n + f(n)) = 2 \cdot f(n)$ para $n = 1, 2, 3, \ldots$. A soma dos algarismos de $f(2006)$ é igual a:

(A) 12 (B) 10 (C) 8
(D) 6 (E) 4

2754. Seja $f: \mathbb{R} \to \mathbb{R}$ uma função tal que para todos os reais x e y tem-se que
$$f(x^2) - f(y^2) + 2x + 1 = f(x+y) \cdot f(x-y)$$
O valor de $f(1999)$ é igual a:

(A) -2000 (B) -1999 (C) -1998
(D) 1999 (E) 2000

2755. Sejam m e n inteiros positivos maiores que 1 sendo m par e f uma função real de variável real definida no conjunto dos reais não negativos e que satisfaz às condições:

1. $f\left(\dfrac{x_1^m + x_2^m + \cdots + x_n^m}{n}\right) = \dfrac{[f(x_1)]^m + [f(x_2)]^m + \cdots + [f(x_n)]^m}{n}$ para todos x_i.

2. $f(2004) \neq 2004$

3. $f(2006) \neq 0$

O valor de $f(2005)$ é igual a:

(A) 0 (B) 1 (C) 2005
(D) 2004 (E) -2004

2756. A função $f: \mathbb{N} \to \mathbb{N}$ é tal que $f(m+n) \geq f(m) + f(n) - 1$ para todos os naturais m e n. Sabendo que $f(1) > 1$ e $f(3000) < 3002$. O valor de $f(2005)$ é igual a:

(A) 2005 (B) 2006 (C) 2007
(D) 3000 (E) 3001

Capítulo 10 – Funções | 727

2757. Uma função f satisfaz às seguintes condições:
1. Para cada racional x, f(x) é um número real.
2. $f(2006) \neq f(2005)$.
3. $f(x+y) = f(x) \cdot f(y) - f(xy) + 1$ para reais x e y.

O valor de $f(-2005/2006)$ é igual a:

(A) 2006　　　(B) 2005　　　(C) $1/2005$

(D) $1/2006$　　　(E) 2007

2758. Seja $f: \mathbb{R} \to \mathbb{R}$ uma função tal que $f(f(n)) = n$ e $f(f(n+2)+2) = n$ para todo inteiro n e $f(0) = 1$. O valor de $f(2006)$ é igual a:

(A) 2006　　　(B) 2005　　　(C) −2006
(D) −2005　　　(E) −2004

2759. Seja $f: \mathbb{R} \to \mathbb{R}$ uma função tal que $f(1) = 2006$ e $f(x - f(y)) = 1 - x - y$ para todos os números reais x e y. O valor de $f(2006)$ é igual a:

(A) 0　　　(B) 1　　　(C) 2005
(D) 2006　　　(E) 2007

2760. Uma função f definida no conjunto dos números racionais e tomando valores no conjunto dos números racionais satisfaz à equação funcional $f(x+y) + f(x-y) = 2f(x) + 2f(y)$ para todos os racionais x e y. Se $f(1) = 19$, o valor de $f(99)$ é igual a:

(A) 99　　　(B) 1881　　　(C) 9801
(D) 186219　　　(E) 970299

728 | Problemas Selecionados de Matemática

2761. Seja f uma função definida no conjunto dos inteiros não negativos que satisfaz às condições :

   1. se $n = 2^j - 1$, $j = 0,1,2,...$ então $f(n) = 0$

   2. se $n \neq 2^j - 1$, $j = 0,1,2,...$ então $f(n+1) = f(n) - 1$

   O valor de $f(2^{1990})$ é igual a:

   (A) $2^{1990} + 2$ (B) $2^{1990} + 1$ (C) 2^{1990}

   (D) $2^{1990} - 1$ (E) $2^{1990} - 2$

2762. Seja $F:[0,1] \to [0,1]$ uma função crescente tal que:

   1. $F(0) = 0$

   2. $F(x/3) = F(x)/2$

   3. $F(1-x) = 1 - F(x)$

   O valor de $F(18/1991)$ é igual a:

   (A) $1/128$ (B) $1/64$ (C) $3/128$

   (D) $1/32$ (E) $5/128$

2763. Seja f uma função definida no conjunto dos inteiros positivos e tomando valores no mesmo conjunto. Suponha que $f(f(m) + f(n)) = m + n$ para todos inteiros positivos m e n. O valor de $f(2006)$ é igual a:

   (A) 0   (B) 1   (C) 2

   (D) 2006   (E) 2005

2764. Se $\mathbb{N}$ é o conjunto dos números inteiros não negativos, o número de funções definidas $\mathbb{N}$ e tomando valores em $\mathbb{N}$ tais que $f(m + f(n)) = f(f(m)) + f(n)$ para todos $m, n \in \mathbb{N}$ é igual a:

   (A) 0   (B) 1   (C) 2

   (D) 3   (E) mais de 3

2765. Seja $f: \mathbb{N} \to \mathbb{N}$ uma função tal que $f(f(1995)) = 95$, $f(xy) = f(x)f(y)$ e $f(x) \leq x$. A soma de todos os valores possíveis de $f(1995)$ é igual a:

(A) 2200 (B) 2220 (C) 2240
(D) 2260 (E) 2280

2766. A função f é definida para todos os inteiros positivos e assume valores inteiros não negativos. Além disso, para quaisquer m e n tem-se que
1. $f(m+n) - f(m) - f(n) = 0$ ou 1
2. $f(2) = 0$, $f(3) > 0$ e $f(9999) = 3333$

O valor de $f(1982)$ é igual a:

(A) 660 (B) 661 (C) 662
(D) 663 (E) 664

2767. Seja $f: \mathbb{R}^* \to \mathbb{R}^*$ uma função tal que:
1. $f[x \cdot f(y)] \cdot f(y) = f(x+y)$, para todos $x, y \geq 0$
2. $f(2) = 0$
3. $f(x) \neq 0$ se $0 \leq x < 2$

O valor de $f(4012/2007)$ é igual a:

(A) 2001 (B) 2003 (C) 2005
(D) 2006 (E) 2007

2768. Seja $f: \mathbb{N}^* \to \mathbb{N}^*$ uma função tal que $f(a) = f(1995)$, $f(a+1) = f(1996)$ e $f(a+2) = f(1997)$. Se $f(n+a) = \dfrac{f(n)-1}{f(n)+1}$, o menor valor possível de a é:

(A) 2 (B) 3 (C) 4
(D) 5 (E) 6

2769. Seja $f:[0,1]\to[0,1]$ uma função crescente tal que:

1. f é não decrescente (isto é, $x<y \Rightarrow f(x)\le f(y)$)
2. $f(x)=1-f(1-x)$ para todo $x\in[0,1]$.
3. $f(3x)=2\cdot f(x)$ para todo $x\in\left[0, \frac{1}{3}\right]$

O valor de $f\left(\frac{1}{7}\right)+f\left(\frac{1}{13}\right)$ é igual a:

(A) $\frac{11}{28}$ (B) $\frac{13}{28}$ (C) $\frac{15}{28}$

(D) $\frac{17}{28}$ (E) $\frac{19}{28}$

2770. O conjunto de todos os inteiros positivos é a união de dois subconjuntos disjuntos $\{f(1), f(2),\cdots, f(n),\cdots\}$ e $\{g(1), g(2),\cdots, g(n),\cdots\}$ onde:

$$f(1)<f(2)<\cdots<f(n)<\cdots$$
$$g(1)<g(2)<\cdots<g(n)<\cdots$$

e

$$g(n)=f(f(n))+1 \text{ para todo } n\ge 1$$

O valor de $f(240)$ é igual a:

(A) 380 (B) 382 (C) 384

(D) 386 (E) 388

2771. O número de funções $f:\mathbb{R}\to\mathbb{R}$ tais que $f(xf(x)+f(y))=(f(x))^2+y$, para todos $x,y\in\mathbb{R}$ é igual a:

(A) 0 (B) 1 (C) 2

(D) 3 (E) 4

2772. Se $f(x^2+y)+f(f(x)-y)=2f(f(x))+2y^2$ para todos $x,y\in\mathbb{R}$, o número de tais funções $f:\mathbb{R}\to\mathbb{R}$ é igual a:

(A) 0 (B) 1 (C) 2

(D) 3 (E) 4

2773. Seja $f:\mathbb{R}\to\mathbb{R}$ uma função tal que $f(x^2+f(y))=y+(f(x))^2$ para todos $x,y\in\mathbb{R}$. O valor de $f(2006)$ é igual a:

(A) 0   (B) 1   (C) 2005
(D) 2006   (E) 2007

2774. O número de funções $f:\mathbb{R}\to\mathbb{R}$ tais que $f(f^2(x)+f(y))=xf(x)+y$ para todos $x,y\in\mathbb{R}$ é igual a:

(A) 0   (B) 1   (C) 2
(D) 3   (E) 4

2775. Seja $f:\mathbb{R}\to\mathbb{R}$ uma função tal que $f(x-f(y))=f(f(y))+xf(y)+f(x)-1$ para todos $x,y\in\mathbb{R}$. O valor de $f(2004)$ é igual a:

(A) −2008001   (B) −2008003   (C) −2008005
(D) −2008007   (E) −2008009

2775. Considere todas as funções $f:\mathbb{N}\to\mathbb{N}$ que satisfazem a $f(t^2f(s))=s(f(t^2))$ para todos $x,y\in\mathbb{N}$. O menor valor possível de $f(1998)$ é igual a:

(A) 100   (B) 120   (C) 140
(D) 160   (E) 180

2776. Seja S o conjunto de todos os números reais estritamente maiores que -1. O número de funções $f:S\to S$ que satisfazem às duas condições:

1. $f(x+f(y)+xf(y))=y+f(x)+yf(x)$, $\forall x,y\in S$

2. $\dfrac{f(x)}{x}$ é estritamente crescente nos intervalos $-1<x<0$ e $0<x$.

é igual a :

(A) 0   (B) 1   (C) 2
(D) 3   (E) 4

Problemas Selecionados de Matemática

2777. Seja $\mathbb{N}^* = \{1, 2, 3, ...\}$. Uma função $f: \mathbb{N}^* \to \mathbb{N}^*$ tal que $f(1) = 2$, $f(f(n)) = f(n) + n$ para todos $n \in \mathbb{N}^*$, e $f(n) < f(n+1)$ para todos $n \in \mathbb{N}^*$ é:

(A) $f(n) = \lfloor \phi \cdot n + 1/4 \rfloor$, onde $\phi = \dfrac{1+\sqrt{5}}{2}$

(B) $f(n) = \lfloor \phi \cdot n + 1/2 \rfloor$, onde $\phi = \dfrac{1+\sqrt{5}}{2}$

(C) $f(n) = \lfloor \phi \cdot n + 3/2 \rfloor$, onde $\phi = \dfrac{1+\sqrt{5}}{2}$

(D) $f(n) = \lfloor \phi \cdot n + 1 \rfloor$, onde $\phi = \dfrac{1+\sqrt{5}}{2}$

(E) $f(n) = \lfloor \phi \cdot n \rfloor$, onde $\phi = \dfrac{1+\sqrt{5}}{2}$

2778. Uma função f, definida em $\mathbb{N}^* \times \mathbb{N}^*$, com valores em $\mathbb{Q}$ satisfaz às condições:

1. $f(1,1) = 1$
2. $f(p+1, q) + f(p, q+1) = f(p, q)$
3. $q \cdot f(p+1, q) = p \cdot f(p, q+1)$

para todos os reais p e q. Sabendo que o valor de $f(2006, 58)$ pode ser colocado sob a forma $\dfrac{a!\,b!}{c!}$, o valor de $a+b+c$ é igual a:

(A) 4121   (B) 4123   (C) 4125

(D) 4127   (E) 4129

2779. Uma função f é definida no conjunto dos inteiros positivos por:

1. $f(1) = 1$, $f(3) = 3$
2. $f(2n) = f(n)$
3. $f(4n+1) = 2 \cdot f(2n+1) - f(n)$
4. $f(4n+3) = 3 \cdot f(2n+1) - 2 \cdot f(n)$

para todos os inteiros positivos n. O número de inteiros positivos n, menores ou iguais a 1988 para os quais f(n) = n é igual a:

(A) 1992   (B) 1988   (C) 94
(D) 92   (E) 88

2780. A função f satisfaz às condições:
1. $f(0,y) = y + 1$
2. $f(x+1,0) = f(x,1)$
3. $f(x+1, y+1) = f(x, f(x+1, y))$

para todos os inteiros x e y não negativos. O valor de f(4,2006) é igual a:

(A) $2^{2^{2^{\cdot^{\cdot^{2}}}}} - 4$ onde aparecem 2009 algarismos 2.

(B) $2^{2^{2^{\cdot^{\cdot^{2}}}}} - 3$ onde aparecem 2009 algarismos 2.

(C) $2^{2^{2^{\cdot^{\cdot^{2}}}}} - 2$ onde aparecem 2009 algarismos 2.

(D) $2^{2^{2^{\cdot^{\cdot^{2}}}}} - 1$ onde aparecem 2009 algarismos 2.

(E) $2^{2^{2^{\cdot^{\cdot^{2}}}}}$ onde aparecem 2009 algarismos 2.

Seção 10.2 – Injeções, Sobrejeções e Bijeções

2781. Se a imagem de uma função $f: X \to Y$ é todo o conjunto Y, dizemos que f é uma função *sobrejetiva*. Uma função $f: X \to Y$ chama-se *injetiva* quando elementos diferentes em X são transformados por f em elementos diferentes em Y. Ou seja, f é *injetiva* quando

$$x \neq x' \text{ em } X \Rightarrow f(x) \neq f(x')$$

Esta condição pode também ser expressa em sua forma contra positiva

$$f(x) = f(x') \Rightarrow x = x'$$

Se uma função $f: X \to Y$ é *sobrejetiva* e *injetiva* ao mesmo tempo dizemos que ela é *bijetiva*. Com base nisto, sejam A e B dois conjuntos com respectivamente 19 e 99 elementos. Então podemos afirmar que:

(A) existem sobrejeções de A em B.

(B) toda função de A em B é uma injeção.

(C) não existem bijeções de A em B.

(D) o conjunto imagem de qualquer função de A em B possui 19 elementos.

(E) toda função de B em A é sobrejetora.

2782. Classificando em VERDADEIRA ou FALSA cada uma das afirmações abaixo:
1. (   ) Toda função sobrejetora é injetora.
2. (   ) Toda função bijetora é sobrejetora.
3. (   ) Toda função bijetora não pode ser injetora.
4. (   ) Uma função injetora não pode ser bijetora.
5. (   ) Uma função ou é injetora, ou sobrejetora ou bijetora.

Conclua que:

(A) somente (1) e (3) são verdadeiras.

(B) somente (2) é verdadeira.

(C) somente (1) e (5) são verdadeiras.

(D) somente (4) é falsa.

(E) todas são falsas.

2783. Sejam A e B conjuntos não vazios. Considere uma função $f: A \to B$ e o conjunto: $f(A) = \{f(x) \mid x \in A\}$. Classificando em VERDADEIRA ou FALSA, cada uma das afirmações abaixo,

1. ( ) Toda função de A em B é uma sobrejeção de A em $f(A)$.
2. ( ) Toda injeção de A em B é uma bijeção de A em $f(A)$.
3. ( ) Se A e $f(A)$ possuem o mesmo número de elementos então f é bijetiva.
4. ( ) Se A e B são finitos com o mesmo número de elementos, toda injeção de A em B é uma sobrejeção.
5. ( ) Se A e $f(A)$ possuem o mesmo número de elementos então f é injetiva.

Conclua que:
(A) Todas são verdadeiras.
(B) Três são verdadeiras e duas são falsas.
(C) Duas são verdadeiras e três são falsas.
(D) Somente (3) é falsa.
(E) Quatro são falsas e uma é verdadeira.

2784. Seja $f: \{1,2,3,4,5,6\} \to \{1,2,3,4,5,6\}$ uma função tal que $f(1)=3$, $f(2)=4$, $f(3)=5$, $f(5)=1$ e $f(6)=2$. Classificando em VERDADEIRA ou FALSA cada uma das afirmações abaixo:

1. ( ) A equação $f(x) = x$ não possui solução.
2. ( ) A função f pode ser injetiva, mas não sobrejetiva.
3. ( ) A função f pode ser sobrejetiva, mas não injetiva.
4. ( ) Se f for bijetiva então a equação $f(x) = x$ possui solução.
5. ( ) A função f é necessariamente injetiva.

Conclua que:
(A) Todas são falsas.
(B) Todas são verdadeiras.
(C) Quatro são verdadeiras e uma é falsa.
(D) Três são verdadeiras e duas são falsas.
(E) Duas são verdadeiras e três são falsas.

2785. Seja $f: \mathbb{R} \to \mathbb{R}$ uma função e $f(x) = c$, onde c é um número real, uma equação com um número finito n de soluções então:

I. Se f é injetora então $n = 1$.

II. Se f é sobrejetora então $n > 1$.

III. Se f é bijetora então $n = 1$.

Conclua que:

(A) Somente (I) e (III) são verdadeiras.

(B) Somente (I) é verdadeira.

(C) Somente (II) é verdadeira.

(D) Somente (III) é verdadeira.

(E) Todas são verdadeiras.

2786. Seja $f: \mathbb{R}^* \to \mathbb{R}$ uma função definida por $f(x) = x + \dfrac{1}{x}$ podemos então concluir que:

(A) f é injetora, mas não sobrejetora.

(B) f é sobrejetora, mas não injetora.

(C) f é bijetora.

(D) f não é injetora nem sobrejetora.

(E) a imagem de f é R.

2787. A função $f:]-1,1[\to \mathbb{R}$ definida por $f(x) = \dfrac{x}{1-|x|}$ é:

(A) injetora, mas não sobrejetora.

(B) sobrejetora, mas não injetora.

(C) nem injetora nem sobrejetora.

(D) bijetora.

(E) definida para qualquer $x \neq 1$.

2788. Seja $f: \mathbb{Z} \to \mathbb{Z}$ uma função definida por $f(x) = \begin{cases} \dfrac{x}{2} & \text{se } x \text{ par} \\ \dfrac{x+1}{2} & \text{se } x \text{ ímpar} \end{cases}$. Então:

(A) f é injetora, mas não sobrejetora.
(B) f é sobrejetora, mas não injetora.
(C) f é bijetora.
(D) f não é injetora nem sobrejetora.
(E) $f(-x) = f(x)$.

2789. Seja E o conjunto dos elementos (a,b) de $\mathbb{N}^* \times \mathbb{N}^*$ formado por dois números primos entre si e seja $f: E \to \mathbb{N}^* - \{1\}$ a função definida por $f(a,b) = a+b$. Considere então as afirmativas:

1. f é sobrejetiva, mas não é injetiva.
2. O conjunto $\{(x,y) \mid f(x,y) = 12\}$ possui 4 elementos.
3. O conjunto $\{(x,y) \mid f(x,y) = p, \, p \text{ primo}\}$ possui $p-1$ elementos.

Conclua que:
(A) Todas são verdadeiras.
(B) Todas são falsas.
(C) Somente (1) e (2) são verdadeiras.
(D) Somente (1) e (3) são verdadeiras.
(E) Somente (2) e (3) são verdadeiras.

2790. A função $f: \mathbb{R}_+ \to \mathbb{R}$ é injetora e tal que $f(x^2 - 5) = f(4x + 7)$ então:

(A) $x = 6$ (B) $x = 0$ (C) $x = -2$
(D) $x = 6$ ou $x = 2$ (E) $x = 4$ ou $x = -12$

2791. Sejam A e B subconjuntos de $\mathbb{R}$, não vazios, possuindo B mais de um elemento. Dada uma função $f: A \to B$, definidos $L: A \to A \times B$ por $L(a) = (a, f(a))$, para todo $a \in A$. Podemos afirmar que:

(A) A função L sempre será injetora

(B) A função L sempre será sobrejetora.

(C) Se f for sobrejetora, então L também o será.

(D) Se f não for injetora, então L também não o será.

(E) Se f for bijetora, então L será sobrejetora.

2792. Seja $S = \{1, 2, 3, ..., 13\}$. O número de funções injetoras $f: S \to S$ tais que $s + f(s)$ é um quadrado perfeito para todo $s \in S$ é igual a:

(A) 0   (B) 1   (C) 2

(D) 3   (E) mais de 3

2793. Seja A o conjunto de todos os números reais da forma $a + b\sqrt{2}$, onde a e b são números inteiros positivos. Definimos a função f de A em A, por $f(x) = x^2$. Então, podemos concluir que f :

(A) injetora, mas não sobrejetora.

(B) é bijetora.

(C) é sobrejetora, mas não injetora.

(D) não é injetora nem sobrejetora.

(E) não está bem definida, pois se $x \in A$, não é garantido que $x^2 \in A$

2794. Seja $D = \mathbb{R} \setminus \{1\}$ e $f: D \to D$ uma função dada por $f(x) = \dfrac{x+1}{x-1}$. Considere as afirmações:

I. f é injetiva e sobrejetiva

II. f é injetiva mas não é sobrejetiva

III. $f(x) + f\left(\dfrac{1}{x}\right) = 0$, para todo $x \in D$, $x \neq 0$

IV. $f(x) \cdot f(-x) = 1$, para todo $x \in D$.

Então, são verdadeiras:

(A) apenas I e III
(B) apenas I e IV
(C) apenas II e III
(D) apenas I, III e IV
(E) apenas II, III e IV

2795. Seja $f: \mathbb{R} \to \mathbb{R}$ uma função que satisfaz à seguinte propriedade $f(x+y) = f(x) + f(y)$, $x, y \in \mathbb{R}$. Se $g(x) = f\left(\log_{10}\left(x^2 + 1\right)\right)$ então podemos afirmar que:

(A) o domínio de g é $\mathbb{R}$ e $g(0) = f(1)$.

(B) g não está definida para os reais negativos e $g(x) = 2f\left(\log_{10}\left(x^2 + 1\right)\right)$, para $x \geq 0$.

(C) $g(0) = 0$ e $g(x) = 2f\left(\log_{10}\left(x^2 + 1\right)\right)$, $x \in \mathbb{Z}$.

(D) $g(0) = f(0)$ e g é injetora.

(E) $g(0) = -1$ e $g(x) = \left|f(\log_{10}(x^2+1)^{-1})\right|^2$, $x \in \mathbb{R}$.

2796. Seja $f: \mathbb{R}_+^* \to \mathbb{R}$ uma função injetora tal que $f(1) = 0$ e $f(x \cdot y) = f(x) + f(y)$ para todo $x > 0$ e $y > 0$. Se x_1, x_2, x_3, x_4 e x_5 formam nessa ordem uma progressão geométrica, onde $x_i > 0$ para $i = 1, 2, 3, 4, 5$ e sabendo que $\sum_{i=1}^{5} f(x_i) = 13f(2) + 2f(x_1)$ e $\sum_{i=1}^{4} f\left(\dfrac{x_i}{x_i + 1}\right) = -2f(2x_1)$, então o valor de x_1 é:

(A) –2
(B) 2
(C) 3
(D) 4
(E) 1

2797. Seja $f(x) = e^{\sqrt{x^2-4}}$ onde $x \in R$ e R é o conjunto dos números reais. Um subconjunto D de R tal que $f : D \to R$ é uma função injetora é:

(A) $D = \{x \in R \mid x \geq 2 \text{ e } x \leq -2\}$

(B) $D = \{x \in R \mid x \geq 2 \text{ ou } x \leq -2\}$

(C) $D = \mathbb{R}$

(D) $D = \{x \in R \mid -2 < x < 2\}$

(E) $D = \{x \in R \mid x \geq 2\}$

2798. Seja $f : \mathbb{R} \to \mathbb{R}$ definida por $f(x) = \begin{cases} 3x + 3, & x \leq 0 \\ x^2 + 4x + 3, & x > 0 \end{cases}$. Então:

(A) f é bijetora e $(f \circ f)(-2/3) = f^{-1}(21)$.

(B) f é bijetora e $(f \circ f)(-2/3) = f^{-1}(99)$.

(C) f é sobrejetora, mas não é injetora.

(D) f é injetora, mas não é sobrejetora.

(E) f é bijetora e $(f \circ f)(-2/3) = f^{-1}(3)$.

2799. Sejam $D = \{(x, y) \in \mathbb{R}^2 \mid 0 < x < 1;\ 0 < y < 1\}$ e $F : D \to \mathbb{R}^2$ uma função que associa a todo par $(x, y) \in D$ o par $(X, Y) \in \mathbb{R}^2$ onde $X = y$ e $Y = (1-y)x$. Sendo $T = \{(X, Y) \mid X > 0, Y > 0, X + Y < 1\}$, considere as afirmativas:

1. F é uma injeção, mas não é uma sobrejeção de D sobre T.
2. F é uma sobrejeção, mas não é uma injeção de D sobre T.
3. A imagem do conjunto $\{(x, y) \in D \mid y = \lambda x\}$ para $\lambda_0 = 1/4$, $\lambda_1 = 1/2$ e $\lambda_2 = 1$ são arcos de parábolas.

(A) Se somente a afirmativa (1) for verdadeira.
(B) Se somente a afirmativa (2) for verdadeira.
(C) Se somente a afirmativa (3) for verdadeira.
(D) Se somente as afirmativas (1) e (3) forem verdadeiras.
(E) Se somente as afirmativas (2) e (3) forem verdadeiras.

Seção 10.3 – Composição de Funções

2800. Seja f uma função de $\mathbb{N}$ em $\mathbb{N}$ que associa a cada natural par a sua metade e a cada natural ímpar o seu consecutivo. O valor de $(f \circ f \circ f \circ f \circ f \circ f)(2006)$ é igual a:

(A) 122   (B) 125   (C) 251
(D) 252   (E) 126

2801. Uma notação muito cômoda é a seguinte:

$$f = \begin{pmatrix} 0 & 1 & 2 & 3 & 4 & 5 & 6 & 7 & 8 & 9 \\ 6 & 0 & 3 & 7 & 4 & 2 & 1 & 5 & 9 & 8 \end{pmatrix}$$

Ela representa a função $f : \{0,1,2,...,9\} \to \{0,1,2,...,9\}$ definida por $f(0)=6$, $f(1)=0$, $f(2)=3,...,f(9)=8$. Se $f^2 = f \circ f$, o número de elementos do conjunto solução da equação $f^2(x) = x$ é igual a:

(A) 0   (B) 1   (C) 2
(D) 3   (E) 4

2802. Para cada $k > 0$ seja $f_0(k)$ a soma dos quadrados dos algarismos de k e, se $n \geq 0$ seja $f_{n+1}(k) = f_0(f_n(k))$. O valor de $f_{15}(92463)$ é igual a:

(A) 89   (B) 90   (C) 91
(D) 92   (E) 93

2803. Para cada $k > 0$ seja $f_0(k)$ definida por:

$$f_0(k) = \begin{cases} \dfrac{k}{2} & \text{se } k \text{ par} \\ 3k+1 & \text{se } k \text{ ímpar} \end{cases}$$

Para $n \geq 0$, definamos $f_{n+1}(k) = f_0(f_n(k))$ o valor de $f_{2006}(11)$ é igual a:

(A) 16   (B) 8   (C) 4
(D) 2   (E) 1

Capítulo 10 – Funções | 743

2804. Sejam $f: \mathbb{R} \to \mathbb{R}$ e $g: \mathbb{R} \to \mathbb{R}$ duas funções definidas por $f(x) = x+1$ e $g(x) = \lfloor x \rfloor$ (maior inteiro que não supera x). O valor de $(f \circ g)(\pi) + (g \circ f)(\sqrt{5})$ é:

(A) 7   (B) 6   (C) 5
(D) 4   (E) 3

2805. Se $g(x) = 1 - 3x$ e $f[g(x)] = 9x^2 - 6x + 5$, o valor de $f(1)$ é igual a:

(A) 1   (B) 3   (C) 5
(D) 7   (E) 9

2806. A função f está definida no conjunto dos inteiros positivos por:

$$f(n) = \begin{cases} n+3 & \text{se } n \text{ impar} \\ \dfrac{n}{2} & \text{se } n \text{ par} \end{cases}$$

Supondo que k é ímpar e $f(f(f(k))) = 27$, a soma dos algarismos de k é:

(A) 3   (B) 6   (C) 9
(D) 12   (E) 15

2807. Dadas as funções f, g e h de $\mathbb{R}$ em $\mathbb{R}$ definidas por $f(x) = x^2 - 3x + 2$, $g(x) = 2x + 3$ e $h(x) = 5x$. Então, $((h \circ g) \circ f)(0) + (h \circ (f \circ g))(1) + ((f \circ h) \circ g)(-2)$ é igual a:

(A) 135   (B) 136   (C) 137
(D) 138   (E) 139

2808. Se $g(x) = 1 - x^2$ e $f(g(x)) = \dfrac{1-x^2}{x^2}$ quando $x \neq 0$ então $f\left(\dfrac{1}{2}\right)$ é igual a:

(A) $\dfrac{3}{4}$ (B) 1   (C) 3
(D) $\dfrac{\sqrt{2}}{2}$ (E) $\sqrt{2}$

2809. O valor de a para o qual as funções $f,g: \mathbb{R} \to \mathbb{R}$ definidas por $f(x) = 2x - 7$ e $g(x) = 3x + a$ satisfaçam a $(f \circ g)(x) = (g \circ f)(x)$ é igual a:

(A) -10 (B) -11 (C) -12
(D) -13 (E) -14

2810. Se $f(x) = \dfrac{1}{1+x}$ então $f(f(x))$ é igual a:

(A) $\dfrac{1}{(1+x)^2}$ (B) $\dfrac{1+x}{2+x}$ (C) 1

(D) $\dfrac{1}{2+x}$ (E) $\dfrac{2+x}{1+x}$

2811. Seja f uma função definida por $f(x) = ax^2 - \sqrt{2}$ para algum a positivo. Se $f(f(\sqrt{2})) = -\sqrt{2}$ então o valor de a é igual a:

(A) $\dfrac{(2-\sqrt{2})}{2}$ (B) $\dfrac{1}{2}$ (C) $\dfrac{\sqrt{2}}{2}$

(D) $\dfrac{(2+\sqrt{2})}{2}$ (E) $2 - \sqrt{2}$

2812. Seja $f: \mathbb{R} \to \mathbb{R}$ uma função tal que $f(f(x)) = x \cdot f(x)$, para todo x real. O valor de $f(0)$ é igual a:

(A) 0 (B) 1 (C) 2
(D) 3 (E) 4

2813. Se $f(x) = x^2 - 2x$, a soma de todos os valores de x para os quais $f(x) = f[f(x)]$ é igual a:

(A) 1 (B) 2 (C) 3
(D) 4 (E) 5

2814. Sejam as funções $f: \mathbb{R} \to \mathbb{R}$ e $g: \mathbb{R} - \{1\} \to \mathbb{R}$ dadas por

$$f(x) = \begin{cases} 1 & \text{se } |x| < 1 \\ 0 & \text{se } |x| \geq 1 \end{cases} \text{ e } g(x) = \frac{2x-3}{x-1}$$

Sobre a composta $(f \circ g)(x) = f(g(x))$ podemos garantir que:

(A) se $x \geq \frac{3}{2}$, $f(g(x)) = 0$

(B) se $1 < x < \frac{3}{2}$, $f(g(x)) = 1$

(C) se $\frac{4}{3} < x < 2$, $f(g(x)) = 1$

(D) se $1 < x \leq \frac{4}{3}$, $f(g(x)) = 1$

(E) se $\frac{4}{3} < x < 2$, $f(g(x)) = 0$

2815. Se $f(x) = 3x^2 - 2x + 5$ e $f[g(x)] = 12x^4 + 56x^2 + 70$ os valores possíveis para a soma dos coeficientes de $g(x)$ são:

(A) $-19/3$ ou 17 (B) $-17/3$ ou 15 (C) $-15/3$ ou 13
(D) $-13/3$ ou 11 (E) $-11/3$ ou 9

2816. Seja $f_1(x) = 1 - |x|$ e definamos $\forall n > 1$, $f_n(x) = 1 - |f_{n-1}(x)|$. O valor de $f_{2005}(2005)$ é igual a:

(A) 0 (B) 1 (C) -1
(D) 2005 (E) -2004

2817. Supondo que f e g sejam funções de domínio ℝ e com a propriedade $f(0) = g(0) = 0$, considere as seguintes afirmativas:

1. $f(a) = 0 \Rightarrow g(f(a)) = 0$
2. $g(f(a)) = 0 \Rightarrow f(a) = 0$
3. $g(a) = 0 \Rightarrow g(f(a)) = 0$
4. $g(f(a)) = 0 \Rightarrow g(a) = 0$

Quantas destas afirmativas são verdadeiras?

(A) 0 (B) 1 (C) 2
(D) 3 (E) 4

2818. Se F é uma função tal que $F\left(\dfrac{1-x}{1+x}\right) = x$ para todo $x \neq -1$ então:

(A) $F(-2-x) = -2 - F(x)$

(B) $F(-x) = F\left(\dfrac{1+x}{1-x}\right), x \neq 1$

(C) $F\left(\dfrac{1}{x}\right) = F(x), x \neq 0$

(D) $F(F(x)) = -x$

(E) $F(2-x) = 2 - F(x)$

2819. Considere as funções $f(x) = 1 - x$ e $g(x) = \dfrac{1}{x}$ e todas as possíveis composições destas duas funções (por exemplo, $f \circ f$, $f \circ g$, $g \circ f \circ g$,...). O número total de todas as funções obtidas desta forma é:

(A) não maior que cinco.
(B) maior que cinco mas não maior do que dez.
(C) maior que dez mas não maior do que cem.
(D) um número finito maior que cem.
(E) infinito.

2820. Se $f: \mathbb{R} \to \mathbb{R}$ é uma função tal que para todo x real, $f(2x+3) = 3x+2$ então $f[f(x)]$ é igual a:

(A) x (B) $(x+3)/2$ (C) $(3x-5)/2$

(D) $(9x-25)/4$ (E) $9x+4$

2821. Se $f: \mathbb{R} \to \mathbb{R}$ é uma função tal que $f(x) = |3x-1|$, a soma de todos os valores de x para os quais $f(f(x)) = x$ é igual a:

(A) $21/20$ (B) $23/20$ (C) $5/4$

(D) $27/20$ (E) $29/20$

2822. Seja $f: \mathbb{R}^* \to \mathbb{R}$ é uma função tal que $f(x) = x - \dfrac{1}{x}$. O número de soluções distintas da equação $f(f(f(x))) = 1$ é igual a:

(A) 1   (B) 2   (C) 3

(D) 6   (E) 8

2823. A função $f: [0,1] \to [0,1]$ é definida por $f(x) = |1-2x|$. O número de soluções da equação $f(f(f(x))) = \dfrac{x}{2}$ é igual a:

(A) 2   (B) 3   (C) 6

(D) 8   (E) 9

2824. Se f é uma função real tal que $f\left(\dfrac{x-2}{3x}\right) = \dfrac{3x-5}{2x+1}$ a expressão de $f(x+1)$ é dada por:

(A) $\dfrac{1+15x}{5-3x}$ (B) $\dfrac{15x-1}{5-3x}$ (C) $\dfrac{15x+16}{2-3x}$

(D) $\dfrac{15x+1}{3x+5}$ (E) $\dfrac{15x+16}{3x+2}$

2825. Sejam f e g duas funções reais tais que $g(x) = 2x+3$ e $(f \circ g)(x) = \dfrac{2x+5}{x+1}$. A expressão de $f(x)$ é dada por:

(A) $\dfrac{2x-4}{x-1}$ (B) $\dfrac{2x-4}{x+1}$ (C) $\dfrac{2x+4}{x+1}$

(D) $\dfrac{2x+4}{x-1}$ (E) $\dfrac{x+2}{x-1}$

2826. Sejam f e g duas funções reais tais que $f(g(x)) = \dfrac{x+1}{2x}$ e $f(x) = \dfrac{x-1}{x+1}$ a expressão de $g(x)$ é dada por:

(A) $\dfrac{3x+1}{x+1}$ (B) $\dfrac{3x-1}{x+1}$ (C) $\dfrac{3x+1}{x-1}$

(D) $\dfrac{3x-1}{x-1}$ (E) $\dfrac{x-3}{x+1}$

2827. Sejam f e g duas funções reais tais que $f(g(x)) = \dfrac{x+1}{2x}$ e $g(x) = \dfrac{x-1}{x+1}$ a expressão de $f(x)$ é dada por:

(A) $\dfrac{1}{x+1}$ (B) $\dfrac{1}{x-1}$ (C) $x+1$

(D) $x-1$ (E) $\dfrac{x+1}{x-1}$

2828. Se $f(x) = \dfrac{x+1}{x-1}$ então $f(2x)$ é igual a:

(A) $\dfrac{3f(x)+1}{f(x)+3}$ (B) $\dfrac{3f(x)-1}{f(x)+3}$ (C) $\dfrac{3f(x)-1}{f(x)-3}$

(D) $\dfrac{3f(x)+1}{f(x)-3}$ (E) $\dfrac{2f(x)+3}{f(x)-2}$

2829. Se $f(2x)=\dfrac{2}{2+x}$ para todo $x>0$, então $2f(x)$ é igual a:

(A) $\dfrac{2}{1+x}$　　　(B) $\dfrac{2}{2+x}$　　　(C) $\dfrac{4}{1+x}$

(D) $\dfrac{4}{2+x}$　　　(E) $\dfrac{8}{4+x}$

2830. Seja $f_0(x)=\dfrac{1}{1-x}$ e $f_n(x)=f_0(f_{n-1}(x))$, onde n é um inteiro positivo, o valor de $f_{2006}(2006)$ é igual a:

(A) 2005　　　(B) 2006　　　(C) $-\dfrac{1}{2005}$

(D) $\dfrac{2005}{2006}$　　　(E) $\dfrac{2006}{2005}$

2831. Supondo que $f_1(x)=\dfrac{x-7}{x+2}$ e que para todo $n=1,2,3,\ldots$ tem-se que $f_{n+1}(x)=f_1(f_n(x))$. A expressão de $f_{2006}(x)$ é igual a:

(A) $\dfrac{x-7}{x+2}$　　　(B) $\dfrac{2x+7}{1-x}$　　　(C) $\dfrac{x+7}{x-2}$

(D) $\dfrac{2x-7}{x+1}$　　　(E) x

2832. Sejam $f(x)=\dfrac{x}{1-x}$ e a um número real. Se $x_0=a$, $x_1=f(x_0)$, $x_2=f(x_1),\ldots,x_{2006}=f(x_{2005})$ e $x_{2006}=1$. O valor de a é igual a:

(A) 0　　　(B) $\dfrac{1}{2007}$　　　(C) $\dfrac{2005}{2006}$

(D) 2005　　　(E) 2006

2833. Supondo que $f_1(x) = \dfrac{2x-1}{x+1}$ e que para todo $n = 1, 2, 3, \ldots$ tem-se que $f_{n+1}(x) = f_1(f_n(x))$. O valor de $f_{2004}(2005)$ é igual a:

(A) $\dfrac{2004}{2005}$
(B) $\dfrac{2003}{4009}$
(C) $-\dfrac{1}{2004}$

(D) $-\dfrac{2006}{2003}$
(E) 2005

2834. Supondo que $f(x) = \dfrac{x}{1-x}$, seja $g_n(x) = f(f \cdots (f(x)) \cdots)$ com f ocorrendo n vezes. A expressão de $g_n(x)$ é:

(A) $\dfrac{nx}{1-x}$
(B) $\dfrac{nx}{1-nx}$
(C) $\dfrac{x}{1-nx}$

(D) $\dfrac{1}{1-x}$
(E) $\dfrac{x}{1-x}$

2835. Se $f(x) = \dfrac{1}{\sqrt[3]{1-x^3}}$, o inteiro mais próximo do valor de $\dfrac{f(\cdots f(f(19)) \cdots)}{95 \text{ vezes}}$ é igual a:

(A) $(1-19^3)^{-1/3}$
(B) $\left(\dfrac{19^3-1}{19^3}\right)^{-1/3}$
(C) 19^{-1}

(D) $18^{-1/3}$
(E) $95^{-1/3}$

2836. Suponhamos $a, b \in \mathbb{R}$. A seqüência de funções $f_1, f_2, \ldots, f_n, \ldots$ é definida por $f_1(x) = ax + b$ e $f_n = f_{n-1} \circ f_1$ se $n \geq 2$. Se, além disso, $f_{1990} = f_{1992} \neq f_{1991}$ para:

(A) exatamente um valor de a e b
(B) dois valores de a e um valor de b
(C) três valores de a e um valor de b
(D) um valor de a e qualquer valor de b
(E) dois valores de a e qualquer valor de b

2837. Se $S=\{1,2,3,4,5\}$, quantas são as funções $f:S\to S$ tais que $f^{50}(x)=x$, para todo $x\in S$ se $f^{50}(x)=\underbrace{f\circ f\circ f\circ\cdots\circ f}_{50\ f's}(x)$?

(A) 1 (B) 5 (C) 25
(D) 50 (E) 250

2838. A função $F:\mathbb{R}\to\mathbb{R}$ é contínua e tal que $F(x)\cdot F(F(x))=1$ para todo x real. Se $F(2006)=2005$, o valor de $F(1003)$ é igual a:

(A) 1002 (B) 2005 (C) 1003
(D) $\dfrac{1}{1003}$ (E) 2006

2839. Sejam A e B subconjuntos não vazios de R e $f:A\to B$, $g:B\to A$ duas funções tais que $f\circ g=I_B$ onde I_B é a função identidade em B. Então podemos afirmar que:

(A) f é sobrejetora (B) f é injetora (C) f é bijetora
(D) g é injetora e par (E) g é bijetora e ímpar

2840. Seja $f:\mathbb{R}\to\mathbb{R}$ definida por:

$$f(x)=\begin{cases}\dfrac{x+a}{x+b} & se\ x\neq -b \\ -1 & se\ x=-b\end{cases}$$

Se $f(f(x))=x$ para todo x real, então:

(A) $ab=-2$ (B) $ab=-1$ (C) $ab=0$
(D) $ab=1$ (E) $ab=2$

2841. Considere as funções $f: \mathbb{R}^* \to \mathbb{R}$, $g: \mathbb{R} \to \mathbb{R}$, e $h: \mathbb{R}^* \to \mathbb{R}$ definidas por: $f(x) = 3^{x+\frac{1}{x}}$, $g(x) = x^2$, $h(x) = 81/x$. O conjunto dos valores de x em $\mathbb{R}^*$ tais que $(f \circ g)(x) = (h \circ f)(x)$, é subconjunto de:

(A) $[0, 3]$ (B) $[3, 7]$ (C) $[-6, 1]$
(D) $[-2, 2]$ (E) $[0, 5]$

2842. Sejam f e g funções reais de variável real definidas por $f(x) = \ln(x^2 - x)$ e $g(x) = \dfrac{1}{\sqrt{1-x}}$. Então, o domínio de $f \circ g$ é:

(A) $]0, e[$ (B) $]0, 1[$ (C) $[e, e+1]$
(D) $]-1, 1[$ (E) $]1, +\infty[$

2843. Considere as funções reais f e g definidas por $f(x) = \dfrac{1+2x}{1-x^2}$, $x \in \mathbb{R} - \{-1, 1\}$ e $g(x) = \dfrac{x}{1+2x}$, $x \in \mathbb{R} - \{-1/2\}$. O maior subconjunto de $\mathbb{R}$ onde pode ser definida a composta $f \circ g$, tal que $(f \circ g)(x) < 0$, é:

(A) $]-1, -1/2[\cup]-1/3, -1/4[$

(B) $]-\infty, -1[\cup]-1/3, -1/4[$

(C) $]-\infty, -1[\cup]-1/2, 1[$

(D) $]1, +\infty[$

(E) $]-1/2, -1/3[$

Capítulo 10 – Funções | 753

2844. Se $\mathbb{Q}$ e $\mathbb{I}$ representam, respectivamente, o conjunto dos números racionais e o conjunto dos números irracionais, considere as funções $f,g: \mathbb{R} \to \mathbb{R}$ definidas por $f(x) = \begin{cases} 0, \text{se } x \in \mathbb{Q} \\ 1, \text{se } x \in \mathbb{I} \end{cases}$ e $g(x) = \begin{cases} 1, \text{se } x \in \mathbb{Q} \\ 0, \text{se } x \in \mathbb{I} \end{cases}$. Seja J a imagem da função composta $f \circ g: \mathbb{R} \to \mathbb{R}$. Então, podemos afirmar que:

(A) $J = \mathbb{R}$
(B) $J = \mathbb{Q}$
(C) $J = \{0\}$
(D) $J = \{1\}$
(E) $J = \{0, 1\}$

2845. Dadas as funções reais de variável real $f(x) = mx + 1$ e $g(x) = x + m$, onde m é uma constante real com $0 < m < 1$, considere as afirmações:

1. $(f \circ g)(x) = (g \circ f)(x)$, para algum $x \in \mathbb{R}$.
2. $f(m) = g(m)$
3. Existe $a \in \mathbb{R}$ tal que $(f \circ g)(a) = f(a)$.
4. Existe $b \in \mathbb{R}$ tal que $(f \circ g)(b) = mb$.
5. $0 < (g \circ g)(m) < 3$

Podemos concluir

(A) Todas são verdadeiras.
(B) Apenas quatro são verdadeiras.
(C) Apenas três são verdadeiras.
(D) Apenas duas são verdadeiras.
(E) Apenas uma é verdadeira.

2846. Se $A^c = \{x \in X \mid x \notin A\}$, considere as sentenças:

1. Sejam $f: X \to Y$ e $g: Y \to X$ duas funções satisfazendo $(g \circ f)(x) = x$ para todo $x \in X$. Então f é injetiva, mas g não é necessariamente sobrejetiva.
2. Seja $f: X \to Y$ uma função injetiva. Então, $f(A) \cap f(B) = f(A \cap B)$, onde A e B são dois subconjuntos de X.

3. Seja $f: X \to Y$ uma função injetiva. Então, para cada subconjunto A de X,
$f(A^c) \subset (f(A))^c$.

Podemos afirmar que está (estão) correta (a):

(A) Somente as sentenças (1) e (2)
(B) Somente as sentenças (2) e (3)
(C) Somente a sentença (1)
(D) Somente as sentenças (1) e (3)
(E) Todas as sentenças

2847. Considere as seguintes funções: $f(x) = x - 7/2$ e $g(x) = x^2 - 1/4$ definidas para todo x real. Então, a respeito da solução da inequação $|(g \circ f)(x)| > (g \circ f)(x)$, podemos afirmar que:

(A) nenhum valor de x real é solução;
(B) se $x < 3$ então x é solução;
(C) se $x > 7/2$ então x é solução;
(D) se $x > 4$ então x é solução;
(E) se $3 < x < 4$ então x é solução.

2848. Sejam $f, g: \mathbb{R} \to \mathbb{R}$ funções tais que: $g(x) = 1 - x$ e $f(x) + 2f(2-x) = (x-1)^3$ para todo $x \in \mathbb{R}$. Então $f(g(x))$ é igual a:

(A) $(x-1)^3$ (B) $(1-x)^3$ (C) x^3

(D) x (E) $2 - x$

2849. Sejam as funções $f: \mathbb{R} \to \mathbb{R}$ e $g: A \subset \mathbb{R} \to \mathbb{R}$, tais que $f(x) = x^2 - 9$ e $(f \circ g)(x) = x - 6$ em seus respectivos domínios. Então, o domínio A da função g é igual a:

(A) $[-3, +\infty[$ (B) $\mathbb{R}$ (C) $[-5, +\infty[$

(D) $]-\infty, -1[\cup [3, +\infty[$ (E) $]-\infty, \sqrt{6}[$

Capítulo 10 – Funções | 755

2850. Sejam $f, g, h: \mathbb{R} \to \mathbb{R}$ funções tais que a função composta $h \circ g \circ f: \mathbb{R} \to \mathbb{R}$ é a função identidade. Considere as afirmações:
   1. A função h é sobrejetora.
   2. Se $x_0 \in \mathbb{R}$ é tal que $f(x_0) = 0$, então $f(x) \neq 0$ para todo $x \in \mathbb{R}$ com $x \neq x_0$.
   3. A equação $h(x) = 0$ tem solução em $\mathbb{R}$.

   Então:
   (A) Apenas a afirmação (I) é verdadeira.
   (B) Apenas a afirmação (II) é verdadeira.
   (C) Apenas a afirmação (III) é verdadeira.
   (D) Todas as afirmações são verdadeiras.
   (E) Todas as afirmações são falsas.

2851. Considere as funções f e g definidas por $f(x) = x - \dfrac{2}{x}$, para $x \neq 0$ e $g(x) = \dfrac{x}{x+1}$, para $x \neq -1$. O conjunto de todas as soluções da inequação $(g \circ f)(x) < g(x)$ é:

   (A) $[1, +\infty[$
   (B) $]-\infty, -2[$
   (C) $[-2, -1[$
   (D) $]-1, 1[$
   (E) $]-2, -1[\cup]1, +\infty[$

2852. Considere as funções $f(x) = \dfrac{5 + 7^x}{4}$, $g(x) = \dfrac{5 - 7^x}{4}$ e $h(x) = \operatorname{arctg} x$. Se a é tal que $h(f(a)) + h(g(a)) = \pi/4$, então $f(a) - g(a)$ vale:

   (A) 0
   (B) 1
   (C) $\dfrac{7}{4}$
   (D) $\dfrac{7}{2}$
   (E) 7

2853. Dadas as funções $f: \mathbb{R} \to \mathbb{R}$ e $g: \mathbb{R} \to \mathbb{R}$ definidas por

   $f(x) = \begin{cases} 4x - 3 & \text{se } x \geq 0 \\ x^2 - 3x + 2 & \text{se } x < 0 \end{cases}$ e $g(x) = \begin{cases} x + 1 & \text{se } x > 2 \\ 1 - x^2 & \text{se } x \leq 2 \end{cases}$

A expressão da função composta $(f \circ g)(x)$ é dada por:

(A) $(f \circ g)(x) = \begin{cases} 4x+1 & \text{se} & x > 2 \\ 1-4x^2 & \text{se} & -1 \leq x \leq 1 \\ x^4 + x^2 & \text{se} & x < -1 \text{ ou } 1 < x \leq 2 \end{cases}$

(B) $(f \circ g)(x) = \begin{cases} 4x+1 & \text{se} & x > 2 \\ 1+4x^2 & \text{se} & -1 \leq x \leq 1 \\ x^4 + x^2 & \text{se} & x < -1 \text{ ou } 1 < x \leq 2 \end{cases}$

(C) $(f \circ g)(x) = \begin{cases} 4x+1 & \text{se} & x > 2 \\ 1+4x^2 & \text{se} & -1 \leq x \leq 1 \\ x^4 - x^2 & \text{se} & x < -1 \text{ ou } 1 < x \leq 2 \end{cases}$

(D) $(f \circ g)(x) = \begin{cases} 4x+1 & \text{se} & x > 2 \\ 1-4x^2 & \text{se} & -1 \leq x \leq 1 \\ x^4 - x^2 & \text{se} & x < -1 \text{ ou } 1 < x \leq 2 \end{cases}$

(E) $(f \circ g)(x) = \begin{cases} 4x-1 & \text{se} & x > 2 \\ 1-4x^2 & \text{se} & -1 \leq x \leq 1 \\ x^4 - x^2 & \text{se} & x < -1 \text{ ou } 1 < x \leq 2 \end{cases}$

2854. Dadas as funções do exercício anterior, a expressão da função composta $(g \circ f)(x)$ é igual a:

(A) $(g \circ f)(x) = \begin{cases} 4x-2 & \text{se} & x > 5/4 \\ -16x^2 + 24x + 8 & \text{se} & 0 \leq x \leq 5/4 \\ x^2 - 3x - 3 & \text{se} & x < 0 \end{cases}$

(B) $(g \circ f)(x) = \begin{cases} 4x-2 & \text{se} & x > 5/4 \\ 16x^2 + 24x - 8 & \text{se} & 0 \leq x \leq 5/4 \\ x^2 - 3x + 3 & \text{se} & x < 0 \end{cases}$

(C) $(g \circ f)(x) = \begin{cases} 4x - 2 & \text{se} \quad x > 5/4 \\ -16x^2 + 24x - 8 & \text{se} \quad 0 \leq x \leq 5/4 \\ x^2 + 3x + 3 & \text{se} \quad x < 0 \end{cases}$

(D) $(g \circ f)(x) = \begin{cases} 4x - 2 & \text{se} \quad x > 5/4 \\ -16x^2 + 24x - 8 & \text{se} \quad 0 \leq x \leq 5/4 \\ x^2 - 3x + 3 & \text{se} \quad x < 0 \end{cases}$

(E) $(g \circ f)(x) = \begin{cases} 4x + 2 & \text{se} \quad x > 5/4 \\ 16x^2 + 24x - 8 & \text{se} \quad 0 \leq x \leq 5/4 \\ x^2 - 3x + 3 & \text{se} \quad x < 0 \end{cases}$

2855. Dadas as funções $f: \mathbb{R} \to \mathbb{R}$ e $g: \mathbb{R} \to \mathbb{R}$ definidas por

$$f(x) = \begin{cases} x^2 - 4x + 3 & \text{se} \quad x \geq 2 \\ 2x - 3 & \text{se} \quad x < 2 \end{cases} \text{ e } g(x) = 2x + 3$$

A expressão da função composta $(g \circ f)(x)$ é dada por:

(A) $(g \circ f)(x) = \begin{cases} 4x^2 + 4x & \text{se} \quad x \geq -1/2 \\ 4x + 3 & \text{se} \quad x < -1/2 \end{cases}$

(B) $(g \circ f)(x) = \begin{cases} 2x^2 - 8x + 9 & \text{se} \quad x \geq 2 \\ 4x - 3 & \text{se} \quad x < 2 \end{cases}$

(C) $(g \circ f)(x) = \begin{cases} 4x^2 - 4x & \text{se} \quad x \geq 2 \\ 4x - 3 & \text{se} \quad x < 2 \end{cases}$

(D) $(g \circ f)(x) = \begin{cases} 2x^2 + 8x - 9 & \text{se} \quad x \geq 2 \\ 4x + 3 & \text{se} \quad x < 2 \end{cases}$

(E) $(g \circ f)(x) = \begin{cases} 2x^2 - 8x + 9 & \text{se} \quad x \geq 2 \\ 4x + 3 & \text{se} \quad x < 2 \end{cases}$

758 | Problemas Selecionados de Matemática

2856. Se as funções $f:\mathbb{R}\to\mathbb{R}$ e $g:\mathbb{R}\to\mathbb{R}$ são tais que

$$(f\circ g)(x)=\begin{cases}4x^2-6x-1 & \text{se } x\geq 1\\ 4x+3 & \text{se } x<1\end{cases} \text{ e } g(x)=2x-3$$

A expressão de $f(x)$ é dada por:

(A) $f(x)=\begin{cases}x^2+3x+1 & \text{se } x\geq 1\\ 2x-9 & \text{se } x<-1\end{cases}$

(B) $f(x)=\begin{cases}x^2-3x-1 & \text{se } x\geq 1\\ 2x+9 & \text{se } x<-1\end{cases}$

(C) $f(x)=\begin{cases}x^2+3x-1 & \text{se } x\geq 1\\ 2x-9 & \text{se } x<-1\end{cases}$

(D) $f(x)=\begin{cases}x^2+3x-1 & \text{se } x\geq 1\\ 2x+9 & \text{se } x<-1\end{cases}$

(E) $f(x)=\begin{cases}x^2-3x-1 & \text{se } x\geq 1\\ 2x-9 & \text{se } x<-1\end{cases}$

2857. Seja $f:\mathbb{R}\to\mathbb{R}$ uma função definida por $f(x)=x^2+12x+30$. O número de raízes reais da equação $f\big(f\big(f\big(f\big(f(x)\big)\big)\big)\big)=0$ é igual a:

(A) 2   (B) 4   (C) 6
(D) 8   (E) 10

2858. Seja $f:\mathbb{N}\to\mathbb{N}$ uma função tal que $f(0)=1$ e $f\big(f(n)\big)+f(n)=2n+3$. O valor de $f(2005)$ é igual a:

(A) 2004   (B) 2005   (C) 2006
(D) 2007   (E) 2008

Capítulo 10 – Funções | 759

2859. Seja $f:\mathbb{R} \to \mathbb{R}$ uma função que satisfaz a $f(f(x))=x$ e $f(-f(x))=-x$ para todos os reais x. Se n é o número de funções da forma $f(x)=mx+b$ que satisfazem ambas as propriedades então:

(A) $n=1$ (B) $n=2$ (C) $2<n\leq 4$
(D) $n>4$ (E) n é infinito

2860. Seja $f:\mathbb{R}-\{2/3\} \to \mathbb{R}$ uma função definida por $f(x)=\dfrac{x-1}{3x-2}$. Se $f_1(x)=f(x)$ e $f_{n+1}(x)=f(f_n(x))$ seja p/q a fração irredutível equivalente a $f_{2005}(2005)$. O valor de $p+q$ é igual a:

(A) 4001 (B) 4003 (C) 4005
(D) 4007 (E) 4009

2861. Seja $f:\mathbb{R}-\{-1\} \to \mathbb{R}$ e $g:\mathbb{R}-\{1\} \to \mathbb{R}$ duas funções definidas por $f(x)=\dfrac{x}{1+x}$ e $g(x)=\dfrac{r\cdot x}{1-x}$. Se S é o conjunto de todos os números reais r tais que $f(g(x))=g(f(x))$ para infinitos valores reais de x então, o número de elementos de S é igual a:

(A) 1 (B) 2 (C) 3
(D) 5 (E) mais de 5

2862. Seja $f(x)=\dfrac{ax+b}{cx+d}$, $f(0)\neq 0$, $f(f(0))\neq 0$ e $\underbrace{f(\ldots(f(0))\ldots)}_{n \text{ vezes}}=0$. Então, para todo x onde a expressão $\underbrace{f(\ldots(f(0))\ldots)}_{n \text{ vezes}}$ estiver definida, ela é igual a:

(A) x (B) $2x$ (C) $x+2$
(D) $\dfrac{x+2}{1-x}$ (E) $\dfrac{1}{1-x}$

2863. As funções f e g são tais que para todos reais x e y tem-se que $f(x+g(y))=2x+y+5$. A soma dos algarismos do valor de $g(2005+f(2005))$ é igual a:

(A) 12   (B) 10   (C) 8
(D) 6   (E) 4

2864. O número de funções $f: \mathbb{N} \to \mathbb{N}$ tais que para todo natural x tem-se que
$$F(F(F(\cdots F(x)\cdots)))=x+1$$
onde F está aplicada $F(x)$ vezes é igual a:

(A) 0   (B) 1   (C) 2
(D) 3   (E) infinito

2865. O número de funções $f: \mathbb{N} \to \mathbb{N}$ tais que $f(f(n))=n+2005$ para todo $n \in \mathbb{N}$ é igual a:

(A) 0   (B) 1   (C) 2
(D) 3   (E) infinito

2866. Dadas as 1000 funções lineares definidas por $f_k(x)=p_k x + q_k$, para $k=1,2,\ldots,1000$, queremos o valor da sua composta $f(x)=f_1(f_2(f_3\cdots f_{1000}(x)\cdots))$ no ponto x_0. Sabendo que em cada passo podemos efetuar simultaneamente qualquer número de operações aritméticas com pares de números obtidos no passo anterior e que no primeiro passo podemos utilizar os números $p_1, p_2, \ldots, p_{1000}, q_1, q_2, \ldots, q_{1000}, x_0$, podemos afirmar que o número de passos necessários para obter o valor da composta no ponto x_0 não excede a:

(A) 10   (B) 12   (C) 14
(D) 18   (E) 20

Seção 10.4 – Funções Inversas

2867. Seja $f:\mathbb{R}\to\mathbb{R}$ uma função definida por $f(x)=x^5+1$. Sua inversa $f^{-1}:\mathbb{R}\to\mathbb{R}$ é dada por:

(A) $f^{-1}(x)=\sqrt[5]{x^5+1}$ (B) $f^{-1}(x)=\dfrac{1}{x^5+1}$ (C) $f^{-1}(x)=\sqrt[5]{x-1}$

(D) $f^{-1}(x)=\dfrac{1}{\sqrt[5]{x^5+1}}$ (E) $f^{-1}(x)=x^5-1$

2868. Sejam $f:(0,+\infty)\to(0,+\infty)$ a função dada por $f(x)=\dfrac{1}{x^2}$ e $f^{-1}(x)$ a sua inversa. O valor de f^{-1} no ponto 4 é igual a:

(A) $\dfrac{1}{16}$ (B) $\dfrac{1}{4}$ (C) $\dfrac{1}{2}$

(D) 2 (E) 16

2869. Seja $f:\mathbb{R}-\{2\}\to\mathbb{R}-\{4\}$ a função definida por $f(x)=\dfrac{4x-3}{x+2}$. O valor de $f^{-1}(3)$ é igual a:

(A) $\dfrac{9}{5}$ (B) $\dfrac{5}{9}$ (C) 3

(D) 5 (E) 9

2870. Seja $f:\mathbb{R}-\left\{\dfrac{2}{3}\right\}\to\mathbb{R}-\left\{\dfrac{5}{3}\right\}$ a função definida por $f(x)=\dfrac{5x+4}{3x-2}$. O ponto do domínio de f^{-1} com imagem -4 é:

(A) $\dfrac{6}{5}$ (B) $\dfrac{7}{6}$ (C) $\dfrac{8}{7}$

(D) $\dfrac{9}{8}$ (E) $\dfrac{10}{9}$

2871. Se $f(x) = \dfrac{3x-7}{x+1}$ e $g(x)$ é a sua inversa então $g(2)$ é igual a:

(A) 1   (B) 3   (C) 5
(D) 7   (E) 9

2872. Seja $f: \mathbb{R} - \{2\} \to \mathbb{R} - \{1\}$ uma função definida por $f(x) = \dfrac{x+1}{x-2}$. A expressão de $f^{-1}(x)$ é igual a:

(A) $\dfrac{2x+1}{x-1}$ (B) $\dfrac{2x+1}{x+1}$ (C) $\dfrac{2x-1}{x+1}$

(E) $\dfrac{2x-1}{x-1}$ (E) $\dfrac{x-2}{x+1}$

2873. Seja a função $f: \mathbb{R} - \{2\} \to \mathbb{R} - \{3\}$ definida por $f(x) = \dfrac{2x-3}{x-2} + 1$. Sobre sua inversa podemos garantir que:

(A) não está definida, pois f é não injetora.
(B) não está definida, pois f não é sobrejetora.
(C) está definida por $f^{-1}(y) = \dfrac{y-2}{y-3}$, $y \neq 3$.
(D) está definida por $f^{-1}(y) = \dfrac{y+5}{y-3} - 1$, $y \neq 3$.
(E) está definida por $f^{-1}(y) = \dfrac{2y-5}{y-3}$, $y \neq 3$.

2874. Seja f uma função definida para todo $x \neq 3$ pela fórmula $f(x) = \dfrac{2x+1}{x-3}$. O valor de k para o qual $f^{-1}(x) = \dfrac{3x+1}{x-k}$ é igual a

(A) 1   (B) 2   (C) 3
(D) −2   (E) −3

2875. Sejam f e g duas funções reais definidas respectivamente por $f(x) = \dfrac{2x-1}{x+3}, x \neq -3$ e $g(x) = x^2 - 13$. O valor de $g(f^{-1}(1))$ é igual a:

(A) 0
(B) 1
(C) 2
(D) 3
(E) 4

2876. Se $f(x) = \dfrac{ax+b}{cx+d}$ então $f^{-1}(x) = f(x)$, se e somente se:

(A) $a = b$ e $c = d$
(B) $a = c$ e $b = d$
(C) $a = d$
(D) $d = -a$ e $b = c$
(E) $c = -b$

2877. O valor de k de modo que a função definida por $f(x) = \dfrac{x+5}{x+k}$ seja igual à sua inversa é igual a:

(A) -2
(B) -1
(C) 0
(D) 1
(E) 2

2878. Dada a função f tal que $f(x+1) = \dfrac{2x+1}{3x}$. A expressão de $f^{-1}(x)$ é dada por

(A) $\dfrac{3x-1}{2}$
(B) $\dfrac{3-3x}{3x-2}$
(C) $\dfrac{1}{3x-2}$
(D) $\dfrac{3x-1}{3x-2}$
(E) $\dfrac{3x+1}{2x+3}$

2879. Seja f uma função real de variável real definida por $f(x) = x + \sqrt{x}$. A expressão de $f^{-1}(x)$ é dada por:

(A) $4\left(1 - \sqrt{1+4x}\right)^2, x \geq 0$

(B) $4\left(1 - \sqrt{1-4x}\right)^2, x \geq 0$

(C) $\frac{1}{4}\left(1-\sqrt{1+4x}\right)^2, x \geq 0$

(D) $\left(1-\sqrt{1+4x}\right)^2, x \geq 0$

(E) $\sqrt{1+4x}, x \geq 0$

2880. Considere $x = g(y)$ a função inversa da seguinte função $y = f(x) = x^2 - x + 1$, para cada número real $x \geq \frac{1}{2}$. Nestas condições, a função g é assim definida:

(A) $g(y) = \frac{1}{2} + \sqrt{y - \frac{3}{4}}$, para cada $y \geq \frac{3}{4}$.

(B) $g(y) = \frac{1}{2} + \sqrt{y - \frac{1}{4}}$, para cada $y \geq \frac{1}{4}$

(C) $g(y) = \sqrt{y - \frac{3}{4}}$, para cada $y \geq \frac{3}{4}$

(D) $g(y) = \sqrt{y - \frac{1}{4}}$, para cada $y \geq \frac{1}{4}$

(E) $g(y) = \frac{3}{4} + \sqrt{y - \frac{1}{2}}$, para cada $y \geq \frac{1}{2}$

2881. Sejam $a \in \mathbb{R}$, $a > 1$ e $f: \mathbb{R} \to \mathbb{R}$ definida por $f(x) = \frac{a^x - a^{-x}}{2}$. A função inversa de f é dada por:

(A) $\log_a\left(x - \sqrt{x^2 - 1}\right)$, para $x > 1$

(B) $\log_a\left(-x + \sqrt{x^2 - 1}\right)$, para $x \in \mathbb{R}$

(C) $\log_a\left(x + \sqrt{x^2 - 1}\right)$, para $x \in \mathbb{R}$

(D) $\log_a\left(-x + \sqrt{x^2 - 1}\right)$, para $x < -1$

(E) $\log_a\left(-x + \sqrt{1 - x^2}\right)$, para $-1 < x < 1$

2882. Seja f uma função definida por $f(x) = \dfrac{cx}{2x+3}$ para todo $x \neq \dfrac{3}{2}$ e c é uma constante. Se $f(f(x)) = x$ para todos os números reais x exceto então valor de é igual a:

(A) -3 \hspace{2cm} (B) 3 \hspace{2cm} (C) 4

(D) $-\dfrac{3}{2}$ \hspace{2cm} (E) $\dfrac{3}{2}$

2883. Seja $f: \mathbb{R} \to \mathbb{R}$ a função definida por $f(x) = \begin{cases} x+2 & \text{se} \quad x \leq -1 \\ x^2 & \text{se} \quad -1 < x \leq 1 \\ 4 & \text{se} \quad x > 1 \end{cases}$.

Lembrando que se $A \subset \mathbb{R}$ então $f^{-1}(A) = \{x \in \mathbb{R} \mid f(x) \in A\}$ considere as afirmações:

I. f não é injetora e $f^{-1}([3,5]) = \{4\}$.

II. f não é sobrejetora e $f^{-1}([3,5]) = f^{-1}([2,6])$

III. f é injetora e $f^{-1}([0,4]) = [-2, +\infty[$

Então podemos garantir que:
(A) Apenas as afirmações II e III são falsas;
(B) As afirmações I e III são verdadeiras;
(C) Apenas a afirmação II é verdadeira;
(D) Apenas a afirmação III é verdadeira;
(E) Todas as afirmações são falsas.

2884. Seja f uma função tal que $f^{-1}\left(\dfrac{x+1}{x-1}\right)=\dfrac{2x}{x-1}$. A expressão de $f(x+1)$ é

(A) x
(B) $\dfrac{x+1}{1-x}$
(C) $\dfrac{2x-1}{x-1}$

(D) $\dfrac{x+1}{2x}$
(E) $\dfrac{2x+1}{x}$

2885. Sejam f e g duas funções tais que $f(x+1)=\dfrac{2x+1}{3x}$ e $g(x)=x-1$. A expressão de $f^{-1}(g(x))$ é igual a:

(A) $\dfrac{3x+4}{3x-5}$
(B) $\dfrac{3x+4}{3x+5}$
(C) $\dfrac{3x-4}{3x-5}$

(D) $\dfrac{3x-4}{3x+5}$
(E) $\dfrac{4x-3}{5x+3}$

2886. Se $f_1(x)=\dfrac{2x-1}{x+1}$, definamos $f_{n+1}(x)=f_1(f_n(x))$ para $n=1,2,3,\ldots$. Sabendo que $f_{35}=f_5$ então $f_{28}(x)$ é igual a:

(A) x
(B) $\dfrac{1}{x}$
(C) $\dfrac{x-1}{x}$

(D) $\dfrac{1}{1-x}$
(E) $\dfrac{x-1}{x+2}$

2887. Uma função f satisfaz à equação funcional $\dfrac{1}{x}f(-x)+f\left(\dfrac{1}{x}\right)=x$ para todo $x\neq 0$. O valor de $f(19)$ é igual a:

(A) $140\tfrac{10}{19}$
(B) $150\tfrac{10}{19}$
(C) $160\tfrac{10}{19}$

(D) $170\tfrac{10}{19}$
(E) $180\tfrac{10}{19}$

2888. Sabendo que o gráfico de uma função real g é a reflexão do gráfico da função $f(x) = (x+1)^3$ em relação à reta $y = x$, a lei que define $g(x)$ é:

(A) $x+1$
(B) $\sqrt[3]{x+1}$
(C) $\dfrac{1}{(x+1)^3}$
(D) $\sqrt[3]{x} - 1$
(E) $\sqrt[3]{x} + 1$

2889. Seja f uma função real definida, para todo $x \geq 1$, por $f(x) = \dfrac{x^2}{4} - \dfrac{x}{2} + 2$. O número de pontos de interseção dos gráficos de f e f^{-1} é igual a:

(A) 0
(B) 1
(C) 2
(D) 3
(E) 4

2890. A função cujo gráfico é a reflexão em torno da reta $x + y = 0$ da função inversa de uma função $f(x)$ é igual a:

(A) $-f(x)$
(B) $-f(-x)$
(C) $-f^{-1}(x)$
(D) $-f^{-1}(-x)$
(E) $f^{-1}(-x)$

2891. Seja $f(x) = \sqrt{x+2} + c$. O conjunto dos valores reais de c para os quais os gráficos de $f(x)$ e sua inversa $f^{-1}(x)$ intersectam-se em dois pontos distintos é:

(A) $-2{,}25 \leq c < -2$
(B) $-2 \leq c < -1{,}75$
(C) $-1{,}75 \leq c < -1{,}50$
(D) $-1{,}50 \leq c < -1{,}25$
(E) $-1{,}25 \leq c < -1{,}00$

2892. A função f é definida por $f(x) = \dfrac{ax+b}{cx+d}$, onde a, b, c e d são reais não nulos é tal que $f(19) = 19$, $f(97) = 97$ e $f(f(x)) = x$ para todos os valores de x exceto $-\dfrac{d}{c}$. O único número que não pertence à imagem de f é:

(A) 50
(B) 52
(C) 54
(D) 56
(E) 58

2893. Dada uma função f de variável real que satisfaz à equação funcional $f(x) + x \cdot f(1-x) = 1 + x^2$ para todo real x, a expressão de $f(x)$ é dada por:

(A) $\dfrac{1 - 2x + 3x^2 - x^3}{1 - x + x^2}$

(B) $\dfrac{1 - 2x - 3x^2 - x^3}{1 - x - x^2}$

(C) $\dfrac{1 - 2x - 3x^2 + x^3}{1 + x + x^2}$

(D) $\dfrac{1 - 2x + 3x^2 - x^3}{1 + x + x^2}$

(E) $\dfrac{1 + 2x - 3x^2 + x^3}{1 - x + x^2}$

2894. A função f é tal que para cada real x, tem-se que $x \cdot f(x) + f(1-x) = x^2 + 2$. A soma dos algarismos de $f(2) + f(17) + f(59) + f(2006)$ é igual a:

(A) 10 (B) 12 (C) 14
(D) 16 (E) 18

2895. Seja $f: \mathbb{R} \to \mathbb{R}$ uma função tal que $2 \cdot f(x) + f(1-x) = 1 + x$. A expressão de $f(x)$ é:

(A) $2x - 1$ (B) $2x + 1$ (C) x
(D) $2x - \dfrac{1}{3}$ (E) $2x + \dfrac{1}{3}$

2897. Seja $f: \mathbb{R} \to \mathbb{R}$ uma função tal que $2 \cdot f(x) + f(1-x) \cdot x^2 = x^2$. A expressão de $f(x)$ é igual a:

(A) $\dfrac{1}{3}x^2 + \dfrac{2}{3}x - \dfrac{1}{3}$ (B) $\dfrac{1}{3}x^2 + \dfrac{2}{3}x + \dfrac{1}{3}$ (C) $\dfrac{1}{3}x^2 - \dfrac{2}{3}x + \dfrac{1}{3}$

(D) $\dfrac{1}{3}x^2 - \dfrac{2}{3}x - \dfrac{1}{3}$ (E) $x^2 + 2x - 1$

2898. Uma função $f:\mathbb{R}\to\mathbb{R}$ satisfaz à equação funcional $x\cdot f(x)+(1-x)\cdot f(-x)=1+x$. A expressão de $f(x)$ é igual a:

(A) $2x^2+x+1$ (B) $2x^2-x+1$ (C) $2x^2-x-1$
(D) $2x^2+x-1$ (E) $2x^2+1$

2899. A função $f:\mathbb{R}\to\mathbb{R}$ que satisfaz à equação funcional $x^2\cdot f(x)+f(1-x)=2x-x^4$ possui expressão $f(x)$ igual a:

(A) x^2+1 (B) x^2-1 (C) $1-x^2$
(D) x^4+1 (E) $1-x^4$

2900. Seja f uma função que satisfaz à equação funcional $2f(x)+3f\left(\dfrac{2x+29}{x-2}\right)=100x+80$. O valor de $f(3)$ é igual a:

(A) 1996 (B) 1997 (C) 1998
(D) 1999 (E) 2000

2901. Seja f uma função real definida em $\mathbb{R}-\{0,1\}$ e satisfazendo à equação funcional $f(x)+f\left(\dfrac{1-x}{x}\right)=1+x$. A expressão de $f(x)$ é igual a:

(A) $\dfrac{x^3-x^2-1}{x(x-1)}$ (B) $\dfrac{x^3+x^2+1}{x(x-1)}$ (C) $\dfrac{x^3+x^2-1}{x(x+1)}$

(D) $\dfrac{x^3+x^2-1}{x(x-1)}$ (E) $\dfrac{x^3-x^2+1}{x(x-1)}$

770 | Problemas Selecionados de Matemática

2902. Seja $f: \mathbb{R} - \left\{0, -1, \frac{1}{2}, 1, 2\right\} \to \mathbb{R}$ uma função tal que $f(x) - \frac{x}{x+1} f\left(1 - \frac{1}{x}\right) = \frac{1}{1-x}$. A expressão de $f(x)$ é igual a:

(A) $\dfrac{x(x+2)}{x+1}$ (B) $\dfrac{x(x-2)}{x-1}$ (C) $\dfrac{x(x-2)}{x+1}$

(D) $\dfrac{x-2}{x-1}$ (E) $\dfrac{x(x+2)}{x-1}$

2903. A expressão da função f que satisfaz à equação funcional $f(x) + f\left(\dfrac{1}{1-x}\right) = x$ para todo $x \neq 1$ é igual a:

(A) $\dfrac{x^3 - x - 1}{2x(x-1)}$ (B) $\dfrac{x^3 + x - 1}{2x(x+1)}$ (C) $\dfrac{x^3 + x + 1}{2x(x-1)}$

(D) $\dfrac{x^3 - x + 1}{2x(x+1)}$ (E) $\dfrac{x^3 - x + 1}{2x(x-1)}$

2904. Uma função f satisfaz à equação funcional $f(x) + f\left(\dfrac{x-1}{x}\right) = 1 + x$ para todo $x \neq 0$ e $x \neq 1$. A expressão de $f(x)$ é igual a:

(A) $\dfrac{x^3 - x^2 - 1}{2x(x-1)}$ (B) $\dfrac{x^3 + x^2 - 1}{2x(x+1)}$ (C) $\dfrac{x^3 + x^2 + 1}{2x(x-1)}$

(D) $\dfrac{x^3 - x^2 + 1}{2x(x+1)}$ (E) $\dfrac{x^3 - x^2 + 1}{2x(x-1)}$

2905. A função f que satisfaz à equação funcional $f\left(\dfrac{x-1}{x+1}\right)+f\left(\dfrac{1}{x}\right)+f\left(\dfrac{1+x}{1-x}\right)=x$ é igual a:

(A) $\dfrac{2x^4+3x^2+1}{3x(1-x^2)}$

(B) $\dfrac{2x^4+3x^2-1}{3x(1-x^2)}$

(C) $\dfrac{2x^4+3x^2+1}{3x(1+x^2)}$

(D) $\dfrac{2x^4-3x^2-1}{3x(1-x^2)}$

(E) $\dfrac{2x^4+3x^2-1}{3x(1+x^2)}$

2906. A função $f:\mathbb{R}-\left\{\dfrac{2}{3}\right\}\to\mathbb{R}$ que satisfaz à equação funcional $498x-f(x)=\dfrac{1}{2}f\left(\dfrac{2x}{3x-2}\right)$ é tal que $f(x)$ é igual:

(A) $\dfrac{1992x(x-1)}{3x-2}$

(B) $\dfrac{1992x(x+1)}{3x+2}$

(C) $\dfrac{1992x(x+1)}{3x-2}$

(D) $\dfrac{1992x(x-1)}{2x-3}$

(E) $\dfrac{1992x(x-1)}{3x+2}$

2907. Para cada inteiro positivo n, seja

$$f(n)=\dfrac{1}{\sqrt[3]{n^2+2n+1}+\sqrt[3]{n^2-1}+\sqrt[3]{n^2-2n+1}}$$

O valor de $f(1)+f(3)+f(5)+\cdots+f(999999)$ é igual a:

(A) $\dfrac{99}{2}$

(B) 50

(C) $\dfrac{101}{2}$

(D) 10

(E) 100

2908. Seja $f: \mathbb{R} \setminus \{-1, 1\} \to \mathbb{R}$ uma função que satisfazem à equação $f\left(\dfrac{x-3}{x+1}\right) + f\left(\dfrac{3+x}{1-x}\right) = x$

a expressão de $f(t)$ é:

(A) $f(t) = \dfrac{4t}{t^2+1}$ (B) $f(t) = \dfrac{t}{t^2+1} - \dfrac{t}{2}$ (C) $f(t) = \dfrac{4t}{1-t^2}$

(D) $f(t) = \dfrac{4t}{1-t^2} - \dfrac{t}{2}$ (E) $f(t) = \dfrac{t}{1-t^2}$

2909. Supondo que $f_1(x) = \dfrac{2x-1}{x+1}$ e que para todo $k = 1, 2, 3, \ldots$ tem-se que $f_{k+1}(x) = f_1(f_k(x))$. Se $f_{35}(x)$ e $f_5(x)$ são iguais, o valor de $f_{28}\left(\sqrt{2}\right)$ é igual a:

(A) $1 + \sqrt{2}$ (B) $1 - \sqrt{2}$ (C) $-1 + \sqrt{2}$

(D) $-1 - \sqrt{2}$ (E) 2

2910. A expressão da função $f: \mathbb{R} \to \mathbb{R}$ que satisfaz à equação funcional $[f(x)]^2 \cdot f\left(\dfrac{1-x}{1+x}\right) = 64x$ é igual a:

(A) $4\sqrt[3]{x^2 \dfrac{1+x}{1-x}}$ (B) $4\sqrt[3]{x^2 \dfrac{1+x}{1+x^2}}$ (C) $4\sqrt[3]{x^2 \dfrac{1-x}{1+x}}$

(D) $4\sqrt[3]{\dfrac{1+x}{1+x^2}}$ (E) $4\sqrt[3]{x^2 \dfrac{1-x}{1+x^2}}$

Seção 10.5 – Funções Reais

2911. Se I é um intervalo real qualquer, e I⊂A, seja f uma função decrescente em I, se f é decrescente em A e $f(x)=ax^2+kx$, onde $a\in\mathbb{R}_-^*$ e $k\in\mathbb{R}$, então A é o intervalo:

(A) $\mathbb{R}_+^*$
(B) $]-\infty, k/2a]$
(C) $[k/2a, \infty[$
(D) $]-\infty, -k/2a]$
(E) $[-k/2a, \infty[$

2912. O domínio da função definida por $f(x)=\dfrac{\sqrt{(x+1)(x+2)}}{\sqrt{|x|-x}}$ é igual a:

(A) $(-\infty,-2]\cup[-1,0)$
(B) $\mathbb{R}-\{-2,-1,0\}$
(C) $(-\infty,-2]\cup[-1,+\infty)$
(D) $[-2,0)$
(E) $[-2,-1]$

2913. O domínio da função f definida por $f(x)=\dfrac{1}{\sqrt{1-x-2x^2}}$ quando x varia no conjunto dos números reais é igual a:

(A) $-1<x<1$
(B) $-1\leq x\leq \dfrac{1}{2}$
(C) $-1<x\leq \dfrac{1}{2}$
(D) $-1<x\leq \dfrac{1}{2}$
(E) $x<-1$ ou $x>\dfrac{1}{2}$

2914. O domínio da função definida por $f(x)=\dfrac{\sqrt{4-x}}{|x-1|-1}$ é igual a:

(A) $(-\infty,0)\cup(0,2)$
(B) $\mathbb{R}-\{0,2,4\}$
(C) $(0,2)\cup(2,4]$
(D) $(-\infty,0)\cup(2,4]$
(E) $(-\infty,0)\cup(0,2)\cup(2,4]$

2915. O domínio da função definida por $f(x) = \sqrt{1+\sqrt{x}-\sqrt{x+5}}$ é igual a:

(A) $\emptyset$ (B) $\mathbb{R}$ (C) $[4,+\infty)$
(D) $[-5,5]$ (E) $(-\infty,2]$

2916. O domínio da função definida por $f(x) = \sqrt{4-\sqrt{x(x+6)}}$ é igual a:

(A) $(-8,-6] \cup [0,2]$
(B) $(-\infty,-8) \cup [-6,0] \cup (2,+\infty)$
(C) $(-\infty,-8) \cup (-2,+\infty)$
(D) $(-\infty,-6] \cup [0,+\infty)$
(E) $(-8,-2)$

2917. O domínio da função definida por $f(x) = \sqrt{1-\sqrt{2-\sqrt{3-x}}}$ é igual a:

(A) $[-1,2]$ (B) $[-1,3]$ (C) $[1,2]$
(D) $[1,3]$ (E) $[2,3]$

2918. O domínio da função definida por $f(x) = \sqrt{x+1-\sqrt{x(x-1)}}$ é igual a:

(A) $(-1,0] \cup [1,+\infty)$ (B) $\left[-\dfrac{1}{3},1\right]$ (C) $[1,+\infty)$
(D) $\left[-\dfrac{1}{3},0\right] \cup [1,+\infty)$ (E) $\left(-1,-\dfrac{1}{3}\right) \cup [1,+\infty)$

2919. O domínio da função definida por $f(x) = \sqrt{3\sqrt{(x+2)(3-x)}-2(2x-1)}$ é:

(A) $[-2,3)$ (B) $[2,3)$ (C) $[-2,2]$
(D) $\left[\dfrac{1}{2},2\right]$ (E) $\left[\dfrac{1}{2},3\right]$

2920. A função real de variável real definida por $f(x)=\dfrac{a+3x}{(x-1)(x+1)}$ para todos os reais $x \neq \pm 1$. O conjunto dos valores de a para os quais a *imagem* de $f(x)$ é o conjunto $\mathbb{R}$ dos números reais é igual a:

(A) $-1 < a < 1$ (B) $-2 < a < 2$ (C) $-3 < a < 3$
(D) $-4 < a < 4$ (E) $-5 < a < 5$

2921. Simplificando a expressão da função definida por $f(x)=\dfrac{|x|-1}{x^2-1}-\dfrac{x^2-|x|}{x^2-2|x|+1}$ no domínio em que é definida, obtemos:

(A) $\dfrac{1+x^2}{1-x^2}$ (B) $\dfrac{x^2+1}{x^2-1}$ (C) $\dfrac{x^2}{x^2-1}$

(D) $\dfrac{x^2-1}{x^2+1}$ (E) $\dfrac{x^2+x}{x^2-2}$

2922. Se $f:\mathbb{R}\to\mathbb{R}$ e $g:\mathbb{R}\to\mathbb{R}$ são funções invertíveis tais que $g(x)=2f(x)+5$ então, $g^{-1}(x)$ é igual a:

(A) $2 \cdot f^{-1}(x)+5$ (B) $2 \cdot f^{-1}(x)-5$ (C) $\dfrac{1}{2\cdot f^{-1}(x)+5}$

(D) $\dfrac{1}{2}\cdot f^{-1}(x)+5$ (E) $f^{-1}\left(\dfrac{x-5}{2}\right)$

2923. Seja $f:\mathbb{N}\to\mathbb{N}$ uma função tal que $f(1)=2006$ e, para todo $n\geq 2$, $f(n-1)+f(n)=3n$. O valor de $f(2006)$ é igual a:

(A) -501 (B) -503 (C) -505
(D) -507 (E) -509

2924. A função $f: \mathbb{R} \to \mathbb{R}$ definida por $f(x) = \cos^4 x + k \cdot \cos^2 2x + \text{sen}^4 x$ onde k é uma constante. Se esta função $f(x)$ é constante o valor de k é igual a:

(A) -1 (B) $-\frac{1}{2}$ (C) 0

(D) $\frac{1}{2}$ (E) 1

2925. Seja $f: \mathbb{N} \to \mathbb{N}$ uma função tal que $f(0) = 1$ e, para todo $n > 0$, $f(n) = n \cdot \sum_{i=0}^{n-1} f(i)$. Seja 2^m a maior potência de 2 que divide $f(20)$ então m é igual a:

(A) 18   (B) 19   (C) 20

(D) 21   (E) 22

2926. Sejam $f: \mathbb{R} - \{-1\} \to \mathbb{R}$ e $g: \mathbb{R} - \{-1, 1\} \to \mathbb{R}$ duas funções tais que $f(x) = \frac{x^n}{1+x}$ e $g(x) = \frac{x}{1+x^n}$, onde n é um inteiro positivo maior que 1. Se $R(n) = \{x > 0 \mid f(x) = g(x)\}$ então, $1 \in R(n)$ para todo $n > 1$. O menor valor de n para o qual $R(n)$ contém um número real positivo diferente de 1 é igual a:

(A) 2   (B) 3   (C) 4

(D) $n > 4$ (E) inexistente

2927. Seja $f: \mathbb{N}^* \to \mathbb{R}$ uma função tal que $f(1) = 23$ e, para todo $n \geq 1$, tem-se que $f(n) = 8 + 3 \cdot f(n)$. Sabendo que existem constantes p, q e r tais que $f(n) = p \cdot q^n - r$ para $n = 1, 2, 3, \ldots$, o valor de $p + q + r$ é igual a:

(A) 16   (B) 17   (C) 20

(D) 26   (E) 31

2928. Dizemos que uma função é PERIÓDICA de período p se $\forall x \in D(f), f(x+p) = f(x)$. Considere então as afirmativas:

1. Se f é periódica de período 3 e $f(0) = 10$, então $f(-9) = 10$.

2. Se $f(x) = px^7 + qx^3 + rx - 4$ e $f(-7) = 3$, então $f(7) = 10$.

3. Se $f(x) = ax^4 - bx^2 + x + 5$ e $f(-3) = 2$ então $f(3) = -2$.

4. Se $f: \mathbb{R} \to \mathbb{R}$ é uma função tal que $f(x+5) = f(x)$, $f(-x) = -f(x)$ e $f\left(\frac{1}{3}\right) = 1$. Então, $f\left(\frac{16}{3}\right) + f\left(\frac{29}{3}\right) + f(12) + f(-7) = 0$.

Conclua que
(A) Todas são verdadeiras
(B) Três são verdadeiras e uma é falsa
(C) Duas são verdadeiras e duas são falsas
(D) Somente três são falsas
(E) Todas são falsas

2929. Dizemos que $x \in CD(f)$ é PONTO FIXO de uma função f se $\forall x \in D(f) \mid f(x) = x$. O conjunto dos pontos fixos de $f: \mathbb{R} \to \mathbb{R}$ para $f(x) = x^5 - 4x^3 - 46x$ é:

(A) $\{0, -3\}$ (B) $\{0, -3, -\sqrt{5}, \sqrt{5}, 3\}$ (C) $\{0, 3\}$

(D) $\{-3, 0, 3\}$ (E) $\{-3, -2, 0, 2, 3\}$

2930. O valor do parâmetro real a para o qual a função $f: \mathbb{R} \to \mathbb{R}$ definida por $f(x) = 9^x - 4a \cdot 3^x + 4 - a^2$ possui um único zero no intervalo $]0, 1[$ é igual a:

(A) $\dfrac{\sqrt{5}}{5}$ (B) $\dfrac{2\sqrt{5}}{5}$ (C) $\dfrac{3\sqrt{5}}{5}$

(D) $\dfrac{4\sqrt{5}}{5}$ (E) $\sqrt{5}$

2931. Dizemos que uma função f de domínio $D(f)$ é PAR se $\forall x \in D(f), f(-x) = f(x)$ alternativamente, dizemos que a função f é ÍMPAR se $\forall x \in D(f), f(-x) = -f(x)$. Nestas condições, se $f: \mathbb{R} \to \mathbb{R}$ é uma função par e $g: \mathbb{R} \to \mathbb{R}$ é uma função ímpar então, a única opção falsa é:

(A) $f \circ f$ é par (B) $f \circ g$ é par (C) $g \circ f$ é ímpar
(D) $g \circ g$ é par (E) $g \circ g^{-1}$ é ímpar

2932. Seja $f: \mathbb{R} \to \mathbb{R}$ definida por $f(x) = 2 \cdot 125^x - 3 \cdot 50^x - 9 \cdot 20^x + 10 \cdot 8^x$. O conjunto dos valores reais de x para os quais f é não positiva é:

(A) $x \in [1, 5/2]$ (B) $x \in [0, 1]$ (C) $x \in [-2, 5/2]$
(D) $x \in [0, 5/2]$ (E) $x \in]-\infty, -2] \cup [1, 5/2]$

2933. A função $f: \mathbb{R} \to \mathbb{R}$ satisfaz à equação funcional $f(xy) = f(x) \cdot f(y) - f(x+y) + 1$ para todos $x, y \in \mathbb{R}$. Se $f(1) = 2$, o valor de $f(2006)$ é igual a:

(A) 2004 (B) 2005 (C) 2006
(D) 2007 (E) 2008

2934. A função quadrática $f: \mathbb{R} \to \mathbb{R}$ definida por $f(x) = x^2 \cdot \ln\frac{2}{3} + x \cdot \ln 6 - \frac{1}{4} \cdot \ln\frac{3}{2}$ é tal que:

(A) a equação $f(x) = 0$ não possui raízes reais.

(B) a equação $f(x) = 0$ possui duas raízes reais distintas e o gráfico de f possui concavidade para cima

(C) a equação $f(x) = 0$ possui duas raízes reais distintas e o gráfico de f possui concavidade para baixo

(D) o valor máximo de f é $\frac{\ln 2 . \ln 3}{\ln 3 - \ln 2}$

(E) o valor máximo de f é $2\frac{\ln 2 . \ln 3}{\ln 3 - \ln 2}$

2935. Seja f uma função real definida para todo x real tal que: f é ímpar; $f(x+y) = f(x) + f(y)$; e $f(x) \geq 0$. Definindo $g(x) = \dfrac{f(x) - f(1)}{x}$, se $x \neq 0$, e sendo n um número natural, podemos afirmar que:

(A) f é não decrescente e g é uma função ímpar.
(B) f é não decrescente e g é uma função par.
(C) g é uma função par e $0 \leq g(n) \leq f(1)$.
(D) g é uma função ímpar e $0 \leq g(n) \leq f(1)$.
(E) f é não decrescente e $0 \leq g(n) \leq f(1)$.

2936. COnsidere as afirmativas:

1. Sejam a, b e c reais não-nulos e distintos, $c > 0$. Se a função dada por $f(x) = \dfrac{ax+b}{x+c}$ é par então, para $-c < x < c$, $f(x)$ é constante sendo $f(x) = a$.

2. Se a função $y = f(x)$ for definida por $f(x) = x^3 - 2x^2 + 5x$, para cada $x \in \mathbb{R}$ então, $f(x)$ tem o mesmo sinal de x, para todo real $x \neq 0$.

3. Considere o conjunto. Seja $f : \mathbb{R} \to \mathbb{R}$ uma função definida por $f(x) = [\cos(n!\pi x)]^{2n}$ para $n \in \mathbb{N}$ e $n > 1$. Se $f(A)$ denota a imagem do conjunto $A = \left\{ \dfrac{p}{q} : p, q \in \mathbb{Z} \mid 0 < q < n \right\}$ pela função f então $f(A) = \{1\}$.

Assinale:
(A) Se somente as afirmativas (1) e (2) forem verdadeiras.
(B) Se somente as afirmativas (1) e (3) forem verdadeiras.
(C) Se somente as afirmativas (2) e (3) forem verdadeiras.
(D) Se todas as afirmações forem verdadeiras
(E) Se todas as afirmações forem falsas

2937. Seja $D = \mathbb{R} \setminus \{1\}$ e $f : D \to D$ uma função dada por $f(x) = \dfrac{x+1}{x-1}$. Considere então as afirmações:

1. f é injetiva e sobrejetiva.
2. f é injetiva mas não sobrejetiva.
3. $f(x) + f\left(\dfrac{1}{x}\right) = 0$, para todo $x \in D$, $x \neq 0$.
4. $f(x) \cdot f(-x) = 1$, para todo $x \in D$.

Então são verdadeiras:
(A) apenas (1) e (3)   (B) apenas (1) e (4)   (C) apenas (2) e (3)
(D) apenas (1), (3) e (4)   (E) apenas (2), (3) e (4)

2938. Seja $f : R \to R$ uma função tal que $f(x) \neq 0$, para cada x em $\mathbb{R}$ e $f(x+y) = f(x) \cdot f(y)$, para todos x e y em $\mathbb{R}$. Considere (a_1, a_2, a_3, a_4) uma P.A de razão r, tal que $a_1 = 0$. Então, $\bigl(f(a_1), f(a_2), f(a_3), f(a_4)\bigr)$

(A) É uma P.A de razão igual a $f(r)$ e 1º termo $f(a_1) = f(0)$.

(B) É uma P.A de razão igual a r.

(C) É uma P.G de razão igual a $f(r)$ e 1º termo $f(a_1) = 1$.

(D) É uma P.A de razão igual a r e 1º termo $f(a_1) = f(0)$.

(E) Não é necessariamente uma P.A ou uma P.A

2939. Seja $f : R \to R$ uma função estritamente decrescente, isto é, quaisquer x e y reais com $x < y$ tem-se $f(x) > f(y)$. Dadas as afirmações:

1. f é injetora;
2. f pode ser uma função par;
3. Se f possui inversa então sua inversa também é estritamente decrescente.

Podemos assegurar que:
(A) Apenas as afirmações I e III são verdadeiras.
(B) Apenas as afirmações II e III são falsas.

(C) Apenas a afirmação I é falsa.
(D) Todas as afirmações são verdadeiras.
(E) Apenas a afirmação II é verdadeira.

2940. Dadas as funções $f: \mathbb{R} \to \mathbb{R}$ e $g: \mathbb{R} \to \mathbb{R}$, ambas estritamente decrescentes e sobrejetoras, considere $h = f \circ g$. Então podemos afirmar que:
(A) h é estritamente crescente, invertível e sua inversa é estritamente crescente.
(B) h é estritamente decrescente, invertível e sua inversa é estritamente crescente.
(C) h é estritamente crescente, mas não necessariamente invertível.
(D) h é estritamente crescente, invertível e sua inversa é estritamente decrescente.
(E) h é estritamente decrescente e não invertível.

2941. Dada a função $f(x) = x^{1+\log_a x} - a^2 x$, onde $a > 0$ e $a \neq 1$ o conjunto de todos os valores de x para os quais ela está definida e é positiva é igual a:
(A) $x \in \left]0, a^{-\sqrt{2}}\right[\cup \left]a^{\sqrt{2}}, +\infty\right[$ se $0 < a < 1$
(B) $x \in \left]a^{\sqrt{2}}, a^{-\sqrt{2}}\right[$ se $a > 1$
(C) $x \in \left]0, a^{-\sqrt{2}}\right[\cup \left]a^{\sqrt{2}}, +\infty\right[$ se $a > 1$
(D) $x \in \left]-\sqrt{2}, \sqrt{2}\right[$ se $0 < a < 1$
(E) $x \in \left]-\infty, -\sqrt{2}\right[\cup \left]\sqrt{2}, +\infty\right[$ se $a > 1$

2942. Considerando todas as funções quadráticas $f: \mathbb{R} \to \mathbb{R}$ definidas por $f(x) = ax^2 + bx + c$ tais que $a < b$ e $f(x) \geq 0$ para todo x, o valor mínimo da expressão $(a+b+c)/(b-a)$ é igual a:
(A) 2
(B) 3
(C) 4
(D) 5
(E) 6

2943. Considere as afirmações:

1. Se $f: R \to R$ é uma função par e $g: R \to R$ uma função qualquer, então a composição $g \circ f$ é uma função par.

2. Se $f: R \to R$ é uma função par e $g: R \to R$ uma função ímpar, então a composição $f \circ g$ é uma função par.

3. Se $f: R \to R$ é uma função ímpar e invertível então $f^{-1}: R \to R$ é uma função ímpar.

Então:
(A) Apenas a afirmação (1) é falsa
(B) Apenas as afirmações (1) e (2) são falsas
(C) Apenas a afirmação (3) é verdadeira
(D) Todas as afirmações são falsas
(E) Todas as afirmações são verdadeiras

2944. Sejam $f: R \to R$ uma função não nula, ímpar e periódica de período p. Considere as seguintes afirmações:

1. $f(p) \neq 0$

2. $f(-x) = -f(x+p)$, $\forall x \in R$

3. $f(-x) = f(x-p)$, $\forall x \in R$

4. $f(x) = -f(-x)$, $\forall x \in R$

Podemos concluir que:
(A) (1) e (2) são falsas.
(B) (1) e (3) são falsas.
(C) (2) e (3) são falsas.
(D) (1) e (4) são falsas.
(E) (2) e (4) são falsas.

2945. Seja $f: \mathbb{R} \setminus \{-1, 1\} \to \mathbb{R}$ uma função que satisfaz à equação

$$f\left(\frac{x-3}{x+1}\right) + f\left(\frac{3+x}{1-x}\right) = x$$

A expressão de f(x) é igual a:

(A) $f(x) = \dfrac{4x}{1-x^2}$
(B) $f(x) = \dfrac{4x}{1+x^2}$
(C) $f(x) = \dfrac{4x}{1-x^2} + \dfrac{1}{2}$
(D) $f(x) = \dfrac{4x}{1-x^2} - \dfrac{1}{2}$
(E) $f(x) = \dfrac{8x}{1-x^2} - \dfrac{1}{2}$

2946. Considere as afirmativas:

1. O domínio da função $f(x) = \sqrt{x^2-4} \cdot (x-2)^{-1}$ é $]-\infty;-2] \cup]2;\infty[$.

2. Dada a função $f(x) = \dfrac{x^2+(2m+3)x+(m^2+3)}{\sqrt{x^2+(2m+1)x+(m^2+2)}}$, o conjunto de todos os valores de m para os quais ela está definida e é não negativa para todo x real é $\left]-\infty, \dfrac{1}{4}\right] \left]-\infty, \dfrac{1}{4}\right]$.

3. Os valores de $x \in \mathbb{R}$, para os quais a função real dada por $f(x) = \sqrt{5-||2x-1|-6|}$ está definida, formam o conjunto $[-5,0] \cup [1,6]$.

Assinale:
(A) Se somente as afirmativas (1) e (2) forem verdadeiras.
(B) Se somente as afirmativas (1) e (3) forem verdadeiras.
(C) Se somente as afirmativas (2) e (3) forem verdadeiras.
(D) Se todas as afirmações forem verdadeiras
(E) Se todas as afirmações forem falsas

2947. Dada a função definida por $f(x) = \dfrac{\log_5(x^2-4x-11)^2 - \log_{11}(x^2-4x-11)^3}{2-5x-3x^2}$ o conjunto de todos os valores de x para os quais ela está definida e é não negativa é:

(A) $]-\infty,-2[\cup [6,+\infty[$

(B) $]-\infty,-2[\cup]-2, \frac{1}{3}[\cup [6,+\infty[$

(C) $]-\infty,-2[\cup]-2, 2-\sqrt{15}[\cup [6,+\infty[$

(D) $]-\infty,-2[\cup]-2, 2-\sqrt{15}[\cup]2+\sqrt{15},+\infty[$

(E) $\mathbb{R}-\{5,11\}$

2948. Considere as afirmativas:
   1. Os valores de $x \in \mathbb{R}$, para os quais a função real dada por $f(x) = \log_{2x^2-3x+1}(3x^2-5x+2)$ está definida pertencem ao conjunto $(-\infty, 0) \cup (0, 1/2) \cup (1, 3/2) \cup (3/2, +\infty)$.

   2. O domínio D da função $f(x) = \ln\left[\dfrac{\sqrt{\pi x^2 - (1+\pi^2)x + \pi}}{-2x^2 + 3\pi x}\right]$ é o conjunto $D = \{x \in \mathbb{R}; 0 < x < 1/\pi \text{ ou } \pi < x < 3\pi/2\}$.

   3. Dada a função definida por $f(x) = \log_{1/2}(x^2 + 4x - 5) + 4$, o conjunto de todos os valores de x para os quais ela está definida e é não negativa é $[-7,-5[\cup]1,3]$.

   4. O conjunto de todos os valores de x para os quais a função $f(x) = \log_{1/3}(\log_4(x^2-5))$ está definida e é sempre positiva é $\sqrt{6} < |x| < 3$.

   5. O conjunto de todos os valores de x para os quais a função $f(x) = \log_2(\log_{1/4}(x^2-2x+1))$ está definida e é sempre negativa é $]0, 1/2[\cup]3/2, 2[$.

Conclua que
(A) Quatro são falsas
(B) Duas são verdadeiras e três são falsas
(C) Três são verdadeiras e duas são falsas
(D) Quatro são verdadeiras e uma é falsa
(E) Todas são verdadeiras

2949. Considere uma função $f: \mathbb{R} \to \mathbb{R}$ não constante e tal que $f(x+y) = f(x) \cdot f(y)$, $\forall x, y \in \mathbb{R}$. Das afirmações:

1. $f(x) > 0$, $\forall x \in \mathbb{R}$
2. $f(nx) = [f(x)]^n$, $\forall x \in \mathbb{R}$, $\forall n \in \mathbb{N}^*$
3. f é par

é(são) verdadeira(s):
(A) apenas (1) e (2)
(B) apenas (2) e (3)
(C) apenas (1) e (3)
(D) todas
(E) nenhuma

2950. Se $f:]0,1[\to \mathbb{R}$ é tal que $|f(x)| < \frac{1}{2}$ e $f(x) = \frac{1}{4}\left(f\left(\frac{x}{2}\right) + f\left(\frac{x+1}{2}\right)\right)$ $\forall x \in]0,1[$ então, a desigualdade válida para qualquer $n = 1, 2, 3, \ldots$ e $0 < x < 1$ é:

(A) $|f(x)| + \frac{1}{2^n} < \frac{1}{2}$
(B) $\frac{1}{2^n} \leq |f(x)| \leq \frac{1}{2}$
(C) $\frac{1}{2^{n+1}} < |f(x)| < \frac{1}{2}$

(D) $|f(x)| > \frac{1}{2^n}$
(E) $|f(x)| < \frac{1}{2^n}$

2951. Seja $f: \mathbb{R} \to \mathbb{R}$ a função definida por: $f(x) = -3a^x$, onde a é um número real, $0 < a < 1$. Sobre as afirmações:

1. $f(x+y) = f(x) \cdot f(y)$, para todo $x, y \in \mathbb{R}$.
2. f é bijetora.
3. f é crescente e $f(]0, +\infty[) =]-3, 0[$.

Podemos concluir que:
(A) Todas as afirmações são falsas.
(B) Todas as afirmações são verdadeiras.
(C) Apenas as afirmações (1) e (3) são verdadeiras.

(D) Apenas a afirmação (2) é verdadeira.
(E) Apenas a afirmação (3) é verdadeira.

2952. Seja $f: \mathbb{R} \to \mathbb{R}$ uma função afim tal que $f(0) = -5$ e $f(f(0)) = -15$. A soma de todos os valores de m para os quais o conjunto das soluções da inequação $f(x) \cdot f(m-x) > 0$ é um intervalo de comprimento igual a 2 é:

(A) 10   (B) 12   (C) 14
(D) 16   (E) 18

2953. Sejam três funções $f, u, v : \mathbb{R} \to \mathbb{R}$ tais que $f\left(x + \dfrac{1}{x}\right) = f(x) + \dfrac{1}{f(x)}$ para todo x não nulo e $(u(x))^2 + (v(x))^2 = 1$ para todo x real. Sabendo-se que x_0 é um número real tal que $u(x_0) \cdot v(x_0) \neq 0$ e $f\left(\dfrac{1}{u(x_0)} \cdot \dfrac{1}{v(x_0)}\right) = 2$, o valor de $f\left(\dfrac{u(x_0)}{v(x_0)}\right)$ é:

(A) −1   (B) 1   (C) 2
(D) $\dfrac{1}{2}$ (E) −2

2954. Considere as afirmativas:

1. A função $f : \mathbb{R} \setminus \{0\} \to \mathbb{R}$, satisfazendo a $f(xy) = f(x) + f(y)$ em todo seu domínio é par.

2. Os valores de α, $0 < \alpha < \pi$ e $\alpha \neq \dfrac{\pi}{2}$, para os quais a função $f : \mathbb{R} \to \mathbb{R}$ dada por $f(x) = 4x^2 - 4x - tg^2\alpha$, assume seu valor mínimo igual a -4, são $\alpha = \pi/3$ ou $\alpha = 2\pi/3$.

3. Se a função $f : \mathbb{R} \to \mathbb{R}$ é tal que $f(x)$ possui seis raízes e $f(3+x) = f(3-x)$ para todo número real x então a soma das seis raízes de $f(x)$ é igual a 18.

4. Seja $f : \mathbb{R} \to \mathbb{R}$ a função definida por: $f(x) = 2 \cdot sen(2x) - cos(2x)$ então f não é par nem ímpar e é periódica de período π.

Conclua que
(A) Todas são verdadeiras
(B) Três são verdadeiras e uma é falsa
(C) Duas são verdadeiras e duas são falsas
(D) Somente três são falsas
(E) Todas são falsas

2955. Consideremos as seguintes afirmações sobre uma função $f: \mathbb{R} \to \mathbb{R}$.
1. Se existe $x \in \mathbb{R}$ tal que $f(x) \neq f(-x)$ então f não é par.
2. Se existe $x \in \mathbb{R}$ tal que $f(-x) = -f(x)$ então f é ímpar.
3. Se f é par e ímpar então existe $x \in \mathbb{R}$ tal que $f(x) = 1$.
4. Se f é ímpar então $f \circ f$ é ímpar.
Podemos afirmar que estão corretas as afirmações de números:
(A) (1) e (4)   (B) (1), (2) e (4)   (C) (1) e (3)
(D) (3) e (4)   (E) (1), (2) e (3)

2956. Uma função f definida no conjunto dos inteiros positivos possui a seguinte propriedade $f(n+2) = f(n+1) - f(n)$ para todo $n \geq 1$. Qual o número máximo de diferentes valores de $f(n)$ quando n assume todos os inteiros positivos?
(A) 3   (B) 4   (C) 5
(D) 6   (E) 7

2957. A função real definida por $f(x) = \dfrac{1+x}{1-x}$ pode ser decomposta de maneira única como uma soma da forma $P(x) + I(x)$ onde $P(x)$ é uma função par e $I(x)$ é uma função ímpar. A expressão de $I(x)$ é igual a:

(A) $\dfrac{x}{1-x^2}$ (B) $\dfrac{2x}{1-x^2}$ (C) $\dfrac{3x}{1-x^2}$

(D) $\dfrac{4x}{1-x^2}$ (E) $\dfrac{5x}{1-x^2}$

2958. Sejam $f:[0,1[\to\mathbb{R}$ e $g:]-\frac{1}{2},\frac{1}{2}[\to\mathbb{R}$ duas funções definidas por

$$f(x)=\begin{cases} 2x, & \text{se } 0\leq x<\frac{1}{2} \\ 2x-1, & \text{se } \frac{1}{2}\leq x<1 \end{cases} \text{ e } g(x)=\begin{cases} f(x+\frac{1}{2}), & \text{se } -\frac{1}{2}<x<0 \\ 1-f(x+\frac{1}{2}), & \text{se } 0\leq x<\frac{1}{2} \end{cases}$$. Então:

(A) g é par

(B) g é ímpar

(C) g não é par nem ímpar

(D) f é par

(E) nada se pode afirmar sem conhecermos a lei de g

2959. Considere as seguintes funções f, g e h, $R\to R$ definidas por $f(x)=|1-x|$, $g(x)=1-|x|$ e $h(x)=|1-|x||$. Então, para cada $x\in R$, temos:

(A) $f(x)\leq g(x)\leq h(x)$ (B) $g(x)\leq h(x)\leq f(x)$ (C) $g(x)\leq f(x)\leq h(x)$

(D) $h(x)\leq f(x)\leq g(x)$ (E) $h(x)\leq g(x)\leq f(x)$

2960. Seja $f(x)=|x-p|+|x-15|+|x-p-15|$, onde $0<p<15$. O valor mínimo tomado por $f(x)$ no intervalo $p\leq x\leq 15$ é igual a:

(A) 5   (B) 10   (C) 15

(D) 20   (E) 25

2961. Sejam f uma função e c uma constante diferente de zero tais que $f(x)$ é par e $g(x)=f(x-c)$ então podemos afirmar que:

(A) f é periódica com período $|c|$.

(B) f é periódica com período $2|c|$.

(C) f é periódica com período $3|c|$.

(D) f é periódica com período $4|c|$.

(E) f é periódica com período $5|c|$.

Capítulo 10 – Funções | 789

2962. Se $G(x) = \left(\dfrac{1}{a^x - 1} + \dfrac{1}{2}\right) \cdot F(x)$ onde a é um número real positivo diferente de 1 e $F(x)$ é uma função ímpar então:

(A) $G(x)$ é uma função ímpar.

(B) $G(x)$ é uma função par.

(C) $G(x)$ não é uma função par nem ímpar.

(D) $G(x)$ pode ser uma função par ou ímpar dependendo do valor de a.

(E) Nada se pode afirmar sobre a paridade de $G(x)$.

2963. As funções $f : R \to R$ tais que $(f(x))^3 = -\dfrac{x}{12}\left[x^2 + 7x \cdot f(x) + 16 \cdot (f(x))^2\right]$ são em número de:

(A) 0   (B) 1   (C) 2

(D) 3   (E) 4

2964. Dada a função f definida por $f(x) = \sqrt{4 + \sqrt{16x^2 - 8x^3 + x^4}}$. A área da região limitada pelo gráfico de f e as retas $x = 0$, $x = 6$ e $y = 0$ é:

(A) $8 + 2\pi$ (B) $6 + 2\pi$ (C) $4 + 2\pi$

(D) $2 + 2\pi$ (E) π

2965. O maior valor positivo atingido pela função definida por $f(x) = \sqrt{8x - x^2} - \sqrt{14x - x^2 - 48}$ para valores reais de x é igual a:

(A) $\sqrt{7} - 1$ (B) 3   (C) $2\sqrt{3}$

(D) 4   (E) $\sqrt{55} - \sqrt{5}$

2966. O valor mínimo da função definida por $f(x) = \sqrt{a^2 + x^2} + \sqrt{(b-x)^2 + c^2}$ onde a, b e c são números reais positivos é igual a

(A) $\sqrt{(a+b)^2 + c^2}$ (B) $\sqrt{(a-b)^2 + c^2}$ (C) $\sqrt{(a+c)^2 + b^2}$

(D) $\sqrt{(a-c)^2 + b^2}$ (E) $\sqrt{(b+c)^2 + a^2}$

2967. Seja $f: \mathbb{R} \to \mathbb{R}$ uma função monótona crescente tal que $f(f(x) + y) = f(x+y) + f(0)$ para todos os reais x e y. Se $f(0) = c$ então podemos afirmar que:

(A) $f(x) = x + c$ (B) $f(x) = 2x + c$ (C) $f(x) = 3x + c$

(D) $f(x) = x^2 + c$ (E) $f(x) = x^3 + c$

2968. Para um inteiro positivo n dado, considere as funções $F: \mathbb{N} \to \mathbb{R}$ tais que $F(x+y) = F(xy - n)$ para todos $x, y \in \mathbb{N}$ com $xy > n$. Sobre a forma de tais funções F onde c é uma constante podemos afirmar que é igual a:

(A) $F(x) = c$ (B) $F(x) = x + c$ (C) $F(x) = x^2 + c$

(D) $F(x) = c^x$ (E) $F(x) = x^2$

2969. Uma função contínua $f: \mathbb{R} \to \mathbb{R}$ satisfaz a igualdade $f(x + f(x)) = f(x)$ para todo x real. Então podemos afirmar que:

(A) f é uma função constante.

(B) f é uma função linear.

(C) f é uma função.

(D) f é uma função exponencial.

(E) não existe função que satisfaça a esta condição.

2970. Considere as funções f que satisfazem a $f(x+4) + f(x-4) = f(x)$ para todo número real x. Todas as funções que satisfazem a esta condição são ditas periódicas isto é, existe um período comum mínimo P para todas elas. O valor de p é igual a:

(A) 8   (B) 12   (C) 16
(D) 24   (E) 32

2971. Seja f uma função tal que $f(x+2) = f(x)$ e $f(-x) = f(x)$ para todo real x. Sabendo que no intervalo $[2,3]$ tem-se que $f(x) = x$, a expressão de $f(x)$ no intervalo $[-2,0]$ é dada por:

(A) $x+4$ (B) $2-x$ (C) $3-|x+1|$
(D) $2+|x+1|$ (E) $2-|x+1|$

2972. Se a função f satisfaz a $f(10+x) = f(10-x)$ e $f(20-x) = -f(20+x)$ então:

(A) f é uma função par periódica.
(B) f é uma função par não periódica.
(C) f é uma função ímpar periódica.
(D) f é uma função ímpar não periódica.
(E) f é uma periódica nem par nem ímpar.

2973. Seja f uma função real tal que para todos x e a reais tem-se que $f(x+a) = \dfrac{1}{2} + \sqrt{f(x) - [f(x)]^2}$, então:

(A) $f(x)$ é periódica de período a.
(B) $f(x)$ é periódica de período 2a.
(C) $f(x)$ é periódica de período 3a.
(D) $f(x)$ é periódica de período 4a.
(E) $f(x)$ é periódica de período 5a.

2974. Seja f uma função definida no conjunto dos números reais e tomando valores no conjunto dos números reais não nulos tal que $f(x+2) = f(x-1) \cdot f(x+5)$ para todo real x. Sabendo que existe um número positivo p tal que $f(x+p) = f(x)$ para todos os reais x, o valor de p é igual a:

(A) 10 (B) 12 (C) 14
(D) 16 (E) 18

2975. Uma função f é definida para todos os números reais e satisfaz às condições $f(2+x) = f(2-x)$ e $f(7+x) = f(7-x)$ para todo x real. Se $x = 0$ é uma raiz de $f(x) = 0$, o menor número de raízes da equação $f(x) = 0$ no intervalo $-1000 \leq x \leq 1000$ é igual a:

(A) 401 (B) 402 (C) 403
(D) 404 (E) 405

2976. Seja $f: \mathbb{R} \to \mathbb{R}$ uma função real tal que $f(x) + 3 \cdot f(1-x) = x^2 + 4x + 7$ então, $f(x)$ é igual a:

(A) $\frac{1}{8}(2x^2 + 22x + 29)$ (B) $\frac{1}{8}(2x^2 - 22x - 29)$ (C) $\frac{1}{8}(2x^2 - 22x + 29)$

(D) $\frac{1}{8}(2x^2 + 22x - 29)$ (E) $\frac{1}{8}(x^2 - 22x - 29)$

2977. Seja $f: \mathbb{N} \to \mathbb{R}$ uma função tal que $f(0) = f(1) = 1$ e, para todo $n \geq 1$, tem-se que $f(n+1) = 14 \cdot f(n) - f(n-1)$. Com relação ao número $2 \cdot f(n) - 1$ podemos afirmar que:

(A) às vezes é um quadrado perfeito outras vezes não
(B) às vezes é um cubo perfeito outras vezes não
(C) é sempre um quadrado perfeito
(D) é sempre um cubo perfeito
(E) é sempre uma sexta potência perfeita

2978. O número de funções $f: \mathbb{R} \to \mathbb{R}$ tais que $f(x-y) = f(x) + f(y) + xy$ para todo $x \in \mathbb{R}$ e para todo $y \in \{f(x) \mid x \in \mathbb{R}\}$ é igual a:

(A) 0   (B) 1   (C) 2

(D) 3   (E) mais de 3

2979. Seja $f: \mathbb{R} \to \mathbb{R}$ uma função tal que:

1. $f(x+y) = f(x) + f(y)$ para todos $x, y \in \mathbb{R}$

2. $f(x) = x^2 \cdot f\left(\dfrac{1}{x}\right)$ para todo $x \in \mathbb{R}^*$

3. $f(1) = 2005$

A soma dos algarismos de $f(2006)$ é igual a:

(A) 10   (B) 11   (C) 12

(D) 13   (E) 14

2980. Dada uma função f para a qual para todos os números reais x tem-se $f(x) = f(398-x) = f(2158-x) = f(3214-x)$. O maior número de valores distintos que podem aparecer na lista $f(0), f(1), f(2), \ldots, f(999)$ é:

(A) 171   (B) 173   (C) 175

(D) 177   (E) 179

2981. Uma função f, definida no conjunto dos números reais positivos é tal que:

1. $f(xy) = f(x) \cdot f\left(\dfrac{3}{y}\right) + f(y) \cdot f\left(\dfrac{3}{x}\right)$, $\forall x, y \in \mathbb{R}$

2. $f(1) = \dfrac{1}{2}$

O valor de $f(99)$ é igual a:

(A) 100   (B) 50   (C) $99/2$

(D) 1   (E) $1/2$

794 | Problemas Selecionados de Matemática

2982. Seja $f(x) = 4x - x^2$. Dado x_0 considere a seqüência definida por $x_n = f(x_{n-1})$ para todo $n \geq 1$. Para quantos números reais x_0 a seqüência $(x_0, x_1, x_2, \ldots)$ assume somente um número finito de valores distintos?

(A) 0   (B) 1 ou 2   (C) 3, 4, 5 ou 6
(D) mais que 6   (E) infinitos

2983. Quantos dos 1000 primeiros inteiros positivos podem ser colocados sob a forma $\lfloor 2x \rfloor + \lfloor 4x \rfloor + \lfloor 6x \rfloor + \lfloor 8x \rfloor$?

(A) 200   (B) 400   (C) 600
(D) 800   (E) 1000

2984. O número de valores inteiros distintos tomados pela expressão $\lfloor x \rfloor + \lfloor 2x \rfloor + \left\lfloor \dfrac{5x}{3} \right\rfloor + \lfloor 3x \rfloor + \lfloor 4x \rfloor$ para todos os números reais x tais que $0 \leq x \leq 100$, é igual a:

(A) 726   (C) 728   (C) 730
(D) 732   (E) 734

2985. Seja $F(x) = \lfloor \lfloor \lfloor \lfloor x \rfloor + 6x \rfloor + 15x \rfloor + 65x \rfloor + 143x \rfloor$. Sabendo que o domínio de F é o conjunto $\{x \mid 0 \leq x \leq 1\}$ o número de elementos da imagem de F é igual a:

(A) 230   (B) 231   (C) 221
(D) 219   (E) 209

2986. Uma função f, definida no conjunto dos inteiros não negativos é tal que:

$$f(0) = 0, \quad f(1) = 1 \quad \text{e} \quad f(n) = f\left(n - \frac{1}{2}m(m-1)\right) - f\left(\frac{1}{2}m(m+1) - n\right)$$

para $\dfrac{1}{2}m(m-1) < n \leq \dfrac{1}{2}m(m+1)$, $m \geq 2$.

O menor inteiro n para o qual $f(n) = 5$ é igual a:

(A) 26580 (B) 26581 (C) 26582
(D) 26583 (E) 26584

2987. Se $f: \mathbb{N}^* \to \mathbb{N}^*$ é uma função tal que $f(n) = 2^{2^n} + 2^n + 1$ assinale dentre os valores abaixo de $f(n)$ aquele que é divisível por 21:

(A) 2005 (B) 2006 (C) 2007
(D) 2008 (E) 2009

2988. Seja $f: \mathbb{N}^* \to \mathbb{N}^*$ uma função tal que $f(n)$ é a soma dos n primeiros termos da seqüência $(1, 2, 2, 3, 3, 3, 4, 4, 4, 4, 5, 5, 5, 5, 5, ...)$ onde cada inteiro k aparece repetidamente k vezes. A soma dos algarismos de $f(2005)$ é igual a:

(A) 20 (B) 22 (C) 24
(D) 26 (E) 28

2989. Seja $f: \mathbb{N}^* \to \mathbb{N}^*$ uma função tal que associa a cada natural n o valor $f(n)$ que é igual à média aritmética dos n primeiros quadrados perfeitos. A soam dos algarismos do menor inteiro positivo n para o qual $f(n)$ é um quadrado perfeito é igual a:

(A) 10 (B) 11 (C) 12
(D) 13 (E) 14

2990. A quantidade de inteiros positivos k tais que 2005 seja o valor mínimo da função $f: \mathbb{N}^* \to \mathbb{N}^*$ definida por $f(x) = x^2 + \left\lfloor \dfrac{k}{x^2} \right\rfloor$ é igual a:

(A) 1441 (B) 1443 (C) 1445
(D) 1447 (E) 1449

2991. A função $f: \mathbb{R} \to \mathbb{R}$ definida por $f(x) = \sqrt{x^4 - 3x^2 - 6x + 13} - \sqrt{x^4 - x^2 + 1}$ possui valor máximo igual a:

(A) $\sqrt{5}$ (B) $\sqrt{10}$ (C) 5
(D) 10 (E) $2\sqrt{5}$

2992. Para todo inteiro positivo n, seja $f(n)$ o número de *pontos de reticulado* (pontos de coordenadas inteiras) que pertencem ao segmento que une os pontos $A = (0,0)$ e $B = (n, n+3)$ excluindo A e B. O valor de $\sum_{n=1}^{2005} f(n)$ é igual a:

(A) 1330 (B) 1332 (C) 1334
(D) 1336 (E) 1338

2993. Se x e y são números reais tais que $x^2 + xy + y^2 = 1$, seja $F = x^3 y + xy^3$. Considere então as afirmativas:

1. $xy \in [-1, 1]$
2. o valor mínimo de F é $-3/2$.
3. o valor máximo de F é $2/9$.

Assinale:
(A) Se somente as afirmativas (1) e (2) forem verdadeiras.
(B) Se somente as afirmativas (1) e (3) forem verdadeiras.
(C) Se somente as afirmativas (2) e (3) forem verdadeiras.
(D) Se todas as afirmações forem verdadeiras
(E) Se todas as afirmações forem falsas

2994. Seja $f: \mathbb{R} \to \mathbb{R}$ uma função definida por $f(x) = \dfrac{x^2 + 4x + 3}{x^2 + 7x + 14}$ e considere as afirmativas:

1. O maior valor de $f(x)$ é 2.

2. O maior valor de $g(x) = \dfrac{x^2 - 5x + 10}{x^2 + 5x + 20}$ é 3.

3. O maior valor de $h(x) = [g(x)]^{f(x)}$ é 9.

Assinale:

(A) Se somente as afirmativas (1) e (2) forem verdadeiras.
(B) Se somente as afirmativas (1) e (3) forem verdadeiras.
(C) Se somente as afirmativas (2) e (3) forem verdadeiras.
(D) Se todas as afirmações forem verdadeiras.
(E) Se todas as afirmações forem falsas.

2995. A função $f: \{0, 1, 2, ..., 2005\} \to \mathbb{N}$ é tal que $f(2x+1) = f(2x)$, $f(3x+1) = f(3x)$ e $f(5x+1) = f(5x)$. O número máximo de valores que f pode assumir é igual a:

(A) 530　　　(B) 532　　　(C) 534
(D) 536　　　(E) 538

2996. Seja $f: \mathbb{N} \to \mathbb{N}$ uma função tal que $f(m - n + f(n)) = f(m) + f(n)$ para todos $m, n \in \mathbb{N}$. O valor de $f(2005)$ é igual a:

(A) 2005　　　(B) 2006　　　(C) 4010
(D) 4012　　　(E) 6018

2997. A função $f: \mathbb{N} \to \mathbb{R}$ é tal que $f(m+n) + f(m-n) = \dfrac{1}{2}(f(2m) + f(2n))$ para todos $m, n \in \mathbb{N}$. Se $f(1) = 1$, a soma dos algarismos de $f(2005)$ é igual a:

(A) 10　　　(B) 11　　　(C) 12
(D) 13　　　(E) 14

2998. Seja $f: \mathbb{N} \to \mathbb{N}$ uma função tal que:

1. $(f(2n+1))^2 - (f(2n))^2 = 6 \cdot f(n) + 1$
2. $f(2n) \geq f(n)$

A quantidade de inteiros menores que 2004 pertencentes à imagem da função f é:

(A) 63   (B) 64   (C) 127
(D) 128   (E) 255

2999. Seja $f:[0,1]\times[0,1]\to[0,1]$ uma função tal que para todos $x,y,z\in[0,1]$ tem-se que:

1. $f(x,1)=x$
2. $f(1,y)=y$
3. $f(f(x,y),z)=f(x,f(y,z))$
4. $f(zx,zy)=z^k\cdot f(x,y)$

onde k é uma constante. O número de tais funções é:

(A) 0   (B) 1   (C) 2
(D) 3   (E) mais de 3

3000. Uma função $f:\mathbb{N}^*\to\mathbb{N}^*$ é tal que $0\le f(1)<204$ e, para todo $n>0$, tem-se que $f(n+1)=\left(\dfrac{n}{2004}+\dfrac{1}{n}\right)\cdot f^2(n)-\dfrac{n^3}{2004}+1$. A quantidade de elementos da imagem de f que são números primos é igual a:

(A) 0   (B) 1   (C) 2
(D) 3   (E) mais de 3

Gabarito

Capítulo 1 – Conjuntos Numéricos

Seção 1.1 – Definições e Propriedades

1.	D	19.	E	37.	D	55.	E
2.	E	20.	B	38.	E	56.	B
3.	B	21.	E	39.	E	57.	B
4.	E	22.	D	40.	B	58.	B
5.	D	23.	B	41.	E	59.	C
6.	B	24.	E	42.	E	60.	E
7.	B	25.	E	43.	B	61.	A
8.	D	26.	E	44.	D	62.	C
9.	C	27.	D	45.	A	63.	E
10.	D	28.	C	46.	D	64.	E
11.	D	29.	C	47.	E	65.	B
12.	E	30.	E	48.	C	66.	E
13.	E	31.	E	49.	A	67.	E
14.	C	32.	D	50.	C	68.	C
15.	D	33.	B	51.	B	69.	A
16.	E	34.	D	52.	E	70.	A
17.	A	35.	B	53.	A	71.	D
18.	A	36.	B	54.	D		

Seção 1.2 – Operações

72.	D	89.	C	106.	B	123.	C
73.	E	90.	D	107.	E	124.	C
74.	C	91.	C	108.	E	125.	C
75.	D	92.	B	109.	B	126.	B
76.	C	93.	E	110.	D	127.	B
77.	A	94.	A	111.	B	128.	A
78.	E	95.	D	112.	C	129.	C
79.	C	96.	E	113.	C	130.	A
80.	A	97.	D	114.	B	131.	B
81.	E	98.	C	115.	C	132.	B
82.	A	99.	A	116.	A	133.	A
83.	D	100.	C	117.	A	134.	C
84.	D	101.	E	118.	D	135.	A
85.	B	102.	E	119.	A	136.	D
86.	B	103.	E	120.	D	137.	D
87.	E	104.	B	121.	B	138.	A
88.	A	105.	B	122.	D	139.	D

140.	D	161.	B	182.	C	203.	E
141.	E	162.	E	183.	D	204.	E
142.	D	163.	A	184.	D	205.	D
143.	C	164.	B	185.	C	206.	E
144.	E	165.	B	186.	E	207.	E
145.	B	166.	B	187.	D	208.	D
146.	E	167.	D	188.	A	209.	E
147.	A	168.	A	189.	D	210.	D
148.	B	169.	E	190.	D	211.	D
149.	C	170.	B	191.	D	212.	D
150.	D	171.	C	192.	E	213.	C
151.	C	172.	C	193.	D	214.	B
152.	E	173.	D	194.	D	215.	A
153.	A	174.	E	195.	A	216.	D
154.	D	175.	D	196.	A	217.	A
155.	D	176.	D	197.	D	218.	A
156.	E	177.	C	198.	C	219.	D
157.	E	178.	E	199.	E	220.	C
158.	B	179.	C	200.	E	221.	A
159.	C	180.	E	201.	A		
160.	D	181.	B	202.	C		

Capítulo 2 – Potenciação

Seção 2.1 - Potência de expoente Inteiro

222.	A	226.	A	230.	E	234.	A
223.	B	227.	E	231.	E	235.	B
224.	B	228.	A	232.	A		
225.	E	229.	B	233.	D		

Seção 2.2 – Leis dos Expoentes

236.	E	243.	E	250.	A	257.	C
237.	A	244.	C	251.	C	258.	B
238.	D	245.	A	252.	B	259.	E
239.	E	246.	D	253.	A	260.	A
240.	E	247.	C	254.	D	261.	A
241.	C	248.	C	255.	D	262.	D
242.	B	249.	C	256.	B	263.	A

264. E	290. B	316. B	342. D
265. D	291. B	317. A	343. C
266. E	292. E	318. E	344. E
267. D	293. E	319. C	345. B
268. C	294. D	320. B	346. E
269. E	295. D	321. A	347. A
270. D	296. B	322. B	348. D
271. A	297. C	323. D	349. D
272. A	298. B	324. B	350. E
273. B	299. E	325. D	351. B
274. E	300. D	326. D	352. D
275. C	301. D	327. E	353. C
276. D	302. A	328. D	354. D
277. C	303. D	329. A	355. B
278. B	304. C	330. A	356. C
279. B	305. E	331. C	357. E
280. E	306. A	332. D	358. A
281. A	307. D	333. B	359. C
282. A	308. C	334. D	360. C
283. A	309. A	335. B	361. B
284. D	310. B	336. D	362. A
285. C	311. D	337. B	363. C
286. B	312. E	338. B	364. C
287. A	313. E	339. E	
288. A	314. D	340. A	
289. C	315. B	341. A	

Capítulo 3 – Radiciação

Seção 3.1 – Leis das Raízes

363. D	372. D	381. E	390. D
364. E	373. B	382. A	391. B
365. D	374. B	383. A	392. A
366. B	375. C	384. C	393. C
367. C	376. C	385. E	394. A
368. D	377. D	386. D	395. A
369. D	378. C	387. B	
370. C	379. C	388. B	
371. E	380. A	389. D	

Seção 3.2 – Potência de Expoente Racional

396. D	406. D	416. C	426. E
397. D	407. D	417. E	427. A
398. C	408. E	418. A	428. B
399. B	409. E	419. E	429. A
400. A	410. B	420. D	430. A
401. E	411. D	421. E	431. C
402. C	412. A	422. B	432. A
403. E	413. A	423. A	
404. C	414. B	424. A	
405. B	415. D	425. B	

Capítulo 4 – Produtos Notáveis e Fatoração

Seção 4.1 – Produtos Notáveis

433. A	458. E	483. C	508. A
434. A	459. D	484. A	509. C
435. C	460. A	485. D	510. A
436. B	461. A	486. C	511. D
437. C	462. A	487. B	512. C
438. D	463. C	488. A	513. B
439. C	464. D	489. A	514. E
440. E	465. C	490. B	515. D
441. D	466. E	491. B	516. B
442. D	467. D	492. B	517. E
443. D	468. C	493. A	518. E
444. A	469. C	494. C	519. B
445. A	470. B	495. E	520. A
446. C	471. D	496. C	521. D
447. C	472. A	497. A	522. B
448. D	473. A	498. E	523. C
449. D	474. B	499. C	524. B
450. C	475. B	500. C	525. C
451. C	476. D	501. C	526. D
452. D	477. C	502. C	527. C
453. C	478. E	503. A	528. A
454. A	479. E	504. C	529. C
455. D	480. B	505. E	530. E
456. D	481. B	506. E	531. B
457. A	482. E	507. E	532. A

533.	A	548.	E	563.	B	578.	E
534.	B	549.	E	564.	A	579.	E
535.	B	550.	E	565.	C	580.	C
536.	E	551.	D	566.	D	581.	B
537.	E	552.	C	567.	D	582.	D
538.	C	553.	D	568.	D	583.	B
539.	D	554.	E	569.	C	584.	B
540.	E	555.	B	570.	A	585.	D
541.	D	556.	B	571.	A	586.	B
542.	B	557.	B	572.	B	587.	A
543.	D	558.	C	573.	A	588.	C
544.	A	559.	C	574.	A		
545.	A	560.	A	575.	D		
546.	C	561.	C	576.	A		
547.	B	562.	A	577.	D		

Seção 4.2 – Fatoração

589.	D	613.	A	637.	D	661.	A
590.	A	614.	C	638.	C	662.	A
591.	E	615.	A	639.	D	663.	E
592.	D	616.	A	640.	A	664.	E
593.	B	617.	E	641.	D	665.	A
594.	C	618.	C	642.	B	666.	C
595.	A	619.	B	643.	A	667.	A
596.	E	620.	B	644.	C	668.	D
597.	B	621.	B	645.	A	669.	C
598.	E	622.	B	646.	E	670.	A
599.	A	623.	E	647.	D	671.	A
600.	E	624.	B	648.	D	672.	E
601.	B	625.	C	649.	C	673.	E
602.	D	626.	C	650.	D	674.	D
603.	E	627.	B	651.	A	675.	A
604.	A	628.	C	652.	D	676.	A
605.	C	629.	C	653.	C	677.	B
606.	D	630.	A	654.	D	678.	A
607.	C	631.	C	655.	E	679.	D
608.	D	632.	E	656.	E	680.	E
609.	B	633.	A	657.	E	681.	B
610.	E	634.	C	658.	E	682.	A
611.	B	635.	C	659.	A	683.	A
612.	A	636.	D	660.	E	684.	E

685.	A	718.	B	751.	A	784.	A
686.	E	719.	C	752.	A	785.	A
687.	E	720.	A	753.	E	786.	A
688.	C	721.	D	754.	A	787.	A
689.	E	722.	A	755.	B	788.	B
690.	A	723.	B	756.	C	789.	A
691.	A	724.	C	757.	D	790.	E
692.	D	725.	D	758.	A	791.	B
693.	D	726.	B	759.	E	792.	A
694.	E	727.	B	760.	A	793.	A
695.	E	728.	A	761.	E	794.	A
696.	A	729.	B	762.	A	795.	E
697.	D	730.	C	763.	B	796.	A
698.	D	731.	B	764.	A	797.	E
699.	D	732.	D	765.	A	798.	B
700.	B	733.	E	766.	E	799.	D
701.	E	734.	B	767.	A	800.	B
702.	A	735.	E	768.	D	801.	A
703.	A	736.	A	769.	D	802.	B
704.	E	737.	C	770.	A	803.	B
705.	B	738.	A	771.	E	804.	D
706.	E	739.	C	772.	D	805.	B
707.	C	740.	A	773.	A	806.	B
708.	D	741.	A	774.	E	807.	B
709.	E	742.	D	775.	E	808.	C
710.	C	743.	D	776.	E	809.	C
711.	C	744.	C	777.	D	810.	C
712.	C	745.	C	778.	C	811.	A
713.	C	746.	B	779.	E	812.	A
714.	E	747.	D	780.	A	813.	D
715.	A	748.	A	781.	A		
716.	D	749.	D	782.	B		
717.	B	750.	D	783.	B		

Seção 4.3 – Racionalização

814.	D	820.	D	826.	D	832.	E
815.	E	821.	B	827.	D	833.	B
816.	B	822.	D	828.	D	834.	A
817.	C	823.	B	829.	A	835.	A
818.	B	824.	C	830.	A	836.	E
819.	E	825.	C	831.	A	837.	A

838. D	847. D	856. B	865. A
839. A	848. C	857. D	866. E
840. E	849. A	858. A	867. C
841. B	850. D	859. C	868. A
842. D	851. E	860. E	869. B
843. B	852. A	861. A	870. E
844. A	853. B	862. E	
845. A	854. E	863. C	
846. B	855. C	864. B	

Capítulo 5 – Teoria dos Números

Seção 5.1 – Múltiplos e Divisores

871. B	896. E	921. C	946. E
872. D	897. C	922. B	947. C
873. B	898. D	923. E	948. B
874. C	899. D	924. C	949. D
875. D	900. C	925. E	950. E
876. A	901. C	926. D	951. D
877. A	902. C	927. B	952. C
878. C	903. C	928. E	953. B
879. A	904. C	929. A	954. E
880. A	905. B	930. C	955. B
881. A	906. D	931. C	956. C
882. B	907. D	932. E	957. C
883. A	908. D	933. D	958. D
884. C	909. A	934. D	959. D
885. D	910. B	935. E	960. A
886. A	911. B	936. D	961. C
887. D	912. B	937. D	962. B
888. A	913. A	938. D	963. E
889. D	914. D	939. E	964. C
890. B	915. D	940. D	965. E
891. B	916. A	941. C	966. A
892. C	917. D	942. A	967. E
893. B	918. A	943. E	968. C
894. B	919. D	944. E	969. C
895. E	920. B	945. B	970. B

Seção 5.2 – Teoria Fundamental da Aritmética

971. B	1012. D	1053. B	1094. D
972. C	1013. C	1054. D	1095. E
973. D	1014. A	1055. B	1096. E
974. E	1015. B	1056. B	1097. B
975. A	1016. A	1057. E	1098. E
976. B	1017. A	1058. B	1099. C
977. A	1018. A	1059. E	1100. A
978. E	1019. B	1060. C	1101. C
979. A	1020. C	1061. D	1102. E
980. D	1021. A	1062. D	1103. B
981. C	1022. A	1063. C	1104. B
982. E	1023. B	1064. E	1105. B
983. C	1024. C	1065. E	1106. A
984. D	1025. A	1066. A	1107. C
985. D	1026. E	1067. D	1108. B
986. D	1027. D	1068. C	1109. B
987. A	1028. C	1069. E	1110. D
988. E	1029. C	1070. B	1111. B
989. C	1030. E	1071. D	1112. D
990. A	1031. B	1072. A	1113. D
991. C	1032. D	1073. C	1114. A
992. B	1033. C	1074. A	1115. C
993. A	1034. A	1075. C	1116. C
994. B	1035. E	1076. B	1117. E
995. A	1036. C	1077. C	1118. B
996. B	1037. D	1078. E	1119. D
997. C	1038. C	1079. C	1120. B
998. D	1039. C	1080. D	1121. E
999. A	1040. B	1081. D	1122. A
1000. C	1041. B	1082. B	1123. B
1001. B	1042. E	1083. D	1124. A
1002. D	1043. B	1084. A	1125. E
1003. A	1044. B	1085. E	1126. B
1004. A	1045. E	1086. B	1127. B
1005. B	1046. B	1087. D	1128. E
1006. B	1047. C	1088. B	1129. E
1007. A	1048. C	1089. E	1130. E
1008. E	1049. E	1090. C	1131. C
1009. E	1050. A	1091. C	1132. D
1010. B	1051. E	1092. A	1133. B
1011. B	1052. C	1093. C	1134. B

1135. A	1148. B	1161. C	1174. B
1136. C	1149. E	1162. C	1175. B
1137. D	1150. E	1163. E	1176. B
1138. C	1151. E	1164. E	1177. E
1139. C	1152. B	1165. E	1178. A
1140. B	1153. C	1166. D	1179. B
1141. A	1154. D	1167. D	1180. E
1142. C	1155. A	1168. E	1181. B
1143. E	1156. B	1169. A	1182. A
1144. C	1157. B	1170. A	1183. E
1145. E	1158. C	1171. A	1184. D
1146. D	1159. E	1172. E	1185. A
1147. E	1160. C	1173. B	1186. D

Seção 5.3 – Máximo Divisor Comum e Mínimo Multiplo Comum

1187. C	1201. D	1215. D	1229. C
1188. D	1202. D	1216. D	1230. A
1189. B	1203. D	1217. A	1231. D
1190. B	1204. A	1218. E	1232. B
1191. B	1205. E	1219. D	1233. B
1192. C	1206. D	1220. C	1234. E
1193. C	1207. D	1221. E	1235. B
1194. C	1208. A	1222. D	1236. E
1195. B	1209. C	1223. C	1237. E
1196. D	1210. E	1224. E	1238. A
1197. C	1211. D	1225. B	1239. B
1198. E	1212. D	1226. A	1240. D
1199. E	1213. E	1227. D	
1200. A	1214. A	1228. B	

Seção 5.4 – Numeração e Divisibilidade

1241. E	1282. E	1323. C	1364. E
1242. B	1283. B	1324. E	1365. E
1243. D	1284. D	1325. E	1366. B
1244. B	1285. D	1326. B	1367. D
1245. E	1286. B	1327. B	1368. B
1246. B	1287. B	1328. C	1369. E
1247. D	1288. E	1329. B	1370. E
1248. C	1289. E	1330. A	1371. D
1249. B	1290. E	1331. C	1372. B
1250. A	1291. E	1332. D	1373. D
1251. D	1292. A	1333. D	1374. A
1252. E	1293. B	1334. B	1375. E
1253. B	1294. A	1335. E	1376. D
1254. D	1295. C	1336. A	1377. E
1255. E	1296. E	1337. D	1378. C
1256. A	1297. B	1338. D	1379. E
1257. D	1298. D	1339. E	1380. E
1258. C	1299. B	1340. C	1381. B
1259. D	1300. C	1341. B	1382. A
1260. D	1301. C	1342. E	1383. B
1261. D	1302. B	1343. D	1384. E
1262. B	1303. E	1344. D	1385. B
1263. B	1304. C	1345. C	1386. D
1264. C	1305. B	1346. A	1387. A
1265. B	1306. B	1347. B	1388. D
1266. A	1307. B	1348. C	1389. C
1267. A	1308. A	1349. E	1390. E
1268. C	1309. E	1350. D	1391. A
1269. D	1310. A	1351. C	1392. E
1270. B	1311. D	1352. B	1393. A
1271. B	1312. E	1353. B	1394. C
1272. A	1313. C	1354. E	1395. D
1273. B	1314. D	1355. D	1396. A
1274. E	1315. B	1356. B	1397. B
1275. C	1316. A	1357. E	1398. A
1276. C	1317. C	1358. B	1399. A
1277. D	1318. B	1359. E	1400. B
1278. C	1319. B	1360. D	1401. A
1279. E	1320. D	1361. C	1402. E
1280. B	1321. D	1362. E	1403. A
1281. D	1322. E	1363. A	1404. A

1405. B	1407. B	1409. E	1411. B
1406. C	1408. C	1410. B	

Seção 5.5 – Congruências

1412. D	1436. A	1460. B	1484. C
1413. D	1437. A	1461. A	1485. C
1414. B	1438. B	1462. D	1486. A
1415. E	1439. C	1463. A	1487. C
1416. E	1440. E	1464. D	1488. E
1417. B	1441. E	1465. B	1489. E
1418. A	1442. B	1466. B	1490. A
1419. D	1443. E	1467. B	1491. B
1420. B	1444. A	1468. A	1492. A
1421. A	1445. C	1469. B	1493. C
1422. E	1446. B	1470. E	1494. A
1423. D	1447. B	1471. E	1495. A
1424. A	1448. C	1472. E	1496. E
1425. D	1449. D	1473. A	1497. E
1426. C	1450. E	1474. C	1498. E
1427. B	1451. A	1475. A	1499. B
1428. D	1452. E	1476. D	1500. D
1429. A	1453. C	1477. A	1501. D
1430. C	1454. D	1478. B	1502. E
1431. A	1455. C	1479. A	1503. D
1432. B	1456. C	1480. B	1504. E
1433. E	1457. E	1481. D	
1434. B	1458. A	1482. D	
1435. D	1459. D	1483. A	

Capítulo 6 – O Primeiro Grau

Seção 6.1 – Equação do Primeiro Grau

1505. A	1510. C	1515. E	1520. E
1506. E	1511. C	1516. D	1521. C
1507. E	1512. B	1517. B	1522. B
1508. D	1513. B	1518. A	1523. A
1509. A	1514. A	1519. B	1524. D

1525. D	1530. A	1535. C	1540. E
1526. B	1531. A	1536. B	1541. B
1527. D	1532. D	1537. E	1542. A
1528. C	1533. D	1538. A	1543. A
1529. B	1534. A	1539. C	1544. D

Seção 6.2 – Problemas do Primeiro Grau

1545. D	1559. C	1573. D	1587. C
1546. B	1560. B	1574. A	1588. C
1547. D	1561. C	1575. C	1589. C
1548. C	1562. C	1576. B	1590. A
1549. A	1563. C	1577. B	1591. D
1550. E	1564. E	1578. B	1592. D
1551. A	1565. E	1579. D	1593. E
1552. B	1566. E	1580. D	1594. B
1553. D	1567. C	1581. E	1595. D
1554. E	1568. E	1582. E	1596. A
1555. A	1569. D	1583. B	1597. D
1556. C	1570. B	1584. C	
1557. B	1571. A	1585. C	
1558. A	1572. E	1586. C	

Seção 6.3 – Duas ou mais Incógnitas

1598. D	1610. B	1622. A	1634. E
1599. E	1611. A	1623. B	1635. B
1600. D	1612. C	1624. C	1636. C
1601. C	1613. C	1625. B	1637. A
1602. D	1614. A	1626. B	1638. A
1603. C	1615. C	1627. E	1639. B
1604. C	1616. D	1628. B	1640. D
1605. C	1617. C	1629. E	1641. D
1606. C	1618. D	1630. C	1642. B
1607. D	1619. A	1631. A	1643. A
1608. C	1620. B	1632. B	1644. E
1609. E	1621. C	1633. D	

Seção 6.4 – Proporcionalidade e Médias

1645. A	1665. D	1685. C	1705. C
1646. B	1666. C	1686. B	1706. A
1647. E	1667. B	1687. B	1707. D
1648. A	1668. B	1688. A	1708. E
1649. C	1669. C	1689. C	1709. C
1650. B	1670. C	1690. D	1710. B
1651. D	1671. C	1691. D	1711. D
1652. D	1672. E	1692. C	1712. D
1653. D	1673. C	1693. B	1713. A
1654. D	1674. E	1694. C	1714. C
1655. B	1675. C	1695. E	1715. B
1656. E	1676. B	1696. C	1716. D
1657. D	1677. C	1697. C	1717. B
1658. C	1678. A	1698. B	1718. D
1659. E	1679. B	1699. E	1719. B
1660. B	1680. D	1700. E	1720. D
1661. C	1681. E	1701. C	1721. D
1662. D	1682. D	1702. B	
1663. A	1683. E	1703. D	
1664. B	1684. B	1704. D	

Seção 6.5 – Porcentagem

1722. D	1737. D	1752. C	1767. D
1723. D	1738. C	1753. B	1768. D
1724. D	1739. C	1754. B	1769. D
1725. C	1740. C	1755. D	1770. E
1726. C	1741. B	1756. A	1771. D
1727. E	1742. C	1757. E	1772. A
1728. D	1743. E	1758. D	1773. E
1729. B	1744. A	1759. A	1774. C
1730. C	1745. D	1760. B	1775. C
1731. D	1746. A	1761. C	1776. B
1732. E	1747. C	1762. D	1777. D
1733. A	1748. A	1763. A	1778. D
1734. E	1749. B	1764. A	1779. B
1735. A	1750. E	1765. D	1780. B
1736. B	1751. A	1766. E	1781. E

1782. C	1789. A	1796. C	1803. C
1783. E	1790. D	1797. B	1804. E
1784. B	1791. B	1798. D	1805. B
1785. C	1792. A	1799. E	1806. A
1786. D	1793. D	1800. C	1807. D
1787. E	1794. B	1801. A	1808. E
1788. C	1795. A	1802. E	1809. D

Seção 6.6 – Inequações do Primeiro Grau

1810. B	1825. C	1841. B	1857. E
1811. A	1826. C	1842. C	1858. B
1812. D	1827. C	1843. D	1859. D
1813. B	1828. A	1844. E	1860. D
1813. E	1829. B	1845. C	1861. C
1814. B	1830. C	1846. B	1862. D
1815. A	1831. B	1847. D	1863. B
1816. B	1832. A	1848. B	1864. A
1817. B	1833. D	1849. D	1865. B
1818. C	1834. C	1850. C	1866. B
1819. B	1835. A	1851. A	1867. D
1820. D	1836. B	1852. B	1868. E
1821. E	1837. E	1853. C	1869. D
1822. E	1838. D	1854. D	
1823. C	1839. B	1855. A	
1824. B	1840. B	1856. B	

Seção 6.7 – Módulo de um Real

1870. E	1879. C	1888. B	1897. D
1871. A	1880. D	1889. E	1898. E
1872. D	1881. E	1890. A	1899. B
1873. C	1882. B	1891. B	1900. C
1874. B	1883. E	1892. D	1901. A
1875. E	1884. E	1893. E	1902. E
1876. E	1885. D	1894. E	1903. A
1877. D	1886. A	1895. C	1904. B
1878. E	1887. E	1896. C	1905. E

Gabarito | 813

1906. C	1913. E	1920. A	1927. C
1907. C	1914. C	1921. B	1928. C
1908. A	1915. D	1922. D	1929. D
1909. E	1916. A	1923. A	1930. C
1910. D	1917. B	1924. A	1931. E
1911. D	1918. D	1925. C	
1912. C	1919. B	1926. D	

Capítulo 7 – O Segundo Grau

Seção 7.1 – Equação do Segundo Grau

1932. A	1954. C	1977. E	1999. C
1933. C	1955. D	1978. C	2000. C
1934. A	1956. C	1979. A	2001. B
1935. B	1957. B	1980. B	2002. B
1936. B	1958. C	1981. D	2003. C
1937. D	1959. E	1982. B	2004. E
1938. D.	1960. B	1983. B	2005. B
1939. B	1961. B	1984. A	2006. D
1940. D	1962. C	1985. C	2007. B
1941. D	1963. E	1986. A	2008. B
1942. D	1964. D	1987. C	2009. E
1943. A	1965. D	1988. A	2010. A
1944. C	1966. A	1989. E	2011. B
1945. C	1967. B	1990. C	2012. C
1946. D	1968. E	1991. B	2013. D
1947. D	1969. C	1992. B	2014. A
1948. B	1970. D	1993. E	2015. C
1949. A	1971. E	1994. E	2016. E
1950. C	1972. A	1995. A	2017. C
1951. B	1973. E	1996. B	2018. A
1952. D	1974. A	1997. D	
1953. C	1976. C	1998. C	

Seção 7.2 – Discussão da Equação do Segundo Grau

2019. A	2027. E	2035. B	2043. D
2020. A	2028. A	2036. B	2044. B
2021. B	2029. E	2037. E	2045. A
2022. B	2030. E	2038. C	2046. E
2023. B	2031. D	2039. E	2047. B
2024. C	2032. B	2040. E	
2025. D	2033. C	2041. D	
2026. B	2034. C	2042. A	

Seção 7.3 – Problemas do Segundo Grau

2048. A	2066. A	2084. C	2102. C
2049. D	2067. D	2085. D	2103. E
2050. C	2068. E	2086. D	2104. D
2051. D	2069. D	2087. A	2105. A
2052. B	2070. B	2088. A	2106. E
2053. E	2071. C	2089. A	2107. B
2054. D	2072. D	2090. A	2108. B
2055. C	2073. D	2091. C	2109. B
2056. D	2074. C	2092. E	2110. E
2057. A	2075. B	2093. B	2111. A
2058. C	2076. A	2094. E	2112. C
2059. B	2077. E	2095. A	2113. C
2060. C	2078. D	2096. E	2114. B
2061. A	2079. D	2097. D	2115. D
2062. E	2080. C	2098. D	2116. D
2063. C	2081. A	2099. D	2117. D
2064. C	2082. A	2100. B	
2065. C	2083. C	2101. B	

Seção 7.4 – Relações entre Coeficientes e Raízes

2118. A	2138. A	2158. E	2178. B
2119. C	2139. E	2159. A	2179. A
2120. E	2140. D	2160. A	2180. A
2121. C	2141. A	2161. B	2181. A
2122. B	2142. E	2162. B	2182. B
2123. B	2143. E	2163. A	2183. E
2124. A	2144. A	2164. C	2184. C
2125. D	2145. C	2165. B	2185. A
2126. D	2146. A	2166. A	2186. C
2127. E	2147. E	2167. E	2187. D
2128. A	2148. D	2168. B	2188. E
2129. B	2149. A	2169. E	2189. A
2130. E	2150. E	2170. B	2190. B
2131. B	2151. C	2171. D	2191. E
2132. E	2152. C	2172. E	2192. B
2133. D	2153. B	2173. A	2193. D
2134. C	2154. A	2174. A	2194. B
2135. B	2155. C	2175. D	
2136. B	2156. C	2176. C	
2137. B	2157. B	2177. B	

Seção 7.5 – Equações Biquadradas e Irracionais

2195. C	2211. A	2227. C	2243. C
2196. E	2212. D	2228. A	2245. D
2197. C	2213. B	2229. A	2246. A
2198. A	2214. A	2230. D	2247. D
2199. E	2215. B	2231. A	2248. D
2200. D	2216. C	2232. D	2249. B
2201. A	2217. E	2233. A	2250. D
2202. D	2218. C	2234. C	2251. C
2203. A	2219. B	2235. C	2252. B
2204. D	2220. C	2236. D	2253. E
2205. B	2221. C	2237. C	2254. C
2206. A	2222. A	2238. E	2255. A
2207. D	2223. B	2239. C	2256. E
2208. D	2224. B	2240. A	2257. A
2209. C	2225. C	2241. D	2258. B
2210. C	2226. B	2242. A	2259. B

2260. B	2266. C	2272. B	2278. A
2261. E	2267. D	2273. C	2279. C
2262. A	2268. E	2274. A	2280. E
2263. C	2269. E	2275. B	2281. B
2264. E	2270. B	2276. E	2282. B
2265. B	2271. D	2277. B	2283. E

Seção 7.6 – Fatoração da Função Quadrática

2284. D	2290. A	2296. C	2302. D
2285. A	2291. B	2297. B	2303. E
2286. D	2292. A	2298. B	2304. D
2287. E	2293. A	2299. A	2305. A
2288. D	2294. C	2300. C	2306. A
2289. B	2295. B	2301. C	

Seção 7.7 – O Gráfico da Função Quadrática

2307. A	2328. D	2349. B	2368. B
2308. A	2329. A	2350. A	2370. D
2309. D	2330. E	2351. A	2371. B
2310. E	2331. B	2352. E	2372. D
2311. A	2332. B	2353. A	2373. E
2312. C	2333. A	2354. B	2374. C
2313. B	2334. A	2355. B	2375. B
2314. D	2335. C	2356. B	2376. C
2315. E	2336. D	2357. A	2377. E
2316. E	2337. B	2358. C	2378. A
2317. A	2338. C	2359. A	2379. B
2318. B	2339. C	2360. E	2380. B
2319. E	2340. D	2361. A	2381. A
2320. A	2341. C	2362. B	2382. E
2321. A	2342. C	2363. C	2383. A
2322. A	2343. A	2364. B	2384. A
2323. D	2344. B	2365. D	2385. E
2324. B	2345. D	2366. A	2386. C
2325. D	2346. B	2367. A	2387. C
2326. C	2347. D	2369. D	2388. B
2327. A	2348. D	2368. B	2389. B

2390. B	2396. C	2402. E	2409. E
2391. A	2397. B	2403. A	2410. B
2392. B	2398. E	2404. C	2411. A
2393. D	2399. D	2405. E	
2394. A	2400. A	2406. C	
2395. E	2401. E	2407. B	

Seção 7.8 – Inequações do Segundo Grau

2412. A	2428. C	2444. D	2460. C
2413. A	2429. B	2445. A	2461. A
2414. E	2430. E	2446. D	2462. D
2415. C	2431. C	2447. C	2463. A
2416. A	2432. A	2448. D	2464. D
2417. B	2433. A	2449. A	2465. B
2418. E	2434. C	2450. A	2466. B
2419. C	2435. C	2451. D	2467. A
2420. A	2436. B	2451. B	2468. C
2421. E	2437. C	2452. E	2469. C
2422. E	2438. B	2454. E	2470. E
2423. E	2439. B	2455. B	2471. B
2424. C	2440. D	2456. E	2472. C
2425. A	2441. C	2457. D	2473. D
2426. B	2443. B	2458. D	
2427. E	2442. D	2459. E	

Capítulo 8 – A Linguagem da Lógica

8.1 – Lógica

2475. A	2485. E	2495. D	2505. A
2476. A	2486. C	2496. B	2506. A
2477. C	2487. B	2497. A	2507. C
2478. C	2488. A	2498. A	2508. B
2479. C	2489. E	2499. A	2509. D
2480. A	2490. A	2500. A	2510. E
2481. B	2491. E	2501. E	2511. C
2482. E	2492. E	2502. B	2512. D
2483. C	2493. D	2503. D	2513. E
2484. D	2494. A	2504. B	2514. B

2515. A	2521. C	2527. B	2533. D
2516. C	2522. D	2528. D	2534. B
2517. D	2523. B	2529. D	2535. C
2518. E	2524. C	2530. E	2536. D
2519. E	2525. C	2531. E	2537. A
2520. B	2526. D	2532. B	

Capítulo 9 – Teoria dos Conjuntos

Seção 9.1 – Pertinência e Inclusão

2538. B	2548. D	2559. B	2570. B
2539. E	2549. B	2560. E	2571. C
2540. D	2550. B	2561. B	2572. D
2541. A	2551. A	2562. A	2573. C
2542. E	2552. A	2563. D	2574. C
2543. D	2553. C	2564. C	2575. B
2544. E	2554. C	2565. C	2576. C
2545. B	2555. E	2566. D	2577. B
2546. C	2556. A	2567. B	
2546. B	2557. D	2568. B	
2547. D	2558. D	2569. C	

Seção 9.2 – A Álgebra dos Conjuntos

2578. C	2588. A	2598. B	2608. D
2579. A	2589. B	2599. D	2609. A
2580. A	2590. E	2600. A	2610. B
2581. C	2591. C	2601. C	2611. B
2582. B	2592. E	2602. B	2612. E
2583. D	2593. C	2603. E	2613. B
2584. A	2594. B	2604. C	2614. C
2585. C	2595. B	2605. B	2615. E
2586. C	2596. A	2606. B	
2587. E	2597. D	2607. E	

Gabarito | 819

Seção 9.3 – Cardinalidade

2616. C	2626. C	2636. E	2646. A
2617. D	2627. A	2637. B	2647. A
2618. D	2628. E	2638. C	2648. D
2619. D	2629. D	2639. B	2649. A
2620. E	2630. E	2640. C	2650. D
2621. D	2631. A	2641. B	2651. D
2622. D	2632. B	2642. A	2652. E
2623. A	2633. C	2643. D	2653. C
2624. D	2634. A	2644. C	
2625. E	2635.	2645. C	

Seção 9.4 – Produto Cartesiano

2654. A	2660. E	2666. B	2672. C
2655. C	2661. E	2667. B	2673. A
2656. D	2662. A	2668. D	2674. A
2657. C	2663. A	2669. D	
2658. B	2664. E	2670. D	
2659. B	2665. D	2671. E	

Capítulo 10 – Funções

Seção 10.1 – Conceitos Fundamentais

2675. B	2689. E	2703. C	2717. E
2676. C	2690. C	2704. C	2718. D
2677. E	2691. D	2705. A	2719. E
2678. B	2692. B	2706. C	2720. A
2679. E	2693. D	2707. A	2721. C
2680. E	2694. D	2708. B	2722. D
2681. C	2695. A	2709. B	2723. A
2682. B	2696. A	2710. A	2724. C
2683. E	2697. D	2711. E	2725. A
2684. B	2698. E	2712. B	2726. C
2685. E	2699. C	2713. D	2726. B
2686. A	2700. B	2714. D	2727. A
2687. C	2701. D	2715. B	2728. E
2688. A	2702. D	2716. E	2729. B

2730. D	2743. B	2756. B	2769. A
2731. E	2744. D	2757. D	2770. E
2732. A	2745. A	2758. D	2771. B
2733. A	2746. B	2759. B	2772. B
2734. E	2747. B	2760. C	2773. D
2735. B	2748. A	2761. D	2774. B
2736. C	2749. A	2762. E	2775. A
2737. E	2750. D	2763. D	2775. B
2738. B	2751. A	2764. E	2776. B
2739. D	2752. A	2765. E	2777. B
2740. B	2753. D	2766. A	2778. C
2741. B	2754. A	2767. E	2779. D
2742. A	2755. B	2768. B	2178. B

Seção 10.2 – Injeções Subrejeção e Bijeções

2781. C	2786. D	2791. A	2796. B
2782. B	2787. D	2792. B	2797. A
2783. D	2788. B	2793. A	2798. B
2784. A	2789. A	2794. A	2799. C
2785. D	2790. A	2795. E	

Seção 10.3 – Composição de Funções

2800. D	2817. C	2834. C	2851. E
2801. B	2818. A	2835. A	2852. D
2802. A	2819. B	2836. D	2853. A
2803. E	2820. D	2837. D	2854. D
2804. A	2821. D	2838. D	2855. B
2805. C	2822. D	2839. E	2856. D
2806. B	2823. D	2840. B	2857. A
2807. C	2824. C	2841. C	2858. C
2808. B	2825. D	2842. E	2859. B
2809. E	2826. C	2843. A	2860. E
2810. B	2827. A	2844. C	2861. B
2811. C	2828. A	2845. E	2862. A
2812. A	2829. E	2846. B	2863. E
2813. D	2830. B	2847. E	2864. A
2814. C	2831. B	2848. C	2865. A
2815. A	2832. C	2849. A	2866. E
2816. A	2833. A	2850. D	

Seção 10.4 – Funções Inversas

2867. C	2878. D	2889. C	2901. A
2868. C	2879. C	2890. B	2902. B
2869. E	2880. A	2891. A	2903. A
2870. C	2881. C	2892. E	2904. E
2871. E	2882. A	2893. A	2905. B
2872. A	2883. C	2894. E	2906. A
2873. E	2884. A	2895. C	2907. D
2874. B	2885. C	2897. A	2908. B
2875. D	2886. D	2898. B	2909. D
2876. D	2887. C	2899. C	2910. A
2877. B	2888. D	2900. E	

Seção 10.5 – Funções Reais

2911. E	2934. D	2957. B	2980. D
2912. C	2935. D	2958. A	2981. E
2913. C	2936. D	2959. B	2982. E
2914. E	2937. A	2960. C	2983. C
2915. C	2938. C	2961. D	2984. E
2916. A	2939. A	2962. B	2985. E
2917. A	2940. A	2963. E	2986. B
2918. D	2941. C	2964. A	2987. B
2919. C	2942. B	2965. C	2988. C
2920. C	2943. E	2966. C	2989. D
2921. A	2944. B	2967. A	2990. B
2922. E	2945. D	2968. A	2991. B
2923. B	2946. D	2969. A	2992. D
2924. B	2947. C	2970. A	2993. B
2925. C	2948. E	2971. C	2994. D
2926. E	2949. A	2972. C	2995. D
2927. A	2950. E	2973. B	2996. C
2928. A	2951. E	2974. D	2997. D
2929. B	2952. A	2975. A	2998. D
2930. B	2953. B	2976. C	2999. C
2931. C	2954. A	2977. C	3000. E
2932. B	2955. A	2978. C	
2933. D	2956. A	2979. B	

Conheça outras publicações de matemática da Editora Ciência Moderna:

- Cálculo em Variedades – Spikak, M.
- Álgebra Linear – Lang, S.
- Teoria Ingênua dos Conjuntos – Halmos, P.
- O que é Matemática – Courant, R. e Robbins, H.
- Teoria Elementar dos Números – Landau, E.

Conheça também a coleção vestibular:

- Matemática – Castilho, J.C.A. e Garcia, A.C.A.
- Química – Ribeiro, A.A.P. e Silva, O. C.
- História – Falcão, A.C.E.
- Biologia – Diblasi Filho, I.
- Geografia – Souza, G.X.R.
- Língua Portuguesa, Literatura e Redação – Silva, M.J.

À venda nas melhores livrarias

Matemática sem Mistérios

Autores: *Antônio Carlos de A. Garcia e João Carlos A. Castilho*
568 páginas
ISBN: 85-7393-485-9

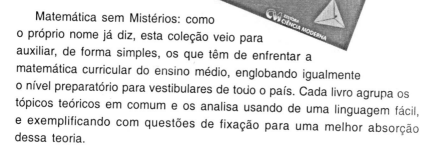

Matemática sem Mistérios: como o próprio nome já diz, esta coleção veio para auxiliar, de forma simples, os que têm de enfrentar a matemática curricular do ensino médio, englobando igualmente o nível preparatório para vestibulares de todo o país. Cada livro agrupa os tópicos teóricos em comum e os analisa usando de uma linguagem fácil, e exemplificando com questões de fixação para uma melhor absorção dessa teoria.

Para testar seus conhecimentos, você encontrará questões de aprofundamento retiradas dos melhores concursos e provas de vestibulares de todo o Brasil.

À venda nas melhores livrarias.

Impressão e acabamento
Gráfica da Editora Ciência Moderna Ltda.
Tel: (21) 2201-6662